国家科学技术学术著作出版基金资助出版

地黄连作障碍的形成机制

张重义　李明杰　古　力等　著

科学出版社
北　京

内 容 简 介

本书是作者针对中药材生产中地黄连作障碍现象十余年研究成果的总结。作者从不同角度系统解读了药用植物地黄连作障碍形成的机制，在地黄道地性形成机理、化感自毒物质累积释放与根际灾变机制，以及克服和消减连作障碍的防控技术等方面开展研究，科学体系完整，系统性强。

本书可为中药资源领域的科技工作者、中药材生产企业人员开展栽培植物或作物连作障碍研究提供参考与借鉴，为实现中药资源可持续利用和中药材有序、安全、有效生产提供理论依据和技术支撑。

图书在版编目（CIP）数据

地黄连作障碍的形成机制/张重义等著. —北京：科学出版社, 2021.3
ISBN 978-7-03-068389-2

Ⅰ. ①地… Ⅱ. ①张… Ⅲ. ①地黄–连作障碍–研究 Ⅳ.①S567.23

中国版本图书馆 CIP 数据核字(2021)第 047010 号

责任编辑：李秀伟 白 雪 / 责任校对：严 娜
责任印制：吴兆东 / 封面设计：无极书装

科 学 出 版 社 出版
北京东黄城根北街 16 号
邮政编码: 100717
http://www.sciencep.com

北京虎彩文化传播有限公司 印刷
科学出版社发行 各地新华书店经销
*
2021 年 3 月第 一 版 开本：787×1092 1/16
2022 年 1 月第二次印刷 印张：25 1/4
字数：600 000

定价：328.00 元

(如有印装质量问题，我社负责调换)

序　言

中医药学是中国古代科学的瑰宝，是打开中华文明宝库的钥匙，凝聚着中国人民和中华民族的博大智慧。中药材是中医药事业传承和发展的物质基础，也是关系国计民生的战略性资源。乘新时代春风，中医药振兴发展进入一个前所未有的高光时刻。随着全民健康意识的不断增强，食品药品安全特别是原料质量保障问题受到社会的高度关注，满足人们日益增长的对高质量药材的需求，成为中药资源领域科技工作者和生产部门的重要任务，也使得中药材生产在中医药事业和健康服务业发展中的基础地位更加突出。但是，由于受耕地有限、经济利益驱动和种植条件等因素的影响，中药材生产与其他作物生产同样存在一个突出的问题，即连作障碍。据统计，90%以上的根或根茎类药材均存在连作障碍现象。由于连作障碍机制不清，药农大量使用化肥和农药，造成耕地大面积污染和浪费，如果长期持续下去，不仅会造成生态环境恶化，还会加速道地药材种植面积的萎缩和产区变迁，严重威胁中药材有序、安全和有效生产。随着中药材需求的不断增加，实行连作或复种连作的面积越来越大，连作障碍已成为我国学术界和政府相关部门悉心关注和亟待解决的重大问题。

地黄是著名道地药材“四大怀药”之一。早在明末清初，医学家卢之颐在《本草乘雅半偈》中有记载：“种植之后，其土便苦，次年止可种牛膝。再二年，可种山药。足十年，土味转甜，始可复种地黄”，指出头茬地黄收获后须隔 8～10 年后方可再种，同时，书中还描述了连作地黄的主要症状，即“味苦形瘦，不堪入药也”。但实际上地黄连作障碍仅伤害其自身，而对后茬其他植物影响不大，说明地黄连作障碍危害具有典型的自毒效应，且表现出严重性和持续性的特点，使其成为研究中药材生产中连作障碍成因的理想材料。

张重义教授及其团队长期专注于中药材生产中的连作障碍问题研究，运用中药资源生态学和分子生药学原理与技术，通过对连作地黄障碍效应产生的生理生态特性及其分子机理，化感自毒物质的分离、鉴定和化感潜力评价，植药土壤根际微生物的变化等课题的研究，系统解析了地黄连作障碍的形成机制，并将数年研究成果汇集成书。该书详细介绍了地黄在地黄属植物中的地位及连作障碍问题的本草考证和生产现状调查。同时，该书以地黄连作障碍研究为例，系统介绍了连作障碍的成因及研究方法和思路，对植物化感物质的分离、提取、鉴定及其化感潜力评价研究做了凝练描述，特别是针对化感自毒物质介导的连作地黄根际微生态灾变机制及地黄植株免疫系统与连作障碍发生的关系研究做了深入剖析。该书为全方位制订地黄连作障碍消减策略和开展克服连作障碍技术研究提供了充分的理论依据与技术支撑，也为其他作物和中药材连作障碍消减技术的研究和实践提供了有效借鉴。

鉴于该书内容的系统性和科学性，我相信读者一定会从中获得有价值的借鉴与参考。郑重推荐这本书，衷心期望该书能受到广大读者朋友的喜爱。

中国工程院院士
中国中医科学院院长
2019 年 8 月 24 日于福州

前　言

中医药是中华民族赖以防病治病、繁衍昌盛的传统医学，是中华民族五千年优秀文化历史沉淀的结晶，凝聚着中国人民和中华民族的博大智慧，是现今世界上保留最完整的传统医学体系。中药材是中医药事业传承和发展的物质基础，是关系国计民生的战略性资源。然而，长期困扰我国农业生产的连作障碍（重茬）问题，在中药材生产中表现尤为严重。连作障碍（replant problem 或 consecutive monoculture problem）是指同一作物或近缘作物连作以后，即使在正常栽培管理情况下，也会产生生育状况变差、产量降低、品质变劣的现象。在我国土地复种指数高、作物连作严重的客观条件下，作物连作障碍已成为农业可持续发展的重大问题之一。可发生连作障碍的作物种类较多，粮食作物、油料作物、糖料作物、蔬菜和园艺作物等均会发生连作病害（replant disease）。目前，中国危害程度高的连作地块面积大于 10%，其中规模化种植区发生面积一般超过 20%，连作障碍导致当季作物损失巨大，占到收入的 20%～80%，严重的几乎绝收，每年造成的经济损失可达数百亿元。为避免连作障碍的发生，许多道地药材在非适宜区盲目扩种，造成药效下降、道地性丧失。许多药农大量施用化肥和农药，不仅降低了农产品和中药材的安全性，还严重影响了生态环境安全。地黄（*Rehmannia glutinosa* Libosch.）为玄参科多年生草本植物，块根入药，是我国著名道地药材四大怀药之一，其用药历史悠久、临床疗效确切、美誉度高，是构建我国现代大中药产业链重点推荐研究利用的大宗药材之一。但是地黄生产中存在着严重的“连作障碍”问题，连作地黄植株生长不良，地下部不能正常膨大，甚至绝收，收获后须间隔 8～10 年后方可再种。因此，破解地黄连作障碍的密码、消减连作障碍的影响研究与应用，对深化和拓展中药资源生态学研究、推动中药资源可持续利用和相关产业的健康发展均具有极其重要的理论与实践意义。

笔者真正从事并全心投入地黄连作障碍研究，是从 2004 年 8 月与时任福建农林大学生命科学学院院长的林文雄教授相识开始。林老师在生态学方面的造诣特别是对植物化感作用（allelopathy）和学科前沿热点问题的敏锐性，使我受益匪浅。笔者于当年 10 月申请进入福建农林大学作物学博士后流动工作站，在林文雄教授指导下开展地黄化感自毒作用与其连作障碍问题的相关研究，并与河南农业大学生命科学学院陈新建教授一起组建了研究团队。十多年来，本课题组成员同心协力、互相帮助、精诚团结，始终以中药资源领域的科学问题为导向，结合道地产区生产实际和产业发展需求，系统开展研究。先后得到由中国中医科学院中药资源中心主任郭兰萍研究员主持的 “十一五”国家科技支撑计划项目（2006BAI09B03）和“十三五”国家重点研发计划项目（2017YFC1700705）的资助；相关研究分别得到教育部高等学校博士学科点专项科研基金项目（20123515110005）和国家自然科学基金项目（30772729、30973875、81274022）

资助；而且本课题组成员河南农业大学贾新成（30671201）、陈新建（81072983、31271674）、王丰青（81872950、81473299）、李娟（81373910、81102756）、李烜桢（41401350），河南工业大学杨艳会（81403037、81973417），福建农林大学吴林坤（81303170、81973412）、李振方（31201694）、李明杰（81503193）、古力（81603243）等也分别获得国家自然科学基金项目①的资助和连续资助。本研究从地黄化感自毒作用研究入手，开展地黄连作胁迫条件下的生理生态响应机制研究，解析了地黄根际微生态功能的变化规律，从基因调控层面探讨了连作地黄体内独特的响应机制，在克服连作障碍策略和技术措施的试验研究中取得了丰硕的成果，使得地黄连作障碍的系统研究取得了重要进展，受到国内外同行的广泛关注，团队成员曾多次在国内外重要学术会议进行特邀报告和成果交流。本书集中反映了课题组在地黄连作障碍研究方面的成果，记录了作者及其团队十余年来的工作足迹和奋斗历程，也是对多年来各级领导、同行和朋友们给予的指导和支持的回报。

全书共分 9 章，比较详细地介绍了我国著名道地药材地黄的生产现状及其连作障碍现象，介绍了目前国内外植物化感自毒作用与连作障碍成因的研究方法及地黄连作障碍研究的技术原理和方法，阐述了地黄化感自毒物质的筛选鉴定与化感潜力的评价，探讨了化感自毒物质介导的连作地黄根际灾变机制和连作胁迫地黄的生理响应与分子伤害机制，分析了连作胁迫条件下地黄的表观调控和免疫应答机制，并展开了地黄连作障碍消减策略和技术相关研究案例的论述。

随着生物技术的发展，生命科学研究进入了一个崭新的时代，各种新型的科学技术日新月异，海量的组学数据让我们可以从整体水平和不同角度、层次水平开展中药农业生态系统中景观层面、生态系统层面的研究实践，特别是能够从整体水平观察研究植药农田层面生物和非生物因子间的关系及环境与遗传因素对个体的影响。这种以现代生物技术为导向的革命，推动着生命科学研究的进程，加速了生态农业科学的发展，也推动了中药资源生态学走向深入，为揭示农业生产中连作障碍这一世界性难题提供了新的研究思路和方法。

本书可作为从事中药材生产、教学、科研工作和相关学科科技工作者的参考书。希望本书的出版可以激发同行的研究兴趣，致力于现代中药农业的创新发展，为中药材有序、安全、有效生产提供更多参考，共同推动相关学科的发展。

本书撰写工作主要由福建农林大学的张重义、李明杰和古力等完成，其他成员包括河南工业大学的杨艳会，河南农业大学的李娟、王丰青、李烜桢和杜家方，河南中医药大学的谢彩侠、张宝，福建农林大学的吴林坤、李振方、冯法节、杨楚韵和谢卓宓，中国农业科学院烟草研究所陈爱国，华侨大学张君毅，山东中医药大学刘红燕，感谢他们在撰写本书时给予的付出和支持。特别感谢参与本课题及其相关研究的河南农业大学及福建农林大学研究生们的辛勤劳动，他们的研究和努力是成就本书的重要基石。由于笔者撰写经验有限，书中难免存在疏漏和不足之处，恳请有关专家、同行和朋友们随时提出宝贵意见，使之日臻完善。

① “本课题组成员”主持的国家自然科学基金项目编号分别单独列于负责人后

最后，在本书出版之际，特别感谢国家中药材产业技术体系首席科学家黄璐琦院士为本书作序；感谢郭兰萍研究员为本书出版给予的鼎力支持和暖心资助；感谢国家科学技术学术著作出版基金项目的宝贵资助；感谢科学出版社为本书出版所做的大量努力。

张重义

2019 年 7 月 9 日于福州

目　　录

第一章　地黄及其生产

第一节　地黄在地黄属植物中的地位

一、地黄属植物的分类学地位与分布

地黄属（*Rehmannia*）植物归属玄参科（Scrophulariaceae），近年来也有学者根据分子进化的原则将其归入列当科（Orobanchaceae）。1835 年，俄国学者 Liboschitz 发现并建立地黄属，该属所包含的物种数量及在物种分类系统上的位置经历了多次变动。1979 年，《中国植物志》在总结、吸取地黄属前期分类系统优缺点的基础上，对地黄属植物进行了重新分类，书中列举的地黄属中包含了 6 个物种，分别为地黄（*Rehmannia glutinosa* Libosch.）、茄叶地黄（*R. solanifolia* Tsoong et Chin）、天目地黄（*R. chingii* H. L. Li）、裂叶地黄（*R. piasezkii* Maxim.）、高地黄（*R. elata* N. E. Brown）和湖北地黄（*R. henryi* N. E. Brown）。该分类系统较为完善，是目前为止地黄属植物分类学中常常采取的分类系统。在地黄属的 6 个物种中，除地黄已被广泛引入日本、韩国、波兰等国家外，其余 5 个种均为我国所独有分布的物种。通过对地黄属遗传背景的研究发现，地黄和茄叶地黄体细胞内均有 56 条染色体（$4n$=56），属典型四倍体物种，裂叶地黄、湖北地黄、高地黄、天目地黄体细胞均有 28 条染色体（$2n$=28），为二倍体物种。

在地黄属中，地黄是《中华人民共和国药典》（简称《中国药典》）中地黄药材的唯一基原植物。我国地黄资源主要包括栽培地黄和野生地黄两种类型。栽培地黄作为我国主要中药材大宗品种、著名道地药材“四大怀药”（怀山药、怀地黄、怀牛膝、怀菊花）之一，主产于河南省焦作市、新乡市等地区（古怀庆府一带，今沁阳市、温县、武陟县、博爱县、获嘉县、修武县等沿沁河两岸），上述区域为我国地黄种植的传统道地产区。此外，在山西、山东、黑龙江等地也有栽培地黄和野生地黄资源的分布。地黄在长期的栽培驯化过程中，形成了许多栽培品种类型，具有较为丰富的遗传变异特性。地黄野生类型分布更为广泛，在我国很多省份均有零星或广泛的分布，如河南、湖北、山东、山西、河北、安徽、浙江、陕西、辽宁、内蒙古、宁夏、甘肃、北京、江西、江苏、福建等地。相比地黄而言，地黄属 6 个种中有 4 个种分布地区较为集中，其中，茄叶地黄主要分布于四川的广元、达州及重庆城口、开州等地；天目地黄主要分布在浙江临安、安吉、遂昌、乐清、金华、台州及安徽旌德等地；裂叶地黄资源较为丰富，主要分布在湖北宜昌、神农架、十堰及陕西旬阳、石泉、山阳等地；湖北地黄分布地主要为湖北宜昌、鹤峰、神农架、兴山等地，其野生资源目前已较少发现，急需保护。值得注意的是，高地黄与裂叶地黄具有较为相似的分布范围，生境地的环境因子极为类似，推测是同一个

物种；同时，裂叶地黄与高地黄在植株形态上也极为相似；此外，通过 DNA 分子指纹的分析，亦显示二者之间具有较近的亲缘关系。因此，目前基于生境、形态和分子进化特征推测二者可能是同一物种；然而，对其叶绿体基因组测序分析却显示，裂叶地黄与高地黄应分属不同的物种。故此，在没有更加充分的科学证据考证之前，暂时不宜把裂叶地黄与高地黄这两个种进行合并。

二、地黄属植物的生物学特性

（一）地黄属植物的形态特征

1. 地黄

地黄为多年生草本植物，株高 10～30cm，栽培地黄多具膨大明显的肉质块根，外形呈偏拉直纺锤形，直径通常在 4～10cm。野生地黄块根膨大不明显，细长条状，直径 0.5～1cm。地黄通常拥有单个直立茎，稀有多个茎的类型，茎较短，未去叶植株不易直接观察。叶莲座状，多基生，形状多为倒卵状披针形或长椭圆形，长 3～10cm、宽 1～6cm，所处茎节位置不同或抽出日期不同，其叶片大小和形状也存在明显差异；叶先端较钝圆，边缘分布稀疏的钝齿，由顶端向基部过渡中逐渐变窄，靠向茎部延长成 2～4cm 的叶柄，茎生叶较小或无。地黄花序为顶生总状花序，着生于花薹顶端，花较稀疏，花薹有时从茎基部叶腋内抽出；花萼 5 齿裂状，后面一枚花萼较其前面花萼略长；花冠一般为暗紫红色，长 4cm 左右，上唇为 2 裂，裂片外翻，下唇为 3 裂，花冠的裂片为长圆形，黄白色，顶端微凹；花内具有 4 枚雄蕊，其中有 2 枚花丝较长、内藏、无毛。蒴果卵珠形，长 1.5～2cm（图 1-1）。

图 1-1　地黄的形态特征

2. 裂叶地黄

裂叶地黄为多年生草本，株型较为高大，茎通常为单生直立，株高通常在 80～120cm。叶包括基生叶和茎生叶，基生叶位于茎下端，有较长的叶柄，倒卵状椭圆形，长 5～15cm、宽 3～5cm，叶缘羽毛状，具浅裂至深裂，镶有钝齿；茎生叶与基生叶相似，叶面积由茎下端向上逐渐变小。裂叶地黄花序顶生、总状花序，花较稀疏，花序长 30～40cm、梗长 2～4cm；花萼钟状，长约 2.5cm，萼筒长约 1cm，有 5 齿裂，裂片披针形，端渐尖，长达 1.5cm，全缘或有少数锯齿；花冠紫红色，长 6～7cm，花冠筒长约 5cm，外面疏被毛，内面无毛，筒内有红色斑点分布，唇较长，上唇 2 裂，下唇 3 裂，裂片顶端均为圆形；雄蕊 4 枚，2 枚花丝较长，无毛，属典型的二强雄蕊；柱头裂开成片状，大小不均等。蒴果卵珠形，有短喙，稍伸出萼筒，长约 1.8cm；种子多数为长圆形，具网纹（图 1-2）。

图 1-2 裂叶地黄的形态特征

3. 天目地黄

天目地黄为多年生草本，茎直立，或基部分枝，株高通常 30～60cm。基生叶多为莲座状排列，叶椭圆形，先端钝或急尖，基部逐渐收缩成长的翅柄，边缘具不规则圆齿或粗锯齿，或为具圆齿的浅裂片，两面疏被白色柔毛；茎生叶发达，外形与基生叶相似，向上逐渐缩小。花单生于叶腋；花萼长 1～2cm，5 齿裂，裂片披针形或卵状披针形，先端略尖，不等长；花冠紫红色，二唇形，上唇裂片长卵形，先端略尖或钝圆，下唇裂片长椭圆形，先端尖或钝圆，中间裂片较大；雄蕊 4 枚，2 枚花丝较长；花柱顶端扩大，先端尖或钝圆。蒴果卵形，长约 1.4cm，具宿存的花萼及花柱；种子多数为卵圆形至长卵形，长约 1mm，具网眼（图 1-3）。

图 1-3　天目地黄的形态特征

4. 湖北地黄

湖北地黄为多年生草本，株高 15～40cm，根茎略微增粗，直径约达 3mm，茎为单生或从基部生出数支分枝茎。叶在茎基部莲座状分布，椭圆状倒卵形，叶长 7～18cm、宽 2.5～6cm，先端较钝，基部渐窄，向下延伸出长 1～6cm 的叶柄，叶缘含有圆齿状齿牙或羽状分裂；茎生叶相对较小，浅裂至齿状缺刻。花多为腋生，少数花顶生为总状花序，花梗长 2.5～5cm，近基部有 1～2 枚锥形小苞叶，这个特征也是湖北地黄显著区别于地黄属其他种的典型特征；花萼钟状，长约 2cm，具 5 裂，裂深几乎到达中部，萼齿较狭长或宽三角形、钝、全缘或有疏齿牙，后面一枚较长；花冠淡黄色或白色，带有红色斑点，花冠筒长 4.5～5cm，先端宽 2cm，外被腺毛，二唇形，上唇 2 浅裂，裂片近方形，下唇 3 深裂，裂片长圆形；雄蕊 4 枚，二强，内藏，无毛；子房卵珠形；柱头广圆形（图 1-4）。

图 1-4　湖北地黄的形态特征

5. 高地黄

高地黄植株疏被多毛、茎单一，株高可达100cm。叶互生，均着生于茎，基部叶长较长，达17cm，向上渐变缩小；叶纸质，倒卵状矩圆形至椭圆形，每边具有2～6枚不规整的三角形裂片（或齿裂），基部楔形，渐狭成长5～6cm具翅的叶柄。花单生，有苞叶，具花梗、萼片，花梗长3～4cm，多呈弯曲上升状，萼长2.3cm；萼齿5枚，彼此不等长，最后方的一枚长1.2cm，其余较小；苞叶较长，其长度长于单花加花梗长度；花冠紫红色，长6～7cm；花冠前端多为囊状，内面喉部长有柔毛；上唇裂片为横矩圆形，下唇裂片为长圆形或近圆形；花丝无毛，药室基部叉开成一直线；雄蕊4枚；花柱略高于雄蕊，顶端扩大并开裂成2片卵三角状的柱头。

6. 茄叶地黄

茄叶地黄植株体表多毛，茎直立，无分枝，高 20～50cm。叶着生于茎上，互生；叶多椭圆形，近基部的叶较大，向上逐渐缩小，上表面几乎无毛，背面有稀疏柔毛，边缘具三角状粗齿或带突尖的粗锯齿，基部楔形，渐窄成长2～3cm的叶柄。花单生于叶腋，花梗粗壮，几乎与茎并行，茎基部的花梗长度可达7cm，向上逐渐缩短；花萼钟状，长1.5～2cm，表面有多细胞长柔毛；萼齿5枚，卵状三角形，先端急尖；花冠紫红色，长4～4.5cm，花冠筒先端略微扩大，外被白色多细胞毛；上唇二裂，横矩圆形，下唇裂片矩圆形；雄蕊4～5枚，4枚时，前方2枚较长，5枚时，其中1枚较小，花丝细弱；子房无毛，花柱粗壮，长约2cm，先端扩大成两片半圆形的柱头。

（二）地黄属内植物间形态特征的比较

地黄属6个物种亲缘关系虽然较近，但相互之间在株高、叶形、块根、花瓣、花冠等表型上却有着明显的差异。

1. 营养器官外观差异

裂叶地黄、高地黄成年植株可达120cm以上，天目地黄和茄叶地黄株高中等，地黄与湖北地黄植株相对较低，成年植株的高度通常在50cm以下。地黄属植物的根均为圆柱形，表皮鲜黄色或淡黄色，栽培地黄块根显著膨大形成块根，茄叶地黄根呈结节状膨大，其余4个地黄属物种的根均较细弱，无结节状膨大，直径基本在1cm以下。地黄、茄叶地黄和天目地黄的叶属于不分裂类型，天目地黄的叶较大，地黄的叶形最小。裂叶地黄、高地黄和湖北地黄的叶属于显著分裂类型，湖北地黄的叶缘基部分裂较浅，不超过1/2，而裂叶地黄和高地黄的叶裂可超过3/4。此外，不同地黄属植物叶上气孔分布也存在显著差异。茄叶地黄气孔最大，长达 24.5μm，其后大小依次为湖北地黄、地黄、天目地黄和裂叶地黄，高地黄的气孔最小，长度仅约15.2μm。

2. 生殖器官外观差异

地黄与茄叶地黄花冠较小，长度一般不超过4.5cm，裂片黄白色，其余4种花冠略大，长度在5.0～7.0cm；高地黄与裂叶地黄花冠筒弯曲，前方明显呈囊状，天目地黄与湖北地黄花冠筒直，湖北地黄的裂片呈白色。从花粉形状和外观差异上来看，裂叶地黄与高地黄的花粉粒外壁具有明显网眼状结构，而从大小来看天目地黄花粉粒最大，裂叶地黄和高地黄的种子最小，其次为地黄，湖北地黄与天目地黄的种子最大。

（三）地黄属植物开花、传粉与结实

1. 开花习性

地黄属内不同物种间，在开花时间、花期和开花规律等基本的生物学习性方面存在着明显差异。地黄属不同种植物开花时间的早晚明显不同，如程永琴等（2016）在野外对地黄属不同植物观察中发现，天目地黄开花时间最早，在 3 月底开花，湖北地黄和地黄在 4 月上旬开花，茄叶地黄则在 4 月中旬开花，裂叶地黄开花最迟，一般在 5 月开花。地黄属植物从现蕾到开花，一般需要 5～10d。单花开花时间长短类似，一般为 5～7d。成熟的花蕾白天均可开花，但上午 10:00 左右开花较集中，夜晚不开花。开花时柱头明显高于花药，空间距离一般为 2～5mm。开花当日或花后 1d，其中一对花丝伸长，花药开裂散粉，另外一对花丝滞后 1～2d 伸长散粉。茄叶地黄的柱头呈半圆形、天目地黄柱头呈钝圆形、湖北地黄柱头则呈广圆形，地黄、裂叶地黄和高地黄的柱头裂开成两片状。不同地黄属植物花期（从始花到终花经历时间）长短差异也较为明显，茄叶地黄花期一般为 30～40d，地黄花期一般为 45～50d，天目地黄、湖北地黄和裂叶地黄花期稍长，可长达 60d 左右。

2. 传粉方式

地黄属于典型异花授粉植物，地黄属植物的花均具有蜜腺，位于花冠筒和花柱基部，花朵开放时会分泌花蜜。由于蜜腺内含糖量较高，有利于吸引访花昆虫传粉，因此地黄花也属于虫媒花。张猛猛等（2014）对地黄访花昆虫种类进行研究发现，地黄的访花与传粉昆虫有蜜蜂和蝇类，蜜蜂是地黄主要的访花昆虫，访花集中在 9:00～15:00，在一朵花上停留的时间为 5～25s。在地黄属植物中，除了湖北地黄花冠颜色较淡外，天目地黄、裂叶地黄和高地黄的花朵颜色均较为鲜艳，地黄和茄叶地黄的花朵虽小，但花冠筒颜色紫红，也有利于吸引访花昆虫。

3. 结实特征

地黄属内不同物种间的结实习性也存着明显差异，总的来说，地黄属植物自交亲和力较低，不结实，属于典型的异交繁育植物。李建军等（2012）研究发现，地黄不同品种之间进行杂交，结实率在 30%～100%。为了克服地黄的自交不亲和性，刘清琪和毛文岳（1983）把花粉直接授在裸露的胚珠表面，并通过离体培养的方法，成功获得了试管授精的地黄植株。程永琴等（2016）发现天目地黄、湖北地黄和地黄自花授粉不能结实，但裂叶地黄自花授粉可以结实，在自然条件下，自然授粉和人工异株授粉可以提高结实率。地黄属植物均属于异交繁育系统，部分虽然自交亲和，但需要传粉者的参与。

第二节　地黄的本草考证

一、地黄基原植物历史考证

查阅历代中医药相关典籍，发现较早记载地黄的古籍主要有《列仙传》《尔雅》《广雅》《说文解字》《神农本草经》等。古代著作中，地黄有“苄”“地髓”“芑”等不同称呼。《尔雅》注释中将“苄”称为地黄，并首次附“苄”植物的墨线图（图 1-5a）。观图可知，图片中“苄”植物叶片铺地而生，茎从中间生出，茎端有花，但花的形态接近于头状花序，与当今地黄基原植物的总状花序差别较大，因此《尔雅》中记载的“苄”可能不是地黄。

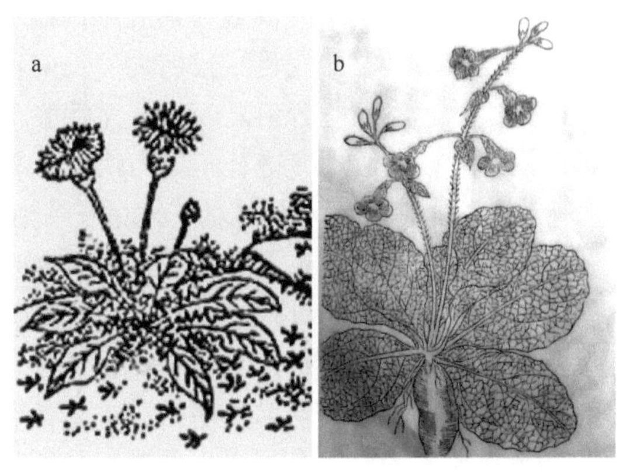

图 1-5　不同典籍中对于地黄的记载

a.《尔雅》中的苄；b.《植物名实图考》中的地黄

虽然上述古书中有关地黄形态均有大量描述，但关于其基原植物的考证均无详细记载。宋朝苏颂编著的《本草图经》是最早对地黄基原植物形态进行记载的本草著作，载地黄：“二月生叶，布地便出，似车前，叶上有皱纹而不光，高者及尺余，低者三、四寸，其花似油麻花而红紫色，亦有黄花者，其实作房如连翘，子甚细而沙褐色，根如人手指，通黄色，粗细长短不常。二月、八月采根”。可见其描述与当今所用地黄基原植物一致。其后，李时珍在《本草纲目》中记载地黄：“其苗初生塌地，叶如山白菜而毛涩，叶面深青色，又似小芥叶而颇浓，不叉丫。叶中撺茎，上有细毛。茎梢开小筒子花，红黄色。结实如小麦粒。根长四五寸，细如手指，皮赤黄色，如羊蹄根及胡萝卜根，曝干乃黑，生食作土气，俗呼其苗为婆婆奶”。其形态特征描述与《本草图经》相近，但由于根的粗细受生长季节影响，对于根“细如手指”的描述可能是野生地黄，也可能为生长前期的栽培地黄。另外，吴其浚在《植物名实图考》中详细揭示了地黄花冠基部有蜜腺，而且著作中首次手绘了地黄形态图（图 1-5b），确切地反映了地黄的形态特征。

由历代本草所描述的地黄基原植物的形态可知，秦汉时期地黄的记载名称较为混乱，无具体的形态特征描述，部分本草中记载的并非地黄。从宋代开始，对地黄基原植物的形态已经有了非常清晰的描述，其特征与现今的玄参科植物地黄一致。

二、地黄道地产区考证及其栽培驯化

（一）地黄道地产区考证

地黄始载于汉代《神农本草经》，曰“一名地髓，生川泽”，但当时尚未形成道地药材的概念。汉末《名医别录》首次明确记载地黄“一名苄，一名芑，一名地脉，生咸阳黄土地者佳，二月、八月采根，阴干”。南北朝梁时期陶弘景《本草经集注》载“咸阳即长安也。生渭城者乃有子实，实如小麦。淮南七精散用之。中间以彭城干地黄最好，次历阳，今用江宁板桥者为胜”，说明当时咸阳、彭城（今江苏徐州）、历阳（今安徽和县）、江宁板桥（今江苏南京一带）均产地黄，而且干地黄以彭城最好，历阳其次。药材产地多受自然环境、土壤状况和人口聚集的影响，竺可桢（1972）在《中国近五千年来气候变迁的初步研究》中详细描述到：东汉魏晋南北朝的温度相比现在低 1～2℃，黄河流域一带与今北京的物候相似。气温的变化导致植物生长南移，地黄出现在偏南的江苏、安徽在自然环境上是现实的。况且魏晋南北朝时期盛行服食之风，当时江南的贵人、名人、文人对求仙极度渴望，以葛洪的《抱朴子》为代表，葛洪将服食药物分为草木、金石两大类，以草木补养疗饥，以金石不死成仙。地黄在《抱朴子》中属仙药，有：“楚文子服地黄八年，夜视有光，手上车弩也”的记载，是服食的重要药材。而当时南北割据，货物不通，北朝咸阳的地黄不能及时到达南朝，于是便以政治中心附近作为产地，保障南朝江南名流的药物需求，且南方的地黄块根肥大多汁，很适合服食或酿酒。因此《本草经集注》作者陶弘景，这位南北朝梁时期的医学家、道士、炼丹家，在服食当时盛行的地黄时得出“江宁板桥者为胜”是可以理解的。隋唐《本草拾遗》载：地黄出江南、怀庆及浙杭。今咸阳、渭城亦有，以江南者为上，首次提及怀庆地黄，这与隋唐时期药材市场和药材种植逐步形成有关。宋朝《证类本草》记载的冀州（今河北冀州）地黄和沂州（今山东临沂）地黄的植物图片说明当时两地也是地黄的主要产地。宋朝苏颂的《本草图经》载“地黄生咸阳川泽，黄土地者佳，今处处有之，以同州为上”，说明当时地黄的产地较多，以同州（今陕西大荔县）所产的地黄质量较好。明朝《本草品汇精要》中第一次提出怀庆府为地黄的道地产区，质量较好。此后的《本草蒙筌》《本草纲目》《本草从新》等著作中均将怀庆府视为地黄的道地产区，并一直延续至今。

现代研究成果表明，河南焦作产地黄以其质优效佳闻名于世。刘长河等（2001）和张留记等（2007）研究发现，河南温县、武陟等产地的地黄中梓醇、地黄苷 A 等主要药用活性成分的含量均显著高于其他产区，说明焦作作为地黄的道地产区具有一定的科学依据。地黄道地产区北依太行，南临黄河，西面为低山丘陵区，北面为中山区，向东为广阔的华北平原，地势总体西高东低，海拔 80～200m。主要地貌类型有黄土台地丘陵、低山丘陵、山前倾斜平原、堆积平原等。黄土台地丘陵主要分布在济源轵城至孟州西虢之间，为黄土覆盖区，形成数米至数十米的黄土塬、黄土丘陵及黄土台地。产区以西为低山丘陵区，地形起伏不大，土地贫瘠。山前倾斜平原为沿太行山前分布的洪积倾斜平原。堆积平原分布于产区的中东部大部分地区，广泛发育于沁河、黄河泛滥淤积平地和古河道滩地，地势平坦、辽阔，土层深厚，土壤肥沃，水源丰富，也是主要的农业生产区。正是焦作地区这些独特的地理环境优势，构筑形成了其生境特有的光照、温度、水质、土质及微生物等生境因子。当地黄与这些独特生境结合，经历了数千年的驯化、适应和进化，形成了具有特有外形（优形）、内在质量（优质）及临床功效（优效）特征的道地药材“怀地黄”。

（二）地黄的栽培驯化与品种类型的形成

1. 地黄栽培驯化历史

宋朝以前的本草著作中关于地黄的描述接近于野生地黄，宋朝《本草图经》记载地黄“种之甚易，根入土即生”，说明当时药农已经开始人工种植地黄；书中又记载“古称种地黄宜黄土”，记载中的“古”指秦汉时期，“今不然，大宜肥壤虚地，则根大而多汁”，其对地黄的描述与当今的栽培地黄更为接近，书中详细叙述了获得优质地黄的种植方法，说明地黄在当时已经有很长的种植历史。

明代卢之颐撰《本草乘雅半偈》中记载，地黄“种植之后，其土便苦，次年止可种牛膝。再二年，可种山药。足十年，土味转甜，始可复种地黄”，说明至少在明清时期人们就已经意识到地黄栽种时的连作障碍问题。相传唐初，黄河中下游发生瘟疫，孙思邈于现焦作博爱县的圪垱坡行医，以四大怀药为原料，制作屠苏酒，广为散发，并教授人们种植四大怀药。同时，孙思邈的《备急千金要方》中也记载了地黄的块根繁殖，指出“择肥大好地黄根切”，《千金翼方》也详述了地黄的整地作畦方法，可证明在唐朝时期，怀庆地区已有成熟的地黄栽培技术。至今，焦作的温县、武陟、沁阳等依然保留着种植怀药的传统，是怀地黄道地产区形成的重要历史原因。

2. 地黄栽培品种类型

随着地黄人工栽培时间的发展，以及大量野生地黄栽培驯化的成功，其品种应运而生。《证类本草》中关于冀州地黄和沂州地黄的植物描述（图 1-6a、b）较早反映了不同栽培类型的地黄形态差异。《本草图经》关于地黄“大宜肥壤虚地，则根大而多汁”的记载，表明当时的地黄栽培中就已经有块根膨大的栽培类型。《本草蒙筌》称怀庆地黄特征为“皮有疙瘩”，说明当时已经出现了不同栽培资源类型，具有了地黄品种的概念雏形。清代《药性蒙求》载“今肆中所用鲜地黄是另一种，出杭州笕桥，其形亦细长不同，其治亦大热之症”，则形象地描述了江浙地带曾经普遍栽培的笕桥地黄的形态特征。《植物名实图考》记载的两种地黄图片则首次清晰地反映了不同栽培地黄在膨大的块根、叶形和叶缘锯齿等外形性状的区别（图 1-6c、d），确切揭示了地黄存在不同栽培类型或品种。

纵观地黄的栽培历史可以明确地发现，秦汉以前，地黄主要以采集野生资源利用为主，从宋代开始，地黄已经实现了大面积栽培利用，在其栽培驯化过程中，形成了不同的栽培地黄类型。因此，地黄的栽培历史至少有 1000 余年。近代随着地黄资源收集、保存、利用及各种育种技术的应用，培育出了一系列表型特征差异明显的优良地黄栽培品种。有资料记载，温县最早开始培育地黄品种的是温县后崔庄村的崔大毛，1917 年他从野生地黄中培育出一个品种，其主要性状表现为株型小，半直立，叶片较稀，广卵形

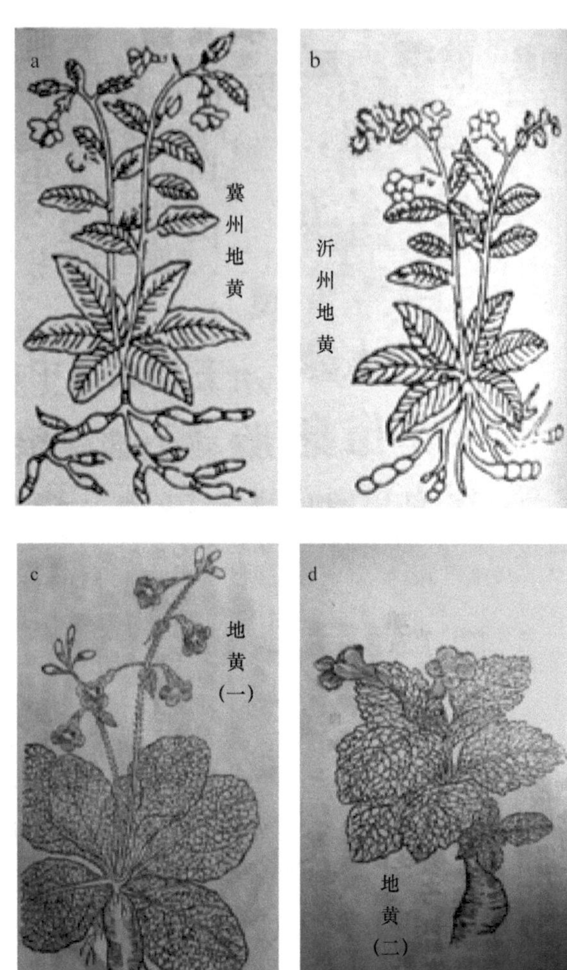

图 1-6　古籍记载的栽培地黄的形态特征

a、b.《证类本草》中的冀州地黄和沂州地黄株型；c、d.《植物名实图考》中的两种地黄株型

至长椭圆形，叶泡状隆起，叶深绿，边缘呈波状，齿较小，命名“四齿毛”，它产量高，但抗病虫害能力差。到 1920 年，温县番田镇药农李井寿从坟地的野生地黄中选择了一颗较壮的进行管理，直到开花结籽，收集苞蕾内的六格籽，分别种到花盆内，待出苗后精心培育，再与家种地黄进行杂交，经过三年的精心培育，育出一个新品种——金状元，其特点是基生叶宽而肥大，叶色呈深绿色，叶面有明显泡状凸起，叶背面有紫红色斑片，抗逆能力较强，产量高。近年来，一系列地黄优良品种，如北京 1 号、北京 3 号、温 85-5、白状元、金九等不断被选育出来。这些品种均具有不同的优良性状，在产量、质量、株型、叶形、块根形态、药用成分、适应性、抗病性等方面各有优势，可以根据生产的需要选择合适品种，或者合理搭配不同品种进行栽培。

3. 地黄主栽品种与野生资源性状差异

地黄拥有丰富多样的野生遗传资源，蕴含着大量优良性状，为人工栽培品种驯化和选育提供了宝贵的亲本资源材料。在地黄长期的栽培生产过程中，经人工驯化和选择形成了几十个具有典型特征的农家种、地方品种和主栽品种，在植株形态上呈现出丰富的遗传变异特性。通过对目前生产上 18 个地黄主栽品种及相关野生品种的关键形态指标和主要农艺性状进行总体评价和分析，并结合主要性状指标的统计学聚类分析，发现生产上主要栽培品种可以明显分为三个类群（图 1-7）。

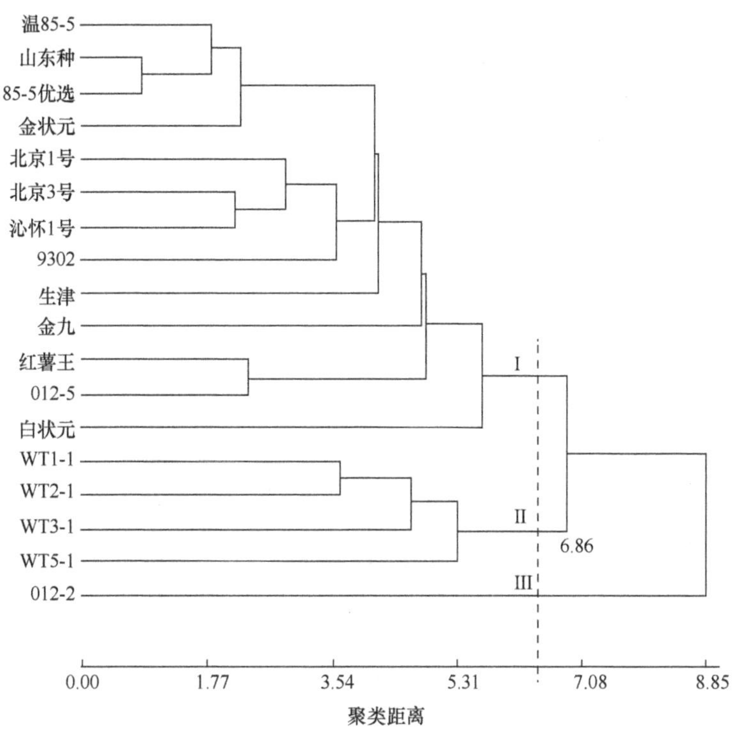

图 1-7　地黄种质资源形态特征聚类图

从地黄类群划分结果可以看出：类群 I 包括：温 85-5、山东种、85-5 优选、金状元、北京 1 号、北京 3 号、沁怀 1 号、9302、生津、金九、红薯王、012-5 和白状元等 13 份地黄种质资源，这些地黄全部为栽培地黄品种或变异类型，主要特征是冠幅较大，叶片多，叶片宽大、肥厚，块根粗大，单株产量高。类群 II 包括：WT1-1、WT2-1、WT3-1、WT5-1 等 4 份野生地黄资源，主要特征是冠幅小，叶片小、薄且数量较少，块根细长条形（直径 0.62～1.25cm），商品性状较差，单株产量很低。类群 III 只有 1 个名为 012-2 的地黄资源材料，是一个明显不同于栽培品种和野生地黄的新变异类型，其主要特征是株型直立，冠幅大，茎粗，叶片大且多，块根长条形，芦头长，单株块根数多，菊花心比例大（大于块根直径的 2/3），单株产量高。

三、地黄的加工、炮制与质量鉴别

（一）地黄加工形式的演变

中药材经过一定的加工炮制后可制备成饮片。地黄炮制加工方法不同其药效也不相同，同时，不同炮制加工方法所对应的药用名称也不尽相同。历史上有生地黄、干地黄和熟地黄等三种药用名称，但不同时期本草著作对地黄名称的记载及对生地黄、干地黄及熟地黄三者的界定标准并不一致。最早，对地黄有完整记载的本草书籍《神农本草经》，解释地黄采根后阴干即为“干地黄”，这是关于地黄加工方法的最早记载。《本草经集注》中关于地黄的记载与《神农本草经》相同。《名医别录》中则分别记载了“生地黄”和“干地黄”，将采根后阴干的地黄称为“生地黄”，而对于“干地黄”却无明确的加工炮制方法的记载，书中的“生地黄”和“干地黄”可能是采用不同的方法加工而成。南北朝《雷公炮炙论》中记载干地黄加工方法为“凡使，采生地黄，去白皮，瓷埚上柳木甑蒸之，摊令气歇，拌酒再蒸，又出令干”，著作中虽记载有熟地黄的炮制方法，但并没有将其称为“熟地黄”，而称其为“干地黄”。

唐朝《新修本草》以“干地黄”的形式记载地黄，其加工方法与秦汉时期相同。《千金翼方》中分别记载了“生地黄”与“干地黄”，其界定标准与《名医别录》一致。宋朝《本草图经》中则较为全面地记载了“生地黄”“干地黄”“熟地黄”的加工炮制方法，但著作中将阴干后的地黄称为“生地黄”，曝干或火干后的地黄为“干地黄”，而对熟地黄的记载为“二月、八月采根，蒸三、二日令烂，曝干”。《证类本草》中对“生地黄”与“干地黄”的描述与《本草图经》相同，对熟地黄的记载有“下肥地黄浸漉令浃，饭上蒸三、四过，时时浸漉转蒸讫，又曝使汁尽。其地黄当光黑如漆，味甘如饴糖，须瓷器内收之，以其脂柔喜曝润也”和“采生地黄去白皮，瓷锅上柳木甑蒸之，摊令气歇，拌酒再蒸，又出令干”两种。明朝《本草蒙筌》记载生地黄和干地黄中提到了“日干”“火干”“蒸干”“生干”四种加工方式，而且记载“酒润蒸黑，名熟地黄”。《本草纲目》《医学入门》著作中均记载了生地黄和熟地黄。清朝《本经逢源》记载“采得鲜者即用为生地黄，炙焙干收者为干地黄，以法制过者为熟地黄”。《本草求真》记载生地黄“性未蒸焙。掘起即用。甘苦大寒”。

地黄加工形式记载名称的演变历史表明，不同时期对地黄加工炮制内容及界定标准比较混乱。秦汉以前，地黄主要以“生地黄”和“干地黄”形式记载，其中“生地黄”多指鲜地黄，而“干地黄”则是指阴干后的地黄。唐宋时期，“熟地黄”名称开始在典籍中出现，其加工炮制方法主要是蒸制或酒制，工艺已比较成熟。另外该时期地黄的加工方式除阴干外，又增加了曝干和火干两种，并称阴干后的地黄为“生地黄”，曝干或火干后的地黄为“干地黄”，这可能与古人在地黄临床用药的过程中发现阴干、曝干、火干后其药效和功效存在一定差异有关。明清时期，地黄以“生地黄”和“熟地黄”名称记载，“生地黄”指新采挖的鲜地黄，而将炙焙后的地黄称为“干地黄”。以上记载说明，秦汉以前干地黄的主要加工方式为阴干，唐宋之后曝干和火干则为其主要加工方式，这可能是秦汉以前地黄主要以野生为主，块根较细，而唐宋之后随着地黄栽培类型的出现，块根变粗，阴干时间较长，易造成地黄的变质，因此采用了干燥时间较短的曝干和火干方式，这也从侧面反映了我国地黄栽培有着悠久的历史。目前，根据地黄的临床功效，地黄加工方式通常被统一分为“鲜地黄”、“生地黄”与“熟地黄”三种，其中，“鲜地黄”指古书中的“生地黄”，“生地黄”则指古书中焙干后的地黄，而“熟地黄”则与古书中的“熟地黄”一致，主要指蒸制或酒蒸地黄。

（二）地黄质量鉴别方法的考证

中药材质量是保证其临床疗效的基础和前提，古人在长期的临床用药过程中，通过观察、实践、总结，形成了一套朴素有效的鉴别地黄质量优劣的方法。宋代《本草图经》记载："又医家欲辨精粗，初采得以水浸。有浮者名天黄，不堪用；半沉者名人黄，为次；其沉者名地黄，最佳也"；又载熟地黄"地黄当光黑如漆，味甘如饴糖，须瓷器内收之，以其脂柔喜暴润也"；明代《本草蒙筌》记载"怀庆生者，禀北方纯阴，皮有疙瘩力大。用试寸水，分别三名。浮者天黄，沉者地黄，半浮沉者人黄"；《医学入门》记载生地黄"水试浮者为天黄，半沉者为人黄，俱不用，沉重者为地黄，最胜"；清代《本草备要》记载"以怀庆肥大菊花心者良"；《本草从新》记载"以怀庆肥大而短，糯体细皮，菊花心者佳"。

历代本草书籍关于地黄质量优劣鉴别方法的记载表明，秦汉时期，地黄质量主要依据药材的产地进行评判。自宋代开始，随着地黄野生资源人工栽培驯化的成功及相应栽培技术的发展，地黄产地也相对得到拓展，古人在产地鉴别的基础上开始运用最简单的物理方法来鉴别不同产地所产地黄的内在质量，但仅限于鉴别生地黄的质量。例如，比较公认的地黄质量鉴别方法为水试法，该方法从宋代开始一直沿用于明末清初。对于熟地黄的质量鉴别，历代本草书籍记载相对较少，主要鉴别特征为"黑如漆，味甘如饴糖"。明代以后，随着怀庆府一带作为地黄道地产区地位的确立及地黄栽培品种的大量涌现，品种特有的形态特征也逐渐成为人们鉴别地黄质量优劣的标准。例如，清代本草著作记载以块根"肥大而短，糯体细皮，菊花心者佳"作为鉴别怀庆一带地黄质量优良的特征。近代研究发现，不同地黄品种菊花心的表型特征及质量特征差异较大（图 1-8），也佐证了道地药材的形成是环境因素与遗传因素互作的结果。

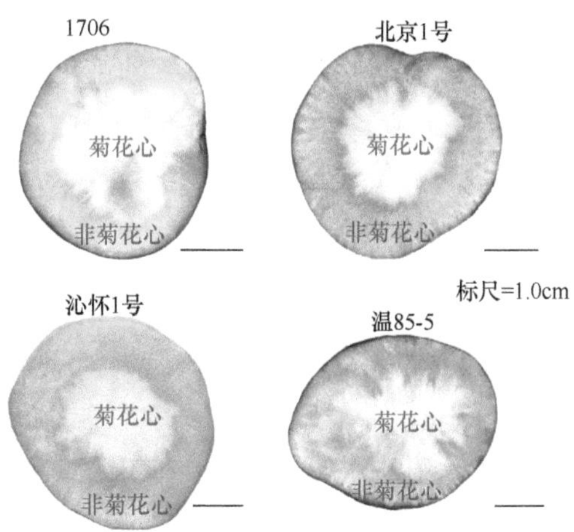

图 1-8　不同地黄品种块根菊花心的特征差异

四、地黄的药性与功效考证

（一）生地黄（鲜地）

1. 药性

生地黄在历代本草的记载中多指鲜地黄，《名医别录》最早记载了其药性，谓之"大寒”。其后，唐宋时期记载生地黄的药性与秦汉时期相同。明代《医学入门》载“寒甘苦味”；《药鉴》载“气寒，味甘苦，无毒，气薄味浓，沉也，阴中阳也”；《本草再新》：味甘苦，性微寒，无毒。《本经逢源》载“生地黄性禀至阴，功专散血，入手足少阴、厥阴，兼行足太阴、手太阳”；《本草新编》载“生地，味苦甘，气寒，沉也，阴也。入手少阴及手太阴”；《本草求真》载地黄：甘苦大寒。手少阴属心经穴，足少阴属肾经穴，手足厥阴属于心经和肝经学。根据古代本草文献对生地黄主要药性的记述情况，可将生地黄的药性概括总结为“性大寒，味甘苦，无毒，入心、肝、肾经”，与现代记载鲜地黄的“甘、苦，寒。归心、肝、肾经”相一致。

2. 功效

《名医别录》最早记载生地黄功效为“主治妇人崩中血不止，及产后血上薄心、闷绝，伤身、胎动、下血，胎不落”。《千金翼方》对其功效的记载与《名医别录》相同。《医学入门》载“滋肾凉心清肺胃，调脾养肝润二肠，妇人崩漏胎产治”；《药鉴》载“性虽大寒，较熟地则犹宜通而不泥膈，故能凉心火之血热，泻脾土之湿热，止鼻中之衄热，除五心之烦热”；《本经逢源》又载“生地黄凉血”；《本草新编》载“凉头面之火，清肺肝之热，亦君药也。其功专于凉血止血，又善疗金疮，安胎气，通经，止漏崩，俱有神功”；《本草求真》将其“解热”作为主要功效。根据古代本草文献记载，生地黄功效主要体现在解热、凉血、止血、驱湿热、健脾养肝等方面，治疗病症多与热证有关，与现代药典记载鲜地黄的“清热生津，凉血，止血。用于热病伤阴，舌绛烦渴，温毒发斑，吐血，衄血，咽喉肿痛”等功效基本一致。

（二）干地黄（生地）

历代本草记载干地黄的加工方式主要有阴干、曝干和火干三种。干地黄加工方式的不同，导致了历代本草文献关于干地黄药性和功效的记载比较混乱。

1. 药性

《神农本草经》记载干地黄“味甘寒”；《名医别录》载“味苦，无毒”；《本草经集注》和《证类本草》均载“味甘、苦，寒，无毒”；《本草蒙筌》载“日干者平，火干者温”；《医学入门》载“日干者微寒，火干者微温”；《本草求真》载“味苦而甘。性阴而寒”“专入肾。并入心脾”；《本草备要》载“甘苦而寒，沉阴而降。入手足少阴、厥阴，及手太阳经”；《本草乘雅半偈》记载“甘寒，无毒”；《本草害利》载“甘寒，入心、肝、肾、小肠”。由此可见历代本草典籍对于干地黄药性有“甘寒”“苦”“味甘、苦，寒”“甘苦而寒”“甘寒”等多种不同的记载。但历代典籍在对“苦”这一药性上有较多的争议，明朝以前的本草典籍中记载干地黄有“苦味”较多，而清朝后期则记载很少，这可能是明代以前对于干地黄加工方式的界定比较混乱，而不同的加工方式对干地黄中苦味物质的含量及多糖的水解程度影响较大，导致了阴干、曝干及火干后的干地黄在药性上产生了差异。清朝后期，干地黄的加工方式基本统一为“焙干”，焙干过程中苦味物质减少，多糖转化为单糖，因此甘味增加、苦味降低。关于干地黄的归经，清朝以前记载较少，之后则记载干地黄主要入心、肝、肾经，这与 2020 年版《中国药典》记载干地黄“甘，寒。归心、肝、肾经”的药性基本一致。

2. 功效

《神农本草经》记载“折跌绝筋，伤中，逐血痹，填骨髓，长肌肉，作汤，除寒热积聚”；《名医别录》载“主治男子五劳、七伤，女子伤中、胞漏、下血，破恶血、溺血，利去胃中宿食，饱力断绝，补五脏内伤不足，通血脉，益气力，利耳目”；《本草经集注》和《证类本草》均整合了《神农本草经》《名医别录》中干地黄的功效。《本经逢源》载“内专凉血滋阴，外润皮肤荣泽”；《本草备要》载“滋阴退阳，生血凉血”“治血虚发热（经曰：阴虚生内热），劳伤咳嗽（咳嗽阴虚者），地黄丸为要药，亦能除痰”；《本草乘雅半偈》记载“主伤中，逐血痹，填骨髓，长肌肉，作汤除寒热积聚，除痹，疗折跌绝筋。久服轻”；《本草害利》载“阴虚咳嗽，内热骨蒸，或吐血等候”。据此，有关古代本草文献对于干地黄主要功效性的记述，可概括为“滋阴退阳，生血凉血，可益气、通血、生津，治疗病症多为热证和虚证”，与现代药理表明的干地黄具有“清热凉血，养阴生津。用于热入营血，温毒发斑，吐血衄血，热病伤阴，舌绛烦渴，津伤便秘，阴虚发热，骨蒸潮热，内热消渴”基本一致。

（三）熟地黄（熟地）

1. 药性

《本草蒙筌》在“生干地黄”名录下首次对熟地黄的药性进行了记载，谓“酒润蒸黑，名熟地黄”“性微温稍除寒气，入手足少厥阴经”。其后，《医学入门》中首次在熟地黄项下，对其药性及归经进行详细记载：“甘苦温平”“沉而降，阴也。入手足少阴、厥阴经”；《本草新编》中载“熟地，味甘，性温，沉也，阴中之阳，无毒。入肝肾二经”；《本草求真》载“甘而微温。味浓气薄”“专入肾。兼入肝”。可见从明朝后期才开始对熟地黄的药性进行记载，其药性可总结为“甘而微温，无毒入肝肾经”，与现今熟地黄的药性一致。

2. 功效

《本草蒙筌》首次对熟地黄的功效进行记载，谓之“大补血衰，倍滋肾水。增气力，明耳目，填骨髓，益真阴。伤寒后，胫股最痛者殊功”；《医学入门》谓之“补血填髓滋肾精，疗伤寒后腰股痛，除新产罢腹脐疼”；《本草新编》载“生血益精，长骨中脑中之髓”；《本草求真》载其“能滋肾”“专补肾脏真水”。可见，明清时期对熟地黄的记载表明，其功效主要为“补血、填髓、滋肾、益精，可增气力、明耳目、填骨髓、益真阴”等，与当今酒蒸或蒸制的熟地黄功效相近。

第三节　地黄的生育习性

地黄为多年生药用植物，在道地产区怀庆府（今河南省焦作市温县、武陟县等沁河一带）的地黄生产中，一般将其生育时期概括为两个阶段：一个是营养生长阶段，即地黄从 3～4 月播种，到 10～11 月收获中间所经历的时间，一般地黄需经历 6～8 个月（180～240d）时间才能完成营养生长阶段的发育。在营养生长阶段，主要进行根、茎、叶的生长和形成及植株形态建成，其中块根是营养生长阶段的主要营养中心和主要物质贮存库；另一个是生殖生长阶段，在营养生长阶段末期，不收获已经膨大的块根，将其留置于栽培地内越冬，经过低温春化后，翌年春节随着温度转暖，地黄开始抽薹、现蕾和开花。一般从当年 3 月花芽分化，到 6～7 月果实成熟，共经历 100d 左右。即在地黄整个生长过程中，前期主要进行地上部分生长，4～7 月为叶片生长期，7～10 月为块根迅速生长期，9～10 月为块根迅速膨大期，在霜降后（一般在 10 月下旬）地上部逐渐枯萎，停止生长，进入自然越冬阶段。田间越冬植株，第二年春天均会开花。一般在地黄生产中，为了便于管理，将其生育进程划分为 4 个关键时期。不同生育时期对环境条件要求不同，了解和掌握地黄不同生育时期的生长发育规律与生态环境因子的关系，对正确指导地黄规范化生产具有重要的实践意义。

一、地黄生育时期的划分

（一）营养生长

1. 出苗期

生产中地黄一般不采用种子播种，只是在地黄育种或繁殖材料保存管理时，才会采用种子繁殖和实生苗栽培的方式。地黄种子很小，千粒重约 0.19g。地黄为多倍体植物，种子萌发率相对较低，同时，种子后代性状分离严重（图 1-9）。地黄种子是典型的光萌发种子，没有休眠期，在室内散射光条件下只要温湿度适宜即可发芽。种子播于田间，在 25～28℃条件下，7～15d 即可萌发出苗，8℃以下时种子不萌发。种子出苗的时间、

图 1-9　地黄种子繁殖后代性状发生严重分离

快慢主要与出苗时候的温度、湿度条件有关，在一定温度范围内，温度越高种子萌发出苗速度也相对越快。

在地黄栽培生产中，主要采用块根作为繁殖器官，作为播种材料的块根，也被称为“种栽”“栽子”。“种栽”在温度大于 20℃、湿度适宜的条件下，发芽快，10d 即可出苗，日平均温度在 11～13℃时出苗则需 30～45d，而日平均温度在 8℃以下时块根则不能萌发。所以，生产上春季栽培地黄，常需采用地膜覆盖栽种以增加地温促进块根萌芽。地黄块根具有较强的萌芽能力，单个块根萌芽的数量与块根大小、健壮程度和芽眼分布有关，大而肥厚、直径较粗的地黄发芽能力强，发芽数量也多。对于单个块根而言，块根顶部芽眼多，则发芽生根也多，向下芽眼依次减少，发芽生根也就依次减少。

2. 盘颗期

地黄出苗以后进入盘颗期，一般持续 40d 左右。在地黄盘颗前期，地上部位主要以长叶为主，道地产区在 4～7 月为叶片生长期，在此期间叶片数量迅速增多、叶面积迅速扩大，同时幼苗期抽出的位于茎基部的小叶逐渐枯萎脱落。地黄盘颗期结束后，地上部分的叶片数基本定型，叶面积也基本上达到全株最大。地黄品种不同，单株总叶片数也略有差异。盘颗后期，地黄开始经历夏季高温季节，植株的老叶枯死速度变快，但由于高温，新叶的伸长和生长变得较为缓慢。总的来说，地黄盘颗后期地上部分还在生长，但生长速度变得极为缓慢。在地上部分叶片迅速生长的同时，地下部分根系也逐渐生长延伸、发育。通常位于地黄块根芽眼处须根伸长至 10～20cm 时，根系中部开始缓慢膨大。在此阶段，除了根系开始伸长膨大外，大量的须根从根基部或膨大根上开始长出，根系的总吸收面积不断扩大。

3. 膨大期

膨大期地黄正处于地黄块根迅速生长期，外界环境温度也相对较高，在此阶段地黄的地上部分生长逐渐停止，块根膨大速度开始加快，块根中干物质同步积累。生产上，地黄块根膨大速度最快可达到 1cm/10d 的速度，干物质积累量可达到 1～4g/d。随着地黄新生块根不断增粗，块根两侧会逐渐分化形成新的、呈线性的芽眼。伴随着块根发育，其芽眼也逐渐发育成熟，并具备发芽能力和作为繁殖材料的潜力。在地黄植株不同部位的块根，其芽眼的数量和萌蘖能力也存在着明显差异。生产上，地黄块根膨大形成期是决定地黄产量高低的极为关键的时期，也是对营养和水分需求的敏感期，此期间，地黄所处的外界环境又处于高温、高湿季节。因此，在地黄块根膨大形成期，田间管理工作极为重要，既需要做到肥水的及时供应，又需防止干旱和田间积水，做好排灌工作，并做好病害防治。

4. 收获期

从 9 月下旬开始地黄营养生长基本处于完全停止状态，此时叶片不再生长并逐渐干枯，块根发育停止，地黄进入收获期。生产上，一般长势较好的地黄，其叶片的功能也会持续一段时间，收获期也相应可以延长至 10 月底到 11 月初。长势较差的地黄，其叶片在 10 月中旬已经开始枯萎，仅存中心叶还保持、镶嵌些绿色。在地黄收获期间，地面的温度逐渐下降到10℃以下，已经不能满足地黄正常生长的需要，地黄地上部位的叶片开始出现大面积的枯萎。

（二）生殖生长

只有在地黄育种和种质资源保存过程中，才有地黄生殖生长阶段管理。对于生产田中没有收获的地黄，随着环境温度的逐渐降低，会出现温度适应性的应激反应，叶片开始大量积累花青素，叶片逐渐发红。一般叶片的背面先着色，然后逐渐过渡到叶正面，直至整个叶片呈现通透的红色。到 11 月中旬，全田植株地上部分基本呈现红色，随着温度的持续下降，地上部分开始枯萎，但地下部分块根仍然维持着较弱的生命活动，开始自然越冬，当年不开花，此时作为商品药材可以进行采挖。第二年春季，随着温度回升，地上部分开始重新抽出新叶，同时部分未失去活力的老叶开始返青、变绿。返青后的 20～30d，植株迅速开始抽薹、开花，具体开花时间、花期长短则与地黄品种、环境条件等因素密切相关。在地黄完成授粉、受精后，其蒴果进入种子充实和成熟期。

理论上，地黄属于日中性植物。地黄从第一年生长，经过低温诱导，第二年可进入生殖生长。只有在地黄资源、品种选育时，才会继续保留地黄植株越冬，让其开花结实。此外，地黄在营养生长期间，如果遇到极端环境条件胁迫，如低温、干旱等，处于营养生长期的地黄植株则会提前终止发育进程，直接转至生殖生长阶段，出现早花现象，开始抽薹开花。

（三）地黄对环境条件的要求

1. 温度

地黄的气候适应性相对较广，在光照充足、年平均气温达到15℃、极端最高温度不超过38℃、极端最低温度不低于–7℃、无霜期150d左右的地区均可栽培地黄。但不同生长发育阶段，其植株对温度的反应存在着明显差异。地黄种子属于典型的喜光种子，在黑暗无光条件下，即使温度、水分适合也不能发芽。地黄种子发芽的适宜温度为22～30℃，光照充足、湿度适宜的条件下，一般3～5d即可发芽。在室内具散射光的条件下，温湿条件满足即可发芽，但发芽速度相对较慢。在田间，温度在25～28℃条件下，地黄种子需要7～15d才能完成发芽。用作“种栽”的块根发芽的最适温度为15～21℃，光照和温湿度条件适宜时，10～20d即可出苗；若温度低于15℃，则出苗时间显著延长，至少需要30d；温度过高或过低块根均不易发芽，低于3℃加上高湿环境，地黄块根极易腐烂，而温度过高，块根的芽眼萌动也会受到抑制。地黄块根拉伸、膨大最适宜的温度为25～28℃，一般在温度大于20℃须根开始膨大，大于25℃膨大速度显著增加，低于15℃则块根膨大进程基本停止。地黄地上部分叶片的生长温度要求和根系发育基本一致，最适宜温度15～35℃，低于15℃和高于35℃叶片基本停止生长；如果温度继续降低到10℃，地黄叶内会大量合成、产生花青素，叶片变红；降至0℃，叶片细胞则开始死亡，叶片枯萎，进入越冬期。地黄在越冬期经历低温刺激，完成春化作用，花芽原基分化。越冬后，温度回升至10℃，开始抽薹、现蕾、开花、授粉和结实。

2. 光照

地黄是典型的喜光植物，野生地黄基本分布在阳光充足的山坡和田间地头。在影响地黄生长的众多环境因子中，对光照条件要求最为严格，光照环境好、阳光充足时则生长迅速，块根能有效膨大。我们为了研究光照条件对地黄块根形成的影响，在其他因素不变的情况下，分别用60%和90%的遮阴网对地黄进行遮阴处理，结果发现，遮阴后地黄叶片变平展，叶色由黄绿变深绿（图1-10a）；叶片上的泡状凸起减少或变小，且随着遮阴程度的增加而消失（图1-10a）；同时叶片变薄，叶肉栅栏组织和海绵组织细胞减少、变小（图1-10b）。遮阴30d后，两种遮阴处理叶片大小与对照相差不多，但叶片数量减少。遮阴60d时，90%遮阴的叶片长度、宽度和叶片数均显著低于60%遮阴和未遮阴对照。150d时，60%和90%遮阴处理的地黄叶片长度、宽度和叶片数均显著低于未遮阴对照（图1-10c）。这些实验结果表明，随着光照强度的减弱（遮阴程度的增加和遮阴时间的延长），地黄叶片表型和组织结构也受到严重影响，充分说明光照条件对地黄地上部叶片的正常生长、发育和功能建成有着极其重要的作用。

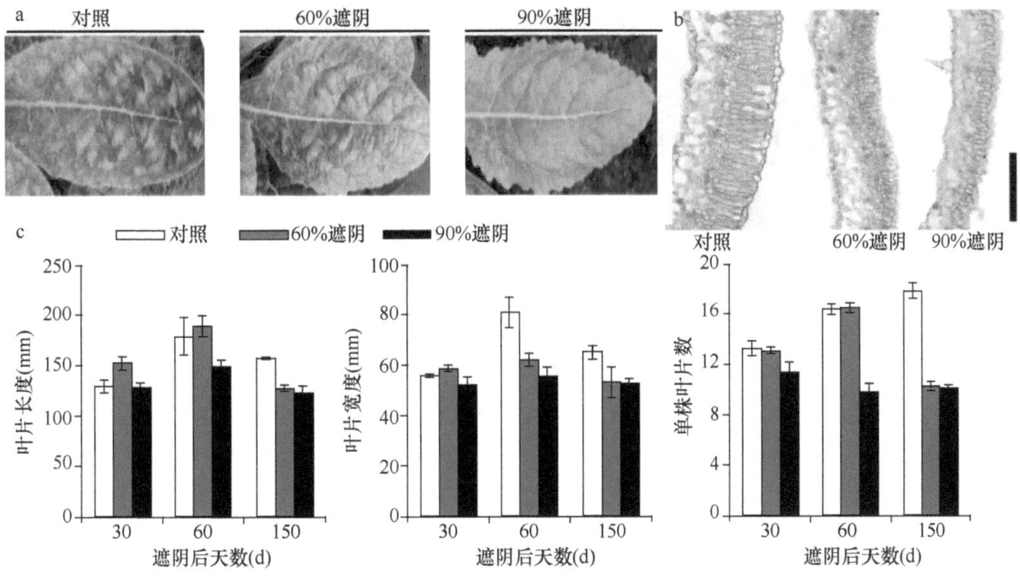

图1-10　遮阴对地黄叶片生长的影响

a. 遮阴对地黄叶片泡状凸起的影响；b. 遮阴对地黄叶片解剖结构的影响；c. 遮阴对地黄叶片长度、宽度和叶片数的影响

同时，遮阴处理对地黄块根的形成和发育同样影响较大。研究发现，地黄遮阴后，其块根膨大受阻，90%遮阴的地黄块根几乎不能膨大（图1-11a）。从块根的解剖结构来看，遮阴后地黄块根发育受阻，薄壁细胞层数减少，导管比例高，特别是90%遮阴处理的不定根与一般双子叶植物根的次生生长类似（图1-11b）。遮阴30d后，地黄块根长度、块根直径和单株块根重量均显著降低，并且90%遮阴处理效果最显著。在90%遮阴处理下遮阴150d后，块根直径和单株块根重量均没有明显增加（图1-11c）。另外，遮阴对于地黄块根的含水量也有明显的影响，在遮阴后30d、60d和150d，块根折干率随着光照强度的降低而减小（图1-11c）。但光照强度对地黄单株块根数目的影响较小，在遮阴

30d 和 60d 后，不同光照处理的单株块根数均无显著差异，遮阴 150d 后 90%遮阴的块根数则少于对照。

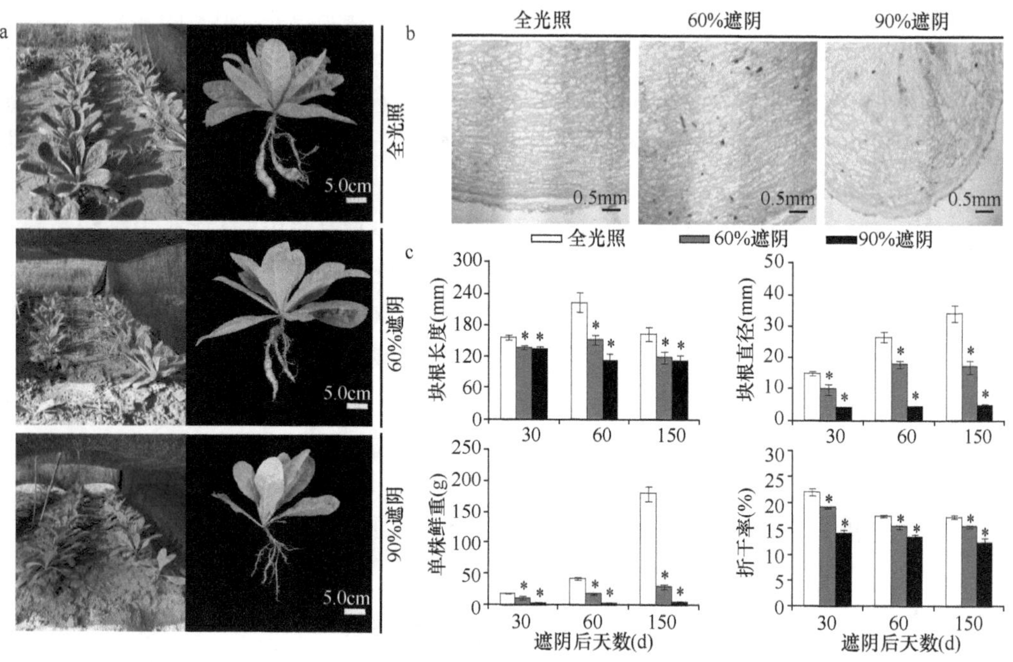

图 1-11　遮阴对地黄块根形成的影响

a. 遮阴处理 60d 后地黄的植株；b. 遮阴处理 30d 地黄块根的解剖结构；c. 遮阴后地黄块根的表型性状参数差异，*表示不同处理在 0.05（$P<0.05$）水平上的差异显著性

上述研究表明，光强是块根发育中必要的环境条件。充足的光照条件是地黄块根膨大的必要条件，荫蔽或光照不足的环境往往能显著影响地黄块根膨大。在地黄的生长发育期间，如果遇到阴雨连绵的季节或异常连雨天气，光照条件尤为不足，这时地黄的叶片就变得青绿偏黄、嫩而薄，此时植株抗逆能力较弱，极易受到病害和其他逆境条件影响而死亡。总之，遮阴实验给地黄的生产实践栽培提供了重要启示，在地黄生产中，其不宜种植在林缘、林下或其他弱光生境条件下，同时，在地黄的栽培布局中，应该尽量避免其与高秆作物间作或套作。

3. 水分

地黄不同生育时期对水分要求不同，是一种既需水又怕水、既耐旱又怕涝的植物，俗语说“地黄，地要黄墒”就是这个道理。所谓耐旱，主要表现在地黄生育中后期须根膨大为块根，整株根系须根比例显著减少，吸收面积下降，吸水能力较差，但由于块根自身具有比较强的贮水能力，较为耐旱，若过分干燥也不利于地黄的生长发育。所谓怕涝，即过于潮湿的气候、排水不良的土壤环境，不利于地黄的生长发育，极易促发根腐病的发生，导致根系腐烂。但地黄在不同生育阶段，由于植株生理生态适应变化，对土壤中含水量需求明显不同。在地黄种子或“种栽”的发芽出苗期，对田间持水量要求也不同，种子萌发要求田间有充足的水分，需田间含水量达到 20%～24%；而“种栽”含水量达到12%即可萌发；在地黄的幼苗期，叶片生长速度快，水分蒸腾作用较强，根系吸收面积小，一般土壤含水量保持在12%～18%即可满足植株的生长；当地黄根系进入块根膨大期时，田间持水量适度提高有利于块根膨大，一般保持在15%左右；当地黄块根接近成熟时，最忌积水，地面积水2～3h就会引起块根感病腐烂，特别是淹水后遭遇强光、高温环境，植株会迅速萎蔫、死亡。

4. 土壤与肥料

地黄为喜肥植物，肥料充足，块根肥大，产量高；肥料不足，植株生长瘦弱，根纤细，块根数量少。关于地黄的需肥特性，早在《本草图经》中就已经有详细记载："古称种地黄宜黄土。今不然，大宜肥壤虚地，则根大而多汁"。地黄喜农家肥、秸秆肥等有机肥料，在生产中以有机基肥为主，配施无机肥，施用肥料时，尽量做到少量多次。地黄喜疏松、肥沃、排水良好的土壤条件，砂质壤土、冲积土最为适宜，可使地黄产量高、质量好。如果土壤黏、硬、瘠薄，通透性差，块根膨大易受阻，即使有膨大块根，但其块根皮粗、扁圆形或畸形较多，致使产量低。地黄对土壤酸碱度要求不严，pH 6～8均可适应；pH低于5或高于8的过酸、过碱土壤，地黄生长发育不能有效进行。因此，地黄栽培环境或种植基地选址的过程中，要严格遵照地黄的生境需求特征，参考道地产区环境因子的各项技术指标，遵循"生态环境相似相近"原则，做好产区或生产基地的选择。

二、地黄器官发育和形态建成

（一）地上部分的器官发育

1. 株型

地黄茎直立，一般高20～60cm，直径0.2～0.4cm，茎上着生白色的细毛状腺毛。在营养生长阶段，地黄茎较短、茎节浓缩在一起，外表看茎节不明显。叶片丛生在短缩的茎基部，呈莲叶状，在营养生长时期，茎秆不伸长。地黄植株茎的高低往往决定了植株的形态。地黄从株型上来看，大致可分为直立、半直立和平展三种类型。株型直立的地黄品种较少，株型平展的地黄叶片几乎与地面平行，贴地生长，下部叶片易接触泥土而腐烂，这样的株型不利于密植。株型半直立的地黄叶片略微上冲，与茎、地面保留有一定的角度，植株不同部位的叶片均能够充分接收到阳光，耐密植，块根产量较高，生产上绝大多数栽培的地黄品种均为半直立株型。地黄经过春化作用后，地黄心叶处抽出一个主茎，同时侧叶的叶腋也会抽出1～2个侧枝茎。心叶处所抽的主茎直径明显粗于侧茎，节间也明显短于侧茎。主茎和侧茎的节间往往着生一细小无柄小叶，叶腋处有花蕾着生。

2. 叶片

叶的生长形态主要包括叶色、叶形、叶缘和叶质等特征。地黄叶片为单生叶，营养生长阶段，地黄的叶片着生于茎基部、轮生，叶的大小与抽出顺序有关。整体上，地黄叶片大小差别不大。生殖生长阶段，伸长茎节间上着生的叶片相对较小。此外，不同的地黄品种之间叶片形态差异也较大。地黄的叶色从黄绿、浅绿、深绿到墨绿，也有青绿、灰绿、浓绿等说法。地黄部分品种叶片呈卵圆形，多数品种叶片呈椭圆形和长椭圆形，也有一些品种叶片呈披针形。叶缘大致分为锯齿状和波状两类，也可细化为浅锯齿状、锯齿状、波浪状和浅波状，部分也称深裂、圆齿和齿密状等。关于地黄的叶质研究发现，大部分地黄栽培品种的叶肉质、肥厚，极少数叶片较薄。此外，多数栽培品种地黄叶片叶脉之间呈泡状凸起。叶片形态是区分不同地黄品种的主要特征之一，也是区分栽培地黄和野生地黄的依据之一。高产地黄品种一般呈现叶形椭圆形或卵圆形、叶缘波状、叶肉肥厚、有泡状凸起等特征。

（二）地黄块根的形成与膨大

块根是地黄重要的收获器官和药用部位，块根大小和数量是地黄产量的构成因素，也是地黄生产管理的核心目标。不同地黄品种的块根形态差异很大，主要表现在块根大小、单株块根数、块根皮色和块根肉色等。根据块根大小和单株块根数，可把地黄分为大块根型和多块根型两种。大块根型地黄的代表性品种有温 85-5、山东种和沁怀等，多块根型地黄品种有金九、北京 1 号、北京 3 号等。大块根品种外观多呈纺锤状或薯状，生育后期有瘤状疙瘩出现，而多块根品种呈长条状或细长条状，生产中这类品种更适宜密植。野生地黄块根均为细长条状，部分呈结节状，块根数虽多，但直径较小，很少超过 1.0cm。不同地黄品种块根的皮色也不相同，大部分地黄品种块根皮色为浅黄色或土黄色，少数粉白色，个别橘红色。块根切面的肉色也有差异，多数为黄白色，部分粉白色。块根横截面菊花心是区别不同品种的另一个主要特征，多数品种菊花心直径约为块根直径的 1/2，较少菊花心特别大或特别小的品种，断面纹理可分为类圆状和放射状两种。

1. 块根的形成与发育

在外界环境条件充分满足时，地黄须根会迅速膨大为块根，形成地黄栽培的主要收获器官。块根是地黄主要药用部分，也是栽培的目标组织，块根数量和块根膨大程度决定了栽培地黄产量的高低，同时这两个因素也是地黄主要产量构成核心因素。因此在生产中，需要采取适合的栽培管理措施，在地黄肥水需求敏感的临界期，做到有效管理措施配套，促进地黄块根的形成与膨大。那么，地黄块根膨大时，需要哪些有效管理措施来促进块根的形成与膨大，或者说影响块根膨大的因素究竟有哪些，目前并没有详细的研究定论，但这些问题的有效解答，对于我们在生产中有的放矢采取合理栽培措施、规避影响地黄产量的不当做法和因素从而提高地黄产量却是极其必要的。因此，详细了解地黄块根形成过程及其背后深层次的决定机制，对根或根茎类道地药材的“优形”“优质”“优效”研究具有重要的现实意义。

2. 块根膨大和形成过程

地黄根系主要包括须根（不定根）、纤维根、块根三种类型。地黄不同生育阶段和不同繁殖来源材料，其地下部分根系组成也存在一定差异。一般由种子播种所萌发的幼苗根系主要由胚根及长在其上的须根组成；而由“种栽”播种出苗后的根系主要由母根和不定芽的茎基部发生的须根及未纤维化和纤维化的须根（子根）组成。在地黄发育初期，其根系主要由纤维根、拉伸期的纤维根组成；膨大中后期地黄的根系则主要由纤维根和不同膨大状态的块根组成。总体来说，作为典型的块根类药用植物，地黄地下部分根系基本上由块根组成，无明显主根，须根也不发达。

3. 地黄块根形成关键时期界定

地黄块根主要由须根膨大而来，在由须根向块根膨大发展的进程中，根系外表的形态特征和内部组织解剖结构也发生了明显的变化。为了精确了解地黄块根膨大过程中内在和外在的特征变化，我们从地黄出苗后（20d 左右）开始定期采集地黄的根系样品，此后在地黄块根发育的每个关键时期进行取样，统计根系生物量、体积等指标，同时对不同发育状态的根系沿中间膨大部分横切，固定、树脂包埋后进行组织切片观察。对处于须根状态的根系组织进行切片观察，发现地黄须根结构与双子叶植物组织结构基本一致，由三部分组成，最外层细胞为表皮层，中间的细胞为皮层，最里面的细胞则由维管组织构成（图 1-12a）。通过对不同发育状态的地黄块根的外观和组织进行观察，发现随着地黄生长发育进程的推进，部分须根会逐渐膨大发育为块根，而部分仍保留着须根状态。在地黄出苗后 40d 左右，部分须根的形成层分生组织细胞开始纵向分裂，从外观上来看须根的长度显著延伸（图 1-12b）。在出苗后 60d，伸长的须根的维管形成层细胞开始横向分裂，向内产生次生木质部，向外产生次生韧皮部，随着形成层细胞持续增殖，木质部和韧皮部在块根横切面所占的面积也逐渐扩大，从根的外观上表现为根的中部稍微增粗（图 1-12c1～d2）。在地黄出苗后的 80～90d，增粗的须根次生韧皮部和次生木质部进一步增多，形成层活动强烈，同时在次生韧皮部中的部分薄壁细胞出现分裂，产生三生组织，外观上须根迅速膨大，表现出块根的显著特征（图 1-12e1、e2）。

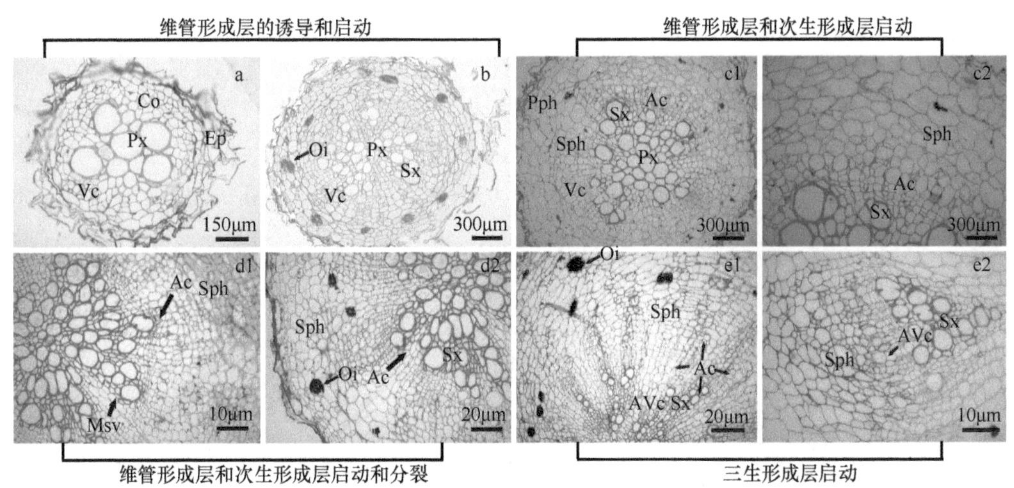

图 1-12　地黄块根形成的解剖学特征

Co：皮层；Px：初生木质部；Ep：表皮；Vc：维管形成层；Oi：油体；Sx：次生木质部；Pph：初生韧皮部；Ac：次生形成层；Sph：次生韧皮部；Msv：导管侧翼分生组织；AVc：三生形成层

从根纵向来看，在一个单根上，不同根段上形成层出现的早晚不同，次生木质部和次生韧皮部细胞的分化成熟度也存在差异，通常位于根中部细胞次生木质部薄壁细胞最先开始出现三生生长，加之根中部的形成层细胞最先分裂，因此整个根系增粗在外观上并不均匀，通常根中部先增粗。在出苗后 100d 左右，次生形成层活动更加活跃，块根进一步增粗。在出苗后 150d，初生形成层和次生形成层活动明显减弱，块根外观也基本定型，呈现出地黄块根固有的外形特征（图 1-12）。在研究实践中，根据地黄块根的表型特性和组织学特征，块根发育可被分为三个典型时期，即苗期、拉线伸长期、块根形成期（块根膨大前期、块根膨大期和块根膨大后期），不同生育时期根均具有独特的外形和细胞学分化特点。由上述研究可以发现，地黄根系发育的拉线伸长期是初生形成层细胞出现和分裂的关键时期，决定了须根能否向块根发育转变；而块根膨大前期则是初生形成层和次生形成层同步快速分裂的关键期，决定了块根发育的程度和水平，直接决定着产量的高低。因此，块根膨大前期是地黄块根发育极为关键的阶段，决定了须根能否膨大为块根及其膨大的程度，选择块根膨大前期作为抓手，对地黄块根形成内在分子机制研究具有重要意义。

（三）块根形成与膨大的分子决定机制

1. 与地黄块根膨大密切关联的分子事件界定

为了详细研究地黄块根膨大过程，我们利用转录组学和蛋白质组学方法（详见第三章）分析膨大块根和须根之间的差异表达基因或蛋白质。结果发现，在地黄块根的膨大过程中，一些感知环境信号相关基因被显著地激活，如大量光信号相关基因和蛋白质被显著地差异表达。这些光信号基因广泛参与了信号感知、光信号转导、光周期传递等途径。值得注意的是，有 10 个 *BEL* 基因被显著调控表达，*BEL* 在马铃薯中已经被确证参与光诱导块根的膨大，它可能在地黄块根膨大中发挥着相似的作用机制。为了进一步确证光信号在地黄块根膨大中的角色，前文已经介绍利用遮阴实验处理地黄，结果发现随着遮阴程度的增加，块根基本停止了启动，进一步证实了光信号是地黄块根膨大的必需因子。与光信号一样，激素信号对于块根膨大启动显得同样重要，在膨大块根和须根中有大量差异表达基因或差异表达蛋白与激素响应相关，其中，与生长素（auxin，代表物质为吲哚乙酸，indole-3-acetic acid，IAA）、细胞分裂素（cytokinin，CK）、油菜素内酯（brassinosteroid，BR）、脱落酸（abscisic acid，ABA）、乙烯（ethylene，ETH）等代谢和信号转导相关的基因在块根膨大中显著上调，而赤霉素（gibberellin，GA）合成和信号转导相关基因表达则在块根膨大中被显著抑制。

虽然光信号和激素信号在诱导块根的启动中起着重要作用，但它们只有通过一系列信号转导桥梁才能将外界的信息传递下去。进一步分析膨大块根与须根之间的差异基因或蛋白质，发现块根膨大过程中有大量的信号转导途径被激活，如促分裂原活化蛋白激酶（mitogen-activated protein kinase，MAPK）信号、磷酸肌醇信号（phosphoinositide signaling，PI）和 Ca^{2+}信号。在所有信号通路中，有大量的差异表达基因或差异表达蛋白与 Ca^{2+}信号转导密切相关。为了验证 Ca^{2+}信号在块根膨大中的作用方式，我们进一步用透射电镜分别观察了地黄膨大期初期的块根和启动期须根区域的钙离子，结果发现启动期须根区域钙离子密度非常大，并且不同发育时期细胞钙离子均有所沉淀。因此，初步判断 Ca^{2+}信号可能参与了地黄块根形成的启动。此外，研究还发现在块根形成过程中，与细胞分裂、细胞膨大、细胞代谢相关的基因及蛋白质均在块根膨大过程中出现显著上调表达，表明这些基因可能涉及了地黄块根膨大过程中形成层细胞的分裂和启动（图 1-13）。

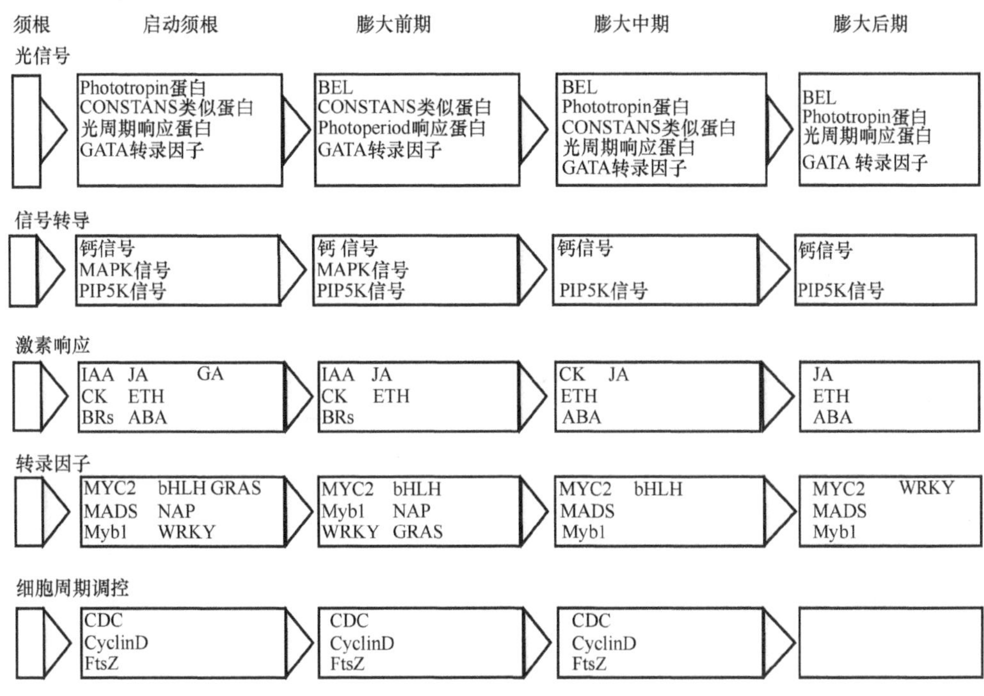

图 1-13　地黄块根形成过程中关键分子事件

研究发现，在地黄生产实践中并不是所有须根都可以有效地膨大或形成块根，其中必然有些关键性阻遏因子影响或限制了块根正常发育细胞进程。因此，了解或解析块根形成中一些阻遏因子，对于块根类作物生产中获取合理调控块根发育措施具有重要的现实意义。在查阅植物根系发育相关的研究文献中，发现一些根细胞发育的研究非常明确地指出，根系中 miRNA（微小 RNA，非编码 RNA 的一种，在第七章中会详细介绍）往往具有决定根细胞发育命运的作用。为了初步了解和筛选出与块根发育相关的 miRNA，我们通过对田间块根形成过程仔细观察发现，在块根膨大初期，地黄根系通常包括两类根系：一类是不同膨大状态的块根，另一类是还未启动的须根。在膨大后期，仍然存在少量须根不能够膨大为块根，这些后期须根可能来自前期须根，由于发育较晚或生长位置不佳，所获取的营养不足难以膨大，同时这些须根也可能来自膨大块根上二级侧根不能继续膨大所致。但不管这些不能膨大的须根来源如何，其已经丧失了正常形成块根的能力，可以作为初步材料来研究须根膨大受限的原因。

2. miRNA 参与了地黄块根的形成

我们通过高通量测序方法，批量筛选膨大块根和不能膨大须根之间 miRNA 的差异，以揭示块根发育的决定机制。测序结果分别获取了 196 个和 207 个已知 miRNA 和 23 个新颖 miRNA。对 miRNA 在两种根系间差异分析表明，有 53 个 miRNA 在未能膨大的须根中特异表达，37 个在膨大期块根中特异表达。这些正在膨大块根或未膨大块根中特异表达的 miRNA 为我们探索须根是否能形成块根提供了一个新的思路。通过对不能膨大为块根的须根中特异 miRNA 和对应靶基因的分析发现，须根中特异表达的 miRNA 降解了块根正常发育所需要的一些关键基因，如 miR3946 靶向 GATA 结合因子 1（GATA-binding factor 1，GATA-1）终止须根膨大所需要的光响应，miRNA167a 靶向生长素响应因子终止须根膨大的生长素响应，miR5225b 靶向自抑制钙离子 ATP 酶（autoinhibited Ca^{2+}-ATPase，ACA）终止须根膨大 Ca^{2+}信号，miR5153、miR397 降解细胞分裂必需的转录因子，miR165a 和 miR165-3p 靶向形成层分裂和分化必需的转录因子。其次，miR156a 靶向营养器官发育所必需的转录因子，miR5340 靶向植物营养元素储存和吸收的必需因子，miR167f-3p 和 miR167a 靶向蛋白合成的必需元件，而这些对于须根膨大极为重要的基因，在未能膨大为块根的须根中均被降解（图 1-14）。

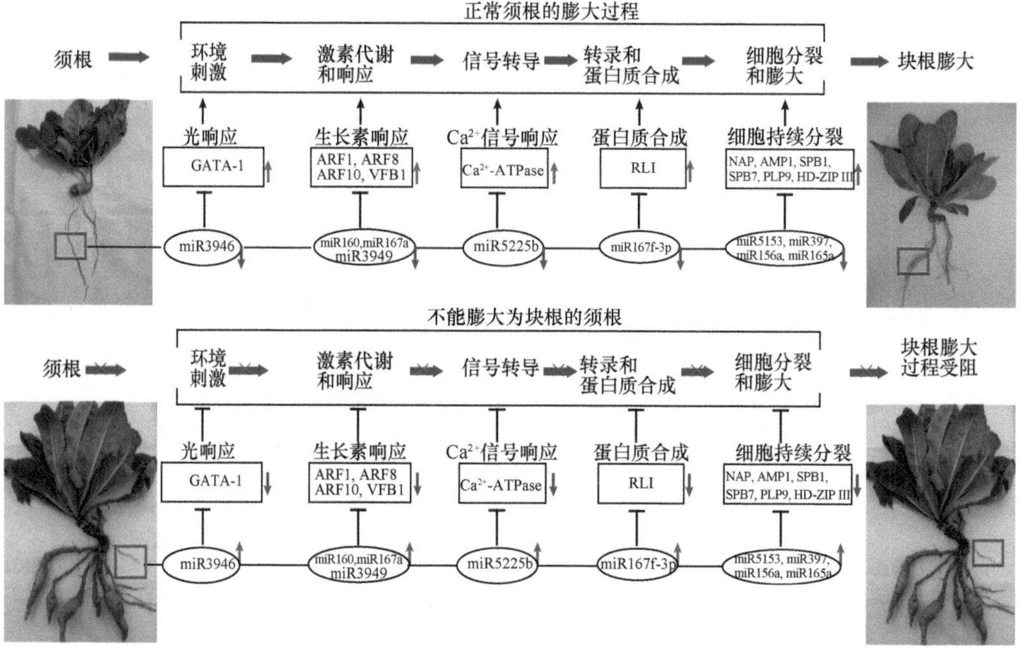

图 1-14　miRNA 在地黄块根形成中可能的角色

向上箭头表示基因或相应 miRNA 在该组织中上调表达；向下箭头表示基因或相应 miRNA 在该组织中下调表达

总之，通过分析块根膨大过程中的关键响应基因，我们发现正常须根膨大需要经过光信号、激素响应、Ca^{2+}信号、蛋白质合成、营养吸收和持续发育因子等一系列细胞过程。然而，这些正常须根膨大所需过程在未能发育须根中均被抑制和扰乱，使一些须根的命运得以改变，不能形成块根。令人感兴趣的是，选取这些显著扰乱须根发育的 miRNA，详细分析其在正常块根形成过程中的表达模式发现，其在正常块根形成过程中表达量非常低，表明块根的正常形成需要将这些 miRNA 加以抑制。综合不同层面的组学实验，我们初步绘制了一个地黄须根启动和决定膨大的可能性机制示意图（图 1-14），从图中可以清晰地看出地黄块根的启动机制，同时也可以观察到这些扰乱块根正常发育的 miRNA 因子。

三、地黄品质的形成

（一）地黄块根的化学成分

地黄块根主要含有环烯醚萜及其苷类、苯乙醇苷类、糖类、氨基酸和矿质元素等。2015 年版《中国药典》把梓醇和毛蕊花糖苷作为生地黄的指标性成分，把毛蕊花糖苷作为熟地黄的指标性成分；2020 年版《中国药典》把梓醇和地黄苷 D 作为生地黄关键指标成分，把地黄苷 D 作为熟地黄关键指标成分，用于对药材的质量控制。

1. 环烯醚萜及其苷类

环烯醚萜及其苷类是地黄中含量较高的一类化学成分，迄今在地黄中至少发现了 70 余种环烯醚萜及其苷类成分，含量较高的有梓醇、益母草苷、桃叶珊瑚苷、地黄苷 A 等（图 1-15）。已有的资料表明，部分环烯醚萜苷类成分的药理活性已经明确，具有很高的药用价值，如梓醇具有抗神经衰老、抗脑缺血、抗肿瘤、降血糖、抗炎、保肝等作用。最近发现梓醇对神经退行性疾病如阿尔茨海默病和帕金森病也有显著的疗效。文献记载，鲜地黄中只有环烯醚萜苷而没有环烯醚萜，环烯醚萜只存在于生地黄和熟地黄。李计萍等（2001）发现，梓醇在地黄鲜品中的含量高于干品（即生地黄）。熟地黄化学成分类型与生地黄相近，但熟地黄在炮制过程中环烯醚萜类成分含量会发生变化。孟祥龙等（2016）的研究结果表明，随蒸晒次数的增加，熟地黄中梓醇和益母草苷的含量减少，而地黄苷 A 和地黄苷 D 的含量略有增加。

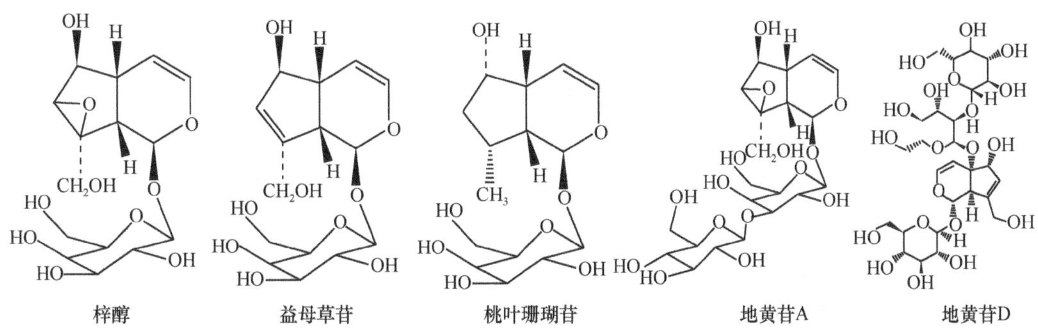

图 1-15　地黄环烯醚萜苷的化学结构

2. 苯乙醇苷类

地黄富含苯乙醇苷类成分。苯乙醇苷类化合物是一类由苯乙醇苷元经糖苷键与糖基结合而成的苷类化合物，因多数化合物糖上连有咖啡酰基或阿魏酰基，又称其为苯丙素类化合物。苯乙醇苷具有抗氧化、免疫调节、增强记忆、神经保护、抗炎、抗肿瘤、保肝等药理活性。迄今从地黄中分离出的苯乙醇苷成分至少有 26 种，含量较高的有毛蕊花糖苷、异毛蕊花糖苷、肉苁蓉苷 A、松果菊苷等（图 1-16）。毛蕊花糖苷是地黄中含量最高的苯乙醇苷类成分，在鲜地黄和生地黄中含量较高，熟地黄中含量降低。

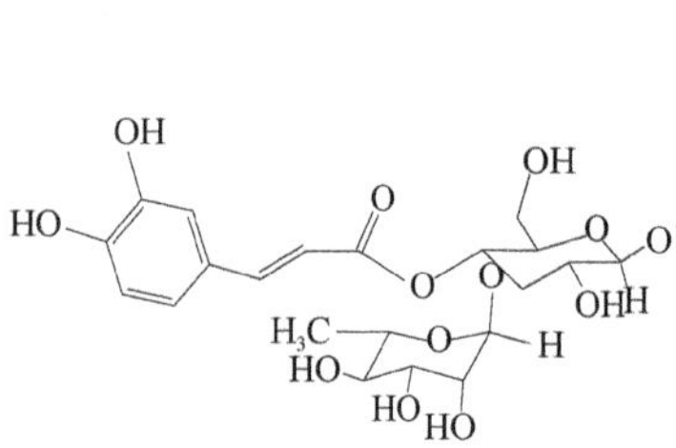

毛蕊花糖苷 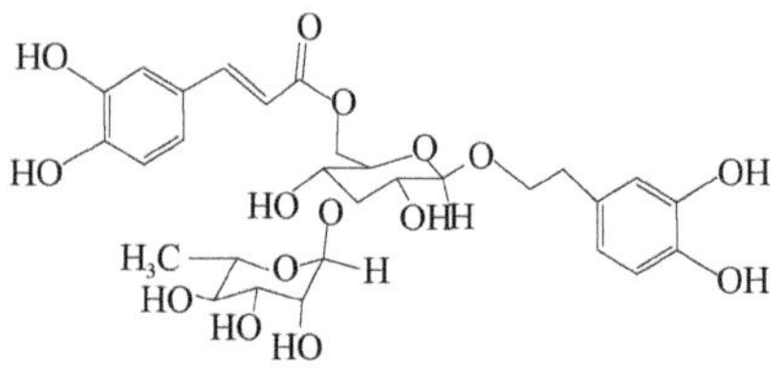　　异毛蕊花糖苷

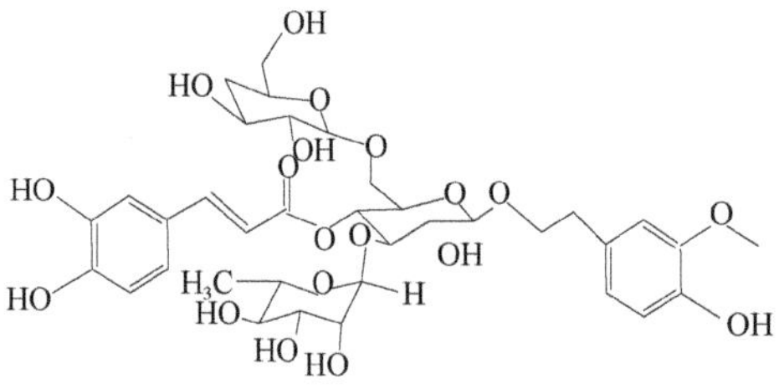

肉苁蓉苷A 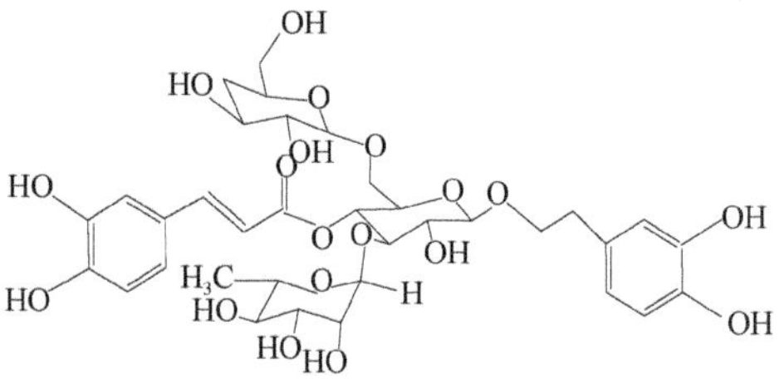　　松果菊苷

图 1-16　地黄苯乙醇苷类成分的化学结构

3. 糖类

地黄也含有丰富的糖类化合物，主要是多糖和寡糖。地黄多糖具有抗氧化、降低血糖和血脂、增强免疫力、促进造血功能、抑制肿瘤等药理活性。寡糖具有改善机体免疫力、抗氧化、降血糖等作用。王志江等（2015）报道，目前至少在地黄中分离出 7 种多糖，由鼠李糖、葡萄糖、半乳糖、甘露糖、木糖、阿拉伯糖等多种单糖组成。寡糖为混合物，生地黄中含量最高的四糖是水苏糖，三糖可能是棉子糖和甘露三糖，双糖有蔗糖，单糖有葡萄糖和果糖等。张文婷等（2016）发现炮制后，蔗糖、棉子糖、水苏糖和毛蕊花糖的含量降低，而果糖、葡萄糖、密二糖和甘露三糖的含量明显升高。

4. 氨基酸

地黄块根中含有多种氨基酸，含量较高的有谷氨酸、丙氨酸、精氨酸、天冬氨酸等。倪慕云等（1989）报道生地黄和熟地黄中至少含有 15 种游离氨基酸，其中，有 6 种人体必需氨基酸。高观祯等（2010）报道在地黄中检测到 17 种氨基酸。已有的资料表明，鲜地黄加工成生地黄及生地黄炮制成熟地黄的过程中，总氨基酸及游离氨基酸含量均明显下降。

5. 矿质元素

地黄含有多种无机元素，包括 K、Mg、Ca、Na、Cr、Fe、Cu、Zn、Mn、Sr、Co、Pb 等，倪慕云和边宝林（1988）发现前 4 种含量大于 500ppm[①]。地黄炮制前后某些无

① $1ppm=10^{-6}$

机元素的形态和含量也有一定的变化，王国庆等（2009）报道熟地黄的 Ca、Cr 和 Fe 的含量明显降低。

（二）地黄叶片的化学成分

地黄叶的重量约为块根的 1/4，同样含有丰富的化学成分，具有一定的降血糖、改善肾功能、抑菌等多种药理作用。20 世纪七八十年代，就有科研人员从地黄叶中分离出梓醇和木犀草素。后来，周燕生和倪慕云（1994）从鲜地黄叶中分离出 8 种成分，包括 8-表番木鳖酸、木犀草素、苯甲酸、丁二酸、C_{17}～C_{30} 脂肪酸、β-谷固醇、胡萝卜苷和 D-甘露糖。张艳丽等（2014）从地黄叶的 50%含水丙酮组织破碎提取物中鉴定出 27 个化合物，包括已有报道的梓醇、毛蕊花糖苷、异毛蕊花糖苷、松果菊苷、木犀草素等 10 种成分，还有对羟基苯甲酸、龙胆酸、熊果酸、齐墩果酸等 17 个新分离出的化合物。翟彦峰等（2010）通过对地黄叶的挥发油进行质谱分析，鉴定出叶绿醇、二十七烷、十八碳酸等 38 个化合物。

（三）地黄主要药效成分的积累规律

地黄的采收期与其品质有密切关系，而药效成分含量的变化动态和药效成分产量的积累规律是决定收获期的主要依据。虽然已经从地黄块根和叶片中分离出大量的化学成分，但进一步对代表地黄临床疗效的标志物成分及主要药效成分的时空积累规律进行研究，对确定最佳采收期和栽培技术规程的制订仍具有重要意义。目前研究较多的主要有三类成分：环烯醚萜苷类、苯乙醇苷类和多糖。

1. 环烯醚萜苷类

地黄植株不同器官、不同组织及其在不同发育阶段环烯醚萜苷类成分的含量有一定的差异。李先恩等（2002）检测块根不同部位梓醇的含量，发现块根上无疙瘩地黄品种土城一号的笼头部位梓醇含量最低，有疙瘩品种国林新一代的疙瘩部分梓醇含量最高，笼头部位含量最低。王太霞等（2005）通过组织化学定位推测梓醇在块根中的主要储存部位为木质部和韧皮部的薄壁细胞。伴随块根的增粗，梓醇含量逐渐增加，嫩叶中较成熟叶中梓醇含量低，茎中也含有丰富的梓醇。匡岩巍等（2009）发现，地黄叶片中梓醇含量 6 月采收的最低，8 月采收的最高；块根中梓醇含量 7 月采收的最低，11 月采收的最高。

在地黄道地产区（河南温县）大田栽培条件下，分析环烯醚萜苷类成分的积累规律，发现梓醇在地黄块根中的含量较高，几乎均在 2%以上，部分样品梓醇含量甚至超过 4%（图 1-17）。在不同发育时期的块根中，梓醇含量相对稳定，6 个品种在 7 月 10 日梓醇含量均比较低，其后随着块根的膨大，梓醇含量总体呈上升趋势，11 月 10 日块根梓醇含量较高。可以看出，梓醇含量在不同地黄品种中存在基因型差异，白选、沁怀和 1706 品系的梓醇含量较高，北京 1 号和沁怀 1 号的梓醇含量较低。地黄苷 A 含量较低，多数样品地黄苷 A 含量在 0.05%～0.2%。不同品种中地黄苷 A 含量在 7 月 30 日或 8 月 20 日达到最高，之后呈下降趋势。总体上看来，温 85-5 在生育期内的大部分时期，地黄苷 A 含量较高，而白选品种在多个时期地黄苷 A 的含量较低。地黄苷 D 的含量略高于地黄苷 A，多数时期均在 0.1%～0.3%。不同品种在不同生育阶段，地黄块根中的地黄苷 D 变化规律略有不同，其中，北京 1 号地黄苷 D 的含量波动最大，其次为沁怀，其他 4 个品种地黄苷 D 的含量波动相对较小。益母草苷的含量高于地黄苷 A 和地黄苷 D，多数样品的含量在 0.3%～0.6%。与地黄苷 A 的变化规律相似，益母草苷在 7 月 30 日或 8 月 20 日含量较高，之后呈小幅下降趋势。

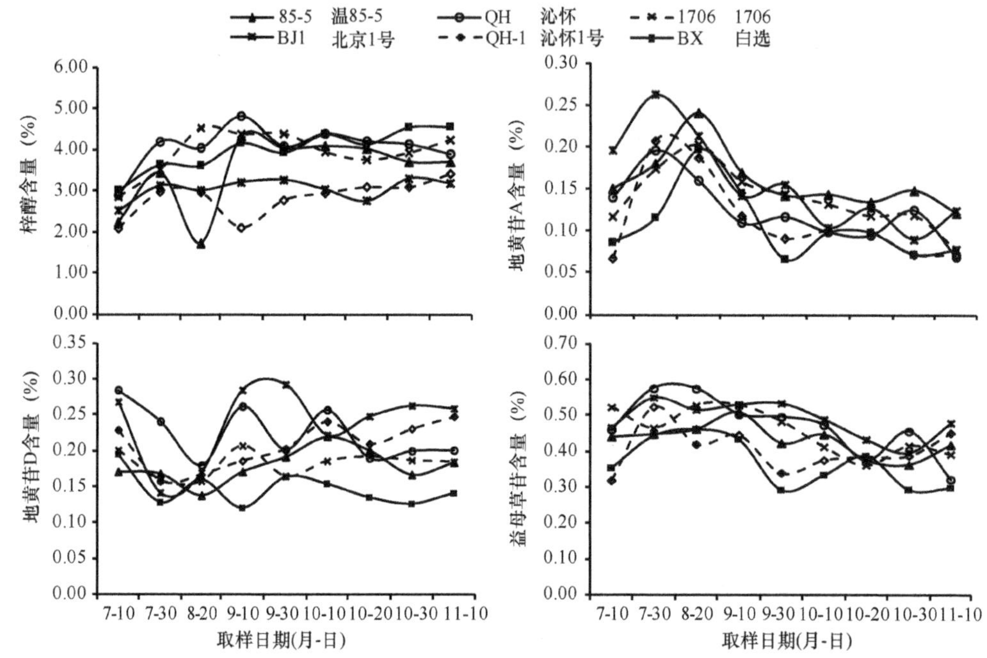

图 1-17　不同发育阶段 6 个地黄品种块根中环烯醚萜苷类成分的含量

2. 苯乙醇苷类

地黄中苯乙醇苷类成分种类虽然很丰富，但多数成分含量在块根中却很低。已有关于苯乙醇苷类成分的研究多以含量较高的毛蕊花糖苷为目标。当前对地黄毛蕊花糖苷含量的测定主要集中在两个方面：一是不同品种在同一产地种植块根毛蕊花糖苷含量差异比较，二是同一品种在不同产地种植毛蕊花糖苷含量的变化。柴茂等（2013）分析了 8 个地黄品种在温县同一地块种植时毛蕊花糖苷的含量，发现不同品种毛蕊花糖苷含量有差异，9302 品种中毛蕊花糖苷含量最高（0.25%），生津 1 号中含量最低（0.020%）。杨云等（2013）检测发现 6 个地黄品种在同一基地种植毛蕊花糖苷含量不同，种质差异是影响药材质量的主要因素。

为了分析 5 个地黄品种叶片中毛蕊花糖苷的含量规律变化，我们比较了不同年份地黄叶片中毛蕊花糖苷含量的测定结果。从不同年份来看，块根和叶片毛蕊花糖苷的含量总变化规律存在一定的差异。2015 年、2016 年连续两年检测了温 85-5、北京 1 号、金九、沁怀和白选等 5 个品种块根中毛蕊花糖苷的含量（图 1-18）。从不同品种的生长发育进程来看，5 个地黄品种叶片毛蕊花糖苷积累变化规律表现出大致相同的趋势，但对单个品种不同采收时间点，其叶片毛蕊花糖苷的含量变化存在明显差异（图 1-19）。

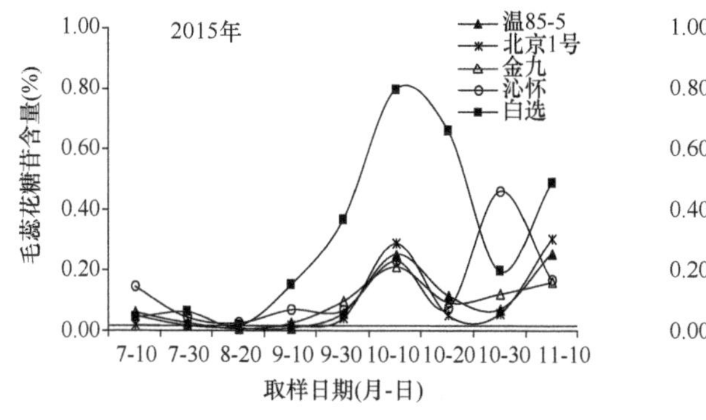

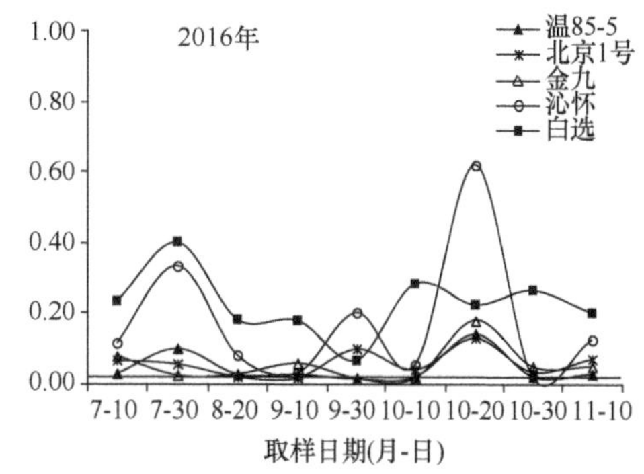

图 1-18　不同年份 5 个地黄品种块根中毛蕊花糖苷的含量

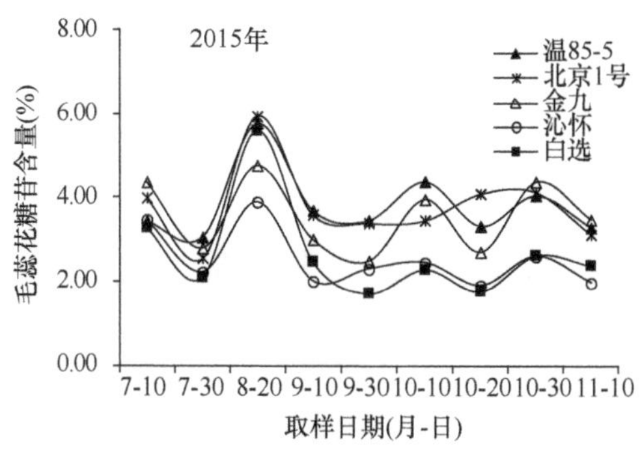

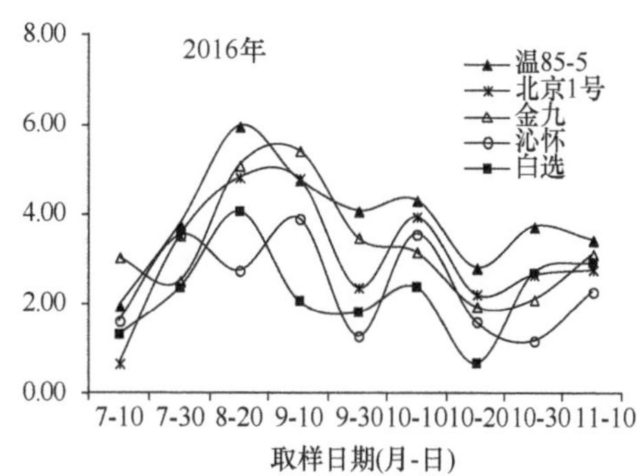

图 1-19　不同年份 5 个地黄品种叶中毛蕊花糖苷的含量

总体而言，两年间的毛蕊花糖苷含量变化规律也不完全一致，同一品种不同采收期的地黄块根中毛蕊花糖苷的含量有很大变化，同一采收时期不同品种的毛蕊花糖苷含量也有较大差异。2015 年，5 个品种在 7～9 月毛蕊花糖苷含量相对较低，10 月以后毛蕊花糖苷含量较高。2016 年，5 个品种毛蕊花糖苷含量呈一定程度的波动，但早期和后期采收毛蕊花糖苷含量的差异不大。在 2015 年的 9 个采收期中，白选品种有 6 个时期毛蕊花糖苷含量最高，而且远高于除沁怀以外的其他品种；2016 年白选品种有 7 个时期毛蕊花糖苷含量最高，还有 1 个时期含量低于沁怀品种，仅次于北京 1 号品种，说明白选品种是一个毛蕊花糖苷含量较高的品种。2015 年沁怀品种有 3 个时期毛蕊花糖苷含量达到了较高水平，2016 年沁怀品种有 2 个时期毛蕊花糖苷含量最高，5 个时期含量仅次于白选品种，说明沁怀品种的毛蕊花糖苷含量也比较高。另外 3 个品种毛蕊花糖苷含量较低，温 85-5 和北京 1 号在 2015 年、2016 年分别有 3 次和 1 次块根毛蕊花糖苷含量低于 2015 年版药典标准（0.020%），金九品种在 2 个年份中分别有 1 次和 2 次块根毛蕊花糖苷含量低于 0.020%。

在 2015 年，5 个品种叶中毛蕊花糖苷含量均在一定范围内波动，且变化规律较为一致，8 月 20 日采收的叶片毛蕊花糖苷含量最高。2016 年，5 个品种不同采收期的叶片毛蕊花糖苷含量也有较大变化，但不同品种变化规律一致性较差。温 85-5、北京 1 号、金九 3 个品种的毛蕊花糖苷含量较高，沁怀和白选的毛蕊花糖苷含量较低，2015 年和 2016 年的分析结果类似。进一步分析叶片不同发育阶段毛蕊花糖苷是否也有差异，在地黄生育后期分别检测了北京 1 号和温 85-5 两个品种幼嫩叶、展开叶和衰老叶中毛蕊花糖苷的含量，结果表明，不同品种、不同年份、不同发育阶段的地黄叶片中毛蕊花糖苷积累变化存在着明显的规律性，即幼嫩叶片含量较低，展开叶和衰老叶含量较高。2015 年的 3 个采收时期，北京 1 号和温 85-5 两个品种叶片毛蕊花糖苷含量变化规律一致，含量均为衰老叶＞展开叶＞幼嫩叶。2016 年北京 1 号在 10 月 20 日和 10 月 30 日采收，毛蕊花糖苷含量为展开叶＞衰老叶＞幼嫩叶，11 月 10 日采收毛蕊花糖苷含量衰老叶＞展开叶＞幼嫩叶；温 85-5 于 10 月 20 日采收，叶片 3 个发育阶段毛蕊花糖苷含量差异不大，10 月 30 日和 11 月 10 日采收毛蕊花糖苷含量衰老叶＞展开叶＞幼嫩叶（图 1-20）。两年的数据表明，衰老叶和展开叶中含有较多的毛蕊花糖苷。

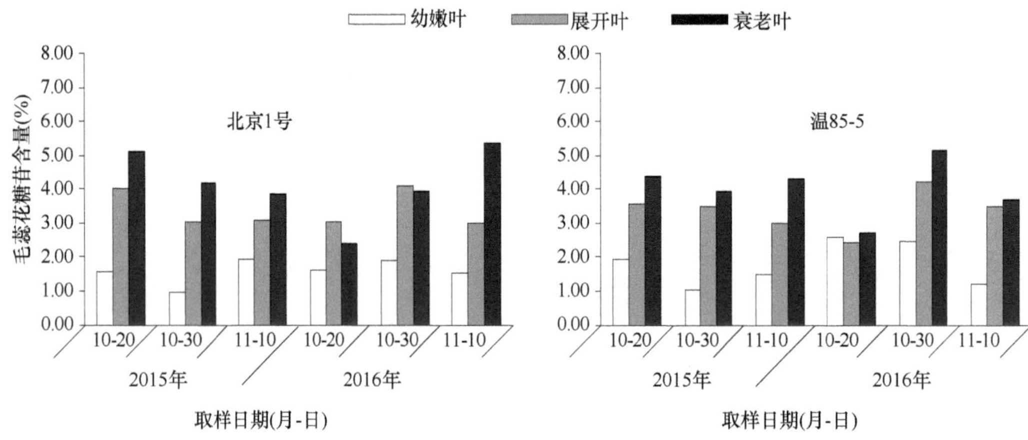

图 1-20　地黄品种北京 1 号和温 85-5 不同发育阶段叶的毛蕊花糖苷含量

为了分析地黄不同品种菊花心和非菊花心毛蕊花糖苷的含量，我们构建了地黄块根的指纹图谱，通过图谱分析结果可以发现，在菊花心（radial striation，RS）和非菊花心（non-radial striation，nRS）之间部分化学成分含量存在一定的差异。其中，从药效成分定量分析，发现地黄块根快速膨大期（9 月 21 日）1706 品系、北京 1 号（BJ1）、沁怀 1 号（QH-1）等 3 个品种非菊花心的毛蕊花糖苷、总苯乙醇苷含量都较菊花心高，特别是 BJ1 和 QH-1。块根膨大后期（12 月 2 日），4 个地黄品种非菊花心的毛蕊花糖苷含量均高于菊花心部位，说明毛蕊花糖苷等苯乙醇苷类成分主要分布在非菊花心部位（图 1-21）。

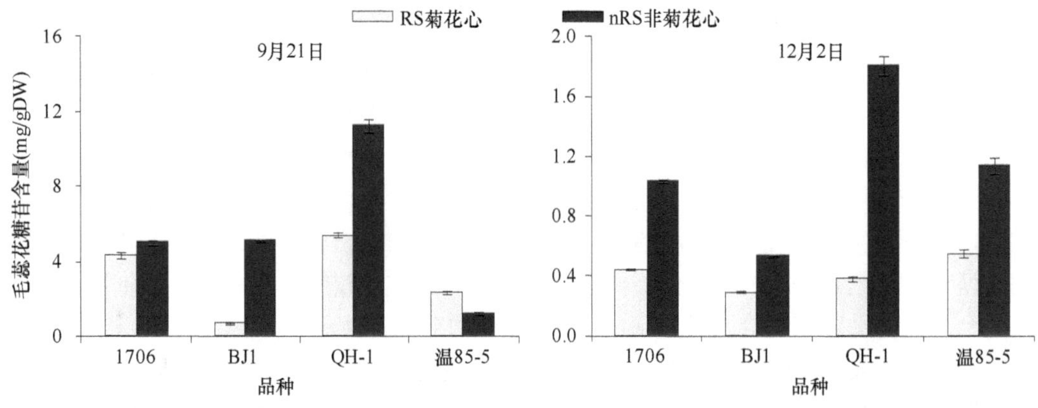

图 1-21　不同品种菊花心和非菊花心部位毛蕊花糖苷含量

地黄毛状根中也含有丰富的苯乙醇苷成分，为了分析地黄毛状根中关键药用成分合成调控机制，我们向培养 20d 的毛状根系培养基中分别加入不同水平的诱导子，包括水杨酸（SA）、茉莉酸甲酯（MeJA）、银离子（Ag^+）和腐胺（Put），持续培养 10d 后收获，发现在培养基中添加中浓度（25μmol/L）的 SA 能够显著促进毛状根毛蕊花糖苷含量的积累，其毛蕊花糖苷含量为 1.166%，达到了对照的 2.3 倍（图 1-22）。而添加中浓度（15μmol/L）的 Put 和低浓度（5μmol/L）的 MeJA，培养基中毛状根的毛蕊花糖苷含量也有所增加，但是幅度变化不大。此外，添加 Ag^+的培养基中，毛状根毛蕊花糖苷含量则出现下降趋势，并且随着 Ag^+浓度增加，毛蕊花糖苷含量也出现降低，含高浓度（25μmol/L）的 Ag^+培养基中毛状根毛蕊花糖苷含量为 0.203%，仅为对照的 40%和 25μmol/L SA 处理的 17%，说明 Ag^+能够抑制毛蕊花糖苷的合成和积累。综合几个处理看，25μmol/L SA 处理效果最好，既能促进毛状根的生长，又能明显提高毛蕊花糖苷的含量（图 1-22）。

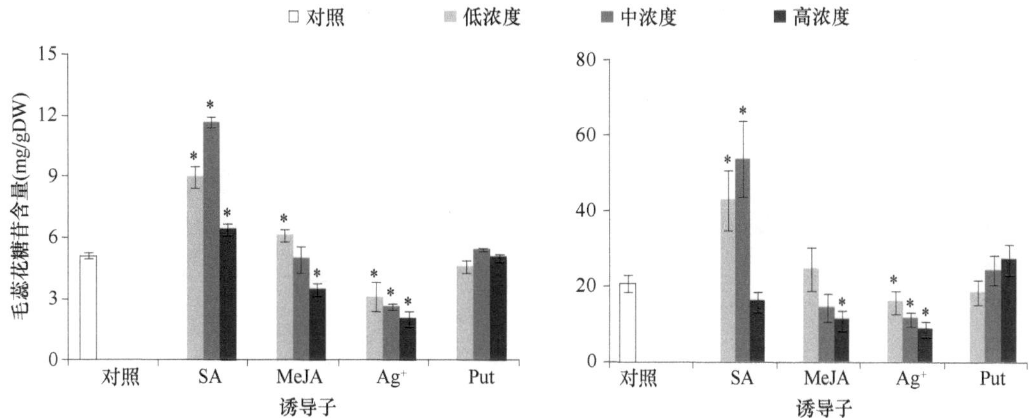

图 1-22　不同诱导子处理对地黄毛状根毛蕊花糖苷含量的影响

*表示不同处理在 0.05（$P<0.05$）水平上的差异显著性

3. 多糖

分析 5 个地黄品种不同生育阶段块根中的多糖含量，发现不同时期采收的地黄样品，其块根中多糖含量存在一定程度的波动，其大部分含量处在 2%～5%。其中，地黄块根发育的早期和块根收获期其多糖的含量较高，块根快速生育期（9 月至 10 月初）多糖的含量较低（图 1-23）。同时，检测了地黄菊花心和非菊花心部位的多糖含量，发现所有地黄品种非菊花心部位的多糖含量较高（图 1-23）。所谓的非菊花心是指地黄块根周皮与韧皮部的总称，这与韧皮部主要负责输送碳水化合物等养分相一致。菊花心中多糖含量主要在 1.5%～3.1%波动，而非菊花心部位中多糖含量主要在 2.2%～4.5%波动，沁怀 1 号（QH-1）、1706 的菊花心部位中多糖平均含量约为非菊花心部位中的 76%，而其他 3 个品种菊花心部位约为非菊花心部位的 65%，说明多糖在菊花心和非菊花心部位的分布具有一定的规律性。

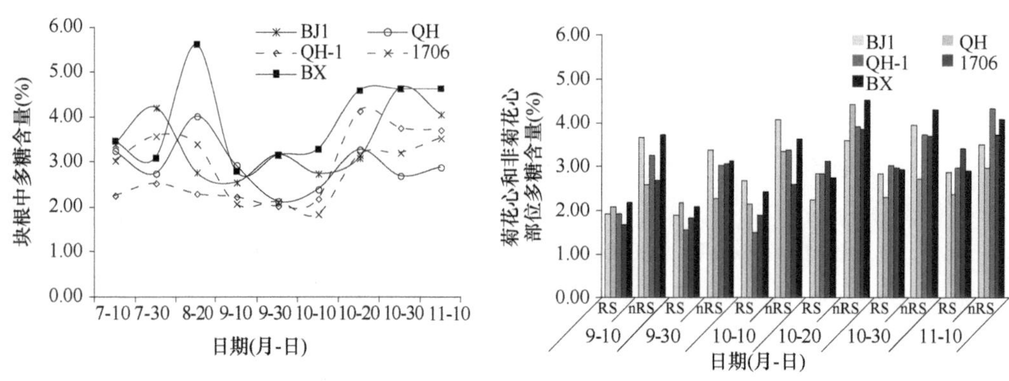

图 1-23 不同地黄品种块根及菊花心和非菊花心部位多糖的含量

四、地黄的植物营养规律

有疗效、有效益是中药材生产的主要目标。在中药材生产中，肥料配给和施用技术是栽培的核心。药用植物不同于其他常规大田作物，需要做到精准和定量施肥，杜绝大肥、大水，以免导致药用植物营养生长过旺、次生代谢积累减少，同时也可以减轻肥料的土壤残留。做到精准施肥的前提是需要详细了解药用植物自身的营养需肥规律和特征，做到有目标的定量补给。大量研究表明，合适的肥料种类、适宜的肥料配比及有效的施用方法既能有效促进药材的生长发育、提高药材产量，又能改善药材品质、提高药材质量，保障药材的临床疗效。地黄作为根类药材的典型代表，在整个生长发育阶段对营养元素的吸收同样表现出一定的规律性。

（一）地黄对氮、磷、钾营养元素的吸收动态

范芳（2008）以怀地黄为例，详细对地黄不同生长发育阶段的氮、磷、钾营养元素的吸收动态与其干物质积累规律开展精细研究，发现地黄苗期（当年日期 6 月 2 日～7 月 12 日）生长较为缓慢，苗体较小，并且前期由播种“母根”进行营养供应，因此苗期植株需肥量较少，对环境中氮、磷、钾的吸收量也少。怀地黄由苗期（当年 7 月 13 日后）依次进入块根拉线期、膨大期，生长发育进程加速，苗体生物量迅速增加，地上部分叶片数量和叶面积迅速增加，地下部分块根迅速膨大，需肥量逐渐增多，营养元素吸收速度迅速增加，此期是目标收获器官和植株营养器官终成的关键时期，也是肥料吸收的关键高峰期，对地黄产量形成具有重要意义。地黄生长后期（当年 10 月 21 日后），植株生长基本停止，甚至出现衰老，根系吸收功能衰退，需肥量极少，对氮、磷、钾的吸收量随之下降。从上面的研究结果可以看出，地黄对氮、磷、钾吸收总量的变化规律与氮、磷、钾单个营养元素的吸收动态基本一致，随着地黄生长发育进程的推进，出现典型“慢—快—慢”的吸收规律，即苗期吸收总量低，块根形成期吸收量逐渐升高，生长后期吸收量再次降低。对比氮、磷、钾三大元素吸收总量的结果，可以知道地黄在全生育期中，对钾的吸收量最大，氮次之，磷最少。同时，纵观地黄整个生产进程可以看出，钾和磷的吸收比例逐渐上升，而氮的吸收比

例逐渐下降。

（二）地黄不同组织器官中氮、磷、钾含量的变化动态

范芳（2008）详细研究了地黄不同组织器官生长发育进程中营养成分的积累规律及组织器官中关键化学成分的积累变化规律。通过对地黄不同生育时期中氮、磷、钾等营养成分的统计，可以为地黄栽培中不同管理阶段的合理施肥量提供重要的参考。

范芳（2008）研究发现在地黄生长发育进程中，不同组织器官中含氮量总体上均呈下降趋势，但波动性规律不明显。从不同器官氮分布水平的比较来看，叶中含氮量最高，不同生育阶段叶中含氮量均维持在一个相对较高的水平，在块根形成后期，叶中含氮量降到了较低水平。叶柄的含氮量低于叶片，不同生长阶段下降幅度也不大。块根的含氮量在生育前期高于叶柄，后期低于叶柄。茎段含氮量低于块根，须根含氮量稍高于块根。

范芳（2008）研究发现地黄叶片中含磷量最高，随时间推移表现出不规则的波动性，但总体来看呈下降趋势。在6月2日～7月3日，磷在地黄各器官的分布状况为：叶片＞块根＞须根＞茎段＞叶柄；在7月3日～8月2日，磷在地黄除叶片外各器官的含量相差不大。在8月2日至地黄收获这段时间，茎段含磷量先迅速升高，后缓慢下降，含磷量低于叶片，高于其他各器官；叶柄和块根的含磷量处于茎段与须根之间，含量的波动没有明显规律，至收获期，叶柄的含磷量高于块根，从整个生育期看含磷量下降幅度较明显；块根的含磷量最低，下降幅度最大。

在地黄整个生育期，地黄叶片、叶柄、茎段的含钾量均呈下降趋势，且下降幅度较大。块根、须根的含钾量随生长时间的推移逐渐升高。地黄各器官中叶柄含钾量最大，钾含量的下降趋势呈波动形。叶片中含钾量大于茎段，二者含钾量的下降趋势大致相同，但茎段含钾量的下降幅度比叶片大。地黄块根、须根在生长初期含钾量很低，在8月2日～8月12日二者的含钾量均迅速提高，随后含钾量开始缓慢下降。块根中含钾量始终高于须根，10月11日后地黄块根中含钾量最高。

（三）地黄块根与土壤中营养元素的关联分析

1. 不同产地土壤与地黄块根中营养元素的相关性分析

对道地产区所种植的地黄品种北京1号块根与土壤之间所含元素进行相关性分析发现，块根中元素Ba、Cu、Fe、K、P的含量与土壤中元素Zn呈显著负相关；块根中元素Na含量与土壤中元素Fe、K含量呈极显著相关。分析非道地产区温85-5地黄块根与土壤之间元素的相关性发现，块根中元素Fe、Si、Ti与土壤中元素Zn呈显著相关性，而元素Al、Cu、Na与土壤中元素Zn呈极显著相关性；块根中元素Al、Cu、Fe、Na、Si、Ti与土壤中元素P呈极显著相关性；块根中元素Na、Si与土壤中元素Na呈显著相关性，而元素Cu与土壤中元素Na呈极显著相关性；块根中元素Ca与土壤中元素Cu、K、Mg呈显著相关性，与土壤中Mg含量呈极显著相关性；块根中元素Cu与土壤中元素Ca呈显著相关性。总之，块根与土壤中元素的关联分析初步表明，道地与非道地产区种植地黄，块根中元素含量与土壤元素含量均存在一定的相关性，但整体元素相关性

模式差异较大。

2. 地黄块根对土壤元素的富集关系

为了进一步分析地黄生长发育过程中块根对根际土内矿质营养元素的吸收和利用效率，我们对地黄块根内的营养元素和对应根际土内的营养元素进行了相关分析。结果发现，土壤中各元素在地黄块根中的富集系数差异较大，地黄块根中大量元素的富集系数是 P＞K，中量元素 Mg＞Ca，微量元素富集系数为 Cu＞Zn＞Ba＞Mn＞Fe＞Al。所谓富集系数是指某种物质或元素在生物体内的浓度与生物生长环境中该物质或元素的浓度之比，它不单单与环境中元素或物质的种类和浓度有关，还与元素价态、物质的结构形式、生物种类、溶解度、生物器官组织及各生物生长阶段的生理特性和外界环境条件等都有关系。这表明，地黄植株对不同元素具有明显不同的吸收偏好性，其中对 P 元素的吸收和富集效率最为明显。

第四节　地黄生产与连作障碍

一、地黄道地产区的生境

地黄道地产区位于中纬度地区，属温带大陆性季风气候，四季分明，雨量集中，日照充足；年平均气温 12～14℃，最高气温 44℃，最低气温–19℃以下。年降雨量 600～700mm，多集中在 7 月、8 月、9 月。冬春两季为旱季，11 月至次年 2 月为冰冻期。全年无霜期 220d。区域内河流众多，分属黄河、海河两大水系，大部分发源于晋东南山区，流向多自北向南、自西向东，水量较为丰富。较大的河流有 20 余条，其中蟒河、沁河、丹河等属黄河水系，在河南省内流域面积达 3963km^2；大沙河、山门河、子牙河等属海河水系，在河南省内流域面积达 2051km^2。这些河流在汛期（6～9 月）洪水暴涨暴落，径流量约占全年总量的 60%以上；而在枯水期，大部分小河断流，大河流量骤减，具有明显的季节性。

二、地黄生产现状

目前，地黄主产区为山西、河南、河北、安徽等地，其中以河南武陟产的怀地黄与山西绛县产的地黄为主。然而，生产和临床应用上仍以道地产区怀地黄为主，常年种植面积在 8 万亩①左右。近两年，地黄市场需求低迷，一方面造成货源消化不足，另一方面因地黄质量指标管理给田间规范化栽培提出了更高的要求，河南产地滞留库存较大，导致药农种植积极性严重受挫，地黄种植面积大幅减少，种植户数只有以往的 1/3。例如，2016 年 8～9 月雨水较多，加上 11 月强降雨等天气造成地黄单产下降，亩产干货平均只有 500kg 左右，产量在 1.6 万吨左右，创历史新低；2017 年受天气干旱影响，年产量在 2 万多吨。其中，山西地黄亩产鲜货达 3000kg 以上的面积占 80%，鲜货处于丰收

① 1 亩≈666.67m^2

状态。河南焦作等地前期干旱，后期雨涝，单产下降，亩产鲜地黄 2500kg 左右；2018 年，因单产和收益双降，造成地黄种植面积大缩减，全国产量在 2.5 万吨左右。

怀地黄为我国著名的“四大怀药”之一，生产中拥有广泛栽培的、优秀的地黄品种资源，常见多达 20 余种，如小黑叶、四齿毛、大青英、新状元、白状元、邢疙瘩等。当前道地产区主要种植有北京 3 号、金状元、北京 1 号、温 85-5、金九等适应性强、高产、优质的品种。金状元每亩产鲜地黄 2000kg 左右，二等以上货比例较高；北京 1 号一般亩产 2300kg，适用于果脯生产；温 85-5 块大，抗病性退化，一般亩产鲜地黄 4000kg，目前生产上该品种种植面积越来越小；金九为近些年来新选育的地黄品种，中抗轮纹病，高抗斑枯病，耐水渍，亩产在 4000～4500kg。

三、地黄的连作障碍现象

（一）地黄连作障碍现象的早期记载

地黄是根及根茎类药材中连作障碍表现最为严重的药用植物之一，每茬收获后须隔 8～10 年方可再种（温学森等，2002）。古人在驯化种植地黄的过程中，很早就发现了地黄连作障碍现象的存在。《农政全书》载：“今秋取讫，至来年更不须种，自旅生也。唯须锄之。如此，得四年不要种之，皆余根自出矣。”可以看出地黄在多年的连续栽培后，会出现严重的连作障碍问题。在明代《本草乘雅半偈》中记载地黄“种植之后，其土便苦，次年止可种牛膝。再二年，可种山药。足十年，土味转甜，始可复种地黄。”同时，书中对连作地黄的症状进行了记载，复种地黄“则味苦形瘦，不堪入药也。”足以证明世人对道地药材的关注和对克服地黄生产中连作障碍的智慧。

（二）地黄连作障碍研究的关键切入点

地黄的连作障碍现象非常特殊，我们对地黄连作障碍进行持续多年的跟踪观察和实验，发现连作地黄植株并不表现为常见的抑制出苗，而是表现为：地上植株生长较小，地下块根不能正常膨大，根冠比失调，抗逆能力下降，最后不能正常生长，生育期缩短，不能形成商品药材。刘红彦等（2006）对地黄连作障碍产生的原因进行了研究，认为地黄生长过程中逐渐合成积累的根系分泌物及土壤微生物种群平衡被破坏，根际微生态平衡失调是导致地黄连作障碍的主要原因。我们对连作地黄根际土中酚酸类物质丰度水平变化做了深入分析，初步发现地黄土壤中酚酸类物质的含量和地黄块根生长之间存在着较强的负相关关系，阿魏酸、香豆酸、丁香酸和对羟基苯甲酸等地黄化感自毒物质对处于生育前期的地黄具有一定的抑制作用，其中以阿魏酸的抑制作用最强。我们通过对地黄不同生育时期地黄连作障碍形成特点进行研究，发现地黄的连作障碍效应主要发生在植株生长前期，并且证实地黄连作障碍胁迫是一种特殊的综合性复合胁迫，包含了化感物质的直接伤害和化感物质驱动根际灾变所引发的间接伤害。然而，地黄连作障碍仅只伤害其自身，对其他植物（禾本科、豆科等）却影响不大，如地黄的茬口对下茬的作物如小麦、玉米、牛膝等。由此可见，地黄连作障碍具有明显的针对性，并不具备“普遍性”。正是由于地黄的连作障碍表现出严重性、特异性和持续性的特点，使其成为研究作物连作障碍形成机制的典型材料。

目前，我国研究人员以地黄作为研究材料，结合多元学科技术，对地黄及相关药用植物连作障碍问题进行深入研究，逐渐揭示了药用植物连作障碍形成机制背后复杂的诱发因子，对地黄连作障碍形成的机理轮廓也基本描绘清晰。如何让这个轮廓更加精细，彻底缓解和消除连作障碍问题，需要我们在总结现有研究成果的基础上，深入挖掘和突破目前研究的薄弱环节，解读地黄连作障碍的形成密码，并针对性地采取农业综合技术和策略，研究开发相应的消减技术，以彻底解决这一困扰我国农业生产的千年难题。

（张重义　王丰青　李明杰　谢彩侠）

参考文献

柴茂, 董诚明, 江道会, 等. 2013. 不同品种怀地黄中梓醇和毛蕊花糖苷的高效液相色谱法测定. 中医学报, 28(5): 690-692.

程永琴, 赵建花, 韩凯, 等. 2016. 5 种地黄花部综合特征与繁育系统的初步研究. 西北植物学报, 6(2): 404-410.

范芳. 2008. 怀地黄营养规律与氮磷钾及其配比肥效的研究. 河南农业大学硕士学位论文.

高观祯, 周建武, 汪惠勤, 等. 2010. 地黄炮制过程氨基酸组分分析. 生物资源, 32(3): 52-54.

焦作市科学技术局. 四大怀药. 2004. 郑州: 中原农民出版社.

匡岩巍, 王广强, 石红梅, 等. 2009. 怀地黄叶中梓醇的积累分布动态. 复旦学报(医学版), 36(4): 490-494.

李计萍, 马华, 王跃生, 等. 2001. 鲜地黄与干地黄中梓醇、糖类成分含量的比较. 中国药学杂志, 36(5): 300-302.

李建军, 徐玉隔, 王莹, 等. 2012. 怀地黄不同种质杂交育种初步研究. 河南农业大学学报, 46(5): 520-525.

李先恩, 杨世林, 杨峻山. 2002. 地黄不同品种及不同块根部位中梓醇含量分析. 中国药学杂志, 37(11): 820-823.

刘长河, 李更生, 黄迎新, 等. 2001. 不同产地地黄中梓醇含量比较. 中医研究, 14(5): 10-12.

刘红彦, 王飞, 王永平, 等. 2006. 地黄连作障碍因素及解除措施研究. 华北农学报, 21(4): 131-132.

刘清琪, 毛文岳. 1983. 怀庆地黄胚珠试管受精的研究. 遗传学报, 10(2): 128-132.

孟祥龙, 马俊楠, 张朔生, 等. 2016. 熟地黄炮制(九蒸九晒)过程中药效化学成分量变化及炮制辅料对其影响研究. 中草药, 47(5): 752-759.

倪慕云, 边宝林. 1988. 地黄及其炮制品微量元素的分析比较. 中药通报, 13(4): 210-211.

倪慕云, 边宝林, 姜莉. 1989. 地黄及其炮制品中游离氨基酸的分析比较. 中国中药杂志, 14(3): 21.

王国庆, 魏丽芳, 董春红, 等. 2009. 不同品质怀地黄中金属元素含量的 ICP-MS 测定及其比较. 光谱学与光谱分析, 29(12): 3392-3394.

王太霞, 司源, 李景原, 等. 2005. 怀地黄块根内含梓醇结构的组织化学和超微结构研究. 西北植物学报, 25(5): 928-931.

王志江, 魏国栋, 马思缇. 2015. 地黄多糖的化学和药理作用研究进展. 中国实验方剂学杂志, 21(16): 231-235.

温学森, 杨世林, 魏建和, 等. 2002. 地黄栽培历史及其品种考证. 中草药, 33(10): 946-949.

杨云, 张华锋, 刘炯, 等. 2013. 道地产区不同品种怀地黄中梓醇及毛蕊花糖苷的含量比较. 中国实验方剂学杂志, 19(16): 97-101.
翟彦峰, 邢煜军, 王先友, 等. 2010. 地黄叶挥发油GC-MS分析. 河南大学学报(医学版), 29(2): 113-115.
张留记, 屈凌波, 赵玉芬. 2007. 不同产地地黄中地黄苷 A 的含量比较. 时珍国医国药, 18(8): 1809-1810.
张猛猛, 王奎玲, 刘庆华, 等. 2014. 地黄开花生物学特性研究. 中国观赏园艺研究进展. 2014: 258-262.
张文婷. 2016. 地黄生品与炮制品中 8 个糖类成分及不同炮制时间点其量变化分析. 中草药, 47(7): 1132-1136.
张艳丽, 冯志毅, 郑晓珂, 等. 2014. 地黄叶的化学成分研究. 中国药学杂志, 49(1): 15-21.
周燕生, 倪慕云. 1994. 鲜地黄叶化学成分的研究. 中国中药杂志, 19(03): 162.
竺可桢. 1972. 中国近五千年来气候变迁的初步研究. 考古学报, 1: 15-38.

第二章　化感作用与连作障碍成因的研究

第一节　化感作用的研究

一、化感作用的概念

中国早在两千多年前的秦汉时期就有了关于化感现象的记载，西晋杨泉的《物理论》已有“芝麻之于草木，犹铅锡之于五金也，性可制耳”的记载。北魏贾思勰《齐民要术》则主张把芝麻安排在“白地”即在休闲地或开荒地上种植，正是利用芝麻能够抑制杂草生长的特性。然而，这只限于现象上的描述和农业生产上的经验性应用，并未对其作用机理进行定性和定量的研究。真正深入研究则是最近几十年的事情。1937 年奥地利科学家 Hans Molish 首先提出了“化感作用(allelopathy)”的概念并阐述了其内涵，H. Molish 也因此被称为“化感之父”。“allelopathy”一词源于希腊语“allelo(相互)”和“pathos（损害、妨碍）”。H. Molish 将化感作用定义为：所有类型植物（含微生物）之间生物化学物质的相互作用。此后化感物质领域研究也日益活跃，1974 年 *Journal of Chemical Ecology* 创刊，1974 年、1984 年 Elroy L. Rice 先后出版了第一和第二版化感领域重要专著 *Allelopathy*。

随着科学的不断发展和对化感作用研究与认识的加深，1984 年在 *Allelopathy* 第二版中，据 H. Molish 的定义和对植物化感作用的研究，Rice 又将植物释放的化学物质阻碍本种植物生长发育的化感自毒作用及有益的化感作用补充进来，新的补充表明植物或微生物的代谢分泌物对环境中其他植物或微生物产生有利或不利的作用，即化感作用是指植物或微生物的代谢分泌物对环境中其他植物或微生物直接或间接的有害作用。进一步拓展、完善和延伸了化感作用内涵，目前这个定义普遍为人们所接受。1992 年，国家自然科学名词审定委员会公布了“allelopathy”中文标准译名为“化感作用”。20 世纪 80 年代在美国先后举行了三次国际学术会议并出版了论文集，1994 年 *Allelopathy Journal* 创刊，国际化感作用学会（International Allelopathy Society，IAS）成立，标志着植物化感作用已形成独立的学科体系。国内关于化感作用的研究起步较晚，但发展迅速，已取得了一定成果。中国生态学会于 1990 年 12 月成立了化学生态学专业委员会，1991 年 10 月举行了首次学术会议，并于 2004 年在沈阳召开首届中国植物化感作用学术研讨会。化感作用研究反映了生物界生物之间复杂的相互作用，它研究的结果所呈现的是大千世界生物之间相生相克、相互制约、互为利害的自然情景和生存规律。化感作用的研究已成为化学生态学最活跃的领域之一，这种真实自然规律对于现代农业种植体系的优劣反思具有重要的指导性意义，特别是化感物质在杂草控制和可持续发展农业中的利用也成为研究热点。

二、化感物质的来源与分类

（一）化感物质的来源

植物的次生代谢过程是植物在长期进化中与环境（生物的和非生物的因素）相互作用的结果，次生代谢产物在植物提高自身保护和生存竞争能力、协调与环境的关系上充当着重要的角色，其产生和变化比初生代谢产物与环境有着更强的相关性和对应性。植物中所发现的化感物质（allelochemical）主要来源于植物的次生代谢产物或其衍生物，分子量较小，结构简单，能显著地影响其他植物、微生物的生长、发育、健康、行为或群体效应关系。植物化感物质的合成途径主要有乙酸-丙二酸途径（acetate-malonate pathway，AMP）和莽草酸途径（shikimic acid pathway，SAP），如 AMP 主要生成脂肪酸类、酚类、醌类等化合物，而酚酸类化感物质主要通过 SAP 合成，此外生物碱类化感物质主要通过氨基酸途径合成，萜类物质主要通过甲羟戊酸（mevalonic acid，MVA）途径、2-C-甲基-D-赤藓糖醇-4-磷酸（2-C-methyl-D-erythritol-4-phosphate，MEP）途径和异戊二烯焦磷酸途径（isoprenoid pathway，IPP）来合成，也有一些化感物质产生于复合途径，如一些二萜类生物碱分别来自 MVA 途径及 SAP 或 AMP。自然条件下，植物化感物质的释放途径包括残株分解、叶片淋溶、气体挥发、根系分泌等。很多植物在生长发育阶段均能不断合成不同次级代谢产物，但化感物质的合成具有时序性，不是在任意生长阶段都能积累的，往往是在特定的时间和条件下，甚至有些只有在植物受到环境胁迫时才能合成。

（二）化感物质的分类

植物中所发现的化感物质主要为植物的次生代谢产物，分子量小，结构简单。Rice 将化感物质归纳为 14 类：①可溶性有机酸、直链醇、脂肪族醇和酮；②简单不饱和内酯；③长链脂肪酸和多炔；④苯醌、萘醌、蒽醌和复合苯醌；⑤简单酚、苯甲酸及其衍生物；⑥肉桂酸及其衍生物；⑦香豆素类；⑧类黄酮；⑨单宁；⑩类萜和甾类化合物；⑪氨基酸和多肽；⑫生物碱和氰醇；⑬硫化物和芥子油苷；⑭嘌呤和核苷。通常也将化感物质大致分为酚类、萜类、炔类、生物碱和其他结构 5 类。这类小分子物质在药用植物栽培中很容易释放到环境中，从而改变根际土理化性质，进而影响土壤环境的微生物群落结构，同时会对其他植物甚至自身产生化感作用，直接影响药用植物生长发育。其中，酚类、萜类化合物是高等植物的主要化感物质，它们分别是水溶性和挥发性物质的典型，这恰恰与雨雾淋溶和挥发是化感物质的主要释放方式相吻合。近年来研究也发现，一些初生代谢产物也可以显著抑制植物生长，呈现出典型化感作用特征，如糖类衍生物质、脂肪酸衍生物等，但也可能是这些初生代谢产物影响了根际微生物，进而对植株产生次级危害。因此，随着大量研究工作的深入，特别是随着高通量代谢组学技术的迅速发展，发现、鉴定到影响或干扰植物生长化感物质的种类将会越来越多。

目前大量研究表明，具有典型化感特征或活性的次生代谢产物均具有一些共性的特征，如大多数物质具有—OH 基和 C=O 等基团，且分子内含有较多氧原子及容易受能量激发的双键和三键。而药用植物有效成分又多是次生代谢产物，并分布在药用植物的各个器官（特别是药用部位），如根、茎、叶、花、果实、种子等，这一特点与植物能产生化感作用是一致的。因为植物次生代谢的一个基本特征就是次生代谢产物在植物体内不是普遍存在，而是限制于一些特定的器官或组织与细胞中，合成或储存这些次生代谢产物的细胞在内部结构上必须达到一定的分化程度（张泓，1994）。次生代谢途径的表达也正是某些特化细胞的特征的表达。例如，烟草（*Nicotiana tabacum*）和颠茄（*Atropa belladonna*）的生物碱主要在根部合成，然后运输到叶肉细胞中储存。金鸡纳属（*Cinchona*）植物的奎宁和奎宁丁只存在于树皮中。辣椒（*Capsicum* spp.）中的辣椒素只有在生殖生长的后期才能在果皮中合成并积累。番红花（*Crocus sativus*）中的色素成分主要存在于花柱和柱头中。罂粟（*Papaver somniferum*）和长春花（*Catharanthus roseus*）的生物碱储存在乳汁管或特化的薄壁组织细胞中。薄荷属（*Mentha*）植物的腺毛、芹属（*Apium*）植物的油管和芸香科（Rutaceae）植物体内的分泌囊含有精油化合物。提高次生代谢产物含量是药用植物育种及栽培实践的目标，长期选择的结果使栽培药用植物次生代谢产物的含量不断提高，这不但可能使该药用植物在逆境下更容易释放化感物质，也使得适应于该药用植物根际环境条件的病虫害逐年增加。因此，栽培药用植物在连作条件下受到的化感毒害作用会更强。

（三）化感物质间的相互作用

植物化感物质必须是那些能够通过有效途径释放到环境中的次生物质，这是化感物质区别于植物与昆虫、植物与其他动物之间相互化学作用物质的唯一特征。目前，普遍认为的化感物质释放的主要途径有雨雾淋溶、自然挥发、根系分泌和残根的分解、植株的分（腐）解、种子萌发和花粉传播。然而，任何植物都不止合成一种化感物质，植物化感作用是众多化感物质共同作用的结果。一方面，植物生成的化感物质不论多少，都存在着活性有无和活性高低的差异；另一方面，在自然状态下多种来源的化感物质间的共同作用形成了有序但却十分复杂的相互作用。化感物质的作用强度取决于化感物质活性，而活性强弱受其浓度、分子结构及互作方式的影响。化感物质作用强度首先由化感物质的浓度决定，低浓度化感物质对植物生理生化代谢及生长常表现出促进作用，而高浓度化感物质则表现为促进作用、抑制作用或无作用等多种形式，浓度影响其生物活性的性质。化感物质的分子结构决定了化感物质的物质属性，进而影响其作用的性质和强度，即使是同一类化感物质，由于其官能团的位置不同，其作用强度也完全不同。化感物质间存在加性、协同和拮抗三种互作方式，这些互作方式则决定了化感物质在混合物中的作用强度和性质。化感物质间协同作用的机制有 4 个方面：①抑制了受体对化感物质的解毒机制；②改变了非活性化感物质的结构，激活了其活性；③增强了化感物质穿透能力、运输能力，以更易接近其受体结构；④同时影响两个或两个以上植物生物合成的过程。

三、化感作用的机理研究

不同植物研究已经发现化感物质会显著影响植物生长的基因表达、蛋白质合成、氧化平衡、激素代谢等各种生理生化过程。化感物质的作用强度取决于化感物质活性，而活性强弱受其化感物质浓度、分子结构特征及分子互作方式等影响，其中化感物质浓度对化感作用强度的影响具有典型的剂量效应。

（一）破坏植物的膜系统完整性

植物细胞膜是细胞防止外源物质和微生物自由进入细胞的重要屏障，其功能维持和健全是植物得以正常生长的基础构件。在不同植物化感作用研究中发现，化感物质可以通过影响细胞膜结构、功能和渗透性来影响植物对水分、金属离子、激素等通过细胞膜进行运输的物质吸收，从而影响植株本身或其他植物的正常生长发育。Baziramakenga等（1997）研究认为，化感物质能够显著影响并降低细胞膜中巯基的含量，从而对细胞膜的完整性造成不可逆破坏，导致植物根系对养分吸收能力下降；同时，细胞膜的损伤也使细胞内物质大量外渗。化感物质对细胞膜的破坏方式是促使细胞内活性氧（reactive oxygen species，ROS）大量积累，攻击细胞膜，造成膜脂质过氧化作用。同时，一些报道还发现部分化感物质可抑制受体植物超氧化物歧化酶（superoxide dismutase，SOD）、过氧化物酶（peroxidase，POD）和过氧化氢酶（catalase，CAT）等抗氧化酶体系核心酶的活性，导致体内 ROS 增多，造成更加严重的膜脂质过氧化。例如，伊贝母（*Fritillaria pallidiflora*）的根系分泌物对其幼苗体内的 SOD 活性具有抑制作用，而对 POD、CAT 的活性既有抑制作用也有促进作用，对幼苗体内膜脂质过氧化物丙二醛（malondialdehyde，MDA）及叶绿素水平有促进作用（王英等，2010）。化感物质作用下细胞膜遭到破坏，其功能完整性和物质运输的选择性功能也同时丧失，导致细胞内含物不断外泄，间接促使了土壤内化感物质的持续积累，这种累积往往又加重或诱使根际土有害微生物获得高丰度增殖，有害微生物群体反向攻击植物，往往造成更大伤害，造成反复连锁的恶性循环效应。

（二）扰乱植物的激素代谢系统

一些研究发现化感物质能显著影响或干扰植物的激素代谢系统进程，进而影响植物体内正常生理代谢过程。例如，萜类化合物能束缚赤霉素（GA）活性，抑制植物生长发育进程。许多酚酸类化感物质（如莨菪灵、绿原酸、肉桂酸和苯甲酸等）也被证明能够对生长素（IAA）产生影响。例如，我们在地黄连作障碍的研究中发现 IAA 可能是引起地黄块根膨大的主要内源激素之一，而阿魏酸是 IAA 氧化酶的辅基，同 IAA 氧化酶的活性直接相关，能够提高 IAA 氧化酶的活性，从而氧化 IAA，致使地黄植株 IAA 的含量降低。因此，连作地黄土壤中的阿魏酸含量增加可能直接或间接地导致连作地黄块根不能正常膨大。

（三）干扰植物正常光合作用和呼吸作用

化感物质能够显著影响植物光合作用和呼吸作用正常进行，导致植物光合产物的积累和能量的循环利用受阻。化感物质对光合作用的影响主要表现为叶绿素含量和光合速率降低。例如，我们通过电镜观察连作地黄叶的叶肉细胞，发现连作地黄的栅栏组织、叶绿体类囊体、核膜等受到严重的损伤，造成光合器官不能正常进行光合作用；在地黄中用 $^{14}CO_2$ “饲喂”叶片后探测各部位放射性强度，发现连作地黄叶片光合产物向根部运输受阻。化感物质对光合产物的破坏性作用使得植物正常生长发育所必需的“源—流—库”系统严重失调，营养输出受到极大限制。也有研究认为，萜类化感物质能够抑制细胞 ATP 形成和植物生长、干扰线粒体发挥正常功能从而影响植物的呼吸作用。例如，许多醌类、黄酮类和酚酸类物质也对线粒体的功能具有干扰性作用。进一步研究发现，化感物质对呼吸作用的抑制性作用，主要原因是其影响了细胞呼吸作用过程中氧气的吸收，如玉米花粉粒的水溶性浸提液可使西瓜的呼吸和细胞分裂受阻，抑制其生长（Cruz et al.，1988）；从鼠尾草的一个种白叶鼠尾草（*Salvia leucophylla*）中分离的挥发性单萜是线粒体吸收 O_2 的强烈抑制剂，抑制的部位是 Krebs 循环中琥珀酸后的一步，还抑制氧化磷酸化作用（李杨瑞，1993）；三裂叶蟛蜞菊各器官水提液不仅能显著降低花生种子的呼吸速率，在花生植株幼苗生长过程中，喷淋三裂叶蟛蜞菊各器官水提液也明显降低其净光合速率（聂呈荣等，2002）。Rice（1984）认为化感物质会阻止叶绿素 Mg^{2+}卟啉的合成，或加速叶绿素的分解，从而降低了叶片的叶绿素含量，使叶片失绿，进而影响光合作用。

（四）影响或阻碍植物基因表达和蛋白质合成通路

化感物质对基因表达影响的研究起步较晚，研究结果较少。杨斌等（2007）认为化感物质能通过改变 RNA 和 DNA 的合成量和合成时间来改变细胞分裂周期。也有研究表明，部分生物碱类的化感物质与受体 DNA 紧密结合在一起，使 DNA 的裂解温度提高 5℃，同时阻止 DNA 翻译和转录的进行，进而影响蛋白质的合成（Wink and Latz-Brüning，1995）。每种化感物质的作用位点、作用强度各不相同，可以同时选择多个分子目标发生作用，进而影响细胞的有丝分裂。Cameron 和 Julian（1980）也报道，在莴苣幼苗上施加 50μmol/L 的阿魏酸、肉桂酸可以减少其蛋白质的合成；Venturelli 等（2015）研究发现拟南芥的根系可以分泌一种组蛋白去乙酰化抑制剂（环羟肟酸）直接影响拟南芥染色质修饰机制，说明植物可以通过化感作用改变其他具有竞争性作用的植物组蛋白乙酰化修饰位点状态，来控制竞争植物的基因转录，控制其生命活动核心进程基因表达，阻抑其生长，这也从侧面反映了化感物质是不同物种间生存竞争的一种重要“武器”。

实际上，不同的化感物质作用或影响植物生长的效应及其机制可能均有不同。同时，一种特定的化感物质对植物也具有多层次的生理响应，植物所分泌的化感物质除了直接作用于植物体外，对生态环境中微生态系统也具有重要的调控作用。在自然界生态系统中，植物所分泌的化感物质往往会与根际微生态群体发生相互作用，引发根际微生物群体迁移和变动。因此，只有通过对根际微生物的数量、构成及其在不同生境下动态变化的调查研究，系统了解化感物质释放规律及其与微生物的互作效应，以及化感自毒物质对植物的作用及其活动规律，才能系统揭示药用植物化感自毒作用的形成规律，进而为人工消减化感自毒作用、调控根际微环境，为药用植物生产提供理论基础和技术支撑。

第二节 连作障碍成因的研究

我国早在春秋战国时期就形成了土地连作制，北魏《齐民要术》中已有作物连作障碍现象的记载，但直到20世纪90年代，随着分子生态学及植物化感学科理论和技术体系的形成和完善，才真正开启了连作障碍的科学研究。关于连作障碍发生的原因，Plenk（1795年）、Decandole（1832年）等首先提出毒素学说，1937年Molish提出了作物间的“相克”现象，1939年Klaus总结归纳了作物连作障碍的五大因子学说，以后的研究也普遍认为产生连作障碍的原因可归纳5个方面，即土传真菌病害加重、线虫增多、化感作用、作物对营养元素的片面吸收和土壤理化性状恶化。前人研究认为，同一种药用植物的长期连作，易造成土壤中某些元素的亏缺或失衡并直接影响下茬的正常生长，造成植物抗逆性下降，病虫害发生严重，最终导致产量和品质下降。然而，梁银丽等（2004）通过增加施肥进行防治连作障碍的研究发现，增加施肥并不能消减连作障碍，表明土壤养分下降不是造成连作障碍的最主要原因。刘红彦等（2006）通过对土壤灭菌和块根、残叶灭菌的盆栽试验研究，发现可能是来自前茬地黄块根的分泌物（或前茬微生物的分解产物）造成地黄的连作障碍，其次可能是由于残叶、根等，表明根系微生态系统中化感自毒物质的积累及其效应可能是造成连作障碍的主导因素。在植物栽培过程中，植物与土壤的相互作用形成一个以根际为中心的根际微生态系统，连作引起植物残茬和根系分泌物在土壤中的长期存留，使根际微生态系统中的微生物群体结构发生改变，这些微生物的代谢产物积累有可能抑制植物的生长，植物产生的大量次生代谢产物也使害虫卵孵化、群体数量增加，侵染植物，给植物造成严重伤害。因此，连作障碍形成及加重发生的原因是复杂的，导致其发生的因素不是单一或孤立的，而是相互关联又相互影响的，是“植物—土壤”系统内多种因素综合作用的结果，包括土壤的传染性病害、土壤理化性状劣变、植物化感物质等引起的自毒作用。现已认为植物化感自毒是导致植物连作障碍的主要因子之一，尤其是“十一五”国家科技支撑计划项目“有效恢复中药材生产立地条件与土壤微生态环境修复技术研究——药用植物化感物质及其自毒作用消减技术研究”（2006BAI09B03）的立项，标志着我国对药用植物化感自毒作用和连作障碍的消减技术研究被提上了重要议事日程。

一、化感自毒作用与连作障碍

（一）化感自毒作用的定义

植物化感作用可以更精细地描述为一种活体植物（供体，donor）产生并以挥发（volatilization）、淋溶（leaching）、分泌（excretion）和分解（decomposition）等方式向环境释放次生代谢物而影响邻近伴生植物（杂草等受体，receiver）生长发育的化学生态学现象。但当受体和供体均为同一种植物时产生抑制作用的现象，则为植物的化感自毒作用（allelopathic autotoxicity），即植物自身的分泌物或其茎、叶的淋溶物及残体分解产物所产生的有毒物质累积到一定剂量，能显著抑制其自身根系生长、降低根系活性、改变土壤微生物区系的作用。因此，化感自毒作用是植物化感作用中一种特殊类型，其本质仍然为化感作用。化感自毒作用形成的基础性物质是化感自毒物质（allelopathic autotoxin）。已有大量研究表明，许多植物尤其是药用植物，如人参、西洋参、三七、地黄、贝母、苍术等的连作障碍均与化感自毒作用有关。在药用植物中，种类不同其根际分泌的化感自毒物质种类也有较大差异。例如，人参中目前被普遍认为的化感自毒物质为苯甲酸等酚酸类化感物质；三七中被普遍认为的是一些人参皂苷类物质和酚酸类物质；地黄中香草酸、阿魏酸、苯甲酸、香草酸、D-甘露醇、毛蕊花糖苷等酚酸类物质均被认为是重要的潜在化感自毒物质。

自毒作用是植物种内个体或群体间相互影响的方式之一，也属于植物种内群体关系的一部分，是生存竞争的一种特殊形式，其作用方式的显著特征是：选择性、浓度效应、共同作用效应。植物化感物质的产生和释放是植物在环境胁迫的选择压力下形成的，植物化感作用是植物在进化过程中产生的一种对环境的适应性机制。植物在胁迫条件下，化感物质产生量与释放量增加，植物释放的酚类和其他一些化感物质，在环境胁迫时化感作用明显增强，这种增强对产生化感物质的植物而言是有利的。以追求次生代谢产物（活性成分）为目的的药用植物栽培技术必须注重环境应力与次生代谢产物之间关系的研究。因为（道地）中药材是长期适应逆境的产物，道地性可能是在经历了无数次环境胁迫中获得的。因为植物化感作用是植物在进化过程中产生的一种对环境的适应性机制，某些药用植物在胁迫条件下有效成分会增加，而化感物质产生量与释放量也增加，因此药用植物化感自毒物质的产生和释放是药用植物在环境胁迫的选择压力下形成的。有时药用植物的有效成分就是作用很强的化感物质，植物释放的酚类和其他一些化感物质在环境胁迫时化感作用明显增强，这种增强加剧了药用植物化感自毒作用的形成。

（二）化感自毒作用与连作障碍形成

栽培植物在连作条件下，化感自毒物质在植物根际区的积聚加重，土壤微环境改变，尤其是植物残体与病原微生物的代谢产物对植物有致毒作用，并连同植物根系分泌物分泌的自毒物质一起影响植株代谢，对植物生长造成很大影响，最后导致自毒作用的发生。例如，牛鞭草（*Hemarthria altissima*）根系分泌物中的作物生长抑制剂主要是酚类化合物，Tang 和 Young（1982）用气相色谱-质谱联用（gas chromatography-mass spectrometry，GC-MS）分离检测出了苯甲酸、苯乙酸、肉桂酸等 16 种酚类化合物。表明根系分泌物中的有机酸和酚酸在植物的根际营养和植物间的化感作用中起着重要的作用。有研究从黄瓜根系分泌物中鉴定出苯甲酸及其衍生物、肉桂酸及其衍生物等，证明这些物质对黄瓜根系萌发与生长有直接的阻碍作用。在其他植物根系分泌物的研究中也发现类似的结果（Yu et al.，2003）。此外，Pramanik 等（2000）将黄瓜根系分泌物和其中的酚酸化合物分别加入黄瓜生长体系中，发现黄瓜植株中的过氧化物酶（peroxidase，POD）和超氧化物歧化酶（superoxide dismutase，SOD）的活性显著增加，植株叶片生长受到抑制，蒸腾和光合作用下降，叶绿素含量降低，显示根系分泌物的自毒作用。由此可见，根系分泌物中的酚类和酚酸类化合物在植物自毒作用和连作障碍中可能具有重要作用。研究表明，化感植物分泌的一些多酚类化合物会破坏膜的功能，化感物质抑制受体植物的

SOD 和 CAT 活性，导致体内活性氧增多，启动膜脂质过氧化，破坏膜的结构。有研究证实，化感物质会降低受体中 GA 和 IAA 水平，从而抑制植物的生长；还有研究发现，化感物质明显抑制受体 ATP 酶的活性，从而影响受体的光合与呼吸作用，产生抑制植物生长发育的现象。有研究报道，自毒物质还影响植物对矿质元素的吸收，如苹果酸、肉桂酸会抑制大麦根磷酸盐和钾离子的吸收，其原因可能是自毒物质抑制呼吸作用和氧化磷酸化过程，抑制质膜 ATP 酶的活性。

生态系统的调控过程是相互促进（相生）或相互抑制（相克）的协调过程，生态系统的化学调控是指生物体产生的生物活性物质能在生物体之间传递信息并导致生物体相互作用。药用植物化感自毒作用是药用植物群体中个体之间传递信息的一种方式。萜类物质是一类活性较强且研究较多的化感物质，其在环境胁迫下含量的变化是近年来研究的热点。据郭兰萍等（2006）研究证实，根茎及根际土中含量较大的β-桉叶醇对苍术胚芽的伸长有显著的自毒作用。β-桉叶醇是不少药用植物中都含有的倍半萜类成分，在苍术根茎挥发油中含量较高，常与其他组分一起用来做苍术定性和定量的指标性成分。有研究认为化感物质萜类化合物的毒性和抑制作用机理主要表现为：①抑制 ATP 的形成，发生亲核烷基化反应，扰乱蜕皮激素的活性；②与蛋白质络合或与食草类动物消化系统中的自由固醇络合，扰乱神经系统；③束缚 GA 活性，抑制植物生长；④干扰线粒体发挥正常功能，妨碍代谢作用进行；⑤影响细胞膜的功能，干扰植物对矿物质的吸收；⑥破坏营养吸收过程中的络合作用，使养分无法透过膜系统。可见，化感自毒作用对植物的影响是多方面、深层次的。

二、化感自毒作用与病虫害的发生

自毒作用能够协同土传病虫害发生，导致连作障碍的加剧。根系分泌物直接或间接影响植物病原菌，主要作用是抵消了土壤的抑菌作用，诱变病原微生物繁殖体萌发。即通过选择性地吸引植物病原微生物在根面和根际定殖、扩繁，造成植物发病，最终导致作物减产和品质下降等连作障碍现象。Bais 等（2003）指出植物病原微生物侵染根部，导致碳水化合物、氨基酸、蛋白质、脂类和核酸等物质代谢的改变，使根的分泌作用加强，根际周围的微生物种群数量也大幅度增加。中药材集约化、规模化种植的最大特点就在于单一物种的大面积连片种植，这给病原菌在根表面的生长和繁殖提供了丰富适宜的营养物质，并在寄主衰亡后在植物残体上继续繁殖，连作更是加重了这一趋势，从而病害严重。

连作导致线虫群体数量急剧增加，加剧了对植物的危害，这是造成药用植物减产或绝收的主要因素。线虫具有种类多、寄主范围广、适应性强、繁殖快等特点，土壤中大多数线虫的生活是独立的，其繁殖能力受制于根际效应。在根际土中，线虫往往与病原菌、细菌和病毒形成病害复合体。线虫在复合体中起着制造伤口、诱导侵染及传播病菌和病毒的作用。引起我国药用植物根结线虫病的主要线虫有 5 种：南方根结线虫（*Meloidogyne incognita*）、爪哇根结线虫（*M. javanica*）、花生根结线虫（*M. arenaria*）、北方根结线虫（*M. hapla*）和印度根结线虫（*M. indica*）。北方根结线虫分布广、危害最大。阮维斌等（2001）研究发现，大豆生长一段时间后，在灭菌土壤中、未灭菌土壤中和不同茬口的土壤中均检测到丁香酸，而在残茬腐解产物中能够检测到香草酸、丁香酸、香豆酸和阿魏酸。香草酸是一种大豆胞囊线虫性激素，其类似物丁香酸在温室条件下显著影响大豆胞囊线虫的密度，土壤中丁香酸和残茬腐解产物中香草酸等物质的存在可能促进了胞囊线虫的繁殖，使线虫密度达到危害阈值，这也许解释了连作条件下线虫产生危害的原因。

三、化感自毒作用与土壤环境

连作条件下土壤生态环境对药用植物生长有很大的影响，尤其是植株的残体与病原微生物的代谢产物对药用植物有致毒作用，并连同植物根系分泌的自毒物质一起影响植株代谢，最后导致自毒作用的发生。泽田泰男（1973）认为作物残体存留在土壤中，在缺氧环境下利于微生物分解残体，并转化为毒性物质，影响后茬作物生长发育。枯死的植物残体或死亡的根系，包括脱落在土壤中的根毛和须根很快腐败，分解产生酚类化合物，如对羟基苯甲酸、香草酸、阿魏酸和对羟基肉桂酸等，枯死枝叶分解产生的阿魏酸和咖啡酸等将随落雨进入土壤。酚类化合物在土壤中积累达到一定程度会抑制植物根系的发育。

土壤中聚居的微生物包括细菌、真菌、藻、原生动物和病毒。它们对于土壤肥力的形成、植物营养的转化起着极其重要的作用。土壤中微生物总量、活性和有益微生物数量多少是判断土壤活性的重要指标。自毒物质积累抑制了土壤微生物生长，使得连作土壤中微生物总量减少。同时，随着连作次数增多，土壤微生物区系由低肥的“细菌型”向高肥的“真菌型”发展，病原菌增加，寄生型长蠕孢菌大量滋生，致使药用植物病害严重。张辰露等（2005）对连作丹参的研究表明，丹参根系分泌的酸性物质影响了土壤微生物群落，特别是真菌数量。前期，我们对地黄连作障碍的土壤微生物区系的研究也发现，连作土壤中有益根际细菌如氨化细菌、好气性固氮菌、好气性纤维素分解菌、硫化细菌、硝化细菌的数量减少，真菌的生长也受到连作植物的抑制，而根际土中放线菌、反硝化细菌、反硫化细菌数量增多。地黄生长引起土壤根际与根外细菌数量减少，根际放线菌随地黄生长发育数量增加，而根外数量变化不大；真菌种类和数量都有很大变化。

进一步通过变性梯度凝胶电泳（denaturing gradient gel electrophoresis，DGGE）的方法研究头茬和连作地黄生长过程中根际微生物群体差异，结果表明，连作根际土微生物区系发生了明显变化，细菌数量减幅很大，并且有些条带消失，说明种群数量减少。放线菌种群没有大的变化，数量有所上升。真菌数量有所增加，种群发生了明显改变，表现为条带的缺失或增加，其中根际与根外变化不一致。我们的研究表明，种植地黄后，土壤中木霉菌（*Trichoderma* sp.）数量增加，特别在连作地黄土壤中，其数量显著富集。木霉属真菌具有较强的氨化作用和分解纤维素的能力，是土壤有机质矿化的积极参与者，而且木霉菌还具有抑制病原菌繁殖的作用。从地黄连作障碍来看，木霉菌数量在种植地黄后增加，其可能作用是转化地黄根系分泌物及残渣，其转化物是否是化感自毒物质有待进一步研究。黄曲霉（*Aspergillus flavus*）在正常土壤中检测不到其含量，但种植过地黄后会迅速出现，特别在连作地黄土壤中的数量最多，黄曲霉在植物生长过程中会不断产生黄曲霉毒素（aflatoxin，AFT），对作物及其他微生物生长造成影响。黄曲霉数目的增加对地黄生长是极为不利的。毛霉（*Mucor* sp.）含量在对照地高于种植过地黄的土壤，毛霉是土壤中一种很重要的产生蛋白酶的真菌，连作地土壤的蛋白酶活性明显较低，可能与毛霉的数量减少有关，但与地黄连作障碍的关系尚需要进一步研究。虽然地黄种植后真菌的多样性增加，但有些真菌的相对数量降低，而另外几种真菌相对数量增加，尤其明显地使有害的黄曲霉增加。对于土壤环境来说这是一种畸形的多样性增加，对于植株的生长反而有害，土壤生态系统已开始失调，根际微生态平衡状态被破坏。连作后土壤微生物多样性发生了较大变化，土壤微生态系统失调，显然这样的土壤微生物环境不利于药用植物的健康生长。

土壤植物根际区是一个复杂的生态环境。植物根系的分泌、地上部分的淋洗、凋落物及有机物的腐解、微生物的活动等多种途径，使得植物根际周围存在着各种各样的化合物。这些物质往往会通过影响土壤中营养物质的有效形态及微生物种群的分布等影响其他种植物或自身植物的生长与发育。许多化感物质不仅影响邻近植物的生长发育，也影响土壤的理化性质，改变其养分状况，进而影响植物的吸收和生长。陈龙池等（2002）研究表明，在土壤加入香草醛和对羟基苯甲酸后，这两种物质都降低了土壤中有效氮和有效钾的含量，增加了土壤中有效磷的含量。已有研究表明，土壤养分缺乏可使植物产生和释放次生物质的能力发生变化，包括次生物质含量的增加或减少，并且在大多数情况下有所增加。

第三节　化感作用与中药材品质

一、化感物质参与植物的代谢调控

植物有别于动物，它难以逃避或改变环境，因此适应多变复杂的环境是其维持生存的主要出路。在资源匮乏的条件下，植物对有限资源的竞争能力决定着其生存能力，而此时，植物通过物理手段获得资源的能力大大降低，就会采用化学方法来增强其竞争能力，因此化感作用的增强对植物生存来说无疑具有重大的意义。如上分析，连作障碍更为主要的成因可能是自毒物质对植株产生的生理生化效应，自毒物质可能直接影响植株的光合效率、根系活力、保护酶活性、激素分泌及与其生长发育相关的信号物质的产生与转运，以及控制次生代谢途径相关蛋白质和酶的表达，从而影响植物的生长发育和次生物质的积累，导致产量和品质下降。同时，自毒物质对土壤微生物群落具有趋化作用，造成有害病原菌增加和有益菌减少，导致病虫害频繁发生。要探明自毒物质产生的各种效应，调控自毒物质的分泌，首先必须对自毒物质进行分离与鉴定，了解自毒物质在植株体内的合成、代谢途径，了解自毒物质在土壤中的迁移及其与土壤微生物、药用植物间的互作关系，才能明确自毒物质是直接抑制了植株体的生长发育，还是通过影响土壤中的微生物群落，间接地影响了植株的生长发育，从而提出相应的调控措施。虽然从其现象上看，化感作用非常简单，或抑制或促进，但其产生机理十分复杂，涉及从供体到受体的一系列信号传递、转导及诱导的生理生态响应，代谢物在介质中的迁移、转变、修饰，化感性状的定位与遗传等。若要调节生物促进或抑制某种特定化感物质的产生，还必须从代谢水平上对其进行调控。

二、化感物质与药用活性成分间存在同源关系

药用植物中含有防病治病的活性成分，多数是逆境胁迫下的产物，因此中药材规范化种植的技术关键，可能不是提供良好的“生长”环境，某种意义上是研究如何运用“农艺措施”给药用植物提供“信号”（环境刺激），以产生更多的“活性物质”（次生物质）；而这些活性物质（信号物质）的部分又是药用植物的化感自毒物质，所以药用植物化感物质与有效成分的“同质性”，使得药用植物的化感自毒作用更强烈，造成的连作障碍更普遍。中药材品质形成的环境胁迫（environmental stress）效应，是药用植物栽培区别于普通作物栽培的重要特点，因此中药材规范化栽培的目的不应该追求较高的“有效成分含量”，而应该是在产品（药材）具有适当的活性成分含量（符合《中国药典》标准）的基础上，以获得最大生物产量为目标，提高有效成分的产量。同时，要积极探索以临床疗效指导中药材生产，切实实现中药材“有序、有效、安全”生产。

我们的研究认为，药用植物化感自毒物质的产生和释放是植物在环境胁迫的压力下形成的，也是药用植物在进化过程中产生的一种对环境的适应性机制。所以，目前情况下，减缓药用植物连作障碍的影响，应该以建立合理的轮作制度，构建高效的复合群体（间作、混作、套作等）为主，既能有效利用不同的土壤养分，又可以调节微生物群落，使土壤病害受到控制。根据药用植物自毒作用理论，亲缘关系越远，轮作的效果越好。同时，应注重深耕改土、平衡（配方）施肥；栽培管理中，科学运用微生物肥料和生物农药，运用嫁接技术选用抗性砧木等综合农艺措施缓减连作障碍的发生和危害。

（古　力　杨楚韵　刘红燕　冯法节）

参 考 文 献

陈龙池, 廖利平, 汪思龙, 等. 2002. 香草醛和对羟基苯甲酸对杉木幼苗生理特性的影响. 应用生态学报, 13(10): 1291-1294.

郭兰萍, 黄璐琦, 蒋有绪, 等. 2006. 药用植物栽培种植中的土壤环境恶化及防治策略. 中国中药杂志, 31(9): 714-717.

李杨瑞. 1993. 植物的生化互作现象. 土壤, 5: 248-251.

梁银丽, 陈志杰. 2004. 设施蔬菜土壤连作障碍原因和预防措施. 西北园艺: 蔬菜专刊, 000(007): 4-5.

刘红彦, 王飞, 王永平, 等. 2006. 地黄连作障碍因素及解除措施研究. 华北农学报, 21(4): 131-132.

聂呈荣, 曾任森, 黎华寿, 等. 2002. 三裂叶蟛蜞菊对花生化感作用的生理生化机理. 花生学报, 31(3): 1-5.

阮维斌, 赵紫娟, 薛健, 等. 2001. 高效液相色谱法检测与化感现象相关的5种酚酸. 应用与环境生物学报, 7(06): 609-612.

王英, 凯撒 • 苏来曼, 李进, 等. 2010. 伊贝母根系分泌物自毒作用研究. 植物研究, 30(2): 248-252.

杨斌, 董俊德, 吴军, 等. 2007. 浮游植物的化感作用. 生态学报, 27(4): 1619-1626.

泽田泰男. 1973. 作物残渣的有害性和对后作的影响. 农业と园艺, 48(4): 528-532.

张辰露, 孙群, 叶青. 2005. 连作对丹参生长的障碍效应. 西北植物学报, 25(05): 1029-1034.

张泓. 1994. 植物培养细胞的形态分化与次生代谢产物的生产. 植物学报, 11(1): 12-19.

Bais H P, Vepachedu R, Gilroy S, et al. 2003. Allelopathy and exotic plant invasion: From molecules and genes to species interactions. Science, 301(5638): 1377-1380.

Baziramakenga R, Leroux G D, Simard R R, et al. 1997. Allelopathic effects of phenolic acids on nucleic acid and protein levels in soybean seedlings. Canadian Journal of Botany, 75(3): 445-450.

Cameron H J, Julian G R. 1980. Inhibition of protein synthesis in lettuce (*Latuca sativa* L.) by allelopathic compounds. Journal of Chemical Ecology, 6(6): 989-995.

Cruz O R, Anaya A L, Ramos L. 1988. Effects of allelopathic compounds of corn pollen on respiration and cell division of watermelon. Journal of Chemical Ecology, 14(1): 71-86.

deCandolle M A P. 1832. Physiologic Végétale. T. III. Paris: Béchet Jeune: 1474-1475.

Klaus H. 1939. Das problem der bodenmüdigkeit unter berücksichtigung des obstbaus. Landw Jahrb, 89: 413-459.

Molish H B. 1937. Der einfluss einer pflanze auf dieandere-allelopathie. Jena: Verlag von Gustav Fischer: 1320.

Plenk J J. 1795. Physiologie und pathologie der pflanzen. Wien: Wappler.

Pramanik M H R, Nagai M, Asao T, et al. 2000. Effects of temperature and photoperiod on phytotoxic root exudates of Cucumber (*Cucumis sativus*) in hydroponic culture. Journal of Chemical Ecology, 26(8): 1953-1967.

Rice E L. 1984. Allelopathy (2nd ed). New York: Academic Press Inc: 301-305.

Tang C S, Young C C. 1982. Collection and identification of allelopathic compounds from the undisturbed root system of Bigalta limpograss (*Hemarthria altissima*). Plant Physiology, 69(1): 155-160.

Venturelli S, Belz R G, Kämper A, et al. 2015. Plants release precursors of histone deacetylase inhibitors to suppress growth of competitors. Plant Cell, 27(11): 3175-3189.

Wink M, Latz-Brüning B. 1995. Allelopathic properties of alkaloids and other natural products: Possible modes of action//Inderjit K M, Dakshini M, Einhellig F A. Allelopathy: Organisms, Processes, and Applications. ACS Symposium Series. Washington: American Chemical Society: 117-126.

Yu J Q, Ye S F, Zhang M F, et al. 2003. Effects of root exudates and aqueous root extracts of cucumber (*Cucumis sativus*) and allelochemicals, on photosynthesis and antioxidant enzymes in cucumber. Biochemical Systematics and Ecology, 31(2): 129-139.

第三章 地黄连作障碍成因的研究方法

中药材生产中连作障碍问题的形成涉及植物、土壤和微生物等生物及各子系统之间复杂的互作关系，并且随着连作障碍形成过程的推进，这些互作关系也会出现相互的转换。在连作障碍形成过程中，每个子系统蕴含复杂的影响因子。例如，植物在生长过程中会释放大量化感物质，种类少则几百种，多则上千种。同时，土壤中孕育着大量的微生物，目前已发现的就有约 20 万种微生物，加上未知微生物实则更多。由于植物在生长过程中根际释放物质的多样性、根际微生物种类的庞杂性及物质与微生物间互作的多元性，导致连作障碍形成是一种多体系、多因子和多网络间相互作用的结果，这种多边、多重性的互作在土壤“黑箱”内进行，其复杂程度远远超出我们的想象。“工欲善其事，必先利其器”，如何从植株、根际土、农艺活动等方面捕获或解析这些多重的互作关系，已成为破解连作障碍亟待解决的问题。因此，我们应在把控连作障碍形成脉络和主线的基础上，使得连作障碍问题的研究方法规范化，制订和完善相关技术标准，才能事半功倍，推动连作障碍问题研究走向深入。

第一节 田间定位观测池的建设与管理

中药材生产中连作障碍的形成是在农业生产过程中发生的，这意味着只有在大田环境下栽培药用植物时连作障碍所呈现的症状才能真实地反映连作伤害的表型，才能给受控模拟连作提供真实和标准的参考模型。因此，无论控制条件下“连作模型”构建方法如何，田间连作栽培的“阳性”参考是必需的。连作模型构建过程中涉及多种化感物质、根际微生物等因素，这些因素极易受到其他植物特别是杂草的干扰；而且大田种植环境的影响因子较多，且极易受到天气因素的扰动，很难受人为掌控。因此，如何消除田间环境影响，最大程度降低外界环境因素对连作模型形成体系中各因素的影响，对于连作障碍研究的成败具有关键意义。为此，我们分别于 2008 年和 2011 年在地黄道地产区河南省焦作市温县农业科学研究所试验地和温县武德镇亢村建立了田间定位观测池，用于构建连作模型体系的研究。

一、定位观测池的建造与维护

（一）定位观测池建造目的及位置选择

1. 建造连作定位观测池的目的

建造连作定位观测池，一是为了有效隔离和杜绝紧邻栽培作物、杂草及其他非相关物种生长过程中挥发物、分泌物等化感物质或其他化学物质对试验中的目标植物化感作用研究的干扰；二是防止不同连作年限及对照处理间物质相互交流互换；三是阻隔观测池内化感物质或微生物随雨水冲刷作用所产生的物质外溢。此外，还需要持续观察地黄连作过程中化感物质及土壤微生态环境中微生物群落的时空动态变化。因此，观测池面积的规范要求需要满足多年连作和短期连作对比的需要，需要预留出多个目标空白池，以供多年连作的需要。随着连作年限的增加，连作一年变为连作二年、头茬变为连作一年、空白对照变为头茬，以此类推，连作池逐渐旁移，连作年限逐渐增加。

2. 定位观测池位置的选择与周边环境

连作观测池的基地选址首先应该考虑候选基地位置的温度、光照、水分条件、土壤参数等栽培生境，必须满足被观测作物生长发育周期完成的需要。地黄作为典型的阳生植物，块根膨大需要较强的光照水平，因此在选取地黄连作观测池的位置时，需要选用光照条件好、阳光充足的地块，不宜靠近林缘或有其他高秆物种傍依的地方；同时，目标观测池坐落地的耕层土壤需深厚、土质疏松、腐殖质多，土质以砂质壤土为宜；需要有良好的排灌措施，满足随时能灌、能排的要求，以防止雨季目标池的渍水对地黄生长造成影响。此外，目标观测池坐落地块的前茬作物以蔬菜、禾谷类作物为好，应避免选择花生、豆类、芝麻、棉花、油菜、白菜、萝卜和瓜类等作为前作或邻作，防止线虫病、红蜘蛛等与地黄具有共同寄主病虫害的发生。

（二）定位观测池构建过程与维护

1. 观测池的结构特征和布局

为了保证观测池之间隔离的有效性和使用寿命，一般观测池采用砖混水泥结构作为基础隔离设施，但是为了防止污染保护耕地，最好用耕地土壤做泥浆砌砖。在连作研究实践中，观测池也被称为隔离池，设置隔离池的主要目的是防止栽种及取样操作过程造成池间交叉污染而带来实验误差，其内不进行耕种，既起到隔离作用亦可作为池间步道，也有在隔离带种植矮秆植物，以防止各个实验处理之间因风力、人为等造成的物质交流。基于实验群体数量需要、实验区域面积的可控性及不同连作年限隔离池建设的延续性、经济性，我们在建造隔离池时一般每个种植池大小控制在 8m（长）×3m（宽）×1m（深），并且每两个隔离池间预留长 8m、宽 1m。在设计隔离池的深度时，需要充分考虑地黄根系下扎深度以保留足够的挖深。一般地黄的根系可下扎到地下 50～70cm 的深度。为了隔绝不同种植年限小区间的物质交换，隔离池的建造深度至少需达到地下 1m（图 3-1）。隔离池在使用过程中，根据使用目的的异同，一般分为正常种植池和临时闲置池两种。正常种植池一般在每年春季进行整地播种，以满足不同连作年限种植地黄与头茬地黄之间相关实验的取样工作；临时闲置池即当年还未种植的隔离池处于休闲状态，不耕不种，出现田间杂草时及时拔除，一般用于空白对照。

2. 观测池的建造与维护

观测池在建造时，需要做到细致和准确，特别是进行隔离池间阻隔设施的铺设时，尽量做到细致、无缝，以防止其达不到有效隔离。具体步骤简单概括如下：首先，按照

图 3-1　地黄连作观测池建造过程示意图

按照预设隔离池面积（8m×3m）及池间走道宽度，挖出隔离池间土，挖深 1m（步骤①）；沿着隔离池底，用水泥砖堆砌形成隔离墙（步骤②）；同时隔离墙上铺设防渗膜防止池间物质流动（步骤③）；在隔离墙上铺设防渗膜铺到 1m 左右（步骤④）；将挖出的池间土回填到池内和池间空隙内（步骤⑤）；将隔离池表面土磨碎、填平，形成可以种植作物的耕作层（步骤⑥）

隔离池设计要求挖出种植池间过道（隔离池）的土壤，挖深达 1m 左右，然后在隔离池四周用优质无芯砖块堆砌成 1m 高的水泥砖混隔离墙。接下来，待砖混结构隔离墙凝固干燥后，将搭建过程中的水泥、砖块、泥土等残留物清除，然后沿着隔离墙均匀地铺设防渗塑料膜，防渗膜在铺设过程中要注意贴近隔离墙，膜块间结构处要留有重组的重叠区域，紧挨隔离墙底部的防渗膜需要用土块压实。最后，将所挖出的土回填至隔离池内以及隔离墙间的空隙处。注意土壤回填后，需浇大水以使土壤渗透下沉，露出隔离墙和隔离池轮廓。观测池建好后的第一年，需统一种植并翻埋绿肥进行养地，以减少在建造过程中由于土层混乱等问题造成的试验误差。需要注意的是，整个观测池区域四周，需要建立防护网或类似设施将隔离池区域与相邻地块进行隔离，以阻止和排除外界复杂的人为和自然环境因子干扰，其具体建造过程如图 3-1 所示。

二、定位观测池栽种及田间管理

隔离池内地黄与普通大田地黄的管理方法基本一致，但在栽前的整地精细程度往往要高于常规大田管理，特别是水肥的管控、病虫害的有效控制必须做到严格、有效。此外，隔离池在栽前需要对空白池、头茬池和不同连作年限的连作池的土壤营养元素进行仔细的测定，比较不同隔离池中土壤的营养亏缺程度，做到精准补施，以使不同种植池之间的土壤养分达到相对均衡一致。此外，连作池在栽培管理期间，要及时监测土壤内水分含量，密切注意植株生物胁迫、非生物胁迫状态，除非池内植株出现干旱、缺素症状时要及时补充肥水外，平时管理尽量避免大肥、大水管理。同时，要密切关注池内植株的病害发生情况，当发现头茬和连作池由于雨后或田间湿度过大发生病害时，应及时采取措施；还应密切区分连作伤害症状和病害流行症状，没有病害发生则尽量避免农药的施用，以防止和杜绝这些管理措施对自然状态下根际微生态和化感物质群类的干扰。

（一）栽种

每年秋季取样后进行深耕，结合深耕，每池内施入腐熟的有机肥 100kg，再于次年 3 月下旬，每池内再施入复合肥 2kg、磷酸二铵（二胺）1kg、过磷酸钙 2kg、硫酸钾 1kg。每年 4 月上中旬待气温稳定在 20℃左右进行栽植。栽种前，将池内土壤再次进行翻耕耙平。取头年 7 月下旬经过倒栽的“温 85-5”地黄，选择无病虫害、无霉烂的块根，截成 4～5cm 的小段，每段上留存 2～3 个芽眼。在截好的块根中选择中段粗度为 3～5cm 的部分作为繁殖材料（种栽），用多菌灵 300 倍液浸泡消毒 20min，也可用生石灰或草木灰拌种，晾干后进行栽种。隔离池地黄种植一般采用条播的方式，不起垄，以避免起垄造成耕层不均匀，扰乱地黄隔离池内根际土微生态环境。

为了使不同隔离池内苗体大小、长势达到相对一致结果，隔离池内种植密度往往显著高于大田，用以确保在幼苗密度调整间苗时有较大选择余地。在隔离池种植时，先从距池边砖混结构围墙处 20cm 处开始栽植，距隔离池两边的地黄作为保护行，其余植株可供观测取样。按照行距 30cm 进行开沟，沟内每隔 10cm 放一段块根，即采用 30cm×10cm 的种植密度。为了防止隔离池内出苗不整齐和缺苗情况，在每个种植池接近池边砖混结构的两行，适当提高种植密度，按照株距 5cm 的密度进行栽植，以作为出苗后的补苗、定苗的备用资源区。

（二）田间管理

一般隔离池内地黄在栽种后 20～25d 开始出苗。在苗高 3～4cm，长出 2～3 片叶，整株俯观如碗口直径大小时，开始间苗。地黄块根在栽植时，每个根段上均有 2～3 个芽眼，相应的会长出 2～3 株幼苗，间苗时通常选择 1 株壮苗，其余的除去。苗期发现缺苗时，及时从保护行中移苗进行补栽，补栽宜选择阴天或晴天傍晚，移苗时带原土，并及时浇水，以促进幼苗成活。待地黄幼苗长出 5～6 片叶时，即可将保护行的地黄幼苗间苗至 30cm×20cm 的正常密度。地黄由栽种到齐苗一般需 25d 左右，墒情不足时需浇水，浇后进行浅锄盖土保墒。生长期间如遇干旱要及时浇水，夏季遇暴雨及时排水。在地黄生长期间，需要根据具体情况进行中耕除草，发现有现蕾的地黄及时进行摘蕾，8 月底植株基部叶片变黄时及时摘除，以免其滋生病害。

在地黄齐苗至封垄前追肥 1 次，每池施硫酸铵 0.5kg，封行后，块根进入快速膨大期前根外追施 1%的尿素、0.2%的磷酸二氢钾。如田间出现或观察到根腐病、斑枯病、枯萎病等病害时，对发病情况进行记录并及时清除病株。例如，出现红蜘蛛、地老虎等害虫时，采用药剂喷杀和人工捕杀。除此之外，尽量避免杀虫剂、杀菌剂或其他激素类农药和生长促进剂的施用，以免在连作研究体系中渗入其他胁迫因素。

三、定位观测池取样及植株生长分析

（一）定位观测池内地黄表型性状调查

在地黄栽种后 20d 开始，每隔 5d 调查一次地黄的出苗情况，直至苗齐为止。待隔离池内苗出齐后，需要每天持续地观测和实施跟踪头茬地黄、不同连作年限隔离池内地黄的生长速率、田间长势、叶形和叶色状态、光合指标、根系发育状况、根冠比、发病情况、异常死亡等情况。同时，需要密切关注其他异常生物胁迫和非生物胁迫出现对地黄影响，仔细甄别和判定地黄连作症状的出现时间、伤害程度。对种植在不同观测池内地黄表型性状进行调查时，需要对不同隔离池做到严格一致。特别要注意，地黄连作症状的发生是持续性、渐进性的，不同阶段由于连作危害程度和死亡率的差异，会出现苗情参差不齐的情况。因此，在对隔离池的取样调查和参数记录时，一定要做到取样均匀，不可仅对长势好的进行调查，而忽略长势差或受害重植株的调查。

（二）植株的生理生化分析

为了从内而外详细地了解连作对植物生长的影响，需要结合植物的表型指标和生理指标变化，详细评价连作伤害的程度和界定连作障碍形成敏感关键期。目前在连作障碍研究中，用来衡量连作损伤程度的相关生理指标主要有根系活力、抗氧化酶活性、ROS含量及内源激素含量差异等。

1. 植物常规生理、生化指标测定

根系活力一般采用氯化三苯基四氮唑（triphenyltetrazolium chloride test，TTC）法；SOD、POD、CAT、抗坏血酸、抗坏血酸过氧化物酶（ascorbate peroxidase，APX）等抗氧化体系中关键酶或物质及衡量膜脂质过氧化程度的MDA含量等指标测定一般采用普通分光光度计法即可。植物光合作用相关指标，如净光合速率（Pn）、蒸腾速率（Tr）、气孔导度（Gs）、胞间 CO_2 浓度（Ci）等光合速率与蒸腾作用相关参数可由Li-6400便携式光合测试仪测定并获取；叶绿素含量则可采用叶绿素仪（如常用的SPAD502型叶绿素测定仪）直接测定；叶绿素荧光参数可由叶绿素荧光仪测定获取（如常用的PAM-2100型叶绿素荧光测定仪）。

2. 植物不同组织内源激素含量测定

常用的方法有：酶联免疫吸附测定（enzyme-linked immunosorbent assay，ELISA）和高效液相色谱-质谱联用技术（HPLC-MS）。其中，酶联免疫方法操作简单、快速，操作步骤如下：首先，进行酶液提取，称取待处理样品，用80%预冷的甲醇置于弱光下冰浴研磨至匀浆，4℃过夜后提取，10 000×g 条件下冷冻离心15min，取上清液过C18柱；真空抽滤干燥后，用样品稀释液（含0.1% Tween-20和0.1%明胶的磷酸盐缓冲液，pH7.5）溶解所得的激素样品。最后利用ELISA和酶标仪对上述激素样品的内源激素进行定量测定，如IAA、GA、ABA等激素的测定。目前，许多生物技术公司基本上可以生产激素酶联免疫相关的试剂，在测定过程中也可以根据需要自己组配试剂。

3. 植物不同组织ROS的定性和定量测定

ROS的测定主要包括定性和定量两种方法，过氧化氢（H_2O_2）和超氧阴离子等定量方法一般采用分光光度计法，定性的方法主要包括：荧光染色法和3,3′-二氨基联苯胺（diaminobenzidine，DAB）染色法，荧光染色法适合没有色素干扰的须根、小块组织及离体细胞的 ROS 测定；DAB 染色原理是 H_2O_2 在 CAT 催化作用下，可与 DAB 迅速发生反应并生成棕色沉淀状化合物，这些化合物沉淀在组织细胞中可以肉眼明显观察到。因此，我们可以根据特定组织中褐色沉淀初步判定其 H_2O_2 累积水平。DAB 染色比较适合组织块较大、色素干扰较为严重的组织，如叶片、色素含量高的组织 ROS 的测定。

第二节　化感物质的筛选与鉴定

近年来，人们对化感作用的探索越来越深入，由于化感物质往往是微量的，收集、提取和分离具有相当难度，因此，获得不同作用部位（提取部位）或单体化感物质是深化化感作用研究的关键。近年来化学分析和鉴定技术的不断提高和完善，为化感物质的分离鉴定和研究提供了强有力的技术支撑，促使对地黄化感物质的研究走向深入，也使阐明并揭示土壤中的化感物质在连作障碍形成中的作用和地位成为可能。

一、非根际土、根际土、根表土的概念与收集

（一）植物根区土壤界定及样品采集

1. 植物根区土壤概念及差异

根际土（rhizosphere soil）是指受植物根系活动影响，物理、化学和生物学性质上不同于土体的那部分靠近植物根系的微域土区（1～2mm），是“植物—土壤”生态系统物质交换十分频繁的一个界面，也是土壤微生物非常活跃的一个区域。非根际土（non-rhizosphere soil）是指在植物根际之外的土壤区域，甚至是指植物冠幅垂直投影之外的土壤区域，以排除植物叶片经淋溶、凋落降解等对土壤的影响，有时也称为根外土或根围土（bulksoil）。此外，在一些研究中，非根际土又细分为两个部分：一部分是植株冠幅垂直辐射土壤区域，也被称为根圈土；一部分是根圈外的土，被称为根外土。近年来，随着研究的不断深入与细分，还出现了根表土（rhizosplane soil）和内根际（endorhizosphere）的概念（Edwards et al.，2015；Reinhold-Hurek et al.，2015）。根表土是指收集完根际土后剩下的紧贴植物根系表面的土壤薄层，常需要通过根系超声的方式获得。内根际是指植物根系经超声、表面消毒等处理后，植物根系内部的环境区域，即根内环境，也称为内圈或根内（endosphere）。为了与内根际相对应，有时也把通常所说的根际称为外根际（ectorhizosphere）。在根际生物学的研究实践中，不同植物的根系形态千差万别，由此造成研究者对不同植物根区土壤的界定和划分存在差异。因此，在研究植物与根际互作或信息交流中，可根据植物根系属性不同或研究目的差异，针对不同植物制定出特定植物的根际区域范围。

2. 植物根区土样收集

在传统的试验中，通常采用抖根法来收集根际土，即将植株根系用铲子完整挖出后，轻轻抖落去除外围土壤，然后用刷子刷取紧贴根系表面 1～2mm 的土壤为根际土。此方法简便快速，并且可以在田间直接快速完成取样，并能以最快速度保存土壤或迅速低温

冷冻土壤，从而为 DNA 提取及其他相关分子试验开展取样奠定基础。但是这种方法最大弊端在于若操作不当很容易混入非根际土，造成重复性差。为了克服这些不足，同时也是为了更加细致地区分根系不同部位微生态的细微差别，近年来出现了一些更加细致的取样方法。这里以由 Edwards 等（2015）发表于 PNAS 的一篇文章为例，简述精细获取根际、根表、根内土壤样品的方法，具体如下。

首先，挖出完整植物根系，轻轻抖落去除根系周围疏松土壤，留下 1～2mm 的土层，之后将根系放入无菌的磷酸盐缓冲液（phosphate buffered saline，PBS）中，通过充分搅动来清洗根系，清洗液中的土壤经离心沉淀即获得根际土。其次，将清洗后的根系再次用无菌水冲洗两遍后，放入无菌的 PBS 缓冲液中，通过超声来获得根表土，超声条件为：50～60Hz，30s。根据我们的经验，不同的植物或不同质地的土壤，该超声条件可以做适当调整，通过调整超声波频率和超声时间来最大限度地获得根表土，但是也要控制好频率和时间，以免将植株根系皮层组织超声下来混入根表土中。最后，将上述超声处理后的根系用 PBS 再超声处理两次，以确保所有的根表微生物彻底去除，通过这种方式获的根系就能用于根内微生物 DNA 提取等后续研究。

（二）地黄根系分泌物收集装置及收集方法

目前，植物根系分泌物的收集方法主要有水培法、基质培养法和土培法。水培法不需要特殊的收集装置，但水培植物一般根毛发育较少，没有机械阻力，与真实的土培条件下生长的通气情况、养分分布、根系分支结构有较大的区别，因此水培法较难获取真实生长条件下植物的根系分泌物。基质培养法可以保证根系的通气，同时提供一定的机械阻力，但与自然状态下的根系分泌物仍存在着一定的差异。传统土培法收集根系分泌物主要采用两种方法：一是土培植物生长一段时间后，将其根系取出，用蒸馏水洗下根际土，振荡后离心或过滤，所得溶液即根系分泌物；二是将生长至一定阶段的植物从土壤中取出，将其根系表面土层冲洗干净，再用蒸馏水淋洗根系，淋洗液作为根系分泌物。在整个操作过程中，根系极易受到损伤，收集到的溶液中会包含很多根系本身的内含物和伤流液，且这种方法一般只适用于小型植物或苗期植物。目前，研究者根据研究目的和研究对象的不同，设计了许多特殊、高效的装置来收集根系分泌物。但目前对于块根或块茎植物的根系分泌物收集的研究较少，特别是块根类植物特异化感物质收集研究涉及更少，目前所用的根系分泌物收集装置和方法均不适合旱生植物根系分泌物的收集，大大限制了对旱生植物根系分泌物的研究。经过大量的优化研究，我们提出了一种旱生植物根系分泌物的收集装置和方法，对于旱生植物根系分泌物研究提供了重要的思路（图 3-2）。

首先，定制高 40cm（桶身高 28cm、桶身和桶颈过渡区 4cm、桶颈高 8cm）、桶壁厚 0.2cm、桶身直径 21cm、桶口直径 4cm 的无底内部磨砂有机玻璃桶，用无纺布和沙子进行填充。在填充时，将无纺布填充到桶颈内，厚度 5cm，然后将沙子覆盖在无纺布上，沙子重量 2kg，粒径 1mm。然后在其内装入培养基质，填满培养容器，培养基质主要包括土壤和蛭石组成，其体积比控制在 1∶1 左右。土壤取自地黄道地产区河南温县地黄种植基地。装填时呈正方形对称掩埋 PVC 管，管长 25cm，直径 2.5cm，下端用脱

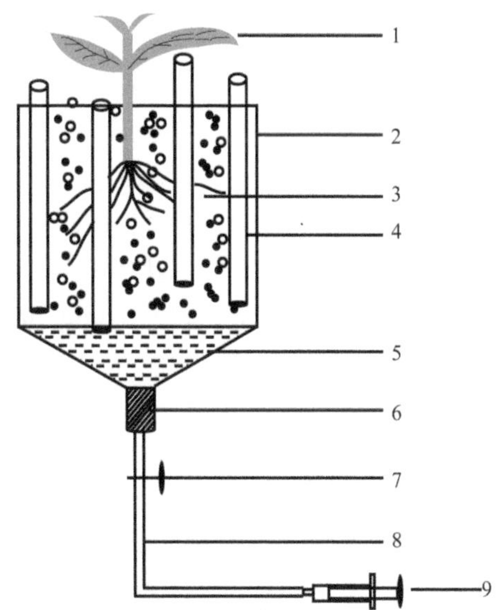

图 3-2 一种旱生植物根系分泌物收集装置及其收集方法（ZL201410029083.7）

1. 待测植物；2. 内壁磨砂的有机玻璃桶；3. 土壤蛭石混合培养基质；4. 经钻孔、包裹处理的聚氯乙烯（Polyvinyl Chloride，PVC）管；5. 沙子；6. 无纺布；7. 铁夹子；8. 橡胶管；9. 注射器

脂棉封口，管身用纱布包裹两层，上端露出基质 3cm，便于灌溉。在培养基质中心种植地黄芦头，每隔 10d 从 4 中灌溉 500mL 自来水，保证地黄的正常生长，此时铁夹子关闭（图 3-2）。按照实验设计，在地黄苗期、块根伸长期、块根膨大前期、块根膨大中期、块根膨大后期及收获期，灌溉土壤浸提液由取自河南温县土壤按 2∶1 的水土质量比，振荡 4h 过夜静置后制得 1000mL。打开铁夹子，此时有溶液从橡胶管中流出，用注射器轻轻抽干，所得溶液即根系分泌物。收集到的根系分泌物采用 0.22μm 微孔滤膜过滤，并转移至 4℃条件下储存，用于后续化合物群的解析。基于该装置，我们成功地实现了对地黄不同生育时期根系分泌物的原位动态收集，且该装置可实现植物（尤其是旱生植物）根系分泌物的收集，具有操作简单、原位种植、实时收集的优势。另外，上述装置采用注射器手动收集根系分泌物，与常用的蠕动泵相比，更容易把握抽气力度，不会对土壤结构造成破坏，同时获得的液体样品方便过膜处理，有利于候选生物测试或化感物质的鉴定，极大地方便了植物根系分泌物的分析。

二、化感自毒物质筛选与化感潜力分析

如何从众多鉴定所得化合物中筛选潜在化感物质是连作障碍相关研究中的重点。其中，化感物质活性评价是潜在化感物质筛选的关键环节。从化合物结构角度有目的地初步筛选并判别该化合物是否具有化感活性，可大大降低工作量及购买标准品的盲目性。从化合物结构初步判断其是否具有化感活性时可参考 Rice（1984）对已报道化感物质的 15 种分类（详见第二章）。潜在化感物质经提取、分离、鉴定后都需要进行植物毒性及其致害机理的追踪。化感作用研究中较为常见的生物测定方法包括培养皿滤纸法、培养皿砂培法、培养皿琼脂法、培养皿无菌浮石法、培养皿海绵法、层析滤纸法（滤纸包含

经纸层析分离的不同组分）、“土壤三明治”法（适用于研究微生物与化感物质间的关系）等。其中，培养皿滤纸法使用较为简便，实验周期短，重复性好。但值得注意的是，无论通过哪种方法进行生物评价都应关注浓度的问题，避免因浓度过高引起的浓度效应。根据以往经验，我们建议设置至少 3 个逐步递增的浓度梯度（一般为 5 个或以上：CK、$a\times2^0$、$a\times2^1$、$a\times2^2$、$a\times2^3$、$a\times2^4$……），其中，浓度 a 应以作物在自然生长条件下释放至环境中的浓度为依据上下浮动。在地黄潜在化感物质培养皿滤纸生测过程中，我们通常将标准品设置成 0、0.125mg/mL、0.25mg/mL、0.5mg/mL、1.0mg/mL 和 2.0mg/mL 等几个浓度梯度（图 3-3）。

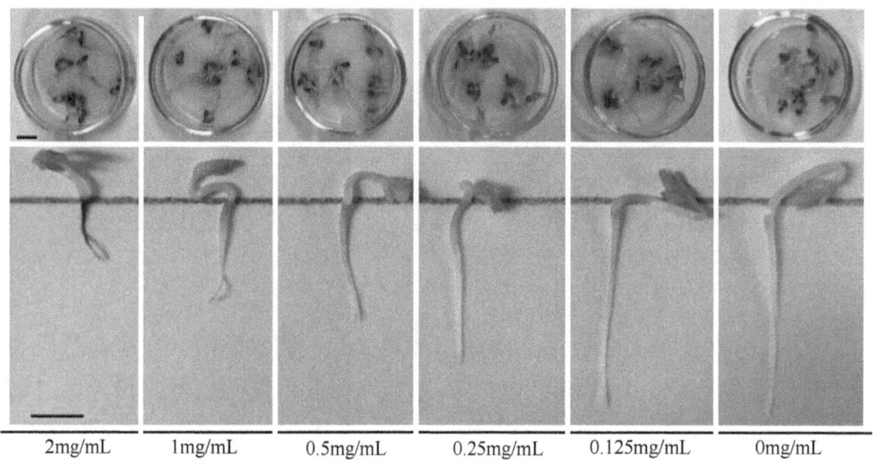

图 3-3　地黄根系分泌物对水芹（*Lepidium sativum*）胚根生长的影响

比例尺为 0.5cm

在连作障碍相关研究中主要考虑的是化感自毒作用，因此植物自身或近缘种属植物应优先作为化感生物测试的受体。对于某些表现出化感自毒作用，但该植物自身种子较难采集、不易保存、发芽率低、发芽时间长、发芽不整齐或需要经过复杂的预处理才能发芽的情况，可选择较为普适性的受体进行化感评价（如莴苣、萝卜、水芹等）。此外，在一些根系分泌物的研究中，很多目标化合物的富集较为困难且很难短时间内制备毫克以上级别的量，这时就应选择较为敏感、发芽率高、种子体积稍小的受体（为保证受体种子及胚根充分接触到化感物质），结合损耗少的方法及易于测量的评价指标来评测不同潜在化感物质的活性水平。在衡量不同化感物质的化感效应强度时，我们推荐使用化感抑制率（inhibition percentage）作为化感物质活性的评测指标：

$$\text{化感抑制率（\%）} = (\text{CK}-T) / \text{CK}\times100\% \tag{3-1}$$

式中，CK 为对照组测量值；T 为处理组测量值。当化感抑制率＞0 时表示化感抑制作用；当化感抑制率＜0 时为化感促进作用。

此外，化感物质在土壤中的存在及作用时间与土壤微生物可能存在密切的联系，为研究土壤微生物对化感物质活性的影响，我们采用优化、调整后的 Parker 方法来测定分析化感活性（图 3-4）。在实验中，一般可设立灭菌土壤沙子基质及非灭菌土壤沙子基质，灭菌方法可采用蒸汽灭菌的方法。

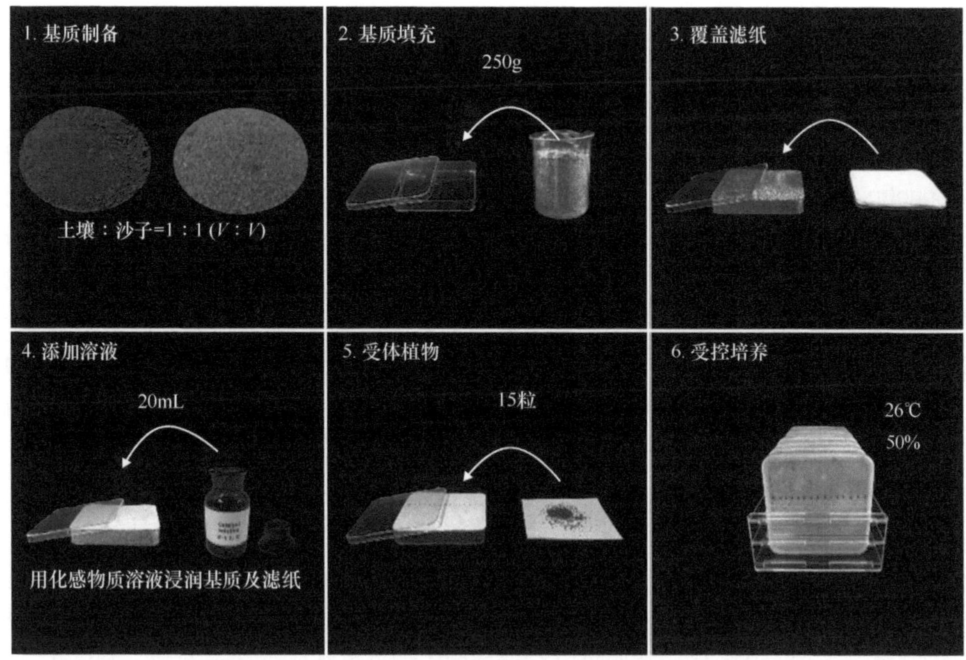

图 3-4　优化后 Parker 化感物质活性测试流程

第三节　根际微生物分析技术

一、根际微生物特征性代谢物质分析

（一）根际微生物群落碳源代谢特征分析

群落水平生理图谱（community level physiological profiling，CLPP）是通过检测微生物样品对底物利用模式，来反映种群组成的酶活性分析方法。具体而言，CLPP 分析方法就是通过检测微生物样品对多种不同的单一碳源基质的利用能力，来确定哪些基质可以作为能源，从而产生对基质利用的生理代谢指纹（车玉伶等，2005）。

通过 BIOLOG 微生态板系统可以进行群落水平生理指纹图谱测定。具体方法如下：称取 5g 鲜土于经高压灭菌的三角瓶中，加入 100mL 0.85% NaCl 的无菌水，封口，120r/min 振荡 3min，冰浴，静置 2min，取上清液 5mL 于灭菌过的 100mL 三角瓶中加入 45mL 无菌水，重复稀释 3 次，制得 1∶1000 的提取液，立即用于 ELISA 反应。将 BIOLOGECO 平板预热到 25℃，用移液器取 150μL 提取液于各个孔中，28℃恒温培养，分别在 0、24h、48h、72h、96h、120h、144h 用 ELISA 反应平板读数器读取 590nm 的吸光值（林瑞余等，2007）。微生物生理代谢活性可以通过平均颜色变化率（average well color development，AWCD）值来表示：

$$AWCD=\sum (C-R) / 31 \tag{3-2}$$

式中，C 代表每孔的吸光值；R 代表对照孔的吸光值。

基于每孔的吸光度可以计算土壤微生物群落功能多样性指数及进行相关统计学分

析，如主成分分析和聚类分析等。

（二）根际微生物群落磷脂脂肪酸特征分析

磷脂类化合物存在于生物的细胞膜中，不同微生物体往往具有不同的磷脂脂肪酸（phospholipid fatty acid，PLFA）组成和含量水平，生物的细胞一旦死亡，存在于细胞膜上的磷脂类化合物就会马上分解消失，而产物极性脂（磷脂）和中性脂类（甘油二酯）可分别作为活性和非活性生物量的标志物，因此从微生物细胞中提取的脂肪类生化成分是重要的生物量标志物。更为重要的是，脂类的分解产物是具有不同分子结构的混合长链脂肪酸，携带了微生物的类型信息，其组成模式因而可作为特定微生物种群组成的标记。脂肪及其衍生类物质只在活细胞中存在，十分适合于微生物群落的动态监测，磷脂脂肪酸具有较高的结构多样性和属的特异性，可作为区分活体微生物群落的生物标记物。因此，磷脂脂肪酸分析法已经被作为微生物结构多样性分析的常用方法。PLFA 是构成活体细胞膜的重要组分，含量能达到细胞干重的 5%，周转速率快且随细胞死亡而迅速降解。不同类群的微生物能通过不同生化途径合成不同的 PLFA，部分 PLFA 总是固定地出现在同一类群的微生物中，所以这些相对稳定出现的 PLFA 就可以作为相应类群微生物的标记物来指示其变化，从而可以对土壤微生物群落结构进行识别和定量描述。

PLFA 提取具体步骤为：将采回的新鲜土壤 4g 加入含 20mL 0.2mol/L KOH-甲醇溶液的 50mL 离心管中，振荡混合均匀。将其在 37℃孵育 1h（样品 10min 振荡一次），之后加入 3mL 1.0mol/L 乙酸溶液中和 pH，充分摇匀。再加入 10mL 正己烷，使 PLFA 转到有机相，600～1000r/min 离心 15min 后，将上层正己烷转到干净试管中，N_2气流下挥发掉溶剂。再将 PLFA 溶解在 1mL 体积比为 1∶1 的正己烷∶甲基丁基醚溶液中，充分溶解 3～5min，–20℃保存，作 GC-MS 分析。

质谱分析程序：70℃维持 1min，以 20℃/min 速度升温至 170℃并维持 2min，然后以 5℃/min 速度升温至 280℃并维持 5min，最后再以 40℃/min 速度升温至 300℃并维持 1.5min。以十九烷酸甲酯（nonadecanoic acid methyl ester，19:0）作为内标进行定量。

分支饱和磷脂脂肪酸（a15:0、a17:0、i14:0、i15:0、i16:0）代表革兰氏阳性菌（G^+）；单不饱和磷脂脂肪酸、环丙烷磷脂脂肪酸（16:1ω7c、16:1ω9t、cy17:0、18:1ω7c、cy19:0）代表革兰氏阴性菌（G^-）；标记物 10Me17:0 和 10Me18:0 表示放线菌；18:1ω9c 和 18:2ω6,9 表示真菌；20:4ω6 表示原生动物（Brockett et al.，2012；Huygens et al.，2011；Joergensena and Potthoff，2005；McKinley et al.，2005）。

二、根际微生物群落结构及其多样性分析

（一）末端限制性片段长度多态性技术

末端限制性片段长度多态性（terminal restriction fragment length polymorphism，T-RFLP）技术是一种分析微生物群落的指纹技术，主要选择具有系统进化标记特征的序列作为分析序列。其主要原理是提取微生物总 DNA，用带有荧光物质标记的保守区通用引物进行扩增，对得到的 PCR 产物进行酶切可产生不同长度的末端限制性片段

（terminal restriction fragment，T-RF），并用自动测序仪进行检测获得峰值图。由于每种菌末端带荧光标记的片段长度是唯一的，所以峰值图中每一个峰至少代表一种菌或一类菌，每个峰的面积占总面积的百分比代表这种菌或这类菌的相对数量。所以，可以根据T-RF 片段长度来反映微生物群落组成情况（王洪媛等，2004；王晓丹，2007）。

T-RFLP 技术操作方法为：首先采用 SDS 缓冲液抽提法或用土壤 DNA 试剂盒进行土壤总 DNA 提取，提取的 DNA 采用 1%琼脂糖凝胶进行电泳检测，检测合格的 DNA 用 NanoDrop2000 超微量分光光度计进行浓度测定，并于–20℃保存备用。之后，用带荧光标记的细菌/真菌通用引物分别进行细菌、真菌保守区目的片段的扩增，细菌 16S rRNA 片段采用 FAM 荧光标记的细菌通用引物进行扩增，引物序列为 27F-FAM（5′-AGAGTTTGATCCTGGCTCAG-3′）和 1492R（5′-GGTTACCTTGTTACGACTT-3′）；真菌内转录间隔区（internal transcribed spacer，ITS）片段采用 FAM 荧光标记的真菌通用引物进行扩增，引物序列为 ITS1-FAM（5′-CTTGGTCATTTAGAGGAAGTAA-3′）和 ITS4（5′-TCCTCCGCTTATTGATATGC-3′）。细菌 16S rRNA 片段的扩增程序为：94℃预变性 5min，94℃变性 1min，55℃退火 45s，72℃延伸 90s，35 个循环，继续 72℃延伸 10min。真菌 ITS 片段的扩增程序为：94℃预变性 5min，94℃变性 45s，51℃退火 45s，72℃延伸 1min，35 个循环，继续 72℃延伸 10min。PCR 产物电泳检测后，用 Universal DNA Purification Kit 胶回收试剂盒（TIANGEN，北京）纯化回收目的条带。纯化好的目的条带采用限制性内切酶（如细菌常采用 *Msp*I、*Hae*III、*Alu*I 等，真菌常采用 *Alu*I、*Hin*fI、*Taq*I 等）进行酶切，产生限制性片段。酶切片段采用 ABI3730XL DNA Sequencer 测序分析仪（Applied Biosystems，Foster City，美国）进行毛细管电泳分析。T-RFLP 原始数据采用 GeneMarkerV1.2 软件（Soft genetics LLC，美国）进行图谱分析。每个 T-RF 的丰度百分比（Pi）按照式（3-3）计算：

$$Pi=n/N\times 100 \tag{3-3}$$

式中，n 表示每个可分辨的 T-RF 片段的峰面积；N 表示所有 T-RF 片段峰面积总和。

（二）变性梯度凝胶电泳技术

变性梯度凝胶电泳（denaturing gradient gel electrophoresis，DGGE）是基于核酸序列的不同将 DNA 片段分开的。主要原理为：在线性梯度变性的聚丙烯酰胺凝胶上，随着双链 DNA 分子的变性解链其电泳迁移率降低，由于来自不同微生物的 DNA 序列不同，其解链的温度和所需的变性浓度也不一样，它们在凝胶的不同位置停止迁移，最终不同的 DNA 片段会在凝胶上呈现不同的条带，借助银染等成像，通过对电泳图谱的直接分析及条带分子鉴定，可以对微生物生态系统中的各种细菌进行定性与相对定量分析。

下面以细菌 DGGE 分析为例，简述其具体操作步骤：首先需要先提取土壤总 DNA，并进行琼脂糖凝胶电泳检测及浓度测定，之后采用扩增引物进行槽式 PCR 扩增，第一轮扩增引物为：8-27F（5′-AGAGTTTGATCCTGGCTCAG-3′）和 907R（5′-CCGTCAATT-CCTTTRAGTTT-3′）。纯化后的 PCR 产物作为第二轮扩增的模板，而第二轮扩增引物带有 GC 夹子：338f（5′-CGCCCGCCGCGCGCGGCGGGCGGGGCGGGGGCACGGGGGG-CCTACGGGAGGCAGCAG-3′）和 518r（5′-ATTACCGCGGCTGCTGG-3′）（林辉锋，2010）。

PCR 产物用 1.5%琼脂糖凝胶电泳进行检测，再用 NanoDrop2000 超微量分光光度计进行 PCR 产物的浓度测定。然后制备变性梯度为 38%～52%的变性梯度凝胶，凝固好后进行电泳，上样量为 140ng PCR 回收产物，电泳条件为：电泳缓冲液为 1×TAE 缓冲液，电压 130V，电泳时间 4.5h。电泳结束后，对凝胶进行银染成像，再利用 Quantity One 软件将 DGGE 图谱照片转化成数字信号并进行数据分析。与此同时也可切下目的条带，经 DNA 溶解释放、PCR 扩增、纯化等步骤获得 PCR 产物用于测序分析。

三、根际微生物群落结构高通量测序与宏基因组学分析

众所周知，土壤是一个极其复杂的“黑箱”，其中的微生物更是数量惊人、种类众多。与此同时，传统微生物可培养方法只能分离鉴定到土壤微生物总数的 0.1%～1%，而剩余的绝大部分微生物多样性信息无法得到解释（钮旭光等，2007）。T-RFLP、DGGE 等技术的出现，虽在一定程度上提高了人们对环境微生物群落多样性的认识，但是各自也存在明显的不足之处，如 DGGE 存在检测分辨率低、条带共迁移等严重缺点，T-RFLP 存在不同微生物酶切位点相似、酶切不充分、比对数据库信息量有限等问题。为了克服这些传统分析技术的不足，同时也随着现代分子生物学、相关数据库及测序仪的不断完善发展，近年来高通量测序技术被广泛运用于环境微生物群落的系统分析，极大地提高了分辨率，扩展了人们对于环境微生物群落的基因组成及遗传变异性等方面的认识，灵敏地探测出环境微生物群落结构随外界环境的改变而发生的极其微弱的变化（Roh et al.，2010；Zhalnina et al.，2015）。目前，市面上研究微生物多样性的高通量测序平台有：Roche 454 平台、Illumina 平台、MGISEQ 平台及华大基因的 BGI 和 MGI 测序平台等。其中，Illumina 的 HiSeq 和 MiSeq 平台在微生物群体测序中应用较多。相比较而言，HiSeq2000/2500 的读长较短，但是随着测序平台的不断发展，升级后的 HiSeq 测序平台能进行 PE250 双端测序，达到 MiSeq 平台相同的读长，其测序通量和质量也比 MiSeq 有了很大的提升，成为更适用于环境微生物高通量测序的新平台。同时 HiSeq PE250 测序深度高，更有利于低丰富群落物种的鉴定。

对于常见微生物群体（细菌、真菌）的扩增子（如 16S rDNA、18S rDNA、ITS 等）高通量测序（high-throughput sequencing）的具体步骤概括为：首先，采用土壤 DNA 试剂盒提取高质量的土壤总 DNA，之后进行琼脂糖凝胶电泳以检测提取的 DNA 质量和纯度。其次，采用 NanoDrop2000 超微量分光光度计进行 DNA 浓度测定，并用无菌水将其稀释样品至 1ng/μL，备用。最后，利用土壤总 DNA 为模板，采用特异引物进行 PCR 扩增，微生物各区域扩增常用的一些引物序列见表 3-1。

扩增 PCR 产物使用 2%琼脂糖凝胶进行电泳检测，浓度测定后，将来自不同样本的 PCR 产物等量混合（不同的样本其扩增引物所带的识别标签 Barcode 序列不一样，以此来区分），充分混匀后使用 2%的琼脂糖凝胶电泳检测 PCR 产物，并采用胶回收试剂盒进行回收。之后，使用 TruSeq®DNA PCR-Free Sample Preparation Kit 建库试剂盒进行文库构建，最后使用 HiSeq2500 PE250 进行上机测序。测序获得的原始标签（raw tag）经过截去 Barcode 和引物序列、拼接、质控过滤、去除嵌合体序列，得到最终的有效标签

表 3-1　土壤微生物鉴定常用引物序列信息

类型	区域	引物序列（5′→3′）
细菌 16S	V4	515F：GTGCCAGCMGCCGCGGTAA；806R：GGACTACHVGGGTWTCTAAT
	V3	318F：ACTCCTACGGGAGGCAGCAG；519R：TTACCGCGGCTGCTGGCAC
	V3+V4	341F：CCTAYGGGRBGCASCAG；806R：GGACTACNNGGGTATCTAAT
古细菌 16S	V4	U519F：CAGYMGCCRCGGKAAHACC；806R：GGACTACNSGGGTMTCTAAT
真核生物 18S	V4	528F：GCGGTAATTCCAGCTCCAA；706R：AATCCRAGAATTTCACCTCT
	V9	1380F：CCCTGCCHTTTGTACACAC；1510R：CCTTCYGCAGGTTCACCTAC
真菌 ITS	ITS1	ITS5-1737F：GGAAGTAAAAGTCGTAACAAGG；ITS2-2043R：GCTGCGTTCTTCATCGATGC
	ITS2	ITS2F：GCATCGATGAAGAACGCAGC；ITS2R：TCCTCCGCTTATTGATATGC

（effective tag），这些标签进一步用于运算分类单元（operational taxonomic unit，OUT）聚类和物种注释、alpha 多样性、beta 多样性等分析。

近年来，随着研究的不断深入和测序技术、信息技术的快速发展，还出现了宏基因组学（metagenomics）分析技术。宏基因组学，或称元基因组学，是由 Handelsman 等（1998）最先提出的直接对微生物群体中包含的全部基因组信息进行研究的一种方法，不仅仅分析微生物扩增子序列信息，还能更真实地反映环境样本中微生物组成和潜在功能基因丰度、代谢通路变化等信息。与扩增子高通量测序最大的不同之处在于，宏基因组学技术分析了特定环境中全部微生物的总 DNA。目前，宏基因组学技术已广泛运用于各个领域，如医学、农学、土壤学、环境科学等，为揭示复杂环境下微生物群落的结构及功能提供了强有力的手段。

宏基因组学分析的具体操作步骤简述如下：从环境中采集实验样本，采用试剂盒提取样本中所有微生物的总 DNA，采用琼脂糖凝胶电泳分析 DNA 的纯度和完整性，并进行浓度测定。检测合格的 DNA 样品用超声波破碎仪随机打断成长度约为 300bp 的片段，经末端修复、加 A 尾、加测序接头、纯化、PCR 扩增等步骤完成文库构建，并进行库检。库检合格后，进行 Illumina HiSeq 测序。测序得到的原始数据（raw data）进行过滤处理，得到有效数据或去污染数据（clean data），再进行宏基因组（metagenome）组装、基因预测，之后与微生物非冗余蛋白数据库（non-redundant proteins，Nr）进行比对，获得转录物的物种注释信息，并结合基因丰度表，获得不同分类层级的物种丰度表。同时，基于宏基因组学数据还可以进行 KEGG 代谢通路（KEGG 数据库）、同源基因簇（eggNOG 数据库）、碳水化合物活性酶（CAZy 数据库）等功能注释和丰度分析。基于物种丰度表和功能丰度表，还可以进行 PCA 分析、NMDS 分析、聚类分析、显著差异分析、LEfSe 分析、RDA 分析等，以挖掘样品之间的物种组成和功能组成差异及微生物群落与环境因子之间的关系等。

四、根际活性微生物群落宏蛋白质组学分析

如上所述的宏基因组学技术虽然能够分析特定环境中微生物群落的功能基因种类

及相对丰度，但是无法确定基因的表达活性及其具体功能。众所周知，蛋白质是生物体生理功能的最终执行者，所以宏蛋白质组学技术应运而生。宏蛋白质组学是研究特定环境中所有微生物来源的蛋白质种类和丰度变化的技术手段。该方法除可对环境中的微生物种群进行研究，还可对微生物群落的基因功能进行深入分析，其最大的优势在于能够把微生物群落组成与其功能联系起来，从而更好地了解复杂环境中微生物群落的生态功能（Wilmes and Bond，2006）。Benndorf 等（2009）利用土壤宏蛋白质组学技术分析缺氧条件下土壤中苯的降解过程，发现了一些涉及土壤苯降解的重要土壤蛋白质。Wilmes 等（2008）也采用土壤宏蛋白质组学深入研究活性污泥强化生物除磷的过程，将磷的去除过程与土壤微生物活动相联系。我们运用土壤宏蛋白质组学技术对地黄连作下根际土蛋白质表达谱进行分析，鉴定到了许多来源于植物、细菌、真菌的土壤蛋白质，它们涉及多条代谢途径，如碳水化合物和能量代谢、氨基酸代谢、蛋白质合成和降解、异源物质生物降解、防御应答和次生代谢等。近年来，土壤宏蛋白质组学技术也被用于葡萄、甘蔗、番茄等作物根际土及肠道微生物、海洋微生物等的研究，显示了宏蛋白质组学技术的强大功能。

宏蛋白质组学技术大致包括样品收集、宏蛋白质提取、酶解、双向电泳分离或液相分离、质谱鉴定、比对注释、差异分析、功能分析等环节。而其中蛋白质样品制备是宏蛋白质组学研究的关键步骤，这主要是由于宏蛋白质组学研究的对象是特定环境中所有微生物的所有蛋白质，即研究对象极具复杂性，尤其是针对一些复杂环境的样品如土壤样品，制备高质量蛋白质样品显得尤为重要。

下面以土壤蛋白质提取为例，简述宏蛋白质组提取过程：采用柠檬酸缓冲液（0.05mol/L pH8.0）和 SDS 缓冲液（1.25% *w*/*V* SDS，0.1mol/L Tris-HCl pH6.8，20mmo/L DTT）来分别提取土壤中的胞外、胞内蛋白质（Wang et al.，2010；Wu et al.，2011）。其中胞外蛋白质提取步骤为：称取 1g 烘干后土壤样品，加入 5mL 柠檬酸缓冲液，室温涡旋振荡 3h，4℃、12 000r/min 离心 25min，上清液过 0.45μm 超滤膜，往滤液中加入 2mL Tris-平衡酚（pH8.0），再涡旋振荡 30min，4℃、12 000r/min 离心 30min 后，收集下层酚相，往其中加入 6 倍体积甲醇溶液（含 0.1mol/L NH_4OAc），置于–20℃沉淀过夜，4℃、12 000r/min 离心 25min，蛋白质沉淀用甲醇清洗一次、丙酮清洗两次，风干备用。胞内蛋白质提取步骤为：步骤与柠檬酸缓冲液提取胞外蛋白质相同，仅涡旋振荡时间不同，此处为 1h。最后，将柠檬酸和 SDS 缓冲液提取的蛋白质混合裂解，采用考马斯亮蓝法（Bradford 法）测定浓度后用于电泳分析。

第四节　控制条件下的实验技术管理

一、地黄组培与组培苗管理

地黄主要是利用无性繁殖进行大面积生产的，种子繁殖会导致地黄品种混杂退化，农艺性状出现分离，产量大幅降低。不同单株的种栽形状不完全一样，特别是种栽的直径与芽眼的数量会影响地黄的出苗整齐度，进而影响其产量，而且种栽的部位也会影响地黄的长势和产量。因此，利用种栽繁殖会导致地黄个体间出苗期、生长势、块根大小和产量的差异较大，不利于进行连作效应评价，严重影响定量栽培试验的结果。因此，在生产中为了解决地黄无性繁殖所带来的退化问题，地黄已较早开展了组织培养和脱毒技术的研究工作。利用组培苗作为种苗进行繁殖，在不同药用植物中已经得到了普遍的利用。在地黄生产中，利用组培苗代替传统种栽苗在生产实践中也得到了部分采用。利用同一批继代的地黄组培苗，来源同一，基因型一致，长势均匀，可以有效解决地黄种栽繁殖的不足，确保苗情均匀一致，减少实验误差。同时，地黄组培苗体系的构建和应用，也为地黄毛状根体系、遗传转化体系及悬浮细胞体系的平台构建提供了基础研究材料，为获得更深入的有关地黄生长发育、活性成分合成及代谢调控通路的解析，提供了前期工作基础条件。目前，地黄的组织培养主要集中在茎尖脱毒苗培养、叶片再生苗分化和无菌苗的快速繁殖体系上。

（一）地黄无菌苗材料的获取

地黄无菌苗的获得主要通过地黄不同组织器官诱导形成，其中，茎尖培养、块根消毒接种、种子消毒和叶片再生是目前地黄中获得组培苗最常用的方法。块根消毒和种子消毒是获得无菌苗最快捷、最方便的两种方式。但不同方法均有优缺点存在。由于地黄块根的形成和膨大均在土壤中生长，携带微生物较多，且块根上点缀着芽眼、线性浅沟等皱褶的地方，很容易隐藏微生物，难以消毒。同时，地黄块根自身有内生真菌，表面很难彻底消毒，污染率极高。地黄繁殖系数高，一个蒴果内常常包含几百粒种子，千粒重可以达到 0.1g 左右，消毒较为容易。但地黄品种基因型的杂合程度高，导致来源于同一个果实的种子其后代基因型和表现型均差异较大，种质的基因型不均一。相比种子和块根消毒的方法，茎尖培养方法在获取组培苗的同时，还可以有效去除病毒，获得脱毒的无菌组培苗。但茎尖培养方法、步骤和技术相比前两种方法更为复杂，往往需要借助解剖镜和后期持续培养才能获得较为纯净的地黄脱毒苗。地黄脱毒培养技术已经开展多年，技术也相对比较成熟。例如，毛文岳等（1983）报道，以生产上出现退化的地黄品种金状元为材料进行茎尖脱毒培养，发现 MS 培养基添加 6-BA 0.3～0.4mg/L、NAA 0.02～0.03mg/L 和 GA 0.1mg/L，茎尖成苗率最高，生长快，绿芽粗壮，侧芽多；6-BA 浓度大于 0.5mg/L，NAA 浓度大于 0.05mg/L，会导致叶片畸形，下部有愈伤组织，苗分化不正常。叶片可通过脱分化形成愈伤组织，再由愈伤组织通过器官发生途径形成植株，病毒含量也极低甚至没有病毒，且繁殖系数很高，因此利用叶片再生是快速获得大批量地黄无菌苗的有效方法之一。

不同的地黄品种最适宜叶片愈伤再生芽分化的激素浓度有差异，而且分化效率也有很大变化。例如，陈敏艳等（2004）报道 NAA 0.1mg/L、6-BA 3.0mg/L 最适宜北京 5 号品种的地黄叶片再生芽分化，其分化率为 77.5%。刘志刚等（2006）则发现在 NAA 0.1mg/L、6-BA 3.0mg/L 时温 85-5 的再生芽分化最多。以怀地黄优良品种金九为材料，分析了适宜于地黄再生芽分化的激素浓度，结果（表 3-2）表明，金九的再生芽分化率较高，其中，NAA 0.5mg/L、6-BA 3.0mg/L 和 NAA 0.5mg/L、6-BA 2.0mg/L 两个激素处理组合诱导叶盘再生芽分化率均超过 90%。NAA 浓度为 0.1mg/L 时，6-BA 三个浓度的地黄叶盘均有再生芽分化，但分化苗较少，分化率在35.56%~70.00%。NAA浓度为0.5mg/L时，6-BA三个浓度的叶盘大多数可以分化出再生芽，且分化率均高于75%。NAA为1.0mg/L时，6-BA浓度为1.0mg/L时没有再生芽分化。当NAA浓度为0.5mg/L、6-BA浓度为2.0mg/L时，金九有最高的再生芽分化率，为最适宜叶片愈伤再生芽分化的激素浓度。

表3-2　不同激素处理对地黄品种金九芽分化的诱导效应分析

NAA（mg/L）	6-BA（mg/L）	接种叶盘数	分化再生芽叶盘数	分化率（%）	分化芽数	平均每叶盘分化芽数
0.1	1.0	30	21.00	70.00c	59.00	2.81
	2.0	30	14.33	47.77d	39.33	2.74
	3.0	30	10.67	35.56d	28.00	2.62
0.5	1.0	30	23.00	76.67bc	46.67	2.03
	2.0	30	29.00	96.67a	126.67	4.37
	3.0	30	27.00	90.00ab	99.33	3.68
1.0	1.0	30	0.00	0.00e	—	—
	2.0	30	2.00	6.67e	2.00	1.00
	3.0	30	10.33	34.44d	18.33	1.77

注：“—”代表无分化芽；同列不同小写字母代表不同处理在0.05（$P<0.05$）水平上的差异显著性

以传统的怀地黄优良品种温85-5为材料，分析了适宜的激素浓度，结果（表3-3）表明，6-BA的浓度对于温85-5的再生芽分化率影响较大，当其浓度为1.0mg/L时，三种NAA的浓度处理下均无再生芽分化，当浓度为2.0mg/L时的再生芽分化率均高于浓度为3.0mg/L时的分化率。最适宜地黄温85-5愈伤再生芽分化的激素浓度为NAA 0.1mg/L、6-BA 2.0mg/L。同时，可以看出金九的再生芽分化率较温85-5高，而且最适宜的激素浓度也不一致，说明不同的地黄基因型再生芽分化有差异。

表3-3　不同激素对地黄品种温85-5芽分化的诱导效应分析

NAA（mg/L）	6-BA（mg/L）	接种叶盘数	分化再生芽叶盘数	分化率（%）	分化芽数	平均每叶盘分化芽数
0.1	1.0	30	0	0e	—	—
	2.0	30	8	26.67a	12.33	1.54
	3.0	30	2.33	7.77de	3.67	1.58
0.5	1.0	30	0	0e	—	—
	2.0	30	4.67	15.57bcd	5.33	1.14
	3.0	30	4	13.33cd	4	1
1.0	1.0	30	0	0e	—	—
	2.0	30	7	23.33ab	13	1.86
	3.0	30	6.67	22.23abc	12.33	1.85

注：“—”代表无分化芽；同列不同小写字母代表不同处理在0.05（$P<0.05$）水平上的差异显著性

（二）地黄无菌苗快繁技术

我们以金九品种的地黄无菌苗为材料，研究了不同激素浓度对其再生芽分化的影响，结果（表 3-4）表明，当 NAA 0.5mg/L、6-BA 1.0mg/L 时，接种的再生芽生长缓慢，与培养基接触的茎基部形成愈伤组织，叶腋大部分休眠芽开始恢复生长，但生长缓慢，再生芽极少数生根。当 NAA 0.1mg/L、6-BA 0.5mg/L 时，接种的再生芽生长较慢，部分休眠芽恢复生长，但长势较快，形成丛生芽，部分生根，多见根状膨大凸起。当 NAA 0.01mg/L、6-BA 0.1mg/L 时，接种的再生芽生长较快，均能正常生根，但根多在培养基表面延伸生长，部分休眠芽快速长出，形成丛生芽。未添加激素的再生芽接种后 10d 左右均能生根，且根在培养基内部均匀分布。结果表明，添加一定浓度的激素可以促进丛生芽的增殖。

表 3-4　不同激素对地黄品种金九丛生芽诱导的影响

NAA（mg/L）	6-BA（mg/L）	接种再生芽数	生根数	生根率（%）	丛生芽数	增殖系数
0.5	1.0	20	2.67	13.35c	38.67	1.93a
0.1	0.5	20	7.33	36.65b	55.33	2.77a
0.01	0.1	20	18.67	93.35a	43.33	2.17a
0	0	20	20.00	100.00a	20.00	1.00b

注：同列不同小写字母代表不同处理在 0.05（$P<0.05$）水平上的差异显著性

以温 85-5 品种地黄无菌苗为材料，在同样三种激素浓度组合的 MS 培养基上接种再生芽 2 周后统计生根率和增殖芽数，结果（表 3-5）表明，温 85-5 再生芽生根率随着激素浓度的增加而提高，丛生芽增殖系数以 NAA 0.1mg/L、6-BA 0.5mg/L 的激素组合时最高，为 2.35。

表 3-5　不同激素对地黄品种温 85-5 丛生芽诱导的影响

NAA（mg/L）	6-BA（mg/L）	接种再生芽数	生根的再生芽数	生根率（%）	丛生芽数	增殖系数
0.5	1.0	20	3.00	15.00c	25.33	1.27b
0.1	0.5	20	12.67	63.35b	47.00	2.35a
0.01	0.1	20	20.00	100a	20.00	1.00b
0	0	20	20.00	100a	20.00	1.00b

注：同列不同小写字母代表不同处理在 0.05（$P<0.05$）水平上的差异显著性

（三）地黄无菌苗的生根

地黄无菌苗生根情况是无菌苗的重要质量指标。观察统计地黄再生芽在添加 0.1mg/L NAA 和不添加 NAA 的 MS 培养基上的生根情况，结果表明，NAA 对于再生芽生根早晚和再生苗的长势有一定的影响。再生芽接种 10d 后，生根率的统计结果显示在未添加 NAA 的 MS 培养基上两个材料再生芽的生根率均低于添加 0.1mg/L NAA 的 MS 培养基，均达到显著水平；而接种 15d 后，两个材料的再生芽在两种培养基上的生根率均在 95%以上，添加 NAA 的培养基上两个材料的生根率均低于未添加 NAA 的培养基，但两个处理没有达到显著差异。温 85-5 和金九再生芽在未添加 NAA 的 MS 培养基上生根均较早，但所生根较少且根细；而在添加了 0.1mg/L NAA 的 MS 培养基上，两个材料的生根均较晚，根较多且粗壮（图 3-5）。这些结果表明，NAA 一定程度上延迟了生根时间，但却使再生根多、粗壮，有利于形成壮苗。

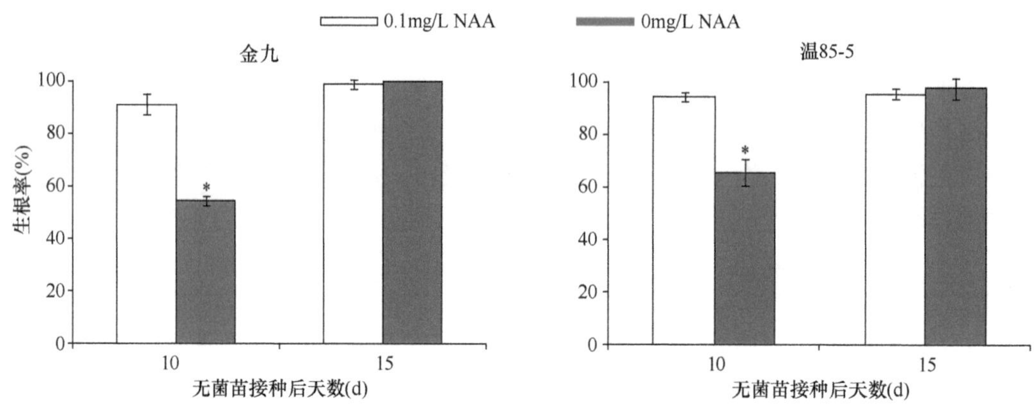

图 3-5　NAA 对地黄无菌苗生根的影响

*表示不同处理在 0.05（$P<0.05$）水平上的差异显著性

二、地黄毛状根体系的构建

（一）地黄毛状根诱导子的筛选

分别选取 K599、ATCC10544、ACCC10060（A4）三种不同基因型的发根农杆菌，采用共培养法对温 85-5、北京 3 号（BJ3）和沁怀 1 号（QH-1）3 个品种地黄的叶片进行诱导，以各个品种未被侵染的叶片作为对照。结果发现，1 周后被侵染的叶片开始长出黄色愈伤，并在愈伤处渐渐长出一些白色毛状根。在诱导 4 周后，发现 ACCC10060（A4）能诱导 3 个品种的地黄长出愈伤及毛状根，而 K599 和 ATCC10054 均只能诱导 BJ3 及温 85-5 的叶片长出愈伤和毛状根，对 QH-1 的诱导率均为 0。ACCC10060（A4）对温 85-5 的愈伤诱导率、愈伤增殖率、毛状根诱导率均高于 K599 和 ATCC10054，其对温 85-5 的毛状根增殖率略低于 K599，并且 ACCC10060（A4）诱导下温 85-5 的叶片褐化率仅为 20%，明显低于 K599（73%）和 ATCC10054（43%）。K599 对北京 3 号的愈伤诱导率、毛状根诱导率最高，略高于 ACCC10060（A4），两者显著高于 ATCC10544，而 ACCC10060（A4）对北京 3 号的愈伤增殖率和毛状根增殖率均高于 K599 和 ATCC10544。ACCC10060（A4）对北京 3 号诱导的褐化率为 10%，明显低于 K599（80%）和 ATCC10544（67%）。实验发现，未被侵染的北京 3 号也会有白色根冒出，说明北京 3 号叶片不经农杆菌转化也会长根，但这些根表面光滑，且无分枝，会延伸生长，且渐渐枯死，没有自主生长能力，为非毛状根（图 3-6）。K599 和 ATCC10544 对沁怀 1 号的诱导率和增殖率均为 0，叶盘褐化率为 37%和 87%，A4 对其褐化率略高于 K599。ACCC10060（A4）对沁怀 1 号的诱导率和增殖率明显高于其他两个品种。只有 A4 能诱导沁怀 1 号长出愈伤和毛状根，但其愈伤和毛状根诱导率、毛状根增殖率明显低于 ACCC10060（A4）对温 85-5 及 BJ3 的诱导效应，说明除菌种外，基因型也是影响毛状根诱导情况的一个重要因素。

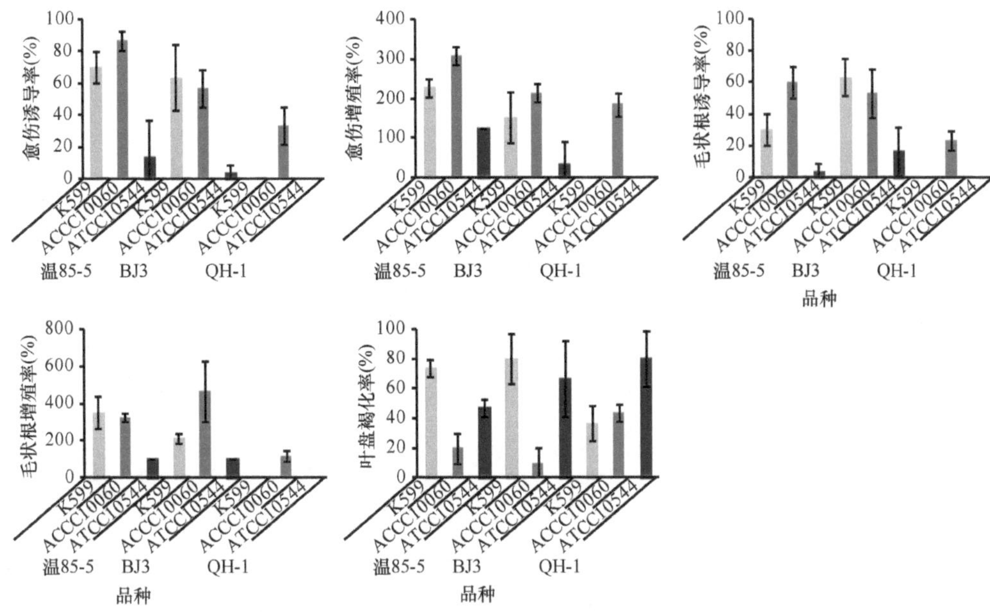

图 3-6　发根农杆菌种类对地黄毛状根诱导的影响

（二）地黄毛状根诱导体系的建立

地黄组培苗（图 3-7a）叶盘被发根农杆菌侵染后，在叶盘边缘伤口处逐渐出现黄色愈伤组织，叶盘膨胀蜷曲，10d 左右陆续从愈伤处产生黄色的毛状根（图 3-7b）。诱导出的毛状根在固体培养基上呈簇状或辐射状生长，具有无向地性、多分枝多毛、生长速度快等特点（图 3-7c、d）。显微镜下观察毛状根呈黄色，附着无数个纤细的绒毛（图 3-7e）。在液体培养基中成团状生长（图 3-7f），这与培养瓶的形状和在摇床中的转动相关。收获后的毛状根如丝丝缕缕的头发缠在一起（图 3-7g），烘干后松散开来（图 3-7h）。

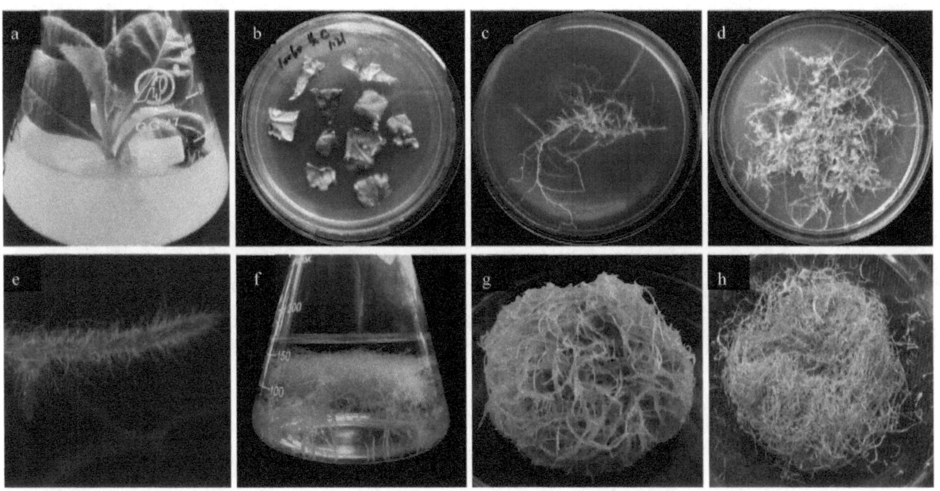

图 3-7　地黄毛状根的诱导及液体培养

a. 地黄组培苗；b. 发根农杆菌侵染的地黄叶盘；c～e. 地黄毛状根；f. 液体培养基中的地黄毛状根；g. 液体培养基中收获的地黄毛状根；h. 烘干的地黄毛状根

对发根农杆菌诱导各个地黄品种叶片长出的根及北京3号未经诱导叶片长出的根进行了观察及比较（图3-8），发现经过发根农杆菌诱导的生长速度快，根多毛多分枝，在MS固体培养基上呈簇状或辐射状，且无向地性，而且能在不含激素的MS培养基上快速生长。而北京3号未经诱导叶片长的根表面较光滑，没有向地性，刚开始会延长生长，但不会分枝，一段时间后就会萎缩，逐渐死亡。

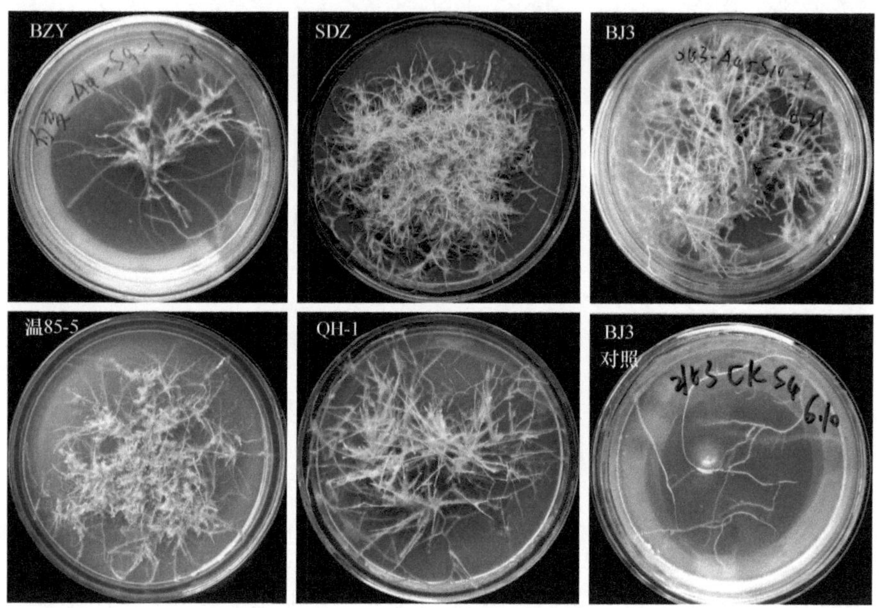

图3-8 地黄毛状根的形态鉴定

BZY：白状元；SDZ：山东种；BJ3：北京3号；QH-1：沁怀1号

以发根农杆菌ACCC10060（A4）菌株为阳性对照，非转化根为阴性对照，利用*rolB*、*rolC*基因引物，从毛状根总DNA扩增到的特异DNA片段与从农杆菌A4中扩增到的DNA片段相似，非转化根中没有扩增到此特异DNA片段（图3-9），表明Ri质粒T-DNA已经整合到地黄的基因组中，所得到的根为毛状根。

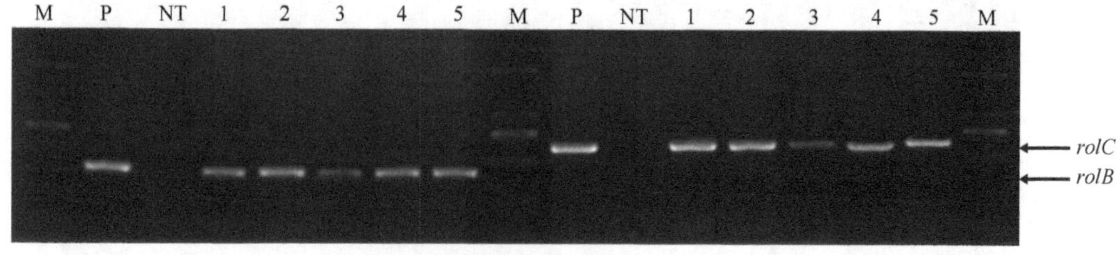

图3-9 地黄毛状根PCR产物的电泳分析

1～5：转化地黄毛状根株系；M：DL2000 marker；P：质粒DNA；NT：未转化地黄根

从ACCC10060（A4）诱导温85-5叶片毛状根中挑选长势相对好的毛状根，将其命名为“温85-5-A4-1”型毛状根。然后将其置入含50mL MS液体培养基的100mL锥形瓶中，进行液体培养，每隔5d从中任取3瓶测定干鲜重的变化。结果发现，毛状根接入液体培养基后前 20d，其生长相对缓慢，在接种后的第 20～25d 时生长迅速加快，25～30d 生长缓慢，30d 后毛状根开始老化（图 3-10a）。从毛状根的生长趋势可以明显看出，接种后的 30d 为一个生长周期，其中接种后的 20～25d 为地黄毛状根的对数生长期。从固体培养基内挑选长势好的、由 A4 诱导的北京 3 号毛状根，命名为“BJ3-A4-1”，并将其接入 100mL 锥形瓶中进行液体培养，每隔 5d 随机拿取 3 瓶，测量其鲜干重。从结果可以看出，接种后的前 10d BJ3-A4-1 生长较为缓慢，接种后第 10d 生长明显变快，持续快速生长到接种第 20d，接种后第 20～25d 时生长速度有所减慢，但接种 25d 后生长速度出现再次加快（图 3-10b）。将温 85-5-A4-1 在 WP、MS 和 N6 液体培养基中培养 30d 收获，比较鲜干重。从比较的结果可以发现，在 WP 培养基中毛状根的鲜重和干重明显高于 MS 和 N6，说明温 85-5-A4-1 更适合在 WP 培养基中生长（图 3-10c）。

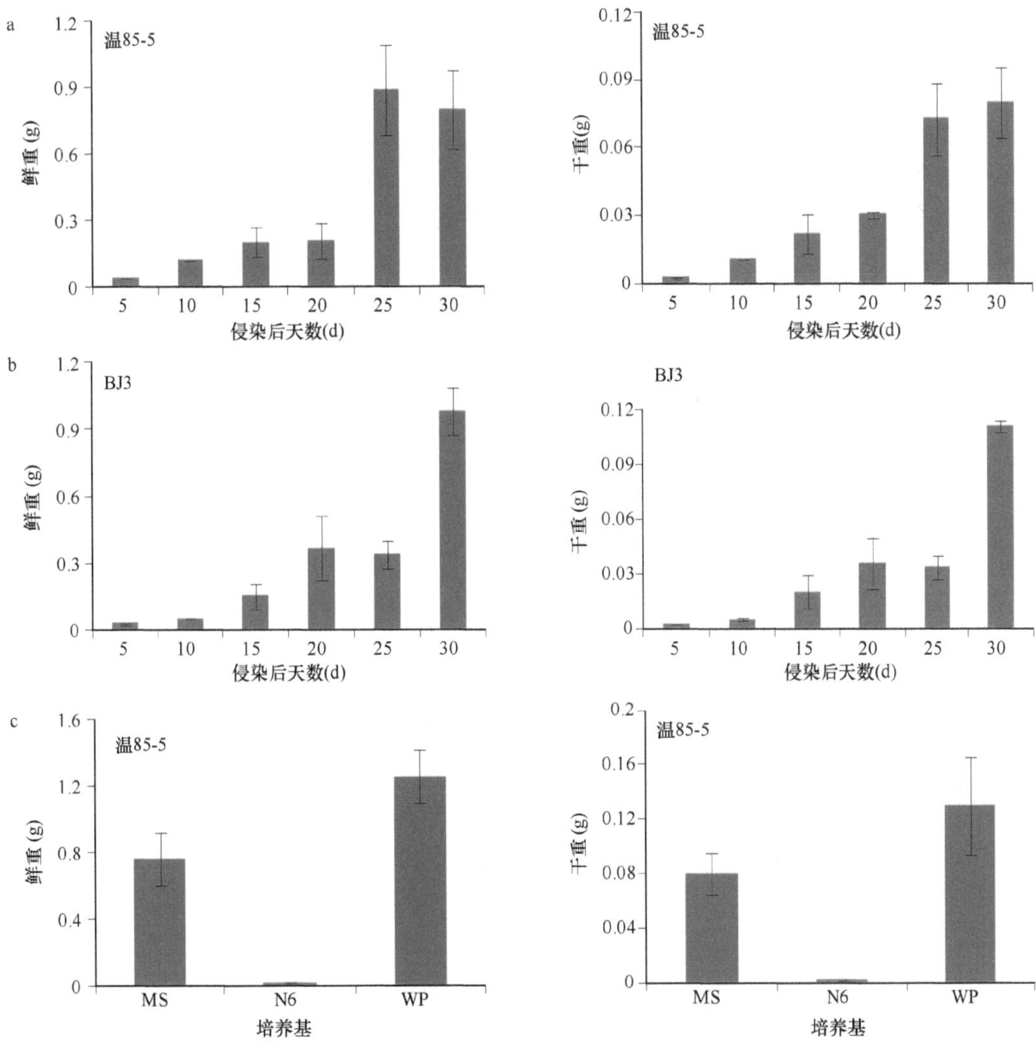

图 3-10　地黄毛状根在液体培养基中的生长发育

a、b：分别表示温 85-5-A4-1 型毛状根和 BJ3-A4-1 型毛状根在 MS 培养基液体中的发育；c：温 85-5-A4-1 型毛状根在 MS、N6 和 WP 液体培养基中的生物量

第五节　多组学技术的应用

一、转录组学在连作障碍研究中的运用

（一）转录组和转录组学的概念

传统上，转录组（transcriptome）更多指代的是能够翻译成氨基酸或蛋白质的所有mRNA（信使 RNA）的数量总集。随着现代分子生物学技术发展和对生物转录产物的深入研究，转录组包含的范畴和范围越来越大。现在提及转录组，更多的是泛指某一特定组织或其细胞在某一特定时期基因组所转录出所有种类 RNA 的综合。由于基因组能够转录出的 RNA 除了包含用于编码蛋白质的信使 mRNA 外，还包括 sRNA、rRNA、tRNA、snoRNA、lncRNA 等非编码 RNA（non-coding RNA，ncRNA）。因此，目前在不同学科及研究实践中所提及的转录组更多指广义概念上的转录组。转录组反映的生物、组织及其内部组成细胞，在某一特定生境、特定生长和发育阶段、特定组织和特定细胞中基因组所转录、表达出来的所有转录物数据的总体集合。细胞内转录组组成并不会一成不变，其转录物的构成、种类及比例均会随着特定时空变迁发生较大动态变化。对于同组织或器官内的同一细胞而言，其在不同的生育阶段和所处的生境位置不同，其转录组组成信息也存在明显差异。因此，细胞转录信息大部分是植物在生长和发育过程中及植物环境互作过程中所产生的转录响应集，其更多反馈的是生物体与外部生境互作的结果，具有明显的时空依赖特异。

相对于转录组概念而言，转录组学（transcriptomics）是指在整体水平上研究特定时空下细胞内所有基因转录调控规律及转录机制的一门科学，它着重研究细胞内全部基因的转录水平和转录后水平上的调控机制、蛋白质的功能及相互作用等内容。随着高通量测序技术的发展，转录组及转录组学可以被广泛地运用到生物生长、发育、环境适应、代谢催化、抗病性的解析与具体性状密切关联的基因功能研究中。

（二）转录组学的研究方法

随着现代分子生物技术的发展，高通量测序技术不断改进和进步，转录组的研究技术也取得了较大进步，单次测序所获通量数据越来越大；同时，对转录组测序覆盖面也越来越广，测序技术也变得越来越成熟。目前，随着测序技术进步，转录组测序所获数据的深度、广度均得到了显著提升。转录组经历了从低通量测序到高通量测序的发展过程，主要经历了第一代测序技术主要基于传统酶切、建库和 Sanger 测序技术的传统转录组学研究。在从第一代转录测序技术向第二代高通量测序的过渡过程中，出现了批量检测基因表达方法，即基因芯片（gene chip）技术，与传统的转录组学研究相比，基因芯片技术获得了突飞猛进的进步，可以在单个时间点同步、高效检测成千上万个基因的表达水平。但基因芯片只能研究已知基因表达，并且需要根据已知基因信息预先合成大量的基因杂交探针。虽然基因芯片已经获得了高通量检测能力，但其技术内核与第二代高

通量转录组测序即 RNA 测序（RNA-Seq）及更先进的第三代转录组测序技术有着本质的区别。

1. 第一代转录组技术研究方法

1992 年，Liang 和 Pardee 首次提出 mRNA 差异显示技术（mRNA differential display，DD-PCR），并且利用这一技术克隆了几个基因。DD-PCR 的基本原理是利用一系列的 oligo（dT）引物，反转录真核生物细胞中全部表达的 mRNA，转换成 cDNA 双链，通过 PCR 扩增的方法，提高其丰度，再利用变性聚丙烯酰胺凝胶电泳将有差异的片段分开，筛选出目的基因。该技术具有快速、灵敏、简单和可分析低丰度 mRNA 的优点，但其致命缺点是高频率假阳性（需要肉眼主观判断 PCR 差异条带）和短小差异片段，从而限制了此方法的广泛应用。紧接着，根据 DD-PCR 原理迅速出现了不同的改进，Lisitsyn 和 Wigler（1993）发展了代表性差异分析法（representational difference analysis，RDA）；Hubank 和 Schatz（1994）将 RDA 技术进行改良，设计了 cDNA-RDA 方法；Bachem 等（1996）将 DD-PCR 法与扩增片段长度多态性（amplified fragment length polymorphism，AFLP）结合建立 cDNA-AFLP（cDNA-amplified fragment length polymorphism）法等，这些改进方法各有优缺点。

1996 年在 RDA 的基础上发展起来的抑制消减杂交（suppression subtractive hybridization，SSH）技术（Diatchenko et al.，1996）经过多年的改进和实践检验，已经成为在对照和处理间寻找差异表达基因方面较为成熟、完善和广泛应用的分子技术，成为第一代转录组学研究技术的代表性经典技术。SSH 技术的核心是消减杂交和 Smart PCR（Bae et al.，2005）。基本原理是利用核酸杂交方法将在两个样品（处理和对照，又称为 tester 和 driver）中同时表达的 cDNA 序列去掉，只保留在处理中出现的特异序列。实验中将处理样品的 cDNA 分为两份，分别接上不同的接头（一段特异的核酸序列），分别用过量对照的 cDNA 杂交后再混合，利用两个不同接头上的核酸序列为引物进行 PCR 扩增。这样凡是能和对照 cDNA 杂交的序列，即在对照和处理中共同表达的基因就得不到扩增，实现了消减的目的。Smart PCR 也称抑制 PCR，是利用链内退火优于链间退火的特点，使非目的序列片段两端反向重复序列在退火时产生类似发卡的“锅—柄”结构，无法作为模板与引物配对，从而选择性抑制非目的基因片段的扩增。SSH 得到的结果可能是几十甚至上百差异条带，为进行深入研究，需要将每一条差异的 cDNA 装入克隆质粒中，然后转化到大肠杆菌中，得到一个菌株的克隆。这些所有的差异基因所在的大肠杆菌菌株的总和即 cDNA 消减文库。然后对每一个菌株进行测序、网上序列对比，根据已有的生物信息学资料，找出候选基因，最后进行候选基因的功能验证，从而找到关键基因。因此，cDNA 消减文库的建立是在没有任何其他信息的基础上克隆控制性状关键基因的基础。

2. 第二、三代转录组技术研究方法

（1）高通量测序技术平台

转录组学的发展与 DNA 测序技术的重大突破密切相关。高通量测序技术可以在一

个测序平台上、一次操作，同时测定几千万条 DNA 序列，可以轻松地替代传统方法中构建文库得到表达序列标签的烦琐过程；同时，结合生物信息学软件对数据进行处理和读取，可以在较短时间内获取大量数据信息。目前，高通量测序技术已经经历了第二代和第三代技术更替，测序的深度越来越大、单次读段越来越长、测序产出量越来越多、测序时间也越来越短。第二代测序技术平台前文已经介绍，主要有 Roche、Illumina、华大基因等公司创制的测序平台。目前，和微生物群体高通量测序一样，Illumina 的 HiSeq、华大基因 BGI 等平台在植物的 RNA-Seq 中应用较多。第三代测序技术主流的有 Pacific Biosciences 的 PacBio 技术，在分子生物研究中被逐渐普及应用。值得一提的是，第三代测序技术相比第二代测序技术，其获取的序列读长较长，甚至能达到 3000bp 以上，因此第三代测序技术除了在高通量转录组学应用外，在全长基因的获取及基因组的组装研究中已经得到了广泛应用。另外，最近英国牛津纳米孔技术公司（ONT）所开发的 MinION 测序仪及纳米孔测序技术得到了迅速发展，MinION 测序仪器较小，方便携带，同时测序所需试剂较为简单，测序读段较长，并且能够对测序数据实时分析和组装，真正实现了测序技术的实时、实地、立现的流程，是非常有前途的一种测序技术。随着测序技术在不断地得到改良和创新，目前高通量测序技术在测序精确度和测定通量方面均获得了大幅度提升，同时测序的成本也在逐渐降低，高通量测序技术已经演变成了分子生物学研究中一种常见的分析手段，已经成为植物发育和关键响应基因研究的一种常规技术。

（2）第二代转录组学技术

相比较而言，传统的转录组学研究方法，如 cDNA 文库、消减杂交文库、基因芯片技术等，需要经过建库、酶切、杂交、克隆、测序等烦琐步骤，测序周期长、通量低、费用高。高通量转录组文库的构建则省去了这些复杂、烦琐的环节，一次性批量获取特定组织或细胞内的转录信息。高通量转录组技术 RNA-Seq 简单可以概括为：首先，将实验获得的所有 mRNA 反转录成混合的 cDNA，将 cDNA 随机断裂（超声波处理）成几十到几百个碱基小片段，测序后根据重复序列将片段拼接组装，获得长度在 500～3000bp 甚至超过 3000bp 的 cDNA 碱基序列，这些序列中包含很多基因序列的全长，同时也蕴含了很多低丰度表达基因。然后利用生物信息学方法对所获得所有转录物进行批量注释和功能分析，获取并解析特定生理状态下细胞内的转录进程。

随着 RNA-Seq 技术研究的深入及从测序简便性和经济性的考虑，与转录组配套的技术之一——数字基因表达谱（digital gene expression profiling，DGE）被开发出来，这是一种测定基因表达频率的简便方法。在转录组学的研究中发现，在所有编码基因起始位点 CATG 都存在 *Nla*III 酶切位点，此酶识别位点为 CATG，作用位点在其后的 17 个碱基处。序列标签表达谱的做法是先用 *Nla*III 酶切后得到 21nt 长度的序列，两端加接头后测序，构建序列标签表达频率库。根据 21 个特异碱基序列（标签），在转录组文库中找到相应基因的名称，得到数字化基因表达谱，生物样品对照和处理间的基因差异表达谱便很容易建立，这种测序方法简单、成本较低。由于不同基因的 *Nla*III 酶切位点数量和信息限制、标签信息特异性等因素影响，目前 DGE 技术应用已经逐渐减少。近几年，基于常规 RNA-Seq 技术的简化版技术，数字基因表达谱升级版测序技术则是最新推出的批量定量不同样品之间差异表达基因的方法，其结合了转录组建库实验方法与数字基因表达谱的信息分析手段，不使用 *Nla*III 酶切，而是用片段化缓冲液（fragmentation buffer），在高温条件下片段化 mRNA，以转录组方式建库，检测到的基因数目更多、定量更准确，而且升级版测的读长特异性更强，定量也更准确，目前使用较为广泛。

3. 转录组学技术的补充和验证

对转录组测序所获信息进行解析，我们可以获取生物在特定胁迫或特定发育状态下的大量响应基因。为了深入了解这些响应基因在特定处理下或生育状态下的功能，往往需要从时空状态详细分析这些基因在特定诱发因子处理下的表达模式。通过分析候选目标基因在特定时空下的表达模式，并与特定生理发生现象进行关联分析，可以进一步解释、了解和确认决定特定生理现象的关键细胞响应进程和决定基因。目前，分析目标基因时空表达模式常用的方法有 qRT-PCR 技术（quantitative real time polymerase chain reaction，qPCR 或 RT-qPCR 或 qRT-PCR）和 RNA 印迹（Northern blot）技术。

qRT-PCR 分析的具体步骤有：①提取不同处理样品的总 RNA，并将 RNA 反转录为 cDNA，设计每个基因的特异引物，筛选稳定表达细胞壁类、微管类、核糖体类基因作为内参基因（reference gene 或 housekeeping gene），根据 qRT-PCR 试剂或试剂盒说明书操作，检测分析候选基因的表达量。②RNA 印迹技术的关键步骤包括：取不同处理样品 RNA 进行甲醛凝胶电泳、转膜，并将探针（P 标记）加入硝酸纤维素膜，孵育培养过夜后清洗，在暗室中显影。

（三）转录组在连作障碍研究中的运用

连作障碍形成过程也是植物与环境多元微生物互作的过程，因此转录组学对解析连作障碍形成的具体过程能够起到重要的作用。目前，转录组学技术已经被广泛运用于不同栽培植物连作障碍的研究。例如，在地黄中，我们利用 RNA-Seq 技术构建了地黄转录组文库及头茬与连作地黄根部、叶片差异基因表达谱，初步筛选了响应连作地黄的差异表达基因，提出连作障碍感知、响应和发生过程中的几个关键性决定事件。Chi 等（2013）利用基因芯片的方法鉴定了水稻在化感物质胡桃醌胁迫下体内关键响应基因和关键细胞响应进程。Wu 等（2015）利用转录组测序基于小间隔时间尺度，详细鉴定了人参在化感物质胁迫过程中，其体内关键伤害响应分子进程，揭示了化感自毒物质对人参伤害进程。Dong 等（2018）利用转录组技术详细比较了连作藕和非连作藕之间转录物差异，发现了钙信号、乙烯信号等关键分子进程涉及连作障碍的形成。这些研究说明，在不同植物中可以利用高通量转录组学技术筛选连作或化感自毒物质胁迫下植物体内的响应基因，并且基于这些基因的功能分析，能够初步勾勒和构建连作或化感物质毒害或伤害的分子机制。

二、代谢组学在连作障碍研究中的运用

（一）代谢组和代谢组学概念

活的植物、植物组织、植物细胞在快速生长和分裂的过程中，会不间断地大量产生

各种各样植物所必需的化学物质，这些物质对于维持和完成植物生命进程及环境的响应中起着极其重要的作用，这些物质统称为代谢产物，而细胞内合成、分解、产生这些代谢物的细胞进程叫代谢。在植物特定组织或细胞的某一特定生育时期或与特定环境因子相互作用的过程中，所产生代谢物质的种类及不同代谢物间的相对组成比例是基本固定的。在一特定细胞内，这些不同种类代谢物质间均按照一定比例构成，每种代谢物的量均不相同，为了衡量这些代谢物组成及比例关系，“代谢谱”（metabolic profile）概念也相继产生。“代谢谱”主要是为了解析特定空间的代谢物丰度或彼此间比例。Williams 在 20 世纪 40 年代后期最早提出“代谢谱”的概念，认为人类的代谢物组成模式可能与年龄大小、所处环境状态、心理活动状态及个体对疾病的敏感性程度等因素密切相关。

随着生物体代谢物质测定技术的不断发展和成熟，代谢组学（metabonomics 或 metabolomics）概念被相应提出并逐渐发展成为一门学科。代谢组学主要反映细胞在感知或接收外界环境变化或刺激条件下，经过生物体的代谢网络所产生的代谢响应变化。代谢组学的目的主要是为了研究整个生物体、组织器官及单个细胞内的所有小分子代谢物及其时空动态变化。当前，代谢组学主要研究和关注的有两个领域，即 metabonomics 和 metabolomics。这两个组学之间的差别主要体现在哲学思考，而非技术层面异同。metabonomics 更多是从整体观点角度出发，研究生物整体系统在遭受外界环境，或内在信号刺激，或经基因组层面的表达调控后，生物体总体的动态响应集合；metabonomics 核心内核是在时间尺度上解析多细胞复杂生物体的程序性响应和变化。metabolomics 则主要针对复杂生物样品细胞内代谢成分进行解析，其主要目标是为了对特定待测样品中所包含的小分子代谢产物进行具体的定性和定量分析。

目前，在代谢组学的研究实践中，不同研究、不同实验中所提及的代谢组学更多是两个概念糅合，即代谢组学既包含了特定生物体、组织和单一细胞内所蕴含的所有代谢物质，同时又包含了生物体与环境互作过程中参与代谢调控的各种内源和外源因子。从代谢组学的本质上来讲，metabonomics 和 metabolomics 在数据分析和模型构建过程中的思路和方法是基本一致的，或者说是完全互通，只是解读的角度不同而已。此外，根据根际代谢组学分析方法和研究目的的不同，代谢组学分析方法又可以分为非靶向代谢组学（untargeted metabolomics）和靶向代谢组学（targeted metabolomics）两种方法。非靶向代谢组学主要是为了筛选生物体在不同处理后发生改变的代谢产物，也就是前面所说的“代谢谱”分析，在代谢谱中寻找感兴趣的代谢产物，并根据这些代谢产物归属分析和通路预测，初步获取与关键处理密切关联的候选代谢产物集；然后可以进一步结合关键代谢产物时空表达特征和结构解析最终获取与植物特定生理进程密切关联的代谢物质。靶向代谢组学主要是研究特定处理或特定生育状态下的植物体、组织、细胞内预先确认的代谢物的存在性及含量变化，相比较非靶向代谢组学的批量鉴定，靶向代谢组学往往只集中检测特定一个或若干个已知代谢物的变化。因此，在研究靶向代谢组学时，需要用已知代谢物的标准品作为参比对待测样品内相应代谢物进行定量。

（二）代谢及代谢组学技术

植物细胞中蕴含数百至数千种之多的代谢物质。在植物的不同组织、不同器官、不同细胞及不同功能细胞之间所含的代谢产物也千差万别，并且植物细胞内所含代谢物随着不同发育时期及所处环境条件不断更新代谢物合成。因此，植物细胞内代谢物变化具有典型时空性。从单一样品中所需提取和鉴定的代谢物质种类极其庞杂、数量极其具大、构成极其复杂，因此为了应对生物体内极其复杂的代谢物质，并对其进行精准的定性和定量分析，就要求分离、检测鉴定代谢物质的设备具有较高稳定性、良好的定性能力、精准的定量能力，同时对于代谢物检测设备的分辨率、灵敏度和检测范围也均有较高的要求。目前，常用的代谢物质分离技术主要包括气相色谱（gas chromatography，GC）、液相色谱（liquid chromatography，LC）及毛细管电泳（capillary electrophoresis，CE）等；代谢物质的检测技术主要有质谱（mass spectrometer，MS）、核磁共振（nuclear magnetic resonance，NMR）等。

所谓的质谱是将所提取的化合物电离打碎成较小的分子、离子、碎片离子，以达到仪器可以检测的范畴。为了获取特定细胞内化合物的种类和数量，需要检测打碎离子质荷比（m/e，带电离子的质量与所带电荷之比值）的大小及丰度，从而实现对代谢物质定性和定量结果。目前，为了实现代谢物质的高效分离和鉴定，需要几种代谢分离和鉴定技术，利用不同方法的优点，从而实现对不同代谢物的精准鉴定。在植物代谢组学的分析中，常用 GC、LC 与 MS 进行联用来鉴定某一生理状态细胞内的各种代谢物质。随着质谱鉴定技术的持续发展，飞行时间质谱（time of flight，TOF）应运而生，并且在代谢物质鉴定中表现出卓越的分析能力。TOF 技术的主要原理是在真空飞行管中计算带电荷离子的飞行时间差异，对不同离子的质荷比（m/z）进行分析，具有极高的灵敏度和扫描速度。此外，全二维气相色谱（comprehensive two-dimensional gas chromatography，GC×GC）的发展进一步加强了分离探测复杂代谢物的能力。例如，一些公司生产的 GC×GC 质量精度可达到小数点后三位，分辨率可达到 4000～7000，这些设备及相应技术的发展将极大促进代谢组学的发展。

液相和气象色谱在技术层面上比较来说各有优缺点。气相色谱技术更多适用于低极性、低沸点或衍生化后沸点较低的代谢物的分析，因此单独使用 GC-MS 并不能全局揭示植物新陈代谢的规律。液相色谱则不受样品挥发性、热稳定性的影响，其与质谱结合利用可以有效地分析样品中萜类化合物、生物碱、糖苷等多类代谢化合物。在代谢物鉴定实践中，与液相色谱相连的组合质谱种类有很多种，如串联三重四级杆质谱、离子阱质谱、飞行时间质谱、傅里叶变换离子回旋共振质谱等。同时，上述质谱也有多种可供利用的离子源，如常见离子源有大气压化学电离源（atmospheric pressure chemical ionization，APCI）、电喷雾电离源（electrospray ionization，ESI）、基质辅助激光解吸电离源（matrix-assisted laser desorption/ionization，MALDI）等。此外，质谱分析中还有不同种类的扫描模式，如选择离子检测扫描（selected ion monitoring，SIM）、选择性反应检测扫描（selected reaction monitoring，SRM）、多反应检测扫描（multiple-reaction monitoring，MRM）等。此外，具有高分辨率特性的串联四级杆飞行时间质谱（quadrupole time-of-flight mass spectrometer，Q-TOF/MS）能够有效满足复杂植物代谢组学研究，特别是对于根际土中复杂代谢产物研究具有较大优势。

此外，为了实现对于特殊代谢物质的分析，近年来许多特异的代谢方法也逐渐发展完善起来。例如，毛细管电泳-质谱（capillary electrophoresis mass spectrometry，CE-MS）能够检测离子型化合物，如磷酸化的糖、核苷酸、有机酸、氨基酸等；核磁共振技术具有较高的普适性，样品前处理简单，测试手段丰富，虽然对于同一样品中含量相差很大的物质检测较为困难，但能够有效地鉴定代谢物质的结构；傅里叶变换-红外光谱（Fourier transform infra red spectrometer，FTIR）技术可以对样品进行快速、高通量的扫描，且不破坏样本，适合从大量群体中筛选代谢突变体；但其较难区分结构类型相似的化合物。植物代谢物多种多样，有些成分含量甚微，其合成和积累易受环境影响，目前还不能使用单一的技术手段来实现代谢物的全景定性和定量分析，只能通过多种分析手段，取长补短，尽可能的跟踪监测植物代谢物的变化。

（三）代谢组学技术在化感自毒物质鉴定中的应用

植物化感物质或化感自毒物质本质就是代谢产物，因此代谢组学中的各种技术对鉴定植物释放化感物质具有重要的意义。换言之，代谢组学技术为研究和解析连作障碍形成机制提供了极其重要的核心工具。目前，在不同作物中，利用代谢组学技术已经大量的鉴定了不同连作植物特异化感物质或化感物质群体。比如，我们在地黄连作障碍研究中利用高效液相色谱（high-performance liquid chromatography，HPLC）和电喷雾电离质谱法（electrospray ionization mass spectrometry，ESI-MS）的方法，对连作地黄土壤的浸提液中蕴含的潜在化感物质进行了初步解析，鉴定了地黄根际分泌物的成分，并详细评价了不同物质的化感自毒潜力，确证了地黄根际化感物质的存在。同时，我们也通过HPLC方法详细比较了不同间隔连作年限地黄根系分泌物中化感物质含量，结果发现随着连作年限的延长，地黄根系分泌的化感物质随之增加。此外，我们还利用GC-MS结合HPLC方法，详细比较了地黄不同根区土壤内化感自毒物质浓度梯度变化趋势和分布范围，明确界定了地黄的化感自毒圈。

三、蛋白质组学在连作障碍研究中的运用

（一）蛋白质的分离提取技术

蛋白质组学的研究方法主要分为4步骤：①获取植物组织蛋白质；②用凝胶或非凝胶的方法对不同样品的蛋白质进行分离；③用质谱的方法对所分离蛋白质进行肽段鉴定；④利用生物信息学的方法对所获取肽段进行功能归宿鉴定和表达水平精细定量，鉴定不同组织或处理样品中所鉴定的蛋白质种类、分子功能和表达水平，从而对特定细胞在特定生理状态下细胞所表达蛋白质谱进行鉴定，解析细胞所正经历的生命活动进程。

在蛋白质组学研究的几个步骤中，高质量蛋白样品的提取是开展蛋白质组学和蛋白质功能鉴定的前提，也是下游蛋白质性质鉴定的基础。目前，在蛋白质研究中，提取组织或细胞全蛋白质组常用方法为三氯乙酸/丙酮溶液沉淀法或相关改良方法。当然，获取生物不同部位的蛋白质，其提取方法也存在明显差异。例如，如果想获取植物细胞中线粒体、叶绿体等细胞器中蛋白质种类及含量，首先需要分离亚细胞器以排除核蛋白及细胞质蛋白的干扰，然后再进行蛋白质鉴定。此外，在植物与环境互作研究中，特别是植

物抗病的研究中，要特定分离位于细胞质膜上的蛋白质，则需要用特殊高速离心的方法移除细胞质蛋白，再用去污剂处理以释放或获取细胞质膜上的蛋白质。在获取足够质量和数量蛋白质的基础上，然后进行蛋白质或肽段性质和丰度的鉴定，这也是蛋白质组学研究中最为重要的步骤，也是决定蛋白质鉴定量大小的关键步骤。目前，在植物蛋白质研究相关领域，蛋白质常用分离方法有双向凝胶电泳、差异凝胶电泳、毛细管电泳和液相色谱等方法，分离的主要依据是根据蛋白质分子量大小、等电点、溶解度及对配体的特异亲和力等。双向凝胶电泳（2-dimensional electrophoresis，2-DE）是常见的一种蛋白质精细分析方法。2-DE 实验通常包括一级等电聚焦和二级普通十二烷基硫酸钠-聚丙烯酰胺凝胶电泳（sodium dodecyl sulfate polyacrylamide gel electrophoresis，SDS-PAGE）两个步骤。一级等电聚焦主要是根据蛋白质等电点不同，将蛋白质在胶条上沿水平方向进行分离（单根胶条水平放置，pH 从高到低）；第二向则根据蛋白质分子量的差异，沿着垂直电泳方向将等电点已经分开的蛋白质按照分子量大小进行垂直分离，二向的电泳和普通的 SDS-PAGE 没有太大区别（与下文 Western blot 技术中 SDS-PAGE 一致）。

（二）蛋白质丰度的定量分析

在一些研究中，通过蛋白质组学技术获取了与研究目标密切相关的蛋白质候选清单。有时，为了更好地了解关键蛋白质在目标研究体系中的作用方式，需要进一步从蛋白质水平上分析响应蛋白在不同处理、胁迫或发育过程、组织器官中的表达模式，以确定其在特定生理进程中的功能关联性。通常，确定蛋白质的时空表达模式最常用的技术是蛋白质印迹（Western blot）技术。Western blot 技术是一种蛋白质绝对定量的分析方法，能够准确地反映出目标蛋白在特定组织中的丰度水平。Western blot 一般的操作步骤包括：①蛋白质提取及分离，分离主要用 SDS-PAGE 的方法，即获取样品总蛋白样品内混匀，95℃变性 10min，以 15%分离胶、5%浓缩胶配制电泳胶，在 50V 条件下进行电泳，但电泳条带移至分离胶底部 2/3 的位置时停止电泳。②转膜：按 SDS-PAGE 胶大小，准备相应聚偏二氟乙烯（polyvinylidene fluoride，PVDF）膜和滤纸，并将其铺于海绵垫片，次序为从正极依次为滤纸、PVDF 膜、样品胶、滤纸，250mA 转膜 17min。③杂交孵育：将转移膜置于封闭液于室温振荡 2h 进行封闭；加入特定抗体蛋白，在 4℃下反应过夜，用 1×PBST 洗涤 10min，重复三次；然后加入二抗（1∶3000）反应 90min，按上述步骤洗涤。④显影：用增强化学发光（enhanced chemiluminescence，ELC）法洗片及曝光。

Western blot 技术的前提是需要获取相应蛋白质抗体信息，对于非模式物种，大部分的蛋白质缺乏抗体信息，需要在实验开始前通过原核或真核表达获取蛋白质信息，并制备抗体，步骤较为烦琐和复杂。随着蛋白质技术发展，目前已经发展出了一种新的蛋白质快速定量技术，能够对蛋白质进行直接定量，方法简便、快捷。例如，目前在植物蛋白定量中应用相对较广泛的有选择反应监测技术（selected reaction monitoring，SRM）技术和多重反应监测技术（multiple reaction monitoring，MRM）技术，二者技术本质基本一样。MRM 技术是在已知或推定反应离子信息的基础上，针对性地采集特定的质谱信号，并将符合指定规则或参数的离子信息进行标记，滤除不符合规则的干扰性信息，在此基础上，对所获取的数据经过一系列的统计分析最终获取特定质谱的定量信息的一种质谱技术。MRM 技术能够在复杂背景体系中实现对目标物快速、灵敏、特异的定量，该技术在特定蛋白质丰度分析时，主要通过肽段的特异性检测来实现对蛋白质水平的定量。

随着蛋白质组学的研究深入，不仅需要鉴定在特定条件下细胞或组织内蛋白质的种类等信息，还需要了解蛋白质质量的变化。所谓定量蛋白质组学是指在总体水平上研究分析生物体在一定条件下蛋白质水平的具体数量的变化，是对蛋白质组学的定量分析。传统蛋白质定量方法操作程序复杂，通路低，一次只能鉴定 1 个蛋白质表达水平。随着现代分子生物学技术和质谱技术的发展，2004 年 AB SCIEX 公司开发了一种全新的蛋白质标记定量方法，即同位素标记相对与绝对定量（isobaric tags for relative and absolute quantitation，iTRAQ）技术。iTRAQ 技术是常用于不同样品间蛋白质差异批量定量的方法。该技术利用同位素标记的标签标记蛋白质，结合液谱和质谱分离鉴定技术，可以得到蛋白质的定量信息。iTRAQ 技术作为一种全新的蛋白质定量技术，相对于以前的方法具有无可比拟的优点：iTRAQ 技术一次实验实现多达 8 个不同样品的蛋白质的定量比较，并且定量敏感、精确，特别适合与特定环境条件下植物体内关键响应蛋白筛选和分析，对于从初始角度寻找特定处理下植物体关键响应蛋白具有重要的意义，同时对于弥补和验证转录组学所获取关键基因真实功能也具有重要的参考价值。

（三）蛋白质组学技术在连作障碍形成分子机制研究中的应用

蛋白质组学技术已经被广泛运用于植物生长发育、胁迫响应、生态适应等各方面研究，连作障碍形成本质也是植物与环境微生物互作的结果，详细分析连作植物体内的蛋白质变化可以从侧面了解连作对地黄的伤害机制。例如，在地黄连作障碍的研究中，我们通过详细分析头茬和连作地黄根际土中宏蛋白质组学丰度差异，筛选并鉴定了与地黄连作障碍形成密切相关的根际蛋白质，通过这些蛋白质功能的解析，我们首次从蛋白质组学层面阐明了地黄连作障碍形成过程中植物和微生物的互作关系。同时，我们还分别利用 2-DE 和 iTRAQ 技术详细鉴定了连作和头茬地黄叶、根间差异蛋白，通过精细解析连作和头茬地黄根叶间差异蛋白功能，初步从蛋白质层面解析了连作地黄叶和根损伤分子机制。

“他山之石可以攻玉”。随着不同学科交叉互融，一门学科发展更多是建立在多种学科和技术上，特别是中药农业生态学学科牵涉多种学科技术和知识，需要充分把握学科优势，通过多学科知识的有效补充，取长补短，为复杂环境下关键信息的提取，提供技术工具和平台。连作障碍形成本身就是多物种互作体系的一个典型案例，也是农业生态学中的代表性案例，反映的是自然生态环境中复杂的互作关系。解读连作障碍密码，有助于从侧面了解农业生态环境中这种互作机制启动、诱导、形成等关系，为深入开展农业互作体系研究提供参考，同时也为有效促进学科发展奠定了理论基础。

（吴林坤　李明杰　王丰青　李　娟　张　宝）

参考文献

车玉伶, 王慧, 胡洪营, 等. 2005. 微生物群落结构和多样性解析技术研究进展.生态环境, 14(1): 127-133.

陈敏艳, 梁宗锁, 王喆之, 等. 2004. 地黄组织培养及植株再生的研究. 西北植物学报, 24(6): 1083-1087.

贾景明, 刘春生. 2017. 分子生药学专论. 北京: 人民卫生出版社.

林辉锋. 2010. 不同水分条件下化感水稻根际功能微生物研究. 福建农林大学硕士学位论文.

林瑞余, 戎红, 周军建, 等. 2007. 苗期化感水稻对根际土壤微生物群落及其功能多样性的影响. 生态学报, 27(9): 3644-3654.

刘志刚, 李明军, 张振臣. 2006. 地黄叶片遗传转化再生系统的建立. 河南农业科学, 35(011): 83-85.

毛文岳, 余椿生, 刘清琪, 等. 1983. 怀地黄茎尖培养的研究. 植物学报, 1(1): 44-46.

钮旭光, 韩梅, 韩晓日. 2007. 宏基因组学: 土壤微生物研究的新策略. 微生物学通报, 34(3): 576-579.

王洪媛, 江晓路, 管华诗, 等. 2004. 微生物生态学一种新研究方法——T-RFLP 技术. 微生物学报, 3l(6): 90-94.

王晓丹. 2007. 分子生物学方法在水体微生物生态研究中的应用. 微生物学通报, 34(4): 0777-0781.

Bachem C W B, van der Hoeven R S, Brujin S M, et al. 1996. Visualization of differential gene expression using a novel method of RNA fingerprinting based on AFLP: Analysis of gene expression during potato tuber development. Plant Journal, 9 (5): 745-753

Bae J W, Rhee S K, Nam Y D, et al. 2005. Generation of subspecies level-specific microbial diagnostic microarrays using genes amplified from subtractive suppression hybridization as microarray probes. Nucleic Acids Research, 33(13): e113.

Benndorf D, Vogt C, Jehmlich N, et al. 2009. Improving protein extraction and separation methods for investigating the metaproteome of anaerobic benzene communities within sediments. Biodegradation, 20(6): 737-750.

Bona E, Massa N, Novellog G, et al. 2018. Metaproteomic characterization of the *Vitis vinifera* rhizosphere. FEMS Microbiology Ecology, 95(1): fiy204.

Brockett B F T, Prescott C E, Grayston S J. 2012. Soil moisture is the major factor influencing microbial community structure and enzyme activities across seven biogeoclimatic zones in Western Canada. Soil Biology and Biochemistry, 44(1): 9-20.

Chi W C, Chen Y A, Hsiung Y C, et al. 2013. Autotoxicity mechanism of *Oryza sativa* transcriptome response in rice roots exposed to ferulic acid. BMC Genomics, 14(1): 351.

Diatchenko L, Lau Y F C, Campbell A P, et al. 1996. Suppression subtractive hybridization method for generating differentially regulated or tissue-specifical cDNA probes and libraries. Biochemistry, 93 (10): 6025-6030.

Dong D, Wang R, Zhang X F, et al. 2018. Integration of transcriptome and proteome analyses reveal molecular mechanisms for formation of replant disease in *Nelumbo nucifera*. RSC Advances, 8(57): 32574-32587.

Edwards J, Johnson C, Santos-Medellín C, et al. 2015. Structure, variation, and assembly of the root-associated microbiomes of rice. Proceedings of the National Academy of Sciences of the United States of America, 112(8): E911.

Handelsman J, Rondon M R, Brady S F, et al. 1998. Molecular biological access to the chemistry of unknown soil microbes: A new frontier for natural products. Chemistry and Biology, 5(10): 245-249.

Hubank M, Schatz D G. 1994. Identifying differences in mRNA expression by representational difference analysis of cDNA. Nucleic Acids Research, 22(25): 5640-5648.

Huygens D, Schouppe J, Roobroeck D, et al. 2011. Drying-rewetting effects on N cycling in grassland soils of varying microbial community composition and management intensity in south central Chile. Applied Soil Ecology, 48(3): 270-279.

Joergensena R G, Potthoff M. 2005. Microbial reaction in activity, biomass, and community structure after long—term continuous mixing of a grassland soil. Soil Biol Biochem, 37(7): 1249-1258.

Liang P, Pardee A B. 1992. Differential display of eukaryotic messenger RNA by means of the polymerase chain reaction. Science, 257: 967-970.

Lin W X, Wu L K, Lin S, et al. 2013. Metaproteomic analysis of ratoon sugarcane rhizospheric soil. BMC Microbiology, 13(1): 135.

Lisitsyn N, Wigler M. 1993. Cloning the difference between two complex genome. Science, 259 (12): 946-951.

Manikandan R, Karthikeyan G, Raguchander T. 2017. Soil proteomics for exploitation of microbial diversity in *Fusarium* wilt infected and healthy rhizosphere soils of tomato. Physiological and Molecular Plant Pathology, 100: 185-193.

McKinley V L, Peacock A D, White D C. 2005. Microbial community PLFA and PHB responses to ecosystem restoration in tallgrass prairie soils. Soil Biol Biochem, 37: 1946-1958.

Reinhold-Hurek B, Bünger W, Burbano C S, et al. 2015. Roots shaping their microbiome: Global hotspots for microbial activity. Annual Review of Phytopathology, 53(1): 403-424.

Rice E L. 1984. Allelopathy (2nd ed). New York: Academic Press Inc: 301-305.

Roh S W, Abell G C, Kim K H, et al. 2010. Comparing microarrays and next-generation sequencing technologies for microbial ecology research. Trends in Biotechnology, 28: 291-299.

Wang H B, Zhang Z X, Li H, et al. 2010. Characterization of metaproteomics in crop rhizospheric soil. Journal of Proteome Research, 10(3): 932-940.

Wilmes P, Bond P L. 2006. Metaproteomics: studying functional gene expression in microbial ecosystems. Trends in Microbiology, 14(2): 92-97.

Wilmes P, Wexler M, Bond P L. 2008. Metaproteomics provides functional insight into activated sludge wastewater treatment. PLoS ONE, 3(3): e1778.

Wu B, Long Q L, Gao Y, et al. 2015. Comprehensive characterization of a time-course transcriptional response induced by autotoxins in *Panax ginseng* using RNA-Seq. BMC Genomics, 16(1): 1010.

Wu L K, Wang H B, Zhang Z X, et al. 2011. Comparative metaproteomic analysis on consecutively *Rehmannia glutinosa*-monocultured rhizosphere soil. PLoS ONE, 6(5): e20611.

Zhalnina K, Dias R, de Quadros P D, et al. 2015. Soil pH determines microbial diversity and composition in the park grass experiment. Microbial Ecology, 69(2): 395-406.

第四章　地黄化感自毒物质筛选鉴定与化感潜力评价

大量研究表明，地黄连作障碍主要是由植物体释放至环境中的次级代谢产物（包括部分初级代谢产物）所产生的化感作用及其介导的根际微生物群落结构失衡引起微生态环境恶化所致。因此，由栽培药用植物通过多种途径释放的化感物质是引发后续一系列根际效应及最终导致连作障碍问题的“驱动”性因素，也被认为是造成栽培药用植物连作障碍“多米诺骨牌效应”的“触动开关”。因此，筛选和鉴定栽培药用植物潜在化感物质是解析中药材生产中连作障碍成因最为重要也是最为基础的一环。由于目前栽培药用植物自毒作用机理尚不清晰，我们在前人对化感作用及化感物质筛选研究的基础之上，通过对地黄茬后土壤/根际土中潜在化感物质提取和分离，结合化感潜力评价追踪地黄根区土壤中潜在的化感物质群。

同时，我们针对旱生植物生长特点，构建了针对地黄根系分泌物的收集装置，以收集由地黄根系释放至根区土壤的潜在化感物质。通过对地黄根际土中化合物群的鉴定及化感模拟实验，我们初步解析、确认和绘制了与地黄连作障碍形成密切关联的候选化感物质图谱，并解析这些图谱中候选化感物质的功能，为深入理解地黄连作障碍的形成机制提供了参考。

第一节　地黄根际土化感自毒物质的筛选与鉴定

一、不同化感物质来源添加物对地黄生长的影响

植物自毒作用是植物化感作用研究的重要内容之一，它是一种化学生态学现象。一般认为植物的化感物质主要来源于根系分泌物、茎和叶的淋溶物及残体分解产物。因此，探明化感物质的释放途径是追溯地黄连作障碍“元凶”的关键环节。在地黄大田生产中，我们观察到地黄收获时，其破损残根及纤细根系和地上部茎叶被随意丢弃、掩埋于土壤中。经调查，每平方米地块残留地黄根系及叶片干重分别达到约 126g 和 20g（图 4-1）。为了详细探明和揭示由地黄植株直接释放或经微生物腐解、转化后释放的次生代谢产物对后续地黄生长的影响，我们从地黄不同残株部位化感物质来源、地黄根系分泌物及上述次级代谢产物对地黄植株生理生化过程、根际微生物群落结构驱动等方面，详细研究了地黄潜在化感物质及其致害机制。

首先，为探讨残叶、残根和根系分泌物对再植地黄生长的影响，我们通过向间隔 8 年以上未种植过地黄的土壤中（空白土壤）分别添加地黄根（T1）、叶（T2）及根系分泌物（T3），并以空白土壤（CK）为对照，研究不同来源化感物质对连作地黄的致害程度，以期找到地黄化感物质释放的可能途径。根系分泌物的提取方法为：称取 2kg 地黄根际土分装 10 份，每份 200g；将每 200g 土与 400mL 水混合均匀，充分振荡 2h，静置

图 4-1 生产上地黄收获后田间残存的根、茎及叶等物质的收集和统计

a. 地黄收获后田块；b. 地黄收获后残叶；c. 地黄收获后残根；d. 地黄收获后每平方米田块残根调查；e. 地黄收获后每平方米田块残留叶片及根系干重，不同小写字母表示不同处理在 0.05（$P<0.05$）水平上的差异显著性

过夜，过滤取上清液 5000r/min、离心 10min，然后在 40℃旋转蒸发浓缩，最后得到 200mL 溶液即根系分泌物，其化感活性实验采用盆栽的方法，具体处理设置为：

CK：空白土壤

T1：每 2kg 空白土+40g 块根（2%）

T2：每 2kg 空白土+10g 叶（0.5%）

T3：每 2kg 空白土+200mL 根系分泌物（10%）

通过详细分析地黄成熟期（栽后 180d）不同处理下地黄叶长、叶宽、冠幅、叶绿素含量、块根重量和植株抗氧化酶活性及根际土进行微生物等相关指标差异，综合评测不同来源外源添加物化感活力。从实验结果可以发现，不同外源添加物均影响了地黄的表观生长（图 4-2）。具体表现为地上部矮小、叶片枯黄、容易烂叶和枯死、块根不膨大、主根细、须根多，与田间观察到的连作障碍特征较为一致。其中，添加根系分泌物的地黄的症状最为明显，至生长末期出现了死苗现象，其次为叶和根处理。通过分析地黄生理生态指标发现（图 4-3），不同地黄添加物均不同程度降低了块根的鲜重和干重、叶长、叶宽、冠幅和叶绿素含量等指标，且规律较为一致。其中，根系分泌物的抑制作用最大，其次为叶和根。就地黄块根生物量而言，添加根系分泌物分别使地黄的鲜重和干重降低了 87.6%和 84.7%，而添加叶处理则分别使干重和鲜重下降了 58.7%和 56%，添加根处理的影响最弱。

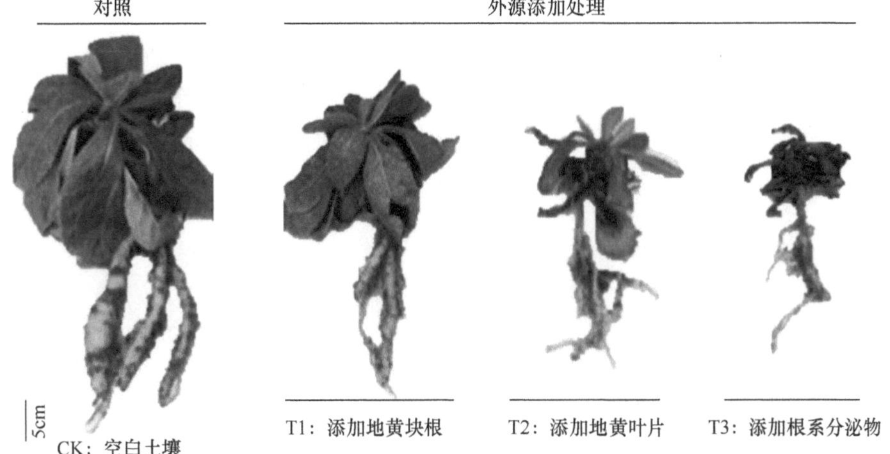

图 4-2　不同地黄添加物对地黄表观生长的影响

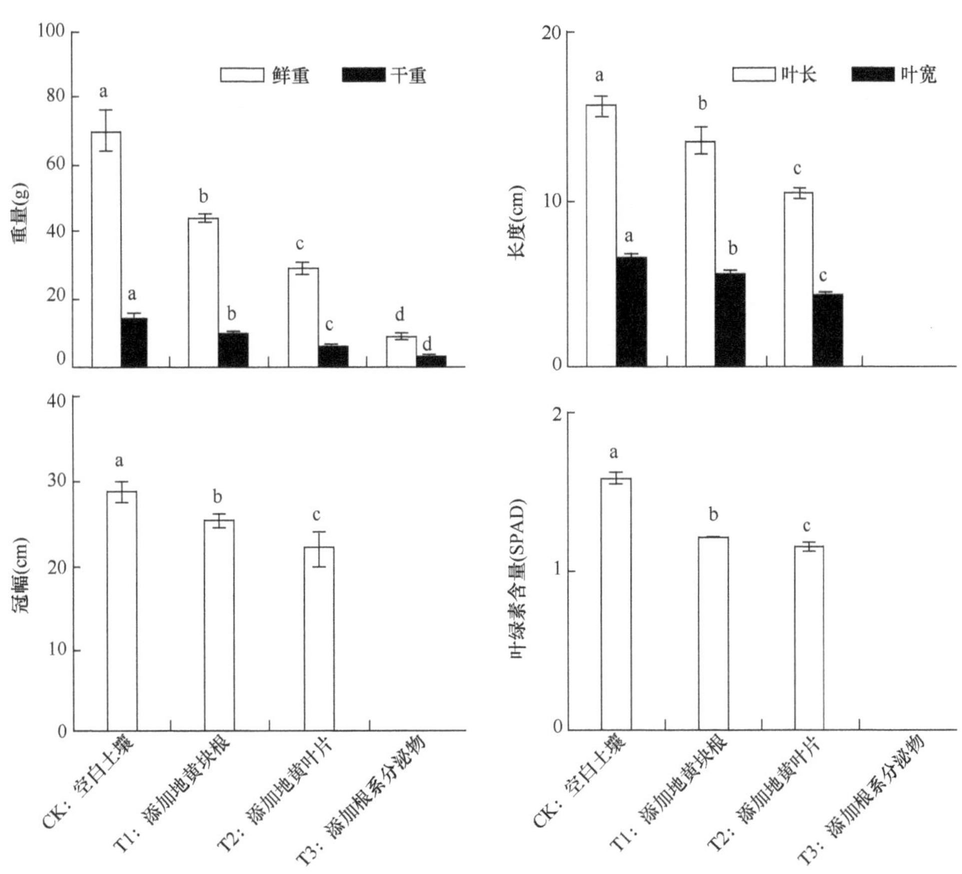

图 4-3　不同地黄添加物对地黄生理生态指标的影响

不同小写字母表示不同处理在 0.05（$P<0.05$）水平上的差异显著性

二、不同化感物质来源添加物对地黄抗氧化酶活性的影响

为了解不同化感物质来源的添加物对植物生理过程的影响，我们详细测定了不同添

加物处理下地黄 SOD、POD 等酶活性的差异。结果发现与对照 SOD 活性相比，外源添加地黄根和叶处理均能显著提高地黄叶中 SOD 活性，其活性分别达到了 195.0U/(g·min) 和 198.7U/（g·min）（图 4-4）。同时，与对照相比，添加根、叶均显著影响了地黄根中 SOD 活性，但添加根系分泌物处理对地黄根中 SOD 活性也有一定影响。

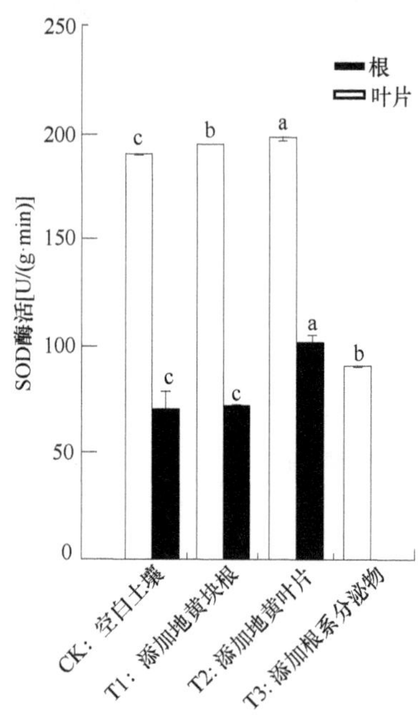

图 4-4　不同化感物质来源添加物对地黄叶片及块根 SOD 酶活性的影响

不同小写字母表示不同处理在 0.05（$P<0.05$）水平上的差异显著性

POD 是植物体内普遍存在的一种酶，它与呼吸作用、光合作用及生长素合成等关键细胞代谢进程均密切相关。这可能主要是由于随着胁迫的增强，抗氧化酶活性升高，以清除体内不断产生的自由基，但胁迫过强时，植物抗氧化酶活性反而会下降，植物不再有抗性作用。POD 主要催化过氧化氢、氧化酚类和胺类化合物，具有消除过氧化氢和酚类、胺类毒性的多重效应。与对照 4842.1U/（g·min）相比，添加根和叶的处理均降低了地黄叶中 POD 活性，仅达到了 1424.2U/（g·min）和 1323.5U/（g·min）。同时，添加根、根系分泌物处理也均导致地黄根中的 POD 活性有所降低；而添加叶的处理则显著增加了地黄根中 POD 活性，达到 287.6U/（g·min）（图 4-5）。总的来说，添加根、叶和根系分泌物处理的地黄叶和根中 POD 活性下降，但添加叶处理的地黄根的 POD 活性显著增强，地黄叶中的 POD 活性下降，地黄总的 POD 活性降低。

三、不同化感物质来源添加物对微生物群落结构的影响

（一）不同化感物质来源添加物对土壤酶活性的影响

土壤酶活性主要表征的是土壤根际微生物群体总酶活力水平，其水平高低能有效地反映出土壤微生物的生产状态和活力。为了解不同化感物质来源的添加物对土壤酶活性

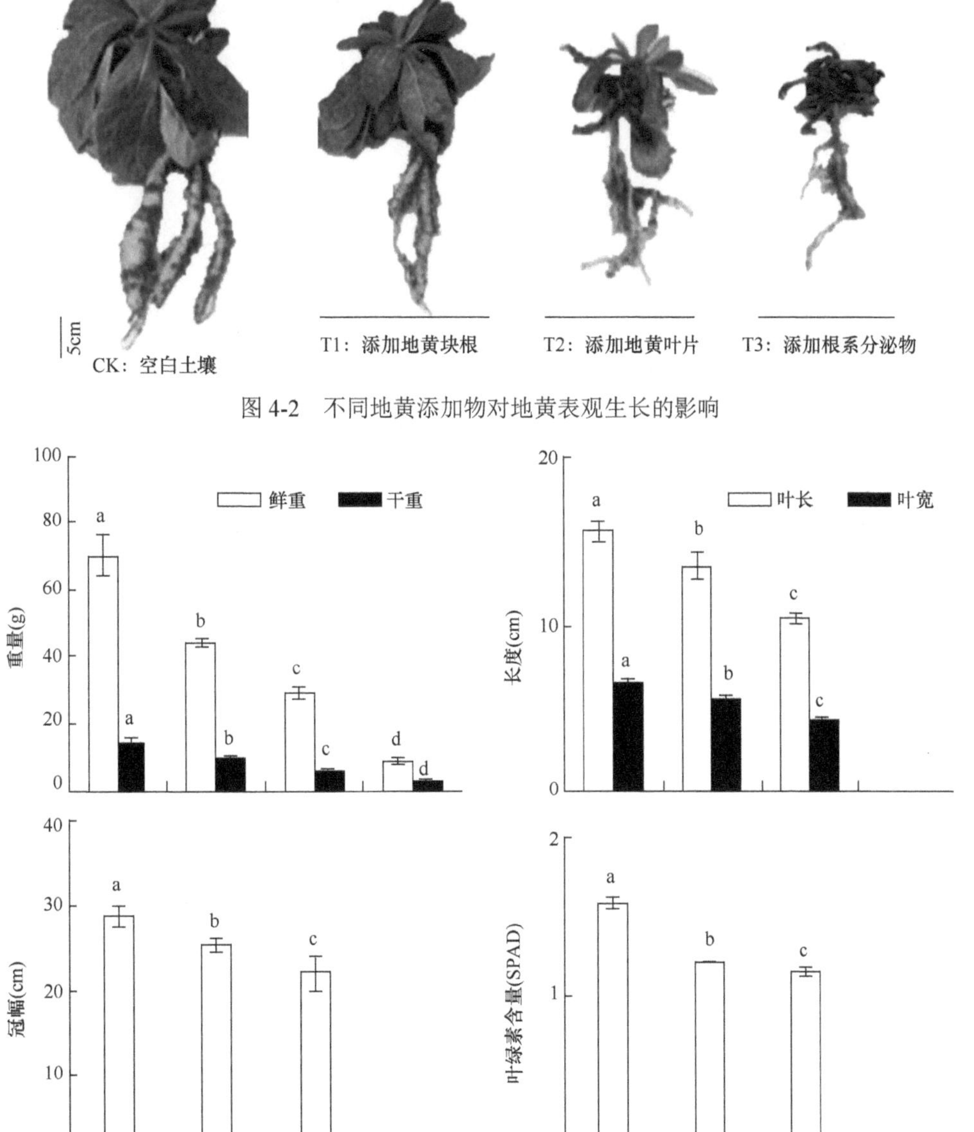

图 4-2　不同地黄添加物对地黄表观生长的影响

图 4-3　不同地黄添加物对地黄生理生态指标的影响

不同小写字母表示不同处理在 0.05（$P<0.05$）水平上的差异显著性

二、不同化感物质来源添加物对地黄抗氧化酶活性的影响

为了解不同化感物质来源的添加物对植物生理过程的影响，我们详细测定了不同添

加物处理下地黄 SOD、POD 等酶活性的差异。结果发现与对照 SOD 活性相比，外源添加地黄根和叶处理均能显著提高地黄叶中 SOD 活性，其活性分别达到了 195.0U/(g·min) 和 198.7U/（g·min）（图 4-4）。同时，与对照相比，添加根、叶均显著影响了地黄根中 SOD 活性，但添加根系分泌物处理对地黄根中 SOD 活性也有一定影响。

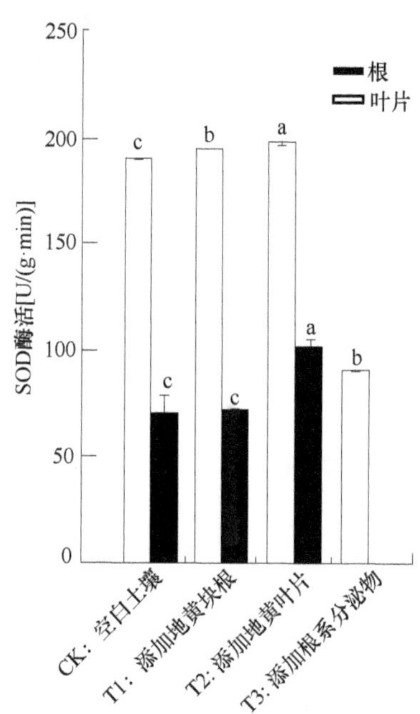

图 4-4　不同化感物质来源添加物对地黄叶片及块根 SOD 酶活性的影响

不同小写字母表示不同处理在 0.05（$P<0.05$）水平上的差异显著性

POD 是植物体内普遍存在的一种酶，它与呼吸作用、光合作用及生长素合成等关键细胞代谢进程均密切相关。这可能主要是由于随着胁迫的增强，抗氧化酶活性升高，以清除体内不断产生的自由基，但胁迫过强时，植物抗氧化酶活性反而会下降，植物不再有抗性作用。POD 主要催化过氧化氢、氧化酚类和胺类化合物，具有消除过氧化氢和酚类、胺类毒性的多重效应。与对照 4842.1U/（g·min）相比，添加根和叶的处理均降低了地黄叶中 POD 活性，仅达到了 1424.2U/（g·min）和 1323.5U/（g·min）。同时，添加根、根系分泌物处理也均导致地黄根中的 POD 活性有所降低；而添加叶的处理则显著增加了地黄根中 POD 活性，达到 287.6U/（g·min）（图 4-5）。总的来说，添加根、叶和根系分泌物处理的地黄叶和根中 POD 活性下降，但添加叶处理的地黄根的 POD 活性显著增强，地黄叶中的 POD 活性下降，地黄总的 POD 活性降低。

三、不同化感物质来源添加物对微生物群落结构的影响

（一）不同化感物质来源添加物对土壤酶活性的影响

土壤酶活性主要表征的是土壤根际微生物群体总酶活力水平，其水平高低能有效地反映出土壤微生物的生产状态和活力。为了解不同化感物质来源的添加物对土壤酶活性

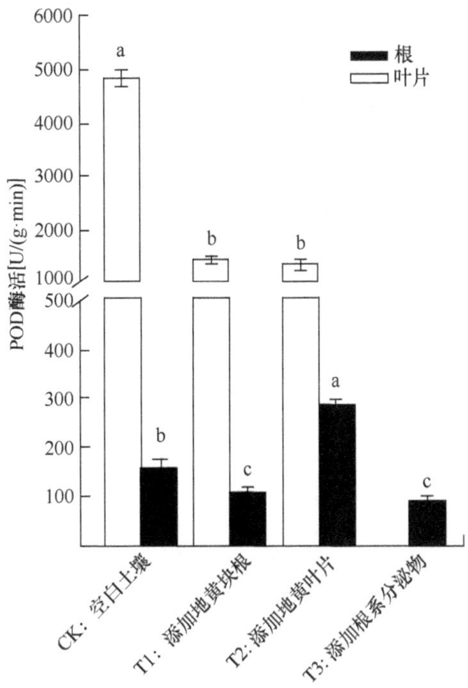

图 4-5　不同化感物质来源添加物对地黄叶片及块根 POD 酶活性的影响

不同小写字母表示不同处理在 0.05（$P<0.05$）水平上的差异显著性

的影响，我们详细分析了不同添加物处理对土壤中过氧化氢酶（catalase，CAT）及多酚氧化酶（polyphenol oxidase，PPO）等关键土壤酶活性的影响。结果发现添加根和叶添加物显著增加了根际土的 CAT 活性，但根系分泌物添加处理却显著降低了地黄根际土的 CAT 活性（表 4-1），这表明根系分泌可能显著抑制根际微生物群体的生长，进而影响了过氧化氢酶活性。此外，PPO 参与了土壤有机物质中芳香族化合物的转化作用，对于土壤中物质循环具有重要作用。分析外源添加物对 PPO 活性影响时，发现与对照相比，根添加物的根际土 PPO 活性略有下调，而叶添加物处理土壤的 PPO 活性则出现稍微上调，而根系分泌物添加处理的地黄根际土中多酚氧化酶活性则显著下降，表明添加土壤中的化感物质处理有效地抑制了土壤降解芳香物质的能力。

表 4-1　不同化感物质来源添加物对土壤酶活性的影响

处理	酶活性	
	PPO（μg/g）	CAT（mL/g）
对照	782.92±11.77bAB	2.24±0.01bB
根	756.74±9.93bB	2.30±0.02aA
叶	822.02±26.41aA	2.31±0.01aA
根系分泌物	392.88±4.45cC	2.14±0.05cC

注：同列不同小写字母和大写字母分别代表不同处理在 0.05（$P<0.05$）和 0.01（$P<0.01$）水平上的差异显著性

（二）不同化感物质来源添加物对根际微生态的影响

为了进一步了解不同化感物质来源的添加物对根际微生态的影响，笔者对不同处理下的微生物进行计数，结果发现添加根、叶、根系分泌物处理后土壤细菌数量分别为 6.1×10^5CFU/g、7.2×10^5CFU/g 和 6.4×10^5CFU/g，均显著低于对照（12.4×10^5CFU/g）细菌数量，表明根、叶、根系分泌物均能抑制土壤中细菌的增殖（图 4-6）。

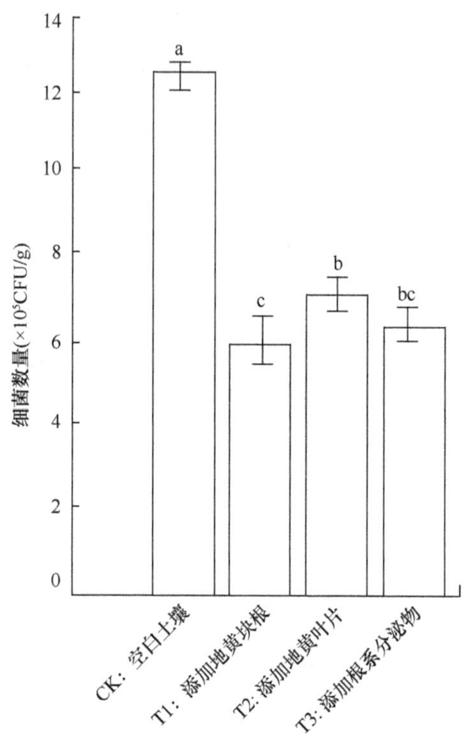

图 4-6　不同化感物质来源添加物对土壤细菌数量的影响

不同小写字母表示不同处理在 0.05（$P<0.05$）水平上的差异显著性

对土壤真菌而言，对照土壤数量为 2.8×10^5CFU/g，而添加根、叶、根系分泌物后，真菌数量分别为 3.9×10^5CFU/g、4.0×10^5CFU/g、5.6×10^5CFU/g，三个处理相比对照均显著促进了根际土真菌的增殖，其中，以添加根系分泌物处理提升作用最大（图 4-7）。

对土壤放线菌而言，对照放线菌数量为 3.1×10^5CFU/g，添加根、叶、根系分泌物处理后，放线菌数量分别为 4.0×10^5CFU/g、2.8×10^5CFU/g、1.8×10^5CFU/g，根系分泌物显著降低了根际土放线菌数量（图 4-8）。

总的来说，添加根、叶、根系分泌物处理，使土壤细菌和放线菌的数量总体为下降趋势，真菌数量为上升趋势。

（三）不同化感物质来源添加物对土壤微生物群体的影响

为了从整体上分析添加物处理对土壤微生物影响规律，我们利用 BIOLOG 生态板分析不同化感物质来源的外源添加物处理下根际土内微生物种群状态变化。首先，分析土壤微生物对酚酸类碳源的利用情况，结果发现，不同时间、不同处理间的土壤微生物对酚酸利用的 AWCD 值存在显著差异。其中，在叶、根外源添加物处理 1d 的土壤中，

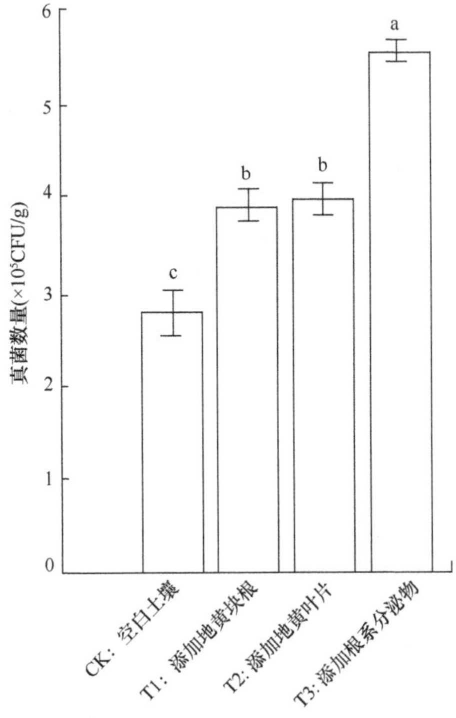

图 4-7　不同化感物质来源添加物对土壤真菌数量的影响

不同小写字母表示不同处理在 0.05（$P<0.05$）水平上的差异显著性

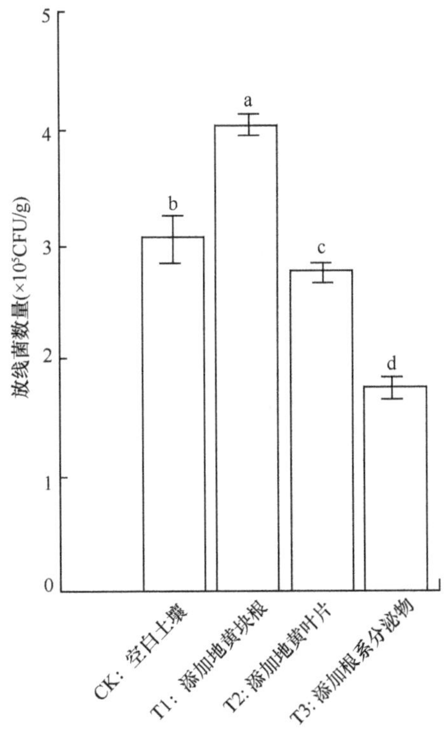

图 4-8　不同化感物质来源添加物对土壤放线菌数量的影响

不同小写字母表示不同处理在 0.05（$P<0.05$）水平上的差异显著性

处理土壤的微生物对酚酸利用的AWCD值分别达到0.997、0.680，显著高于对照(0.168)，但根系分泌物处理的土壤AWCD值仅为0.172，与对照差异不大。上述用不同外源添加物仅处理1d的根际土中的AWCD值结果表明，添加叶分泌物的处理增加了土壤中酚酸含量，根次之，而添加根系分泌物处理中的土壤酚酸含量最少。当外源添加物处理30d，根、叶、根系分泌物添加处理的土壤中微生物对酚酸利用的AWCD值分别是0.175、0.161、0.155，与对照（0.160）相比无显著差别（表4-2）。外源添加物处理60d、90d和180d，根添加处理对土壤微生物的AWCD值影响最大，其值分别是0.448、0.226、0.051，而对照土壤微生物对酚酸利用的AWCD值则分别是0.064、0.042、0.044，两者呈显著差异。添加叶、根系分泌物处理土壤的AWCD值分别为0.052、0.050、0.043和0.041、0.045、0.042，均与对照无显著差别。对比分析外源添加物对根际微生物酚酸利用效率差异，发现添加根系分泌物处理的土壤微生物对酚酸的利用率最高，而添加根和叶处理的土壤微生物对酚酸的利用率相对较低。总体上说，添加叶处理不利于土壤中以酚酸为底物的微生物的生长，导致叶处理土壤中酚酸的积累，加剧了地黄的自毒作用。

表4-2 不同时期、不同化感物质来源添加物对土壤各碳源AWCD值的影响

	处理	多聚物	糖类	酚酸
第1天	CK	0.228±0.0282d	0.546±0.0433c	0.168±0.0005c
	T1	0.927±0.0113a	1.360±0.0144a	0.680±0.0163b
	T2	0.817±0.0522b	1.072±0.0964b	0.997±0.0120a
	T3	0.327±0.0300c	0.544±0.0273c	0.172±0.0063c
第30天	CK	0.221±0.0290b	0.254±0.0032c	0.160±0.0079a
	T1	0.212±0.0111b	0.429±0.0255a	0.175±0.0161a
	T2	0.304±0.0236a	0.374±0.0149b	0.161±0.0139a
	T3	0.193±0.0087b	0.265±0.0090c	0.155±0.0064a
第60天	CK	0.072±0.0033c	0.126±0.0025c	0.064±0.0020b
	T1	0.423±0.0048b	0.574±0.0151a	0.448±0.0061a
	T2	0.482±0.0113a	0.311±0.0099b	0.052±0.0013c
	T3	0.055±0.0006d	0.089±0.0011d	0.041±0.0003d
第90天	CK	0.047±0.0001d	0.100±0.0024c	0.042±0.0029c
	T1	0.097±0.0027b	0.329±0.0151a	0.226±0.0051a
	T2	0.102±0.0038a	0.214±0.0094b	0.050±0.0003b
	T3	0.070±0.0009c	0.082±0.0035d	0.045±0.0012bc
第180天	CK	0.052±0.0006c	0.042±0.0001c	0.044±0.0003b
	T1	0.068±0.0015b	0.116±0.0139b	0.051±0.0003a
	T2	0.115±0.0010a	0.165±0.0077a	0.043±0.0003b
	T3	0.049±0.0003d	0.045±0.0005c	0.042±0.0003b
	处理	氨基酸	胺类	羧酸
第1天	CK	0.351±0.0411c	0.358±0.0177d	0.247±0.0098d
	T1	1.269±0.0102a	1.202±0.2088a	1.253±0.0291a
	T2	1.112±0.1322b	0.975±0.0587b	0.918±0.0219b
	T3	0.419±0.0098c	0.765±0.0246c	0.460±0.0467c

续表

	处理	氨基酸	胺类	羧酸
第 30 天	CK	0.196±0.0058c	0.160±0.0103 a	0.204±0.0082ab
	T1	0.269±0.0198b	0.178±0.0091a	0.242±0.0455a
	T2	0.360±0.0308a	0.169±0.0049a	0.263±0.0399a
	T3	0.174±0.0088c	0.163±0.0113a	0.176±0.0139b
第 60 天	CK	0.100±0.0034c	0.078±0.0028b	0.073±0.0019c
	T1	0.440±0.0109b	0.356±0.0280a	0.472±0.0058a
	T2	0.620±0.0022a	0.075±0.0033b	0.200±0.0082b
	T3	0.072±0.0016d	0.040±0.0003c	0.046±0.0006d
第 90 天	CK	0.043±0.0001c	0.038±0.0003c	0.046±0.0003c
	T1	0.245±0.0057b	0.286±0.0113a	0.184±0.0064b
	T2	0.329±0.0126a	0.123±0.0109b	0.279±0.0140a
	T3	0.051±0.0001c	0.040±0.0003c	0.046±0.0006c
第 180 天	CK	0.053±0.0003c	0.039±0.0003d	0.044±0.0015c
	T1	0.101±0.0013b	0.065±0.0008a	0.079±0.0009a
	T2	0.140±0.0015a	0.052±0.0029b	0.075±0.0018b
	T3	0.041±0.0001d	0.042±0.0003c	0.045±0.0011c

注：同列不同小写字母表示不同处理在 0.05（$P<0.05$）水平上的差异显著性

总的来说，从土壤 AWCD 值的大小变化来看，不同外源添加物、不同处理时间，其土壤微生物对 6 大类碳源的利用模式也存在差异。其中，不同添加物处理 1d 时根际土微生物对多聚物、氨基酸、糖类、胺类、羧酸的利用情况是：添加根＞添加叶＞添加根系分泌物＞对照，对酚酸的利用情况则为：添加根＞添加叶＞添加根系分泌物＞对照；研究不同添加物处理 30d 和 90d 时根际微生物的碳源利用情况发现，添加叶对多聚物、氨基酸和羧酸的利用情况最佳，添加根次之。不同添加物处理 30d 时对氨基酸和羧酸的利用情况均为：添加叶＞添加根＞对照＞添加根系分泌物，而对多聚物的利用情况则是添加叶＞对照＞添加根＞添加根系分泌物；不同添加物处理 90d 时对氨基酸和羧酸的利用情况均为添加叶＞添加根＞添加根系分泌物＞对照，对多聚物的利用情况则为添加叶＞添加根＞对照＞添加根系分泌物；对胺类、酚酸和糖类的利用情况则是添加根处理时最佳，添加叶次之，30d 与 90d 对胺类的利用情况均为添加根＞添加叶＞添加根系分泌物＞对照；而对酚酸的利用情况分别是添加根＞添加叶＞对照＞添加根系分泌物和添加根＞添加叶＞添加根系分泌物＞对照、对糖类的利用情况则分别为添加根＞添加叶＞添加根系分泌物＞对照和添加根＞添加叶＞对照＞添加根系分泌物；研究处理 60d 和 180d 时的利用情况发现对多聚物、氨基酸的利用均为：添加叶＞添加根＞对照＞添加根系分泌物处理，对胺类的利用均为添加根＞添加叶＞添加根系分泌物＞对照，而对酚酸的利用情况分别是添加根＞添加叶＞对照＞添加根系分泌物和添加根＞对照＞添加叶＞添加根系分泌物，对糖类的利用情况分别是添加根＞添加叶＞对照＞添加根系分泌物和添加叶＞添加根＞添加根系分泌物＞对照、对羧酸的利用情况则分别是添加根＞添加叶＞对照＞添加根系分泌物和添加根＞添加叶＞添加根系分泌物＞对照。上述不同处理时间，不同微生物所利用的不同碳源的 AWCD 值均随着时间延长，最终呈现出下降趋势。

以上结果说明，随着时间延长，添加不同化感物质来源的添加物会引起根际土微生物对碳源的利用能力下降，其中，以多聚物、氨基酸、酚酸为碳源的土壤微生物群落变化最为显著，而利用胺类、糖类、羧酸的土壤微生物群落变化不显著。值得注意的是，添加外源叶最有利于以多聚物、氨基酸物质为碳源微生物的生长，添加根则最利于以酚酸、糖类、胺类、羧酸物质为碳源的微生物的生长。

（四）地黄不同化感物质与土壤微生物间的关联性

为了进一步了解不同添加物与微生物间的关系，我们选择处理 1d、60d 和 90d，对添加不同物质处理的土壤微生物，利用单一碳源的特性进行相关性分析。

1. 外源添加物处理 1d 后土壤微生物群落的主成分分析

处理 1d 的土壤微生物群落的主成分分析中，主成分 1、主成分 2 和主成分 3 分别解释变量方差的 81.39%、10.55%和 8.06%。其中对照土壤微生物位于主成分 1 的负端，主成分 2 的负端，主成分 3 的正端；添加根土壤微生物位于主成分 1 的正端，主成分 2 的负端，主成分 3 的负端；添加叶土壤微生物位于主成分 1 的正端，主成分 2 的正端，主成分 3 的正端；添加根系分泌物土壤微生物位于主成分 1 的负端，主成分 2 的正端，主成分 3 的负端。进一步分析各个主成分与六大类碳源间的相关性，发现酚酸、糖类和多聚物与 3 个主成分的相关性最高。与主成分 1 显著相关的碳源中有 2 种酚酸（表 4-3），占总酚酸种类数的 100%；有 8 种糖类，占总糖类种类数的 80%；有 3 种多聚物，占总多聚物种类数的 75%。说明处理 1d 时，在土壤的主成分分离中起主要作用的碳源为酚酸、糖类和多聚物碳源。

表 4-3　不同化感物质来源添加物处理后 1d 土壤中 PC1/PC2/PC3 显著相关的培养基成分

碳源种类	碳源名称	相关系数		
		主成分 1	主成分 2	主成分 3
多聚物	吐温 40	0.98**	1	0.96**
	吐温 80	0.99**	0.96**	1
	肝糖	0.89*	0.81	0.84
糖	D-纤维二糖	0.91*	0.85	0.85
	α-D-乳糖	0.99**	1.00**	0.98**
	β-甲基-D-葡萄糖苷	1.00**	0.98**	0.98**
	D-甘露醇	0.94*	0.96**	0.97**
	N-乙酰-D-葡萄糖氨	0.92*	0.93*	0.95*
	1-磷酸葡萄糖	0.96*	0.94*	0.91*
	D,L-α-磷酸甘油	0.98**	0.99**	0.94*
	D-半乳糖酸-γ-内酯	0.89*	0.94*	0.83
酚酸	2-羟基苯甲酸	0.94*	0.88*	0.98**
	4-羟基苯甲酸	0.91*	0.90*	0.95*

续表

碳源种类	碳源名称	相关系数		
		主成分 1	主成分 2	主成分 3
氨基酸	L-精氨酸	0.92*	0.97**	0.94*
	L-天冬酰胺	0.99**	0.94*	0.98**
	L-丝氨酸	0.98**	0.98**	0.99**
	L-苏氨酸	0.97**	0.99**	0.97**
	甘氨酰-L-谷氨酸	0.86	0.94*	0.82
胺类	腐胺	0.94*	0.94*	0.89*
羧酸	丙酮酸甲酯	1	0.98**	0.99**
	D-葡糖胺酸	0.98**	0.94*	1.00**
	D-半乳糖醛酸	1.00**	0.99**	0.99**
	衣康酸	0.96**	0.98**	0.98**
	α-丁酮酸	0.91*	0.98**	0.90*

注：*表示差异显著（$P<0.05$），**表示差异极显著（$P<0.01$）

2. 外源添加物处理 60d 后土壤微物群落主成分分析

处理 60d 的土壤微物群落的主成分中，主成分 1、主成分 2 和主成分 3 分别解释变量方差的 64.18%、31.39%和 4.42%。其中对照土壤微生物位于主成分 1 的负端，主成分 2 的负端，主成分 3 的正端；添加根土壤微生物位于主成分 1 的正端，主成分 2 的负端，主成分 3 的正端；添加叶土壤微生物位于主成分 1 的正端，主成分 2 的正端，主成分 3 的负端；添加根系分泌物土壤微生物位于主成分 1 的负端，主成分 2 的负端，主成分 3 的正端。进一步分析各个主成分与六大类碳源间的相关性，发现酚酸、胺类和羧酸与 3 个主成分的相关性最高。与主成分 1 显著相关的碳源中有 2 种酚酸（表 4-4），占总酚酸种类数的 100%；有 2 种胺类，占总胺类种类数的 100%。与主成分 2 相关的碳源中羧酸所占比例最高，共有 3 种，占总羧酸种类数的 43%。说明处理 60d 时，在土壤的各个主成分分离中起主要贡献作用的碳源为酚酸、胺类和羧酸碳源。

表 4-4　不同化感物质来源添加物处理后 60d 土壤中 PC1/PC2/PC3 显著相关的培养基成分

碳源种类	碳源名称	相关系数		
		主成分 1	主成分 2	主成分 3
多聚物	肝糖	0.6	0.91*	0.97**
糖	D-纤维二糖	0.13	1.00**	0.72
	α-D-乳糖	1.00**	0.21	0.78
	β-甲基-D-葡萄糖苷	0.87	0.66	0.98**
	D-木糖	1.00**	0.24	0.8
	i-赤藓糖醇	0.93*	0.55	0.95*
	D-甘露醇	1.00**	0.21	0.78
	1-磷酸葡萄糖	1.00**	0.18	0.75
	D,L-α-磷酸甘油	0.13	0.98**	0.73
	D-半乳糖酸-γ-内酯	0.36	0.99**	0.86

续表

碳源种类	碳源名称	相关系数		
		主成分 1	主成分 2	主成分 3
酚酸	2-羟基苯甲酸	1.00**	0.22	0.78
	4-羟基苯甲酸	1.00**	0.21	0.78
氨基酸	L-精氨酸	0.97**	0.46	0.91*
	L-天冬酰胺	1.00**	0.22	0.78
	L-苯丙氨酸	1.00**	0.25	0.8
	L-苏氨酸	–0.07	0.96**	0.56
	甘氨酰-L-谷氨酸	0.59	0.90*	0.97**
胺类	苯乙胺	0.93*	0.43	0.89*
	腐胺	0.99**	0.26	0.81
羧酸	D-葡糖胺酸	0.92*	0.27	0.79
	D-半乳糖醛酸	1.00**	0.24	0.79
	衣康酸	–0.23	0.89*	0.44
	α-丁酮酸	0.4	0.98**	0.88*
	D-苹果酸	–0.23	0.90*	0.44

注：*表示差异显著（P<0.05），**表示差异极显著（P<0.01）

3. 外源添加物处理 90d 后土壤微生物群落主成分分析

处理 90d 的土壤微生物群落的主成分中，主成分 1、主成分 2 和主成分 3 分别解释变量方差的 55.68%、36.50%和 7.82%。其中对照的土壤微生物位于主成分 1 的负端，主成分 2 的负端，主成分 3 的正端；添加根土壤微生物位于主成分 1 的正端，主成分 2 的负端，主成分 3 的负端；添加叶土壤微生物位于主成分 1 的正端，主成分 2 的正端，主成分 3 的正端；添加根系分泌物土壤微生物位于主成分 1 的负端，主成分 2 的负端，主成分 3 的负端。进一步分析各个主成分与六大类碳源间的相关性，发现胺类、糖类和多聚物与 3 个主成分的相关性最高。与主成分 1 显著相关的碳源中有 2 种胺类（表 4-5），占总胺类种类数的 100%；有 5 种糖类，占总糖类种类数的 50%；有 1 种多聚物，占总多聚物种类数的 25%。与主成分 2 相关的碳源中有 1 种多聚物，占总多聚物种类数的 25%；1 种糖类，占总糖类种类数的 10%。

表 4-5 不同化感物质来源添加物处理后 90d 土壤中 PC1/PC2/PC3 显著相关的培养基成分

碳源种类	碳源名称	相关系数		
		主成分 1	主成分 2	主成分 3
多聚物	α-环式糊精	0.44	0.93*	0.93*
	肝糖	0.98**	0.28	0.45
糖	D-纤维二糖	–0.08	0.97**	0.67
	α-D-乳糖	1.00**	0.14	0.42
	β-甲基-D-葡萄糖苷	0.89*	0.47	0.79

续表

碳源种类	碳源名称	相关系数		
		主成分 1	主成分 2	主成分 3
糖	i-赤藓糖醇	0.58	0.72	0.98**
	N-乙酰-D-葡萄糖氨	1.00**	0.16	0.44
	1-磷酸葡萄糖	1.00**	0.17	0.45
	D,L-α-磷酸甘油	0.99**	0.22	0.51
	D-半乳糖酸-γ-内酯	–0.01	0.77	0.91*
酚酸	4-羟基苯甲酸	1.00**	0.15	0.42
氨基酸	L-精氨酸	1.00**	0.11	0.4
	L-天冬酰胺	0.33	0.77	0.99**
	L-苯丙氨酸	0.97**	0.31	0.61
	L-苏氨酸	0.07	0.78	0.93*
	甘氨酰-L-谷氨酸	0.23	0.84	0.98**
胺类	苯乙胺	1.00**	0.21	0.49
	腐胺	0.91*	0.44	0.75
羧酸	D-葡糖胺酸	0.21	0.8	0.98**
	D-半乳糖醛酸	1.00**	0.16	0.45
	α-丁酮酸	0.95*	0.4	0.69
	D-苹果酸	–0.23	0.71	0.79

注：*表示差异显著（$P<0.05$），**表示差异极显著（$P<0.01$）

总的来说，不同外源添加物、不同处理时期土壤碳源主成分分析结果说明在处理 60d 时，土壤微生物以酚酸、胺类和羧酸碳源为主要碳源，而处理 1d 和 90d 时，土壤微生物群落由以酚酸、糖类和多聚物为主要利用碳源转变为以胺类、糖类和多聚物类为主要碳源。表明酚酸经过土壤微生物一定时间的转化、利用后，会下降到一个较低的水平。

四、不同萃取部位的化感效应评价

（一）自然生长地黄根际土不同萃取部位化感效应

为了进一步解析化感自毒作用在地黄连作障碍形成过程中所扮演的角色，我们对地黄种植后土壤中潜在化感物质的物质群进行提取，并初步评测其化感效应，同时对其中可能是化感物质的种类进行鉴定。首先，为了充分获取地黄根际土中不同极性化感物质，我们选择石油醚、氯仿、乙酸乙酯、甲醇和水五种溶剂对地黄根际土中化感物质进行分部位提取，并对不同极性溶剂提取的物质进行化感测评。

从评测的实验结果发现，石油醚提取物能显著地促进莴苣胚根生长，并且随着提取物浓度的增加而愈加明显（图 4-9）。相对空白对照处理（0），不同浓度提取物的抑制率（inhibition rate，RI）仅为对照的 0.19、0.21、0.31、0.39 和 0.38；不同浓度提取物处理后根系伸长幅度分别达到了对照（–0.2g/mL）的 107.6%、109.8%、118.9%、125.6%和

124.6%。氯仿和乙酸乙酯提取物对莴苣胚根生长具有促进作用，与空白（0）及茬前土（种植前）对照（–0.2g/mL）相比均达到显著水平，但这两种提取物的促进作用不具有浓度依赖性，不同浓度提取间的促进效应差异不明显，表明以石油醚、氯仿及乙酸乙酯作溶剂所获取的地黄根际土提取物中所包含的物质可能不具有化感活性。与此相反的是，地黄种植后土壤的水和甲醇提取物，对莴苣胚根生长表现出明显的抑制效应，并且随提取物浓度增加，抑制作用也明显增强。同时，对比地黄种植后土壤的水和甲醇提取物的抑制作用，发现甲醇提取物抑制作用更明显，与空白对照（0）相比，抑制率分别达到了–0.02、–0.11、–0.34、–0.48、–0.55（表 4-6），而水提物的抑制作用则相对较弱，这表明利用水和甲醇作为溶剂所获取的地黄根际提取物中，包含了具有潜在化感抑制作用的物质组分，且存在着典型的剂量依赖效应。

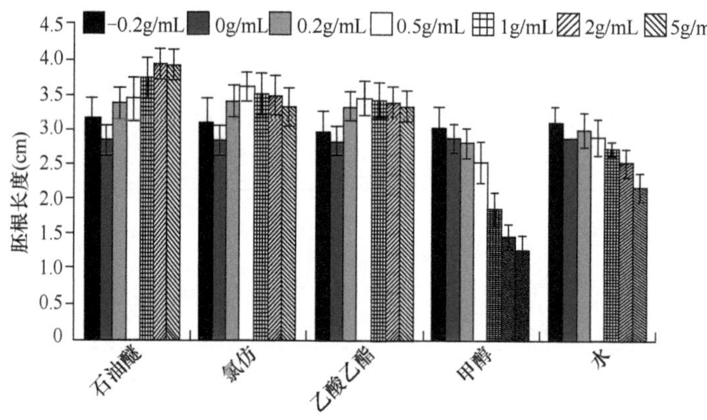

图 4-9　地黄茬后土壤不同溶剂提取物对莴苣胚根伸长的影响

表 4-6　不同浓度的不同溶剂提取物对莴苣种子胚根生长的影响

浓度（g/mL）	石油醚（cm）	氯仿（cm）	乙酸乙酯（cm）	甲醇（cm）	水（cm）
–0.2	3.17±0.31fF RI=0.10	3.12±0.27eE RI=0.09	3.01±0.32fD RI=0.05	3.05±0.29aA RI=0.06	3.11±0.24aA RI=0.08
0	2.87±0.22gG RI=0	2.87±0.22fF RI=0	2.87±0.22gE RI=0	2.87±0.22bB RI=0	2.87±0.22dC RI=0
0.2	3.41±0.24eE RI=0.19	3.45±0.37cC RI=0.20	3.37±0.28eC RI=0.17	2.82±0.22cC RI=–0.02	3.01±0.27bB RI=0.05
0.5	3.48±0.32dD RI=0.21	3.66±0.22aA RI=0.28	3.50±0.2aA RI=0.22	2.55±0.28dD RI=–0.11	2.89±0.25cC RI=0.01
1	3.77±0.27cC RI=0.31	3.56±0.34bB RI=0.24	3.48±0.32bA RI=0.21	1.89±0.27eE RI=–0.34	2.72±0.35eD RI=–0.05
2	3.98±0.27aA RI=0.39	3.54±0.28bB RI=0.23	3.44±0.24cB RI=0.20	1.48±0.21fF RI=–0.48	2.52±0.11fE RI=–0.12
5	3.98±0.22bB RI=0.38	3.36±0.28dD RI=0.17	3.39±0.22dC RI=0.18	1.29±0.18gG RI=–0.55	2.16±0.19gF RI=–0.25

注：同列不同小写字母和大写字母分别代表不同处理在 0.05（$P<0.05$）和 0.01（$P<0.01$）水平上的显著性

（二）受控条件下地黄培养介质不同萃取部位化感效应

为了排除自然土壤环境中多重外界因素对根际土化感物质活性分析的影响，我们进一步采用沙子配合施用 1/4MS 液体营养液培养地黄幼苗，并在地黄叶片开始充分展开时用不同极性溶剂对地黄根际土的化感物质进行提取，并对所得提取物化感自毒效应进行评价。同时，对不同处理的地黄农艺性状及理化指标进行测定。相对于异源化感测试对象，用地黄自身作为受体，所获得化感抑制效应相对更严谨、真实。实验结果发现，通过不同极性试剂所得不同萃取部位的化合物群，对地黄生长的影响不同，其中，水和甲醇对地黄生长的抑制强度显著高于对照，尤其以甲醇粗提物抑制效应最为明显，其抑制率与其外源添加浓度呈正相关（表 4-7），这与田间土壤化感物质的评测结果基本一致。

表 4-7 不同溶剂提取地黄土壤自毒物质在 5 种浓度水平上对地黄生长的影响

萃取部位	浓度									
	0.2g/mL		0.5g/mL		1g/mL		2g/mL		5g/mL	
	胚根长（cm）	IR	胚根长（cm）	IR	胚根长（cm）	IR	胚根长（cm）	IR	胚根长（cm）	IR
CK	0.97±0.05a	0	1.01±0.05a	0	0.93±0.05b	0	0.91±0.07b	0	0.99±0.04b	0
石油醚	0.90±0.06d	–7.22	0.96±0.06b	–4.95	0.99±0.07ab	6.45	1.04±0.04a	14.29	1.06±0.04a	7.07
氯仿	0.92±0.03c	–5.15	0.96±0.07b	–4.95	1.02±0.06a	9.68	1.04±0.08a	14.29	1.03±0.08a	4.04
乙酸乙酯	0.95±0.06d	–2.06	0.91±0.05c	–9.9	0.87±0.04bc	–6.45	0.81±0.04c	–10.99	0.74±0.04c	–25.25
甲醇	0.87±0.05e	–10.31	0.75±0.06e	–25.74	0.49±0.04e	–47.31	0.32±0.03e	–64.84	0.24±0.03d	–75.76
水	0.94±0.06bc	–3.09	0.84±0.05d	–16.83	0.67±0.07d	–27.96	0.55±0.04d	–39.56	0.29±0.03d	–70.71

注：同列不同小写字母表示不同处理在 0.05（$P<0.05$）水平上的差异显著性

我们在上述实验基础上，以 70%甲醇提取地黄茬后根际土，进一步用石油醚、氯仿、乙酸乙酯、正丁醇及水分别萃取得到不同部位化合物群，以期更为精确地锁定有效化感作用物质群所在部位。通过萝卜种子发芽测试发现，地黄根际土水提物大于 1 倍浓度时，就表现出对萝卜种子发芽的抑制作用；4 倍浓度时水提物处理组发芽率（germination percentage，Gp）最小，为对照的 69.7%，且对胚根伸长的抑制作用也最强，抑制指数 RI 值为–0.43，与对照达到极显著差异。正丁醇组在 2 倍浓度时开始表现出化感效应，在 4 倍浓度时发芽率为对照的 89.4%，抑制指数为–0.22，与对照达到显著差异（表 4-8）。

表 4-8 不同处理对萝卜种子发芽率及胚根长度的影响

溶剂	浓度倍数	石油醚提取的根际化合物群处理		
		Gp（%）	根长（mm）	RI
石油醚	0	73.33±3.33abA	9.21±1.41abA	0
	0.2	74.44±5.09abA	9.30±1.20abA	0.01
	1	76.67±6.67aA	9.67±1.86abA	0.05
	2	75.56±9.62abA	11.17±2.02aA	0.18
	3	78.89±3.85aA	10.25±3.31aA	0.1
	4	64.44±3.85baB	8.08±2.25bA	–0.12

续表

溶剂	浓度倍数	石油醚提取的根际化合物群处理		
		Gp（%）	根长（mm）	RI
氯仿	0	73.33±3.33bA	9.21±1.41bcB	0
	0.2	74.44±1.72abA	11.57±1.51aA	0.2
	1	78.89±1.71aA	10.19±0.88abAB	0.1
	2	75.56±3.85abA	9.79±1.73bcAB	0.06
	3	75.56±1.92abA	8.94±1.40bcB	−0.03
	4	58.89±2.29cB	8.33±1.15cB	−0.01
乙酸乙酯	0	73.33±3.33bB	9.21±1.41abcAB	0
	0.2	78.89±1.62aA	10.57±1.72aA	0.13
	1	71.11±1.58bcB	10.07±1.64abAB	0.09
	2	67.78±1.71cdBC	9.13±2.78abcAB	−0.09
	3	64.44±1.92deC	8.33±1.03bcAB	−0.1
	4	62.22±1.92eE	8.25±1.71bcAB	−0.11
正丁醇	0	73.33±3.33bAB	9.21±1.41aAB	0
	0.2	81.11±1.92aA	9.75±1.33aA	0.05
	1	80.00±3.33aA	9.20±2.77aAB	−0.01
	2	68.89±5.09bcB	8.73±0.72abAB	−0.05
	3	67.78±1.92bcB	8.59±1.74abAB	−0.06
	4	65.56±5.09cB	7.22±1.18bB	−0.22
水	0	73.33±2.33abAB	9.21±1.41aA	0
	0.2	76.67±2.43aA	9.69±2.52aA	0.05
	1	70.00±3.33bcAB	9.21±1.58aA	0
	2	66.67±3.33cB	8.71±2.43abA	−0.05
	3	58.89±1.92dC	6.94±1.93bcAB	−0.25
	4	51.11±1.92cD	5.29±1.11cB	−0.43

注：同列不同小写字母和大写字母分别表示不同处理在 0.05（$P<0.05$）和 0.01（$P<0.01$）水平上的差异显著性

进一步通过地黄盆栽实验，以地黄自身为受体进行水、正丁醇、乙酸乙酯、氯仿、石油醚处理组、头茬土壤对照组和连作土壤对照组的化感活性评测，结果发现在出苗 30d 后，头茬地黄叶片数较多，叶片长、宽及冠幅面积与连作差异显著。除冠幅面积外，水和氯仿提取物处理组各指标大部分与连作相似，且显著低于头茬组。出苗 60d 时，头茬地黄冠幅面积增加明显，而连作地黄叶片数及冠幅面积均急剧减少，明显低于 30d 时地黄冠幅面积，且与头茬存在极显著差异。其他不同溶剂提取物对应处理组地黄冠幅面积均小于头茬地黄，但尚未达到统计学显著差异。出苗 90d 时，头茬地黄地上部叶片数、最大叶片长、最大叶片宽及冠幅面积与其他处理组差异不显著，而连作地黄植株已经枯萎死亡（表 4-9）。

表 4-9 不同溶剂所得地黄根际土提取物处理后地黄不同生育时期农艺性状对比

出苗后天数（d）	处理	叶片数	最大叶片长（cm）	最大叶片宽（cm）	冠幅面积（cm^2）
30	水	11.67±2.31dA	14.47±0.84bBC	6.83±0.58bcAB	360.97±76.24cA
	正丁醇	14.00±1.00abA	20.17±1.26aA	8.93±0.51aA	727.04±184.94aA
	乙酸乙酯	13.33±0.58abcdA	20.83±1.26aA	8.90±0.66aA	722.23±73.93aA
	氯仿	11.33±1.15dA	19.73±3.10aA	7.70±1.30abA	701.96±336.71aA
	石油醚	13.67±0.58abcA	18.10±2.82aAB	8.00±1.32abA	605.37±139.37abcA
	头茬	14.50±0.71aA	20.37±2.50aA	8.73±1.08aA	560.62±112.74abc
	连作	12.00±0.00bcdA	11.27±1.10bC	5.37±0.81cB	295.65±68.46cA
60	水	14.80±1.30abA	17.67±1.37bA	7.50±0.77bA	687.53±121.42bA
	正丁醇	12.80±1.48bA	18.67±1.97abA	7.75±1.04bA	680.27±168.17bA
	乙酸乙酯	16.00±2.68aA	18.33±2.36abA	8.25±0.88abA	689.82±144.09bA
	氯仿	16.00±2.55aA	19.92±1.59abA	8.17±1.03abA	749.11±180.22abA
	石油醚	16.75±2.22aA	20.30±2.11aA	9.10±1.29aA	794.11±180.22abA
	头茬	14.20±2.17abA	19.67±1.75aAB	8.33±1.08abA	807.29±152.49abA
	连作	8.40±2.07cB	9.34±1.84cB	3.80±0.80cB	187.71±57.38cB
90	水	8.67±1.03abA	8.83±1.63aA	4.75±0.52aA	137.24±36.36abA
	正丁醇	9.50±1.52abA	8.50±1.38aA	4.67±0.52aA	139.08±49.32abA
	乙酸乙酯	8.20±1.48abA	8.20±1.10aA	4.40±0.55aA	112.57±26.58abA
	氯仿	7.40±1.67bA	8.33±1.37aA	4.08±0.20aA	127.17±48.35abA
	石油醚	7.33±1.63bA	8.17±1.94aA	4.08±0.08aA	101.40±35.89bA
	头茬	9.00±2.35abA	9.60±1.34aA	4.40±0.55aA	164.69±45.48aA
	连作	0cB	0bB	0bB	0cB

注：同列不同小写字母和大写字母分别表示不同处理在 0.05（$P<0.05$）和 0.01（$P<0.01$）水平上的差异显著性

五、土壤甲醇提取物对地黄的生理生化影响

为进一步探讨化感自毒作用对地黄的生理生化影响，我们将地黄根区土壤中的甲醇提取物用水进行复溶后，设置成 0.2g/mL、1g/mL、2g/mL 等不同浓度梯度为处理，以种植前的土壤水浸液（–0.2g/mL）作为对照，在沙培条件下种植地黄。将上述根际提取物定量添加至沙培土壤内，比较不同浓度水平化感物质的效应差异。在处理 2 周后，详细测定不同处理的生理生化指标。结果发现，随着外源添加物浓度的提高，不同处理地黄幼苗的叶片总叶绿素含量分别比对照地黄显著降低了 21.8%、42.8%和 54.6%（图 4-10a）；根系活力则比对照显著降低了 15.0%、31.7%和 63.7%（图 4-10b）。

对于不同处理下的抗氧化酶而言，在根系中低浓度外源添加物处理（0.2g/mL）能一定程度上提高地黄幼苗 POD 酶活性，但随着浓度的增加又呈现降低趋势，总体上仍然高于对照；叶中的 POD 活性低于根，不同浓度外源添加物处理的叶片中 POD 则会随着处理浓度的增加而升高（图 4-10c）。对于 SOD 酶活性而言，低浓度显著促进 SOD 活性提高、高浓度则会抑制其活性。其中，在 1g/mL 外源添加物处理地黄时，叶中 SOD 活性虽然比对照相比有所提高，但与低浓度处理相比则呈下降趋势，而根系的 SOD 活

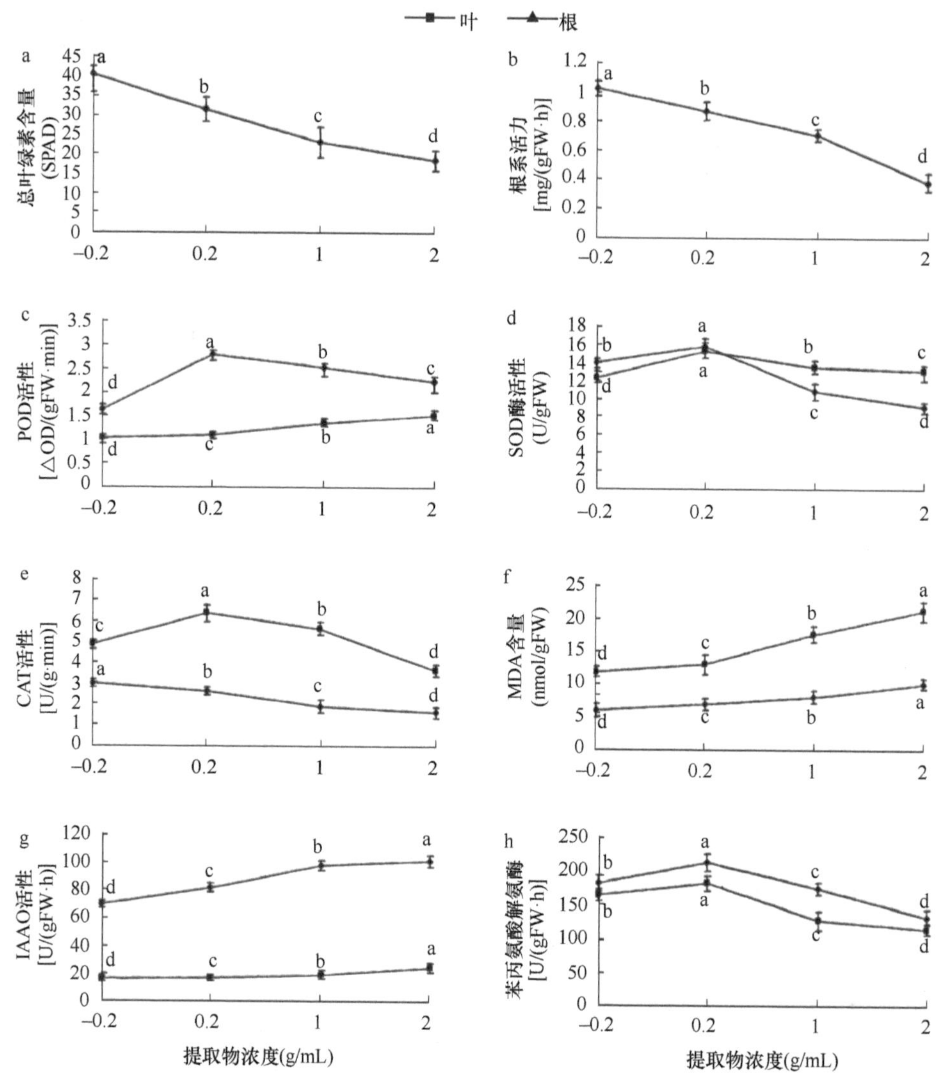

图 4-10　根际土甲醇粗提物水溶液对地黄生理生化效应

不同小写字母表示不同处理在 0.05（$P<0.05$）水平上的差异显著性

性则显著低于对照（图 4-10d）。对于 CAT 酶的活性而言，不同浓度的添加物处理后，地黄叶片中 CAT 活性呈现出先升高、后下降的规律，0.2g/mL 和 1g/mL 外源添加物处理地黄叶中 CAT 活性均比对照显著增强，而 2g/mL 处理地黄叶中 CAT 活性显著低于对照（图 4-10e）。对 MDA 含量的测定结果分析发现，随着外源添加物浓度的提高，地黄叶片和根系中 MDA 含量也会相应增加（图 4-10f）。

对不同处理下地黄组织中吲哚乙酸氧化酶（indoleacetic acid oxidase，IAAO）的测定分析发现，叶片和根系中 IAAO 活性会随添加物浓度提高而逐渐升高，其中；相应处理根中 IAAO 活性则明显高于对照（图 4-10g）。对不同浓度外源添加物处理下地黄组织苯丙氨酸氨裂合酶（phenylalanine ammonia lyase，PAL）的测定发现，低浓度的添加物（0.2g/mL）处理下地黄叶片和根系中的 PAL 活性分别比对照提高；相对而言，较高浓度外源添加物处理（1g/mL 和 2g/mL）则降低了地黄叶片和根中 PAL 活性（图 4-10h）。

对不同浓度添加物处理下地黄幼苗叶片中激素水平进行测定分析，发现低浓度外源添加物（0.2g/mL）处理下，地黄幼苗中 IAA、玉米素（zeatin，ZT）含量显著下降，而 GA、ABA 的含量则出现增加趋势。但随着外源添加物浓度的增加，IAA、GA 含量明显下降，ABA 含量则持续升高（图 4-11）。

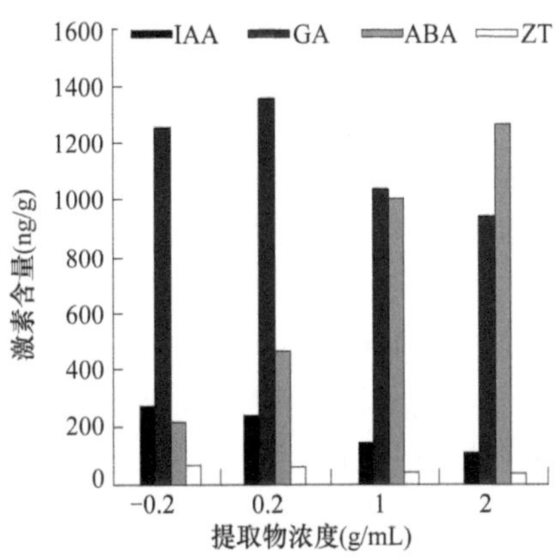

图 4-11　根际土甲醇粗提物水溶液对地黄幼苗叶片中内源激素含量的影响

六、不同部位萃取物质 RP-HPLC 检测与 ESI-MS 鉴定

为分离鉴定地黄茬后土壤中的潜在化感物质结构，我们分别选取石油醚、氯仿、乙酸乙酯和甲醇 4 种有机试剂和水对连作及头茬土壤（对照土壤）进行分步和分部位联合提取，同时平行设置水提取处理。分别对 4 种提取物进行化感测试，结构发现种植地黄土壤水浸提液和甲醇提取物表现出较强化感活性，特别是甲醇提取物的化感抑制作用较强。为了鉴定这 2 种提取物中发挥作用潜在的物质或物质群，我们利用反向高效液相色谱法（reversed-phase high performance liquid chromatography，RP-HPLC）并结合 ESI-MS 法鉴定对地黄种植后土壤水浸液、甲醇提取部位及地黄根系分泌物进行组合和结构进行鉴定。

对于种植地黄后的土壤甲醇提取物，我们按照以下步骤进行初步的分离和纯化：首先，取甲醇提取物 25mg 置于 10mL 的离心管内，利用 5mL 乙醇对其进行充分溶解（浸提），在 12 000g/min 条件下离心一定时间后，将上清液移到另一离心管内，然后用 5mL 乙醇再次对未溶解物质进行溶解，相同步骤反复 5 次后，留下了不溶于乙醇的白色沉淀物质。再将 25mL 甲醇溶液加入不溶于乙醇的沉淀，对其进行溶解，并收集上清液。最终，地黄根区土壤甲醇提取物根据溶剂不同又被分成乙醇分离物和乙醇分离后的甲醇复溶物两种，上述样品用 0.45μm 微孔滤膜过滤后进行 RP-HPLC 分析。

对于地黄根系分泌物，我们主要以地黄种子实生苗作为水培材料，通过水培收集地黄根系分泌物。具体操作步骤位：首先，制作液体培养的培养钵（盒），培养钵为一能够盛溶液的方形容器，容积大小在 $500cm^3$、直径为 12cm，内置打好孔的泡沫板。培养钵内所用水培液（400mL）中，水为自来水，未添加微量元素，中间添加 N、P、K 三种大量元素，pH 维持在 7.0。将泡沫板固定于培养钵中，每钵移栽 5 株健壮、大小一致的地黄实生苗。培养三周后，由于蒸腾作用、植物利用和自然蒸发，培养钵中水培液体积可能会降至 50mL 左右。在收集根系分泌物时，将所获取的水培液过 0.45μm 微孔滤膜，然后作为地黄的根系分泌物并用于后续 RP-HPLC 分析。

分别对上述地黄根区土壤水浸液、甲醇提取物（包括甲醇提取物、乙醇分离物和乙醇分离后甲醇复溶物）和根系分泌物，利用 Agilent 1100 型液相色谱仪进行分析。所用的色谱柱均为 Hypersil-ODS C_{18} 色谱柱（4.0mm×250mm，5μm），流动相为乙腈：水（2：98），流速 0.6mL/min，进样量 20μL，检测波长 210nm。同时，种植后地黄土壤的甲醇提取物固体粉末，经甲醇复溶后用 LCQ 离子阱质谱仪（美国 Thermo Fisher Scientific 公司）进行组分数量及各组分分子量的分析，实验条件设置为：毛细管温度 275℃，毛细管电压 5V，喷雾电压为 4.5kV，氮气流速 15mL/min。我们对种植地黄的茬后土壤甲醇提取物，进行溶解性实验时发现，该提取物可完全溶于水和甲醇（25mg 提取物：25mL 溶剂），而利用乙醇和丙酮进行溶解时，则会呈现出底部沉淀并聚合的现象，这暗示了地黄根际土中的甲醇提取物中含有强极性组分，而乙醇或丙酮由于对该部位化合物群溶解选择性不强，可以作为后续物质分离和提纯的优选选用的试剂。对地黄种植后土壤甲醇提取物，利用傅里叶变换-红外光谱（Fourier transform infra red spectrometer，FTIR）分析时发现，相应组分中含有—OH（3395cm^{-1}）、C=O（1691cm^{-1}）及苯环骨架结构（1450cm^{-1}）等关键的官能团结构（表 4-10、图 4-12）。

表 4-10　地黄茬后土壤甲醇提取物官能团结构的 FTIR 分析

编号	波长（cm^{-1}）	官能团
1	469	C—Br 伸缩振动
2	625	C—Cl 和 C—Br 伸缩振动
3	674	—CH=CH—（顺式异构体）；C—Cl 伸缩振动（氯取代物）
4	943	—COH 面外弯曲振动（羧酸二聚体）
5	1029	C—O 伸缩振动（伯醇和环醇类）
6	1066	—SO_3H（硫磺）；—C—O—C—（乙烯醚类）
7	1340	—NO_2（芳香硝基化合物）
8	1413	C—O 伸缩振动；—OH 面内弯曲振动
9	1450	—CH_2—剪式振动；—CH_3 非对称变形；苯环
10	1548	—NO_2（胺类）；C=C（苯基，脂族或芳香硝基化合物）
11	1658	N=O（亚硝酸酯）
12	1691	C=O 伸缩振动（羧酸）
13	3395	—OH 伸缩振动（醇或酚的分子内氢键）

进一步对地黄根区土壤甲醇提取物和根系分泌物进行紫外吸收光谱检测时，发现 2 个样品均在 210nm 波长附近有最大吸收峰。因此，在实验中均以 210nm 作为检测波长。在经 RP-HPLC 分析后，发现根际土中甲醇提取物中的组分为复杂混合物，直接通过 HPLC 分离存在一定的技术困难。在 FTIR 检测中，我们发现 624.74cm^{-1}（C—Cl）处有明显吸收，同时，在 3395.23cm^{-1}（—OH）附近有较宽的吸收，这表明测定样品中

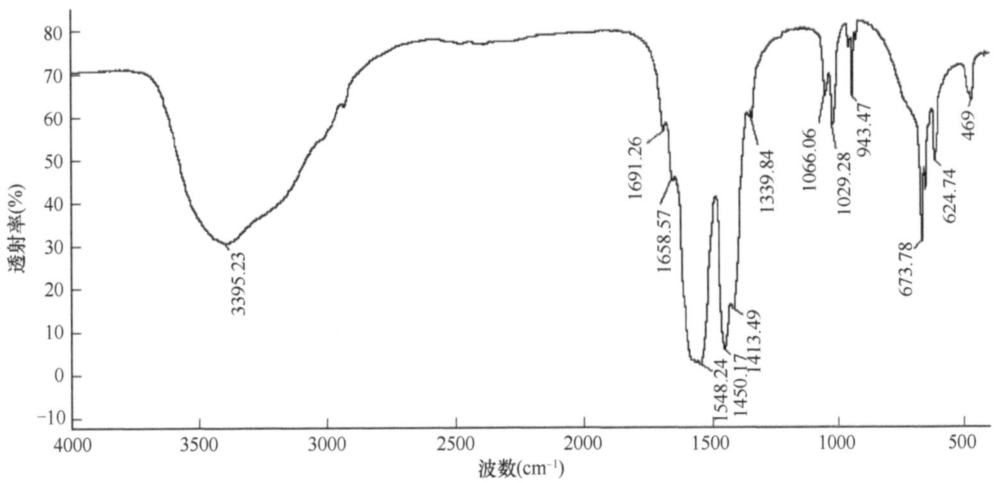

图 4-12　地黄茬后土壤甲醇提取物的 FTIR 分析图

含有较多的强负电性基团，所以我们采用 ESI-MS 负离子模式进行电离以排除例子干扰，结果通过 ESI-MS 共检测到 10 个明显的同位素峰簇，经过推断性解谱分析获取了峰 1、2、3、4、5 和 7 的鉴定结果（图 4-13、表 4-11），分别为香草酸、D-甘露醇、2[4′-羟基苯基]-蜡酸甲酯、毛蕊花糖苷、β-谷固醇、胡萝卜苷等物质，这些物质可能是地黄连作障碍形成过程中的重要潜在化感物质。

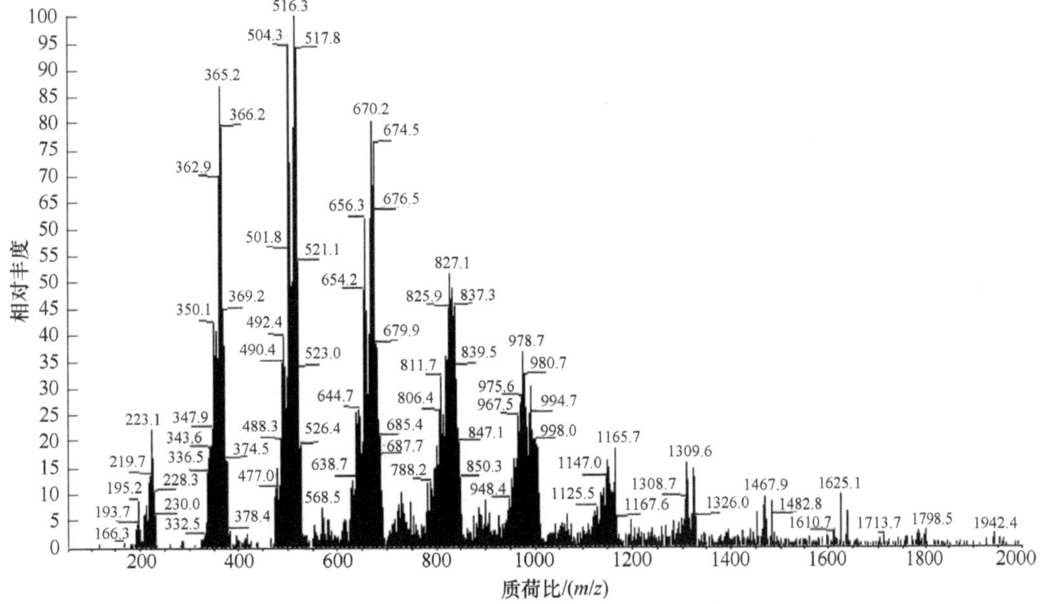

图 4-13　地黄茬后土壤甲醇提取物的 ESI-MS 总离子流图

表 4-11 地黄茬后土壤甲醇提取物的 ESI-MS 推测鉴定结果

峰编号	化合物	质荷比	推断离子	分子量
1	香草酸	205	$[M+Na]^+$	182
2	D-甘露醇	363	$[2M-H]^-$	182
3	2[4′-羟基苯基]-蜡酸甲酯	516	$[M]^-$	516
4	毛蕊花糖苷	670	$[M-COOH]^-$	624
5	β-谷固醇	827	$[2M-H]^-$	414
7	胡萝卜苷	1153	$[2M-H]^-$	577

七、地黄须根自毒物质分离提取及 GC-MS 鉴定

须根是植物与根际土进行物质能量交换的重要组织，不仅可以从土壤中获取水分矿物质，同时须根也是植物根系释放根系分泌物质的重要通道。因此，从某种意义上来说，植物的根系尤其是须根，是植物与土壤进行物质、信号交流的双向交流的通道。通过这个通道，植物显著地影响、调节和掌控植物根际微生物群体及其分布。因此，对须根组织进行物质分离及鉴定对于探明地黄根系分泌物积累、释放和降解规律提供了重要的基础数据，同时对于深刻理解根系分泌介导下的根际生态学过程也具有重要意义。

为此我们利用石油醚、氯仿、乙酸乙酯及正丁醇部位等不同极性试剂提取地黄须根中的化合物，获得了不同溶剂部位的化合物群。结合生物测试发现，乙酸乙酯溶剂对地黄幼苗具有最高的抑制效率，石油醚和正丁醇虽然也在一定程度上表现出对幼苗的抑制作用，但其抑制效应低于乙酸乙酯。相反，须根的石油醚和氯仿提取物在20μg/mL 和 50μg/mL 的低浓度时却表现出一定的幼苗生长促进效果（表 4-12）。我们然后将乙酸乙酯粗提物进行柱色谱分离后，用氯仿-甲醇进行梯度洗脱得到 5 个分离部位（图 4-14）。将这 5 个分离片段在薄层色谱上进行分离，发现 5 个片段迁移率不同，进一步对 5 个片段粗成分进行生物活性测试发现，分离部位 3（Fr. 3）具有明显的抑制效果（表 4-13）。

表 4-12 地黄须根粗提物经不同有机溶剂萃取后对地黄幼苗的生物测试

提取溶剂	茎长（mm）				
	20μg/mL	50μg/mL	100μg/mL	200μg/mL	500μg/mL
无菌水（CK）	9.87±0.21b	10.01±0.13b	9.89±0.16b	9.69±0.15a	9.93±0.09a
石油醚	10.06±0.14a	10.14±0.21a	9.19±0.18b	9.06±0.24c	9.03±0.12b
氯仿	10.13±0.12a	10.14±0.16a	10.12±0.13a	9.68 ±0.12b	9.32±0.16ab
乙酸乙酯	8.67±0.09d	7.85 ±0.24d	4.79±0.23d	4.32±0.16e	3.54±0.14d
正丁醇	9.35±0.25c	9.11±0.15c	8.17±0.16c	8.31±0.23d	7.34±0.17c

注：同列不同小写字母表示不同处理在 0.05（$P<0.05$）水平上的差异显著性

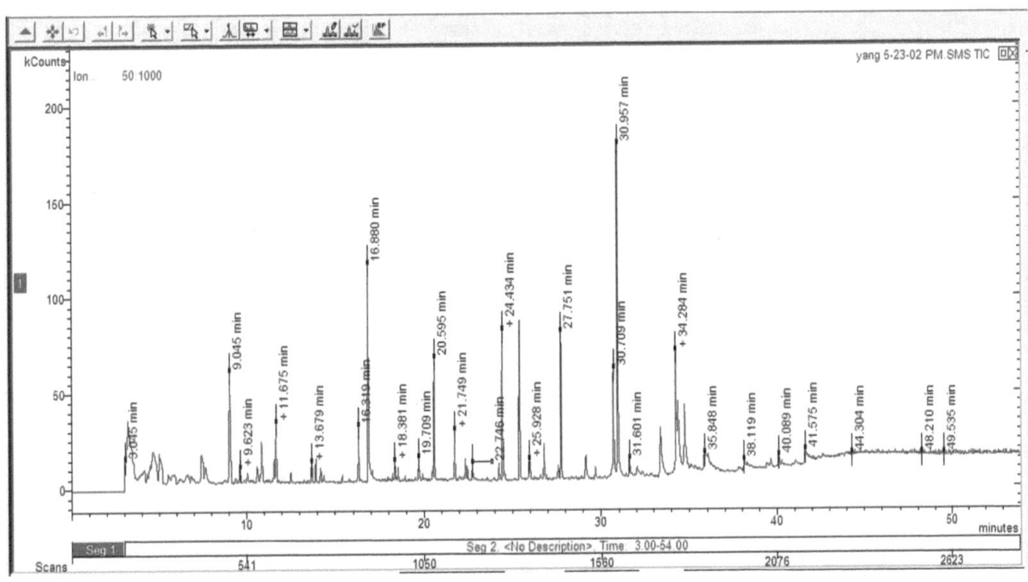

图 4-14　须根经乙酸乙酯萃取后柱色谱分离后分离部位 3（Fr. 3）的 GC-MS 总离子流图

表 4-13　乙酸乙酯相经硅胶柱洗脱后的 5 个部位的生物测试

部位	茎长（mm）				
	20μg/mL	50 μg/mL	100μg/mL	200μg/mL	500μg/mL
Fr. 1	9.37±0.12a	10.11±0.25a	9.34±0.09a	9.22±0.13a	9.13±0.17b
Fr. 2	7.06±0.09c	6.10±0.14d	6.53±0.12c	6.06±0.15c	6.03±0.15d
Fr. 3	4.37±0.23e	3.15±0.27e	2.79±0.18d	0d	0f
Fr. 4	6.15±0.16d	6.62±0.18c	6.13±0.14c	5.65±0.18c	5.33±0.14e
Fr. 5	8.39±0.13b	8.31±0.15b	8.17±0.21b	8.08±0.20b	7.96±0.22c
无菌水对照	9.67±0.212a	9.70±0.12ab	9.67±0.23a	9.69±0.18a	9.69±0.17a

注：同列不同小写字母表示不同处理在 0.05（$P<0.05$）水平上的差异显著性

进一步将分离部位 3（Fr. 3）经过硅烷化衍生后进行 GC/MS 分析，结果鉴定得到 32 个化合物（图 4-15），分属于脂肪酸类、酚酸类、萜类、类固醇及其他化合物，其中包括 9 种脂肪族化合物、10 种酚酸化合物、萜类和类固醇类物质各 4 种及未分类化合物 5 种（表 4-14）。通过地黄须根中活性物质的鉴定，为进一步阐明地黄连作障碍形成过程中驱动物质的鉴定提供了数据集。此外，在实验中我们还观察到，不同化感物质混合后化感效应可能强于单一化感物质的化感活性。总之，通过上述的研究，结合不同植物的化感研究结果，我们初步判断酚酸类物质可能在地黄连作障碍形成中扮演着重要的角色，是一类重要的候选化感自毒物质。

八、地黄根系分泌物化感组分鉴定及含量变化分析

为了进一步明确地黄根际内化感物质的种类，同时为了滤除大田土壤内复杂环境因素对分泌物内化感成分鉴定的干扰，我们在地黄组培苗体系基础上，运用 HPLC 技术详

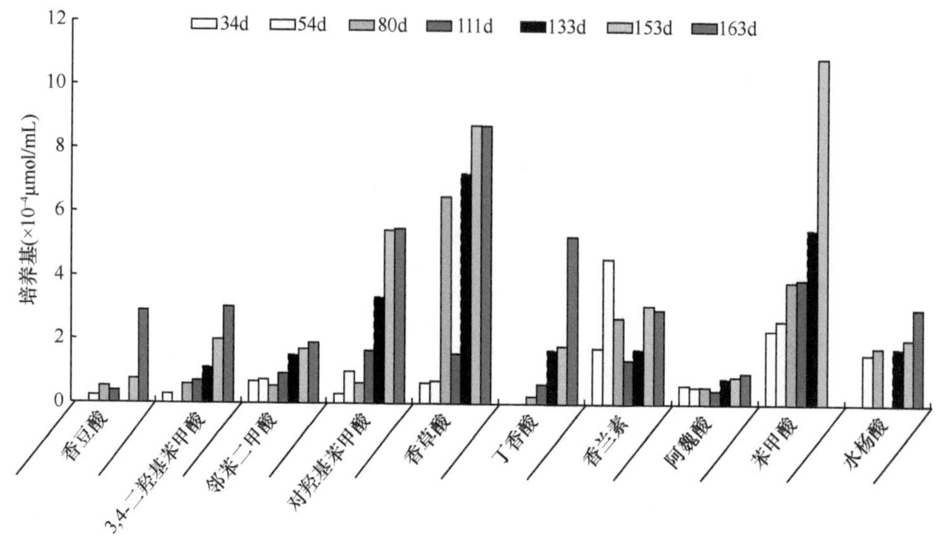

图 4-15 不同组培时间下地黄根系分泌物中酚酸类物质含量动态变化

表 4-14 地黄须根自毒物质经乙酸乙酯萃取后柱色谱分离后分离部位 3 的 GC/MS 鉴定结果

分类	保留时间（min）	CAS 号	化合物
脂肪族化合物	22.746	5870-93-9	丁酸庚酯
	20.595	544-63-8	十四烷酸
	18.381	7132-64-1	十五酸甲酯
	16.319	109-52-4	戊酸
	31.601	143-07-7	十二烷酸
	33.41	55000-42-5	11-十六碳烯酸甲酯
	40.089	112-95-8	正二十烷
	35.848	544-35-4	亚油酸乙酯
	41.575	112-80-1	油酸
酚酸类化合物	30.709	496-16-2	2,3-二氢苯并呋喃
	30.957	1135-24-6	阿魏酸
	19.709	6781-42-6	1,3-二乙酰基苯
	25.928	876-02-8	4-羟基-3-甲基苯乙酮
	25.673	121-33-5	香兰素
	24.434	69-72-7	水杨酸
	27.751	149-91-7	3,4,5-三羟基苯甲酸
	34.284	99-50-3	3,4-二羟基苯甲酸
	35.132	99-96-7	4-羟基苯甲酸
	21.673	65-85-0	苯甲酸
萜类物质	11.023	933-40-4	1,1-二甲氧基环己烷
	11.675	109119-91-7	香橙烯
	13.679	135760-25-7	环氧驱蛔素
	15.567	77-53-2	柏木脑

续表

分类	保留时间（min）	CAS 号	化合物
类固醇	14.098	546-97-4	防己内酯
	24.312	61834-65-9	异丙孕烯-3,7,11,20-四酮
	26.113	17673-25-5	佛波酯
	27.067	52-21-1	醋酸泼尼松龙
其他物质	9.045	60485-45-2	环氧化神圣亚麻烯
	12.554	110-15-6	丁二酸
	16.88	97-67-6	L-苹果酸
	18.607	86-73-7	芴
	22.547	84-66-2	邻苯二甲酸

细分析地黄组培苗在不同组培时间后，组培培养基内的分泌物成分及具体的丰度水平。结果共从地黄根系分泌物中成功鉴定到 10 种酚酸类化合物，依次是香豆酸、3,4-二羟基苯甲酸、邻苯二甲酸、对羟基苯甲酸、香草酸、丁香酸、香兰素、阿魏酸、苯甲酸、水杨酸。通过物质的定量分析还发现，随着组培时间长度的增加，除香兰素外，其他 9 种酚酸类物质都呈现不同程度的累积效应（图 4-15）。

进一步运用 HPLC 技术对不同连作年限地黄根际土的酚酸类物质含量进行检测，结果在地黄的根际土内共鉴定到 8 种酚酸类物质，分别为 3,4-二羟基苯甲酸、邻苯二甲酸、对羟基苯甲酸、香草酸、丁香酸、香兰素、阿魏酸、苯甲酸。定量分析发现 3,4-二羟基苯甲酸、邻苯二甲酸、对羟基苯甲酸、苯甲酸在连作土壤中有所累积，香草酸、丁香酸呈现先递减后增加的近“V”形变化趋势，阿魏酸呈现先递减再增加最后又减少的变化趋势，而香兰素在大部分连作土壤中都是低于头茬土壤（图 4-16）。这与无菌组培条件下绝大多数酚酸物质都有累积效应有所不同，推测这可能是不同连作年限下地黄根系分泌强度及土壤微生物分解代谢综合作用的结果。

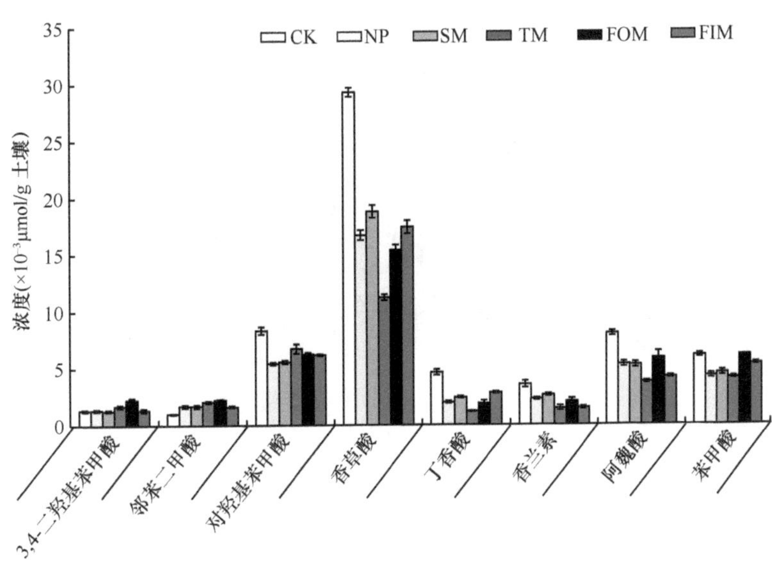

图 4-16　不同连作年限地黄根际土酚酸类物质含量变化

CK：对照土；NP：头茬土；SM：连作 1 年土；TM：连作 2 年土；FOM：连作 3 年土；FIM：连作 4 年土

第二节　不同类型土壤对地黄化感作用的影响

根际土中大部分化感物质来源于植物根系的分泌，根系所分泌的大量代谢产物经过根际界面进入根际土后，进入了一个新的空间。在根际土这个宏大的空间中，蕴含着大量的微生物、各种盐离子及各种有机物。从植物体内释放的这些原初代谢产物在根际土空间内，会被大量的转化、分解成其他代谢产物。因此，不同土壤质地的土壤内的物理性质、微生物区系、离子种类存在着明显的差异，这也就决定了进入根际土内的植物分泌物的转化也不尽相同。另一方面，土壤质地不同对植物影响也有较大差异，植物处于胁迫、亚胁迫和健康的生理状态也不一样，其分泌的代谢产物也会有较大差异，这就间接地影响了根际土内的化感物质来源。因此，土壤的类型影响了土壤的物理性质、微生物群体、离子构成及植物生理状态，而这些因素间又相互作用、相互转化、相互制约，而它们间的相互作用又对植物的化感作用产生了重要的影响。

一、土壤质地对连作地黄生长的影响

（一）土壤质地对地黄生长的影响

一般植物根际土分为壤土、砂壤土和黏土三种。为了精细验证不同土质对连作障碍形成的影响，我们详细对比了砂壤土和黏土对地黄化感作用的影响，揭示不同土壤质地条件与地黄的化感效应形成间的关系，这些结果对道地产区地黄生产具有一定的指导意义。将种植于两种土壤的地黄收获后，详细对比不同质地土壤地黄生物量差异，结果从成熟期不同土质土壤种植地黄块根膨大情况对比来看，砂壤土中所种植地黄块根的膨大程度明显强于黏土（图 4-17）。

图 4-17　不同土壤质地地黄块根比较

a. 砂壤土；b. 黏土

为了更详细和直观地描绘不同质地土壤中地黄生长状态差异，我们选取地黄不同生育时期进行取样，对比两种质地土壤中地黄不同发育时期的状态。结果从地黄苗期到成熟期的整个生育期内，种植在砂壤土上的地黄地上部分、地下部分等不同形态指标参数均明显好于黏土上种植的地黄。其中，砂壤土种植地黄的叶片数、叶干重和叶面积等指

标在地黄块根膨大中后期达到最高值，而黏土地黄的相应指标在块根膨大前期即达到了最高值，这等于黏土种植地黄的生长周期比砂壤土地黄缩短了 25～50d，由于生长周期的缩短，黏土地黄的快速生长周期的生物量积累也就受到了限制。因此，从对比结果可以明显看出，砂壤土所种地黄根干重和根体积显著低于黏土所种地黄相应指标；同时，收获测产时砂壤土、黏土鲜地黄产量分别为 85 000kg/hm^2 和 27 500kg/hm^2，前者产量达到了后者产量 3.1 倍（表 4-15）。砂壤土种植的连作地黄和黏土连作地黄的根干重、根体积均在收获期达到最高值，并且前者分别为后者的 13.37 倍和 14.50 倍。此外，从连作地黄的根叶干重比变化看，除苗期外，其他生育时期黏土所中的连作地黄的根叶干重比均低于砂壤土所种的连作地黄（表 4-15）。

表 4-15　不同土质条件下连作地黄形态指标差异

出苗后天（d）	土壤类型	叶片数	叶干重（g）	叶面积（cm^2）	根干重（g）	根叶干重比	根体积（cm^3）
70	砂壤土	14±1.14	4.00±0.28	653.2±6.43	3.29±0.31	0.82±0.05	17.4±0.93
	黏土	15±0.84	2.11±0.11	578.1±8.25	0.24±0.07	0.11±0.06	0.9±0.18
95	砂壤土	17±1.14	4.52±0.44	994.7±6.54	4.70±0.42	1.04±0.05	24.4±4.37
	黏土	14±1.30	3.22±0.28	627.6±6.35	1.13±0.17	0.35± 0.09	5.7±0.40
120	砂壤土	23±2.07	9.57±0.50	2356.8±9.48	13.35±1.74	1.39±0.27	78.6±7.44
	黏土	16±1.16	2.82±0.20	559.7±5.89	0.97±0.18	0.34±0.02	3.8±1.04
145	砂壤土	24±1.14	15.77±0.93	2653.2±7.24	21.60±1.14	1.37±0.13	113.7±2.16
	黏土	14±0.84	2.54±0.36	511.3±5.77	0.79±0.06	0.31±0.16	4.8±0.68
170	砂壤土	26±1.19	15.29±0.87	1057.5±6.59	51.23±3.45	3.35±0.06	260.2±8.44
	黏土	11±1.31	4.89±0.19	467.9±5.72	2.25±0.27	0.46±0.11	7.4±0.52
195	砂壤土	16±1.14	9.09±1.12	0	61.23±3.45	6.74±0.34	310.2±8.44
	黏土	10±1.19	1.86±0.33	0	4.58±0.45	2.46±0.16	21.4±2.67

注：175d 时地上部分已经干枯，其具体调查参数记为 0

（二）土壤质地与连作地黄生长间的关系

从不同质地土壤上种植的连作和头茬地黄间的对比分析可以看出，在地黄的整个生育期，砂壤土所种植的连作地黄各形态指标均明显高于黏土所种植连作地黄。同时，砂壤土种植的连作地黄的叶片数、叶干重和叶面积等指标在地黄的块根膨大中后期达到最高值，而黏土所种植的连作地黄的相应指标则在块根膨大前期达到最高值。和正常生长地黄一样，砂壤土连作地黄同样比黏土连作地黄提早了 25～50d。

在砂壤地上连作地黄与黏土上头茬地黄相比，前者形态指标的最大值均高于后者。黏土地上头茬地黄叶片生长在块根膨大前期达到最高峰，而砂壤土连作地黄叶片生长在块根膨大中期到达最高峰，这表明黏土显著抑制了叶片的发育，影响了光合产物持续积累，导致黏土头茬地黄产量低于砂壤土连作地黄产量。值得注意的是，黏土地黄生长过程中病虫害发生情况较多，其中，孢囊线虫严重影响地黄块根的膨大，这可能是黏土地头茬地黄产量较低的另一个原因（表 4-16）。

表 4-16　不同土质条件下头茬地黄形态指标差异

出苗后天数（d）	土壤类型	叶片数	叶干重（g）	叶面积（cm^2）	根干重（g）	根叶干重比	根体积（cm^3）
70	砂壤土	16±0.84	5.42±0.39	1421.7±9.06	5.56±0.65	1.02±0.05	20.6±2.84
	黏土	15±1.14	3.55±0.26	834.9±7.13	1.76±0.27	0.50±0.06	10.0±0.9
95	砂壤土	17±1.33	9.66±0.93	1932.9±7.26	8.44±0.78	0.87±0.05	37.4±5.31
	黏土	18±1.12	8.85±0.35	2652.6±12.45	10.86±1.14	1.23± 0.09	67.8±2.13
120	砂壤土	24±1.58	11.81±0.81	3042.6±13.57	15.99±2.89	1.36±0.27	96.4±3.86
	黏土	20±1.14	11.16±0.70	2878.5±7.62	14.32±0.77	1.28±0.02	86.9±5.77
145	砂壤土	28±1.59	16.61±1.72	3235.6±6.49	31.45±1.29	1.90±0.13	150.3±3.09
	黏土	20±1.58	9.68±0.52	1663.4±12.86	16.67±2.18	1.72±0.16	104.1±4.77
170	砂壤土	32±1.71	24.96±1.18	1853.6±7.37	86.53±3.11	3.47±0.06	459.1±9.02
	黏土	20±1.67	7.46±0.46	1203.7±10.82	25.97±1.18	3.49±0.11	145.9±5.17
195	砂壤土	22±1.67	14.96±1.18	0	96.53±3.11	6.47±0.34	509.1±9.02
	黏土	21±1.30	4.87±0.25	0	27.57±2.08	5.66±0.16	165.0±6.20

注：175d 时地上部分已经干枯，其具体调查参数记为 0

土壤的物理化学性质直接影响植物的生长状况。不同研究发现，土壤质地与其有效养分含量存在显著的关联性，质地不同土壤容重也不同，土壤透气性也相应存在明显差异，植物根系生长和发育所受到的阻力也相应不同。不同质地土壤因其物理机械强度不同，会对植物根系整体吸收面积和根系维管发育造成直接影响。一般来说，砂壤土颗粒之间的孔隙大，地黄根系生长所遇到的阻力小，而地黄根系在穿过土壤颗粒较小的黏土时所遇到的阻力则较大，从而使根系下扎较浅，块根不易膨大。疏松肥沃砂壤土更有利于根部发育，使块根膨大。同时，在研究中发现，由于土壤微生态环境不同，黏土地中地黄病虫害发生情况较多，孢囊线虫和根腐病严重，其中原因有待进一步研究。此外，由于土壤的物理化学性质的区别，会导致同一环境中不同质地土壤中所含物质不同，这可能是黏土种植地黄化感作用较强的原因，其机理还需进一步研究。

二、不同土壤质地条件下连作与头茬地黄的品质比较

对不同土质土壤所种植的头茬、连作地黄品质进行对比分析，发现对于不同质地土壤而言，黏土地黄的多糖和梓醇含量均略高于砂壤土地黄，其中，前者多糖、梓醇含量平均达到了后者的 1.01 倍和 1.13 倍。但在实际生产中计算收获地黄有效成分，需要考虑块根重量和体积，因此从总有效成分产量（有效成分含量×块根干重）来看，砂壤土头茬地黄的多糖、梓醇产量分别为黏土头茬地黄的 3.47 倍、3.11 倍（表 4-17）。从不同种植方式来说，头茬地黄品质指标均优于连作地黄，前者的多糖含量和梓醇含量分别达到了后者的 1.70 倍和 1.59 倍。砂壤土和黏土所种的头茬地黄的梓醇含量分别为 0.221%和 0.249%，均高于《中华人民共和国药典》（2020 年版）中规定的 0.20%，但两种土壤的连作地黄的梓醇含量均低于药典规定的 0.2%。这说明土壤质地不同，决定了其土壤水分、温度、空气、机械阻力、土壤保肥供肥特性等物理特性也不同，影响了地黄生长，但其对地黄品质影响不大，而相反连作种植对地黄品质的影响更大一些。

表 4-17　不同土质条件下地黄品质比较

土壤类型	品质指标			
	多糖含量（%）	多糖产量（g/m²）	梓醇含量（%）	梓醇产量（g/m²）
砂壤土	0.122±0.11	176.7	0.221±0.98	319.95
黏土	0.123±0.11	50.85	0.249±1.02	102.9

三、不同类型土壤和生育时期地黄的化感潜力评价

（一）不同生育时期、不同质地土壤的化感效应差异

为进一步分析不同土质连作土壤中化感物质活性差异，了解土壤质地与连作障碍发生间的关系，我们分别以萝卜和莴苣种子作为化感受试对象，获取不同质地土壤、不同生育时期（1. 播种期、2. 苗期、3. 块根伸长期、4. 块根膨大前期、5. 块根膨大中期、6. 块根膨大后期、7. 收获期）、不同浓度的地黄种植后土壤提取物，并详细测定其对萝卜和莴苣种子的抑制效应。

结果在萝卜种子的实验中，发现三个不同浓度地黄土壤水浸提液对萝卜种子发芽的影响呈现典型的反比例关系，其中最低浓度的连作地黄土壤水浸提液处理下的萝卜种子发芽指数和最高浓度头茬地黄土壤水浸提液处理的萝卜种子发芽指数基本相当（图 4-18）。对比不同质地土壤浸提液的发芽抑制效果，发现黏土种植地黄土壤水浸提液对萝卜种子萌发的影响要高于砂壤土提取液，并且连作和头茬地黄均表现一致。例如，以头茬地黄为例，发现黏土提取液处理萝卜种子的发芽率、发芽指数为砂壤土提取液处理萝卜种子

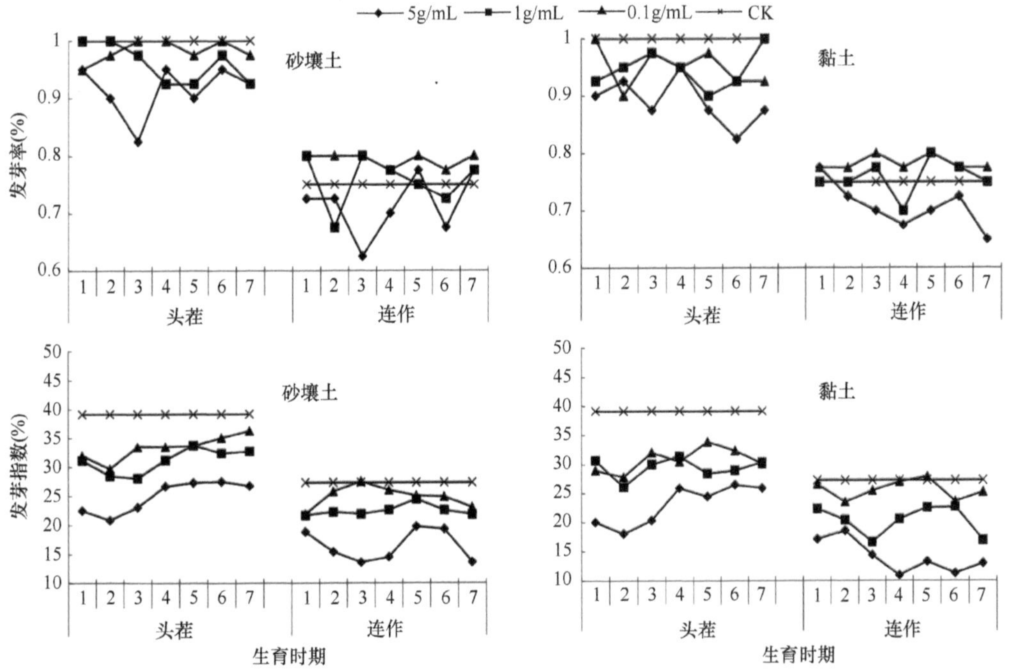

图 4-18　不同土壤、不同生育时期地黄土壤水浸提液对萝卜种子发芽率、发芽指数的影响

的发芽率、发芽指数的 98.0%、98.9%；以连作地黄为例，发现黏土栽培下连作地黄提取液处理萝卜种子的发芽率、发芽指数为砂壤土下连作地黄提取液萝卜种子的发芽率、发芽指数的 96.9%、87.0%。对比连作和头茬土壤浸提液，发现不同生育时期、连作地黄土壤水浸提液对受体植物种子萌发抑制作用远高于相应时期头茬地黄土壤水浸提液（图 4-18）。

同时，以莴苣种子作为化感测试对象，发现结果与上述萝卜种植的表型基本一致。不同生育时期、不同浓度的连作地黄土壤水浸提液对莴苣种子的抑制效应明显高于不同生育时期头茬地黄土壤水浸提液。同时，三个不同浓度地黄土壤水浸提液对莴苣种子发芽的影响成较好的反比例关系，即最低浓度的连作地黄提取液处理下莴苣种子发芽指数与最高浓度头茬地黄提取液处理的莴苣种子的发芽指数基本相当。黏土所种植地黄的土壤水浸提液对莴苣种子萌发的影响要略高于砂壤土所种地黄的提取液，三个浓度表现出一致规律，如在头茬地黄中，黏土栽培条件下提取液处理莴苣种子的发芽率、发芽指数为砂壤土栽培条件下地黄提取液处理莴苣种子的发芽率、发芽指数的 99%、92.5%，在连作地黄中，黏土栽培地黄提取液处理莴苣种子的发芽率、发芽指数为砂壤土栽培地黄提取液处理莴苣种子的发芽率、发芽指数的 94.1%、83.6%（图 4-19）。

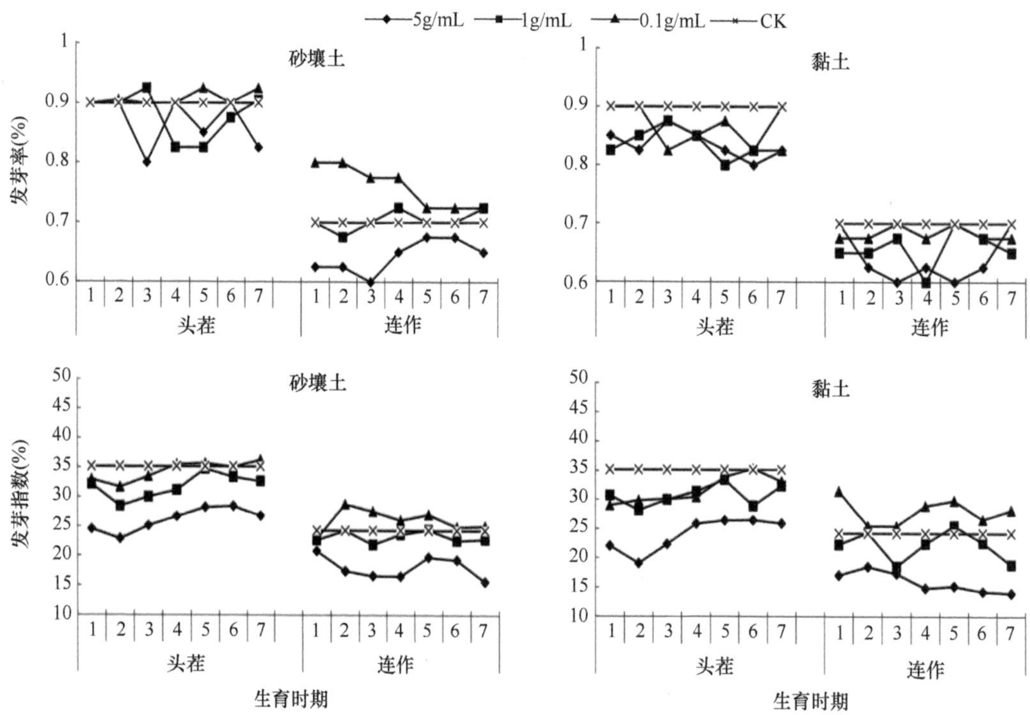

图 4-19　不同土壤、不同生育时期地黄土壤水浸提液对莴苣种子发芽率、发芽指数的影响

总之，地黄黏土根际土水浸提液的化感效应明显高于砂壤土根际土。连作地黄土壤浸提液对两种植物种子均有一定的抑制作用，其效应明显高于头茬地黄。

（二）不同生育时期地黄土壤水浸提液对受体植物幼苗生长的影响

进一步分析不同时期、不同土壤浸提液对受体植物幼根、幼茎抑制生长情况，发现浸提液对萝卜和莴苣幼根生长抑制效应基本一致，表现出高浓度浸提液抑制生长、低浓度浸提液促进生长的现象，而对幼茎的生长没有表现出明显规律。三个浓度地黄土壤水浸提液对受体植物生长的影响成较好的反比例关系，其中幼根生长的抑制指数表现尤为明显，即连作地黄提取液中间浓度幼根抑制指数和头茬地黄提取液最高浓度下幼根生长抑制指数相当（图 4-20、图 4-21）。

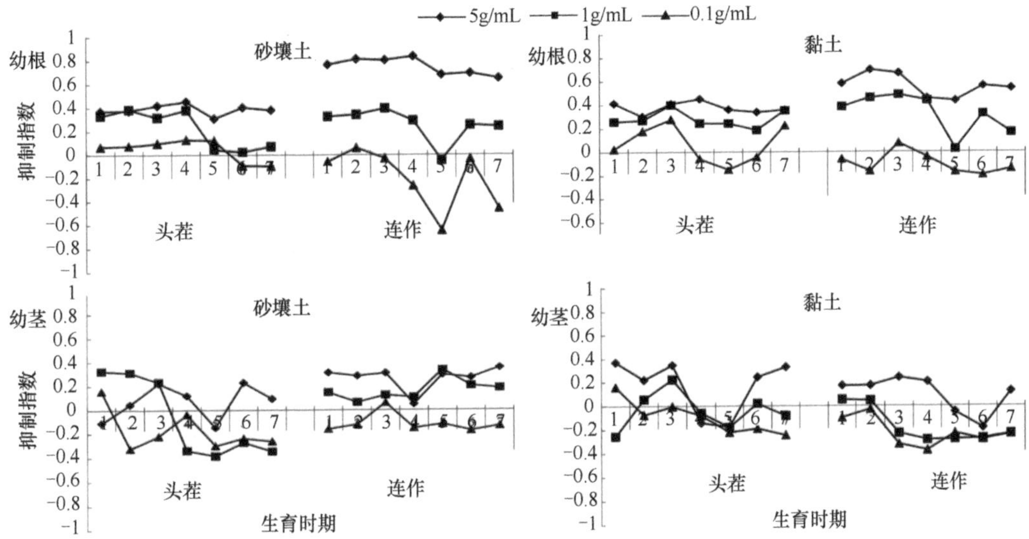

图 4-20　不同生育时期不同土壤水浸提液对萝卜幼根、幼茎生长的抑制率影响

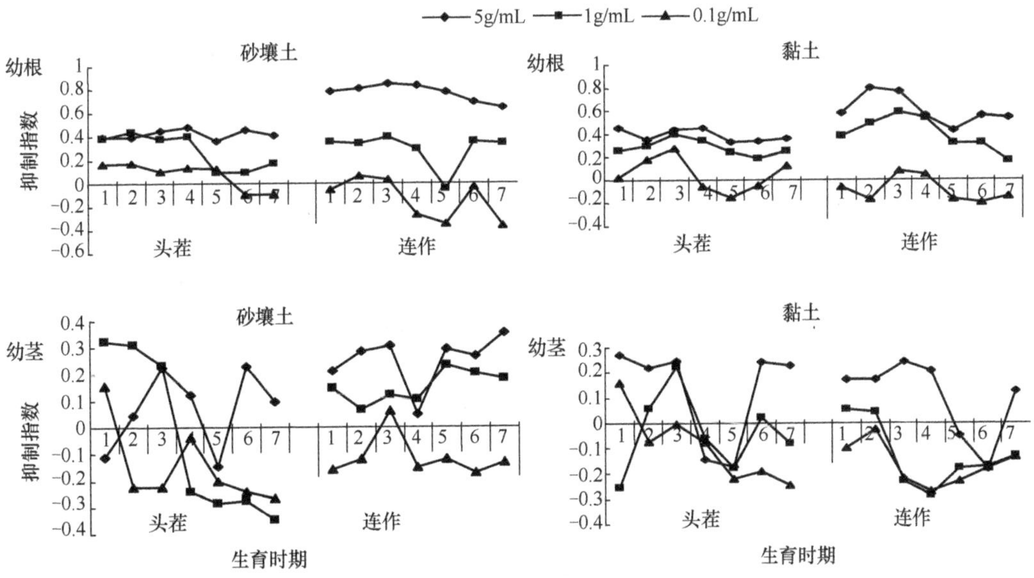

图 4-21　不同生育时期不同土壤水浸提液对莴苣幼根、幼茎生长的抑制率影响

对比不同质地土壤种植地黄后土壤浸提液的抑制效果，黏土种植地黄的土壤水浸提液对受体植物幼苗生长的影响明显高于砂壤土提取液，这一结论与大田数据相吻合。从地黄整个生育时期看，在头茬和连作地黄生育中前时期，不同浓度土壤水浸提液对种子

幼根生长的抑制作用最强，特别是连作地黄土壤浸提液对幼根的抑制作用在此时期表型得尤其明显，总的抑制趋势与大田生长情况基本吻合。

四、不同类型土壤地黄根际土中酚酸类物质的变化

为了最终确定不同质地土壤中化感物质含量，我们针对不同质地土壤种植地黄后其酚酸类化感物质含量进行系统研究。从不同生育时期连作和头茬地黄土壤酚酸含量来看，地黄生育前期，连作地黄土壤中阿魏酸、香豆酸和丁香酸的浓度高于头茬土壤，地黄生育中后期，三种酚酸浓度低于头茬土壤。但对羟基苯甲酸和香草酸两种酚酸在地黄生育前期，在连作土壤中含量即开始低于头茬土壤。在相同的连作和头茬地黄土壤中，酚酸出现不同累积规律性变化，这可能与代谢物的生源途径、土壤中降解率及对土壤离子的敏感性有关。此外，不同的根际土微生态环境也可能导致了连作地黄土壤中酚酸含量在地黄生长中后期低于头茬地黄土壤。

从不同质地土壤酚酸含量差异分析结果来看，可以发现不同类型土壤所种植的头茬和连作土壤中的阿魏酸、香草酸、香豆酸和丁香酸的含量整体上呈现出“︵”形趋势，而头茬和连作土壤中对羟基苯甲酸的含量则整体上呈现出“～”形趋势。对比分析不同质地土壤中的 5 种酚酸总含量（不同时期酚酸含量总和）差异，则发现黏土中 5 种酚酸总含量均高于砂壤土中对应酚酸的含量，其中，尤以香豆酸和丁香酸两种酚酸表现得最为明显，黏土所种头茬地黄土壤中香豆酸含量为砂壤土头茬地黄中的 2.32 倍，黏土种植的连作地黄土壤中香豆酸含量为砂壤土头茬的 3.75 倍；黏土所种的头茬地黄土壤中丁香酸含量为砂壤土头茬地黄的 4.91 倍，黏土连作地黄土壤中丁香酸含量为砂壤土头茬地黄的 1.85 倍（表 4-18）。总的来看，不同类型土壤条件下，黏土中所含酚酸物质丰度明显高于砂壤土，从这个角度来看黏土土壤种植地黄所引起的化感自毒作用应该明显大于砂壤土，这与前面不同受试植物的化感测试结果完全一致。从理论上来说，砂壤土和黏土不同的物理性状应该是造成两者酚酸含量出现差异的主要原因。

表 4-18 不同类型土壤头茬和连作地黄各生育时期根际土中酚酸类物质的动态变化（μg/g）

土壤类型	酚酸	种植方式	生育时期						
			播种期	苗期	块根伸长期	块根膨大前期	块根膨大中期	块根膨大后期	收获期
砂壤土	阿魏酸	头茬	0D	0.0100C	0.0200A	0.0200A	0.0133B	0D	0.0133B
		连作	0.0333C	0.0467A	0.0400B	0.0200D	0D	0D	0D
	对羟基苯甲酸	头茬	0.7900D	0.9200C	1.0200B	0.5800E	0.2870F	0.1600G	1.4900A
		连作	1.7900A	0.7000C	0.4530D	0.2930E	0.2470F	0.1200G	1.1700B
	香草酸	头茬	0.0333C	0.0267D	0.02E	0.04B	0.0467A	0.0133F	0.0133F
		连作	0.0133C	0.0133C	0.0133C	0.0200B	0.0333A	0D	0D
	香豆酸	头茬	0.0133C	0.0200B	0.0133C	0.0200B	0.0267A	0.0133C	0.0133C
		连作	0.0200B	0.0200B	0.0267A	0.0200B	0.0133C	0D	0D
	丁香酸	头茬	0C	0B	0.0067C	0B	0.0200A	0.0133C	0C
		连作	0D	0.0333A	0.0067C	0.0133B	0D	0.0133B	0D

续表

土壤类型	酚酸	种植方式	生育时期						
			播种期	苗期	块根伸长期	块根膨大前期	块根膨大中期	块根膨大后期	收获期
黏土	阿魏酸	头茬	0D	0.0196C	0.0245A	0.0263A	0.0163B	0.0163B	0.0163B
		连作	0.0513C	0.0767A	0.0610B	0.0413C	0.0133D	0D	0D
	对羟基苯甲酸	头茬	0.8300D	0.9800C	1.0800B	0.6300E	0.3130F	0.1670G	1.5300A
		连作	1.9500A	1.1000D	0.7630E	0.5130F	0.3670G	0.2700C	1.5700B
	香草酸	头茬	0.0333C	0.0297D	0.0233E	0.05A	0.0477B	0.0233E	0.0133F
		连作	0.0133C	0.0163C	0.0167C	0.0213B	0.0367A	0D	0D
	香豆酸	头茬	0.0333C	0.0433B	0.0267D	0.0513B	0.0667A	0.0333C	0.0233D
		连作	0.0513A	0.0513A	0.0433B	0.0533A	0.0433C	0.133C	0D
	丁香酸	头茬	0D	0.133B	0.0133C	0.0133B	0.0233A	0.0133C	0D
		连作	0D	0.0333A	0.0367A	0.0267B	0.0133C	0.0133C	0D

注：同列不同大写字母表示不同处理在 0.01（$P<0.01$）水平上的差异显著性

砂壤土热容小，导致土壤昼夜温差较大，有利于有机物质的制造和积累，而且在地黄生长后期，块根形成和膨大时需要有足够的氧气，砂壤土土质疏松、通气良好，块根生长快，产量高，因此种于通透性良好的砂壤土中的地黄比种于黏质土产量高、质量好。植物的次生代谢是以初生代谢为基础，初生代谢提供了许多小分子物质作为次生代谢途径的前体，这些前体物质经酶催化和各种类型的酶促反应进行修饰，产生千差万别的次生代谢产物。史刚荣（2004）研究认为，有利于初生代谢的环境条件不利于次生代谢，不利于初生代谢的条件反而增加次生代谢。初生生长与次生代谢存在一定的平衡关系，生物量过高时单位质量植物体中的次生产物的量下降；若单位质量植物体中的次生产物的量升高，则生物量下降。上述观点解释了在黏土地生长较差的地黄其次生代谢物质含量略高，而在砂壤土地生长较好的地黄其次生代谢物质含量反而较低的原因。

五、不同产区地黄化感自毒效应评测

受连作障碍影响，地黄的主产区已由其道地产区河南省焦作市向山西晋南地区和山东地区转移，严重影响和制约了怀地黄的现代化生产及区域经济的发展。为大范围研究土壤质地与连作障碍发生间的关系，同时也从侧面探讨地黄药用品质与道地性之间的关系，我们选择河南省焦作地区及山西省临汾地区收集头茬及连作地黄块根及土壤，从土壤理化性质及土壤微生态方面探讨地黄道地性及连作障碍造成其品质异常的潜在原因，深入了解不同产区地黄连作与非连作土壤中化感物质群的化感潜力差异，为后续缓解地黄连作障碍提供理论依据。

我们以地黄幼苗全长为评价指标，采用“土壤-琼脂三明治法”对不同产区地黄化感效应进行生物测试。测试结果发现，地黄道地产区与非道地产区种植过地黄的土壤均对地黄幼苗有一定的抑制作用（表 4-19）。与室内受控对照相比，来源于地黄产区的对照土壤对地黄幼苗生长具有促进作用，但处理剂量与作用效果之间线性关系不明显，不同产区地黄对照土壤之间对地黄的促进差异不明显。与对照土壤相反的是，两产区头茬土壤对地黄幼苗具有抑制作用，抑制率达到30%，且抑制效果与处理浓度呈现出典型的剂量依赖性，即随着处理浓度增加，作用效果也越明显；不同地黄产区的连作土壤对地黄幼苗具有更加严重的抑制作用，抑制率达到70%，并且随着处理浓度增加，作用效果越明显。同时，在实验过程中还发现，高浓度的连作土壤浸提液处理中，有部分地黄幼苗表现出根部腐烂，根毛脱离、主根变短，叶片变小变厚等现象，这表明地黄种植后土壤（包括头茬土和连作土）对地黄幼苗均有抑制作用，但其作用效果与作用趋势基本相同，即连作土壤的抑制效果要明显高于头茬土壤。不同产地土壤连作抑制效应分析充分表明地黄连作障碍问题不仅仅局限于地黄道地产区，在非道地产区种植同样会发生连作障碍，因为造成连作障碍更多的核心诱因来源于地黄自身，通过单纯的迁移种植地并不能从根本上解决地黄连作障碍问题。

表 4-19　焦作和临汾地区地黄连作与非连作土壤浸提物对地黄的自毒作用

因素	土壤浸提物浓度					
	0.2g/mL		1g/mL		5g/mL	
	胚根（cm）	抑制率（%）	胚根（cm）	抑制率（%）	胚根（cm）	抑制率（%）
焦作对照	2.90a	−2.47	2.93a	−3.53	2.86a	0
焦作头茬	2.00b	28.27	1.98b	30.04	1.94b	32.17
焦作连作	1.68c	40.64	1.53c	45.94	0.73c	−4.48
临汾对照	2.87a	−1.41	2.87a	−1.41	2.93a	−2.41
临汾头茬	1.98b	30.04	1.96b	30.74	1.96b	31.46
临汾连作	1.66c	41.34	1.49c	47.35	0.76c	73.43

注：同列不同小写字母表示不同处理在 0.05（$P<0.05$）水平上的差异显著性

第三节　不同间隔年限再植地黄土壤中酚酸类物质变化

在前面的实验中，我们已经明确地鉴定了香草酸、对羟基苯甲酸、丁香酸、香豆酸和阿魏酸等不同酚酸与地黄连作障碍发生具有明确的关联性。大量研究表明，酚酸类物质影响植物的膜系统、光合作用、酶活性、土壤微生物活性及内源激素，对植物生长产生抑制作用，已成为公认的化感物质；其中，香草酸、对羟基苯甲酸、丁香酸、香豆酸和阿魏酸是文献中经常报道的几种一元酚酸类化感物质。为了进一步证实化感物质在地黄连作障碍形成过程中的作用机制，我们详细检测地黄根际土中与化感现象相关的五种酚酸含量在不同间隔年限（连作后停种地黄时间）的变化情况，以深入了解酚酸类化感物质在地黄生长发育过程中释放和累积机制。

一、不同间隔年限根际土化感自毒物质测试

为了详细了解化感物质进入根际土后的潜在积累和降解行为，我们筛选 1999 年、

2001 年、2003 年和 2005 年等不同年份种植过地黄的土壤，形成不同间隔年限的连作地黄土壤处理。需要注意的是，上述不同年份曾经种植过的地黄土壤到 2007 年为止，中间未曾再种过地黄。将这些土壤统一收集后于 2007 年重新种植地黄，我们因此形成了 4 个不同间隔年限的“撂荒”处理土壤，包括：

1）间隔 2 年种植（2005 年种植 1 年地黄，中间撂荒直到 2007 年再种）；

2）间隔 4 年种植（2003 年种植 1 年地黄，中间撂荒直到 2007 年再种）；

3）间隔 6 年种植（2001 年种植 1 年地黄，中间撂荒直到 2007 年再种）；

4）间隔 8 年种植（1999 年种植 1 年地黄，中间撂荒直到 2007 年再种）。

在上述不同间隔年限的土壤上统一种植地黄后，详细观察不同土壤内地黄植株表型和长势，结果发现随着连作土壤间隔年限的延长，地黄连作障碍症状明显减轻，生长状况逐渐趋于正常，特别在间隔 8 年后种植地黄根系基本可以正常膨大（图 4-22）。

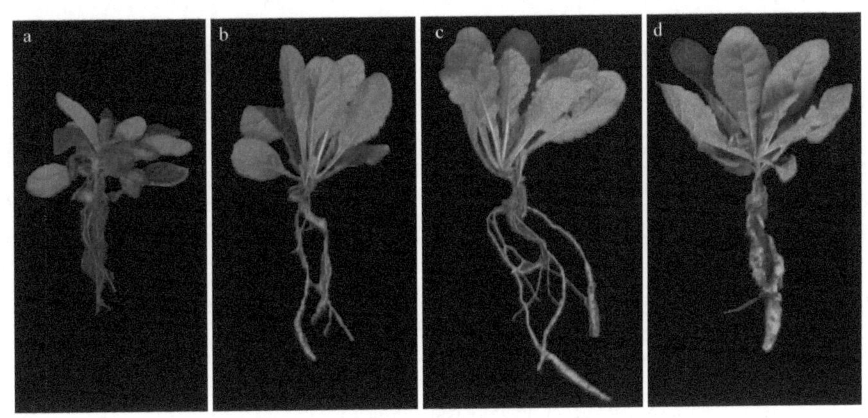

图 4-22　不同间隔年限土壤再植地黄对比

a. 间隔 2 年种植；b. 间隔 4 年种植；c. 间隔 6 年种植；d. 间隔 8 年种植

进一步对比分析不同间隔年限连作土壤种植地黄植株的农艺性状差异，结果发现在地黄整个生育期内，随着土壤间隔年限的增加，地黄单株块根体积、块根的重量和叶片的重量均显著增加，这种增加从地黄生育早期已经开始显现。相反，连作土壤间隔年限越短，所种植地黄生长的连作症状越严重。间隔 8 年和 6 年连作土壤种植地黄的叶片干、鲜重量在出苗后 130d 达到最大值，而间隔 2 年土壤所种植的地黄叶片干、鲜重量及间隔 4 年土壤所种地黄叶鲜重在出苗后 105d 就达到其生育期内的最大值，换句话说，后者与前者生育期缩短了 25d 左右。同时，间隔 8 年的种植地黄叶片干、鲜重量最大值分别为间隔 2 年的 10.38 倍、4.86 倍；间隔 8 年种植地黄成熟期的块根干、鲜重量，分别达到了头茬地黄的 86.28%、85.25%，而间隔 2 年种植地黄在收获期已经死亡，无块根收获（表 4-20）。此外，不同间隔年限处理地黄叶片相关指标的大小与土壤间隔年限明显呈正比，从中可以看出，在地黄块根膨大过程中，土壤间隔年限短，连作土壤所种植的地黄叶片也相应较小，其光合效率也相对也较低，向块根的供应能力也就相对不足，进而促使块根膨大较小，直接影响了地黄产量。

表 4-20 不同间隔年限土壤再植地黄各生育时期形态指标比较

出苗天数（d）	间隔年限	叶鲜重（g）	叶干重（g）	根鲜重（g）	根干重（g）	根体积（cm^3）
50	CK	24.15±2.16aA	5.42±0.39abA	15.26±0.59aA	5.56±0.65aA	13.6±2.84aA
	8	25.08±3.32aA	5.79±1.57abA	11.95±1.60bB	3.92±0.93bB	11.8±1.25bAB
	6	23.35±3.12aA	5.17±1.69bA	11.39±1.17bB	3.99±0.83bB	10.9±1.36bB
	4	17.67±2.26bB	6.58±1.06aA	6.15±2.55cC	1.29±0.57cC	8.4±1.74cC
	2	9.37±2.26bB	2.73±0.98cB	1.51±0.48dD	0.48±0.22dC	1.7±0.73dD
80	CK	50.26±2.22aA	8.15±0.69aA	39.15±0.55aA	5.53±1.63aA	38.4±2.69aA
	8	45.65±4.00bB	7.42±1.22aAB	35.48±2.61bB	5.14±1.23aA	34.7±2.67bB
	6	30.73±3.51cC	6.33±1.56bB	29.94±2.25cC	4.98±0.60aA	28.5±2.46cC
	4	18.24±2.11dD	6.10±0.60bB	12.53±2.94dD	2.27±0.48bB	15.9±1.73dD
	2	13.42±2.55eE	2.74±0.48cC	5.45±1.44eE	0.46±0.12cC	4.2±1.60eE
105	CK	81.44±3.14aA	20.16±2.10aA	82.33±2.15aA	19.26±2.00aA	77.5±2.25aA
	8	80.69±4.71aA	19.40±3.21aAB	78.52±4.89aA	17.39±1.53bB	67.1±4.06bB
	6	46.35±3.12bB	16.91±1.81bB	48.56±2.44bB	7.69±0.52cC	39.4±2.54cC
	4	30.58±3.45cC	6.33±0.89cB	24.60±3.14cC	4.55±0.69dD	21.2±3.13dD
	2	17.13±3.45dD	2.84±0.63dC	7.49±1.16dD	0.36±0.69eE	5.3±1.50eE
130	CK	88.16±3.10aA	32.96±1.18aA	102.25±0.66aA	25.63±1.02aA	95.5±2.19aA
	8	83.25±3.57bB	29.47±4.74aA	95.00±3.03bB	22.43±2.35bB	88.8±2.08bB
	6	50.11±4.35cC	19.12±2.75bB	54.90±3.44cC	11.98±1.98cC	44.9±2.56cC
	4	23.61±4.25dD	11.79±2.22cC	33.32±2.56dD	6.68±2.17dD	26.8±1.71dD
	2	0eE	0dD	1.40±0.35eE	0.72±0.10eE	2.3±0.98eE
155	CK	36.15±2.33aA	18.22±0.29aA	136.15±3.20aA	28.65±1.25aA	132.2±2.49aA
	8	29.59±3.87bB	14.88±2.48bB	114.16±4.23bB	24.72±3.38bB	112.7±3.61bB
	6	11.11±2.44cC	8.62±1.55cC	69.57±2.65cC	13.78±1.41cC	56.5±3.06cC
	4	7.35±2.29dD	12.81±1.97dB	35.02±2.38dD	7.95±0.92dD	34.2±2.46dD
	2	0eE	0eD	0eE	0eE	0eE

注：同列不同小写字母和大写字母分别表示不同处理在 0.05（$P<0.05$）和 0.01（$P<0.01$）水平上的差异显著性；出苗后 130d 和 155d 时部分处理的地黄植株已经死亡，记为 0

二、不同间隔年限土壤对地黄生长和品质的影响

（一）不同间隔年限地黄土壤水浸提液对种子萌发的影响

为了进一步分析不同间隔年限连作土壤中酚酸的丰度水平及对应的化感活性，笔者开展了以下实验：获取 4 个年份的土壤样品，并将其在阴凉处风干，粉碎机粉碎后过 40 目筛。然后称取土样 125g，量取蒸馏水 500mL 加入烧杯中，充分搅拌振荡后静置 24h，取上清液置于 50～60℃旋转蒸发仪蒸发至干，然后加高纯水定容至 25mL，作为母液。分别吸取母液 15mL、6mL、3mL、0.6mL、0.3mL 加高纯水定容至 25mL，配制：60%（母液体积/总体积×100%，下同）、24%、12%、2.4%、1.2%浓度的工作液。在铺有滤纸的培养皿上播入 20 粒萝卜和莴苣种子，分别加入 5mL 上述不同浓度的工作液，用纯水

作为对照。培养皿均放置于人工气候培养箱内培养，光照强度为 10 000lux，昼夜时间为 12h/12h，昼夜温度为 25℃/18℃，相对湿度为 75%。连续 5d 记录种子发芽情况，第 7 天测量种子幼苗和幼根的长度。

用萝卜种子与头茬地黄的种子作为化感测试对象，对上述 5 个浓度梯度的不同间隔年限土壤提取物进行化感评测。结果发现除间隔 8 年土壤的 2 个浓度水平（2.4%、1.2%）的水浸提液所处理的种子发芽率和发芽指数略高于头茬地黄外，其他不同间隔年限、不同浓度水平的土壤水浸提液萌发具有一定的抑制作用。其中，抑制效应最弱的处理为间隔 8 年土壤水浸提液，而抑制作用最强的是间隔 2 年土壤水浸提液。从不同间隔年限土壤的处理浓度对比来看，间隔 8 年土壤水浸提液不同浓度梯度（从高到低）处理下的种子发芽率和发芽指数分别是头茬地黄的 85%、87%、95%、101%、105%和 64%、72%、86%、115%、119%；间隔 2 年土壤水浸提液不同浓度梯度（从高到低）处理种子发芽率和发芽指数则分别为头茬地黄的 73%、78%、87%、84%、87%和 43%、56%、57%、69%、76%。对比间隔 2 年和间隔 8 年不同浓度土壤水浸提液的发芽率、发芽势，发现间隔 2 年处理（从高到低）发芽率比间隔 8 年处理分别降低了 14%、10%、8%、17%、17%和 33%、22%、34%、40%、36%（表 4-21）。总的来说，不同间隔年限的土壤水浸提液对萝卜种子萌发的抑制效果均随土壤间隔年限的减少依次增强，发芽率和发芽指数都呈下降趋势。

表 4-21 不同间隔年限地黄土壤水浸提液对萝卜种子萌发的影响

间隔年限	水浸提液浓度									
	60%		24%		12%		2.4%		1.2%	
	Gp	Gi	Gp	Gi	Gp	Gi	Gp	Gi	Gp	Gi
2	0.67cB	12.8dD	0.72dC	16.8cC	0.80b	17.1dD	0.77bB	20.5dC	0.80cB	22.6cC
4	0.70bcB	15cdCD	0.75cdBC	19.3bC	0.83ab	21.8cC	0.88aA	28.1cB	0.85bcAB	29bB
6	0.77bB	17bcBC	0.82bcB	21.5bB	0.85ab	23.4bcBC	0.88aA	30.4bB	0.87bcAB	30.6bB
8	0.78bB	19.1bB	0.80bBC	21.6bB	0.87ab	25.6bB	0.93aA	34.3aA	0.97aA	35.6aA
CK	0.92aA	29.8aA	0.92aA	29.8aA	0.92a	29.8aA	0.92aA	29.8cB	0.92abAB	29.8bB

注：同列不同小写字母和大写字母分别表示不同处理在 0.05（$P<0.05$）和 0.01（$P<0.01$）水平上的差异显著性

以莴苣种子作为化感测试对象，发现不同处理、不同浓度土壤水浸提液对种子发芽抑制效果均随土壤间隔年限的减少依次增强，而发芽率和发芽指数都呈下降趋势。与头茬地黄相比，4 个间隔年份处理化感抑制活性均达到了显著或极显著差异水平。具体到不同处理、不同浓度的水浸提液，浓度为 12%和 2.4%的间隔 8 年、间隔 6 年土壤水浸提液处理及 4 个间隔年份土壤水浸提液（浓度 1.2%）处理的种子发芽率等于或略高于头茬地黄外，其他不同浓度水平、不同间隔年限地黄土壤水浸提液对种子萌发与头茬地黄处理基本一致，对莴苣种子均有一定的抑制作用。其中，抑制作用最弱的为间隔 8 年土壤水浸提液，而抑制作用最强的为间隔 2 年土壤水浸提液。具体到不同浓度，间隔 8 年土壤水浸提液（浓度从高到低）处理种子的发芽率和发芽指数分别达到了头茬地黄的 89%、91%、106%、101%、104%和 73%、80%、90%、90%、91%；而间隔 2 年土壤水浸提液（浓度从高到低）处理种子的发芽率和发芽指数分别达到了头茬地黄的 77%、83%、

85%、91%、106%和 63%、72%、76%、81%、89%，比间隔 8 年处理相应浓度分别降低了 13%、9%、20%、10%、-2%和 14%、10%、15%、10%、2%（表 4-22）。两种植物作为化感测试对象结果均表明，高浓度土壤水浸提液强烈抑制种子萌发，而低浓度水浸提液轻微抑制或促进种子萌发。同时，从侧面也可以看出，自然消减时间达到 8 年不同浓度的土壤水浸提液对受体植物种子的发芽率和发芽指数基本上不再抑制或抑制率已经很低。

表 4-22　不同间隔年限地黄土壤水浸提液对莴苣种子萌发的影响

间隔年限	水浸提液浓度									
	60%		24%		12%		2.4%		1.2%	
	Gp	Gi	Gp	Gi	Gp	Gi	Gp	Gi	Gp	Gi
2	0.63cB	21.7dD	0.68b	24.7dC	0.70cB	26.2dD	0.75bcBC	28.1dB	0.87aA	30.7bcB
4	0.68bcB	23.5cD	0.72b	25.4cdBC	0.78bAB	28.1cCD	0.77bB	28.7cdB	0.82bBC	30.4cB
6	0.72bB	25.9bB	0.75ab	26.9bcBC	0.83abA	30.1bcB	0.82aA	30.5bcB	0.82bBC	31.7bB
8	0.73bAB	25.3cBC	0.75ab	27.6bB	0.87aA	30.9bB	0.83aA	31bB	0.85abB	31.5bcB
CK	0.82aA	34.5aA	0.82a	34.5aA	0.82abA	34.5aA	0.82aA	34.5aA	0.82bBC	34.5aA

注：同列不同小写字母和大写字母分别表示不同处理在 0.05（$P<0.05$）和 0.01（$P<0.01$）水平上的差异显著性

（二）不同间隔年限地黄土壤水浸提液对受体植物幼苗生长的影响

为进一步了解不同间隔年限连作地黄土壤中化感物质对地黄生长发育影响，我们将不同间隔年限土壤浸提浓缩物配制成不同浓度水平水浸提液。结果对不同浓度、不同间隔年限地黄土壤水浸提液进行化感生物测试发现，就单一的水浸提液而言，均表现出明显的“低促、高抑”现象，即高浓度水浸提液能够显著抑制萝卜和莴苣幼根的生长，低浓度水浸提液则促进萝卜和莴苣根的生长，但对幼茎的生长并未表现出此规律。对不同的土壤水浸提液而言，不同浓度水平的土壤水浸提液对萝卜和莴苣种子幼苗生长的抑制效果在整体上较为一致，即随土壤间隔年限的减少，抑制效应也相应增强，具有明显的线性关系（图 4-23）。

（三）不同间隔年限土壤对地黄品质的影响

对不同间隔年限连作地黄的品质指标进行分析发现，随着连作土壤间隔种植年限的增加，地黄的多糖含量、产量和梓醇含量、产量均出现增加的趋势。其中，在间隔 2 年种植的连作土壤中，地黄在收获前基本上已经死亡，收获的块根量极少，未获取有效产量，因此无法对其品种进行检测。在间隔 8 年种植的连作土壤中，地黄的多糖、梓醇含量分别为头茬地黄的 71.31%、112.67%；在间隔 6 年种植的连作土壤中，地黄的多糖、梓醇含量分别仅为头茬地黄的 55.74%、38.91%；间隔 4 年种植的连作土壤中，地黄多糖、梓醇含量分别仅为头茬地黄的 51.64%、38.91%（表 4-23）。从不同间隔年限的连作土壤所种地黄的品质对比结果可以看出，间隔 8 年连作土壤中所种植的地黄和头茬地黄的梓醇含量水平均高于《中华人民共和国药典》（2020 年版）中规定的 0.20%，这说明连作地黄土壤间隔 8 年不种后，其土壤连作效应基本丧失，对地黄的品质基本不再影响，这些结果与文献记载地黄种植间隔 8～10 年可以再植相吻合。

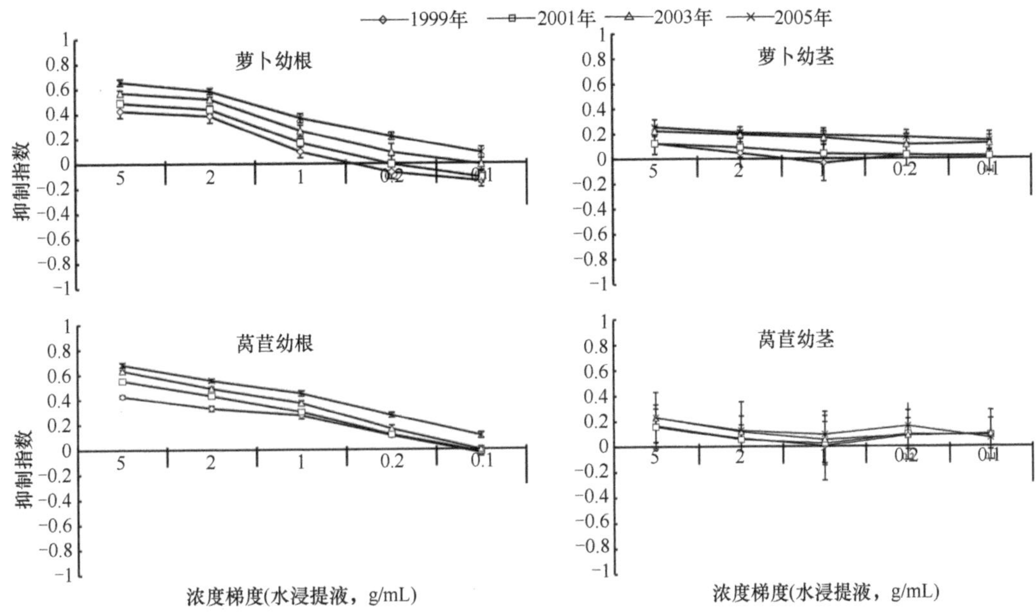

图 4-23　不同浓度、不同间隔年限地黄土壤水浸提液对萝卜、莴苣幼根、幼茎生长的影响

表 4-23　不同间隔年限连作土壤再植地黄的梓醇和多糖含量比较

品质指标	间隔年限			
	CK	8	6	4
梓醇含量（%）	0.221±0.98	0.249±0.87	0.086±0.65	0.086±1.05
梓醇产量（g/m²）	1.9	1.85	0.36	0.21
多糖含量（%）	0.122±0.11	0.087±0.03	0.068±0.02	0.063±0.01
多糖产量（g/m²）	1.049	0.645	0.281	0.15

注：间隔 2 年的土壤再植地黄收获时全部死亡

三、不同间隔年限土壤自毒物质含量差异

（一）不同间隔年限地黄土壤水浸提液中酚酸含量的差异

为深入了解化感物质与连作障碍形成间的关系，我们详细分析不同间隔年限土壤水浸提液中酚酸类物质含量，结果发现，头茬地黄、间隔 8 年、间隔 6 年连作土壤中没有检测到阿魏酸，其余年间隔处理的土壤中均检测到 5 种酚酸的存在，并且随着间隔年限的减少，土壤中阿魏酸、对羟基苯甲酸、香草酸和香豆酸的含量水平均呈现出增加趋势，而丁香酸含量则表现出逐渐减少的趋势（表 4-24）。其中，间隔 2 年、4 年、6 年、8 年和头茬地黄的土壤中 5 种一元酚酸总含量分别达到了 1.503μg/g、1.323μg/g、0.700μg/g、0.340μg/g 和 0.213μg/g。同时，我们也发现间隔 2 年的连作土壤中的对羟基苯甲酸、香草酸、香豆酸的含量分别为头茬地黄土壤中的 8.75 倍、1.37 倍、1.34 倍，间隔 2 年土壤中 5 种一元酚酸总含量为间隔 8 年的 4.42 倍；间隔 8 年连作土壤中的对羟基苯甲酸、香草酸、香豆酸含量仅为对照土壤中的 1 倍、0.75 倍、0.67 倍。

表 4-24 不同间隔年限地黄土壤水浸提液中 5 种酚酸的含量（μg/g）

间隔年限	阿魏酸	对羟基苯甲酸	香草酸	香豆酸	丁香酸
8	0bB	0.16dD	0.02dC	0.0133dC	0.147aA
6	0bB	0.64cC	0.0333bA	0.02cB	0.00667cC
4	0.0133aA	1.22bB	0.0333bA	0.0233bB	0.0333bB
2	0.0133aA	1.40aA	0.0367aA	0.0267aA	0.0267bB
CK	0bB	0.16dD	0.0267cB	0.02cB	0.00667cC

注：同列不同小写字母和大写字母分别表示不同处理在 0.05（P＜0.05）和 0.01（P＜0.01）水平上的差异显著性

上述结果表明，地黄连作后间隔年限时间越长，其土壤中酚酸含量水平会变得越低。我们推测可能原因是：连作根际内的酚酸类化感物质在土壤生物和非生物因素作用下，将酚类化感物质逐渐转变为酚类聚合物或更小分子的其他衍生物，导致连作根际土内的酚酸类化感物质被逐渐降解。从实验的结果可以看出，连作地黄土壤在间隔 8 年后，其土壤中的酚酸类化感物质含量已经逐渐分解降至正常土壤的酚酸水平（表 4-24），8～10 年后已经不能影响地黄的生长，其产量恢复正常，这与历史记载基本相吻合。

（二）不同间隔年限土壤水浸提液中酚酸含量与化感测试

我进一步解析化感物质与连作障碍形成关联性，我们以萝卜种子作为化感测试对象，对比分析不同浓度土壤水浸提液与种子发芽势和发芽率间相关性。结果发现间隔 2～8 年土壤中阿魏酸、对羟基苯甲酸和香豆酸的含量与浓度为 60%的土壤水浸提液处理间呈显著负相关（表 4-25）。分析不同浓度土壤水浸提液与幼根和幼茎的伸长间相关性，发现阿魏酸、对羟基苯甲酸和香豆酸与浓度为 60%、24%、12%土壤水浸提液处理呈显著或极显著的负相关。同时，以莴苣种子作为测试对象，发现阿魏酸、对羟基苯甲酸和香豆酸与浓度为 24%的水浸提液在种子发芽率或发芽指数等方面呈显著的负相关。阿魏酸、对羟基苯甲酸和香豆酸与浓度为 60%、24%、12%的水浸提液在幼根和幼茎的伸长指标等方面呈显著或极显著的负相关（表 4-26～表 4-28），这表明在根际土中阿魏酸、对羟基苯甲酸和香豆酸 3 个酚酸对化感受试植物具有较强的抑制作用。

表 4-25 萝卜种子萌发与不同间隔年限土壤水浸提液中酚酸含量的相关性

酚酸	水浸提液浓度									
	60%		24%		12%		2.4%		1.2%	
	Gp	Gi	Gp	Gi	Gp	Gi	Gp	Gi	Gp	Gi
阿魏酸	−0.961*	−0.888	−0.943	−0.892	−0.845	−0.809	−0.680	−0.800	−0.757	−0.786
对羟基苯甲酸	−0.968*	−0.978*	−0.864	−0.894	−0.930	−0.907	−0.820	−0.907	−0.944	−0.925
香草酸	−0.764	−0.875	−0.562	−0.680	−0.816	−0.823	−0.782	−0.823	−0.978*	−0.884
香豆酸	−0.930	−0.982*	−0.797	−0.871	−0.944	−0.936	−0.876	−0.936	−0.990*	−0.964*
丁香酸	0.532	0.680	0.281	0.416	0.597	0.611	0.580	0.611	0.863	0.700

注：$r_{0.05}$=0.950，$r_{0.01}$=0.990；*表示不同处理在 0.05（P＜0.05）水平上的差异显著性

表 4-26 萝卜幼苗生长与不同间隔年限土壤水浸提液中酚酸含量的相关性

酚酸	水浸提液浓度									
	60%		24%		12%		2.4%		1.2%	
	幼根	幼茎	幼根	幼茎	幼根	幼茎	幼根	幼茎	幼根	幼茎
阿魏酸	0.902	0.982*	0.921	0.969*	0.901	0.956*	0.882	0.939	0.921	0.992**
对羟基苯甲酸	0.972*	0.936	0.981*	0.991**	0.971*	0.996**	0.947	0.917	0.944	0.939
香草酸	0.843	0.674	0.840	0.819	0.841	0.846	0.809	0.677	0.755	0.673
香豆酸	0.969*	0.873	0.969*	0.948	0.968*	0.961*	0.947	0.876	0.922	0.869
丁香酸	−0.633	−0.424	−0.632	−0.630	−0.63	−0.666	−0.584	−0.415	−0.512	−0.431

注：$r_{0.05}$=0.950，$r_{0.01}$=0.990；*和**分别表示不同处理在 0.05（$P<0.05$）和 0.01（$P<0.01$）水平上的差异显著性

表 4-27 莴苣种子萌发与不同间隔年限土壤水浸提液中酚酸含量的相关性

酚酸	水浸提液浓度									
	60%		24%		12%		2.4%		1.2%	
	Gp	Gi	Gp	Gi	Gp	Gi	Gp	Gi	Gp	Gi
阿魏酸	−0.889	−0.913	−0.87	−0.953*	−0.867	−0.917	−0.972*	−0.973*	0.236	−0.972*
对羟基苯甲酸	−0.915	−0.854	−0.873	−0.987*	−0.941	−0.953*	−0.967*	−0.978*	0.154	−0.832
香草酸	−0.730	−0.573	−0.660	−0.819	−0.813	−0.781	−0.751	−0.775	−0.057	−0.501
香豆酸	−0.902	−0.802	−0.854	−0.959*	−0.946	−0.937	−0.922	−0.934	0.162	−0.710
丁香酸	0.479	0.289	0.392	0.609	0.59	0.547	0.519	0.555	0.316	0.288

注：$r_{0.05}$=0.950，$r_{0.01}$=0.990；*表示不同处理在 0.05（$P<0.05$）水平上的差异显著性

表 4-28 莴苣幼苗生长与不同间隔年限土壤水浸提液中酚酸含量的相关性

酚酸	水浸提液浓度									
	60%		24%		12%		2.4%		1.2%	
	幼根	幼茎	幼根	幼茎	幼根	幼茎	幼根	幼茎	幼根	幼茎
阿魏酸	0.869	0.995**	0.858	0.990*	0.907	0.888	0.798	0.522	0.686	−0.433
对羟基苯甲酸	0.990*	0.892	0.983*	0.897	0.943	0.945	0.832	0.632	0.756	−0.602
香草酸	0.940	0.579	0.931	0.590	0.770	0.797	0.660	0.578	0.636	−0.630
香豆酸	0.997**	0.794	0.999**	0.811	0.929	0.942	0.837	0.698	0.789	−0.697
丁香酸	−0.796	−0.338	−0.772	−0.334	−0.531	−0.567	−0.398	−0.356	−0.389	0.450

注：$r_{0.05}$=0.950，$r_{0.01}$=0.990；*和**分别表示不同处理在 0.05（$P<0.05$）和 0.01（$P<0.01$）水平上的差异显著性

第四节 地黄根际化感自毒物质释放空间动态变化

一、地黄不同生育时期连作效应差异研究

（一）地黄种植时间长短对连作效应的影响

为了评价地黄种植时间长短对连作效应的影响，我们详细分析了不同连作程度的地黄土壤（种植地黄时间的长短）对再植地黄影响，结果发现随着地黄种植时间延长，其对再植地黄的连作抑制效应也愈加明显。其中，种植 1 月的土壤对再植地黄的抑制作用

最弱，种植 2～3 个月土壤对再植地黄的抑制效果明显增强，种植 6 个月地黄土壤对再植地黄产生强烈的抑制作用，说明地黄种植时间越长，其化感作用也越强（表 4-29）。

表 4-29　不同时期连作地黄土壤再植地黄形态数据

处理	叶鲜重（g）	叶干重（g）	根鲜重（g）	根干重（g）	根体积（mL）
头茬 CK	86.3hH	20.9gF	348.1hH	66.3gG	329.4hF
连作 1 个月	85.1gG	19.2fE	330.4gG	59.5eE	325.6gG
连作 2 个月	82.2fF	19.2fE	320.1fF	62.3fF	315.9fF
连作 3 个月	73.2eE	15.5eD	250.8eE	49.8dD	245.6eE
连作 4 个月	70.1dD	14.2dC	182.6dD	35.8cC	178.6dD
连作 5 个月	66.2cC	13.5cB	174.3cC	33.4bB	140.2aA
连作 6 个月	59.1bB	12.0aA	164.4aA	31.1aA	155.4bB
连作 CK	57.1aA	12.2bA	166.4bB	31.1aA	158.4cC

注：同列不同小写字母和大写字母分别表示不同处理在 0.05（$P<0.05$）和 0.01（$P<0.01$）水平上的差异显著性

（二）地黄不同生育时期根际化感物质分泌差异

上述实验表明，地黄种植时间的长短与连作障碍发生程度具有密切关系，而地黄种植时间长短所引发的连作效应差异也从侧面反映了不同生育时期地黄的连作效应的不同。为了更精确地了解地黄生育时期与连作障碍形成间的关联性，我们采用前期设计的装置（见第三章），分别在出苗后 0d、70d、95d、120d、145d、170d 及 195d 收集地黄根系分泌物，详细评测不同生育时期根系分泌物的化感效应。首先通过萝卜种子进行化感活性评价，以化感综合效应指数（RI_{SE}）为指标。其中化感综合效应的计算方法为受体发芽率和芽长两个检测项目的 RI 的算术平均值，RI_{SE} =（RI_{Gp}+$RI_{芽长}$）/2。当 $RI_{SE}>0$，表示化感促进作用；$RI_{SE}<0$，表示化感抑制作用。测定结果表明，不同时期对照组收集液浸种萝卜种子后，其发芽率和芽长处于同一水平。随地黄生长发育进程的推进，处理组收集液浸种后萝卜种子发芽率逐渐降低，分别为 97.89%、92.38%、89.52%、85.71%、85.71%、84.76%和 83.81%，均低于对照，并从块根膨大前期开始差异达到显著水平。种子茎长呈现先升高后降低的趋势，分别为 5.68cm、5.76cm、5.91cm、5.65cm、5.41cm、5.28cm 和 5.11cm，同样从块根膨大前期开始显著低于对照。地黄不同生育时期根系分泌物对萝卜的化感综合效应指数分别为 0、0.022、0.017、–0.058、–0.088、–0.110 和–0.124，其化感抑制作用呈先减弱后增强的趋势，并于成熟期达到最大抑制效果（表 4-30）。

表 4-30　地黄不同生育时期根系分泌物化感效应

评价指标	处理	生育时期						
		播种期	苗期	块根伸长期	块根膨大前期	块根膨大中期	块根膨大后期	成熟期
发芽率（%）	CK	98.00±1.20aA	97.10±0.20aA	96.2±1.00aA	96.19±2.00aA	97.14±2.10aA	98.1±0.80aA	96.19±1.40aA
	T	97.89±2.00aA	92.38±2.30bA	89.52±1.50bA	85.71±0.90bB	85.71±1.70bB	84.76±2.10bB	83.81±1.00bB
芽长（cm）	CK	5.69±0.20aA	5.73±0.17aA	5.7±0.10aA	5.69±0.10aA	5.74±0.06aA	5.76±0.06aA	5.80±0.07aA
	T	5.68±0.10aB	5.76±0.08aAB	5.91±0.60aA	5.65±0.13bB	5.41±0.21bC	5.28±0.11bD	5.11±0.20bD
化感综合效应指数（RI_{SE}）		0	0.022	0.017	–0.058	–0.088	–0.11	–0.124

注：同列不同小写字母和大写字母分别表示不同处理在 0.05（$P<0.05$）和 0.01（$P<0.01$）水平上的差异显著性

上述结果表明，地黄块根膨大前期开始，就表现出显著化感作用，且化感作用随生长发育进程的推进逐渐增强。这些现象与化感物质低促进高抑制的赫米西斯（Hormesis）效应十分相似。在块根膨大前期之前时期，地黄根系分泌物对萝卜种子茎长的促进作用可能是化感物质积累较少、浓度较低造成的；在块根膨大前期，根系分泌物的化感促进作用转变为化感抑制作用可能是由于化感物质的积累达到了其表现出抑制作用的阈值；而在块根膨大前期之后，根系分泌物对萝卜种子发芽率和茎长的抑制作用不断增强，可能是化感物质的持续积累所造成的。

通过分析地黄不同生育时期（出苗后 0d、70d、95d、120d、145d、170d、195d）根系分泌物中 5 种酚酸含量发现，对照组不同时期收集液中酚酸含量均较低且差异不显著（表 4-31）。除播种期（0d）外，处理组相应时期酚酸含量均显著高于对照组，不同时期酚酸含量差异显著。香豆酸含量从 0d 到出苗后 195d 均呈先上升后下降趋势，最大值出现在出苗后 145d，达到 0.073 77μg/mL。对羟基苯甲酸含量在出苗后 0d 至 95d 迅速上升，而从出苗后 95d 至 170d 出现持续下降，在出苗后 195d 再次上升并达最大值（0.220 93μg/mL）。香草酸含量在出苗后 0d 和 95d 变化不显著，出苗后 95d 至 195d 呈先上升后下降的趋势，最大值出现在出苗后 145d，达 0.229 80μg/mL。丁香酸含量在出苗后 0d 至 195d 呈先上升后下降的趋势，最大值出现在出苗后 170d，达 0.073 84μg/mL。阿魏酸含量在出苗后 0d 至 170d 呈先缓慢上升后缓慢下降的趋势，于出苗后 170d 下降至最小值，然后含量上升并在出苗后 195d 达到最大值（0.040 44μg/mL）。

表 4-31　地黄不同生育时期根系分泌物中酚酸类化感物质含量变化（μg/mL）

酚酸	处理	生育时期（出苗后天数）			
		0d	70d	95d	120d
香豆酸	CK	0.000 20±0.000 00aA	0.000 16±0.000 00bA	0.000 40±0.000 01bA	0.000 55±0.000 02bA
	T	0.000 20±0.000 00aG	0.053 07±0.000 65aB	0.045 76±0.000 58aC	0.042 71±0.000 65aD
对羟基苯甲酸	CK	0.000 00±0.000 00aA	0.000 00±0.000 00bA	0.000 40±0.000 01bA	0.000 00±0.000 00bA
	T	0.000 00±0.000 00aG	0.012 30±0.000 12aF	0.138 65±0.002 63aB	0.120 20±0.002 10aC
香草酸	CK	0.000 17±0.000 00aA	0.000 51±0.000 01bA	0.000 19±0.000 00bA	0.000 65±0.000 01bA
	T	0.000 16±0.000 00aF	0.032 44±0.000 92aC	0.030 32±0.000 10aC	0.128 84±0.002 12aB
丁香酸	CK	0.000 00±0.000 00aA	0.000 00±0.000 00bA	0.000 11±0.000 00bA	0.000 00±0.000 00bA
	T	0.000 00±0.000 00aG	0.000 81±0.000 01aF	0.004 98±0.000 04aD	0.001 21±0.000 02aE
阿魏酸	CK	0.000 00±0.000 00aA	0.000 12±0.000 00bA	0.000 00±0.000 00bA	0.000 00±0.000 00bA
	T	0.000 10±0.000 00aF	0.002 84±0.000 03aE	0.017 38±0.000 09aD	0.021 90±0.000 76aB

酚酸	处理	生育时期（出苗后天数）		
		145d	170d	195d
香豆酸	CK	0.000 16±0.000 01bA	0.000 31±0.000 01bA	0.000 21±0.000 01bA
	T	0.073 77±0.000 91aA	0.014 10±0.000 3bE	0.003 20±0.000 05aF
对羟基苯甲酸	CK	0.000 13±0.000 00bA	0.000 00±0.000 00bA	0.000 10±0.000 00bA
	T	0.089 57±0.000 81aD	0.069 01±0.000 48aE	0.220 93±0.001 32aA
香草酸	CK	0.000 12±0.000 00bA	0.000 31±0.000 01bA	0.000 29±0.000 01bA
	T	0.229 80±0.001 83aA	0.019 08±0.000 13aD	0.008 79±0.000 03aE

续表

酚酸	处理	生育时期（出苗后天数）		
		145d	170d	195d
丁香酸	CK	0.000 16±0.000 00bA	0.000 21±0.000 01bA	0.000 00±0.000 00bA
	T	0.011 12±0.000 02aC	0.073 84±0.000 06aA	0.061 67±0.000 91aB
阿魏酸	CK	0.000 00±0.000 00bA	0.000 00±0.000 00aA	0.000 16±0.000 00bA
	T	0.019 30±0.000 03aC	0.000 00±0.000 00aG	0.040 44±0.000 02aA

注：同列不同小写字母和大写字母分别表示不同处理在 0.05（$P<0.05$）和 0.01（$P<0.01$）水平上的差异显著性

进一步对地黄根系分泌物中酚酸含量动态变化与其化感潜力相关性分析发现，地黄根系分泌物中五种酚酸（香豆酸、对羟基苯甲酸、香草酸、丁香酸、阿魏酸）与萝卜种子发芽率相关系数分别为 0.5、–0.607、–0.191、–0.666 和–0.505，均未达到显著水平；与萝卜种子茎长相关系数分别为 0.59、–0.413、0.022、–0.833 和–0.377，其中仅丁香酸与其表现出显著负相关（表 4-32）。

表 4-32　地黄根系分泌物中酚酸含量与萝卜种子发芽率和茎长生长的相关性

	香豆酸	对羟基苯甲酸	香草酸	丁香酸	阿魏酸
发芽率	0.5	–0.607	–0.191	–0.666	–0.505
芽长	0.59	–0.413	0.022	–0.833*	–0.377

注：*表示不同处理在 0.05（$P<0.05$）水平上的差异显著性

二、地黄不同根区化感物质 GC-MS 鉴定及变化规律

为了进一步分析地黄化感物质的分泌辐射范围和地黄植物化感分泌圈，我们分别收集了地黄 0～10cm 近根土（close soil，CS）、10～20cm 根圈土（intermediate soil，IS）、20～30cm 根外土（distance soil，DS）及 CK 土壤（空白土壤）等不同根际区域土壤样品，抽提其中的化感物质，并进行化感活性的评测和化感物质的鉴定（图 4-24）。

以地黄种子作为化感测试受试对象，评测不同根系化感物质的生物活性。测试结果发现，地黄从不同根区土壤中所获的化感浸提物对其胚根生长的抑制效率呈逐渐降低的趋势。其中，20～30cm（DS）根际土中生长的地黄胚根长度（11.43mm±0.09mm）与对照（11.55mm±0.13mm）相比没有显著差异，而 0～10cm（CS）和 10～20cm（IS）范围土中生长的地黄胚根长度与对照相比被显著抑制，其长度分别仅为 8.37mm±0.14mm 和 10.12mm±0.12mm。从不同根圈土壤的化感抑制率的对比来看，最大抑制效应出现在 0～10cm 的根际范围内，抑制率达到 IR=27.5%，其次为 10～20cm 的根区土，抑制率达到 IR=12.3%（图 4-25）。表明种植过地黄的土壤中均存在着衡量化感物质，可以显著抑制植物生长，但这种抑制的效应与根际土的范围有密切的关系。

通过上述不同根区土壤的生物测试结果，我们初步认为地黄的“化感自毒作用的辐射范围”大约位于以植株为中心的 20cm 范围（图 4-25）。为了进一步确定辐射范围内的化感物质含量，我们详细分析不同根区内前面已经确认的地黄典型化感物质含量，结果

图 4-24　地黄化感自毒作用范围

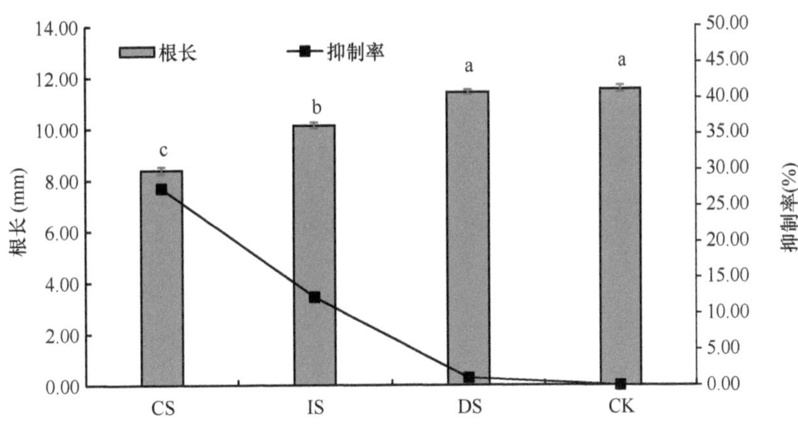

图 4-25　不同根区土壤对地黄种子胚根生长的影响

不同小写字母表示不同处理在 0.05（$P<0.05$）水平上的差异显著性

发现根区 0～10cm 土壤中丁香酸含量高于 10～20cm 及以外土壤，而 10～20cm 土壤中对羟基苯甲酸、香草酸、3,4-二羟基苯甲酸和香兰素含量均高于 0～10cm 土壤及以外土壤（图 4-26）。

进一步利用 GC-MS 技术对地黄不同根区土壤极性（甲醇萃取）和非极性（正戊烷萃取）萃取液的分析发现，不同根区土壤的不同萃取溶液所得总离子图谱同样存在较大差异。与对照相比，0～10cm（CS）和 10～20cm（IS）根区土壤萃取液所得总离子图谱均显示出较多物质峰，而 20～30cm（DS）及和对照土（CK）的两种土壤萃取液所得总离子图谱的物质峰数量及类型相对较少（图 4-27）。以对照所得总离子图谱为参考（图 4-27），进一步筛选不同类型土壤的差异峰发现，根际土中含有 20 个特有峰（甲醇萃取液中 10 种，正戊烷萃取液中 10 种），而根圈土中只含有 8 个（甲醇萃取液中 3 个，正戊烷萃取液中 5 个）。通过质谱标准谱库检索（NIST）检索结合保留指数（KI）值比

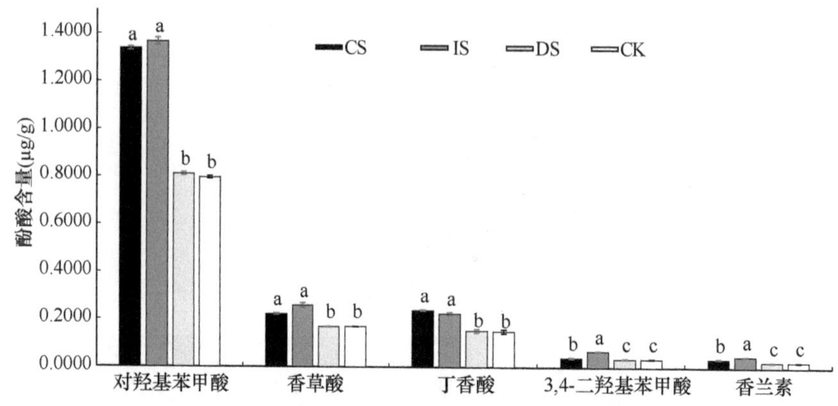

图 4-26　地黄不同根区土壤中酚酸类物质含量

不同小写字母表示不同处理在 0.05（$P<0.05$）水平上的差异显著性

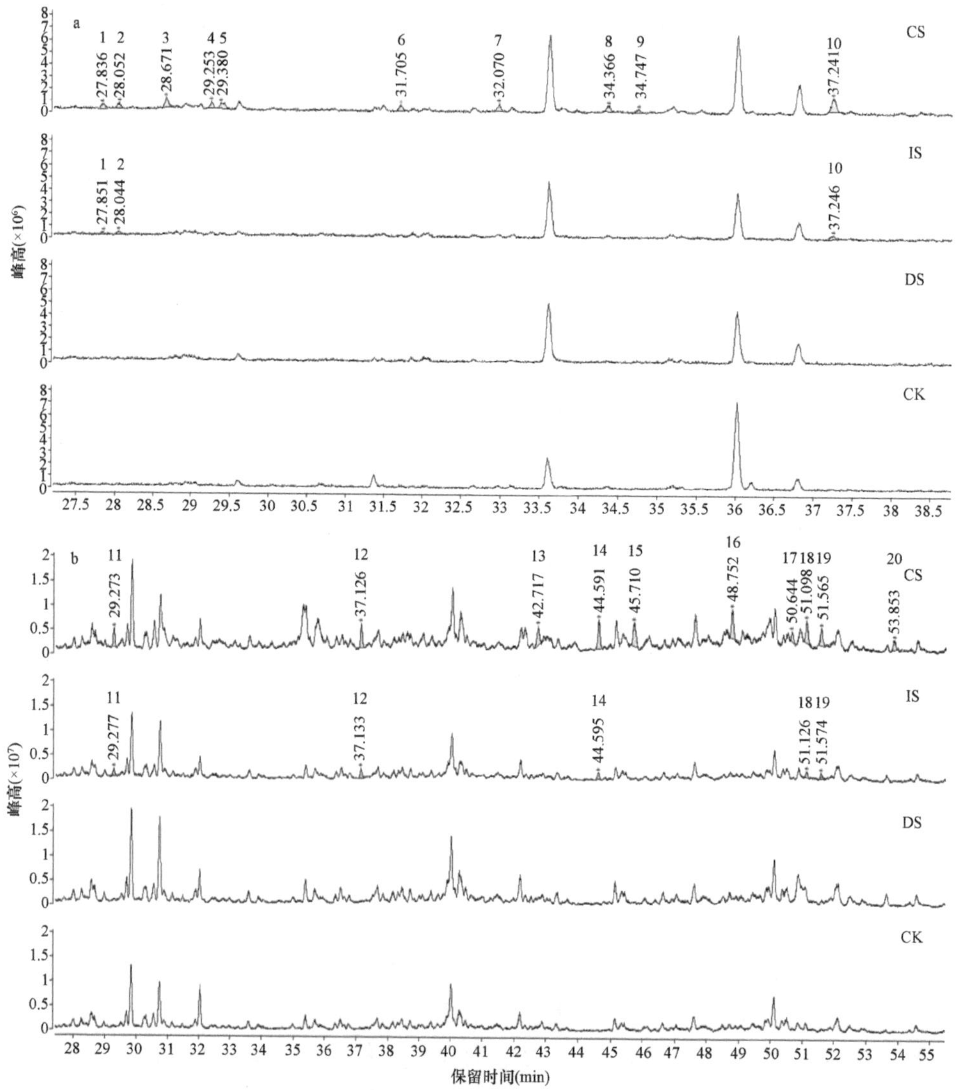

图 4-27　地黄不同根区土壤甲醇及正戊烷萃取溶液 GC-MS 图谱

对进行结构鉴定，发现有 8 种物质同时出现在 0～10cm（CS）和 10～20cm（IS）的土中（表 4-33）。这表明地黄的种植增加了 0～10cm（CS）和 10～20cm（IS）范围内土壤中极性和非极性物质的种类，而对距离植株较远的根外范围土壤中物质构成影响不大。

表 4-33 特殊存在于地黄根区土壤（0～10cm）中的 20 种化合物

保留时间（min）	化合物	分子式
27.836	3,4,7,8,9,10-六氢-4-羟基-10-甲基-2H-噁嗪-2-酮	$C_{10}H_{16}O_3$
28.052	反-3-氧代-2-(顺-2-戊烯基)-环戊乙酸甲酯	$C_{13}H_{20}O_3$
28.671	4-[2-(4-甲基苯基)乙烯基]吡啶	$C_{14}H_{13}N$
29.253	1,3-亚甲二氧基-4,7-二甲氧基-5-苯甲醛	$C_{10}H_{10}O_5$
29.380	2,5-二氨基苯甲酸	$C_7H_8N_2O_2$
31.705	乙酸 8-四氢联苯酯-1-醇	$C_{16}H_{28}O_2$
32.970	顺 7,顺 11,顺 13-十六碳三烯醛	$C_{16}H_{26}O$
34.366	5-十二烷基双环(2.2.1)-2-庚烯	$C_{19}H_{34}$
34.747	2-十六碳烯酸甲酯	$C_{17}H_{32}O_2$
37.241	反式-2-十六碳二烯酸	$C_{16}H_{30}O_2$
29.273	L-精氨酸甲酯	$C_7H_{16}N_4O_2$
37.126	4-戊烯酸 4-(4-甲基苯基)-乙酯	$C_{14}H_{18}O_2$
42.717	环十二烷甲醇	$C_{13}H_{26}O$
44.591	叔十六烷硫醇	$C_{16}H_{34}S$
45.710	1-十六醇	$C_{16}H_{34}O$
48.752	1,1′-(2-丙基-1,3-丙二基)双-环己烷	$C_{18}H_{34}$
50.644	12-二甲基氨基-10-氧十二烷酸	$C_{14}H_{27}NO_3$
51.098	反-9-十六碳烯酸	$C_{16}H_{30}O_2$
51.565	棕榈油酸	$C_{16}H_{30}O_2$
53.853	9-十六碳烯酸乙酯	$C_{18}H_{34}O_2$

通过 GC-MS 对地黄不同根区土壤提取物中化合物群的鉴定结果表明，地黄种植显著增加了根区土壤中物质的多样性，并且这些物质的分布区域与地黄的“化感圈”范围（化感自毒效应范围）基本一致。结合未种植过地黄对照土壤的 GC-MS 图谱和根外土图谱差异，我们初步确定了这些物质的结构。值得注意的是，这些鉴定的物质中一些物质，如 1,3-亚甲二氧基-4,7-二甲氧基-5-苯甲醛、顺 7,顺 11,顺 13-十六碳三烯醛、9-十六碳烯酸乙酯和棕榈油酸，这些物质已被报道具有较强化感活性，并与植物化感作用密切相关。根据已有的研究结果和我们前期的实验数据，我们推测这些物质可能属于地黄候选化感物质群中的一种或若干种，在地黄连作障碍形成中可能扮演重要角色。而这些具有典型化感活性的物质出现在地黄种植后的土壤中，表明这些物质主要源于栽培地黄的分泌。植物在生长发育过程中将这些化感物质排除至根际土空间内，其具体释放途径可能包括根系分泌、根部衰亡组织或来源于地黄根际共生菌的代谢、转化、降解产物等不同途径。此外，地黄“化感圈”内剩余的 15 种特殊物质目前虽尚未在国内外化感研究中有所报道，但这些物质也可能具有重要的化感活性，需进一步研究。

第五节　外源化感自毒物质反向体外添加的地黄连作模拟实验

一、移除根系分泌物对地黄生长的影响

（一）移除地黄根系分泌物对当季地黄生长的影响

为深入探讨地黄植后土壤中富集的根系分泌物造成地黄连作障碍的内在机制，我们在盆栽模拟实验基础上，通过移除、外源复添加地黄种植土壤水浸液方法来研究化感物在地黄连作伤害中具体角色。具体操作为：实验设置为对照组和处理组，对照组利用水浸淹种植地黄的土壤以此来收集土壤浸出液；处理组同样通过加水收集土壤浸出液。对照和处理的区别是，处理所获取的土壤浸出液，需要经过大孔树脂吸附处理，以移除其中根系所分泌的代谢物。土壤浸出液收集分别在地黄苗期、根系伸长期、块根膨大前期和收获期进行。随后，将上述对照、处理组的土壤浸出液反向添加至原浸提液获取源所对应盆栽，详细测定处理和对照地黄生理指标（叶片数、叶面积、冠幅面积、SOD 活性、相对电导率等）的影响。结果发现，处理组（滤除化感物质）地黄的各项生长指标均明显好于对照组，特别是处理组地黄地上部分的性状在苗期和伸长期长势较好。在地黄的不同生育时期，处理组叶片数均明显高于对照组，其中，出苗 30d、60d 和 90d，处理组的最大叶片长、最大叶面积均高于对照组，同时出苗 30d、60d、120d 植株的整体冠幅面积也显著大于对照组（表 4-34）。上述结果表明去除地黄土壤分泌物中的化感物质能有效减轻连作地黄生长的死亡率。

表 4-34　不同生育时期处理组和对照组地黄地上部分生长状况

生育时期（出苗后天数，d）	分组	叶片数	最大叶片长（cm）	最大叶片长（cm）	冠幅长（cm）	冠幅面积（cm^2）
30	处理	11.50±1.57	15.34±2.35	112.32±25.22	26.48±2.97	521.60±100.63
	对照	10.67±1.70	14.41±2.51	102.37±33.81	25.94±3.73	471.35±156.24
60	处理	10.56±1.83*	15.61±1.43*	102.83±38.26*	28.00±2.87	530.40±212.91*
	对照	9.20±1.40	12.85±2.95	86.25±36.71	24.70±4.69	228.50±63.05
90	处理	9.69±3.40	14.70±1.11	90.55±20.89	18.97±2.29	326.47±85.85
	对照	8.06±2.74	13.09±1.33	68.72±13.27	19.72±2.76	354.95±67.79
120	处理	9.67±1.94	9.89±2.20	42.88±20.25	19.67±6.88	336.90±227.11
	对照	11.40±1.78*	10.60±2.05	54.81±10.37	19.38±1.30	245.58±65.82

注：*表示 0.05（$P<0.05$）水平上的差异显著性

进一步对滤除化感物质的土壤浸提液处理组和未滤除化感物质的对照组处理下地黄生理生化比较发现，在出苗 30d 后，处理组地黄 SOD 活性明显高于对照组，相对电导率则低于对照组。出苗 60d，处理组的 SOD 活性低于对照组，并且处理组和对照组相对电导率均下降，处理组相对电导率高于对照组。这表明地黄生育前期植株已经感知外源添加化感物质的影响，加之苗期植株整体抗逆能力较差，因此，当其触及根际内化感物质及其诱发下游效应时，体内的抗逆体系及相关抗逆酶会受到显著扰动，SOD 活性受

到应激性调控。出苗 90d 时，对照组 SOD 活性提升，相对电导率持续下降。出苗 120d 时，处理组和对照组 SOD 活性和相对电导率相差不大，这可能与地黄所处的生育状态和外界环境条件变化有关，出苗后 120d 地黄块根基本膨大完成，进入成熟期，同时气温也较低，此时地黄生长基本处于缓慢的停滞状态，因此，此时 SOD 活性在处理和对照间基本变化不大（图 4-28）。

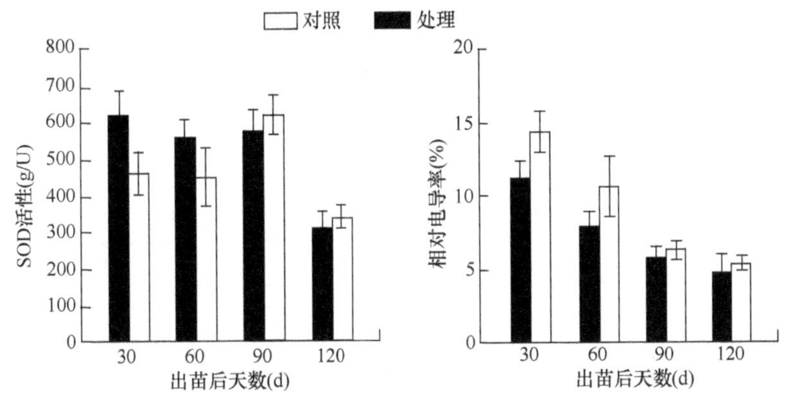

图 4-28　不同生育时期处理组和对照组地黄的 SOD 活性及叶片相对电导率

进一步对处理和对照组地黄叶片及块根物质积累及根系活力的分析，发现在收获时，处理组地黄的各项生理指标均优于对照组，其中处理组地黄叶片鲜重、块根鲜重均高于对照组，对照组地黄的块根鲜重仅为处理组的 83.49%。同时，处理组地黄叶片干重、块根干重均高于对照组，对照组地黄块根干重仅为处理组的 68.74%（表 4-35）。这表明处理组根系分泌物被过滤，其对根系的抑制作用减弱，根系的生长发育和对营养元素的吸收相应也恢复正常。

表 4-35　地黄收获期处理组和对照组的生理指标

分组	叶鲜重（g）	叶干重（g）	根鲜重（g）	根干重（g）	块根折干率（%）	根系活力（U/g）
处理组	6.69±2.61	1.29±0.61	81.03±10.78*	14.81±1.74*	18.29%±0.99%*	455.14±76.02
对照组	5.75±3.24	1.09±0.62	67.65±14.06	10.18±3.18	15.07%±1.47%	424.74±83.00

注：*表示不同处理在 0.05（$P<0.05$）水平上的差异显著性

（二）移除根系分泌物对地黄生殖生长的影响

为了追踪地黄根际化感物质对地黄生殖生长的影响，我们详细比较了滤除化感物质的土壤浸提液处理组和未滤除化感物质的对照组在地黄生殖生长方面的差异。结果发现，在地黄生育期的第二年地黄处理组返青苗的平均数量高于对照组，花蕾数量也较对照组多。同时，对比处理组和对照组种子千粒重，发现二者差异不大。这表明移除根系分泌物中的化感物质能够显著加强地黄营养生长，也间接促进了第二年生殖生长，显著增加了地黄的花朵数（表 4-36）。

表 4-36　不同处理组地黄第二年的生殖生长状况

分组	返苗数	花蕾数量	种子千粒重（g）	种子发芽率（%）	种子根长（cm）	种子茎长（cm）
处理组	1.25	9.40±0.89	0.15±0.03	83	1.91±0.29	0.82±0.10
对照组	0.95	7.00±2.38	0.14±0.06	86.4	1.99±0.27	0.73±0.11

同时，对比生殖生长期生理指标的差异，发现处理组地黄 SOD 活性和相对电导率低于对照组（表 4-37），这表明虽然地黄进入生殖生长营养生长基本停止，但是由于对照组的浸提液中仍存在着化感物质，仍对生殖生长状态的地黄产生一定的胁迫作用。

表 4-37　不同处理组地黄叶片第二年的 SOD 活性和相对电导率

分组	SOD 活性（U/g）	相对电导率（%）
处理组	7.98±2.88	6.33±2.18
对照组	9.43±2.30*	8.63±2.03*

注：*表示不同处理在 0.05（$P<0.05$）水平上的差异显著性

二、外源添加不同时期根系分泌物对地黄生长的影响

（一）地黄不同生育时期地黄根系分泌物的化感活性

我们将上述在地黄不同生育时期所萃取的土壤浸出液外源添加至地黄根际内，进一步了解地黄化感物质对地黄生长的影响。实验所用地黄根系分泌分别萃取自 6 个地黄生育时期内根际土，其中，

A 组：出苗 30d 的地黄根系分泌物（M1）处理；

B 组：出苗 60d 的地黄根系分泌物（M2）处理；

C 组：出苗 90d 的地黄根系分泌物（M3）处理；

D 组：出苗 120d 的地黄根系分泌物（M4）处理；

E 组：上述不同时期根系分泌物的等比例混合（M1+M2+M3+M4）处理；

F 组：连作对照；

G 组：头茬对照。

结果发现，添加地黄根系分泌物的不同处理组地黄的块根生长明显不如头茬对照。在地黄收获期，正常生长的头茬地黄块根鲜重最大，达 45.50g，不同时期复合酚酸处理（E 组）地黄块根鲜重最小，为 17.94g，仅达到头茬组地黄鲜重 39.43%；60d、90d 地黄根系分泌处理（B、C）地黄的块根鲜重与连作对照组差别不大，其重量分别是头茬组对照地黄的 51.89%、47.16%、47.05%，而地黄幼苗期（A 组）、成熟期（D 组）的根系分泌物所处理地黄块根鲜重达到头茬组地黄的 66.68%、85.76%（表 4-38）。上述实验表明，地黄不同生育时期的根系分泌物对地黄块根的生长均有一定程度的抑制作用，其中，尤以添加不同时期的混合根际土分泌物的抑制作用最为明显，而 B、C 组与连作地黄相

似所表现的症状基本类似。由此可见，地黄不同时期的根系分泌物的化感作用是不同的，化感物质的种类和浓度不相同，膨大前期地黄分泌的化感物质化感作用最强。

表 4-38　添加不同时期根系分泌物的地黄块根鲜重及根系活力

性状	A	B	C	D	E	F	G
块根鲜重（g）	30.34±13.26abAB	23.61±14.68bB	21.46±11.00bB	39.02±17.18aA	17.94±11.91bB	21.41±10.03bB	45.50±10.87aA
根系活力（U/g）	407.50±52.88bAB	379.61±84.95bB	347.09±64.78bB	451.22±70.06aA	329.44±96.17bB	317.51±95.66bB	484.94±70.22aA

注：同行不同小写字母和大写字母分别表示不同处理在 0.05（$P<0.05$）和 0.01（$P<0.01$）水平上的差异显著性

（二）单一酚酸和复合酚酸处理的化感活性效应

为进一步探讨在地黄连作障碍形成过程中不同酚酸协同伤害机制及对连作障碍形成的贡献率，我们详细设置单一酚酸或不同复合酚酸组合处理，研究化感物质单一或组合处理化感效应：

i. 单一酚酸处理

A：对羟基苯甲酸；

B：香豆酸；

C：丁香酸；

D：阿魏酸；

E：香草酸。

ii. 不同酚酸组合处理

F：对羟基苯甲酸和香豆酸；

G：对羟基苯甲酸和丁香酸；

H：香豆酸和丁香酸；

I：对羟基苯甲酸、香豆酸和丁香酸；

J：对羟基苯甲酸、香豆酸、丁香酸、阿魏酸和香草酸。

结果发现，与头茬地黄相比，不同酚酸处理的地黄成活率表现出明显的差异，其中对羟基苯甲酸处理降低了 20%，香豆酸处理降低了 23.71%，丁香酸处理提高了 2.22%，阿魏酸降低了 34.82%，香草酸降低了 20%；对羟基苯甲酸和香豆酸混合处理降低了 47.78%，对羟基苯甲酸和丁香酸混合处理降低了 49.63%，香豆酸和丁香酸处理降低了 49.63%，对羟基苯甲酸、香豆酸和丁香酸处理降低了 45.93%，对羟基苯甲酸、香豆酸、丁香酸、阿魏酸和香草酸处理降低了 45.93%。在单一酚酸处理的 5 组中，丁香酸地黄成活率最高，但各组处理均高于连作地黄上述的结果表明，在单一酚酸处理下，除丁香酸对地黄成活率基本没有影响外，其他单一酚酸处理对地黄均表现出不同程度抑制率，其中抑制作用最强的是阿魏酸。在复合酚酸处理组中，对羟基苯甲酸和香豆酸，对羟基苯甲酸和丁香酸，香豆酸和丁香酸，对羟基苯甲酸、香豆酸和丁香酸，对羟基苯甲酸、香豆酸、丁香酸、阿魏酸和香草酸处理对地黄成活率的抑制表现基本一致，但均低于连作对照组，表明不同酚酸的叠加混合表现出更强的化感抑制作用，其抑制活性远远超过正常连作处理（图 4-29）。

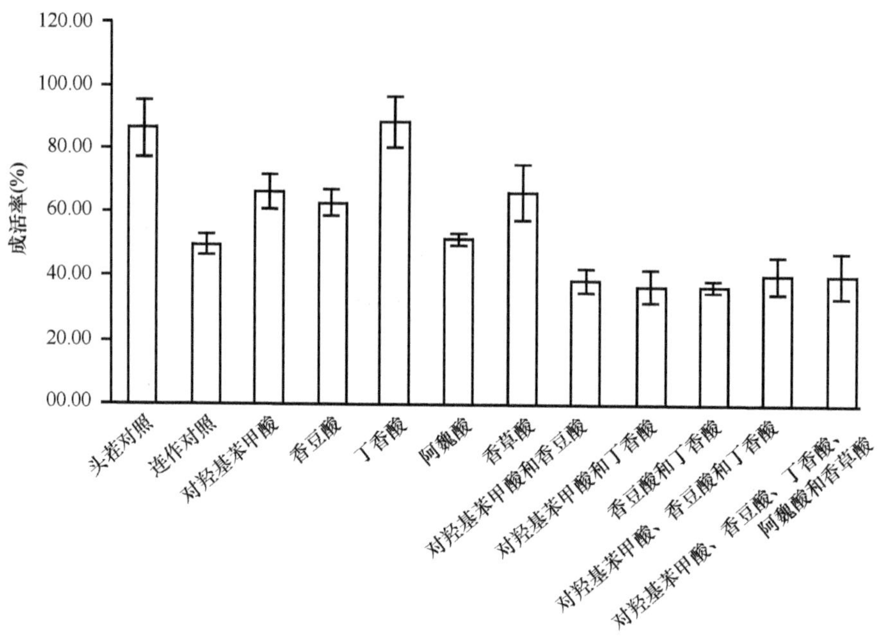

图 4-29 外源添加不同酚酸对地黄成活率的影响

对上述不同处理下地黄叶片鲜重的分析发现，单一酚酸处理中，对羟基苯甲酸和阿魏酸处理对叶鲜重有促进作用，丁香酸有一定抑制作用，其抑制效果接近连作对照，丁香酸处理抑制作用最强。而酚酸混合液中，香豆酸和丁香酸混合、对羟基苯甲酸和丁香酸复合酚酸处理对地黄叶生长有促进作用，另三种复合酚酸混合处理对地黄叶鲜重具有显著抑制作用（图 4-30）。同时，对比分析不同酚酸处理对叶绿素含量的影响，结果发现与头茬地黄叶绿素含量相比，单体酚酸处理的各组中，对羟基苯甲酸、香豆酸、丁香酸处理的叶绿素含量明显减少，阿魏酸、香草酸处理叶绿素含量与头茬对照相比差异不大。在复合酚酸处理的各组中，对羟基苯甲酸和香豆酸处理显著增加叶绿素含量，香豆酸和丁香酸处理则降低了叶绿素含量，其他三组处理对叶绿素含量影响不大。从不同复合酚酸处理对叶绿素含量的整体影响来看，香豆酸、丁香酸处理虽然减少了地黄叶片内叶绿素含量，但处理后的叶绿素含量仍然高于对照组连作地黄，而复合酚酸处理下，除香豆酸和丁香酸对叶绿素含量有较小的抑制效应外，对羟基苯甲酸和丁香酸复合酚酸，对羟基苯甲酸、香豆酸和丁香酸，对羟基苯甲酸、香豆酸、丁香酸、阿魏酸和香草酸复合酚酸对叶绿素含量影响不大，对羟基苯甲酸和香豆酸混合处理甚至有促进作用（图 4-31）。

进一步对比单一和复合酚酸处理对地黄块根形成影响，我们详细检测了单一和复合酚酸处理对地黄块根重量及根系活力的影响。结果发现，经过单一酚酸与复合酚酸处理过的地黄，根体积、根鲜重一定程度上出现小幅度增减，其中头茬组地黄根系活力最大，香草酸处理根系活力最弱。在单一酚酸处理组中，香豆酸、香草酸处理活力低，其他三组活力略高于连作对照组，低于头茬对照组。在复合酚酸处理组中，对羟基苯甲酸、香豆酸和丁香酸混合处理最低，香豆酸和丁香酸混合处理与连作对照组相似，其他三组与头茬组相似（图 4-32～图 4-34）。

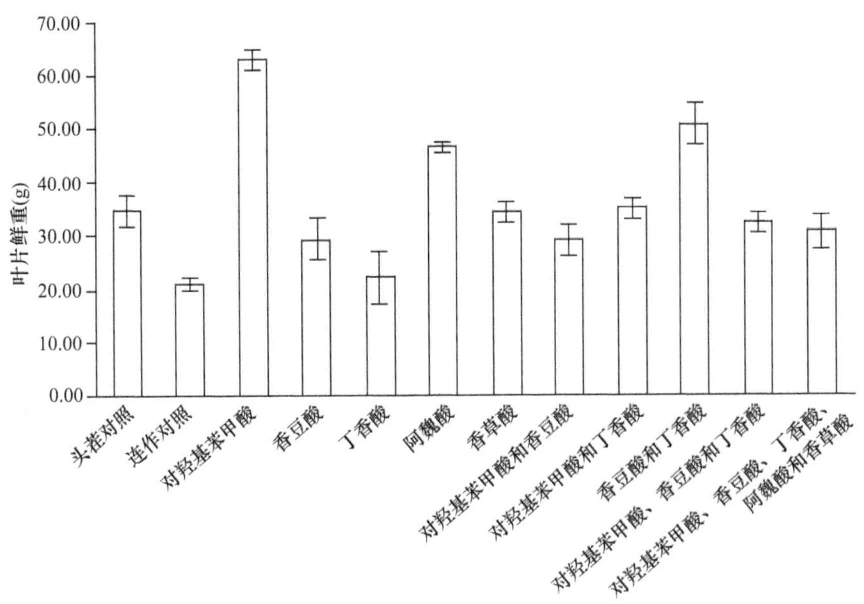

图 4-30　外源添加不同酚酸对地黄叶片生长的影响

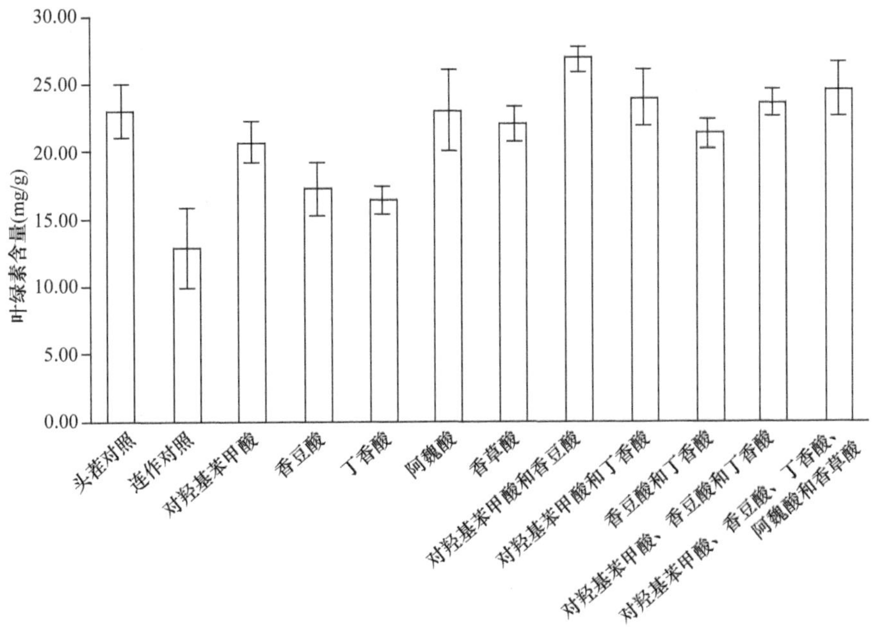

图 4-31　外源添加不同酚酸对地黄叶绿素含量的影响

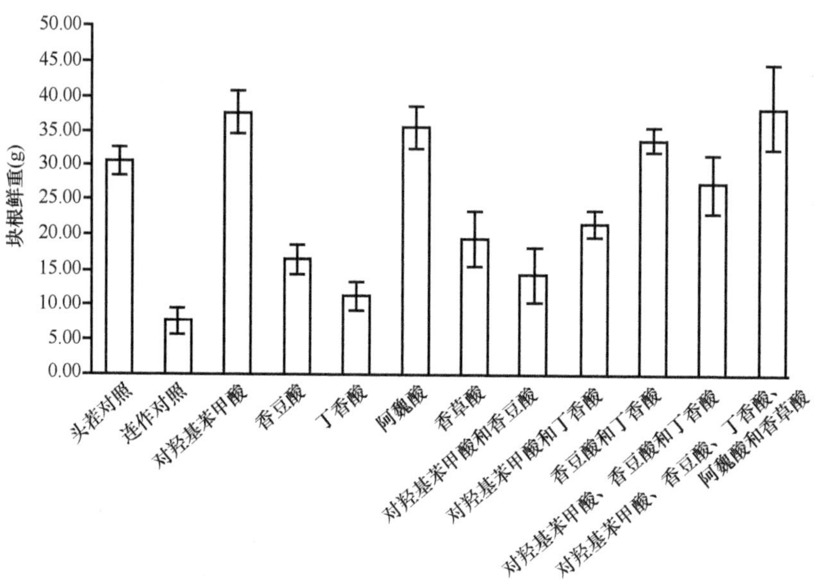

图 4-32　外源添加不同酚酸对地黄块根鲜重的影响

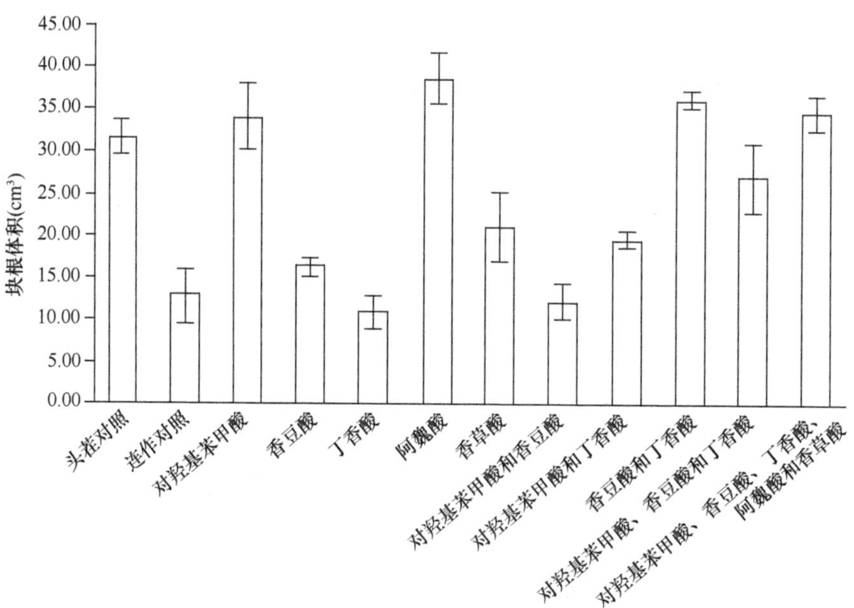

图 4-33　外源添加不同酚酸对地黄块根体积的影响

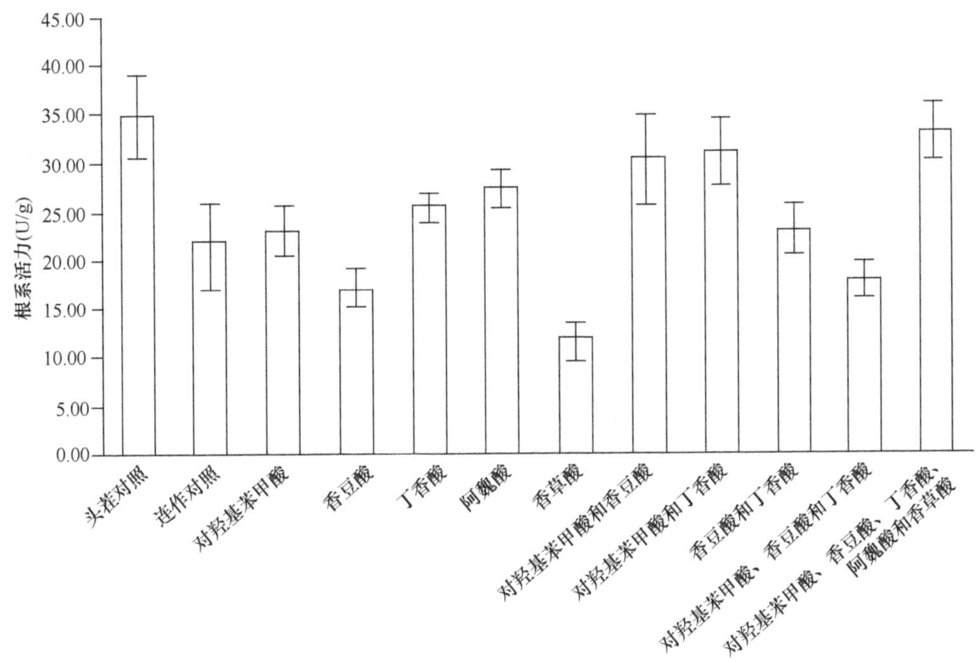

图 4-34　外源添加不同酚酸对地黄根系活力的影响

（三）单一酚酸和复合酚酸处理对地黄生理伤害效应

相对电导率是衡量细胞膜透性的代表性指标之一，为了进一步分析上述不同单体和复合酚酸处理对地黄细胞渗透性的影响，我们详细分析了不同酚酸处理下地黄叶片的相对电导率差异。结果发现不同处理对地黄细胞渗透性影响存在明显差异，其中，单独丁香酸、单独阿魏酸及香豆酸和丁香酸复合酚酸对细胞的伤害明显大于连作对照组，其他各组处理与连作对照伤害效应相当（图 4-35）。这表明酚酸处理显著增加了细胞渗透性，造成细胞膜结构受损，改变了叶片细胞渗透压，破坏了地黄正常的生长发育进程。从单一酚酸和复合酚酸处理的伤害差异效应分析表明，一定浓度水平的酚酸单一处理，会对地黄的细胞渗透性造成影响，其中丁香酸和阿魏酸作用较为明显，另外三种酸对地黄的细胞渗透性的影响与对照连作地黄基本类似。不同浓度的酚酸混合液处理下均能提高地黄的细胞渗透性，其中香豆酸和丁香酸混合液对地黄细胞渗透性影响最为明显，其余组合的酚酸混合液对地黄细胞渗透性抑制能力与对照连作地黄基本一致。

综上所述，滤除根系分泌物中的化感物质能有效促进地黄的生长及块根的发育，更加证明了地黄分泌到土壤中的化感物质与地黄连作障碍的形成具有密切的关联性，这也从侧面提示我们通过降低、减少或抑制土壤中根系化感物质的含量积累，在一定程度上能有效地缓解连作障碍问题。地黄在生长发育过程中，会持续性地向根际土内分泌大量的根系分泌物，而这些分泌中包含有大量的对植物生长有抑制效应的化感物质，这些化感物质混合在一起构成化感物质群。在这些化感物质中，究竟哪些有化感伤害效应，哪些没有伤害效应，哪些起主要作用，哪些起辅助作用，目前并没有具体、清晰的定论。为了详细解析根际土中化感物质间的协同和相互作用，我们详细设置单一和不同组合

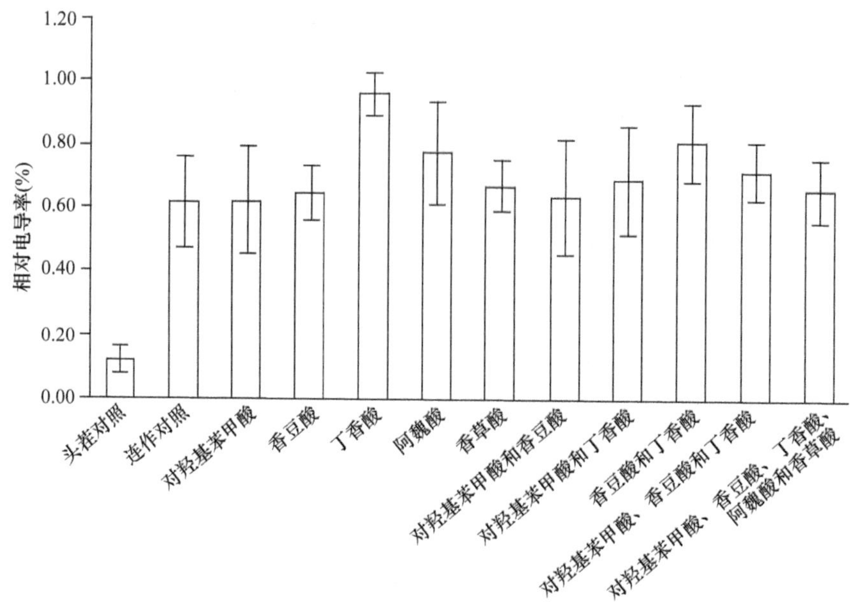

图 4-35　外源添加不同酚酸对地黄细胞相对电导率影响

复合酚酸处理，通过实验发现，单一酚酸或者复合酚酸组合对地黄的某个生理指标具有促进作用，但是混合酸对地黄生理指标的影响更为接近连作效应。试验结果表明，除丁香酸对地黄成活率具有促进作用外，其他各组均具有抑制作用。混酸处理组的成活率基本一致，与连作组相似，且成活率都显著低于单一酚酸处理，连作地黄在生长中期出现的大量死亡现象与酚酸类物质存在密切的关系，可能是多种酚酸互相影响共同作用造成的。其中，除丁香酸对地黄成活率具有促进作用，其他各组均具有抑制作用，而对羟基苯甲酸、香豆酸和丁香酸混合则具有抑制块根体积及根系活力的作用。

因此，由实验结果我们初步明确了单一酚酸处理并不能有效发挥化感抑制作用，而复合酚酸对地黄抑制作用较为明显，侧面证明了酚酸的交互作用可能对地黄连作障碍形成过程起着重要作用。这些结果为进一步深入解析地黄连作障碍形成过程中酚酸间作用方式及机制，阐明地黄酚酸类化感物质的分子作用机制奠定了基础。植物化感作用潜力是植物所释放出的所有化感物质综合作用的结果。Eiuhellig（1995）认为，几乎所有植物的化感作用潜力都是由两种或两种以上化合物的互作引起的。在田间环境下，植物所释放的化学物质浓度一般都低于其抑制作用的起始浓度，因此酚酸含量高并不一定代表抑制作用强烈，但地黄土壤中浓度较高的酚酸含量可能会影响地黄的生长，造成间隔 2 年土壤再植的地黄叶片比间隔 8 年土壤的长势差，从而造成地黄叶片制造光合产物的能力下降，源对库的供应不足，阻碍了连作地黄块根的膨大。但地黄中后期土壤微生态的变化和酚酸类物质的变化尚不清楚，因此研究地黄土壤微生态的动态变化和化感物质的互作规律就显得尤为重要。要进一步探讨地黄土壤中酚酸类物质间的互作效应，必须要明确每一种酚酸化合物对抑制率的贡献程度。

（杜家方　李　娟　李明杰　张　宝　古　力）

参考文献

史刚荣. 2004. 植物根系分泌物的生态效应. 生态学杂志, 23(1): 97-101.

Eiuhellig F A. 1995. Mechanism of action of allelochemicals in allelopathy//Inderjit K M, Dakshini M, Einhellig F A. Allelopathy: Organisms, Processes, and Applications. ACS Symposium Series 582. Washington: American Chemical Society: 96-116.

Parker C. 1966. The importance of shoot entry in the action of herbicides applied to the soil. Weeds, 14(2): 117-121.

第五章　化感自毒物质介导的连作地黄根际灾变机制

植物根际界面是一个活的、动态的多元世界，内部含有大量的微生物，它们彼此之间相互制约又相互依赖，存在着互惠共生、利他行为等多种形式的合作行为，表现出典型的群居生物的特征，形成了一个相对平衡的根际微生物社会。在这个根际世界中，外源化学物质的渗入会对根际微生物种群产生巨大的扰动效应，打破原生境的微生物平衡，显著促进一部分微生物生长，而抑制另外一部分微生物增殖。植物在生长发育过程中，会不间断地向根际土释放大量分泌物，这些分泌物具有很强的生态和化感效应，能够显著地引起根际微生物群体失衡。植物分泌的化感物质不仅可以直接作用于植物体而影响植物自身的生长，还可以刺激或诱导土壤微生物区系发生变化。这些变化的微生物群体还能通过吞噬、消化和分解根际化感物质作用进一步改变自毒物质的数量和种类，诱使植物根际发生强烈的连锁效应。在地黄连作障碍形成过程中，化感自毒物质能够诱发地黄根际微生态结构失衡，显著诱导和促进致病菌增殖，抑制有益微生物生长，造成严重的根际灾变效应，导致连作地黄大面积死亡。

第一节　连作地黄土壤理化性质和营养循环相关菌的变化

植物在正常生育期内，可从土壤中成比例地吸收营养元素。不同的植物在其生长发育过程中会对土壤中某一类或某几类营养元素表现出典型的嗜好性吸收，即对某一种或某几种营养元素具有较强的富集能力。作物会对土壤中某一个或某一类营养元素具有典型偏好性，在同一块土地上连续种植同一种作物，会造成土壤中相应元素亏缺。如果根际土中这些元素得不到有效补充，必然会造成茬口内特定营养元素的缺乏，进而影响下茬作物的生长，造成作物营养不良，长势变差，植物抗逆能力下降，容易感染病虫害等问题。特别是目前农业生产中集约化单一栽培模式很大程度上会加剧根际营养元素不平衡、土传病虫害大规模爆发，导致作物产量和品质下降，加重连作障碍的形成和发生。

一、连作和头茬地黄根际土理化性质的比较

（一）连作对植药土壤和地黄中无机元素含量的影响

在不同作物耕作制度研究中，均发现连作会显著影响根际土理化性质。为了解连作对地黄根际土理化性质和根际营养元素的影响，我们对连作地黄根际土内大量元素、微量元素等关键土壤理化性质指标进行详细研究，以解析土壤理化性质在连作障碍形成过程中所扮演的角色。

1. 地黄连作对土壤中无机元素含量的影响

分别对来自地黄道地产区（河南焦作温县）与非道地产区（河南郑州）的非连作土

（空白土）、地黄头茬土和连作土中的营养元素进行综合测定，结果发现，除元素 Ca、K、Na、Si 外，道地产区（温县）空白土中元素 Al、Cu、Fe、Mg、Mn、P、Ti、Zn 分别是非道地产区（河南郑州）空白土中各元素的 1.046 倍、1.600 倍、1.086 倍、1.105 倍、1.127 倍、1.523 倍、1.022 倍、1.310 倍，二者中 Ba 元素含量相接近。对比两个地区连作和头茬土营养元素差异，发现在温县，与空白土相比，头茬土和连作土中 Al、Ba、Ca、Fe、K、Mg、Mn、Na、Si 含量均升高，其中 Ca、Fe、K、Mn、Na 等元素随种植年限增加会显著富集；在郑州地区，与空白土相比，头茬土和连作土中元素 Al、Ba、Cu、Fe、Mg、Mn、Ti、Si 均升高，其中土壤中元素 Al、Ba、Fe、Mn、Si、Ti 随种植年限增加而富集。对比两个地区连作和头茬土中营养元素，发现地黄道地与非道地产区土中元素 Al、Fe、Mg、Mn、Si 均升高，而元素 Fe 和 Mn 均随地黄种植年限增加出现富集。

2. 连作对地黄块根中无机元素含量的影响

比较不同产区、不同种植年限地黄块根中营养元素的含量发现，在郑州地区（种植品种为“温 85-5”），头茬地黄块根中 Al、Ca、Cu、Fe、Na、Si、Ti 含量分别为连作地黄的 1.506 倍、1.020 倍、1.149 倍、2.800 倍、1.467 倍、1.746 倍、2.000 倍，而 Ba、K、Mg、Mn、P、Zn 含量则分别是连作地黄的 84.0%、77.7%、85.5%、94.2%、75.9%、73.3%。在焦作温县地区（种植品种为“北京 1 号”），头茬地黄块根中除 Mn 含量略低于连作地黄外，其他元素 Al、Ba、Ca、Cu、Fe、K、Mg、Na、P、Si、Ti、Zn 含量均高于连作地黄，分别达到了连作地黄的 1.185 倍、1.398 倍、1.183 倍、1.451 倍、1.673 倍、1.314 倍、1.303 倍、1.122 倍、1.569 倍、1.208 倍、1.239 倍、1.221 倍。

3. 连作对地黄根际土肥力水平的影响

为了排除大田栽培中前茬作物、基肥及其他人工栽培措施对土壤基底肥力和土壤性质的影响，同时滤除栽培品种人工驯化过程中对土壤肥力水平不同耐受性，我们选择野生地黄作为实验材料，详细分析连作对地黄根际土关键营养成分的影响。从 4 个土壤样品的 pH 对比分析结果可以看出，连作土壤样品的 pH 低于头茬和野生生长的地黄（表 5-1）。同时，对不同连作年限地黄根际土中速效养分的含量进行分析发现，不同处理土壤中速效养分含量存在显著性差异，其中连作土壤样品中碱解氮、速效磷、速效钾的含量分别为 4.3493mg/kg、11.9510mg/kg、21.2820mg/kg，均显著高于头茬和野生地黄（表 5-1），一定程度上说明了土壤肥力亏缺不是导致连作障碍的直接原因。

表 5-1　不同连作年限地黄根际土肥力指标的比较

样品	pH	碱解氮（mg/kg）	速效磷（mg/kg）	速效钾（mg/kg）	有机质（g/kg）
野生地黄（WR）	8.2567±0.0145b	2.0533±0.1409c	1.3786±0.0596d	13.4019±0.0471c	7.2867±0.1220c
头茬土（ZC）	8.2300±0.0058b	3.8080±0.2750b	4.0056±0.0469c	18.1379±0.0817b	12.8067±0.0754a
连作地黄土壤（CC）	8.0933±0.0088c	4.3493±0.1967ab	11.9510±0.0982a	21.2820±0.4714a	11.2000±0.0907b
对照（CK）	8.3233±0.0203a	5.4133±0.4445a	5.5923±0.0225b	12.0954±0.2625d	12.4400±0.0723a

注：同列不同小写字母表示不同处理在 0.05（$P<0.05$）水平上的差异显著性

4. 连作土壤营养胁迫

碳氮营养平衡假说认为，高营养条件下，与之相对应的是生长速度快、适应性广，以碳为基础的代谢水平低；低营养条件下，与之相对应的是生长速度慢、适应性差，由于缺乏营养造成以碳为基础的防御代谢水平提高。该假说认为在营养胁迫时，作物生长的速度大为减缓，与之相比，光合作用变化不大，作物会积累较多的 C、H 元素，体内 C/N 增大，因此酚类等以碳为基础的化感物质就会增多。间隔年限短的土壤基本肥力较间隔年限长的低，根据此假说，间隔年限短的土壤再植地黄时，由于营养胁迫的原因导致酚酸类等化感物质增多，从而影响地黄的生长。因此，土壤营养与土壤中酚酸物质互相影响，与地黄的生长发育形成了一个有机整体，需要深入研究土壤营养与地黄化感作用的关系，为阐明地黄连作障碍的机制奠定基础。

（二）连作和不同间隔年限植药土壤肥力的变化

土壤根区是一个复杂的微生态环境。由于植物根系的分泌、地上部分的淋洗、凋落物及有机物的腐解、微生物的活动等多种原因，使得植物根际周围存在着各种各样的化合物。这些物质往往会通过影响土壤中营养物质的有效形态及微生物种群的分布等因素影响其他植物或自身植物的生长与发育。许多化感物质不仅影响邻近植物的生长发育，也影响到土壤的理化性质，进而影响植物的吸收和生长。从表 5-2 可以看出，间隔 8 年地黄土壤中速效钾、速效氮、全氮和有机质含量分别为间隔 2 年地黄土壤的 1.79 倍、1.19 倍、1.05 倍和 1.08 倍，而间隔 2 年土壤的速效磷含量为间隔 8 年土壤的 2.94 倍。因此，可以推断化感物质如酚酸类物质致使地黄土壤养分结构发生改变，进而影响地黄的生长和发育，其机理尚待进一步研究。

表 5-2 不同间隔年限地黄的土壤基础肥力指标

间隔年限	速效钾（mg/kg）	速效磷（mg/kg）	速效氮（mg/kg）	全氮（g/kg）	有机质（g/kg）	pH
8	226.26bB	5.26eD	51.1cC	0.425abAB	6.00bBC	8.00aA
6	205.39dD	32.69aA	66.73aA	0.420abcAB	6.52bAB	7.47bB
4	210.44cC	23.08bB	59.27bB	0.408bcAB	6.36abAB	7.89aA
2	126.26eE	15.47cC	42.93dD	0.403cB	5.53cC	7.98aA
CK	287.54aA	13.10dC	44.57dD	0.432aA	6.74aA	7.91aA

注：同列不同小写字母和大写字母分别表示不同处理在 0.05（$P<0.05$）和 0.01（$P<0.01$）水平上的差异显著性

二、连作对地黄根际土酶活性的影响

在地黄研究中，分别分析怀地黄道地产区河南焦作和非道地产区山西临汾两个地方的对照土壤（邻近空白土壤）、头茬地黄（仅种植一年）和连作地黄（连作一年）土壤中微生物酶活性的差异。结果发现，地黄连作能显著引起土壤酶活性变化。由于两个地黄产区存在地理位置的差异，土壤酶活性也存在较大的差异，部分土壤酶活性差异甚至达到显著水平。但随着地黄种植年限逐渐增加，两个产区的同种土壤酶活性的变化趋势却基本相同。其中，土壤脲酶、蔗糖酶和过氧化氢酶的活性均随种植年限的增加而下降，土壤多酚氧化酶、纤维素酶和蛋白酶的活性则随种植年限的增加而增加，土壤磷酸酶活性却随着种植年限的增加在不同产区土壤中呈现相反的变化趋势（表 5-3）。

表 5-3　焦作和临汾地区连作和头茬土壤样品中土壤酶活性比较

土壤类型	脲酶（mg/g）	蔗糖酶（mg/g）	磷酸酶（mg/g）	纤维素酶（mg/g）	多酚氧化酶（mg/g）	蛋白酶（mg/g）	过氧化氢酶（mL/g）
焦作对照土	2.35b	20.34a	0.39a	0.058b	0.112b	0.053d	2.87a
焦作头茬土	1.57c	14.52c	0.32b	0.092b	0.327b	0.112c	2.02c
焦作连作土	0.58e	5.48e	0.24a	0.154a	0.455a	0.274a	1.38e
临汾对照土	3.24a	18.55b	0.33b	0.055b	0.098c	0.187b	2.77a
临汾头茬土	2.16b	15.67c	0.41a	0.085b	0.345b	0.196b	2.46b
临汾连作土	1.01d	8.32d	0.45a	0.186a	0.642a	0.321a	1.95d

注：同列不同小写字母表示不同处理在 0.05（$P<0.05$）水平上的差异显著性

具体而言，随着种植年限的增加，土壤脲酶、蔗糖酶和过氧化氢酶的活性均有所下降，其中，焦作产区的地黄连作土壤比头茬和对照土壤的脲酶活性下降了 63.06%和 75.32%，临汾产区的连作地黄土壤比头茬和对照土壤的脲酶活性下降了 53.24%和 68.83%。在两个产区连作土壤中，其蔗糖酶活性也分别比对照下降了 73.06%和 55.15%；过氧化氢酶活性也呈相同的降低趋势，分别比对照下降了 51.92%和 29.60%。同时，在两个产区连作土壤中，其多酚氧化酶的活性显著高于对照土，分别增加了 306.25%和 555.10%。对纤维素酶和蛋白酶而言，焦作产区连作土壤酶活性分别比头茬和对照增加了 67.39%、165.52%和 144.64%、416.98%，差异均达显著水平。临汾产区土壤中的纤维素酶和蛋白酶的变化趋势与焦作产区相一致，随着连作年限的增加，连作土壤纤维素酶活性增加了 118.82%、238.18%，蛋白酶活性则增加了 63.78%、71.66%。而两个产区土壤中的磷酸酶活性变化却呈相反变化趋势，即随着种植年限的增加，焦作产区土壤磷酸酶活性显著降低，其土壤中磷酸酶活性分别比头茬和对照土壤降低了 25.00%和 38.46%，而临汾产区土壤酶活性随着种植年限的增加而显著升高，连作土壤磷酸酶活性分别比头茬和对照土壤酶活性增加了 9.76%和 36.36%（表 5-3）。

三、连作和头茬地黄根际微生物数量比较

早期对地黄连作中微生物数量变化的研究主要通过稀释平板计数法，虽然实验中可培养的微生物种类仅占土壤微生物总种类的 0.01%～10%（贺纪正和葛源，2007），但由于其可操作性强，结果较为直观，现在仍是一种常用的土壤微生物数量分析技术。我们应用稀释平板法研究焦作和临汾地黄两产区对照土壤（邻近空白土壤）、头茬地黄（仅种植一年）和连作地黄（连续种植一年）土壤中微生物酶活性的差异和土壤的微生物数量，结果发现地黄种植能显著引起土壤细菌数量发生变化，与对照相比，头茬土壤细菌数量明显增加，两个产区分别增加了 197.43%和 200.33%，均达到显著水平。与头茬土

壤相比，地黄连作造成土壤细菌数量显著下降，分别比头茬地黄土壤下降了 48.56%和 51.03%；但与对照相比，连作地黄土壤细菌数量分别显著增加了 53.00%和 47.07%。随着地黄种植年限的增加，真菌数量显著增多，与对照相比，两个产区头茬土壤真菌数量分别显著增加了 64.38%和 59.52%；连作土壤真菌数量分别比对照显著增加了 166.43%和 173.56%。放线菌数量的变化趋势与真菌相同，即随着种植年限的增加而显著增多，总体上增幅不大，头茬土壤和连作土壤中放线菌数量均显著高于对照，分别增加了 42.37%、78.96%和 55.10%、80.47%（表 5-4）。

表 5-4　焦作和临汾地区头茬和连作土壤样品中可培养微生物数量变化

不同地区土样	细菌（$\times10^6$CFU/g）	真菌（$\times10^4$CFU/g）	放线菌（$\times10^6$CFU/g）	真菌/细菌
焦作对照土	5.83c	8.31c	3.28c	1.43
焦作头茬土	17.34a	13.66b	4.67b	0.79
焦作连作土	8.92b	22.14a	5.87a	2.48
临汾对照土	6.14c	7.98c	3.43c	1.3
临汾头茬土	18.44a	12.73b	5.32a	0.69
临汾连作土	9.03b	21.83a	6.19a	2.42

注：同列不同小写字母表示不同处理在 0.05（$P<0.05$）水平上的差异显著性

总体来看，细菌对连作的反应较为敏感。随着种植年限的延长，土壤细菌数量明显减少，真菌数量逐年增多，放线菌则变化不大。通过同一种植年限的真菌与细菌比值（fungi/bacteria）对比分析则发现，随着种植年限的逐渐增加，地黄土壤微生物类型明显由“细菌型”逐步向“真菌型”过渡。

四、地黄连作对根际微生物群体时空变化的影响

（一）不同连作年限根际土微生物群体变化

1. 不同种植年限地黄根际土微生物数量的变化

通过比较地黄不同年限的土壤微生物群体变化，发现头茬与连作地黄的土壤细菌总量没有明显差异，但均显著高于对照土壤（空白）的细菌总量，分别增加了 209.26%和 207.03%。不同种植年限地黄根际土真菌数量的变化趋势与细菌基本相同，随着种植年限的增加而减少，整体降幅不大，但头茬、连作土壤内真菌数量远远高于空白土壤，分别增加了 440.89%和 300.00%。根际土内放线菌的变化趋势则与细菌、真菌相反，连作土壤内放线菌数量显著高于空白对照，头茬与空白对照没有显著差异，并且连作土壤内放线菌的数量极显著地高于头茬，其数量达到了头茬的 4 倍。这些结果表明不同种类的根际微生物种类对连作反应敏感度存在明显差异（表 5-5）。总的来说，地黄种植能够显著促进根际土微生物的增殖，并且种植年限越长，根际微生物群体种类改变也越大。

表 5-5　连作土壤中可培养微生物数量变化

处理	细菌（×10⁶）	放线菌（×10⁶）	真菌（×10⁶）
CK	5.83bB	3.80bB	2.25bA
头茬	18.03aA	6.35bB	12.17aA
连作	17.90aA	26.00aA	9.00abA

注：同列不同小写字母和大写字母分别表示不同处理在 0.05（$P<0.05$）和 0.01（$P<0.01$）水平上的差异显著性

2. 地黄不同种植年限土壤功能微生物数量的变化

进一步分析不同种植年限地黄根际土中微生物群体种类的差异时，可以明显发现随着种植年限的逐渐增加，其根际土中氨化细菌、反硝化细菌、好气性自生固氮菌、嫌气性纤维素分解菌数量出现显著增加（表 5-6）。其中，连作地黄土壤中氨化细菌、好气性自生固氮菌数量分别比头茬增加了 25.99 倍和 45.39 倍；连作土壤中反硝化细菌和嫌气性纤维素分解菌分别比头茬增加了 136.26%和 142.99%。相反的是，好气性纤维素分解菌数量却随种植年限的增加明显减少，其中头茬土壤中好气性纤维素分解菌数量分别是连作和空白土壤的 6.54 倍和 75.64 倍，达到了极显著差异水平。不同根际土内硫化细菌丰度变化较为特殊，空白土壤中的数量最多，其数量分别是头茬和连作地黄根际土的 734.78 倍和 59.11 倍，即空白土＞连作＞头茬。此外，在这三种根际土样中检测到最多的细菌种类为氨化细菌，属于优势细菌生理类群，而未检测到亚硝酸细菌（表 5-6）。这表明地黄根系分泌物对土壤中氨化细菌、反硝化细菌、好气性自生固氮菌、嫌气性纤维素分解菌等微生物种群具有显著的促进作用，而对好气性纤维素分解菌、硫化细菌则有一定的抑制作用。

表 5-6　连作土壤中功能微生物数量变化

种植年限	氨化细菌（×10⁶）	亚硝酸细菌（×10³）	反硝化细菌（×10⁴）	好气性自生固氮菌（×10⁴）	好气性纤维素分解菌（×10²）	嫌气性纤维素分解菌（×10）	硫化细菌（×10²）
空白土	2.12cC	0	1.59 cC	2.12cB	2.12cC	10.08cC	477.61aA
头茬	3.79bB	0	4.33 bB	3.25bB	162.48aA	48.75bB	0.65cC
连作	102.31aA	0	10.23 aA	150.77aA	21.54bB	118.46aA	8.08bB

注：同列不同小写字母和大写字母分别表示不同处理在 0.05（$P<0.05$）和 0.01（$P<0.01$）水平上的差异显著性

3. 地黄不同种植年限土壤酶活性的变化

为了分析不同连作水平对地黄根际土酶活的变化，我们详细测定了不同种植年限地黄根际土中过氧化氢酶、多酚氧化酶、脲酶等 7 种酶的活性变化。结果发现在不同种植年限的地黄土壤中，除过氧化氢酶之外，其他 6 种土壤酶活的变化趋势基本一致，即随着种植年限的增加，土壤酶的活性也随之增强。其中，连作地黄土壤中多酚氧化酶和纤维素酶活性相比头茬地黄的土壤，分别显著增加了 9.43%和 31.33%。对于土壤中脲酶、蛋白酶和蔗糖酶而言，头茬地黄土壤中相应的酶活性分别比连作地黄土壤酶活性显著减少了 38.60%、58.27%和 32.39%。土壤中磷酸酶活性在头茬与连作地黄的土壤差异不大，比未种植地黄土壤显著增加了 10%和 10.45%。与上述几种土壤酶活性相反的是，过氧化氢酶在连作地黄土壤中其活性最低，相比头茬和空白土壤分别显著减少了 5.11%和 4.24%，表现为头茬＞空白土＞连作的活性变化规律（表 5-7）。这表明地黄的根系分泌物对土壤的脲酶、多酚氧化酶、蔗糖酶、蛋白酶、纤维素酶活性具有促进作用，而对土壤中的过氧化氢酶则有抑制作用。

表 5-7　连作土壤酶活性变化

种植年限	过氧化氢酶（mL/g）	多酚氧化酶（mg/g）	脲酶（mg/g）	蛋白酶（mg/g）	蔗糖酶（mg/g）	纤维素酶（mg/g）	磷酸酶（mg/g）
空白土	1.862bA	0.119cB	0.630cC	0.042cC	4.478cC	0.051cB	0.220bB
头茬	1.879aA	0.318bA	1.624bB	0.106bB	12.742bB	0.083bAB	0.242aA
连作	1.783cB	0.348aA	2.645aA	0.254aA	18.847aA	0.109aA	0.243aA

注：同列不同小写字母和大写字母分别表示不同处理在 0.05（$P<0.05$）和 0.01（$P<0.01$）水平上的差异显著性

（二）连作地黄根际微生物群体的时空动态变化

不同土壤微生物在受到外界胁迫时会积累不同类型的特殊脂肪酸，分析这些脂肪酸类标记物可了解逆境胁迫下微生物群落的原位组成。我们利用磷脂脂肪酸（phospholipid fatty acid，PLFA）技术对不同种植年限、不同生育时期地黄根际土内微生物群落结构进行动态分析，以了解连作障碍形成过程中连作地黄根际土内微生物群体的动态异变规律。结果发现在不同类根际土内共鉴定到 16 种磷脂脂肪酸（表 5-8）。此外，有 3 种非特异磷脂脂肪酸（i18:0、20:5ω3c、22:1ω9t）仅在块根伸长期的根际土样品中检测到。来源于革兰氏阴性菌（G^-）、革兰氏阳性菌（G^+）、真菌、放线菌、土壤原生动物等 5 种类群的 PLFA 含量在所有检测土壤样品中均呈现出相同的丰度变化趋势，即革兰氏阴性菌（G^-）＞革兰氏阳性菌（G^+）＞真菌＞放线菌＞原生动物。同时，在所有土壤样品中，G^-/G^+比例均大于 1。这些结果表明，地黄根际土中革兰氏阴性菌（G^-）含量稳定高于革兰氏阳性菌（G^+）。

表 5-8　不同生育时期不同连作年限的地黄根际土磷脂脂肪酸含量（nmol/g 干土）

	PLFA	块根伸长期				块根膨大期				微生物类群
		CK	NP	SM	TM	CK	NP	SM	TM	
1	15:0	0.62b	0.76b	1.37a	0.94b	0.95b	1.77a	0.87b	0.77b	细菌
2	16:1ω7c	10.01b	12.02b	16.60a	17.17a	15.89ab	16.81a	12.50c	14.51bc	G^-
3	16:1ω9t	2.90b	3.63b	6.05a	5.00a	6.10a	5.78a	4.51b	4.60b	G^-
4	18:1ω7c	14.52c	20.47b	24.29a	19.79b	21.31a	19.15b	18.81b	19.17b	G^-
5	cy17:0	2.05c	2.24bc	3.01a	2.85ab	2.55a	2.71a	2.45a	2.41a	G^-
6	cy19:0	4.51c	6.12b	10.79a	9.82a	7.02ab	6.56b	8.15a	7.46ab	G^-
7	a15:0	2.83c	4.45b	6.28a	5.20b	4.47b	5.24a	4.62b	3.86c	G^+
8	a17:0	7.49b	7.53b	15.95a	15.41a	14.39a	14.24ab	13.55b	14.30ab	G^+
9	i14:0	2.52b	3.02b	4.75a	4.05a	4.10b	6.31a	4.26b	3.63b	G^+
10	i15:0	4.25b	5.07b	8.34a	7.97a	7.69a	7.15b	6.69b	6.71b	G^+

续表

PLFA		块根伸长期				块根膨大期				微生物类群
		CK	NP	SM	TM	CK	NP	SM	TM	
11	i16:0	3.23b	3.84b	5.76a	4.96a	2.66a	2.28b	2.42b	2.33b	G^+
12	10Me17:0	3.93bc	3.37c	6.13a	5.14ab	3.92b	3.99b	4.10ab	4.32a	放线菌
13	10Me18:0	3.66a	2.26b	3.71a	3.42ab	4.41b	4.59a	4.11c	4.38b	放线菌
14	18:1ω9c	6.96c	8.74b	13.37a	12.45a	10.80b	13.50a	14.65a	10.97b	真菌
15	18:2ω6,9	6.57c	14.29a	15.96a	11.27b	13.96a	11.75b	10.20c	10.21c	真菌
16	20:4ω6	1.18b	1.98a	1.60ab	2.07a	1.90b	2.09b	3.77a	2.00b	原生动物
17	非特异性	33.81c	35.78bc	51.69a	42.49b	34.57b	38.78a	34.08b	30.55c	
PLFA 总量		111.04b	135.58b	195.63a	169.99a	156.69ab	162.70a	149.75bc	142.19c	1～17
细菌		54.94b	69.14b	103.18a	93.17a	87.13a	87.99a	78.85b	79.76b	1～11
革兰氏阴性菌（G^-）		33.99c	44.47b	60.74a	54.64a	52.87a	51.00ab	46.43c	48.15bc	2～6
革兰氏阳性菌（G^+）		20.33b	23.90b	41.07a	37.59a	33.31b	35.22a	31.55c	30.83c	7～11
放线菌		7.59ab	5.64b	9.84a	8.56a	8.33bc	8.58ab	8.20c	8.70a	12～13
真菌		13.52c	23.04b	29.33a	23.71b	24.76a	25.25a	24.85a	21.18b	14～15
G^-/G^+		1.67b	1.86a	1.48c	1.45c	1.59a	1.45c	1.47bc	1.56ab	
真菌/细菌		0.25c	0.33a	0.28b	0.25c	0.28b	0.29b	0.32a	0.27b	
cy/pre		0.27b	0.26b	0.34a	0.34a	0.26b	0.26b	0.34a	0.29a	（5+6）/（2+4）

注：同列不同小写字母表示不同处理在 0.05（$P<0.05$）水平上的差异显著性。CK、NP、SM、TM 分别表示对照土壤、头茬地黄土壤、连作 1 年土壤（连续种植 2 年）、连作 2 年土壤（连续种植 3 年）。cy/pre 为环丙烷磷脂脂肪酸与其代谢前体物的比例

进一步分析发现，在地黄的不同生长发育时期，连作对地黄土壤微生物总量及细菌、真菌、放线菌、G^+和 G^-等微生物类型的 PLFA 的含量均有显著影响。在块根伸长期，大部分菌群的 PLFA 标记物（如 15:0、a15:0、i14:0、i15:0、16:1ω7c、16:1ω9t、10Me18:0）含量均随连作年限的增加而增加，其中，连作 1 年、连作 2 年根际土的 PLFA 总量、革兰氏阳性菌（G^+）、革兰氏阴性菌（G^-）、放线菌含量都明显高于头茬地黄土壤，但连作 1 年地黄土壤的真菌含量也明显高于头茬，而连作 2 年地黄土壤真菌含量与头茬地黄土壤差异不显著。同时，头茬地黄土壤的 G^-/G^+比例、真菌/细菌比例明显高于连作 1 年和连作 2 年地黄的土壤（表 5-8）。在块根膨大期，大部分菌群的 PLFA 标记物含量均随连作年限增加而下降，其中连作 1 年和连作 2 年地黄根际土的 PLFA 总量、革兰氏阳性菌（G^+）、革兰氏阴性菌（G^-）与头茬地黄土壤差异显著（表 5-8）。总之，在地黄块根伸长期，连作有利于根际相关微生物类群的生长繁殖，PLFA 总量增加，而在块根膨大期，头茬地黄种植有利于相关微生物生长繁殖，PLFA 总量比连作土壤高。

此外，通过 BIOLOG 分析也发现，在块根伸长期连作地黄土壤的微生物碳源代谢活性高，在块根膨大期连作地黄土壤微生物的分解代谢活性低。在分析逆境胁迫下的根际土内微生物脂肪酸代谢时，通常会用环丙烷磷脂脂肪酸与其代谢前体物的比例（cy/pre）来表征逆境微生物群落生理应激压力。我们进一步分析不同生育时期地黄土壤内 cy/pre 值发现：在块根伸长期，连作 1 年和连作 2 年土壤的 cy/pre 显著高于头茬土壤。同样，在块根膨大期，连作 1 年和连作 2 年地黄土壤的 cy/pre 明显高于头茬地黄土壤（表 5-8），

与块根伸长期结果表现类似。在块根伸长期和膨大期，连作均会导致地黄根际土内 cy/pre 比例升高，说明连作地黄土壤微生物群落受到了根际代谢物质的影响。

（三）地黄不同根区土壤微生物群落结构分析

为了了解地黄根际微生物群体分布变化规律及根际微生物最为活跃关键的根区范围，我们以地黄植株主胚根为中心，每间隔 10cm 根系范围进行土壤取样，利用 DGGE 技术研究地黄不同根区范围内土中微生物群体分布。结果发现，地黄不同根区的根际土（紧贴根系 2cm 范围内的土，GJ）、根圈土（冠幅垂直辐射区域，GQ）、根外土（冠幅垂直辐射区域外围的土，GW）内 16S rDNA 和 18S rDNA 的 PCR-DGGE 图谱存在明显差异（图 5-1），这间接反映了地黄不同根区土壤对应微生物种类也不尽相同。

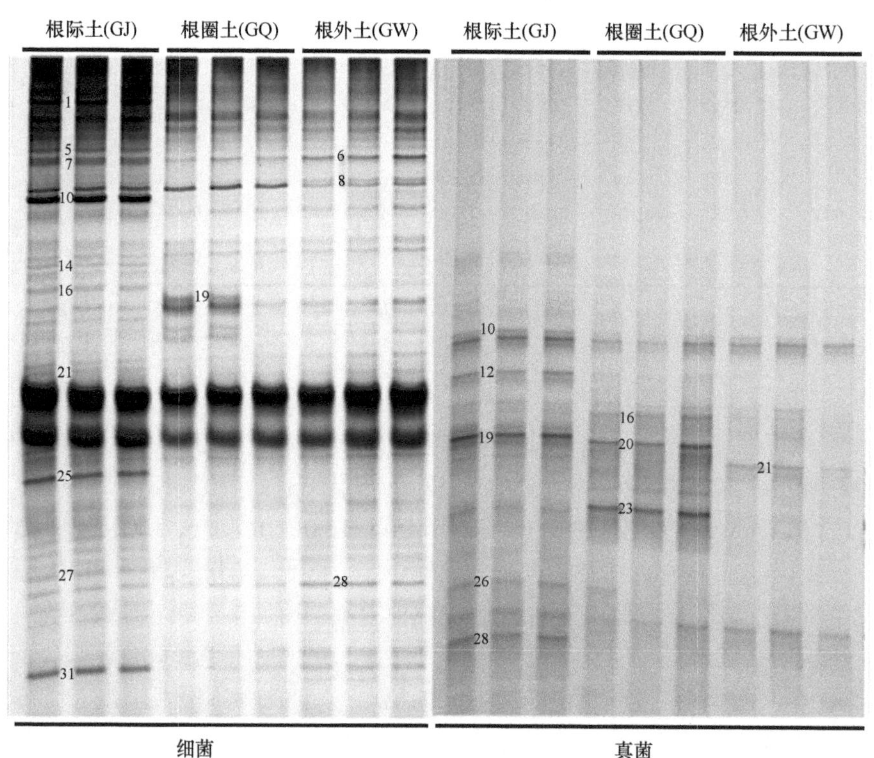

图 5-1　不同根区土壤细菌和真菌 PCR-DGGE 图谱

其中，根际土中的 16S rDNA 和 18S rDNA 的 PCR-DGGE 图谱中微生物条带（band）数量最多，根圈土次之，根外土最少。通过对不同根区土壤中的 16S rDNA PCR-DGGE 图谱间的对比发现，根际土中含有 10 个特异条带（条带 1、5、7、10、14、16、21、25、27、31），根圈土中含有 1 个特异条带（条带 19），其中，条带 6、8、28 在三种类型土壤的 DGGE 图谱中同时出现。将上述 14 种条带进行回收、扩增、纯化、测序并进行 BLASTN 功能检索，结果发现这些条带分属于拟杆菌门、绿弯菌门、厚壁菌门、芽单胞菌门和放线菌门，且与相关菌株呈现出 94%～97%的较高相似度。其中，条带 1、5、7、10、14、16、21、25、27 与农研丝杆菌[*Niastella* sp.，未培养（uncultured）KC110902.1]、细菌 FK5（bacterium FK5，EF462377.1）、芽孢杆菌（Gemmatimonadetes bacterium，未培养，EU297301.1）、噬几丁质菌（*Chitinophaga* sp.，AB563185.1）、氢噬胞菌（*Hydrogenophaga* sp.，KF013202.1）、芽孢杆菌（*Bacillus* sp.，KJ605142.1）、蒙氏假单胞菌（*Pseudomonas monteilii*，KJ806507.1）、绿弯菌（Chloroflexi bacterium，未培养，CU918269.1）、苍白杆菌（*Ochrobactrum* sp.，AB971024.1）具有较高的相似度。条带 19 与酸性微细菌（Acidimicrobineae bacterium，未培养，JQ401244.1）显示较高相似度，条带 6、8、28、31 则分别与放线菌（Actinobacterium，未培养，EU298580.1）、变形菌门（beta-Proteobacterium，未培养，JN409067.1）、拟杆菌门（Bacteroidetes bacterium，未培养，HF564295.1）和微球菌（*Micrococcus* sp.，HG738944.1）具有较高相似度（图 5-2）。

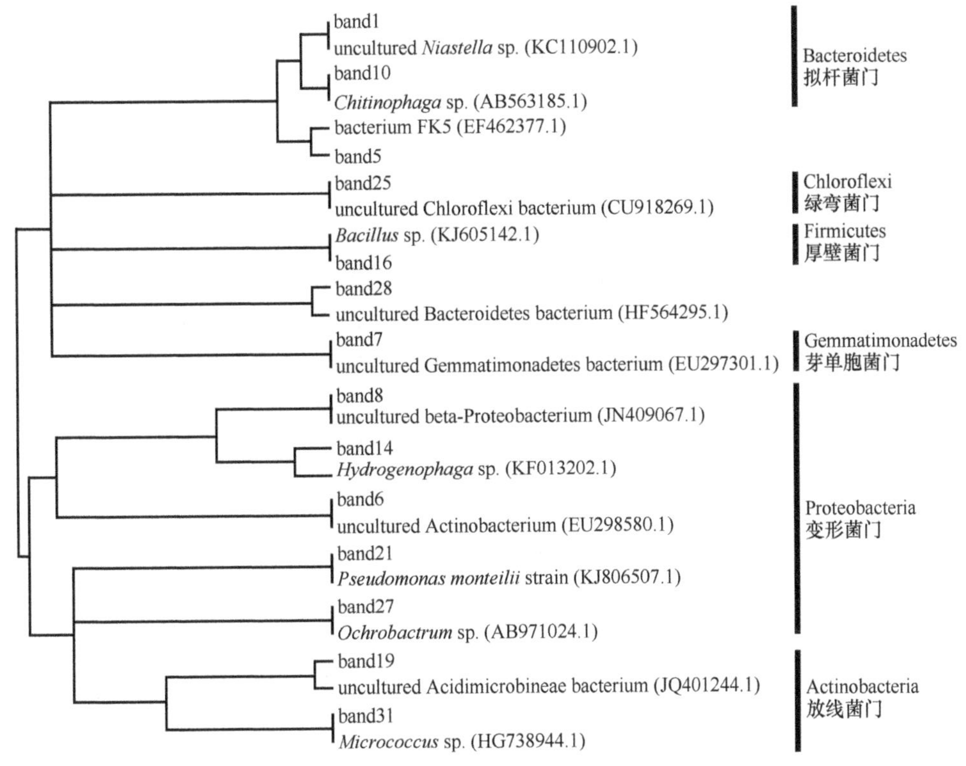

图 5-2　地黄不同根区土壤细菌种群基因组成的相似性分析

通过对不同根区土壤 18S rDNA PCR-DGGE 图谱间进行对比发现，根际土中含有 5 个特异条带（条带 10、12、19、26、28），根圈土中含有 3 个（条带 16、20、23），另有 1 个条带（条带 21）同时出现在三种类型土壤中。BLASTN 功能检索发现，这些条带来自子囊菌门、担子菌门的菌类，而条带 10 属于不确定型。进一步测序结果显示，条带 12、19、26、28 分别与少孢节丛孢菌（*Arthrobotrys oligospora* strain，JQ809337.1）、腐质霉（*Humicola* sp.，DQ237874.1）、线黑粉菌（Cystofilobasidiales，未培养，HQ326099.1）、梨孢霉（*Coniosporium* sp. CBS665.80，Y11712.1）显示出较高的同源性；条带 16、20、23 分别与菌核生枝顶孢（*Acremonium sclerotigenum* strain，HQ232209.1）、圆盘菌科菌（*Heyderia abietis* strain，AY789288.1）和葡萄座腔菌科菌（*Dothidotthia aspera* strain，EU673228.1）显示较

高同源性。条带 10 和条带 21 分别与长孢菌属菌 *Ramicandelaber longisporus*（KC297616.1）和毛球壳科菌 *Lasiosphaeris hispida*（JN938599.1）有较高的同源性（图 5-2、图 5-3）。

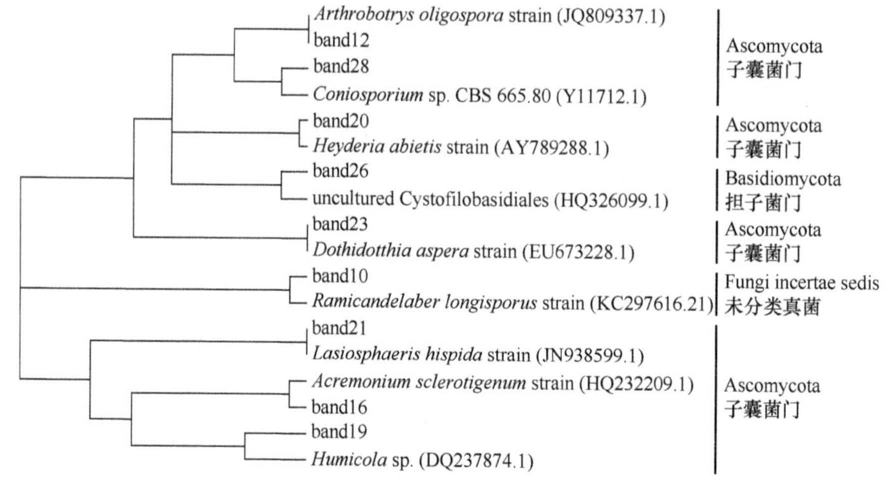

图 5-3　地黄不同根区土壤真菌种群基因组成的相似性分析

在上述 DGGE 图谱结果的基础上，我们进一步计算不同根区土的 Shannon-Wiener 多样性指数（*H*）和均匀性指数（*E*），结果发现根圈土、根外土的细菌多样性指数差异不显著，而根际土则显著大于根外土和根圈土，而三种类型土壤的细菌均匀度处于同一水平；同时对不同根际范围内三种土的均匀度分析发现，三种土壤细菌均匀度并没有显著差异（表 5-9）。对根际土的真菌多样性指数和均匀度分析发现，根际土、根圈土和根外土的真菌多样性指数间存在着明显差异，呈现出根际土＞根圈土＞根外土的规律，同时对三种土壤的均匀度的分析也发现根际土均匀度显著大于根外土、根圈土（表 5-9）。这表明地黄根际土由于受到地黄根际分泌物的影响，根际和根圈范围内土壤中微生物群落结构发生了改变，其真菌的含量明显上升，而细菌含量变化不大。

表 5-9　不同根区土壤细菌真菌多样性指数及均匀度指数

类型	处理	Shannon-Wiener 多样性指数（*H*）	均匀度指数（*E*）
细菌	GJ	3.29±0.032a	0.98±0.006a
	GQ	2.97±0.104b	0.97±0.006a
	GW	2.94±0.015b	0.96±0.006a
真菌	GJ	2.46±0.035a	1.01±0.040a
	GQ	1.91±0.058b	0.86±0.025b
	GW	0.72±0.021c	0.43±0.015c

注：同列不同小写字母表示不同处理在 0.05（$P<0.05$）水平上的差异显著性

第二节　连作地黄根际微生物群落结构及功能多样性分析

正常植物根际土孕育和包含着一个动态的微生物世界。在这个世界中，不同微生物种群间相互对峙、相互抑制、相互平衡，正是微生物间的这种平衡作用才维系了一个相对健康的、良好运行的根际微生物社会。然而，当外部因素施加到这个群体上，就会打破微生物群体间的原有的平衡，那么这个和谐、健康的根际微生物环境也会不可避免地遭到损坏。通过对连作和头茬地黄根际土内酶活性和关键营养菌群种类的测定，初步显示连作显著影响了根际土微生物种类和区系结构，使土壤微生物的多样性水平下降，整体种类减少，尤其使得土壤中有益微生物的种类和数量大大降低，造成土壤中病原菌数量上升，进而导致土壤微生物群落结构发生变化，使得地黄根际平衡、健康的微生态环境遭受破坏。

连作可以造成根际微生物类群的显著变化，使某些特定的微生物类群特别是一些致病性的真菌得到富集，造成原初根际土中微生物种群的平衡被打破，持续攻击连作地黄，造成连作地黄的不可逆性死亡。应用传统平板计数等方法可以大致了解特定生境中微生物的种类、类群，但由于技术的局限性不能对具体的微生物种、属做进一步解析，使连作根际微生物平衡机制的详细鉴定受到限制。为了详细了解地黄连作障碍形成过程中，根际土内可能增殖的有害微生物，我们利用 T-RFLP、扩增子高通量测序、宏基因组学技术等对不同连作年限地黄根际微生物群落结构多样性进行分析，以了解根分泌物与根际微生物之间的相互作用，进一步揭示连作障碍的形成机理。

一、T-RFLP 检测连作地黄根际土微生态群体变化

（一）土壤 DNA 提取和 16S rDNA、ITS 扩增

利用 SDS-高盐缓冲液方法分别提取空白土、头茬（仅种植地黄一年）和连作土（连续种植地黄两年）土壤中的总 DNA。从提取结果可以看到三种类型土壤总 DNA 片段大小均在 15kb 左右位置（图 5-4a 箭头处）。由于土壤中含有较多的腐殖酸、多糖等杂质，用 SDS-高盐缓冲液抽提法提取土壤微生物的总 DNA 中含有大量类核酸性质的杂质，为了滤除根际土 DNA 内的杂质信息，先将所提取的土壤 DNA 回收，经电泳检测合格后才进行下一步实验。同时，利用细菌和真菌特异引物对土壤总 DNA 进行 PCR 扩增，结果经过细菌引物 8F 和 926R 增后，能得到大约 900bp 的 16S rDNA 特异性的片段（图 5-4b），经过 ITS1 和 ITS4 真菌引物扩增后，能得到 650bp 左右的 ITS 特异性片段（图 5-4c）。

（二）细菌 *Msp*I 和 *Hae*III 的 T-RFLP 图谱分析

将空白土、头茬和连作土三种土壤中所获取的 PCR 产物，分别用限制性内切酶 *Msp*I、*Hae*III 进行酶切后，利用毛细管电泳进行分离，并采用 GeneMarker V1.2 软件对回收片段测序信息进行处理，从 T-RFLP 图谱的结果可以明显看出不同地黄根际土中细菌群落及其结构的差异（图 5-5、图 5-6）。

对经过 *Msp*I 和 *Hae*III 两种酶酶切后 T-RFLP 片段比对后，发现在对照土、头茬和连作三种土样分别获得了 145 个、123 个和 81 个片段。三种土壤样品中相同的片段共有 66 个（表 5-10），其中，空白土与头茬土壤相同的片段有 65 个（表 5-11），空白土与连

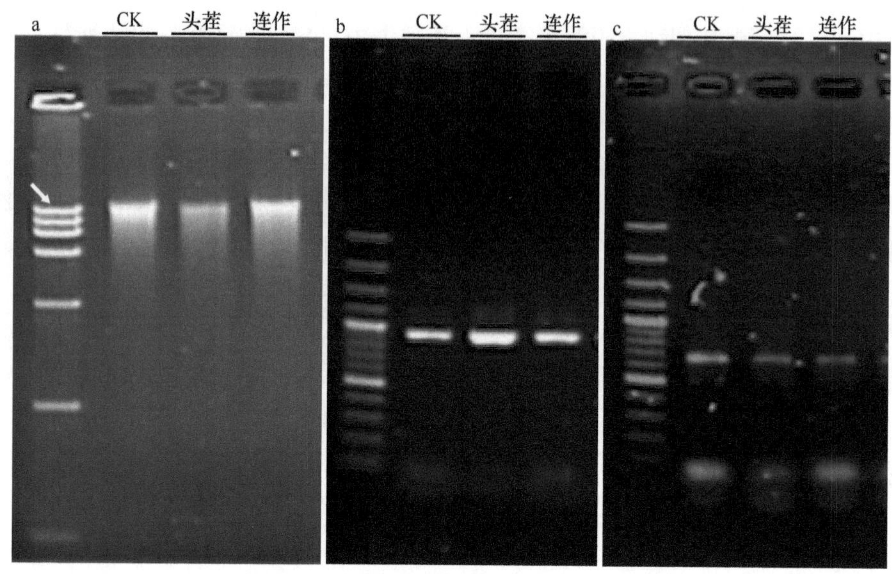

图 5-4 土壤总 DNA（a）及细菌 16S rDNA 的扩增产物（b）和真菌 ITS 的扩增产物（c）

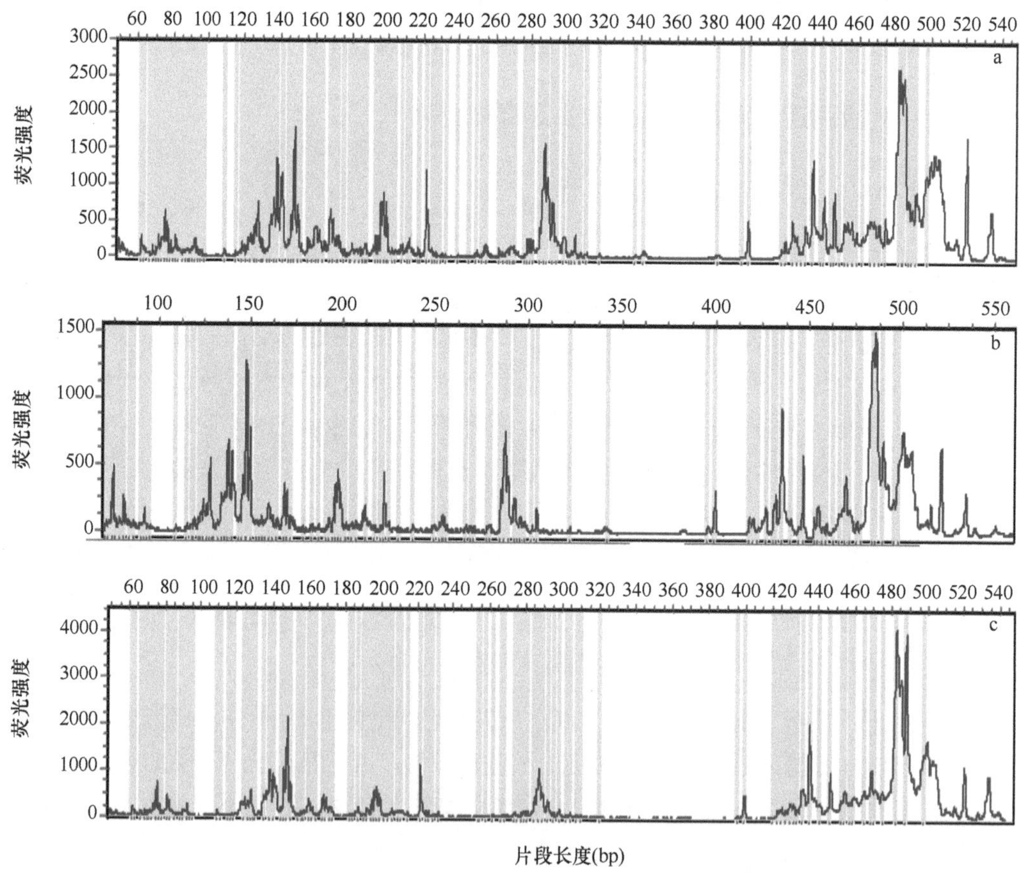

图 5-5 空白土（a）、头茬（b）和连作（c）地黄根际细菌 *Msp*I 酶切后的 T-RFLP 分析图谱

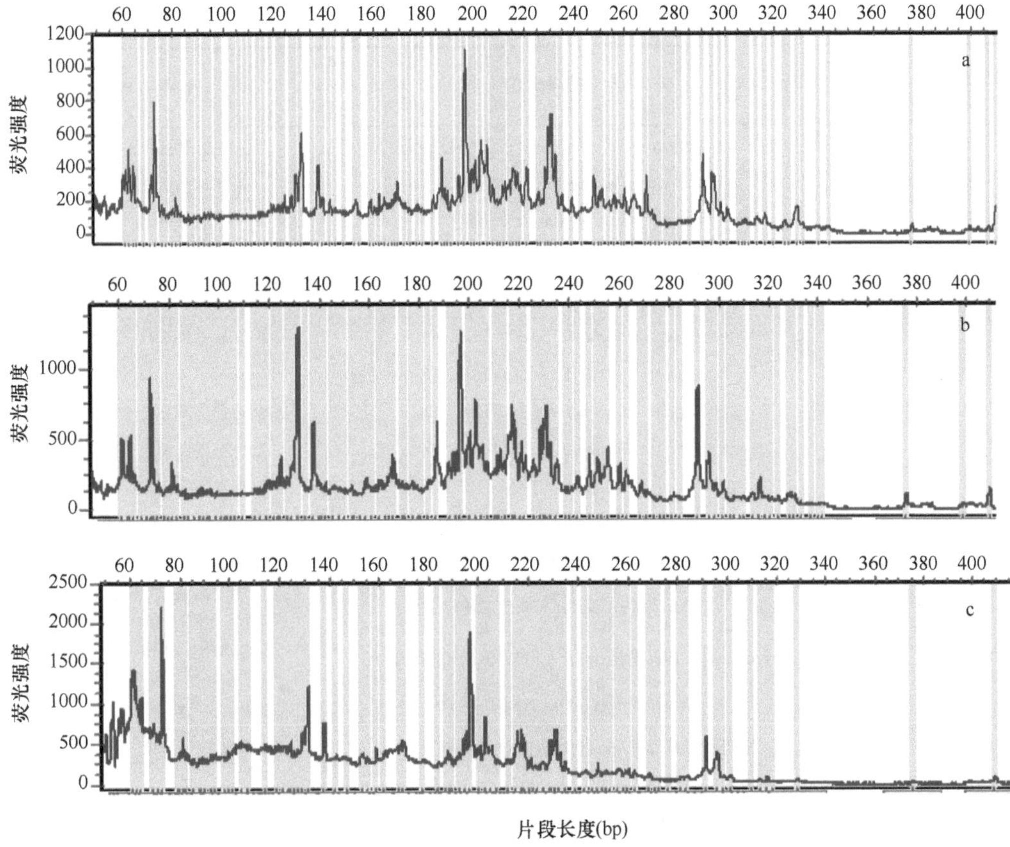

图 5-6　空白土（a）、头茬（b）和连作（c）地黄根际细菌 *Hae*III 酶切后的 T-RFLP 分析图谱

表 5-10　空白土、头茬和连作土样中相同的 T-RFLP 片段

片段大小（bp）		对应菌种名称	中文名称
*Msp*I	*Hae*III		
75	295	*Epifagus virginiana*	山毛榉寄生
81	221	*Nitrosomonas* sp. str. AI212	亚硝化单胞菌 AI212
81	231	*Bacillus* 4830 str. 4830	芽孢杆菌 4830
93	231	*Alcaligenes* D2 str. D2	产碱杆菌 D2
128	228	clone SY4-21	
131	228	str. G-179	
138	212	*Desulfitobacterium dehalogenans* str. JW/IU-DC1 DSM 9161（T）	脱卤脱亚硫酸杆菌 JW/IU-DC1 DSM 9161（T）
138	235	*Paenibacillus macerans* JCM 2500	浸麻类芽孢杆菌 JCM 2500
138	235	*Bacillus* GL1 str. GL1	芽孢杆菌 GL1
138	313	*Paenibacillus kobensis* str. YK205 IFO 15729（T）	神户类芽孢杆菌 YK205 IFO 15729（T）
146	230	IFO 15706	
146	230	*Clavibacter xyli* subsp. *cynodontis* str. Cxc	木质棍状杆菌犬齿亚种
146	231	*Listeria welshimeri* str. Welshimer V8 NCTC 11857（T）	威氏利斯特氏菌 Welshimer V8 NCTC 11857（T）
146	232	*Bacillus badius* ATCC 14574（T）	栗褐芽孢杆菌 ATCC 14574（T）

续表

片段大小（bp）		对应菌种名称	中文名称
*Msp*I	*Hae*III		
146	251	*Thermomonospora chromogena* ATCC 43196（T）	产色嗜热单胞菌 ATCC 43196（T）
148	231	*Aerococcus urinae* NCFB 2893（T）	脲气球菌 NCFB 2893（T）
148	231	*Aerococcus urinae* str. 1656-92	脲气球菌 1656-92
148	313	*Bacillus badius* NCDO 1760（T）	栗褐芽孢杆菌 NCDO 1760（T）
148	313	*Caryophanon latum* NCIMB 9533（T）	阔显核菌 NCIMB 9533（T）
150	71	*Erythromonas ursincola* str. KR-99 DSM 9006（T）	红单胞菌 KR-99 DSM 9006（T）
150	71	str. BD5-9	
150	71	*Sphingomonas paucimobilis* ATCC 10829	少动鞘氨醇单胞菌 ATCC 10829
150	71	*Azospirillum brasilense* str. Sp 7 ATCC 29145（T）	巴西固氮螺菌 ATCC 29145（T）
150	71	*Blastomonas natatoria* DSM 3183（T）	芽单胞菌 DSM 3183（T）
150	226	*Chlorogloeopsis* sp. str. HTF PCC 7518	拟绿胶蓝细菌 HTF PCC 7518
150	235	*Paenibacillus azotofixans* NRRL B-14372	固氮类芽孢杆菌 NRRL B-14372
150	235	*Paenibacillus chibensis* NRRL B-142（T）	类芽孢杆菌/固氮芽孢杆菌 NRRL B-142（T）
150	235	*Paenibacillus illinoisensis* str. 14 NRRL NRS-1356（T）	固氮芽孢杆菌 14 NRRL NRS-1356（T）
150	235	*Paenibacillus lautus* NRRL B-379	灿烂类芽孢杆菌 NRRL B-379
150	235	*Paenibacillus lautus* NRRL NRS-666（T）	灿烂类芽孢杆菌 NRRL NRS-666（T）
150	235	*Paenibacillus pabuli* NCIMB 12781	固氮芽孢杆菌 NCIMB 12781
150	235	*Paenibacillus peoriae* str. 11.B.9 IFO 15541（T）	饲料类芽孢杆菌 11.B.9 IFO 15541（T）
150	235	*Paenibacillus glucanolyticus* str. S93 DSM 5162（T）	解糖类芽孢杆菌 S93 DSM 5162（T）
150	235	*Bacillus* vortex	杆状菌属
150	271	*Fusobacterium russii* ATCC 25533　（T）	拉氏梭杆菌 ATCC 25533　（T）
160	203	*Melittangium lichenicola* ATCC 25946	栖地衣蜂窝囊菌 ATCC 25946
160	203	*Myxococcus coralloides* str. M2 ATCC 25202（T）	珊瑚状粘球菌 M2 ATCC 25202（T）
160	203	*Myxococcus xanthus* str. DK1622	黄色粘球菌 DK1622
160	203	clone OW75	
160	203	str. JTB131	
160	212	*Clostridium halophilum* DSM 5387（T）	嗜盐梭菌 DSM 5387（T）
160	226	*Paenibacillus alginolyticus* str. 3 DSM 5050（T）	类芽孢杆菌 3 DSM 5050（T）
162	228	*Rhodococcus coprophilus* JCM 3200（T）	嗜粪红球菌 JCM 3200（T）
164	205	str. NKB13	NKB13
164	205	*Desulfobulbus* str. BG25	脱硫叶菌 BG25
164	207	clone Sva1037	Sva1037
164	207	str. Asv26	Asv26
164	207	*Cytophaga* sp. str. BD2-15	噬纤维菌 BD2-15
164	207	str. JTB16	
164	207	str. LSv21	
164	232	clone SJA-121	

续表

片段大小（bp）		对应菌种名称	中文名称
*Msp*I	*Hae*Ⅲ		
198	142	*Mobiluncus mulieris* str. SV 17J ATCC 35243（T）	羞怯动弯杆菌 SV 17J ATCC 35243（T）
198	212	str. JTB256	
222	239	*Eubacterium cellulosolvens* ATCC 43171（T）	溶纤维真杆菌 ATCC 43171（T）
225	276	*Lachnospira pectinoschiza* str. 150-1	裂果胶毛螺菌 150-1
267	243	*Fibrobacter succinogenes* str. B1 ATCC 51214	产琥珀酸丝状杆菌 B1 ATCC 51214
267	243	*Fibrobacter succinogenes* str. MB4	产琥珀酸丝状杆菌 MB4
267	243	*Fibrobacter succinogenes* str. MM4	产琥珀酸丝状杆菌 MM4
267	243	*Fibrobacter succinogenes* subsp. *elongatus* str. HM2 ATCC 43856（T）	产琥珀酸丝状杆菌长亚种 HM2 ATCC 43856（T）
267	243	*Leptospira* sp. str. A-183	钩端螺旋体 A-183
267	243	*Leptospira* sp. str. Compton 746	钩端螺旋体 Compton 746
279	228	*Microbacterium kitamiense* str. Kitami A1	微杆菌 Kitami A1
279	228	*Microbacterium kitamiense* str. Kitami C2	微杆菌 Kitami C2
279	228	unnamed organism	
453	207	*Rickettsia prowazekii* str. Breinl ATCC VR-142（T）	普氏立克次氏体 ATCC VR-142（T）
453	207	*Rickettsia typhi* str. Wilmington	斑疹伤寒立克次氏体

表 5-11　空白土与头茬土间的共有片段

片段大小（bp）		对应菌种名称	中文名称	分类
*Msp*I	*Hae*Ⅲ			
79	219	*Telluria mixta* ACM 1762（T）	草酸杆菌科 ACM 1762（T）	变形菌门 β-变形菌纲
79	226	*Desulfotomaculum alkaliphilum* str. S1	脱硫肠状菌 S1	厚壁菌门梭菌纲
79	253	*Methanobrevibacter* sp. str. MB-9	甲烷短杆菌 MB-9	广古菌门甲烷杆菌纲(古细菌)
81	309	*Streptococcus dysgalactiae* str. A1	停乳链球菌 A1	厚壁菌门芽孢杆菌纲
81	309	*Streptococcus dysgalactiae* str. A20	停乳链球菌 A20	厚壁菌门芽孢杆菌纲
81	309	*Streptococcus dysgalactiae* str. A24	停乳链球菌 A24	厚壁菌门芽孢杆菌纲
81	309	*Streptococcus dysgalactiae* str. A25	停乳链球菌 A25	厚壁菌门芽孢杆菌纲
81	309	*Streptococcus dysgalactiae* str. A5	停乳链球菌 A5	厚壁菌门芽孢杆菌纲
81	309	*Streptococcus dysgalactiae* str. A6	停乳链球菌 A6	厚壁菌门芽孢杆菌纲
81	309	*Streptococcus dysgalactiae* str. A7	停乳链球菌 A7	厚壁菌门芽孢杆菌纲
81	309	*Streptococcus dysgalactiae* str. L1	停乳链球菌 L1	厚壁菌门芽孢杆菌纲
81	309	*Streptococcus dysgalactiae* str. L13	停乳链球菌 L13	厚壁菌门芽孢杆菌纲
81	309	*Streptococcus dysgalactiae* str. L2	停乳链球菌 L2	厚壁菌门芽孢杆菌纲
81	309	*Streptococcus dysgalactiae* str. L21	停乳链球菌 L21	厚壁菌门芽孢杆菌纲
81	309	*Streptococcus dysgalactiae* str. L23	停乳链球菌 L23	厚壁菌门芽孢杆菌纲
81	309	*Streptococcus dysgalactiae* str. L27	停乳链球菌 L27	厚壁菌门芽孢杆菌纲
81	309	*Streptococcus dysgalactiae* str. L31	停乳链球菌 L31	厚壁菌门芽孢杆菌纲
81	309	*Streptococcus dysgalactiae* str. L32	停乳链球菌 L32	厚壁菌门芽孢杆菌纲
81	309	*Streptococcus dysgalactiae* str. L33	停乳链球菌 L33	厚壁菌门芽孢杆菌纲

续表

片段大小（bp）		对应菌种名称	中文名称	分类
*Msp*I	*Hae*III			
81	309	*Streptococcus dysgalactiae* str. L34	停乳链球菌 L34	厚壁菌门芽孢杆菌纲
81	309	*Streptococcus dysgalactiae* str. L35	停乳链球菌 L35	厚壁菌门芽孢杆菌纲
81	309	*Streptococcus dysgalactiae* str. L36	停乳链球菌 L36	厚壁菌门芽孢杆菌纲
81	309	*Streptococcus dysgalactiae* str. L4	停乳链球菌 L4	厚壁菌门芽孢杆菌纲
81	309	*Streptococcus dysgalactiae* str. L5	停乳链球菌 L5	厚壁菌门芽孢杆菌纲
81	309	*Streptococcus dysgalactiae* str. L7	停乳链球菌 L7	厚壁菌门芽孢杆菌纲
81	309	*Streptococcus dysgalactiae* str. L8	停乳链球菌 L8	厚壁菌门芽孢杆菌纲
81	309	*Streptococcus dysgalactiae* str. L9	停乳链球菌 L9	厚壁菌门芽孢杆菌纲
81	309	*Streptococcus dysgalactiae* str. V24	停乳链球菌 V24	厚壁菌门芽孢杆菌纲
81	309	*Streptococcus dysgalactiae* str. V26	停乳链球菌 V26	厚壁菌门芽孢杆菌纲
81	309	*Streptococcus dysgalactiae* str. V36	停乳链球菌 V36	厚壁菌门芽孢杆菌纲
81	309	*Streptococcus dysgalactiae* subsp. *dysgalactiae* ATCC 43078（T）	停乳链球菌 ATCC 43078（T）	厚壁菌门芽孢杆菌纲
81	309	*Bacillus pumilus* NCDO 1766（T）	短小芽孢杆菌 NCDO 1766（T）	厚壁菌门芽孢杆菌纲
122	75	*Alicyclobacillus* sp. str. KHA-31	脂肪酸杆菌 KHA-31	厚壁菌门芽孢杆菌纲
122	75	*Alicyclobacillus* sp. str. MIH-2	脂肪酸杆菌 MIH-2	厚壁菌门芽孢杆菌纲
122	75	*Alicyclobacillus* sp. str. UZ-1	脂肪酸杆菌 UZ-1	厚壁菌门芽孢杆菌纲
122	219	*Brevibacillus brevis* JCM 2503（T）	短短芽孢杆菌 JCM 2503（T）	厚壁菌门芽孢杆菌纲
122	219	*Brevibacillus parabrevis* IFO 12334（T）	副短短芽孢杆菌 IFO 12334（T）	厚壁菌门芽孢杆菌纲
135	309	*Paenibacillus macerans* ATCC 8244（T）	浸麻类芽孢杆菌 ATCC 8244（T）	厚壁菌门芽孢杆菌纲
138	75	*Thermochromatium tepidum* str. MC ATCC 43061（T）	热着色菌 MC ATCC 43061（T）	变形菌门 γ-变形菌纲
138	75	*Allochromatium vinosum* ATCC 17899（T）	嗜酸硫杆菌 ATCC 17899（T）	变形菌门 β-变形菌纲
138	210	*Rubrobacter radiotolerans* JCM 2153（T）	耐辐照红色杆菌 JCM 2153（T）	放线菌门放线菌纲
140	69	*Ectothiorhodospira mobilis* str. BN9911：Truper 8112 DSM 237（T）	运动外硫红螺菌 BN9911：Truper 8112 DSM 237（T）	变形菌门 γ-变形菌纲
144	205	clone GCA047		
144	228	*Dermatophilus congolensis* ATCC 14637（T）	刚果嗜皮菌 ATCC 14637（T）	放线菌门放线菌纲
144	308	*Bacillus subtilis* str. 168	枯草芽孢杆菌 168	厚壁菌门芽孢杆菌纲
158	205	*Streptomyces lividans* str. TK21	浅青紫链霉菌 TK21	放线菌门放线菌纲
164	308	*Sporohalobacter lortetii* str. MD-2 ATCC 35059（T）	洛氏螺旋盐杆菌 MD-2 ATCC 35059（T）	厚壁菌门梭菌纲
179	316	*Clostridium litorale* DSM 5388（T）	海滨梭菌 DSM 5388（T）	厚壁菌门梭菌纲
271	274	*Heliophilum fasciatum* str. Tanzania ATCC 51790 （T）	嗜日菌 ATCC 51790 （T）	厚壁菌门梭菌纲
294	219	*Brevibacillus centrosporus* NRRL NFS-664（T）	中孢短小芽孢杆菌 NRRL NFS-664（T）	厚壁菌门芽孢杆菌纲
302	278	*Anaerofilm pentosovorans* str. Fae. DSM 7168（T）	硫酸盐还原菌 Fae. DSM 7168（T）	厚壁菌门梭菌纲
484	313	lake Gossenkoellesee	戈森科勒湖菌	
485	232	*Eubacterium brachy* str. BR-179 ATCC 33089 （T）	短真杆菌 BR-179 ATCC 33089（T）	厚壁菌门梭菌纲
485	316	str. BD2-4		

续表

片段大小（bp）		对应菌种名称	中文名称	分类
*Msp*I	*Hae*III			
490	200	*Oxalobacter formigenes* str. OxB ATCC 35274（T）	产甲酸草酸杆菌 OxB ATCC 35274（T）	变形菌门 β-变形菌纲
490	200	unnamed organism		
490	200	*Bordetella avium* ATCC 35086（T）	鸟博德特氏菌 ATCC 35086（T）	变形菌门 β-变形菌纲
490	219	*Iodobacter fluviatile* ATCC 33051　（T）	河流色杆菌 ATCC 33051　（T）	变形菌门 β-变形菌纲
490	219	clone A1-13	A1-13	
490	219	*Methylophilus methylotrophus* str. AS1 ATCC 53528（T）	食甲基嗜甲基菌 AS1 ATCC 53528（T）	变形菌门 β-变形菌纲
490	219	*Telluria chitinolytica* str. 20M ACM 3522（T）	解几丁质地神菌 20M ACM 3522（T）	变形菌门 β-变形菌纲
490	231	*Cytophaga* sp. str. JTB250	噬纤维菌 JTB250	拟杆菌门鞘脂杆菌纲
490	253	*Wolbachia persica* ATCC VR-331（T）	虱沃尔巴克氏体 ATCC VR-331（T）	变形菌门 α-变形菌纲
490	291	Sargasso Sea bacterioplankton DNA clone SAR7	海洋异养浮游细菌 SAR7	色球藻菌
498	232	*Cyanophora paradoxa*（colorless flagallate alga）-cyanelle	矢车菊（无色鞭毛藻）-蓝藻	色球藻菌

作的土壤相同的片段有 22 个（表 5-12），头茬与连作土壤相同的片段有 29 个（表 5-13）。在空白土、头茬和连作土壤中特有的片段分别有 71 个、46 个和 17 个（表 5-14、表 5-15）。这些数据说明地黄连作后，根际土中细菌种类和群落结构发生了巨大的变化，随着连作年限的增加其种类大量减少，结构更加单一，群落的多样性下降，而根际微生物多样性水平的变化必将导致根际土微生物群落功能也产生一定变化，进一步说明地黄连作对其根际的微生态群体结果产生了显著的影响。

表 5-12　空白土与连作土壤中共有片段

片段大小（bp）		对应菌种名称	中文名称	分类
*Msp*I	*Hae*III			
68	230	IFO 15616		
68	230	IFO 15702		
73	250	*Spiroplasma mirum* str. SMCA ATCC 29335（T）	非凡螺原体 SMCA ATCC 29335（T）	厚壁菌门柔膜菌纲
83	200	clone env. OPS 16		
83	219	*Nitrosomonas europaea*	欧洲亚硝化单胞菌	变形菌门 β-变形菌纲
131	250	*Bacillus mucilaginosus* str. 1480D VKPM B-7519（T）	胶质芽孢杆菌 1480D VKPM B-7519（T）	厚壁菌门芽孢杆菌纲
135	215	*Leptothrix cholodnii* str. Mulder 5 CCM 1827	霍氏纤发菌 Mulder 5 CCM 1827	变形菌门 β-变形菌纲
135	215	*Leptothrix cholodnii* str. Mulder 5 LMG 7171	霍氏纤发菌 Mulder 5 LMG 7171	变形菌门 β-变形菌纲
135	215	*Leptothrix mobilis* str. Feox-1 DSM 10617（T）	氧化铁锰鞘细菌 Feox-1 DSM 10617（T）	变形菌门 β-变形菌纲
135	215	*Leptothrix* sp. str. NC-1	纤发菌 NC-1	变形菌门 β-变形菌纲
141	215	clone SJA-47		
141	219	*Eubacterium dolichum* ATCC 29143（T）	长针杆菌 ATCC 29143（T）	厚壁菌门梭菌纲
141	219	*Burkholderia* ‘SAP II’ str. SAP II	伯克霍尔德氏菌 SAP II	变形菌门 β-变形菌纲

续表

片段大小（bp）		对应菌种名称	中文名称	分类
*Msp*I	*Hae*III			
141	219	str. BD1-33		
141	219	*Burkholderia* sp.	伯克霍尔德氏菌	变形菌门 β-变形菌纲
164	188	str. JTB36		
281	230	*Microbacterium* SB22 str. SB22	微杆菌 SB22	放线菌门放线菌纲
281	230	*Microbacterium maritypicum* ATCC 19260（T）	微杆菌 ATCC 19260（T）	放线菌门放线菌纲
441	72	*Phaeospirillum fulvum* str. 1360 ATCC 15798	黄褐螺菌 1360 ATCC 15798	变形菌门 α-变形菌纲
441	229	*Acetobacter* ITDI2.1 str. ITDI2.1	醋杆菌 ITDI2.1	变形菌门 α-变形菌纲
441	295	*Acetobacter* PA2.2 str. PA2.2	醋杆菌 PA2.2	变形菌门 α-变形菌纲
459	291	*Clostridium ghoni* NCIMB 10636（T）	戈氏梭菌 NCIMB 10636（T）	厚壁菌门梭菌纲

表 5-13　头茬和连作地黄土壤间的共有片段

片段大小（bp）		对应菌种名称	分类
*Msp*I	*Hae*III		
70	69	clone VC2.1 Bac8	
70	69	clone VC2.1 Bac12	
70	69	clone VC2.1 Bac17	
118	200	*Chloroflexus aurantiacus* str. J-10-f1 ATCC 29366（T）	橙色绿曲挠菌
125	221	*Mesorhizobium loti* ATCC 33669（T）	根瘤菌
125	222	*Rhizobium* sp. str. 113	根瘤菌
129	235	*Bacillus arsenicoselenatis* str. E1H	芽孢杆菌
145	192	*Halorhodospira halochloris* str. BN 9851：51/12	嗜盐红螺菌
145	230	*Bacillus subtilis* [gene=rrnD gene]	枯草芽孢杆菌
145	230	*Bacillus subtilis* str. 168	枯草芽孢杆菌
145	231	*Planococcus* ICO24 str. ICO24	游动球菌
145	232	*Microbacterium aurum* IFO 15204（T）	金黄微杆菌
148	79	*Erythrobacter longus* JCM 6170（T）	长赤细菌
150	192	*Methylobacterium extorquens* NCIMB 9399（T）	扭脱甲基杆菌
150	192	*Methylobacterium rhodesianum* str. Ps. 1 NCIMB 12249（T）	罗德西亚甲基杆菌
150	192	*Methylobacterium rhodinum* NCIMB 9421（T）	玫瑰红甲基杆菌
150	192	*Methylobacterium* sp. str. PK-1（S.Hirano）	甲基杆菌
150	192	*Methylobacterium* sp. str. PR-6（S.Hirano）	甲基杆菌
150	192	*Methylobacterium zatmanii* str. Ps. 135 NCIMB 12243（T）	扎氏甲基杆菌
432	203	str. NKB6	
432	221	*Clostridium kluyveri*	克氏梭菌
432	239	*Paenibacillus alvei* ATCC 6344（T）	蜂房类芽孢杆菌
455	69	*Methylomonas* LW13 str. LW13	甲基单胞菌
455	243	*Rhodopila globiformis* str. 7950 DSM 161	球形红球形菌
498	195	*Moritella* DB21MT-5 str.DB21MT-5	南极细菌
498	195	*Moritella japonica* str. DSK1	嗜压菌
498	195	*Moritella* sp. str.9-11.F	南极细菌
498	195	*Moritella* sp. str.9-3.G	南极细菌
498	195	*Shewanella* sp. str. 7-1.E	希瓦氏菌

表 5-14　对照土中特有的片段

片段大小（bp）		对应菌种名称	分类
Msp I	*Hae* III		
65	121	str. TH3	
78	75	*Polyangium cellulosum* subsp. *ferrugineum* str. SMP 456 ATCC 25531	纤维素多囊菌锈色亚种
78	75	*Polyangium* sp. str. Pl 4943	多囊菌
78	75	*Chondromyces apiculatus* str. Cm a2	针状软骨霉菌
78	75	*Chondromyces crocatus* str. Cm c6	番红花软骨菌
83	77	*Azoarcus* BH72 str. BH72	固氮弧菌
87	207	*Spirochaeta halophila* str. RS1 ATCC 29478（T）	嗜盐螺旋体
87	260	*Spirochaeta bajacaliforniensis* str. BA-2 ATCC 35968	巴嘉加利福尼亚螺旋体
87	280	*Empedobacter brevis* ATCC 14234	短稳杆菌
88	227	*Simonsiella muelleri* ATCC 29453（T）	米氏西蒙斯氏菌
89	207	*Eikenella* sp. str. UB-204 CCUG 28283	艾肯氏菌
89	280	str. SW17	
91	282	*Cytophaga lytica* str. LIM-21 ATCC 23178（T）	溶解噬纤维菌
95	263	*Bacteroides distasonis* ATCC 8503（T）	吉氏拟杆菌
98	214	clone VC2.1 Bac7	
124	187	*Thermomicrobium roseum* ATCC 27502（T）	玫瑰色热微菌
124	228	*Treponema socranskii* subsp. *socranskii* str. D56BR III6 ATCC 35536（T）	索氏密螺旋体
126	191	*Desulforhopalus vacuolatus* str. Ltk10	
130	219	*Mycobacterium kansasii* str. G133（A. Pollak）ATCC 12478（T）	堪萨斯分枝杆菌
133	194	*Eubacterium lentum* JCM 9979	迟缓真杆菌
133	219	*Bacillus coagulans* JCM 2257	凝结芽孢杆菌
133	227	*Saccharococcus thermophilus* str. 657 ATCC 43125（T）	嗜热糖球菌
138	68	*Ectothiorhodospira marina* str. BN 9914；Matheron BA 1010 DSM 241（T）	外硫红螺菌
141	210	*Treponema* 5：22：BH022 str. 5：22：BH022	密螺旋体
141	221	*Burkholderia caryophylli* str. MCII-8	石竹伯克霍尔德氏菌
144	256	*Marinobacter* NK-1 str. NK-1	海杆菌
146	180	*Planococcus citreus* NCIMB 1493（T）	柠檬色游动球菌
148	191	*Methylosporovibrio methanica* str. 81Z	
148	227	unnamed organism	
150	227	*Sphingomonas* JS5 str. JS5	鞘氨醇单胞菌
150	227	*Sphingomonas aromaticivorans* IFO 16084	溶芳烃鞘氨醇单胞菌
150	227	*Sphingomonas capsulata* ATCC 14666（T）	荚膜鞘氨醇单胞菌
150	227	*Sphingomonas stygia* IFO 16085	鞘氨醇单胞菌
150	227	*Sphingomonas subterranea* IFO 16086	鞘氨醇单胞菌
150	227	*Sphingomonas yanoikuyae*	矢野氏鞘氨醇单胞菌
152	62	clone MC 2	
152	194	*Afipia clevelandensis*	克利夫兰阿菲波菌

续表

片段大小（bp）		对应菌种名称	分类
Msp I	*Hae* III		
152	194	*Methylosinus* sp. str. LAC	甲基弯曲菌
152	212	*Sporolactobacillus inulinus* ATCC 15538（T）	菊糖芽孢乳杆菌
152	251	*Mycoplasma hominis* str. PG21 ATCC 23114（T）	人型支原体
152	295	*Sphingomonas* Lep1 str. Lep1	鞘氨醇单胞菌
155	209	*Staphylococcus pasteuri* ATCC 51129（T）	巴氏葡萄球菌
162	191	clone AdriaticR16	
162	199	*Desulfovibrio senezii* str. CVL DSM 8436（T）	脱硫弧菌
162	199	*Desulfovibrio* sp. str. CVH2	脱硫弧菌
164	77	clone SJA-63	
164	191	clone Sva0113	
164	199	*Desulfovibrio alcoholovorans* str. SPSN DSM 5433（T）	脱硫弧菌
164	407	str. BD3-7	
173	205	*Selenomonas sputigena* ATCC 35185（T）	生痰弧菌
180	243	*Exiguobacterium acetylicum* NCIMB 9889（T）	乙酰微小杆菌
180	324	*Lactobacillus acetotolerans* DSM 20749（T）	耐酸乳杆菌
185	227	*Rathayibacter toxicus* str. CS14 JCM 9669（T）	拉氏杆菌
193	80	*Caldotoga fontana* str. B4	泉生热袍菌
218	235	clone C112	
230	209	str. BD2-11	
240	291	clone JW11	
246	320	clone SJA-19	
250	160	*Selenomonas lacticifex* str. VB4b DSM 20757（T）	产乳酸月形单胞菌
268	271	*Flexispira* CDC-H69 str. CDC-H69	螺杆菌
268	271	*Helicobacter pylori ATCC 43504（T）*	幽门螺杆菌
268	271	*Helicobacter pylori* str. 26695[gene=rrnB gene]	幽门螺杆菌
268	271	*Helicobacter pylori* str. MC238	幽门螺杆菌
268	271	*Leptospira borgpetersenii* str. Moulton，serover canicola	博氏钩端螺旋体
268	271	*Leptospira interrogans* str. Kennewicki，serover pomona	问号钩端螺旋体
271	167	*Fibrobacter succinogenes* str. A3C ATCC51219	产琥珀酸丝状杆菌
298	209	*Syntrophospora bryantii* DSM 3014B（T）	布氏共养生孢菌
304	280	*Anaerofilum agile* str. F DSM 4272（T）	硫酸盐还原菌
307	217	*Eubacterium* sp. str. SC-5	真杆菌
430	77	*Ralstonia* TFD41 str. TFD41	雷尔氏菌
430	77	*Ralstonia eutropha* str. 335 （R.Y. Stanier） ATCC 17697（T）	富养罗尔斯通氏菌
430	200	*Ralstonia eutropha* str. CH34	富养罗尔斯通氏菌
430	200	str. JHH 1448	
430	219	*Dechloromonas* sp. CL	脱氯单胞菌
430	219	*Nitrosospira multiformis*	多形亚硝酸螺旋菌

续表

片段大小（bp）		对应菌种名称	分类
Msp I	*Hae* III		
430	219	*Nitrosospira multiformis* str. C-71 ATCC 25196（T）	多形亚硝酸螺旋菌
440	194	*Afipia felis*	猫阿菲波菌
440	272	*Eubacterium tenue* ATCC 25553（T）	纤细真杆菌
445	199	*Clostridium sticklandii* str. SR VPL 14603	斯氏梭菌
453	307	*Rickettsia australis* str. RHS	澳大利亚立克次氏体
453	307	*Rickettsia bellii* str. 369-C and G2042	贝利立克次体
453	307	*Rickettsia honei* str. JC	弗诺立克次体
463	219	str. JTB148	
467	210	Symbiont of Alvinella pompejana	共生体
472	226	str. 45.e	
472	260	unnamed organism	
475	307	*Peptostreptococcus anaerobius* str. LK54 ATCC 27337（T）	厌氧消化链球菌
490	77	*Bordetella parapertussis* ATCC 15311（T）	副百日咳博德特氏菌
490	77	*Bordetella pertussis* ATCC 9797（T）	百日咳博德特氏菌
492	189	*Beggiatoa* 'Monterey Canyon'	贝氏硫菌
492	221	*Dechlorisoma suilla* str. PS	
492	221	*Nitrosomonas* sp. str. JL21	亚硝化单胞菌
492	221	*Herbaspirillum* G8A1 str. G8A1	草螺菌
492	326	*Flexibacter litoralis* str. Lewin SI0-4 ATCC 23117（T）	海滨屈挠杆菌
498	227	*Alcaligenes faecalis* subsp. *dimethylsulfidosus* str. M3A	粪产碱菌

表 5-15　头茬和连作土壤中特有片段比较

样品	片段大小（bp）		对应菌种名称	中文名称	功能	分类
	*Msp*I	*Hae*III				
头茬	64	63	*Acidosphaera rubrifaciens* str. HS-AP3	酸球状菌	未知	变形菌门α-变形菌纲
	73	321	*Carnobacterium alterfunditum* ACAM 311	肉品杆菌	化能异养菌	厚壁菌门芽孢杆菌纲
	79	87	*Thermus aquaticus* str. X-1 ATCC 27978	水生栖热菌	热稳定性高	栖热菌门异球菌纲
	84	221	*Azoarcus* sp. str. S5b2	固氮弧菌	固氮作用	变形菌门β-变形菌纲
	84	255	*Kingella denitrificans* str. UB-294 CCUG 28284	反硝化金氏菌	反硝化作用	变形菌门β-变形菌纲
	93	262	*Flavobacterium ferrugineum* ATCC 13524（T）	锈色假杆菌	未知	拟杆菌门黄杆菌纲
	93	284	*Cytophaga* sp. str. BD2-17	噬纤维菌	分解纤维素	拟杆菌门鞘脂杆菌纲
	123	63	*Thermus thermophilus* str. HB-8	嗜热栖热菌	制造 *Taq* 酶	栖热菌门异球菌纲
	123	63	*Thermus thermophilus* str. HB-8 ATCC 27634（T）	嗜热栖热菌	制造 *Taq* 酶	栖热菌门异球菌纲
	125	260	*Heliobacterium gestii* str. Chainat ATCC 43375（T）	螺旋杆菌	病原菌	厚壁菌门梭菌纲
	137	222	*Kibdelosporangium aridum* subsp. *aridum*	荒漠拟孢囊菌	未知	放线菌门放线菌纲

续表

样品	片段大小（bp）		对应菌种名称	中文名称	功能	分类
	*Msp*I	*Hae*III				
头茬	140	210	*Frankia* sp. str. AcN14a	弗兰克氏菌	固氮	放线菌门放线菌纲
	140	218	*Streptococcus pleomorphus* str. EFB 61/60B ATCC 29734（T）	多形链球菌	致病菌	厚壁菌门芽孢杆菌纲
	140	230	*Anaerobranca horikoshii* str. JW/YL-138 DSM 9786（T）	霍氏厌氧分支杆菌	产琥珀酸	厚壁菌门梭菌纲
	145	308	*Bacillus subtilis* str. A405	枯草芽孢杆菌	降解酚酸类化合物	厚壁菌门芽孢杆菌纲
	145	309	*Paenibacillus lentimorbus* ATCC 14707（T）	类芽孢杆菌	降解多芳香族碳氢化合物	厚壁菌门芽孢杆菌纲
	145	309	*Paenibacillus popilliae* ATCC 14706（T）	类芽孢杆菌	降解多芳香族碳氢化合物	厚壁菌门芽孢杆菌纲
	145	309	*Bacillus amyloliquefaciens* ATCC 23350（T）	解淀粉芽孢杆菌	分解淀粉	厚壁菌门芽孢杆菌纲
	145	309	*Bacillus subtilis* NCDO 1769（T）	枯草芽孢杆菌	益生菌	厚壁菌门芽孢杆菌纲
	145	309	*Bacillus subtilis* [gene=rrnA gene]	枯草芽孢杆菌	益生菌	厚壁菌门芽孢杆菌纲
	145	309	*Bacillus subtilis* [gene=rrnE gene]	枯草芽孢杆菌	益生菌	厚壁菌门芽孢杆菌纲
	145	309	*Bacillus subtilis* [gene=rrnI gene]	枯草芽孢杆菌	益生菌	厚壁菌门芽孢杆菌纲
	145	309	*Bacillus subtilis* [gene=rrnJ gene]	枯草芽孢杆菌	益生菌	厚壁菌门芽孢杆菌纲
	145	309	*Bacillus subtilis* [gene=rrnO gene]	枯草芽孢杆菌	益生菌	厚壁菌门芽孢杆菌纲
	145	309	*Bacillus subtilis* [gene=rrnW gene]	枯草芽孢杆菌	益生菌	厚壁菌门芽孢杆菌纲
	145	309	*Bacillus subtilis* str. 168	枯草芽孢杆菌	降解酚酸类化合物	厚壁菌门芽孢杆菌纲
	145	309	*Bacillus subtilis* str. 168[gene=rrnA gene]	枯草芽孢杆菌	降解酚酸类化合物	厚壁菌门芽孢杆菌纲
	145	309	*Bacillus subtilis* str. 168[gene=rrnJ gene]	枯草芽孢杆菌	降解酚酸类化合物	厚壁菌门芽孢杆菌纲
	145	309	*Bacillus subtilis* str. 168[gene=rrnO gene]	枯草芽孢杆菌	降解酚酸类化合物	厚壁菌门芽孢杆菌纲
	145	309	*Bacillus subtilis* str. 168[gene=rrnW gene]	枯草芽孢杆菌	降解酚酸类化合物	厚壁菌门芽孢杆菌纲
	145	309	*Bacillus subtilis* str.TB11	枯草芽孢杆菌	益生菌	厚壁菌门芽孢杆菌纲
	145	309	*Bacillus subtilis* subsp. *marburg* str. 168	枯草芽孢杆菌	降解酚酸类化合物	厚壁菌门芽孢杆菌纲
	145	408	str. JTB35			
	146	180	*Planococcus citreus* NCIMB 1493（T）	柠檬色游动球菌	未知	厚壁菌门芽孢杆菌纲
	146	181	IFO 15614			
	146	181	IFO 15777			
	146	181	unnamed organism			
	153	210	*Treponema pectinovorum* ATCC 33768（T）	螺旋体	病原菌	螺旋体门螺旋体纲
	153	213	*Bacillus benzoevorans* DSM 5391（T）	芽孢杆菌	益生菌	厚壁菌门芽孢杆菌纲
	153	213	*Bacillus benzoevorans* NCIMB 12555（T）	芽孢杆菌	益生菌	厚壁菌门芽孢杆菌纲

续表

样品	片段大小（bp）		对应菌种名称	中文名称	功能	分类
	*Msp*I	*Hae*III				
头茬	153	213	*Bacillus macroides* NCDO 1661	芽孢杆菌	益生菌	厚壁菌门芽孢杆菌纲
	153	213	*Bacillus macroides* NCIMB 10500	芽孢杆菌	益生菌	厚壁菌门芽孢杆菌纲
	153	219	*Paenibacillus chondroitinus* str. 12 DSM 5051（T）	类芽孢杆菌	未知	厚壁菌门芽孢杆菌纲
	153	219	*Brevibacillus agri* NRRL NRS-1219（T）	土壤短芽孢杆菌	益生菌	厚壁菌门芽孢杆菌纲
	153	219	*Brevibacillus borstelensis* NRRL NFS-818（T）	短芽孢杆菌	生物肥料	厚壁菌门芽孢杆菌纲
	153	219	*Brevibacillus choshinensis* str. HPD52	铫子短小芽孢杆菌	分解酚	厚壁菌门芽孢杆菌纲
	153	219	*Brevibacillus formosus* NRRL NRS-863（T）	短芽孢杆菌	益生菌	厚壁菌门芽孢杆菌纲
	153	219	*Brevibacillus laterosporus* JCM 2496（T）	侧孢短芽孢杆菌	有广谱抗真菌活性	厚壁菌门芽孢杆菌纲
	153	219	*Brevibacillus brevis* NCIMB 9372（T）	短短芽孢杆菌	有广谱抗真菌活性	厚壁菌门芽孢杆菌纲
	153	219	*Brevibacillus reuszeri* NRRL NRS-1206（T）	短芽孢杆菌	益生菌	厚壁菌门芽孢杆菌纲
	153	231	clone DA011			
	153	231	clone DA032			
	153	231	clone DA036			
	153	232	clone BPC094			
	153	251	*Mycoplasma* ‘Grey Lung disease agent’	支原体	致病菌	厚壁菌门柔膜菌纲
	153	253	*Mycoplasma arginini* str. G230 ATCC 23838（T）	精氨酸支原体	致病菌	厚壁菌门柔膜菌纲
	153	274	*Clostridium rectum* NCIMB10651（T）	直肠梭菌	降解农药，净化土壤	厚壁菌门梭菌纲
	153	308	*Bacillus sphaericus* NRS 400	球形芽孢杆菌	固氮菌	厚壁菌门芽孢杆菌纲
	153	309	*Bacillus sphaericus* str. 2297	球形芽孢杆菌	固氮菌	厚壁菌门芽孢杆菌纲
	153	309	*Bacillus sphaericus* str. 2362	球形芽孢杆菌	固氮菌	厚壁菌门芽孢杆菌纲
	193	80	*Caldotoga fontana* str. B4	泉生热袍菌	未知	
	193	284	*Leptotrichia buccalis* ATCC 14201（T）	口腔纤毛菌	致病菌	梭杆菌门梭杆菌纲
	205	203	*Clostridium polysaccharolyticum* DSM 1801（T）	解多糖梭菌	分解多糖	厚壁菌门梭菌纲
	220	271	*Clostridium sphenoides* ATCC 18403（T）	蝶形梭菌	产酒精	厚壁菌门梭菌纲
	279	255	*Lactobacillus catenaformis* str. 1871 ATCC 25536（T）	链状乳杆菌	未知	厚壁菌门芽孢杆菌纲
	288	212	*Treponema phagedenis* str. K5	溃蚀密螺旋体	病原菌	螺旋体门螺旋体纲
	288	291	*Heliorestis daurensis* str. BT-H1	嗜日菌	未知	厚壁菌门梭菌纲
	294	222	clone SJA-22			
	298	240	clone JW28			
	431	221	str. JTB359			
	436	64	*Corynebacterium genitalium* ATCC 33030	棒杆菌	未知	放线菌门放线菌纲

续表

样品	片段大小（bp）		对应菌种名称	中文名称	功能	分类
	*Msp*I	*Hae*III				
头茬	440	195	clone Adriatic90			
	463	219	str. JTB148			
	472	226	str. 45.e			
	472	260	unnamed organism			
	478	324	*Microbacterium* sp. str. Mainz	微杆菌	修复环境	放线菌门放线菌纲
	490	284	*Psychroserpens burtonensis* ACAM 181	冷弯菌	未知	拟杆菌门黄杆菌纲
	495	295	*Pinus thunbergiana*（Japanese black pine；green pine）-chloroplast			
	495	324	clone Sva1046			
连作2年	64	310	*Clostridium* sp. str. AZ3 B.1	梭菌	致病菌	厚壁菌门梭菌纲
	93	224	*Kitasatospora cystarginea* str. RK-419 JCM 7356（T）	西斯塔北里孢菌	未知	放线菌门放线菌纲
	145	310	*Paenibacillus lautus* NCIMB 12780	灿烂类芽孢杆菌	降解多芳香族碳氢化合物	厚壁菌门芽孢杆菌纲
	145	310	*Bacillus licheniformis* DSM 13（T）	地衣芽孢杆菌	未知	厚壁菌门芽孢杆菌纲
	145	310	*Bacillus licheniformis* NCDO 1772（T）	地衣芽孢杆菌	降解酚酸类化合物	厚壁菌门芽孢杆菌纲
	145	310	*Bacillus* sp. str. Termite isolate V	芽孢杆菌	降解酚酸类化合物	厚壁菌门芽孢杆菌纲
	145	310	*Bacillus subtilis* [gene=rrnG gene]	枯草芽孢杆菌	益生菌	厚壁菌门芽孢杆菌纲
	145	310	*Bacillus subtilis* [gene=rrnH gene]	枯草芽孢杆菌	益生菌	厚壁菌门芽孢杆菌纲
	145	310	*Bacillus subtilis* str. 168	枯草芽孢杆菌	降解酚酸类化合物	厚壁菌门芽孢杆菌纲
	145	310	*Caryophanon latum* NCDO 2034	阔显核菌	未知	厚壁菌门芽孢杆菌纲
	148	246	*Halobacillus halophilus* NCIMB 2269（T）	嗜盐芽孢杆菌	嗜盐菌	厚壁菌门芽孢杆菌纲
	148	246	*Halobacillus litoralis* str. SL-4 DSM 10405（T）	嗜盐芽孢杆菌	嗜盐菌	厚壁菌门芽孢杆菌纲
	148	246	*Sporosarcina ureae*	脲芽孢八叠球菌	分解尿素	厚壁菌门芽孢杆菌纲
	154	226	*Thermobispora bispora* str. R51 ATCC 19993（T）[gene=rrnB]	高温双孢菌	未知	放线菌门放线菌纲
	154	226	*Thermobispora bispora* str. R51 ATCC 19993（T）[gene=rrnD]	高温双孢菌	未知	放线菌门放线菌纲
	172	121	*Microbacterium aurum* IFO 15204（T）	金黄微球菌	降解苯酚类化合物	放线菌门放线菌纲
	174	184	*Treponema* sp. str. H1 Leschine	密螺旋体	病原菌	螺旋体门螺旋体纲
	192	283	*Pirellula* sp. ACM 3180	小小梨形菌	水生细菌	浮霉菌门浮霉菌纲
	192	283	*Pirellula* sp. str. AGA/C41	小小梨形菌	水生细菌	浮霉菌门浮霉菌纲
	192	283	*Pirellula* sp. str. AGA/M41	小小梨形菌	水生细菌	浮霉菌门浮霉菌纲
	232	235	*Borrelia hermsii* str. M1001	赫氏蜱疏螺旋体	病原菌	螺旋体门螺旋体纲
	269	272	*Helicobacter pametensis* str. Seymour B12 CCUG 29257	帕美特螺杆菌	病原菌	变形菌门ε-变形菌纲

续表

样品	片段大小（bp）		对应菌种名称	中文名称	功能	分类
	*Msp*I	*Hae*III				
连作2年	269	272	*Helicobacter pametensis* str. Seymour B13 CCUG 29258	帕美特螺杆菌	病原菌	变形菌门 ε-变形菌纲
	269	272	*Helicobacter pametensis* str. Seymour B15 CCUG 29259	帕美特螺杆菌	病原菌	变形菌门 ε-变形菌纲
	269	272	*Helicobacter pametensis* str. Seymour B7 CCUG 29253	帕美特螺杆菌	病原菌	变形菌门 ε-变形菌纲
	269	272	*Helicobacter pametensis* str. Seymour B9 （T） CCUG 29255	帕美特螺杆菌	病原菌	变形菌门 ε-变形菌纲
	269	272	*Helicobacter pametensis* str. Seymour M17 CCUG 29260	帕美特螺杆菌	病原菌	变形菌门 ε-变形菌纲
	269	272	*Helicobacter pylori* ATCC 43504（T）	幽门螺杆菌	病原菌	变形菌门 ε-变形菌纲
	269	272	*Helicobacter pylori* str. 26695[gene=rrnA gene]	幽门螺杆菌	病原菌	变形菌门 ε-变形菌纲
	269	272	*Helicobacter pylori* str. 85D08 ATCC 51407	幽门螺杆菌	病原菌	变形菌门 ε-变形菌纲
	269	272	*Helicobacter pylori* str. MC123	幽门螺杆菌	病原菌	变形菌门 ε-变形菌纲
	269	272	*Helicobacter pylori* str. MC903	幽门螺杆菌	病原菌	变形菌门 ε-变形菌纲
	269	272	*Helicobacter pylori* str. MC937	幽门螺杆菌	病原菌	变形菌门 ε-变形菌纲
	269	272	*Helicobacter* sp. str. 91-266-11 Fox	螺杆菌	病原菌	变形菌门 ε-变形菌纲
	269	272	*Helicobacter* sp. str. 91-269-21 Fox	螺杆菌	病原菌	变形菌门 ε-变形菌纲
	296	272	*Eubacterium desmolans* ATCC 43058（T）	链状真杆菌	病原菌	厚壁菌门梭菌纲
	308	328	str. BD2-6			
	400	224	*Sinorhizobium meliloti* IAM 12611	苜蓿中华根瘤菌	固氮	变形菌门 α-变形菌纲
	425	253	*Methylomonas methanica* str. 81Z	甲烷甲基单胞菌	氧化甲烷	变形菌门 γ-变形菌纲
	458	246	str. BD2-8			
	465	219	str. JTB260			

结合连作和头茬地黄土壤中微生物类群及其功能分析发现：头茬土壤中所涵盖的微生物类群更广、细菌种类多样、代谢类型丰富、有益菌比例较大、致病菌较少，反映了头茬地黄根际土内调节功能更强，能够更好地改善植物的生存环境，起到更好的物质转化和能量传递作用，促进植物生长。此外头茬地黄土壤中还存在不少根际促生菌。例如，固氮弧菌属、弗兰克氏菌属、反硝化金氏菌等分别参与固氮作用和反硝化作用；运动外硫红螺菌、硫酸盐还原菌、脱硫肠状菌属、产甲酸草酸杆菌、食甲基嗜甲基菌、噬纤维菌属等参与硫化合物和碳水化合物的转化和能量循环；微杆菌属细菌和直肠梭菌还能够降解农药，净化土壤，对环境起到良好的保护作用。此外，与连作地黄土壤相比，头茬地黄土壤中优势菌群大部分隶属于芽孢杆菌纲，包括芽孢杆菌属、类芽孢杆菌属和短芽孢杆菌属等。芽孢杆菌纲菌广泛分布于土壤等环境中，功能多样，能够产生芽孢，抵抗力强，能降解会产生自毒作用的根系分泌物质，如枯草芽孢杆菌能降解酚酸类化合物，类芽孢杆菌能降解多芳香族碳氢化合物，铫子短小芽孢杆菌可以分解酚，解淀粉芽孢杆

菌能分解淀粉，侧孢短芽孢杆菌抵抗有害真菌，球形芽孢杆菌和某些枯草芽孢杆菌还具有固氮作用，土壤短芽孢杆菌等芽孢杆菌属大部分细菌都是益生菌。可见，头茬地黄中微生物群体加速了根际土中营养元素的循环，促进了地黄对养分的吸收，促进植物更好地生长。相对而言，连作地黄根际土中的上述有益菌种类及丰度明显较低，群落结构显得较为单一。虽然连作土壤中也有能降解酚酸类化合物的地衣芽孢杆菌和枯草芽孢杆，但与头茬地黄土壤相比，这些根系有毒分泌物的降解菌则少得多。同时，在连作地黄土壤内还出现了大量的螺旋体属和螺杆菌属如幽门螺杆菌、帕美特螺杆菌等致病菌，破坏了地黄原有的细菌群落结构，进而影响了群落的功能协调性。

从头茬和连作地黄土壤中的微生物来源差异片段的分析结果可以明显看出(表5-16)，头茬地黄土壤中差异片段主要包括 2 个界 8 个门 13 个纲，连作 1 年地黄中差异片段主要包括 1 个界 5 个门 10 个纲。这表明随着连作年限增加，细菌种类也变得越来越单一，其种类数量也在不断地减少，多样性水平也呈下降趋势。就具体微生物种类而言，头茬地黄土壤中厚壁菌门的芽孢杆菌纲在整个细菌群落中处于主导地位，所占的比例最大，达到了 62.71%。在连作地黄土壤中，处于主导地位的是变形菌门 ε-变形菌纲，所占比例为 25.93%，其次为芽孢杆菌纲，比例为 22.22%。值得注意的是，在连作地黄土壤中出现了 ε-变形菌纲、浮霉菌纲等新的微生物，而 ε-变形菌纲中许多微生物类型属于致病性病原菌，如帕美特螺杆菌、幽门螺杆菌等螺杆菌，会对植物的生长产生非常不利的影响。此外，在连作地黄土壤中，除 α-变形菌纲和螺旋体纲相关微生物外，β-变形菌纲、γ-变形菌纲、芽孢杆菌纲、梭菌纲、柔膜菌纲和放线菌纲等相关微生物数量都分别减少了 22.22%、50.00%、83.78%、66.67%、50.00%和 14.29%，其中，芽孢杆菌纲内微生物数量下降最为明显。在这些下降的微生物种类中，属于芽孢杆菌纲的许多微生物能够降解土壤中酚酸类、苯酚类等有毒化合物，具有抗真菌活性、增强土壤肥力和改善植物根际生态环境的益生菌，而放线菌类微生物的次生代谢产物则能对一些病原菌产生拮抗作用。因此，连作土壤中芽孢杆菌、放线菌纲等有益微生物数量的减少，可能加速了连作根际微生态环境恶化，促进了连作地黄的死亡。

表 5-16　头茬和连作土壤差异片段种类的比较

界	门	纲	头茬土壤		连作土壤	
			种类数量	所占比例（%）	种类数量	所占比例(%)
细菌	变形菌门	α-变形菌纲	2	1.69	4	7.41
		β-变形菌纲	9	7.63	7	12.96
		ε-变形菌纲	0	0	14	25.93
		γ-变形菌纲	2	1.69	1	1.85
	厚壁菌门	芽孢杆菌纲	74	62.71	12	22.22
		梭菌纲	12	10.17	4	7.41
		柔膜菌纲	2	1.69	1	1.85
	放线菌门	放线菌纲	7	5.93	6	11.11
	螺旋体门	螺旋体纲	2	1.69	2	3.7
	拟杆菌门	黄杆菌纲	2	1.69	0	0

续表

界	门	纲	头茬土壤		连作土壤	
			种类数量	所占比例（%）	种类数量	所占比例（%）
细菌	拟杆菌门	鞘脂杆菌纲	1	0.85	0	0
	栖热菌门	异球菌纲	3	2.54	0	0
	梭杆菌门	梭杆菌纲	1	0.85	0	0
	浮霉菌门	浮霉菌纲	0	0	3	5.56
古细菌	广古菌门	甲烷杆菌纲	1	0.85	0	0
合计			118		54	

进一步分析连作、头茬和空白土壤样品中 Shannon 多样性指数和丰富度指数的变化规律，发现空白＞头茬＞连作，丰富度指数的变化规律与多样性指数一致。总体来看，土壤中细菌群落的多样性水平以对照土最高，其次为头茬，而连作地黄土壤多样性水平最低（表 5-17）。

表 5-17　空白土、头茬和连作土壤中细菌多样性指数分析

	土壤样品		
	空白土	头茬	连作
Shannon 多样性指数	3.88	3.7	3.5
丰富度指数	13.04	10.64	8.9

（三）菌根真菌 *Hin*fI 的 T-RFLP 图谱分析

总体上看，在连作地黄土壤中，根际菌根真菌的种类和数量呈下降趋势（图 5-7）。将所获取的真菌片段与数据库比对，结果在空白土、头茬和连作土壤分别获得 12 个、15 个和 12 个片段，其所注释的真菌种类均为外生菌根真菌，均属于担子菌亚门，其中，除猪苓、脐形鸡油菌和橙黄硬皮马勃分属于非褶菌目和硬皮马勃目外，其他均属伞菌目。

在空白土、头茬和连作三种根际土样中，相同的限制性片段 97.3bp、102.7bp、314.8bp，分别为 unknown TRFLP 016、橙黄硬皮马勃和 unknown TRFLP 006；对照土和头茬地黄土壤中相同的片段有 322.4bp 和 325.2bp，分属于 unknown TRFLP 002 和印花鹅膏菌；对照土和连作地黄土壤中相同的片段有 281.4bp、299.8bp 和 335.7bp，分属于 unknown TRFLP 012、unknown TRFLP 008 和灰鹅膏菌；头茬和连作地黄土壤中相同的片段有 105.7bp、120.3bp、149.3bp 和 305.6bp，分属于乳菇属、蓝丝膜菌、猪苓和脐形鸡油菌。此外，空白中特有的片段有 107.9bp、117.3bp、124.9bp、304.5bp，分别属于金钱菌、unknown TRFLP 013、苦粉孢牛肝菌和 unknown TRFLP 001；头茬地黄土壤中，特有的片段为 107bp、164.3bp、192.1bp、299.1bp、310.8bp、393.9bp，分别属于乳菇属、unknown TRFLP 014、unknown TRFLP 019、unknown TRFLP 007、unknown TRFLP 010 和红蜡蘑；连作土壤中特有片段有 71.1bp、352.3bp，则分别属于牛肝菌和 unknown TRFLP 009（表 5-18）。

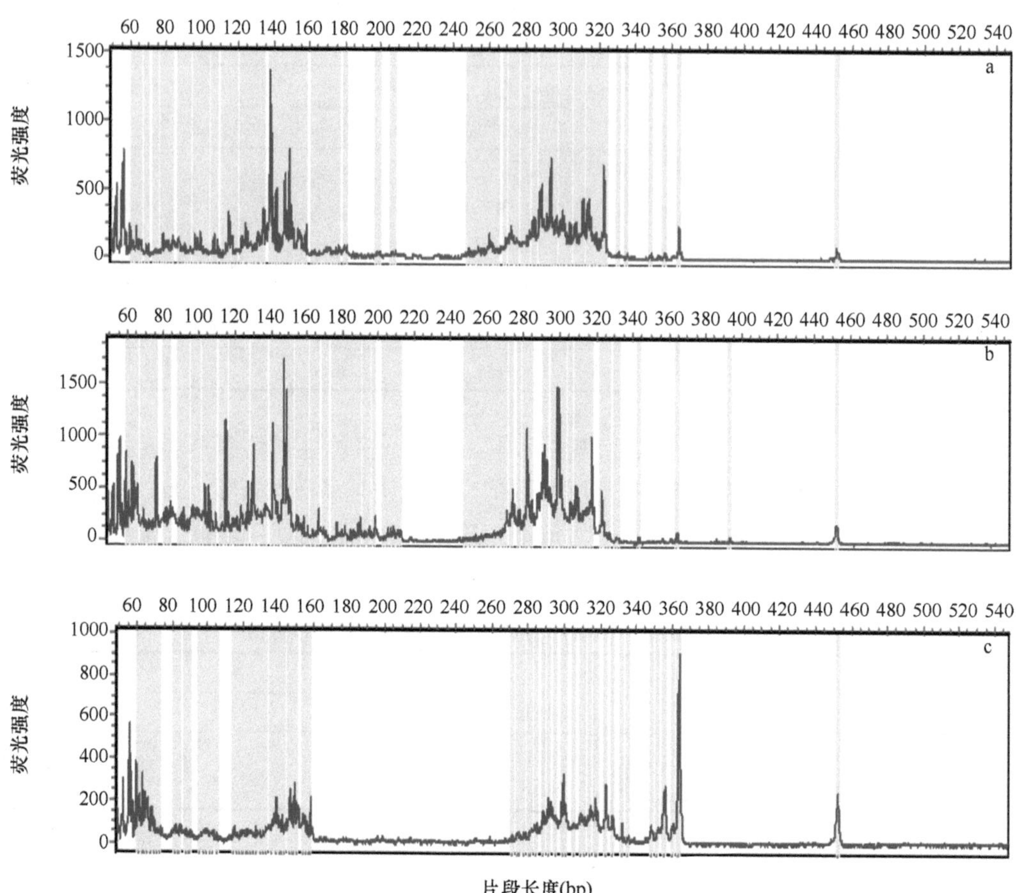

图 5-7 空白土（a）、头茬（b）和连作（c）地黄根际菌根真菌 *Hin*fI 酶切后的 T-RFLP 分析图谱

表 5-18 空白土、头茬和连作地黄土样中真菌片段的比较

片段大小（bp）（*Hin*fI 酶切）	空白土	头茬	连作	对应菌种名称	分类
71.1	×	×	√	*Boletus* sp.	牛肝菌
97.3	√	√	√	unknown TRFLP 016	
102.7	√	√	√	*Scleroderma citrinum*	橙黄硬皮马勃
105.7	×	√	√	*Lactarius oculatus*	乳菇
107	×	√	×	*Lactarius* sp.	乳菇
107.9	√	×	×	*Collybia* sp.	金钱菌
117.3	√	×	×	unknown TRFLP 013	
120.3	×	√	√	*Cortinarius caerulescens*	蓝丝膜菌
124.9	√	×	×	*Tylopilus felleus*	苦粉孢牛肝菌
149.3	×	√	√	*Polyporus umbellatus*	猪苓
164.3	×	√	×	unknown TRFLP 014	
192.1	×	√	×	unknown TRFLP 019	
281.4	√	×	√	unknown TRFLP 012	
299.1	×	√	×	unknown TRFLP 007	

续表

片段大小（bp）（*Hin*fI 酶切）	空白土	头茬	连作	对应菌种名称	分类
299.8	√	×	√	unknown TRFLP 008	
304.5	√	×	×	unknown TRFLP 001	
305.6	×	√	√	*Cantharellula umbonata*	脐形鸡油菌
310.8	×	√	×	unknown TRFLP 010	
314.8	√	√	√	unknown TRFLP 006	
322.4	√	√	×	unknown TRFLP 002	
325.2	√	√	×	*Amanita* sp.	印花鹅膏菌
335.7	√	×	√	*Amanita vaginata*	灰鹅膏菌
352.3	×	×	√	unknown TRFLP 009	
393.9	×	√	×	*Laccaria laccata*	红蜡蘑
总计	12	15	12		

对不同连作地黄土壤样品中优势的菌群种类进行分析，发现连作地黄土壤中菌根真菌的优势群落主要为 unknown TRFLP 008、猪苓和 unknown TRFLP 006，其峰面积占总峰面积的比例分别达到 22.74%、17.97%和 14.58%；头茬地黄土壤中的优势群落主要为猪苓、unknown TRFLP 007 和 unknown TRFLP 002，其峰面积占总峰面积的比例分别为 21.39%、19.92%和 7.62%；空白土壤中优势群落主要为 unknown TRFLP 002、unknown TRFLP 006 和 unknown TRFLP 008。此外，交叉对比三个土壤样品间的菌群种类，发现连作地黄土壤与头茬地黄土壤相比，unknown TRFLP 016、橙黄硬皮马勃、乳菇属、蓝丝膜菌和猪苓等 5 种真菌数量均有所下降，分别降低了 16.97%、52.91%、55.05%、7.22%和 15.99%，而连作地黄土壤中脐形鸡油菌和 unknown TRFLP 006，分别比头茬增加了 49.09%和 125%。这些结果表明，连作导致土壤中真菌的多样性发生了显著变化，优势群落变化也较为明显，而真菌种类明显减少（表 5-19）。

表 5-19　空白土、头茬和连作地黄土壤真菌 T-RFLP 图谱结果分析

片段大小（bp）	峰面积			峰面积占总峰面积的比例（%）		
	空白土	头茬	连作	空白土	头茬	连作
71.1	—	—	503	—	—	4.66
97.3	1050	2497	444	5.33	4.95	4.11
102.7	329	3474	350	1.67	6.88	3.24
105.7	—	3249	312	—	6.43	2.89
107	—	2712	—	—	5.37	—
107.9	712	—	—	3.61	—	—
117.3	299	—	—	1.52	—	—
120.3	—	1820	361	—	3.6	3.34
124.9	1181	—	—	6	—	—
149.3	—	10801	1941	—	21.39	17.97
164.3	—	612	—	—	1.21	—
192.1	—	590	—	—	1.17	—

续表

片段大小（bp）	峰面积			峰面积占总峰面积的比例（%）		
	空白土	头茬	连作	空白土	头茬	连作
281.4	1927	—	895	9.78	—	8.29
299.1	—	10058	—	—	19.92	—
299.8	2657	—	2456	13.49	—	22.74
304.5	2194	—	—	11.14	—	—
305.6	—	3064	977	—	6.07	9.05
310.8	—	3219	—	—	6.38	—
314.8	3423	3272	1574	17.38	6.48	14.58

注：“—”表示根际土内相应片段未检测到

深入分析不同根际土内真菌群落多样性，结果显示了三种土壤样品中 Shannon 多样性指数的变化规律与丰富度指数一致，头茬＞连作＞空白土。总体看来，头茬地黄土壤中真菌群落的多样性水平最高，其次为连作地黄土壤，而空白土的多样性水平最低（表 5-20）。

表 5-20　真菌多样性指数分析

	样品		
	空白土	头茬	连作
Shannon 多样性指数	1.96	2.19	2.05
丰富度指数	1.88	2.45	2

我们从细菌群落的分析中进一步得知头茬地黄土壤中细菌种群多样性显著大于连作地黄土壤，暗示了头茬地黄根际土的群落调节功能更强，更有利于植物的生长。这表明连作后根际土内有益菌种类及其数量的骤然下降、致病菌的急速增加绝不是偶然现象，而是与根际菌群异常密切关联。特别是头茬土壤中的优势群落厚壁菌门的芽孢杆菌纲内微生物在连作之后下降最多，而很多能降解土壤中酚酸类、苯酚类等有毒化合物，改善植物根际生态环境的益生菌均属于芽孢杆菌纲。这些充分表明地黄原有的细菌群落结构已经被破坏，群落的功能性已大大降低。

二、连作地黄根际微生物群落结构的宏基因组学分析

为了更全面、更精细地了解连作对地黄根际土内微生物群体的影响，我们采用高通量测序技术详细分析不同连作年限、不同根区、不同发病状态的地黄土壤微生物群落结构及多样性变化。结果发现，连作地黄（MUR）、病株地黄（MIR）根际土内的细菌群落丰富度（Observed species 指数、Chao1 指数、ACE 指数）、Shannon 多样性指数均显著高于头茬地黄（NPR）。同时，MUR 的丰富度（Observed species 指数、Chao1 指数、ACE 指数）和 Shannon 多样性指数均显著高于 MIR。此外，在根表土中，上述的微生物种群多样性指数在头茬地黄（NPP）和连作地黄（MUP）间差异显著，但可以明显看出，病株地黄（MIP）的丰富度和 Shannon 多样性指数均较低（表 5-21）。

表 5-21　不同连作年限地黄根际、根表细菌群落多样性指数分析

处理	Observed species	Chao1	ACE	Shannon
		根际土		
头茬地黄（NPR）	495.7c	566.4c	593.7b	5.042c
连作地黄（MUR）	654.7a	718.5a	742.5a	5.675a
病株地黄（MIR）	555.3b	628.3b	651.9b	5.493b
		根表土		
头茬地黄（NPP）	575.0b	634.3a	652.6ab	5.735a
连作地黄（MUP）	696.3a	755.9a	766.7a	5.975a
病株地黄（MIP）	431.7c	615.6a	565.8b	2.496b

注：同列不同小写字母表示不同处理在 0.05（$P<0.05$）水平上的差异显著性

在不同样品微生物群落结构中，基于 Unweighted UniFrac 距离的主坐标轴（PCoA）和非加权组平均法（unweighted pair-group method with arithmetic means，UPGMA 或 average linkage，UPGMA）聚类分析发现，不同根区（根际 vs. 根表）、不同连作年限（头茬地黄 vs. 连作地黄 vs. 病株地黄）之间细菌群落结构能够明显区分。其中，主成分 PC1 和 PC2 分别解释了总变异的 21.38%和 18.42%。相比之下，基于 Weighted UniFrac 距离的 PCoA 和 UPGMA 分析则显示，头茬地黄、连作地黄和病株地黄之间存在明显的分离，其中主成分 PC1 和 PC2 分别解释了总变异的 77.78%和 10.07%（图 5-8）。

对不同样品中所获取的测序片段进行注释分析结果表明，所有土壤样品的细菌群落主要由变形菌门（Proteobacteria，83.2%～97.6%）、放线菌门（Actinobacteria，1.4%～9.3%）、拟杆菌门（Bacteriodetes，0.5%～9.3%）和厚壁菌门（Firmicutes，0.3%～4.5%）组成（图 5-9）。就其相对含量而言，在根际和根表，地黄连作下厚壁菌门含量显著降低，而拟杆菌门、芽单胞菌门（Gemmatimonadetes）、酸杆菌门（Acidobacteria）、疣微菌门（Verrucomicrobia）含量显著上升（NPR vs. MUR、NPP vs. MUP），在根表中，地黄连作下变形菌门的含量显著上升（NPP vs. MUP）（图 5-9）。

此外，在根际和根表中，病株地黄的放线菌门和厚壁菌门的含量均显著低于头茬地黄（NPR vs. MIR、NPP vs. MIP）。具体来说，在地黄根际土中，头茬地黄的变形菌门、放线菌门、厚壁菌门含量显著高于病株地黄，而拟杆菌门、芽单胞菌门含量显著低于病株地黄（NPR vs. MIR）。在地黄根表土中，头茬地黄的放线菌门、厚壁菌门、芽单胞菌门、酸杆菌门的含量高于病株地黄，而变形菌门的含量显著低于病株地黄（NPP vs. MIP）。这表明不管是在根际还是根表土中，头茬地黄的厚壁菌门含量均显著高于病株地黄（NPR vs. MIR、NPP vs. MIP）（图 5-9）。

进一步对不同样品根际微生物群体进行 LEfSe 线性判别分析，发现连作地黄的根际、根表的细菌群落结构均发生了明显的偏移恶化。在头茬地黄根际（NPR）土壤中，优势细菌类群主要包括肠杆菌科（Enterobacteriaceae）、假单胞菌科（Pseudomonadaceae）、微球菌科（Micrococcaceae）、芽孢杆菌科（Bacillaceae）、假单胞菌属（*Pseudomonas*）、芽孢杆菌属（*Bacillus*）、节杆菌属（*Arthrobacter*）。进一步比较连作和头茬地黄主要富集菌群，发现在连作地黄（MUR）和病株地黄（MIR）根际中主要的累积的菌群有：从

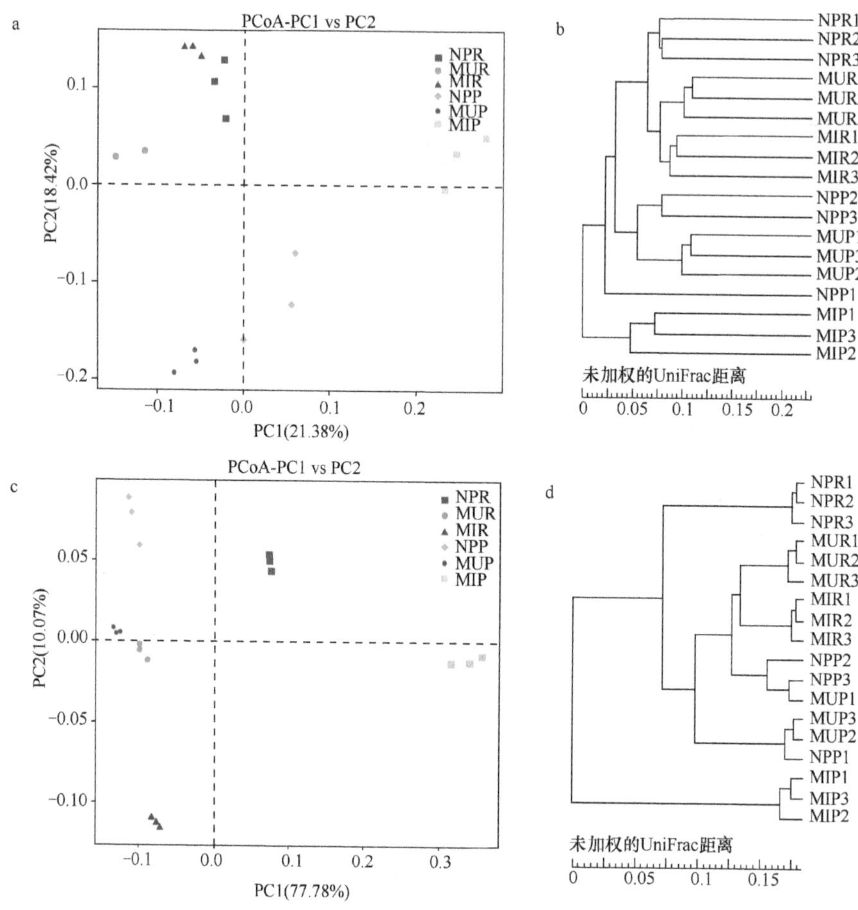

图 5-8　不同连作年限地黄根际、根表细菌群落 PCoA 和聚类分析

a 和 b 分别表示基于 Unweighted UniFrac 距离的 PCoA 和聚类分析；c 和 d 分别表示基于 Weighted UniFrac 距离的 PCoA 和聚类分析

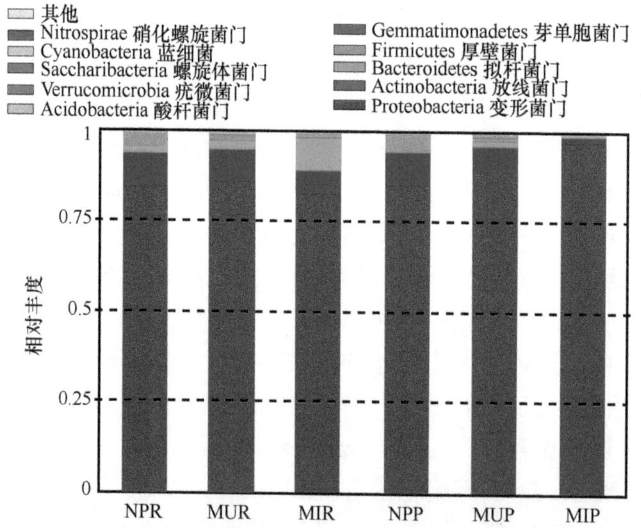

图 5-9　不同连作年限地黄根际、根表细菌群落门水平各类群相对含量

毛单胞菌科（Comamonadaceae）（MUR）、黄杆菌科（Flavobacteriaceae）、鞘脂单胞菌科（Sphingomonadaceae）、黄单胞菌科（Xanthomonadaceae）（MIR）等。在根表土中，根瘤菌科（Rhizobiaceae）、芽孢杆菌科、根瘤菌属（*Rhizobium*）、芽孢杆菌属在头茬地黄（NPP）中富集，而丛毛单胞菌科、黄单胞菌科、产碱菌科（Alcaligenaceae）、溶杆菌属（*Lysobacter*）、贪噬菌属（*Variovorax*）、包特菌属（*Bordetella*）在连作地黄（MUP）中富集（图 5-10）。

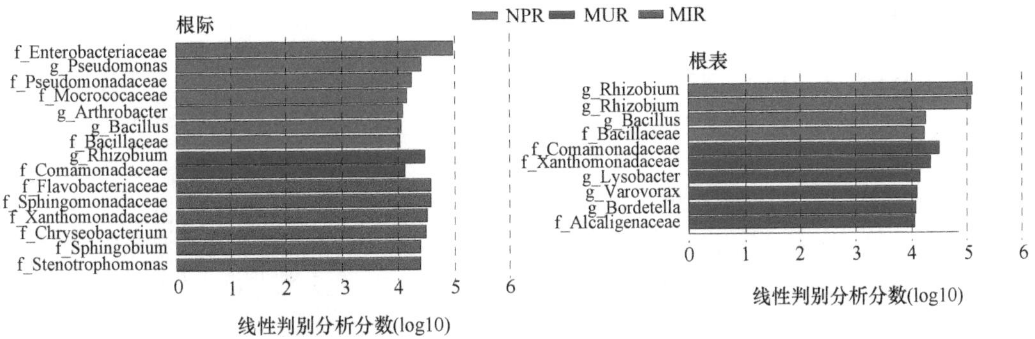

图 5-10　不同连作年限地黄根际、根表细菌群落线性判别分析（LEfSe 线性判别分析）

此外，利用土壤宏基因组学技术对不同连作年限地黄根际微生物群落结构及功能潜力变化进行分析。分类学注释分析显示，丰度排名前 35 名的优势属中，连作地黄（CM）根际土的鞘脂单胞菌属（*Sphingopyxis*）和新鞘氨醇杆菌（*Novosphingobium*）（属于鞘脂单胞菌科 Sphingomonadaceae）、链霉菌属（*Streptomyces*）（属于链霉菌科 Streptomycetaceae）、藤黄单胞菌属（*Luteimonas*）、砂单胞菌属（*Arenimonas*）和罗河杆菌属（*Rhodanobacter*）（属于黄单胞菌科 Xanthomonadaceae）的含量显著高于头茬地黄（NP）；然而，溶杆菌属（*Lysobacter*）和假黄色单胞菌属（*Pseudoxanthomonas*）（属于黄单胞菌科）、假单胞菌属（*Pseudomonas*）和固氮菌属（*Azotobacter*）（属于假单胞菌科）、伯克氏菌属（*Burkholderia*）（属于伯克氏菌科 Burkholderiaceae）呈现相反的变化趋势（图 5-11）。由此可见，头茬地黄的假单胞菌属含量显著高于连作地黄，这与 T-RFLP、高通量测序及可培养法的结果均一致。

同源基因簇（eggNOG）分析显示：头茬地黄根际土中功能类即核酸运输和代谢（nucleotide transport and metabolism）和细胞迁移适应（cell motility）的相对丰度显著高于连作地黄，并且这主要是由于这些功能类在头茬地黄根际的假黄色单胞菌属、鞘氨醇单胞菌属、溶杆菌属、固氮菌属中的丰度较高。相比之下，头茬地黄根际土中的功能类：脂肪运输与代谢（lipid transport and metabolism），次生代谢合成、运输和分解（secondary metabolites biosynthesis, transport and catabolism），防御机制（defense mechanisms），有机酸运输和代谢（inorganic ion transport and metabolism）和转录（transcription）的相对丰度显著低于连作地黄，并且这主要是由于这些功能类在连作地黄根际的鞘脂单胞菌属、藤黄单胞菌属、黄单胞菌属、新鞘氨醇杆菌属中的丰度较高（图 5-12）。

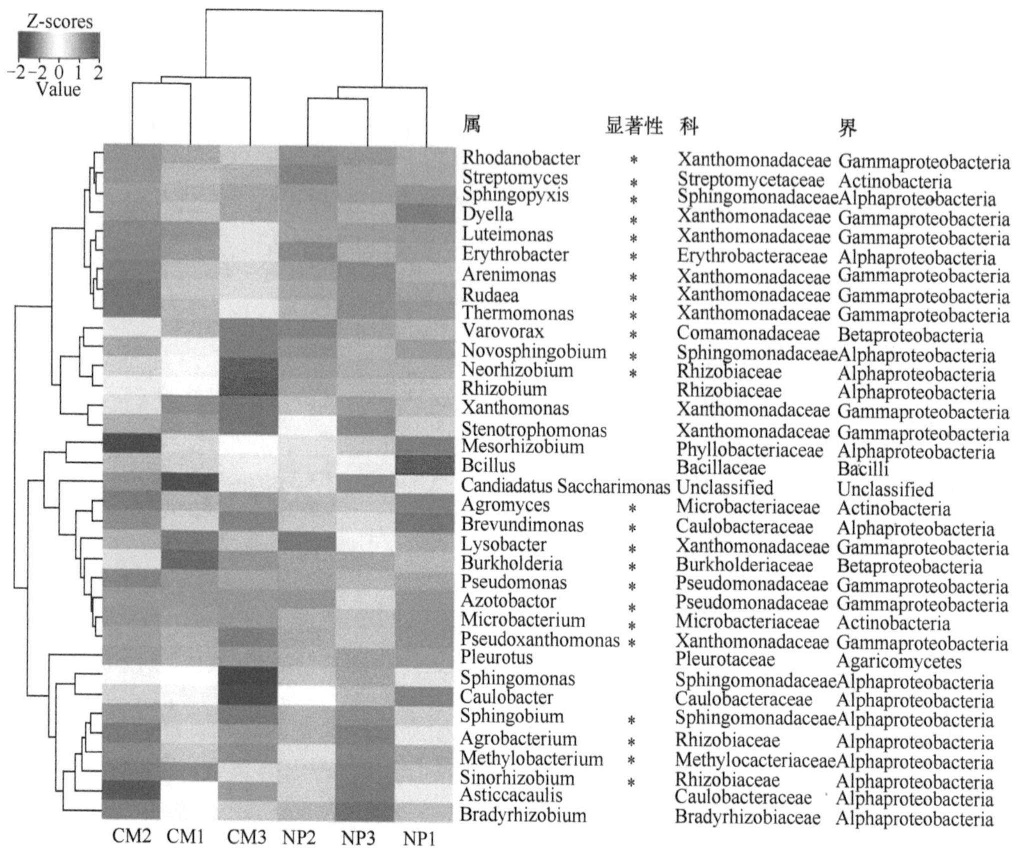

图 5-11 不同连作年限地黄根际微生物群落排名前 35 个属丰度热图分析

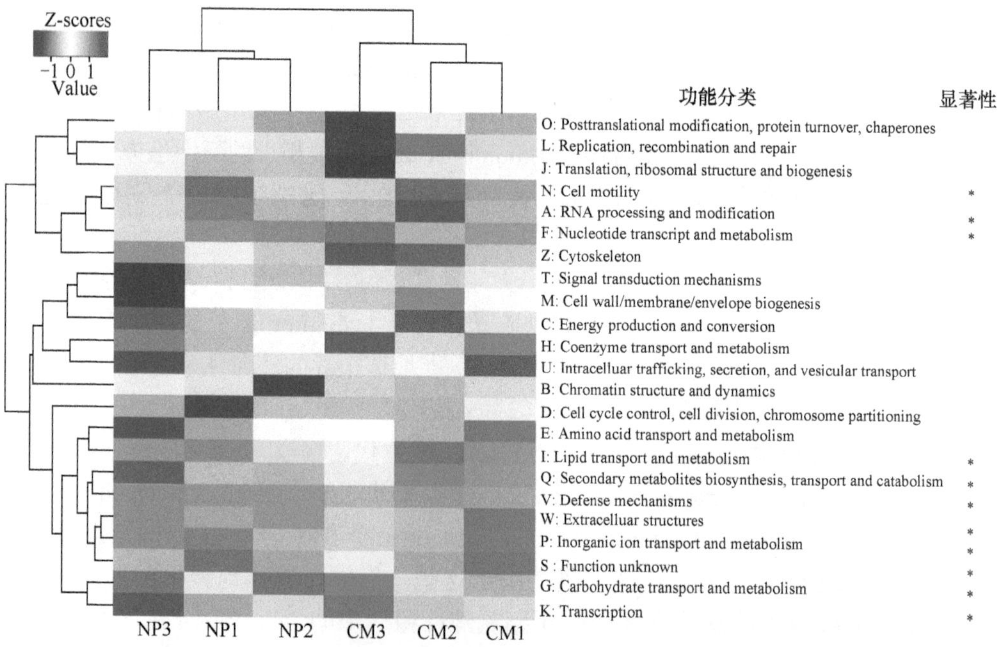

图 5-12 不同连作年限地黄根际微生物群落 eggNOG 功能类热图分析

对溶杆菌属、假单胞菌属、固氮菌属、鞘脂单胞菌属、藤黄单胞菌属等有益菌群在地黄连作下的丰度变化情况进行单独功能分析，结果显示在地黄连作条件下，来源于溶杆菌属、假单胞菌属、固氮菌属、鞘脂单胞菌属的功能类：脂类物质运输和代谢（lipid transport and metabolism）、核酸运输和代谢（nucleotide transport and metabolism）、转录（transcription）、核糖体合成和翻译（ribosomal structure and biogenesis）、氨基酸运输和代谢（amino acid transport and metabolism）、碳水化合物的运输和代谢（carbohydrate transport and metabolism）、能量代谢和再生（energy production and conversion）、辅酶运输和代谢（coenzyme transport and metabolism）、细胞迁移适应（cell motility）、细胞壁/膜/包膜合成（cell wall/membrane/envelope biogenesis）、信号转导（signal transduction mechanisms）、细胞周期和染色体分配（cell cycle control，cell division，chromosome partitioning）的丰度下降，而来源于鞘脂单胞菌属、藤黄单胞菌属的绝大部分功能类的丰度却上升（图 5-13）。表明对于潜在有害微生物来说，与防御机制（如 ABC 运输通道、外排通道）和生物代谢（如脂肪代谢与运输、次生代谢产物合成与运输、核酸代谢与运输）相关的功能类丰度在连作条件下增加，这可能有助于病原微生物在连作土壤环境中的生长、胁迫防御、酸适应等。相反，对于潜在有益菌，这些功能类丰度在连作下显著下降，则不利于有益菌在连作土壤中的生存繁殖，这就从整个根际土功能基因的角度初步反馈了连作下地黄根际土中有益菌和病原菌比例失衡的内在机理。

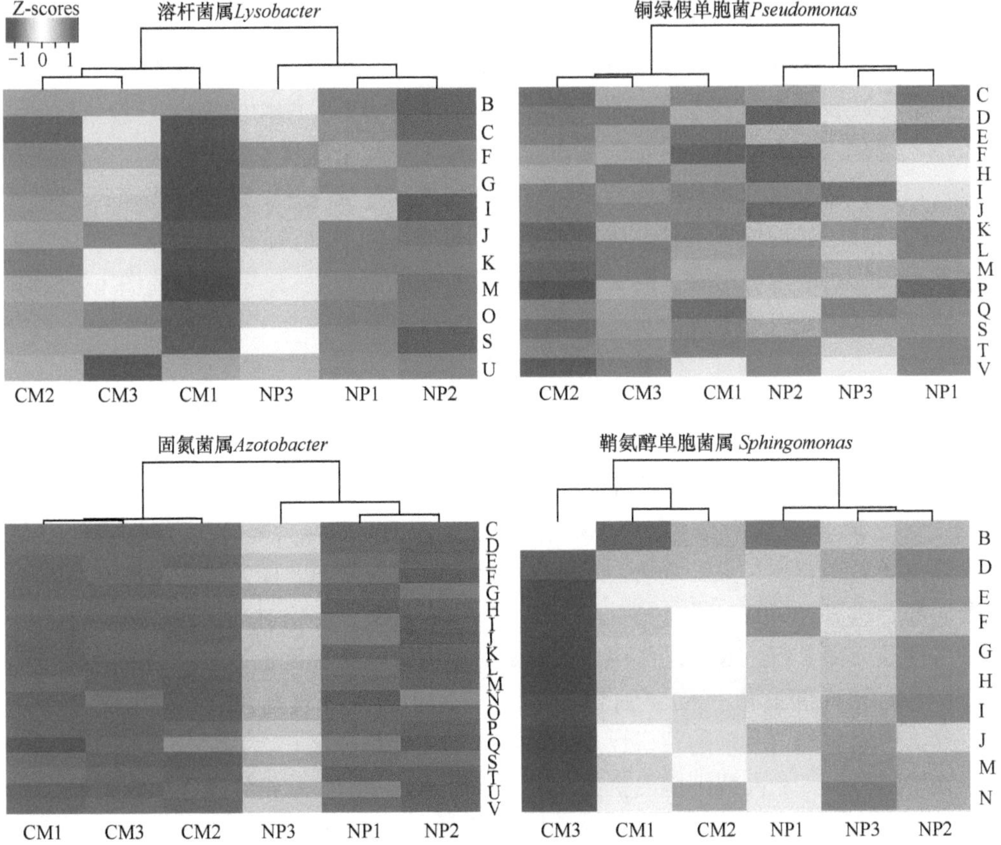

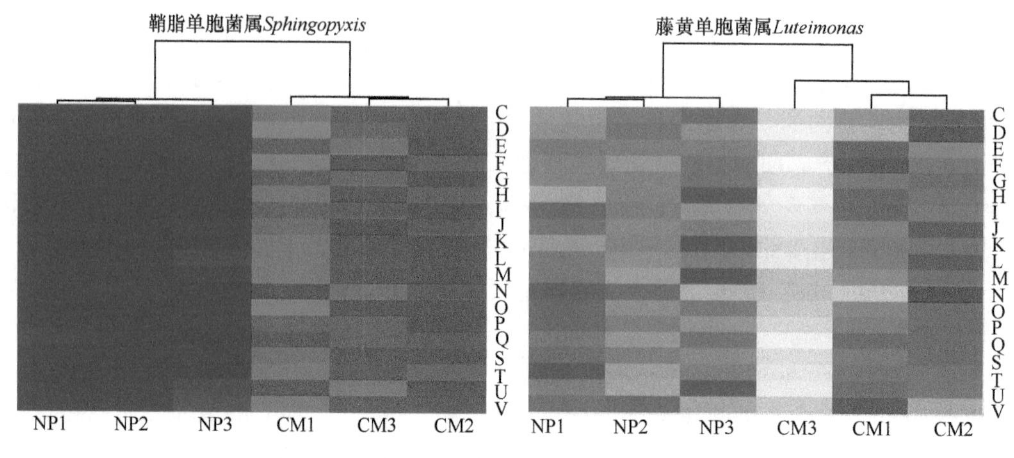

图 5-13 来源于特异菌属的功能类丰度热图分析

通过组合不同微生物群落分析技术对根际微生物群体进行鉴定，从不同层面、不同角度、不同侧面确证了连作地黄根际微生物群落发生了明显的迁移变化；并且这种灾变趋势，随着连作水平的增加，愈加严重，对不管是在群落多样性水平还是生态功能方面，连作 2 年土壤都比 1 年差。真菌是土壤微生物的重要组成部分，对植物生长的影响绝不可忽视，甚至可能起主导作用。尤其是菌根真菌，对植物土壤中矿质营养元素和水分的吸收及抵御外界不良环境方面有着重要的作用。因此这些益生菌的减少，一方面使得群落降解有毒物质的能力降低，酚类等化合物残留得更多，对地黄的生长产生抑制作用，使其对外界环境的适应能力和抵御能力变差；另一方面这些益生菌还具有拮抗病原菌的活性，它的减少势必造成致病菌的大量繁殖，加重了病害对植物的侵染，使地黄的生存环境不断恶化，继而影响了有益微生物的生存和繁殖，土壤状态每况愈下，多样性结构越来越单一，这一系列的连锁效应严重影响了植物的连续生产，造成连作障碍。但诱发连锁效应的原因目前尚不清楚，我们初步认为可能是随着地黄的生长块根的不断膨大，其根系分泌物不断增多所致。根系分泌物如何影响细菌的生长，以及细菌作用于受体植物的具体方式，还有待于进一步研究。

第三节　自毒物质与病原菌对地黄连作障碍的协同作用

20 世纪 80 年代，日本学者成田保三郎（1982）研究发现作物连作后，土壤中的有益微生物减少，有害微生物增加，根表真菌特别是镰刀菌数量大幅增加。解红娥等（2005）研究认为随着地黄连年人工栽培，土壤真菌病害越来越严重，成为地黄种植生产的重要威胁。鞠会艳等（2002）研究表明，连作和轮作大豆根分泌物对半裸镰孢菌、粉红粘帚菌和尖孢镰刀菌具有生长促进作用，特别是对半裸镰孢菌的生长促进作用更为明显。病菌主要通过植株细根和主根上的伤口或直接从侧根分枝处裂缝和根毛的顶部细胞侵入寄主，其中老化幼苗基部的裂口也是病菌侵入的主要途径之一。病菌侵入植株根部后，菌丝在寄主薄壁细胞间或细胞内生长，进入维管束，并沿管壁继续向上生长；病菌能分泌果胶酶和纤维素酶，破坏寄主细胞壁和导管周围细胞使寄主萎蔫，直至死亡。同时，病菌还分泌毒素，干扰寄主代谢系统，使多元酸氧化异常活跃，积累大量酮类化合物，最终使植株中毒死亡，导管变褐色。然而，目前对于地黄连作过程中真菌菌株的分类鉴定和地黄专化型菌株的报道还相对较少。基于此，我们从地黄连作土壤和发病植株中分离地黄病原菌，通过序列分析进行鉴定，并通过回接侵染实验进一步筛选出了地黄专化型菌株，这些关键连作地黄专化分离菌为深入研究地黄连作障碍的形成机理提供了重要实践佐证工具。

一、连作地黄专化型病原真菌的分离及毒性鉴定

（一）连作地黄根际病原真菌的分离与鉴定

我们在地黄连作障碍表现最明显时期（块根膨大前期）采集连作地黄的发病植株和根际土作为病原菌分离的材料，用以分离与地黄连作障碍形成密切关联的地黄专化菌。结果通过 PDA 平板培养法，经过多次分离纯化后从连作地黄土壤中分离到病原真菌 42 株，从地黄病株中分离到病原真菌 24 株。通过真菌的显微观察和分子鉴定结果发现，实验中分离纯化的病原真菌类群分属子囊菌门、结合菌门、担子菌门和半知菌门等 4 个门，大部分属于子囊菌亚门，分属于镰刀菌属、淀粉菌属、白霉属、炭疽属、曲霉属、酵母菌属、拟层孔菌属、丛赤壳属、木霉属等 16 个菌属。其中，镰刀菌属（包括赤霉菌属）真菌在连作土壤中为 26 种，分离频率为 61.9%，在地黄病株中为 15 株，分离频率为 62.5%，这些镰刀菌属真菌分属尖孢镰刀菌、禾谷镰刀菌、腐皮镰刀菌、茄病镰刀菌等。其次，分离频率较高的为曲霉属真菌，在连作地黄土壤中为 9 种，分离频率为 21.4%，在地黄病株中为 6 株，分离频率为 25%，分属烟曲霉、黄曲霉、土曲霉和黑曲霉 4 种。同时，对所分离到的地黄候选致病菌的 ITS 区域扩增、测序，并对测序后的 ITS 序列进行同源性分析和 Jotun Hein Method 多重序列分析，并利用 MEGA 4.0 软件构建所测 66 株病原菌菌株的系统发育树（图 5-14、图 5-15）。

（二）地黄专化型病原菌致病性检测

将上述鉴定的地黄致病菌进一步分离纯化保存，同时将纯化的分离的菌株回接到地黄组培苗中进行致病性检测。实验结果发现有 4 株菌株均能在不同程度上引发地黄植株感病，甚至造成植株死亡，而添加无菌水处理的对照组处理地黄幼苗生长正常，未表现出病原菌感染症状。通过感染地黄苗的症状及感病指数分析发现，这 4 株菌株均在接种 3d 后就表现出明显的致病能力，严重影响了地黄幼苗的株高和植株鲜重。同时，引起地黄植株变黄畸形，根部根毛和须根减少，在接种 2 周后全部植株枯萎死亡。值得的注意的是，两株非专化型菌株 RPP001 和 RPP003 在接种地黄苗 3d 后，则未出现明显侵染症状，并且接种区域与地黄植株间形成明显的对峙间隔区（图 5-16），但随着时间延长，菌量的持续增多，也会造成地黄幼苗叶片失绿、植株高度降低，引起地黄鲜重下降，植株枯萎死亡。

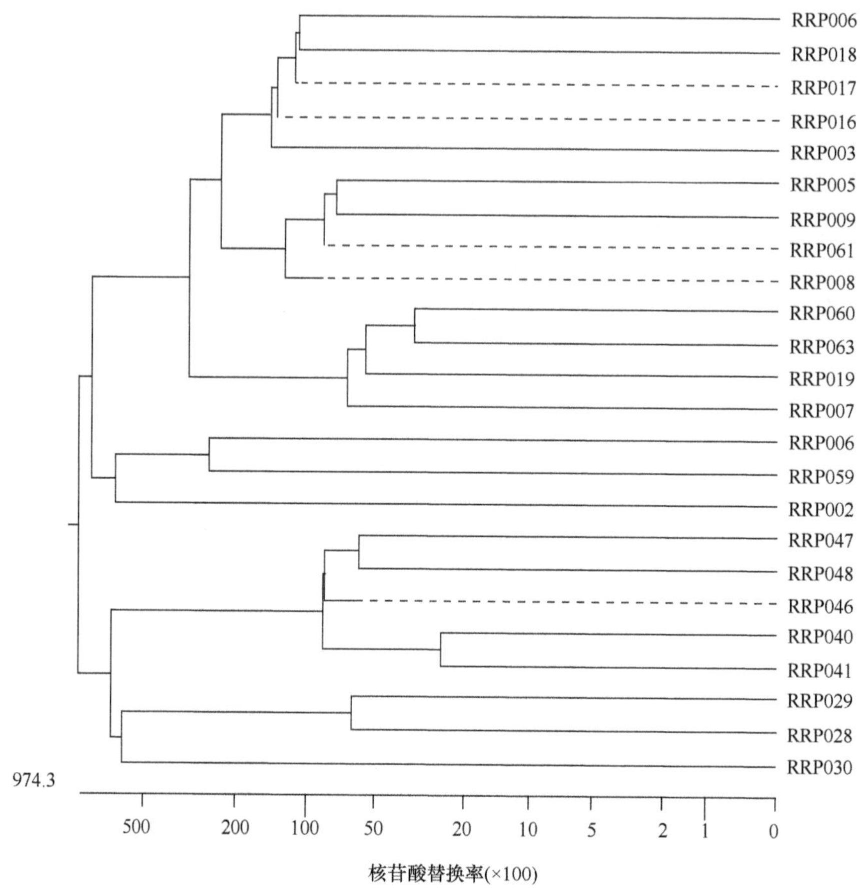

图 5-14　地黄病株中分离的 24 株病原真菌通过 ITS 序列分析所得的系统进化树

为了进一步验证所分离的地黄致病菌的真实致病能力，我们利用回接发病实验和科赫氏法则（Koch's rule）鉴定原则，在自然生长条件下将上述连作地黄根际土中所鉴定的地黄致病菌中的 CCS038 菌株、CCS043 菌株回接地黄苗以进一步鉴定所分离地黄病原菌的专化性。结果在回接培养后 10～25d，地黄幼苗开始出现明显的感病症状，回接植株感病初期，其叶片在中午会出现萎蔫下垂，到夜间后叶片萎蔫症状消失，叶部基本恢复正常；翌日，感病植株叶片会再次出现萎蔫症状，然后晚上恢复正常。如此反复数次后，感病植株全株萎蔫、不能恢复，最终植株全部枯萎死亡。将回接病害植株根部进行表面消毒后、进行真菌分离，并对其菌落形态特征和镜检结果进行分析，发现与原接种菌株相同。同时，对两株菌株进行非寄主性侵染实验，发现均不能对玉米、小麦等其他供试材料造成病害。因此，我们初步将 CCS038 菌株和 CCS043 菌株的株系确诊为地黄专化型镰刀菌。

（三）地黄专化型病原菌的形态观察

为了详细分析所鉴定地黄专化型镰刀菌菌丝性状和增殖特点，我们将所分离的 2 个菌的菌株接种到 PDA 平板上，并观察 CCS043 菌株和 CCS038 菌株在 PDA 平板上生长

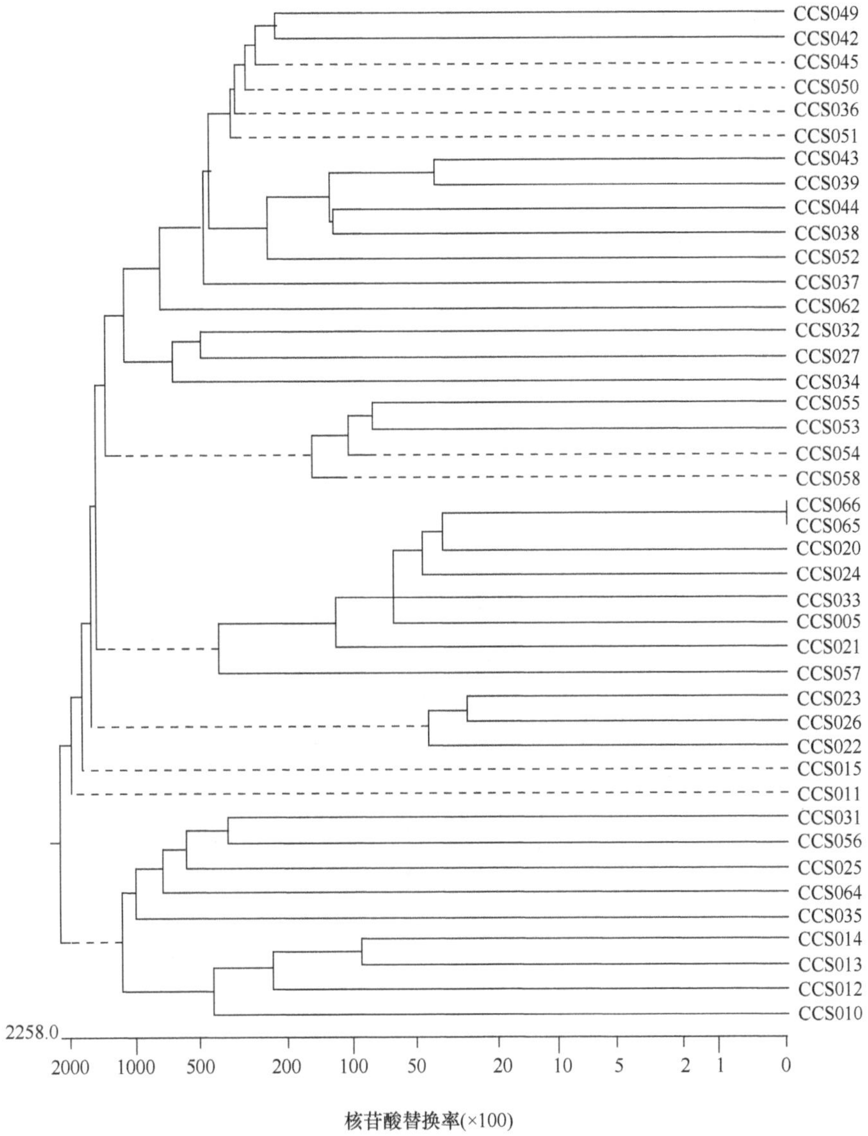

CCS049
CCS042
CCS045
CCS050
CCS036
CCS051
CCS043
CCS039
CCS044
CCS038
CCS052
CCS037
CCS062
CCS032
CCS027
CCS034
CCS055
CCS053
CCS054
CCS058
CCS066
CCS065
CCS020
CCS024
CCS033
CCS005
CCS021
CCS057
CCS023
CCS026
CCS022
CCS015
CCS011
CCS031
CCS056
CCS025
CCS064
CCS035
CCS014
CCS013
CCS012
CCS010

2258.0

2000 1000 500 200 100 50 20 10 5 2 1 0

核苷酸替换率(×100)

图 5-15　地黄连作土壤中分离的 42 株病原真菌通过 ITS 序列分析所得的系统进化树

图 5-16　RPP001（a）和 RPP003（b）接种后与地黄形成的间隔区

状况和菌丝形态。结果发现菌株 CCS043 菌株在培养生长初期，菌丝短、粗，菌落正面呈银白色、疏松、绒毛状，中央突起，周缘稍低；在 PDA 培养基背景下，其菌落背面呈现出浅绿色。当菌株生长至 7d 或更长时间后，菌株的菌丝延展盖满整个培养皿，此时菌丝正面呈现出白色绒毛状，但菌株基部呈现深黑色，从平板背面看菌落呈紫色辐射状。进一步在光学显微镜下观察插片培养菌丝的结构，发现 CCS043 菌株的菌丝呈丝状、有分隔，无色，横剖面似有大量实心丝状体大型分生孢子。孢子呈梭形或肾形，无色、透明，有 2～4 个隔膜。同时，进一步放大观察，发现菌丝同时产生大量小型分生孢子，呈椭圆形或卵形，无隔膜或具 1 个隔膜。根据 CCS043 菌株 ITS 序列测序结果及菌株的生态学特征，经过文献差异比对后，将 CCS043 菌株初步定为镰刀菌属（*Fusarium*）尖孢镰刀菌（*Fusarium oxysporum*）（图 5-17）。

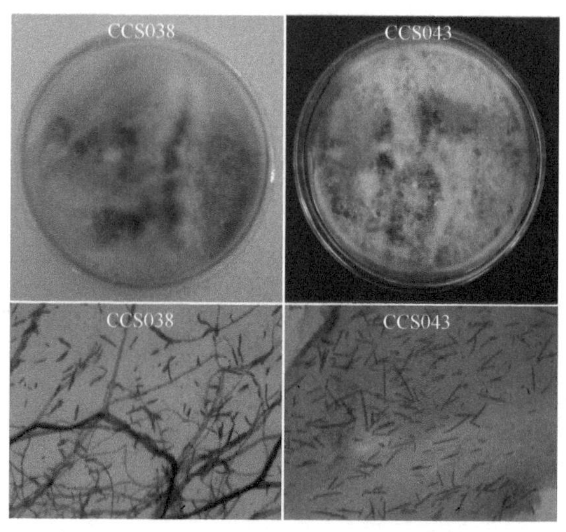

图 5-17　专化型镰刀菌 CCS038 和 CCS043 的菌落形态及其孢子形态

在 PDA 培养基上，CCS038 菌株在培养初期，菌落正面呈白色、疏松、毛发状，中央突起，四周稍低，其背面菌落生长部位呈紫色。待菌株生长到 7d 或更长时间后菌株的菌丝基本能铺满整个平板，其正面菌丝呈现白色绒毛状，菌株基部呈现深紫色，菌丝为细丝状，从平板背面观察菌落，其呈现为紫色，其色块积累由中央向四周呈辐射状分布。当菌株培养到 10d 后，菌丝局部出现自溶消失现象，但已经分泌到培养基内的紫色仍然滞留不变。通过光学显微镜下观察插片培养菌丝结果，发现 CCS038 菌株的菌丝有明显分枝、分隔呈管状，无色，稍大型分生孢子呈两头尖的镰刀状弯曲，具 3～7 节，小型分生孢子则呈小的梭状，具 1～2 节。根据 CCS038 菌株的 ITS 序列比对结果并结合生态学特征，根据相关文献描述，将 CCS038 菌株初步定为镰刀菌属（*Fusarium*）雪腐镰刀菌（*Fusarium nivale*）。

（四）地黄专化型病原菌的鉴定

连作地黄病株中所分离的病原株系中，结合回接发病实验和 ITS 的测序结果，发现有两株曲霉菌 CCS012 菌株和 CCS025 菌株能够引发地黄幼苗叶片出现白斑，叶片失绿脱色，直至地黄全株萎蔫、死亡。对回接地黄植株发病部位进行表面消毒并分离真菌后，观察其菌落形态特征并镜检，发现菌丝的结构和特征与原接种菌株基本相同。病原的致病性危害寄主的专一性检测发现，CCS025 菌株不仅对地黄致病，对小麦也能侵染，而 CCS012 菌株仅对地黄致病，不对玉米、小麦等其他供试作物造成病害。因此，推测 CCS025 菌株或许为兼性寄生菌，而 CCS012 菌株为地黄霉菌专化型病原菌。

从 CCS025 菌株在 PDA 培养基上生长情况来看，其菌丝生长较快，从生长平板的正面观察，菌落呈黄色或灰黄色，粉末状。在发育初期，分生孢子头呈疏松放射状，此后呈现柱形，孢子梗光滑细长，略弯曲，近顶端处逐渐变粗大，无色。根据 CCS025 菌株的 ITS 测序结果，并结合生态学特征和相关文献资料后，将 CCS025 菌株初步认定为曲霉属（*Aspergillus*）黄曲霉菌（*Aspergillus flavus*）（图 5-18）。进一步观察 CCS012 菌株在 PDA 培养基上生长情况，发现其开始为白色，生长速度快，2～3d 后转为绿色，但边缘仍为白色，过数天后整体菌落逐渐变为深绿色，并逐渐遮盖白色边缘；其分生孢子头为浅蓝绿色至暗绿色，呈疏松放射状，孢子梗无色，光滑，略弯曲，沿近顶端处向上逐渐粗大，外形呈烧瓶状。根据 CCS012 菌株的 ITS 测序结果及生态学特征，结合查阅文献后，初步将 CCS012 初定为曲霉属（*Aspergillus*）烟曲霉菌（*Aspergillus fumigatus*）。

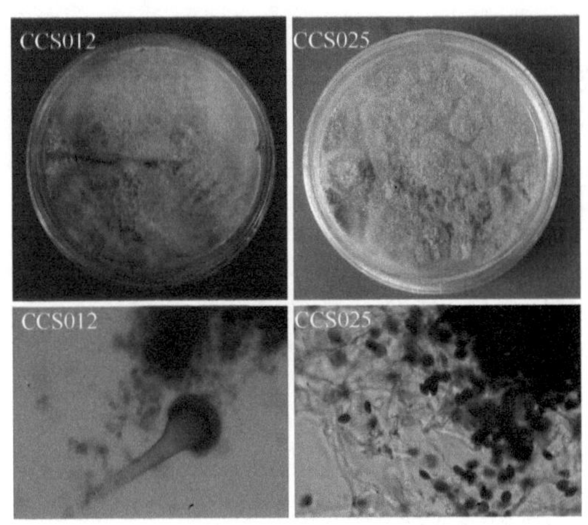

图 5-18　专化型黄曲霉 CCS025 和烟曲霉 CCS012 的菌落形态及其孢子形态

二、连作地黄专化菌的侵染和致病机制

（一）绿色荧光蛋白标记菌株对地黄的致害研究

为了更详细地解析连作专化菌对地黄入侵、侵染和定殖的过程，进一步阐明其在连作障碍形成中的角色，我们对地黄关键致病菌进行有色荧光标记。利用原生质体转化技术构建超折叠绿荧光蛋白（superfolder green fluorescent protein，sGFP）标记的地黄专化型菌株 CCS043（尖孢镰刀菌）菌株和 CCS025（黄曲霉）菌株，在活体条件下观察专化型菌株对地黄的侵染和定殖过程。选择常用丝状真菌转化载体 pCT74（图 5-19）对专化菌 CCS043 和 CCS025 进行 GFP 基因的转化。转化过程主要分为三步：

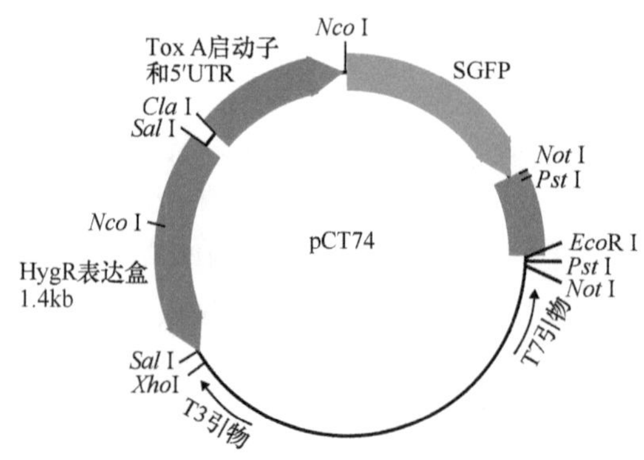

图 5-19 实验所用丝状真菌特异质粒 pCT74

1. 原生质体的再生和抗潮霉素筛选压的遴选

将真菌新生菌丝加入裂解酶溶液（崩溃酶 20mg/mL，溶壁酶 10mg/mL）中，制备真菌原生质体。由于 pCT74 载体的抗性为潮霉素抗性，因此，为了获取阳性的真菌原生质体转化子，需要在实验开始前优化和确证出 2 种地黄专化菌对潮霉素的抗性临界浓度（即筛选压）。同时，需要对原生质体在不同 HmB 再生 PDA 平板上的生长情况进行筛选，获取菌株 CCS025（黄曲霉菌）菌株和 CCS043（尖孢镰刀菌）菌株的抗性筛选压。结果发现，150μg/mL 潮霉素浓度作为地黄镰刀菌转化子的筛选浓度，以 300μg/mL 作为烟曲霉菌转化子的筛选浓度，能够有效筛选阳性转化菌。

2. pCT74 载体的转化和尖孢镰刀菌的再生

将表达绿色荧光的质粒 pCT74 转入真菌原生质体中，并通过抗性筛选和 PCR 扩增等进行转化子的筛选。采用 20μg 质粒分别转化菌株 CCS043（尖孢镰刀菌）菌株得到 8 个转化子，转化效率为每 10μg 获得 44 个转化子；质粒转化菌株 CCS025（黄曲霉菌）菌株得到 90 个转化子，转化效率为每 10μL 获得 45 个转化子。在荧光显微镜下观察发现，这 178 个转化子不仅能在含有潮霉素（HmB 抗性筛选浓度为 150g/mL）的 PDA 平板上正常生长，在蓝色激发光线能显示出绿色荧光。

3. 稳定阳性转化菌筛选

选取荧光较强的转化子经五次继代培养，然后接种于含 HmB 的 PDA 平板上，均能生长，且能发出绿色荧光（图 5-20）。证实该转化子能稳定遗传。且该转化子的菌落形态与菌丝生长速度分生孢子，厚垣孢子形态与原菌株一致。

（二）连作地黄专化菌的侵染和致病过程

将上述标记有 GFP 蛋白的菌株接种至移栽驯化的地黄幼苗上（炼苗移栽 7d 后），通过接种地黄植株的发病情况发现：CCS043（尖孢镰刀菌）菌株和 CCS025（黄曲霉菌）菌株的 GFP 标记菌株均能使地黄致病，其症状表现为根尖变黑，植株叶片失绿，叶片出现黄色菌斑，维管素变色。接种全部群体植株，大约在接种 2 周后出现枯萎死亡，与未标记 CCS043 的发病症状基本一致。

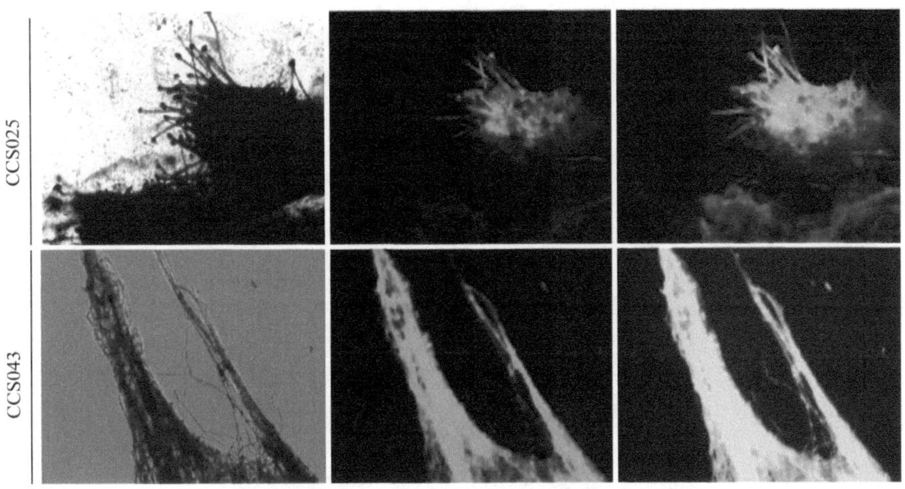

图 5-20 CCS043（尖孢镰刀菌）和 CCS025（黄曲霉菌）转化子菌丝在特定蓝光下的荧光

从标记菌侵染地黄过程中荧光追踪，我们可以实施捕捉 CCS043（尖孢镰刀菌）菌株和 CCS025（黄曲霉菌）菌株侵染过程。图 5-21 和图 5-22 显示了 CCS043 和 CCS025 菌株侵染地黄幼苗的详细过程，从侵染后植株在普通显微镜和荧光显微镜下照片可以清晰看出，CCS043（尖孢镰刀菌）菌株和 CCS025（黄曲霉菌）菌株的菌丝通过根毛侵入地黄维管组织的侵染路径图。

图 5-21 地黄受菌株 CCS043（尖孢镰刀菌）侵染后的发病情况

三、自毒物质与病原菌协同作用机制

对于自毒物质与病原菌协同作用导致连作障碍严重的研究，Sturz 和 Christie（2003）研究认为，植物根系分泌物影响了根际土微生物的生长，根系分泌物也与土壤微生物存在协同作用进而影响植物生长。同时，在芦笋中研究也表明，芦笋的根系分泌物、残茬降解物均能分泌自毒物质造成植物自毒作用，并且自毒物质与镰刀菌还存在协同作

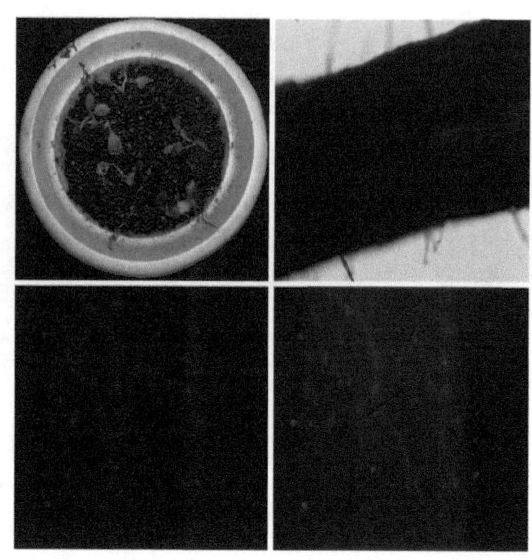

图 5-22 地黄受菌株 CCS025（黄曲霉菌）侵染后的发病情况

用，最终导致连作障碍的严重发生（Yang and Young，1982；Peirce and Colby，1987）。鞠会艳等（2002）研究表明，连作和轮作大豆根分泌物对半裸镰孢菌、粉红粘帚菌和尖孢镰刀菌尤其是半裸镰孢菌的生长有明显的化感促进作用。刘峰等（2007）通过水苏糖铵盐培养液对土壤细菌生长的实验，认为大多数土壤细菌不能很好地利用水苏糖作为其能源物质，因此可能造成根际细菌的种类和数量大幅下降，仅少数可较好利用水苏糖的土壤细菌活动旺盛，这些能够良好利用水苏糖的土壤细菌有可能作为“优势菌”大量繁殖，从而造成地黄根部土壤微生物失衡。因此，越来越多研究表明在连作障碍形成过程中植物所分泌的化感物质驱动了根际微生物群体的改变。

（一）地黄化感自毒物质诱发了根际土致病菌增殖

为了详细解析地黄化感自毒物质与根际致病菌在地黄连作障碍形成过程中的角色，进行外源添加 7 种单体自毒物质对 4 株专化型真菌的诱导实验，结果如表 5-22 所示。单体自毒物质对真菌的作用效果不同，其中没食子酸对 4 株菌株表现为生长抑制作用；对羟基苯甲酸和阿魏酸对 4 株真菌菌株均表现为生长促进作用，且作用效果明显；香草酸和水杨酸对 3 株表现为生长促进作用，但香草酸对 CCS043（尖孢镰刀菌）菌株表现为生长抑制作用，而水杨酸对 CCS012（烟曲霉）菌株表现为生长抑制作用；苯甲酸对 CCS012（烟曲霉）菌株和 CCS025（黄曲霉菌）菌株表现为生长促进作用，对 CCS043（尖孢镰刀菌）菌株和 RPP038（雪腐镰刀菌）菌株表现为生长抑制作用；原儿茶酸对 CCS012（烟曲霉）菌株、CCS025（黄曲霉菌）菌株和 RPP038（雪腐镰刀菌）菌株表现为生长促进作用，对 CCS043（尖孢镰刀菌）菌株表现为生长抑制作用。自毒物质对病原菌孢子生长量的作用效果进一步证明，单体自毒物质对 4 株菌株的作用效果各不相同，呈现多样化，但对羟基苯甲酸和阿魏酸则能促进全部菌株产生分生孢子，作用效果明显（表 5-23）。因此，大量的研究提示，化感物质扰动地黄根际微生态平衡，诱发连作根际有害微生物增殖，造成了地黄连作障碍的形成。

表 5-22　自毒物质对病原菌菌丝生长影响

	CCS012（烟曲霉菌）		CCS025（黄曲霉菌）		CCS043（尖孢镰刀菌）		RPP038（雪腐镰刀菌）	
	净生长量（cm）	作用率	净生长量（cm）	作用率	净生长量（cm）	作用率	净生长量（cm）	作用率
CK	2.5	/	2.15	/	2.5	/	1.95	/
香草酸	3	0.2	2.4	0.12	1.8	−0.28	2.55	0.31
阿魏酸	3.5	0.4	2.9	0.35	3.25	0.3	2.3	0.18
没食子酸	1.45	−0.42	2.05	−0.05	2.4	−0.04	1.35	−0.31
苯甲酸	2.7	0.08	2.3	0.07	1.4	−0.44	1.75	−0.1
对羟基苯甲酸	2.6	0.04	2.85	0.33	3.05	0.22	2.75	0.41
水杨酸	2.05	−0.18	2.2	0.02	3.05	0.22	2.1	0.08
原儿茶酸	2.7	0.08	2.1	0.02	1.6	−0.36	2.3	0.18

表 5-23　自毒物质对病原菌孢子生长影响

	CCS012（烟曲霉）		CCS025（黄曲霉菌）		CCS043（尖孢镰刀菌）		RPP038（雪腐镰刀菌）	
	孢子数（$\times10^8$）	作用率	孢子数（$\times10^8$）	作用率	孢子数（$\times10^6$）	作用率	孢子数（$\times10^6$）	作用率
CK	4.37	/	4.62	/	5.13	/	5.36	/
香草酸	5.38	0.23	5.13	0.11	3.8	−0.26	6.97	0.3
阿魏酸	6.03	0.38	6.33	0.37	6.87	0.34	6.27	0.17
没食子酸	2.71	−0.38	4.34	−0.06	4.87	−0.05	3.59	−0.33
苯甲酸	4.76	0.09	4.99	0.08	2.98	−0.42	4.88	−0.09
对羟基苯甲酸	4.59	0.05	6.28	0.36	6.21	0.21	7.72	0.44
水杨酸	3.67	−0.16	4.71	0.02	6.36	0.24	5.84	0.09
原儿茶酸	4.68	0.07	4.76	0.03	3.33	−0.35	6.22	0.16

（二）酚酸对镰刀菌的增殖效应

酚酸类物质有可能是刺激致病菌增殖的主要原因，为了验证这个假设，我们基于对土壤各酚酸含量的测定，通过模拟地黄根际土中各酚酸配比，设置一系列混合酚酸终浓度梯度（0、30μmol/L、60μmol/L、120μmol/L、240μmol/L、480μmol/L、960μmol/L），对前期筛选到的与连作障碍相关病原菌（地黄专化型尖孢镰刀菌）的生理特性进行测定，分析与评价室内模拟连作障碍条件下，酚酸类物质对有益菌与病原菌选择性抑制或促进的生态效应。结果显示，混合酚酸能够显著促进地黄专化型尖孢镰刀菌（FON）的菌丝生长，混合酚酸终浓度为120μmol/L 时促进作用最强，我们设置的所有酚酸浓度都能够显著促进尖孢镰刀菌菌丝生长（图 5-23）。

分析还发现，混合酚酸能够显著促进尖孢镰刀菌的孢子产生，并且促进作用随混合酚酸浓度的升高而增强（图 5-24）。同时，在酚酸和尖孢镰刀菌的互作实验中，可以非常容易检测两种尖孢镰刀菌毒素，即 3A-DON 和 15A-DON，其中 3A-DON 毒素的浓度显著高于 15A-DON。总体上，3A-DON 毒素的产生随混合酚酸浓度的升高而增加，但 60μmol/L 浓度下毒素含量急剧上升，达到最高值，其他设置浓度下 3A-DON 毒素的含量也均大于对照组。除 60μmol/L 浓度外，15A-DON 毒素的含量随混合酚酸浓度的升高而不断升高（图 5-25）。综上，混合酚酸能够显著促进地黄专化型尖孢镰刀菌的菌丝生长、孢子产生和尖孢镰刀菌毒素的产生。

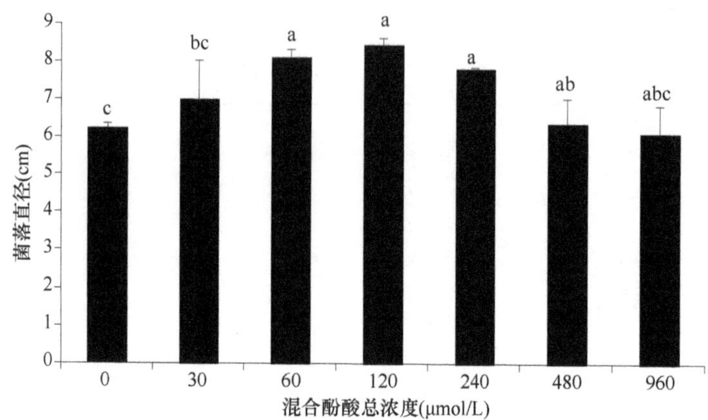

图 5-23 混合酚酸对地黄专化型尖孢镰刀菌（FON）菌丝生长的影响

不同小写字母表示不同处理在 0.05（$P<0.05$）水平上的差异显著性

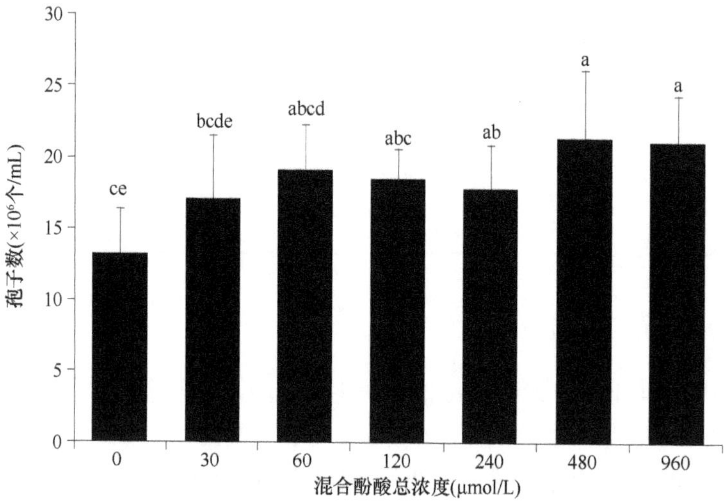

图 5-24 混合酚酸对地黄专化型尖孢镰刀菌孢子产生的影响

不同小写字母表示不同处理在 0.05（$P<0.05$）水平上的差异显著性

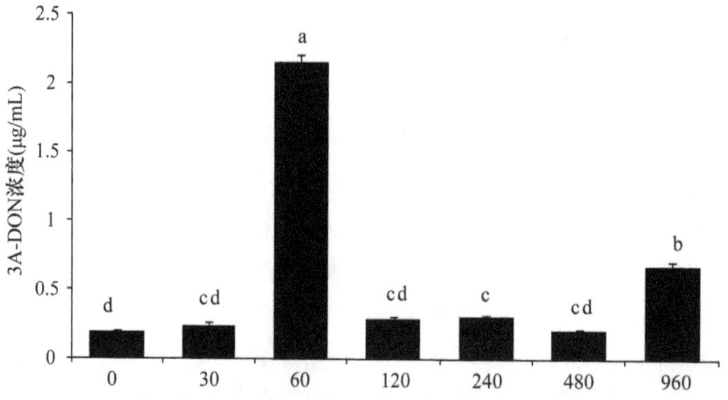

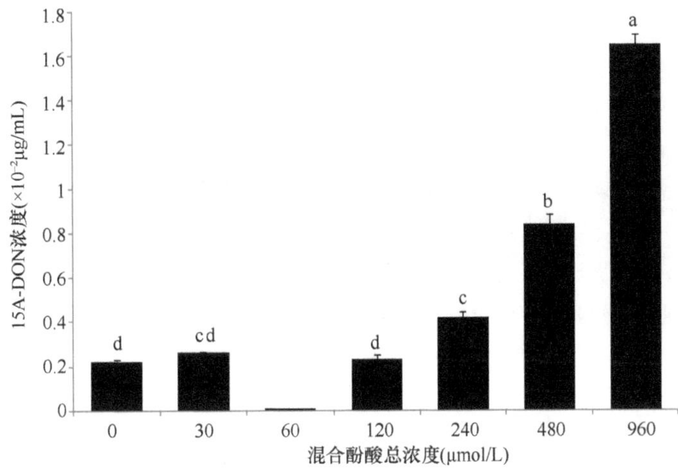

图 5-25　混合酚酸对地黄专化型尖孢镰刀菌毒素 3A-DON 和 15A-DON 产生的影响

不同小写字母表示不同处理在 0.05（$P<0.05$）水平上的差异显著性

（三）化感自毒物质诱发镰刀菌增殖的机制

1. 化感物质处理下镰刀菌内差异蛋白鉴定

在自毒物质对病原菌作用分析基础上，我们选择对黄曲霉菌（CCS025）和尖孢镰刀菌（CCS043）具有显著增殖作用的两种酚酸，即阿魏酸和对羟基苯甲酸，对两种地黄专化真菌进行处理。同时，利用蛋白质组学的方法筛选酚酸诱导下，真菌体内的关键响应蛋白变化，从分子水平上揭示酚酸和根际专化菌间的协同促进效应机理。

结果表明阿魏酸处理下真菌中共检测到 573 个蛋白质点，对羟基苯甲酸处理下检测到 594 个蛋白质点，对照（CK）的蛋白质表达图谱上共检测到了 545 个蛋白质点，软件分析得到在两种酚酸处理下均有明显上调表达的差异蛋白质点 23 个。阿魏酸和对羟基苯甲酸处理下镰刀菌株 CCS043 的凝胶图谱如图 5-26、图 5-27 所示，阿魏酸处理下共检测到了 577 个蛋白质点，对羟基苯甲酸处理下检测到 581 个蛋白质点，对照（CK）的蛋白质表达图谱上共检测到了 564 个蛋白质点，软件分析得到在两种酚酸处理下均有明显上调表达的差异（$R>2.0$）蛋白质点 25 个。对 48 个差异蛋白质点进行 MALDI-TOF/MS 分析和生物信息学查询，除去未检测到的蛋白质点后共得到 28 个蛋白质点的质谱结果，各蛋

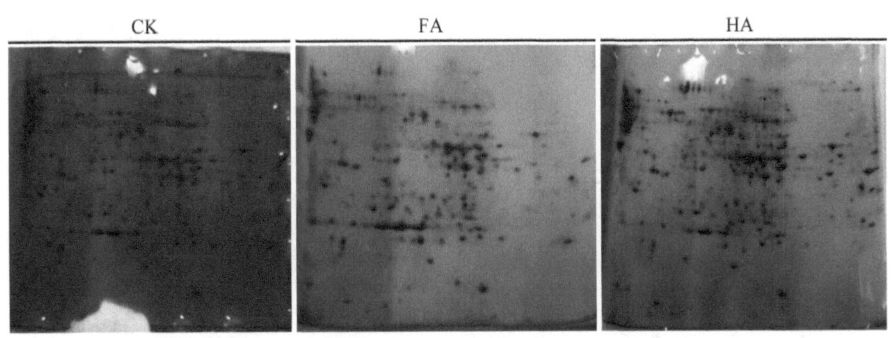

图 5-26　阿魏酸和对羟基苯甲酸引起黄曲霉菌 CCS025 差异蛋白质表达的双向凝胶电泳图谱

CK：对照；FA：阿魏酸；HA：对羟基苯甲酸

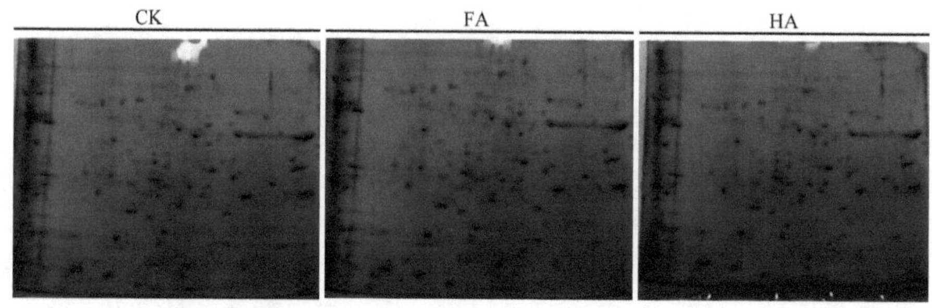

图 5-27 阿魏酸和对羟基苯甲酸引起尖孢镰刀菌 CCS043 差异蛋白质表达的双向凝胶电泳图谱
CK：对照；FA：阿魏酸；HA：对羟基苯甲酸

白质点等电点、分子量大小等见表 5-24。其中 CCS025（黄曲霉菌 *Aspergillus flavus*）共鉴定到 12 个蛋白质点，CCS043（尖孢镰刀菌 *Fusarium oxysporum*）共鉴定到 11 个蛋白质点，两菌比对发现，所鉴定蛋白质中有 8 个蛋白质点在 2 种病原菌中均检测到。

2. 化感物质处理下镰刀菌内差异蛋白功能分析

对上述化感物质处理下真菌蛋白进行功能注释和细胞进程进行分析，以进一步了解化感物质对致病菌的增殖效应。结果按照蛋白质所参与的生理生化功能分为：真菌信号转导相关蛋白质，真菌 DNA、RNA 转录合成及蛋白质合成相关蛋白质，真菌营养代谢相关蛋白质、未知功能蛋白质等几个真菌关键细胞进程（表 5-24）。

表 5-24 魏酸和对羟基苯甲酸引起菌株黄曲霉菌（CCS025）和尖孢镰刀菌（CCS043）差异蛋白质点线性离子阱质谱（linear trap quadrupole mass spectrometry，LTQ-MS）分析

蛋白质点（黄曲霉菌）	蛋白质点（尖孢镰刀菌）	蛋白质注释	分子量（kDa）	等电点 pI	覆盖率	GenBank ID
		信号转导				
1	18	F-box 蛋白	63.8	8.92	2.71	gi310799330
6		液泡蛋白	93.3	5.59	1.57	gi218723483
7	11	SH3 结构域蛋白	230.5	6.37	0.58	gi119413393
55		包膜囊泡运输相关激酶	90.5	8.9	1.11	gi323307552
	10	Cu^{2+}/Zn^{2+}超氧化物歧化酶	15	6.87	8.97	gi295981839
		DNA、RNA 转录合成和蛋白质合成				
2	1	赖氨酸 *N*-甲基转移酶	95.9	5.77	1.77	gi317138698
8	5	ATP 依赖性 RNA 解旋酶	49.1	5.68	3.91	gi91208173
15		DNA 指导的 RNA 聚合酶	186.3	6.73	1.13	gi145240347
16	6	亮氨酰 tRNA 合成酶	133.8	6.28	2.4	gi223644553
20	24	真菌特异性转录因子	78.6	6.92	1.69	gi320591440
	2	线粒体 DNA 指导的 RNA 聚合体	155.6	8.19	0.87	gi218713621
	25	SCYL3 重组蛋白	86	7.85	2.26	gi330254775
		真菌营养代谢				
3	20	细胞色素 c 还原酶复合物	38	9.17	3.31	gi149386267
11		磷酸丙酮酸水合酶	47.3	5.22	6.62	gi340520551
23	21	endo-1,3 (4) -ate 水合酶	65.1	4.67	4.79	gi74597471
		D-阿拉伯糖-1,4-内酯氧化酶	63.4	6.61	1.26	gi15213920
		βi15213920o-1,4	51.1	6.48	2.88	gi332646495
		磷酸丙酮酸脱水酶	47.3	5.68	3.42	gi238844727

（1）地黄镰刀菌有效感知和传导了化感物质信号

从所获取的阿魏酸诱导下镰刀菌中差异蛋白中，有 5 个与真菌信号转导相关。F-box 蛋白和 SH3 蛋白质在两种真菌的差异点中都有检测到，但在黄曲霉中分别标记为 1 和 7，在镰刀菌中标记为 18 和 11。液泡形成蛋白（6）和囊泡蛋白激酶（22）只在黄曲霉中检测到，而铜/锌超氧化物氧化酶（10）仅在镰刀菌中有检测到。SH3 结构域属于 Src 同源结构域（Src homology domain），这种结构域能够与受体酪氨酸激酶磷酸化残基结合，形成多蛋白复合物进行信号转导，该蛋白质主要包括 SH2 结构域（能够与生长因子受体，如 PDGF 和 EGF 等自我磷酸化的位点结合）和 SH3 结构域。其中，SH3 是由 50 个氨基酸组成的组件，能够特异识别富含脯氨酸和疏水残基序列的蛋白质，通过特定的疏水作用力结合，介导蛋白质之间的相互作用，进而可以控制蛋白质亚细胞定位、酶的活性、调节蛋白的底物特异性及多蛋白复合物的组配，从而调节各种生物信息在真菌信号转导系统中的传递。F-box 蛋白含 SCF 复合体是对蛋白质进行降解的复合蛋白酶体的重要组成部分，广泛地参与了蛋白质循环，同时，还与细胞功能，如信号转导和细胞周期调控密切相关。

（2）化感物质显著促进了镰刀菌的转录和蛋白质合成

7 个与真菌 DNA、RNA 和蛋白质的合成代谢相关蛋白质中，有 5 个蛋白质点在两种真菌的差异点中都有检测到，其中，赖氨酸 *N*-甲基转运蛋白、ATP 依赖 RNA、亮氨酰 tRNA 合成酶、真菌特异性转录因子在黄曲霉中标记为 2、8、16、20，在镰刀菌中标记为 1、5、6、24。DNA 合成酶解旋酶（15）仅在黄曲霉中检测到。在镰刀菌中检测到了线粒体 DNA 合成酶（2）和 SCYL3 重组蛋白（25）与该组功能分类相关。SCYL3 广泛参与了细胞形态和结构建成、蛋白质运输、tRNA 运输、细胞分裂、衰老等关键的细胞进程。此外，赖氨酸 *N*-甲基转移酶是组蛋白修饰的一种重要酶类。组蛋白翻译后修饰是调控核小体结构的一种常见途径，包括甲基化、乙酰化、磷酸化、泛素化、SUMO 化和 ADP 核糖糖基化等，这些修饰相互作用，形成复杂的调控体系，称为“组蛋白密码”（在第六章会进行详细介绍）。组蛋白甲基化一般发生在赖氨酸残基和精氨酸残基上，为基因转录提供了相关的蛋白质结合位点，组蛋白赖氨酸甲基化可以对转录起激活或抑制作用。RNA 解旋酶属于分子伴侣，对于确保 RNA 分子的正确折叠及保持和修饰其特定的二级、三级结构必不可少。在核转录、前体 mRNA 剪接、核糖体生物发生、核质转运、翻译、RNA 降解及结构基因表达等过程中，RNA 解旋酶都发挥了一定的作用。亮氨酰 tRNA 合成酶（LeuRS）通过特异性催化一个特定的氨基酸结合到相应的 tRNA 分子上，进而调控基因的转录和翻译。

（3）化感物质诱导了镰刀菌的代谢活性和侵染能力显著增强

6 个与真菌营养代谢相关的蛋白质中有 2 个蛋白质点在两种真菌的差异点中都有检测到，即细胞色素 C 还原酶在黄曲霉和镰刀菌中分别标记为 3 和 20，而 β-葡聚糖酶在黄曲霉和镰刀菌中分别标记为 23 和 21。另外与黄曲霉营养代谢相关的蛋白质还包括磷酸丙酮酸水合酶（11）有检测到，而 D-阿拉伯糖-1,4-内酯氧化酶（3），β-葡萄糖苷酶（17）和磷酸丙酮酸脱水酶（19）在镰刀菌中均有检测到。其中，β-1,3-葡聚糖可水解与其自身细胞紧密相连的储存物质，是众多水解酶体系中一类能够水解 β-葡萄糖苷键的酶，参与了部分细胞壁的葡聚糖的转运和重新利用，在真菌的形态建成中特别是菌丝顶端和侧分枝中具有重要作用，β-1,3-葡聚糖酶通过对细胞壁物质的水解或修饰，进而调控细胞壁的生长、伸展。此外，β-1,3-葡聚糖酶在其侵染寄主和致病过程中也发挥着重要作用，特别是在病原菌与寄主的接触过程中起重要作用，β-1,3-葡聚糖酶还能参与接触并黏附寄主的细胞壁并破坏包围病菌入侵组织的乳突，使真菌成功穿透寄主细胞壁。

总之，外源添加阿魏酸和对羟基苯甲酸，通过增强真菌信号转导系统，如 SH3 结构和 F-box 蛋白体系，以及通过分子伴侣等修饰原件加强机体内 mRNA 剪接、核糖体生物发生、核质转运、翻译、RNA 降解及结构基因表达等过程的调控，以及还通过组蛋白甲基化为基因的转录提供相关的蛋白质结合位点，进而对基因的转录进行调控。自毒物质还增强了对真菌营养代谢相关的调控，促进真菌对营养物质的利用，进而影响真菌菌丝顶端和侧分枝形态建成，并通过破坏宿主细胞壁和防御体系，进一步增强真菌对宿主的致害作用。

（李振方　吴林坤　李明杰　古　力　张重义）

参考文献

成田保三郎. 1982. 连、轮作田土城的微生物作用. 日本土城肥料学杂志, 53(1): 6-10.

贺纪正, 葛源. 2007. 土壤微生物生物地理学研究进展. 生态学报, 28(11): 5571-5582.

鞠会艳, 韩丽梅, 王树起, 等. 2002. 连作大豆根分泌物对根腐病病原菌的化感作用. 应用生态学报, 13(6): 723-727.

刘峰, 温学森, 刘彦飞, 等. 2007. 水苏糖对地黄根际土壤微生物失衡的影响. 中草药, 38(12): 1871-1874.

解红娥, 解晓红, 李江辉, 等. 2005. 地黄脱毒技术研究与应用. 山西大学学报(自然科学版), 28(3): 318-321.

Peirce L C, Colby L W. 1987. Interaction of asparagus root filtrate with *Fusarium oxysporum* f. sp. *asparagi*. Journal of American Society of Horticultural Science, 112: 35-40.

Sturz A V, Christie B R. 2003. Beneficial microbial allelopathies in the root zone: The management of soil quality and plant disease with rhizobacteria. Soil and Tillage Research, 72: 107-123.

Yang C S, Young C C. 1982. Collection and identification of allelopathic compounds from the undisturbed root system of Bigalta limpograss (*Hemarthria altissima*). Plant Physiology, 69(1): 155-160.

第六章　连作胁迫对地黄的生理响应及其伤害机制

目前针对栽培药用植物连作障碍发生的原因，集中考虑两个方面因素：一是植物根际土中化感自毒物质的积累，二是化感自毒物质所诱发的有害微生物菌群增殖导致根际微生态环境恶化。在连作栽培下药用植物根际的这两种伤害性因子具有协同作用，因此会对植物造成更为严重的伤害。而且，两种伤害因素的发生具有秩序性、更替性、重叠性和交互作用等特点。所谓秩序性更多的是指连作伤害的前期，根际化感物质逐渐累积，当达到一定阈值后，开始对植物根系发育及持续性生长造成影响，形成初级（直接）化感伤害。化感物质在根际形成“化感圈”，恰似形成“独特的培养基”，在对植物根系发育造成影响的同时，会对植物根际的微生物群体形成定向诱导性作用，显著促进有害微生物群体迅速定殖、增殖并富集，并对植物造成次级伤害效应。在田间连作环境中，由化感物质引发的初级伤害及其诱导的根际微生物而引起的次级伤害效应往往是叠加在一起的，也就是说在化感物质伤害效应形成的同时，根际微生物伤害也在同步发生。然而在连作障碍形成的特定阶段，这两种伤害效应的危害程度、危害水平及造成伤害深刻度存在差异。连作前期化感物质的直接伤害可能较重，中期两种伤害效应会有协同作用，后期更多伤害是由化感物质诱导的根际有害微生物群体造成，这种伤害主导效应具有更替性和交互作用的特点。

更为重要的是，连作伤害的形成是逐渐加重的，换言之，连作胁迫水平具有典型的累积效应。在连作障碍形成过程中，连作地黄植株所表现出的伤害症状，是由非生物、生物胁迫伤害互作而呈现复合表型。因此，在生产实践中，连作障碍植株的症状不具有典型的特异性，在连作研究中很难准确表征连作障碍的外在症状特征和诊断指标。此外，在连作障碍的研究中，为了深入揭示连作障碍形成机制，往往会结合田间和受控条件来详细解析连作植株体内伤害的形成机制。但由于连作障碍伤害源的复杂性，选用不同连作研究材料，如选用自然大田连作体系材料，受控化感物质胁迫、化感物质和致病菌协同胁迫及连作专化菌单独胁迫，所获取的连作植株生理伤害和分子伤害的结果也可能存在着较为明显的差异。但通过综合这些连作不同主导因素伤害效应，则可以为我们在综合层面解析农业生产过程中连作障碍的形成机制提供极其重要的基础材料和指导性的解析数据。

第一节　连作胁迫地黄的生理响应

虽然药用植物连作障碍的表型症状不具有特异性，但却会表现出一些生物和非生物胁迫伤害的普适性症状。例如，连作一般均会造成相同病虫害的猖獗，植物的抗逆能力、产量和品质下降，植株的正常生长发育、目标收获器官形成均严重受阻，更严重时植物生命后期出现大面积死亡现象。因此，连作是一种复合型伤害胁迫。经过室内实验和田间观察发现，地黄连作障碍的症状和其他忌连作的植物症状基本相似，即连作植株病害发生严重，地上植株生长较小，地下块根不能正常膨大，根冠比失调，从而造成减产甚至绝收。从连作地黄伤害症状可以看出：连作对地黄生长、营养状况和产量均有一定程度的影响，换句话说，连作这一特殊的复合胁迫干扰了地黄整个植株生长发育过程，最终导致连作地黄植株生长发育进程受到严重阻滞。

一、地黄连作障碍效应的表征

（一）连作对地黄生长发育进程的影响

为细致了解连作对地黄关键发育节点的影响，我们对处于不同生育时期连作与头茬地黄的表型、长势和生理生化状态进行深入分析。首先在地黄栽种后 35d 开始取样，然后以 5d 作为间隔进行不间断取样，并同步分析连作与头茬地黄的出苗率和生长势差异。结果发现，在地黄栽种后 20d、25d、30d 和 35d，连作与头茬地黄出苗指数均没有较大差异（表 6-1），其最终的田间出苗率分别为 85.8%和 85%，这些数据表明连作对地黄出苗率没有显著影响（图 6-1）。

表 6-1　连作对地黄出苗的影响

栽种后天数（d）	出苗数（株）		出苗率（%）		出苗指数	
	头茬	连作	头茬	连作	头茬	连作
20	54	50	45.00	41.00	4.5	4.2
25	17	23	59.20	60.80	4.01	4.29
30	18	19	74.10	76.70	4.05	4.18
35	13	11	85.00	85.80	3.78	3.81

另外，从连作与头茬地黄苗期植株的整体长势对比分析结果，可以明显发现连作地黄的田间生长势明显优于头茬（图 6-1）。从播种地块的基础肥力来分析，发现连作处理的土壤肥力略高于头茬处理；正常情况下，土壤肥力高，植株生长就好，解释了连作地黄生育前期长势较好的原因，也从侧面说明了土壤肥力的变化不是导致连作障碍的主导因子。

图 6-1　连作和头茬地黄田间出苗和幼苗单株对比

a、c：头茬地黄；b、d：连作地黄

（二）连作对地黄生长的影响

由于连作地黄土壤肥力相对较高，在地黄出苗后，前期连作与头茬地黄生长基本一致，甚至其长势略好于头茬地黄，但栽种后 60d 时，连作与头茬地黄的长势开始出现差异，头茬地黄植株生长势开始增强，并逐渐高于连作地黄。但连作与头茬地黄植株在地上与地下生长表现差异的时间并不相同，地下块根出现差异要早于地上部分。从栽种后 60d 开始，连作地黄块根发育和膨大速率开始明显低于头茬地黄，且这种差异随着地黄块根形成越来越明显。从数据分析结果可以明显看出，在栽种后 60d、70d、80d、90d，头茬地黄地下块根干重分别达到了连作地黄的 1.94 倍、3.64 倍、4.11 倍和 3.34 倍，其中，在栽种后 80d，连作与头茬间地黄地上干重出现显著差异。从光合产物日增量变化测定结果也可以看出，在地黄栽种后 60d，连作地黄的光合产物日增量开始逐渐落后于头茬地黄。在栽种 70d 时，头茬地黄光合产物的日增量就已达到 1.862g/d，连作地黄仅为 1.086g/d，二者开始出现显著差异。此后，头茬地黄的光合日增量逐渐加快，而连作地黄变化不大，二者之间的光合日增量差距更加明显，头茬地黄的光合日增量最高值达到 4.265g/d，而头茬地黄仅达到 1.736g/d（表 6-2）。纵观连作和头茬地黄整个生育期的光合日增量变化就可以发现，连作地黄生长速率在其早期就明显低于头茬地黄，表明连作伤害在地黄的生长前期已经发生（图 6-2）。

表 6-2　连作对地黄生长的影响

栽种后天数（d）	处理	地上干重（g）	地下干重（g）	光合产物日增量（g/d）	根冠比
0	头茬	3.62a	1.48a	0.102a	0.38a
	连作	5.32a	1.47a	0.135a	0.31a
60	头茬	5.53a	6.62a	1.215a	1.16a
	连作	6.81a	3.42b	1.023a	0.41b
70	头茬	8.71a	9.91a	1.862a	1.14a
	连作	8.14a	2.72b	1.086b	0.35b
80	头茬	12.19a	18.94a	3.113a	1.55a
	连作	8.50b	4.61b	1.311b	0.50b
90	头茬	17.57a	25.08a	4.265a	1.43a
	连作	9.85b	7.51b	1.736b	0.80b

注：同列不同小写字母表示不同处理在 0.05（$P<0.05$）水平上的差异显著性

此外，值得注意的是，在栽种后 60d 时，头茬地黄植株根冠比就开始大于 1，且显著高于连作地黄，表明头茬地黄在块根形成的关键时期，会将 50%以上光合产物运输至块根部位进行贮藏。相比较而言，连作地黄的根冠比一直小于 1，说明连作地黄光合产物制造得少，而且分配、运输到块根的光合产物始终不足其光合总产量的 50%（表 6-2）。上述分析表明，连作地黄生长速率的降低及光合产物分配异常也是导致连作地黄块根不能正常膨大的原因之一。

图 6-2　关键伤害期连作与头茬地黄田间和单株比较

a、c：头茬地黄；b、d：连作地黄

（三）连作对地黄块根中梓醇含量的影响

地黄梓醇含量目前是作为地黄尤其是鲜地黄和生地黄品质评价的重要指标之一。我们利用 HPLC 方法测定并对比分析连作与头茬地黄块根内梓醇含量差异，发现在地黄生长发育前期，连作地黄体内梓醇含量略高于头茬，可能与前期连作胁迫有关；但在地黄生长发育后期，连作地黄的梓醇含量则显著低于头茬（表 6-3、表 6-4），表明在地黄连作障碍危害的后期，地黄块根内梓醇的合成与积累也受到了限制。

表 6-3　连作与头茬地黄块根中梓醇含量的比较

测定指标	处理	
	头茬地黄	连作地黄
梓醇含量（%）	0.22	0.15
梓醇产量（g/m^2 ）	3.20	1.33

表 6-4　连作对地黄叶片与块根中梓醇含量影响（%）

处理	70d		95d		120d		145d	
	地上	地下	地上	地下	地上	地下	地上	地下
头茬地黄	0.03	0.06	0.17	0.12	0.13	0.15	0.25	0.24
连作地黄	0.08	0.08	0.29	0.11	0.16	0.12	0.16	0.15

（四）连作对地黄可溶性总糖和还原糖含量的影响

从连作与头茬地黄整个生育期来看，地黄地上部分和地下部分可溶性总糖含量的积累均呈现出典型的“低—高—低”的积累趋势，但地上部分和地下部分可溶性总糖的累积趋势略有差异。其中，地上部分可溶性总糖含量，在栽种后 95d 达到最大值，地下部分可溶性总糖含量则是在栽种后 120d 左右达到最大值，对比连作与头茬地黄可溶性总糖含量差异，可以发现连作地黄不同生育时期其地上部、地下部可溶性总糖含量均低于头茬（表 6-5）。其中，在栽后的 70d、95d、120d、145d，连作地黄地上部分可溶性总糖分别是头茬的72.5%、84.2%、87.1%和89.0%；地下部分可溶性总糖则分别是头茬的86.6%、86.1%、87.0%和95.4%。

表 6-5　连作对地黄叶片与块根中可溶性总糖含量变化的影响（μg/g）

处理	70d		95d		120d		145d	
	叶片	块根	叶片	块根	叶片	块根	叶片	块根
头茬地黄	13.47aA	59.23aA	18.31aA	62.35aA	15.14aA	64.41aA	15.06aA	54.82aA
连作地黄	9.77bB	51.31bB	15.42aA	53.67bB	13.18aA	56.01bB	13.40aA	52.29aA

注：同列不同小写字母和大写字母分别表示不同处理在0.05（$P<0.05$）和0.01（$P<0.01$）水平上的差异显著性

从连作与头茬地黄植株体内的还原糖含量差异来看，在地黄的整个生育期中，连作地黄地上部、地下部还原糖含量均低于头茬地黄。在栽后的70d、95d、120d和145d，连作地黄地上部还原糖含量分别为头茬地黄的20.1%、89.5%、82.8%和59.1%；连作地黄地下部还原糖含量则分别为头茬地黄的20.9%、61.2%、84.9%和55.9%（表6-6）。这些结果表明，连作胁迫降低了地黄植株体内碳水化合物的含量水平。

表 6-6　连作对地黄叶片与块根中还原糖含量变化的影响（μg/g）

处理	70d		95d		120d		145d	
	叶片	块根	叶片	块根	叶片	块根	叶片	块根
头茬地黄	11.73aA	5.64aA	9.55aA	17.84aA	5.80aA	9.14aA	7.82aA	7.41aA
连作地黄	2.36bB	1.18bB	8.55aA	10.91bB	4.80aA	7.76bA	4.62bB	4.14bB

注：同列不同小写字母和大写字母分别表示不同处理在0.05（$P<0.05$）和0.01（$P<0.01$）水平上的差异显著性

二、连作对地黄生长调节系统和防御系统的影响

（一）连作对地黄内源激素含量的影响

我们进一步对连作与头茬地黄不同生育时期的地上部、地下部分内源激素含量进行了测定分析，以了解连作障碍对地黄激素系统的影响。结果从不同时期地黄激素含量变化来看，地黄栽种后70d时，连作地黄地上部、地下部分的IAA含量与头茬均无显著性差异；在栽种后90d时，头茬地黄叶片中IAA含量显著高于连作。栽种后90d，连作叶中细胞分裂素（cytokinins，CTK）含量显著高于头茬地黄。在栽种后90d，连作根中GA含量显著高于头茬地黄。在栽培后70d，连作地黄根中含ABA含量显著低于头茬地黄，而栽培90d时其含量却高于头茬地黄。总的来说，在地黄栽种后70d，在所测定的4种激素中，连作地黄根中ABA显著低于头茬地黄，其他3种激素没有显著差异；在栽种后90d时，连作地黄根中GA和ABA含量均显著高于头茬地黄，而连作地黄叶中IAA含量则显著低于头茬地黄（表6-7、表6-8）。以上分析表明，随地黄生长发育进程的推进，植株体内各激素含量变化也会出现十分复杂的变化。

表 6-7　连作对地黄叶内源激素含量的影响（ng/gFW）

栽种后天数	部位	IAA	GA	CTK	ABA
50d	连作叶	48.12a	18.69a	22.51a	91.02a
	对照叶	43.63b	17.12a	22.96a	75.61b
70d	连作叶	45.74a	13.87a	23.36a	81.46a
	对照叶	42.40a	15.26a	23.61a	82.54a
90d	连作叶	42.38a	14.30a	26.96a	69.65a
	对照叶	52.39b	15.95a	23.28b	70.03a

注：同列不同小写字母表示不同处理在 0.05（$P<0.05$）水平上的差异显著性

表 6-8　连作对地黄根内源激素含量的影响（ng/gFW）

栽种后天数	部位	IAA	GA	CTK	ABA
70d	连作根	22.03a	11.70a	10.36a	48.71a
	对照根	23.31a	10.20a	11.52a	50.53b
90d	连作根	20.82a	11.43a	10.36a	49.22a
	对照根	18.11a	8.86b	11.52a	38.61b

注：同列不同小写字母表示不同处理在 0.05（$P<0.05$）水平上的差异显著性

总的来看，ABA 和 IAA 在连作与头茬地黄根和叶中出现显著差异。ABA 被认为是一种胁迫响应激素，当植物受到逆境胁迫时，体内 ABA 的含量会显著增加，ABA 广泛参与植物的各种生命进程及生物和非生物胁迫响应，如 ABA 在旱、盐、涝等非生物胁迫，细菌及真菌等所引发的生物胁迫及植株形态建成、块根形成、生殖调控、气孔调控等关键生命进程中均扮演着极其重要的角色。特别是植物在应对在非生物胁迫响应过程中，叶中 ABA 往往参与对气孔开闭度的调控，减少植物的蒸腾作用和光合作用，最大化降低植物代谢活动，以减少短暂性胁迫下过度活跃细胞代谢活动所造成的损伤，当外界胁迫因子消除后，气孔恢复到正常状态，其植物代谢活动进程也得以恢复。然而，如果外界环境因子长期加持，植物的细胞代谢活动进程则会长期处于阻抑状态，这种“低迷”生长状态会对植物造成严重的积累性伤害。我们的实验结果表明，在连作危害的前期，连作叶片 ABA 含量显著高于头茬，依据 ABA 在植物胁迫响应中的功能及其含量变化，推测 ABA 可能是引起地黄叶片气孔关闭的主要因素，叶片气孔的关闭造成连作地黄在幼苗期光合速率也显著下降，说明连作地黄在生长早期激素平衡就受到破坏，较高水平的 ABA 含量促使连作地黄出现早衰现象，间接导致了光合产物分配出现紊乱。

（二）连作对地黄 SOD 活性的影响

超氧化物歧化酶（superoxide dismutase，SOD）是一种广泛存在于动植物、微生物中的金属酶，含有铜和锌两种离子。能催化生物体内超氧阴离子自由基（$\cdot O_2^-$）发生歧化反应，变成过氧化氢。它是机体内$\cdot O_2^-$的天然消除剂，在生物体的自我保护系统、免疫系统中起着极为重要的作用。在随后的反应中，H_2O_2 则在 CAT、APX 和抗坏血酸/谷胱甘肽循环系统的作用下转变为水和分子氧。SOD 对于清除氧自由基，防止氧自由基破坏细胞的组成、结构和功能，保护细胞免受氧化损伤具有十分重要的作用。通过详细测定连作与头茬地黄发育过程中 SOD 活性变化，发现在栽种后 40d、50d，头茬和连作地黄的 SOD 活性基本接近，没有太大差异，但从栽种后 60d 开始，连作地黄 SOD 活性出现急剧下降，并显著低于头茬地黄。在栽培后的 60d、70d、80d，连作地黄 SOD 活性仅为头茬地黄的 87.02%、84.99%和 76.84%（图 6-3）。这些结果表明，随着连作胁迫时间的延长、胁迫水平的加剧，连作地黄植株抗氧化酶活性被逐渐钝化，植株抗氧化系统受到破坏，导致连作地黄失去了氧化损伤保护体系，细胞结构完整性受到活性氧持续攻击，最终引发整个根系乃至全株的死亡。

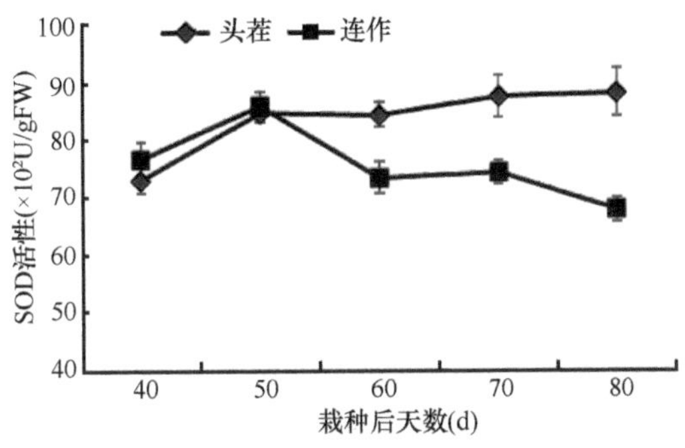

图 6-3 连作与头茬地黄 SOD 活性的比较

（三）连作对地黄 MDA 含量的影响

丙二醛（malondialdehyde，MDA）是细胞内活性氧攻击膜脂质系统而产生的过氧化产物之一，其含量常被用来评价膜脂质过氧化和细胞伤害程度。因此，通过分析连作胁迫条件下地黄体内的 MDA 含量可以从侧面反映连作地黄损伤程度。对比地黄连作障碍形成过程中连作与头茬地黄 MDA 含量差异，发现栽种后 40d 连作与头茬地黄植株体内的 MDA 含量几乎没有差异；从地黄栽种后 50d 开始，连作地黄体内的 MDA 含量迅速积累，而头茬地黄体内的 MDA 含量变化不大。由此表明，随着连作伤害的加深，连作地黄体内的 MDA 含量在迅速积累，其细胞膜系统过氧化损伤也在逐渐加重，而且这种伤害效应与 SOD 保护酶钝化趋势相吻合（图 6-4）。因此，从连作地黄植株体过氧化酶活性及膜脂质的过氧化程度，我们可以初步推测在连作地黄根际土内的化感物质、根际有害微生物或二者交互作用下，连作植株的细胞膜保护系统遭受了严重破坏，植株正常生育进程也被阻滞。

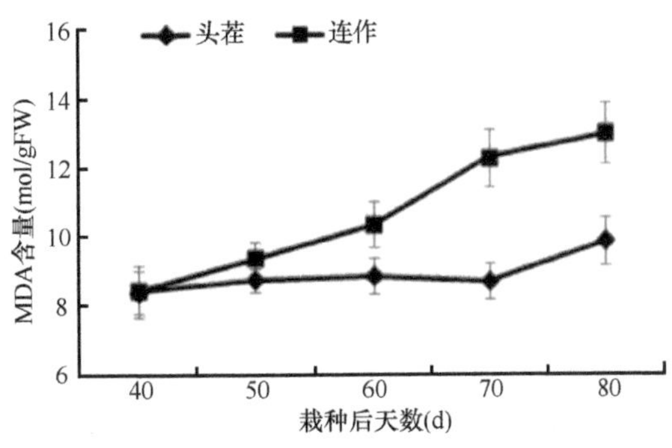

图 6-4 连作与头茬地黄 MDA 含量的比较

三、连作对地黄“源、库、流”的影响

（一）连作对地黄“源”的影响

1. 连作对地黄叶片中叶绿素含量的影响

叶绿素是叶绿体的主要组成部分，同时也是光合作用的物质基础，其含量是植物光合能力强弱的一个重要指标。在一定范围内光合速率随叶绿素含量的增加而增大。我们在分析连作障碍形成过程中地黄植株叶片叶绿素的变化时，发现头茬地黄植株叶绿素含量在栽种后 60d 时有 5.7%的小范围增幅，之后 10d 稍有下降，但整个生育期内含量基本稳定，变化不大（图 6-5）。连作地黄在栽种后 60d，叶绿素含量出现陡然降低，在此后持续性下降，在栽种后 60d、70d 和 80d，连作地黄叶绿素含量分别发生了 18.9%、6.4%、8.9%的降幅，极显著低于头茬地黄（图 6-5）。这些结果表明，在连作胁迫下，连作地黄的叶绿素正常代谢进程逐渐被干扰，而且叶绿素合成代谢破坏的关键临界点发生在地黄栽种后 60d，而此时地黄的生育时期仍停留在幼苗后期，这也说明连作条件下地黄光合系统在苗期就已经受到了干扰。同时，从实验结果也可以看出，连作地黄块根不能膨大，其受抑制的内因在连作地黄生育前期已经开始逐渐积累。

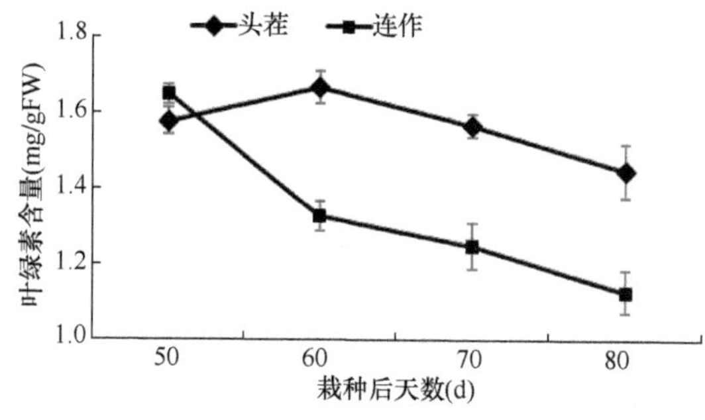

图 6-5　连作与头茬对地黄叶绿素含量的影响

2. 连作对地黄光合器官的影响

为了更深入分析连作胁迫对地黄叶绿体物理结构的伤害性效应，我们利用透射电镜的方法详细分析连作与头茬地黄不同生育时期叶绿体的空间结构异变状态。透射电镜是把经加速和聚集的电子束投射到非常薄的样品上，经电子与样品中的原子碰撞而改变方向，从而产生立体角散射。散射角的大小与样品的密度、厚度相关，因此可以形成明暗不同的影像。通常，透射电子显微镜的分辨率为 0.1～0.2nm，放大倍数为几万至百万倍，用于观察超微结构，即小于 0.2μm 在光学显微镜下无法看清的结构，又称“亚显微结构”。深入分析连作对地黄叶片光合系统破坏性效应，我们利用透射电镜分别对头茬与连作地黄叶片叶肉细胞的超微结构进行观察。从实验结果可以发现，头茬地黄叶肉细胞符合正常叶肉细胞的超微结构，其栅栏组织中含较多淀粉粒及较少的嗜锇颗粒（osmiophilic granule）（图 6-6A），叶绿体类囊体片层清晰，排列有序、规则（图 6-6B）；

而连作地黄叶肉细胞的超微结构出现了不正常的分布特征，其中叶片的维管束薄壁细胞中的细胞核核膜向外扭曲扩展（图 6-6c），同时叶片栅栏组织中所含淀粉粒体积明显小于头茬地黄（图 6-6a），并且叶绿体类囊体片层排列略显杂乱，并有轻度拉伸（图 6-6b）。这表明在连作胁迫下，连作地黄光合细胞器的物理结构遭到严重破坏，直接影响了叶片的光合速率，造成连作地黄“光合源”器官的损毁。在地黄栽种后 70d 时，连作地黄外表伤害特征刚刚出现，此时其光合细胞器结构已经遭受了破坏。叶片光合器官的破坏严重干扰了连作地黄光合作用正常进程，导致连作地黄早期光合速率严重降低，加之连作地黄叶片气孔导度的下降、叶绿素含量降低，造成了连作地黄光合系统严重破坏。

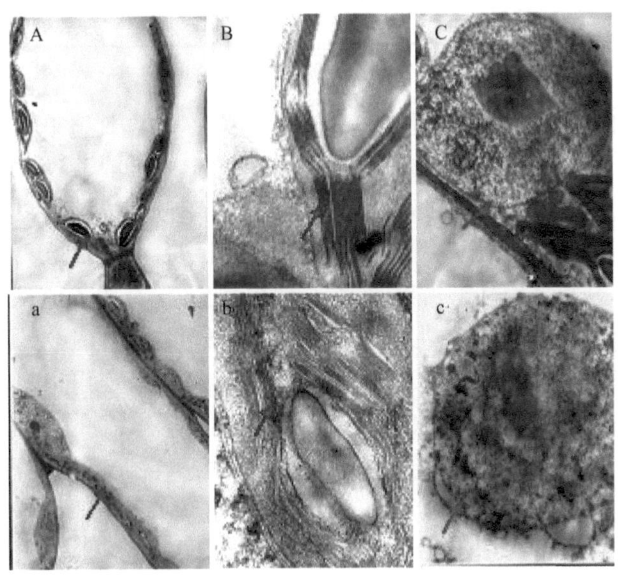

图 6-6　连作对地黄叶肉细胞超微结构的影响

A、B、C：头茬地黄；a、b、c：连作地黄；其中 A、a 为栅栏组织、B、b 为叶绿体、C、c 为细胞核

3. 连作对地黄光合特性的影响

在植物光合器官物理结构的分析基础上，为了更详细分析连作胁迫对地黄光合作用的影响，我们详细评测连作与头茬地黄叶片不同生育时期气孔导度（Gs）、细胞间隙 CO_2 浓度（Ci）和净光合速率（Pn）的变化。植物叶片的净光合速率 Pn 是衡量植物光合作用能力强弱的重要指标，其大小直接反映了植株光合效率及光合作用状态。分析连作与头茬地黄不同生育时期光合作用强弱变化，发现从地黄栽种后 60d 时，连作地黄的光合特性就已经出现了不正常的衰变（表 6-9）。在地黄栽种后的 60d、90d 时，连作地黄的净光合速率仅为正常地黄叶片光合效率的 60.43%、63.43%，表明在连作胁迫下，连作地黄的光合作用已经不能正常进行。在植物正常生育过程中，植物体常常通过控制气孔的开闭程度来控制其与叶际空间内 CO_2 和水汽交换的效率，从而调节植物光合速率和蒸腾速率水平，以此来适应植物所处生境。因此，Gs 是衡量植物叶片传导 CO_2 和蒸腾能力重要指标，与植物的光合速率具有密切的内在关联性。在大多数情况下，气孔导度的下降会导致 CO_2 供应受阻从而造成植物光合速率大幅下降。比较连作与头茬地黄的气孔

导度变化，发现连作胁迫显著降低了地黄植株的气孔导度，在栽种后的 60d、90d 连作地黄较头茬地黄分别降低了 71.2%、56.3%。同时，连作地黄叶片胞间 CO_2 浓度的变化与气孔导度变化基本一致，均显著低于头茬地黄。

表 6-9 连作对地黄光合特性的影响

栽种后天数	处理	净光合速率（Pn）[mol/（m²/s）]	气孔导度（Gs）[mol/（m²/s）]	CO_2浓度（Ci）（$\times10^{-6}$）	气孔限制值（Ls）（%）
60d	头茬	16.15aA	0.59aA	314.0aA	21.34
	连作	9.76bB	0.17bB	260.4bB	33.97
90d	头茬	13.73aA	0.48aA	293.8aA	25.95
	连作	8.71bB	0.21bB	282.0aA	22.00

注：同列不同小写字母和大写字母分别表示不同处理在 0.05（$P<0.05$）和 0.01（$P<0.01$）水平上差异显著性

Farquhar 和 Sharkey（1982）研究认为 Ci 的大小是评判气孔限制和非气孔限制的依据，当 Pn、Gs 和 Ci 同时下降时，Pn 的下降为气孔限制；相反，如果叶片 Pn 的降低伴随着 Ci 的提高，说明光合作用的限制因素是非气孔限制。连作与头茬地黄不同生育时期 3 个光合指标的分析结果表明，苗期连作地黄的 Pn、Gs 和 Ci 均极显著低于头茬地黄，而气孔限制值（Ls）则显著高于头茬地黄。同时，对连作与头茬地黄的光合速率、气孔导度和叶绿素含量进行相关分析，发现光合速率与气孔导度的相关系数为 0.977，光合速率与叶绿素含量的相关系数为 0.814。因此，初步推测在连作障碍形成早期，连作地黄光合速率降低主要是由于气孔关闭导致，其次为叶绿素含量的降低。而在连作障碍形成后期，Gs 和 Ci 虽然同时下降，但连作地黄的 Ci 与头茬差异不显著，且 Ls 也小于苗期。更为重要的是，同期叶肉细胞电镜扫描结果呈现连作叶肉细胞的超微结构表现出略微的变化。因此，可以初步断定连作障碍形成的中后期，连作地黄光合速率下降可能主要是气孔与非气孔因素相互作用的结果。

综上所述，由地黄叶片光合器官结构及关键光合参数结果可以看出，在地黄苗期（栽种后 60d），连作与头茬地黄地上部分的外观基本没有差异，但连作地黄的净光合速率已经开始显著低于头茬，仅为头茬的 60.43%，这说明此时连作地黄光合作用已经受到影响。分析光合速率下降的内在原因时遇到的首要问题就是光合速率的降低究竟是由于气孔关闭导致的 CO_2 供应受阻，还是叶肉细胞的光合能力受到损害所致，或者两种因素兼而有之。我们结果表明，气孔关闭和叶绿素含量的下降是最初引起连作地黄叶片光合速率降低的重要原因；而随着连作植株逆境胁迫时间的延长，叶肉细胞的超微结构开始受到损伤，加剧了中后期连作地黄光合速率的降低。光合作用是植物生长发育的基础，是植物生物量积累的来源，光合能力的大小直接决定着植物的生长速率、生物产量和经济产量。因此，从地黄栽种后 60d 开始，连作地黄光合作用就已经受到抑制，光合能力出现明显下滑，导致连作地黄光合源供应能力出现阻碍、光合产物输出显著减少，连作地黄生长开始变缓。造成连作地黄光合能力降低主要原因：一方面可能来自化感自毒物质的直接伤害效应；另一方面可能由化感自毒物质所诱发的根际灾变所致，或者上述两种诱因兼而有之。但不管原因如何，连作地黄气孔导度、叶绿素含量可以作为初步判定连作地黄伤害程度的一种重要生理标识性指标。

（二）连作对地黄“流”的影响

为了详细了解地黄光合产物在地黄体内的积累和分配规律，我们利用放射性标记的 $^{14}CO_2$ 对地黄植株进行体外饲养，通过追踪地黄光合作用所摄入标记 $^{14}CO_2$，进而来实时锁定含标记 C 光合产物在植物体内的合成、运输和分配状态。结果通过对比连作与头茬地黄标记 $^{14}CO_2$ 同步追踪轨迹分析，发现连作地黄光合同化产物的运输、分配与头茬地黄有着明显差异。连作地黄同化产物的运输指数仅为 6.49%，而头茬地黄同化产物的运输指数则高达 23.04%，是连作地黄的 3.55 倍（图 6-7、表 6-10）。

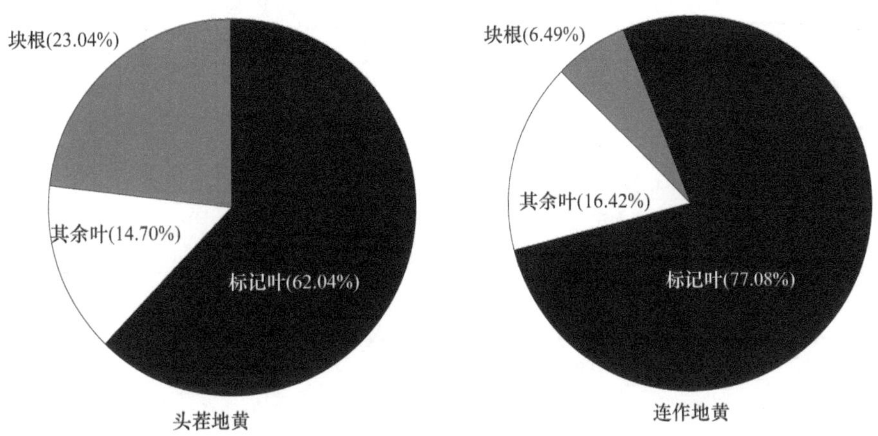

图 6-7　连作对地黄光合产物分配的影响

表 6-10　连作与头茬地黄光合产物分配比较

部位	处理	干重（g）	运输指数（%）
标记叶	对照	0.663	62.24
	连作	0.462	77.08
其余叶	对照	11.526	14.7
	连作	6.514	16.42
块根	对照	12.189	23.04
	连作	6.976	6.49

上述结果说明正常生长发育的地黄中，有 23.04%的光合产物会被运输分配到地下部分贮藏器官，而连作地黄仅有 6.49%的光合产物迁移到块根，大部分光合产物会被滞留于地上部分无法运输到块根进行贮藏和转化。这些结果充分说明了连作地黄植株的光合产物分配比例严重失调，光合产物向下（块根）受阻，严重影响了地黄块根的形成和正常膨大。

（三）连作对地黄“库”的影响

1. 连作对地黄块根中 ATP 酶活性的影响

从地黄不同生育时期来看，头茬和连作地黄块根中 ATP 酶活性的变化趋势基本一致，均在栽种后 95d 其活性达最高，此后开始下降（表 6-11）。对比连作与头茬地黄不同生育时期内 ATP 酶活性的变化，发现在地黄整个生育期内，连作地黄块根中 ATP 酶活性均低于头茬。特别是在栽种后 70d 和 95d 两个时期，ATP 酶活性受到严重的抑制，连作 ATP 酶活性的抑制率分别达到了 38.5%和 7.5%。为进一步了解地黄根系 ATP 酶活性变化对地黄块根形成影响，对比分析地黄块根膨大速率、地黄根系 ATP 酶活性变化时，发现地黄块根膨大速率与块根中 ATP 酶活性变化趋势基本一致。此外，通过对头茬中地黄块根干物质的积累量与 ATP 酶活性进行相关分析，发现地黄块根中 ATP 酶的活性与块根的膨大程度密切相关，初步说明了地黄块根的膨大与 ATP 酶活性变化有关（表 6-11）。

表 6-11　连作与头茬地黄块根的膨大速率及 ATP 酶活性差异

栽种后天数	处理	ATP 酶活性[μgPi /（gFW·h）]	块根膨大速率（g/d）
70d	头茬	1.69aA	0.024aA
	连作	1.04bB	0.003bB
95d	头茬	3.06aA	0.405aA
	连作	2.83bB	0.031bB
110d	头茬	1.20aA	0.113aA
	连作	1.09bA	0.003bB
135d	头茬	0.84aA	0.061aA
	连作	0.69bA	0.005bB

注：同列不同小写字母和大写字母分别表示不同处理在 0.05（$P<0.05$）和 0.01（$P<0.01$）水平上的差异显著性；Pi 表示无机磷

2. 连作对地黄根系活力的影响

在地黄整个生育期中，伤流强度的变化可能与植物根系的生理活动、气温和地温有密切关系。从连作与头茬地黄的生长过程中伤流强度的变化趋势可以看出（表 6-12），头茬地黄随着生长进程的推进，其伤流强度呈现逐渐下降趋势。在头茬地黄生长发育后期，随着温度降低，地黄块根中出现明显的木质化沉积，块根膨大变慢，植株整体运输能力减弱，伤流强度也相应下降。在连作地黄在生长发育过程中，其伤流强度出现逐渐增高的趋势，但整体伤流强度水平较低。连作地黄后期伤流强度的增强更多可能与连作地黄根际胁迫应激响应有关。同时，也从侧面反映了虽然连作地黄根系膨大程度较低，但其根系的吸收能力没有受到影响，仍然可以从土壤中吸收水分。对比连作与头茬地黄的伤流强度，发现在不同生育时期，连作地黄伤流强度均明显低于头茬，这表明连作地黄的根系活力受到严重的影响。同时，进一步分析伤流液中钾离子含量水平，发现连作地黄伤流液中钾离子含量仅占到头茬地黄的 14.3%、78.8%和 73.3%，说明连作地黄植株的根系已经不能有效地吸收和运输根际土内的营养元素，连作植株营养可能因此出现亏缺。

表 6-12　连作对地黄根系活力的障碍效应

处理	95d		110d		135d	
	伤流强度（mg/h）	K^+浓度（mg/mL）	伤流强度（mg/h）	K^+浓度（mg/mL）	伤流强度（mg/h）	K^+浓度（mg/mL）
连作	2.25	0.01	6.01	0.26	6.32	0.198
头茬	31.6	0.07	14.7	0.33	9.16	0.27
抑制率（%）	92.86	85.71	59.26	21.21	30.97	26.66

3. 连作对成熟期地黄体内氮、磷、钾含量的影响

在地黄生育成熟收获期，对比分析连作与头茬植株内的关键营养元素差异，发现连作与头茬地黄植株地上部 N、P 含量差异不明显，K 含量差异显著，而地下块根中 N、P 含量却有明显差异，K 含量差异不明显（表 6-13）。在栽种后的 120d、150d，连作地黄地上部 N 含量分别为头茬的 94.9%、85.7%，其中栽后 150d 时，连作与头茬含 N 量出现显著差异；连作地黄地上部 P 含量分别为头茬的 97.3%、80.2%，差异均不明显；连作地黄地上部 K 含量分别为头茬的 85.6%、74.3%，差异均达到显著水平。在栽种后的 120d、150d，连作地黄地下部 N 含量分别为头茬的 81.4%、78.7%，连作地黄地下部 P 含量分别为头茬的 53.4%、72.4%，连作地黄地下部 K 含量分别为头茬的 80.0%、73.6%，上述连作与头茬 N、P、K 含量差异均达到显著水平。此外，对比分析连作植株地上部与地下部 N、P、K 含量发现，连作对地黄地上部、地下部分 N、P、K 吸收均和运输均有明显抑制作用，对地下部影响要远远高于地上部。

表 6-13 连作对地黄生育后期 N、P、K 含量的影响（%）

栽种后天数	处理	N		P		K	
		地上部	地下部	地上部	地下部	地上部	地下部
120d	头茬	1.37aA	0.43aA	2.95aA	2.32aA	2.64aA	1.65aA
	连作	1.30aA	0.35bA	2.87aA	1.24bB	2.26bB	1.32bA
150d	头茬	1.54aA	0.47aA	2.63aA	2.03aA	2.53aA	1.93aA
	连作	1.32bB	0.37bA	2.11aA	1.47bB	1.88bB	1.42bB

注：同列不同小写字母和大写字母分别表示不同处理在 0.05（$P<0.05$）和 0.01（$P<0.01$）水平上的差异显著性

4. 连作对地黄植株氮、磷、钾吸收的障碍效应

纵观连作地黄的整个生育期，连作地黄植株的 N、P、K 含量与头茬地黄相比有明显差异，并且连作对不同元素的吸收抑制率也不相同。对于 P 元素而言，在栽种培后 70d、95d，连作地黄叶片中 P 元素含量均高于头茬，而在栽种后 110d 连作中 P 元素则为头茬的 81.9%。对于 K 元素而言，在栽种培后 70d、95d、110d 连作地黄中 K 元素的含量均低于头茬，钾含量的降幅达 9%～37.3%。对于 N 元素而言，栽后 70d 连作与头茬地黄中氮元素含量差异不大，而在栽种后的 95d、110d 连作中氮元素含量显著低于头茬（表 6-14）。

表 6-14 连作对地黄植株氮、磷、钾吸收的障碍效应（mg/g）

栽种后天数	处理	N	P	K
70d	头茬	14.3a	1.86a	3.89a
	连作	15.4a	2.00a	3.17b
95d	头茬	11.3a	1.51a	3.19a
	连作	6.80b	1.66a	2.00b
110d	头茬	12.7a	2.16a	2.87a
	连作	10.8b	1.77a	2.61b

注：同列不同小写字母表示不同处理在 0.05（$P<0.05$）水平上的差异显著性

上述结果表明，连作胁迫可能影响了地黄对氮和钾的吸收和利用，而对 P 的吸收影响较小。N、P、K 是植物生长所必需的大量元素，前述实验已经表明连作地黄的土壤环境中 N、P、K 等营养充沛，并未出现亏缺，但连作地黄植株却不能正常吸收和利用。因此，在探讨连作障碍形成的关键因素中，过去常常认为土壤营养元素的亏缺可能是导致连作障碍的因素之一，然而，通过上述实验则表明连作障碍中的营养元素亏缺，并非土壤亏缺，而是连作植物本身不能吸收和利用所造成一种连作营养元素亏缺“假象”。

地黄块根不仅是同化产物贮存的场所，同时作为根系又是矿质养分和水分的吸收器官，也是养分同化、某些有机物质合成的重要场所。在表征根系活力的众多指标中，伤流液的数量及成分是反映根系吸收活力、根内物质代谢强弱的良好指标。从上述分析结果可以看出，在连作地黄不同生育时期，其伤流强度均低于头茬正常生长地黄，反映了连作显著抑制地黄的根系活力，导致植株根系对水分、矿质元素吸收受到阻挠。同时，连作导致地黄地上叶片的生长受限，光合面积减少，光合系统遭到破坏，光合产物显著减少，叶片的产物输出能力严重下降，地下根部营养贮藏器官不能得到有效的物质供给，产物无法有效积累，地黄块根的膨大受阻，最终导致连作地黄的产量下降。在块根膨大受阻的同时，对地黄植株地上部、地下部可溶性总糖和还原糖含量等初生代谢成分累积规律检测，发现连作也同步降低了连作植株体内碳水化合物水平。此外，值得注意的是，在地黄生长发育前期，连作地黄的地上部、地下部分梓醇含量均高于头茬地黄。在不同药用植物大量研究实践中均已证实，药用植物有效成分多为次生代谢产物，并分布在植株的各个器官，尤其是药用部位，这个特点同植物产生化感作用是一致的。因此，推测植物药用成分和化感物质具有同源性和同质性。从前述的研究结果可以看出，地黄生长前期受到连作胁迫，诱导产生更多的次生代谢产物，这些次生代谢产物的积累不断增多，排出到植物体外，分泌到根际会加重根际土内化感物质浓度，影响了植株的正常生长发育。

从植物生理学的学科基础和作物栽培实践来说，“源—库—流”理论是植物能够正常生长发育和完成基本生育周期的基本理论，“源”“库”“流”的相互协调、相互配合和相互沟通是植物生长发育的核心，也是植物生长中心顺利转移、营养顺利输出变化的基础。上述研究证明了连作地黄“源—库—流”出现严重失调，导致地黄生长过程表现出明显的光合同化物分配比例失调的现象，减缓了地黄的生长速度，从而造成连作地黄地上植株小，地下块根不能正常膨大，降低了地黄的生物产量。

第二节　连作对地黄叶伤害的机制

前期我们已经在生理层面证实了连作严重损伤了地黄正常的光合作用系统，导致连作地黄“源”“库”“流”系统协调性出现紊乱。由于地黄连作障碍发生时，地黄植株地上部分没有明显的伤害症状，叶片仍然呈油绿色。因此，连作对植株地上部位的伤害机制的研究往往被忽略。但从“源—库—流”的协调性来说，植物任何一部分的损伤均会对植物生育进程造成严重的阻滞，因此，在揭示地黄连作障碍形成过程中，解析连作对地黄叶片的伤害机制具有重要意义。然而，连作导致地黄叶片损伤的原因是什么，连作地黄叶片损伤过程中，其内部细胞进程是如何变化的，目前尚不清楚。我们在前面的研究中已经证实了地黄连作其实是一种非常复杂的逆境胁迫，而逆境胁迫是一个极其复杂的生理过程，涉及大量细胞进程和基因响应的异常。因此，如何在连作逆境胁迫下，从复杂的响应基因中梳理出连作危害的轮廓和主线，是解读连作伤害内在分子机制的必由之路。为此，我们利用高通量测序技术和数字化基因表达谱技术，系统构建地黄转录组文库及连作与头茬地黄叶的序列标签表达谱，从总体上对比解析连作和正常生长下地黄植株体内基因转录的差异，批量地筛选响应连作胁迫的关键基因，从分子层面解析连作地黄叶片受损的分子机制。

连作响应的基因筛选虽能反映出连作伤害发生时的一些分子证据，但由于基因执行生物功能前，需经过转录组后调控、修饰等多重调控过程，并不能全面反映连作伤害的表型症状，而连作中响应的差异表达蛋白则能反映关键响应基因在细胞内的真实功能。为此，我们同时利用双向电泳 2-DE 技术和 iTRAQ 技术鉴定连作与头茬地黄根中差异表达蛋白。通过对连作与头茬地黄从基因到蛋白质层面的差异分析，详细解读在连作胁迫作用下，地黄叶伤害的分子机制。

一、连作与头茬地黄叶的差异表达基因筛选

为获取连作毒害关键期地黄转录组信息，我们利用 RNA-Seq 技术在形态与生理层面上对已经确认的连作障碍关键期的连作（连续种植 2 年，简称 L2，下同）与头茬（仅当季种植 1 年，简称 L1，下同）地黄叶等量混合进行转录组测序。结果在地黄叶中共得到原始读长（raw reads）40 633 336 个，去污染、去接头后，达到 Q20 标准的 reads 数占原始 reads 的 94.31%。进一步对地黄叶转录组中的原始序列进行拼接后，得到 94 544 条转录物，其序列最大长度 4127bp，平均长度为 368bp，N50 的长度 420bp（表 6-15），这些转录物信息为进一步鉴定与连作地黄叶受伤害密切关联的基因提供了重要的基础数据。

表 6-15　组装的 Contig、Scaffold 和 Unigene 的长度分布序列长度

类型	Contig	Scaffold	Unigene
总数	530 970	157 182	94 544
最小长度（bp）	75	100	200
最大长度（bp）	4127	4127	4127
N50（bp）	122	330	420
平均长度（bp）	137	271	368

（一）连作与头茬地黄叶的基因表达标签库的构建

为了获取连作叶的特异响应基因，我们提取 L2 和 L1 地黄叶的样品总 RNA，纯化 mRNA，反转录 cDNA，利用 DGE 技术，酶切、加接头后，分别构建成 L2 和 L1 基因序列标签（Tags）库，经高通量测序后，分别得到 361 659 种和 377 200 种 Tags（表 6-16）。将这些 Tags 去污染、去包含“N”和带接头的 Tags 后，L1 和 L2 库分别得到 161 298

种和 149 290 种高质量的 Clean tags，其 Clean Tags 占总 Tags 的百分比分别为 96.40%和 96.28%，两个库中高质量的 Tags 均达 95%以上。连作叶库的 Clean Tags 中，低表达的 Tags（拷贝数 2～5）种类数为 80 324，占 Tags 总种类数的百分比为 53.80%，高表达的 Tags（拷贝数大于 100）种类数为 9144，占 Tags 总种类数的百分比 6.12%（表 6-16）；头茬叶库中的 Clean Tags 中，低表达的 Tags（拷贝数 2～5）种类数为 89 072，占 Tags 总种类数的百分比为 55.22%，高表达的 Tags（拷贝数大于 100）种类数为 9213，占 Tags 总种类数的百分比为 5.71%（表 6-16）。上述结果表明，两样品标签库中 Clean Tags 含量高，测序质量好；两标签库 Tags 的拷贝数分布正常，两库中转录基因的表达量正常，符合细胞 mRNA 表达的不均一性显著特征。

表 6-16 连作与头茬叶的 Tags 标签库中 Tags 分类

Tags 分类	L1 库 Tags 种类		L2 库 Tags 种类	
	数量	百分数（%）	数量	百分数（%）
原始 Tags	377 200	100	361 659	100
含 N 的 Tags	11 274	2.99	11 478	3.17
接头	729	0.19	789	0.22
拷贝数<2 的 Tags	203 899	54.06	200 102	55.33
高质量的 Tags	161 298	42.76	149 290	41.28
拷贝数≥2 的 Tags	161298	100	149 290	100
拷贝数≥2，≤5 的 Tags	89 072	55.22	80 324	53.8
拷贝数≥6，≤10 的 Tags	22 842	14.16	21 500	14.4
拷贝数≥11，≤20 的 Tags	17 012	10.55	16 130	10.8
拷贝数≥21，≤50 的 Tags	15 574	9.66	14 870	9.96
拷贝数≥51，≤100 的 Tags	16 798	10.41	7 322	4.9
拷贝数>100 的 Tags	9 213	5.71	9 144	6.12

（二）连作与头茬地黄叶的差异表达基因的筛选

1. 差异表达基因的筛选

我们利用基因表达差异谱与泊松分布法，进行数据标准化及差异检验的 P 值多重假设检验校正，在 $\log_2^{\text{Ratio (L2/L1)}}>1$ 或 <1、$P<0.01$ 和 FDR（false discovery rate）<0.001 的范围内，进行连作叶中差异表达基因分析，筛选了 1954 个差异表达基因（图 6-8）。其中，在连作地黄叶中上调基因数为 603 个（即 L2 中高表达），下调基因数为 1351 个（即 L2 中低表达）；在上调基因中，有 148 个基因仅在连作叶中表达（即出现了连作特异响应的基因），且有 33 个基因 $\log_2^{\text{Ratio (L2/L1)}}>10$；相反，在下调基因中，有 167 个基因在连作地黄叶中的表达被抑制（即连作被关闭的基因），且有 23 个基因 $\log_2^{\text{Ratio (L2/L1)}}>10$（表 6-17）。从连作与头茬地黄叶片差异基因的初步分析结果可以看出，在地黄连作障碍形成的关键期，这些基因绝大部分参与了植物体的应激响应过程，这些差异基因的筛选为分析连作障碍发生时地黄叶片所经历的分子进程提供了基础数据。

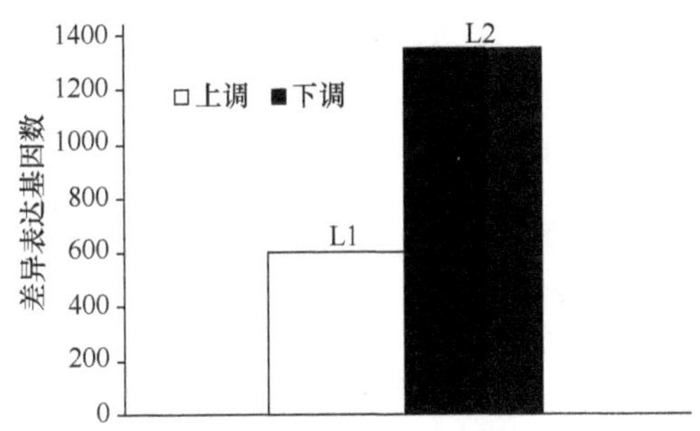

图 6-8　连作叶（L2）与头茬叶（L1）中差异表达基因数

表 6-17　连作叶（L2）库中差异表达基因数及其 Nr 注释汇总

基因分类	基因总数		Nr 注释		未注释	
	差异总数	差异倍数＞10	数量	百分数（%）	数量	百分数（%）
上调	603	33	154	15.51	449	29.38%
特异表达	148	—	26	2.62%	122	7.98%
下调	1351	23	839	84.49%	512	33.51%
被关闭	167	—	94	9.47%	73	4.78%
总数	1954	56	993	100.00%	961	62.89%

2. 差异表达基因功能注释

我们进一步对连作与头茬地黄叶间的 1954 个差异表达基因序列进行功能注释，以揭示其功能。结果差异基因在 NCBI 非冗余蛋白数据库（non-redundant database，Nr 数据库）中，共有 993 个差异基因具有明确的功能注释信息。其中，有 154 个注释基因在连作叶中上调表达，并且有 26 个基因仅在连作中特异性表达，这些基因与植物逆境响应相关，如 Avr9/Cf-9 快速激发蛋白 180（Avr9/Cf-9 rapidly elicited protein 180）、S-类核糖核酸酶（S-like ribonuclease）、WRKY 转录因子（WRKY transcription factor）、线粒体小分子热激蛋白（mitochondrial small heat shock protein）、囊泡相关膜蛋白（vesicle-associated membrane protein）、热激蛋白结合蛋白（heat shock protein binding protein）等。相反，连作叶中下调 839 个基因主要参与信号转导、植物光合作用、呼吸作用、蛋白质合成和运输等正常的生长发育过程。例如，Rop 鸟嘌呤核苷酸交换因子（Rop guanine nucleotide exchange factor）、钙结合蛋白（calmodulin-binding protein）等基因均与植物体内信号转导相关，真核生物翻译起始因子（eukaryotic initiation factor）、半胱氨酸蛋白酶（cysteine protease）、60S 核糖体蛋白（60S ribosomal protein）、谷胱甘肽 S-转移酶（glutathione S-transferase）等基因均与蛋白质合成密切相关。PEPC 激酶 1b（PEPC kinase 1b）、叶绿体脂质运载蛋白（chloroplast lipocalin）、八氢番茄红素脱氢酶（phytoene dehydrogenase）等基因均在植物光合作用过程中发挥重要作用。此外，连作与头茬地黄叶的差异表达基因中，有 961 个（连作叶中上调的有 449 个、下调的有 512 个）基因没有被注释，这些基因可能是地黄的特异基因，其功能未被解读，也可能是一些非编码 RNA 相关的转录物，或者是转录组从头组装的一些错误拼接序列。但这些未被注释的序列在连作与头茬地黄叶中的差异表达，说明它们可能与地黄连作障碍形成的分子调控机制也密切相关，其分子功能还有待深入解析。这些基因 Nr 功能分析初步表明在连作胁迫下，地黄叶的光合作用、呼吸作用等一系列正常的生命活动相关基因表达被抑制或关闭，并且激活了一些特异表达的基因而导致地黄叶发育不良或受阻。

3. 差异表达基因的 GO 功能分类

为了从整体上了解连作与头茬地黄叶中差异表达基因所涉及的关键细胞进程，我们利用 GO 和 KEGG 数据库中已知或预测的蛋白质功能信息对所获取的差异基因进行注释。GO 功能分类主要从基因所处的细胞元件（cellular component）、分子功能（molecular function）和细胞进程（biological process）来描述一个特定蛋白质功能行为。对连作地黄叶（L2）中上调 603 个和下调 1351 个差异表达的基因进行了 GO 功能分类统计。

结果如图 6-9 所示，L2 中 603 个上调的 GO 功能分类，其细胞元件可分为 7 类，其中，细胞（cell）类和细胞部分（cell part）类基因数量所占比例最大，细胞器（organelle）类次之，包膜（envelope）类的基因数量最少；以其分子功能主要分为结合（binding）、催化剂（catalytic）、电子载体（electron carrier）、结构分子（structural molecule）、转录调节器（transcription regulator）五大类；以其生物过程可分为 12 类，其中新陈代谢过程（metabolic process）基因总数最多，细胞过程（cellular process）次之，响应刺激（response to stimulus）、生物调节（biological regulation）基因数所占的百分比均为 10%左右。

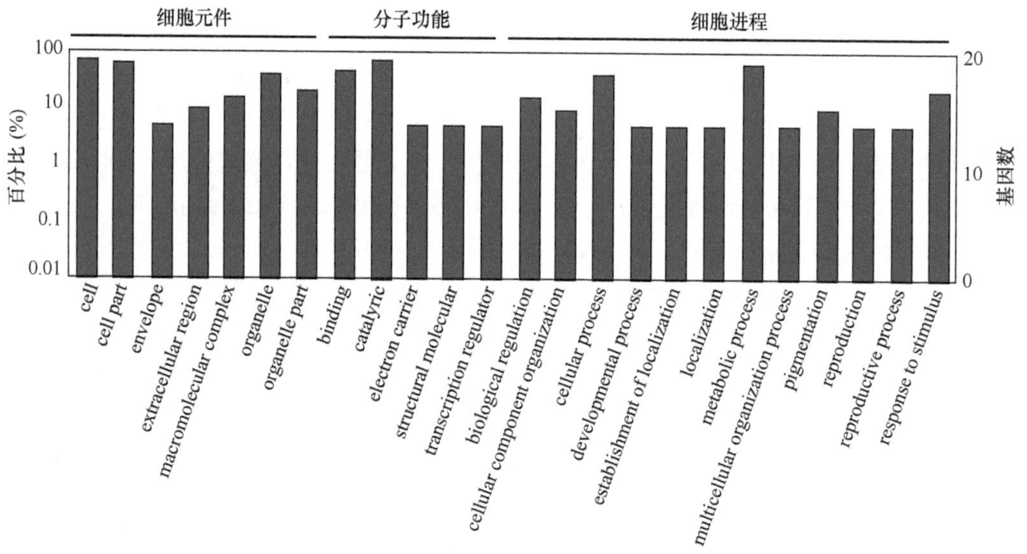

图 6-9 在连作地黄叶片中上调表达的差异基因 GO 分类

图 6-10 则显示了 L2 中 1351 个下调的基因 GO 功能分类。以其细胞元件可分为 12 类，其中细胞（cell）和细胞部分（cell part）这两类基因数量所占比例最大，细胞器（organelle）类次之，胞外区域部分（extracellular region part）、共质体（symplast）、病毒体（virion）、病毒体部分（virion part）这 4 类的基因数量最少；以其分子功能可分为 11 类，其中结合（binding）类和催化剂（catalytic）类基因数量最多，转录调节器

（transcription regulator）类和转运蛋白（transporter）类次之，营养储藏（nutrient reservoir）类的基因数最少（其百分比约为 0.1%）；以生物过程可分为 20 类，其中细胞过程（cellular process）和新陈代谢过程（metabolic process）相关基因总数最多，生物调节（biological regulation）和响应刺激（response to stimulus）次之，节律过程（rhythmic process）和病毒复制（viral reproduction）基因数最少（其百分比均为 0.1%左右）。

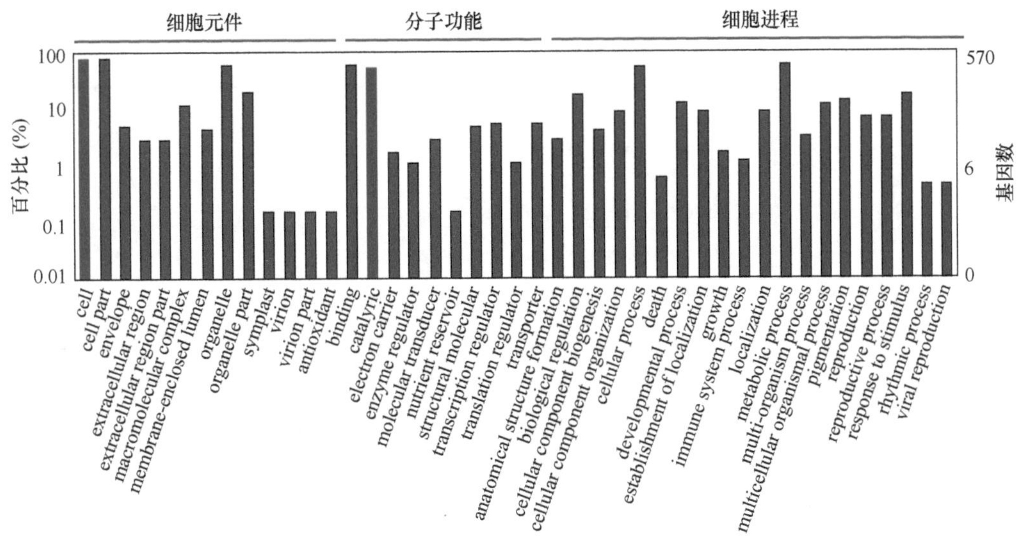

图 6-10　在连作地黄叶片中下调表达的差异基因 GO 分类

4. 差异表达基因的 KEGG 代谢途径分析

基于 KEGG 代谢途径分析显示，连作与头茬地黄叶片中 1954 个差异表达基因中，有 437 个基因在 KEGG 数据中有显著的同源功能注释信息，共涉及 96 条代谢途径，主要包括：核糖体（ribosome）、次生代谢生物合成（biosynthesis of secondary metabolites）、DNA 复制（DNA replication）、氨基糖和核苷酸糖代谢（amino sugar and nucleotide sugar metabolism）、剪接体（spliceosome）等代谢途径。在这些代谢途径中，参与核糖体代谢途径的 22 个差异表达基因中，仅有 2 个在连作地黄叶中上调表达，而有 20 个基因在连作地黄叶中的表达被抑制或关闭；参与 DNA 复制代谢途径的 6 个差异基因在连作地黄叶中表达模式均为下调，说明这些基因在连作地黄叶中的表达被抑制或关闭；参与 RNA 聚合酶（RNA polymerase）代谢途径有 4 个差异表达的基因均下调，说明在连作地黄叶中表达均被抑制或关闭（表 6-18）。以上结果表明，参与地黄叶的生命活动核心途径的关键基因表达被抑制或关闭，影响了地黄叶的正常代谢，导致地黄植株地上部分生长发育不良。

表 6-18　显著性富集部分 KEGG 分析代谢途径差异基因汇总

代谢途径	上调基因数	下调基因数	差异表达基因总数
RNA 聚合酶代谢	0	4	4
DNA 复制代谢	0	6	6

续表

代谢途径	上调基因数	下调基因数	差异表达基因总数
核糖体代谢	2	20	22
植物-病原互作	4	24	28
类胡萝卜素生物合成	2	9	11
苯丙素生物合成	3	5	8
淀粉和脂类合成	1	15	16
剪接体	3	17	20

5. 响应连作胁迫的关键候选基因分析

我们基于连作和头茬地黄叶中差异基因 Nr 注释、GO 分类和 KEGG 代谢通路信息的基础上，进一步综合候选 18 类与连作胁迫响应密切关联的通路，包括 114 个基因，其中有 25 个上调和 89 个下调（表 6-19）。在响应刺激中有 11 个基因，有 9 个上调的基因均与逆境响应相关，如 Avr9/Cf-9 快速激发蛋白、WRKY 转录因子、线粒体小分子热激蛋白等；在信号转导（signal transduction）类中有 6 个基因，有 2 个钙结合蛋白基因均呈上调表达；在 DNA 复制类中有 11 个关键的基因，这些基因的表达在连作地黄叶中被抑制或关闭，如有依赖于 RNA 的 DNA 聚合酶（RNA-directed DNA polymerase）基因、MCM 蛋白类蛋白（MCM protein-like protein）基因、2 个类驱动蛋白（kinesin-like protein）基因、驱动蛋白相关蛋白（kinesin-related protein）基因等；同时，在 RNA 合成（RNA synthesis）、核苷酸合成（nucleotice synthesis）、氨基酸合成酶（amino acid synthesis）、蛋白质运输和修饰（protein transport and modification）、糖代谢（glycometabolism）、光合作用（photosynthesis）、细胞分裂（cell division）与营养相关（nutrition-reltated）的 8 类中，共筛选了 48 个关键基因，这些基因在连作地黄叶中均呈下调表达。此外，在蛋白质合成（protein synthesis）、呼吸作用（repiration）等 5 类的 36 个关键基因中，有 27 个基因在连作叶中呈下调表达。在与开花相关的两个基因中，两者均上调表达。这些结果表明，在连作地黄叶中，参与植物正常生长发育的核心代谢过程的大部分关键基因在连作地黄中表达被关闭或抑制，干扰了地黄叶细胞的正常细胞进程，进而导致连作地黄叶片生长发育受到抑制和破坏。

表 6-19　连作叶（L2）与头茬（L1）叶中所筛选的差异表达基因

Unigene ID	差异倍数（L2/L1）	GO 分类			Nr 注释
		细胞元件	分子功能	细胞进程	
逆境响应					
Unigene4881_L	9.4	—	—	—	Avr9/Cf-9 快速诱导蛋白 180
Unigene89459_L	10.92	细胞内膜结合部位细胞器	核酸结合	RNA 加工	未知蛋白
Unigene13942_L	8.25	—	—	细胞压力响应	未知蛋白
Unigene64712_L	8.16	胞外包膜部位	核酸结合	细胞饥饿响应	S-核糖核酸酶
Unigene81699_L	7.98	—	—	—	WRKY 转录因子
Unigene74958_L	3.1	质体基质	阳离子结合	辐射响应	未知蛋白

续表

Unigene ID	差异倍数（L2/L1）	GO 分类			Nr 注释
		细胞元件	分子功能	细胞进程	
Unigene754_L	2.68	质体	—	胁迫响应	线粒体小热激蛋白
Unigene85002_L	2.57	膜固有组分	—	渗透响应	囊泡相关膜蛋白
Unigene15834_L	2.09	内质网组分	蛋白质结合	热响应	热激蛋白的结合蛋白
Unigene84874_L	3.1	—	受体信号蛋白	蛋白质修饰过程	未知蛋白
Unigene19687_L	2.91	细胞内膜结合细胞器	分子传感器活性	细胞内信号转导	未知蛋白
信号转导					
Unigene84874_L	3.1	—	受体信号蛋白	蛋白质修饰过程	未知蛋白
Unigene19687_L	2.91	细胞内膜结合部位细胞器	分子传感器活性	细胞内信号转导	未知蛋白
Unigene79706_L	−8.36	膜固有的组分	信号转导活性	酶联受体蛋白信号通路	未知蛋白
Unigene79183_L	−2.54	—	—	—	Rop 鸟嘌呤核苷酸交换因子
Unigene81812_L	−2.09	—	蛋白质结合	—	钙调蛋白结合蛋白
Unigene66341_L	−2.07	—	—	—	钙调素结合蛋白
DNA 复制					
Unigene89270_L	−8.02	—	—	—	RNA 指导的 DNA 聚合酶
Unigene25376_L	−3.37	细胞内膜结合部位细胞器	核酸结合	DNA 代谢过程	MCM 类蛋白
Unigene91161_L	−2.94	—	—	—	驱动蛋白类蛋白
Unigene85412_L	−3.14	—	二硫化物氧化还原酶活性	细胞自动调节	未知蛋白
Unigene5160_L	−2.67	微管细胞骨架	运动活动	细胞化	驱动蛋白 NACK1
Unigene1361_L	−2.46	微管细胞骨架	腺嘌呤核苷酸结合	微管过程	125 kDa 驱动蛋白相关蛋白
Unigene94501_L	−2.4	—	核酸结合	DNA 代谢过程	未知蛋白
Unigene17180_L	−3.27	—	核酸结合	DNA 代谢过程	未知蛋白
Unigene82081_L	−2.8	蛋白复合物	DNA 指导的 RNA 聚合酶活性	DNA 代谢过程	未知蛋白
Unigene94501_L	−2.4	—	核酸结合	DNA 代谢过程	未知蛋白
Unigene2835_L	−2.19	细胞内膜结合部位细胞器	核酸结合	DNA 代谢过程	推定蛋白亚型 1
RNA 合成					
Unigene89562_L	−9.02	细胞内膜结合部位细胞器	DNA 结合	基因表达调控	I 类 KNOX 同源框转录因子
Unigene9165_L	−3.1	细胞组分	磷酸盐跨膜转运蛋白活性	—	ABC 转运蛋白家族白棕复合体运输蛋白
Unigene90301_L	−2.74	—	RNA 结合	渗透响应	poly(A)-结合蛋白
Unigene94405_L	−1.52	—	RNA 聚合酶活性	细胞进程的正向调控	RNA 指导的 RNA 聚合酶
Unigene90807_L	−2.27	—	—	—	核蛋白 SKIP
Unigene22425_L	−2.07	核蛋白复合物	RNA 结合	基因表达	核糖体蛋白 L20
Unigene89931_L	−3.55	核糖体大亚基	结构分子活性	基因表达	60S 核糖体 L7 亚基蛋白
Unigene87305_L	−3.36	核蛋白复合物	结构分子活性	基因表达	50S 核糖体相关蛋白

续表

Unigene ID	差异倍数（L2/L1）	GO 分类			Nr 注释
		细胞元件	分子功能	细胞进程	
核苷酸合成					
Unigene82298_L	−8.11	细胞组分	—	嘌呤运输	嘌呤通透酶
Unigene91544_L	−3.17	质体	核酸酶活性	—	胞质嘌呤 5-核苷酸酶
Unigene85442_L	−2.14	细胞内组分	核酶	核苷酸代谢过程	未知蛋白
Unigene1643_L	−9.67	质体基质	金属离子结合	离子响应	腺苷琥珀酸合酶
Unigene82081_L	−2.8	蛋白质复合物	DNA 指导的 RNA 聚合酶活性	DNA 代谢过程	未知蛋白
Unigene67954_L	−2.47	细胞质组分	转移酶活性	嘌呤碱循环利用	未知蛋白
Unigene18686_L	−2.42	外部封装结构	阳离子结合	嘌呤基代谢过程	未知蛋白
Unigene85442_L	−2.14	细胞内组分	核酶	核苷酸代谢过程	未知蛋白
Unigene51639_L	−2.08	—	腺嘌呤核苷酸结合	代谢过程	醛氧化酶
氨基酸合成					
Unigene77537_L	−2.62	—	—	—	富含脯氨酸的蛋白质
Unigene16635_L	−2.06	细胞内组分	转移酶活性	毒素代谢过程	谷胱甘肽-转移酶
Unigene39914_L	−2.03	—	碳-氮连接酶活性	谷氨酰胺家族氨基酸代谢过程	天冬酰胺合成酶
Unigene1643_L	−9.67	质粒基质	金属离子结合	对金属离子的反应	腺苷酸琥珀酸合酶
Unigene81513_L	−2.32	—	氨酰-tRNA 连接酶活性	用于蛋白质翻译的 tRNA 氨酰化	未知蛋白
蛋白质合成					
Unigene71940_L	−8.11	细胞内组分	翻译因子活性	翻译	真核起始因子 iso4E
Unigene60707_L	−3	—	—	—	真核翻译起始因子 2c
Unigene8786_L	−5.12	细胞内	—	—	核糖体的结构成分
Unigene1752_L	−2.97	细胞质囊泡	肽链内切酶活性	蛋白质代谢过程	半胱氨酸蛋白酶
Unigene48663_L	4.11	核糖体大亚基	结构分子活性	基因表达	未知蛋白
Unigene83901_L	4.1	质体基质	结构分子活性	生殖发育过程	未知蛋白
Unigene89931_L	−3.55	核糖体大亚基	结构分子活性	基因表达	60S 核糖体 L7 亚基蛋白
Unigene87305_L	−3.36	核蛋白复合物	结构分子活性	基因表达	50S 核糖体相关蛋白
Unigene22425_L	−2.07	核蛋白复合物	RNA 结合	基因表达	核糖体相关蛋白亚基 L20
Unigene16635_L	−2.06	细胞内组分	转移酶活性	毒素代谢过程	谷胱甘肽 S-转移酶
蛋白质运输和修饰					
Unigene24926_L	−7.81	膜固有的组分	信号转导活性	蛋白质修饰过程	未知蛋白
Unigene84660_L	−3.98	薄膜	信号转导活性	蛋白质修饰过程	未知蛋白
Unigene60697_L	−3.87	胞质膜结合囊泡	结合	蛋白质运输	未知蛋白
Unigene72_L	−3.78	—	蛋白激酶活性	蛋白质修饰过程	蛋白激酶 PVPK-1
Unigene9267_L	−3.63	膜固有的组分	信号转导活性	蛋白质修饰过程	未知蛋白
Unigene87658_L	−3.61	细胞内膜结合细胞器	转录调节活性	蛋白质修饰过程	SNI1
Unigene30179_L	−3.6	细胞内膜结合细胞器	UDP-半乳糖基转移酶活性	蛋白质修饰过程	B-1,3-半乳糖基转移酶

续表

Unigene ID	差异倍数（L2/L1）	GO 分类			Nr 注释
		细胞元件	分子功能	细胞进程	
Unigene24916_L	−2.29	细胞壁	丝氨酸/苏氨酸蛋白激酶活性	蛋白质修饰过程	未知蛋白
Unigene81006_L	−2.47	膜固有的组分	蛋白酶活性	蛋白质代谢过程	叶绿体类囊体加工肽酶
糖代谢					
Unigene67394_L	−12.03	—	氧化还原酶活性	葡萄糖过程	表达蛋白
Unigene23564_L	−9.75	—	辅助因子结合	细胞多糖生物合成过程	RHM1
Unigene14408_L	−9.24	胞外包膜部位	水解酶活性	分解代谢过程	IV类几丁质酶
Unigene81600_L	−8.36	质体外膜	已糖激酶活性	葡萄糖代谢过程	未知蛋白
Unigene88020_L	−3.72	细胞内膜结合部位细胞器	外消旋酶和差向异构酶活性	己糖代谢过程	UDP-D-木糖 4-差向异构酶
呼吸作用					
Unigene69103_L	3.41	线粒体呼吸链	血红素铜末端氧化酶活性	—	未知蛋白
Unigene8620_L	−8.5	线粒体内膜	NADH 脱氢酶活性（醌）	代谢过程	外部鱼藤酮不敏感 NADPH 脱氢酶
Unigene77797_L	−2.36	—	结合活性	脂肪酸代谢过程	酰基载体蛋白
Unigene81600_L	−8.36	质体外膜	已激酶活性	葡萄糖代谢过程	未知蛋白
光合作用					
Unigene79622_L	−8.2	质体包膜	氧化还原酶活性	光合作用电子传递链	质体脂质相关蛋白质 2
Unigene52323_L	−2.86	—	蛋白激酶活性	蛋白质修饰过程	PEPC 激酶 1b
Unigene93656_L	−2.48	细胞内膜结合部位细胞器	—	—	叶绿体脂蛋白
Unigene81006_L	−2.47	膜固有的组分	蛋白酶活性	蛋白质代谢过程	叶绿体类囊体加工肽酶
Unigene87555_L	−2.15	—	核酸结合	卟啉生物合成过程	Mg-螯合酶亚基 XANTHA-F
Unigene25322_L	−2.01	细胞内膜结合部位细胞器	催化活性	—	八氢番茄红素脱氢酶
植物激素相关					
Unigene22730_L	−9.06	—	—	细胞过程	生长素反应因子
Unigene2665_L	−8.69	—	—	对激素刺激的反应	生长素诱导蛋白 6B
Unigene16930_L	−2.46	—	转移酶活性	—	黄酮类糖基转移酶 UGT94C2
Unigene2753_L	−2.79	—	—	—	未知蛋白
Unigene90302_L	1.12	—	氧化还原酶活性	对其他生物的反应	1-氨基环丙烷-1-羧酸氧化酶
细胞分裂					
Unigene62235_L	−10.74	细胞部分	—	细胞壁组织	扩张蛋白 2
Unigene89562_L	−9.02	细胞内膜结合部位细胞器	DNA 结合	细胞区域化	I类KNOX同源框转录因子
Unigene91169_L	−8.28	—	—	—	细胞周期蛋白 D2
Unigene42232_L	−4.08	细胞内膜结合部位细胞器	—	有丝分裂细胞周期的 M 期	G2/有丝分裂特异性周期蛋白-1
Unigene91498_L	−2.83	蛋白复合物	丝氨酸/苏氨酸蛋白激酶活性	蛋白质氨基酸磷酸化	B2 型周期蛋白依赖性激酶

续表

Unigene ID	差异倍数（L2/L1）	GO 分类			Nr 注释
		细胞元件	分子功能	细胞进程	
开花相关					
Unigene17315_L	10.03	质体	核酸结合	离子响应	MYB 转录因子
Unigene20385_L	1.55				squamosa 启动子结合类蛋白
营养相关					
Unigene63734_L	–3.9	膜固有的组分	法尼基转移酶活性	脂代谢过程	鲨烯合酶
蛋白质降解					
Unigene58435_L	3.28	—	水解酶活性	蛋白质代谢过程	焦谷氨酰肽酶 I
Unigene49002_L	2.23	—	—	—	蛋白酶体亚基 β 型
Unigene73750_L	–5.01	—	肽链内切酶活性	蛋白质代谢过程	未知蛋白
Unigene24447_L	–9.87	—	过渡态金属离子结合蛋白	—	未知蛋白
Unigene80784_L	–2.62	—	—	—	细胞周期蛋白特异性泛素载体蛋白
Unigene94235_L	–3.57	—	结合	—	未知蛋白
Unigene92434_L	–2.9	细胞内膜结合部位细胞器	过渡金属离子结合	染色质组织	未知蛋白
Unigene87409_L	–2.53	细胞内膜结合部位细胞器	组蛋白-赖氨酸 *N*-甲基转移酶	—	未知蛋白
脂肪酸合成					
Unigene22246_L	5.38	微粒体	—	茉莉酸代谢过程	酰基辅酶 A 连接酶
Unigene91402_L	–8.28	—	脂肪酸合成酶活性	脂肪酸代谢过程	烯酰-ACP 还原酶
Unigene20622_L	–2.53	—	脂肪酸合成酶活性	脂肪酸代谢过程	烯酰-ACP 还原酶
Unigene77797_L	–2.36	—	结合	脂肪酸代谢过程	酰基载体蛋白
生理节律					
Unigene85715_L	–9.11	—	裂解酶活性	—	隐花色素 1
Unigene17315_L	10.03	质体	核酸结合	离子响应	MYB 转录因子
Unigene341_L	3.08	细胞内膜结合部位细胞器	—	基因表达调控	未知蛋白
Unigene85715_L	–9.11	—	裂解酶活性	—	隐花色素 1
Unigene20558_L	7.98	细胞组分	过渡态金属离子结合	基因表达调控	未知蛋白

6. 响应连作的关键基因表达模式分析

通过连作和头茬地黄叶差异基因的筛选，我们初步筛选和梳理了连作障碍发生过程中，连作地黄叶片受损的分子机制。然而，上述基因只是连作伤害关键点中单一基因表达特征，这些基因在连作障碍形成过程中是如何一步步积累并对植物造成损伤的呢？为了详细了解连作地黄叶受损分子机制进程，我们筛选了 10 个差异表达的关键基因，用 qRT-PCR 方法详细分析了它们在地黄连作障碍形成过程中表达模式特征（图 6-11）。

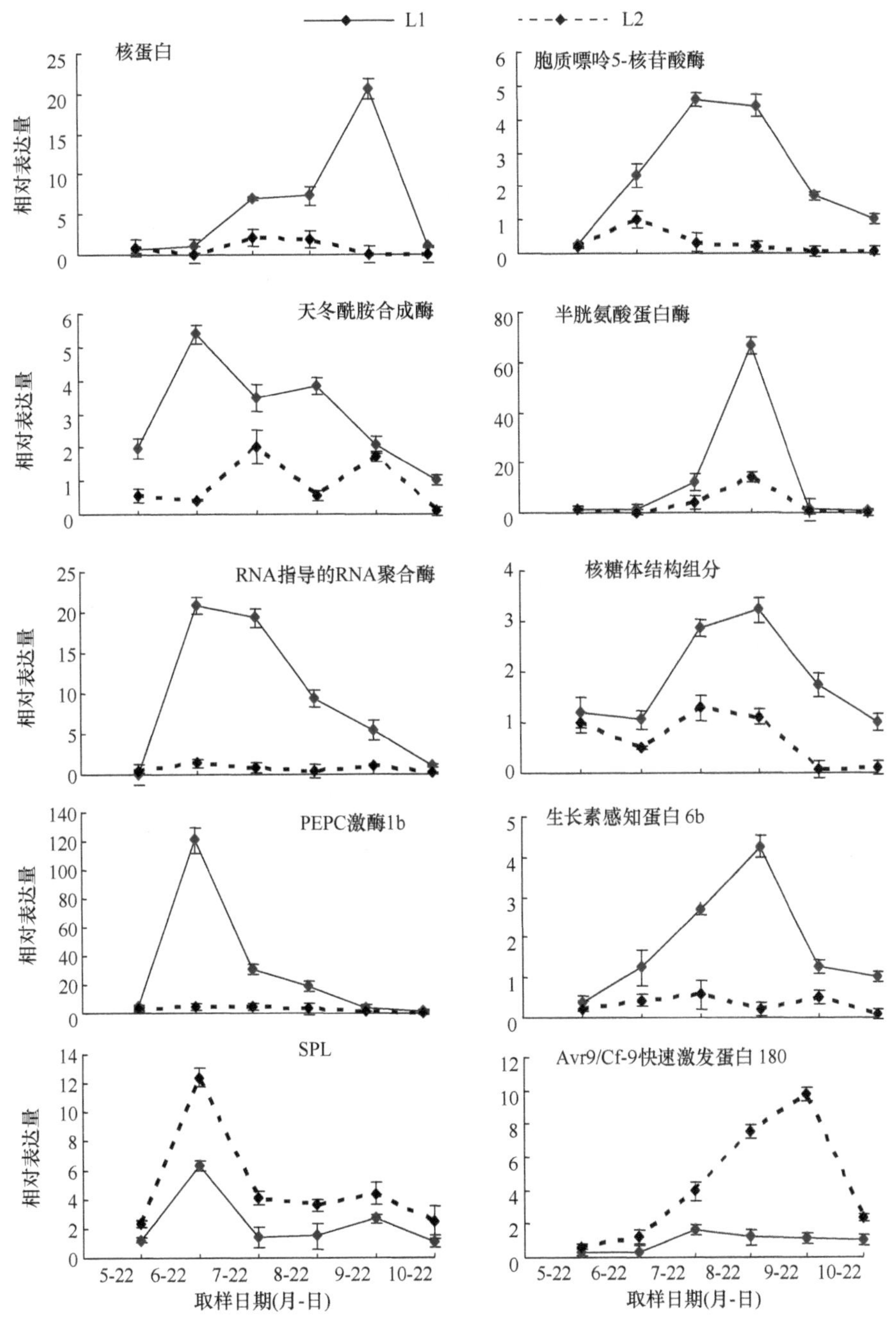

图 6-11 10 个关键的差异表达基因的表达模式

L1：头茬地黄叶；L2：连作地黄叶

结果发现在这些基因中，参与植物开花的 squamosa 启动子结合类蛋白基因（squamosa promoter binding protein-like，SPL）及其参与信号转导的 Avr9/Cf-9 快速激发蛋白 180 基因在地黄生长发育的不同时期，在连作叶中的表达水平均高于头茬叶，其中，在苗期这两个基因在连作与头茬中的表达差异均不明显，*SPL* 基因在块根伸长期连作较头茬中的表达水平最明显；*Avr9/Cf-9* 在块根膨大后期表达水平最高。植物的抗逆胁迫过程是一个高度综合信号网络和精细调控系统。Avr9/Cf-9 快速激发蛋白参与植物多种逆境信号转导途径，它在植物应答胁迫过程的上游系统中起着关键的调控作用，因此，它与植物逆境响应耐受力具有密切关联性。Avr9/Cf-9 快速激发蛋白在连作地黄叶中的过量表达，可能是由于连作障碍刺激响应，诱导 Avr9/Cf-9 快速激发蛋白 180 的积累，来响应地黄体内的逆境胁迫。

同时，参与 RNA 合成途径的核蛋白（nuclear protein）SKIP 基因、半胱氨酸蛋白酶（cysteine protease）基因和生长素感知蛋白 6B（auxin-induced protein 6B）基因的表达模式基本相似，在这 6 个时期中，它们在连作地黄叶中的表达水平均呈下调趋势；在块根膨大后期，半胱氨酸蛋白酶基因和生长素感应蛋白 6B 基因在连作与头茬中的表达水平差异最大；在块根成熟期，核蛋白 SKIP 基因在二者中的表达水平差异最大。参与核苷酸合成的胞质嘌呤 5-核苷酸酶（cytosolic purine 5-nucleotidase）基因和蛋白质合成相关的核糖体结构组分（structural constituent of ribosome）基因在这 6 个生长发育期中，连作地黄叶中的表达水平均低于头茬叶，且在块根膨大中期和后期这两个基因在二者间的表达水平差异较大。在地黄生长发育的 6 个时期中，天冬酰胺合成酶（asparagine synthetase）基因在连作地黄叶中均呈现下调表达；且在块根伸长期，二者的表达水平差异最大；在块根膨大后期，二者的表达水平差异最小。在这些差异表达的基因中，与 RNA 合成相关的 RNA 指导的 RNA 聚合酶（RNA-directed RNA polymerase）基因、与光合作用相关的 PEPC 激酶 1b 基因在连作地黄叶中均主要呈下调表达趋势；在伸长期和块根膨大期（前、中和后期）二者的表达水平存在着明显差异。以上分析表明，在连作地黄生长发育过程中，参与光合作用、呼吸作用、氨基酸合成、核苷酸合成、RNA 合成等生命活动的核心途径中关键基因表达受到抑制或关闭，阻断了地黄体内正常的生理代谢活动，致使连作地黄出现连作毒害的症状。此外，在连作地黄叶中，其他的 9 个与逆境响应相关基因的过量表达，可能主要是由于连作胁迫所引发的逆境响应所致。总之，这些基因在连作地黄叶中持续表达的响应模式，侧面反馈了在连作土壤中存活的地黄植株，其叶片正遭受着连作的持续性胁迫。

二、连作与头茬地黄叶的差异蛋白鉴定

1. 连作与头茬地黄叶中差异蛋白的鉴定

为进一步从蛋白质水平上确认引发连作地黄叶片受损关键基因的功能，我们分别提取头茬（仅种植 1 年，L1）、连作 1 年（连续种植 2 年，L2）和连作 2 年（连续种植 3 年，L3）地黄叶的总蛋白，利用 2-DE 技术进行蛋白质等电聚焦（IEF）电泳和 SDS-PAGE 电泳，建立连作与头茬地黄叶差异蛋白表达图谱（图 6-12）。利用 ImageMaster 5.0 软件分析所获取双向电泳图谱，结果 pI 在 3.5～10、分子量在 14～116kDa 范围内，显著值大于 1.5 的差异点共有 37 个。进一步利用电喷雾四级飞行时间质谱（ESI-Q-TOF/MS）分析除去未检出蛋白质点后，结果共得到 28 个差异蛋白质点的质谱信息。将所获取蛋白质根据功能注释结果进行功能分类，发现 28 个差异蛋白参与 6 类细胞进程（表 6-20）。

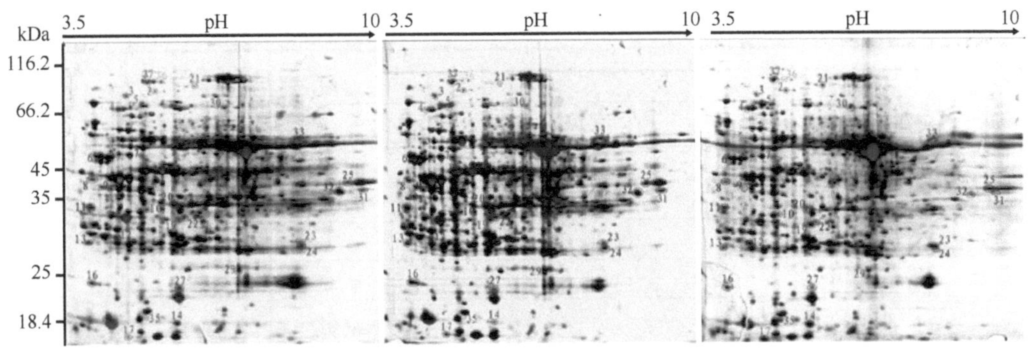

图 6-12　头茬、连作 1 年和连作 2 年地黄叶片差异表达蛋白图谱

表 6-20　不同程度地黄叶差异蛋白的 ESI-Q-TOF/MS 分析

蛋白质点	GenBank ID	蛋白质名称	连作 1 年（L2/L1）	连作 2 年（L3/L2）
		光合作用相关蛋白		
6	gi13430334	核酮糖 1,5-二磷酸羧化酶/加氧酶活化酶	下调	下调
7	gi68565781	核酮糖 1,5-二磷酸羧化酶/加氧酶活化酶	下调	下调
17	gi46326276	核酮糖 1,5-二磷酸羧化酶大亚基	上调	上调
23	gi20338675	核酮糖 1,5-二磷酸羧化酶	上调	上调
24	gi3116024	核酮糖 1,5-二磷酸羧化酶大亚基	下调	下调
29	gi5817374	核酮糖 1,5-二磷酸羧化酶大亚基	下调	下调
		代谢相关蛋白		
2	gi461753	ATP 依赖蛋白酶体 ATP 结合亚基 ClpC	下调	上调
9	gi115457386	景天庚酮糖-1,7-二磷酸酶	下调	下调
10	gi12003283	丙二酰 CoA-ACP 转酰基酶	下调	下调
12	gi73808462	假定 S-腺苷甲硫氨酸脱羧酶酶原	下调	上调
13	gi12229923	蛋白酶体 α 亚基 5	下调	下调
22	gi46399269	假定维生素 B_6 生物合成蛋白异构体 A	下调	下调
25	gi82941449	果糖二磷酸醛缩酶	下调	上调
32	gi1168408	果糖二磷酸醛缩酶	下调	下调
		能量代谢相关蛋白		
4	gi15241847	ATP 结合蛋白	上调	上调
21	gi18417676	ATP 结合蛋白/ATP 酶	上调	上调
30	gi115469766	假定蛋白 UTP-葡萄糖-1-磷酸尿苷转移酶	上调	上调
33	gi17224782	ATP 合酶 β 亚基	上调	上调
		植物抗性相关蛋白		
5	gi6911549	热激蛋白 70	上调	上调
14	gi25044839	LMW-I 热激蛋白	上调	上调
16	gi38344034	抗氧化酶	下调	下调
19	gi21666264	抗坏血酸过氧化物酶	下调	上调
27	gi510940	发病相关蛋白	下调	下调
35	gi37704433	细胞质小热激蛋白 3A	上调	上调

续表

蛋白质点	GenBank ID	蛋白质名称	连作1年（L2/L1）	连作2年（L3/L2）
		转录相关蛋白		
31	gi15229384	mRNA 结合蛋白	下调	下调
		细胞分裂相关蛋白		
36，37	gi98962497	假定纺锤体解体相关蛋白	下调	下调
		未知蛋白		
3	gi14532624	未知蛋白	—	—
8	gi21554701	未知蛋白	—	—

2. 连作与头茬地黄叶差异蛋白的功能解析

第I类：包括6个光合作用相关蛋白，分别为核酮糖1,5-二磷酸羧化酶/加氧酶活化酶（编号为6）、核酮糖1,5-二磷酸羧化酶/加氧酶活化酶（编号为7）、核酮糖1,5-二磷酸羧化酶大亚基（编号为17）、核酮糖1,5-二磷酸羧化酶（ribulose-1,5-biphosphate carboxylase，编号为23）、核酮糖1,5-二磷酸羧化酶大亚基（编号为24）和核酮糖1,5-二磷酸羧化酶大亚基（编号为29），其中编号为17和23的蛋白质在连作地黄叶中表达上调，编号为6、7、24和29的蛋白质表达均下调。

第II类：包括8个代谢相关蛋白，分别为ATP依赖蛋白酶体亚基Clp（ATP-dependent Clp protease，编号为2）、景天庚酮糖-1,7-二磷酸酶（sedoheptulose-1,7-bisphosphatase，SBPase，编号为9）、丙二酰CoA-ACP转酰基酶（malonyl-CoA：ACP transacylase，编号为10）、推定S-腺苷甲硫氨酸脱羧酶酶原（putative S-adenosyl methionine decarboxylase proenzyme，编号为12）、蛋白酶体α亚基5（proteasome subunit alpha type 5，编号为13）、推定维生素B_6生物合成蛋白异构体A（putative pyridoxine biosynthesis protein isoform A，编号为22）、果糖二磷酸醛缩酶（fructose-bisphosphate aldolase，编号为25）、果糖二磷酸醛缩酶（编号为32），其编号为9、10、13、22和32的蛋白质表达均下调，而编号为2、12、25的表达先下调后上调。

第III类：包括4个能量代谢相关蛋白，分别为ATP结合蛋白（ATP binding protein，编号为4）、ATP结合蛋白/ATP酶（ATP binding protein /ATPase protein，编号为21）、推定的蛋白UTP-葡萄糖-1-磷酸尿苷转移酶（gi|115469766，编号为30）和ATP合酶β亚基（ATP synthase beta subunit，编号为33），这4个蛋白质均上调表达。

第IV类：包括6个植物抗性相关蛋白，分别为热激蛋白70（heat shock protein 70，编号为5）、LMW-I热激蛋白（class-1 LMW heat shock protein，编号为14）、抗氧化酶（antioxidase，编号为16）、抗坏血酸过氧化物酶（ascorbate peroxidase，编号为19）、发病相关蛋白（pathogenesis related protein，编号为27）和细胞质class I小分子热激蛋白3A（cytosolic class I small heat shock protein 3A，编号为35），其编号为5、14、35的蛋白质表达上调，而编号为16、27的蛋白质表达下调，编号为19的蛋白质表达先下调后上调。

第V类：包括1个转录相关（编号为31）的mRNA结合蛋白（mRNA binding）的

表达下调。

第VI类：包括 2 个参与细胞分裂的推定的纺锤体解体相关蛋白（putative spindle disassembly related protein，编号为 36、37）的表达均下调。

通过连作和头茬地黄叶片差异蛋白质组信息分析结果可以看出，与正常生长地黄相比，连作地黄植株的叶绿素合成、光合系统代谢相关蛋白的含量明显下调，这表明在连作伤害下，地黄叶的叶绿素正常合成代谢途径关键催化酶受到了干扰，光合系统遭受到了破坏。此外，我们也发现一些抗病蛋白、抗逆响应蛋白在连作叶中出现下调，这表明在连作胁迫持续作用下，地黄叶中抗逆进程已经开始受到了明显影响。

三、连作胁迫对地黄叶伤害的分子机制

（一）连作阻滞了地黄的光合系统

光合作用和呼吸作用是绿色植物体内能量产生和代谢的两个重要途径，是植物生长发育的最基本生命过程。在连作地黄叶中，与光合作用相关的 6 个关键基因（PEPC 激酶 1b 基因、八氢番茄红素脱氢酶基因等）及与呼吸作用相关的 3 个关键基因（酰基载体蛋白基因、NADPH 脱氢酶基因等）均呈现下调表达，说明这些基因的表达可能被抑制；而且在连作叶中，6 个光合作用相关的差异蛋白，包括 2 个核酮糖-1,5-二磷酸羧化酶/加氧酶活化酶表达下调。核酮糖-1,5-二磷酸羧化酶/加氧酶，简称 Rubisco，它是 CO_2 固定的关键酶，催化核酮糖-1,5-二磷酸（ribulose-1,5-biphosphate，RuBP）与 CO_2，经不稳定的 6C 中间物，裂解成 2 分子 3-磷酸甘油酸。该酶既能催化 CO_2 与 RuBP 加成，也能催化 O_2 与 RuBP 反应，其也称为加氧酶。Rubisco 是一个杂多聚体，由 8 个相同的大亚基和 8 个小亚基组成，大亚基是酶的催化单位，它能结合底物（CO_2 和 RuBP）及 Mg^{2+}，小亚基是调节酶活性的单位。RuBP 是 Rubisco 活性的强抑制剂，而调节蛋白 Rubisco 激活酶可以将 RuBP 从活性部位去除，它可以与 E 型 Rubisco 结合，并在消耗 ATP 的反应中促进 Ru BP 的释放。我们发现 2 个 Rubisco 激活酶基因在头茬和连作地黄叶中均下调表达，影响了 Rubisco 的活性，虽然也有几个 Rubisco 大亚基和 Rubisco 在连作地黄中表达量有所增加，但它们可能是以无活性的形式存在，最终导致地黄的光合作用下降，其生长发育受到限制。

总之，在连作地黄叶中，参与核苷酸合成、氨基酸合成、蛋白质运输及修饰、糖代谢、营养相关等生物学过程的大部分关键基因及其蛋白质的表达水平均降低。这些基因及其蛋白质的表达被抑制，严重影响了连作地黄体内正常的生理生化反应，扰乱了其体内正常的生理节律，致使其体内代谢紊乱，植株生长发育受阻，块根发育不良，最终导致连作地黄的生长陷入恶性循环，同时，造成植物对外界不利因素（如旱涝、高温、病虫害等）的抵御能力也出现严重下降。

（二）连作阻碍了地黄叶细胞的代谢活动

我们在连作地黄叶响应的差异蛋白中发现 8 个代谢相关蛋白，如景天庚酮糖-1,7-二磷酸酶（sedoheptulose-1,7-bisphosphate，SBPase）是三羧酸循环中的关键酶，催化不可

逆反应景天庚酮糖-1,7-二磷酸到景天庚酮糖-7-磷酸的转化。因此，该酶在连作地黄中的下调表达影响了三羧酸循环，不能供应地黄生长发育等各项生命活动所需的物质和能量，这可能也是地黄连作障碍形成的主要原因之一。许多研究者已将 *SBPase* 基因利用转基因技术导入植物中过量表达，通过增强叶中淀粉的生物合成能力来提高蔗糖的生产，从而改善作物产量，因此，我们可以借鉴该方法来开发消减地黄连作障碍的有效技术。果糖二磷酸醛缩酶与 SBPase 一样是糖合成的关键酶，它能可逆地催化将丙糖磷酸转化成果糖二磷酸的反应，在植物叶中，这种酶存在于叶绿体（淀粉的合成）和细胞质（蔗糖的生物合成）中，因此，该酶的下调表达也可能会限制连作地黄的生长。

丙二酰 CoA-ACP 转酰基酶是脂肪酸合成的关键酶，脂肪酸合成中的重要三碳单元中间体是丙二酸单酰辅酶 A，它催化丙二酸单酰辅酶 A 的丙二酸单酰基转移到 ACP 上，形成丙二酸单酰-ACP，之后才可以继续合成脂肪酸，该酶在连作地黄中下调表达可能限制了地黄中脂类物质的生物合成。脂类是生物体内重要的能源物质，活性脂类与碳水化合物代谢及某些含氮化合物代谢联系紧密；脂类还是生物膜的重要组成成分，保护植物细胞不受外界有害物质的干扰；脂类又是组成色素的成分，也是维生素和激素等生理活性物质的前提和酶的活化剂等。脂类合成受阻使地黄的整体抗性下降，细胞膜受损而得不到及时修复，使得重要活性物质功能缺失，这可能是导致地黄连作障碍的重要原因之一。蛋白酶体的主要作用是降解细胞无用的或受损蛋白质，它是细胞用来调控特定蛋白质和除去错误折叠蛋白质的主要机制。蛋白酶体降解途径对于许多细胞进程（包括细胞周期、基因表达的调控、氧化应激反应等）都是必不可少的。ATP 依赖蛋白酶体结合亚基 ClpC 作为分子伴侣，在 clp 蛋白酶的 clp P 亚基靶向变性蛋白质和降解蛋白质时起重要调控作用，该蛋白质在连作 1 年地黄叶中下调表达，而在连作地黄叶中上调表达，这可能是因为头茬地黄虽然受到逆境的胁迫，但是植物自身的保护系统使其暂时免受逆境的伤害，随着连作年限越长，地黄受损越严重，植物体内更多的蛋白质合成受阻。S-腺苷甲硫氨酸脱羧酶是参与植物 S-腺苷甲硫氨酸（S-adenosyl-methionine，SAM）生物合成途径的关键酶，而 SAM 是植物体内一个乙烯合成中的关键酶，连作地黄叶的 S-腺苷甲硫氨酸脱羧酶的上调表达可能促进了乙烯的生物合成，加速了地黄的衰老。

在连作地黄叶中，参与 DNA 复制的 10 个关键基因（DNA 聚合酶基因、驱动蛋白基因等）的表达被抑制或关闭，致使连作地黄体内遗传信息传递受阻；参与 RNA 合成的 8 个关键基因（poly(A)结合蛋白基因、核糖体蛋白基因等）和蛋白质合成的 10 个关键基因（半胱氨酸蛋白酶体、转录起始因子等）在连作地黄叶中表达量均降低。这些基因在植物体内遗传信息的传递过程中起着重要的调控作用，它们在连作体内的表达受抑，严重扰乱了连作地黄体内核心代谢途径。此外，在连作地黄叶中，参与 DNA 复制、RNA 合成、蛋白质合成的基因表达水平均降低，这些基因及蛋白质的表达被抑制，其叶中生命活动的核心代谢途径均受到干扰。这些结果初步表明，在化感物质或根际灾变的叠加伤害效应下，连作地黄正常的 DNA 复制、RNA 合成、蛋白质合成及运输、光合作用、呼吸作用等生物学过程受阻或被抑制，致使连作地黄在生长发育过程中出现光合能力下降、营养不良、叶片失绿、早花增多、生理节律错乱等异常现象。

第三节　连作对地黄根伤害的机制

根系是植物感知、传递和响应连作伤害因子的首要器官。因此，从根系入手阐明土壤中化感物质与根际微生物群体互作机制是揭示地黄连作障碍形成机制的必由之路。虽然，通过连作地黄叶片中关键响应基因的筛选和功能解析，我们也从整体上勾勒出了连作损伤分子机制的轮廓，但这些关键响应基因或响应通路并不是连作的直接伤害效应，而更多的是根系伤害信号所引发的间接的逆境响应。换句话说，连作地黄叶片中伤害响应更多是结果，而非初始诱因。因此，从分子水平上详细解读连作地黄根系内分子响应过程，对于解开地黄连作障碍的诱导、发生和形成过程的秘密具有极其重要的意义。为此，我们利用抑制性消减杂交（suppression subtractive hybridization，SSH）、2-DE、RNA-Seq 及 iTRAQ 技术，从转录与翻译等不同层面，详细鉴定连作障碍发生过程中地黄根内所发生的分子事件，为全面揭示连作伤害的形成机制提供核心信息参考。

一、连作地黄根中特异响应基因的鉴定

我们在地黄连作伤害关键期（块根膨大前期）选择连作与头茬地黄根作为实验材料，构建连作地黄的 cDNA 消减文库；同时，对连作与头茬地黄中特异表达基因片段进行筛选，获取与连作障碍相关的基因信息。以此为基础，利用生物信息学和 qRT-PCR 方法分析连作地黄根中特异响应基因的功能及其调控方式，初步揭示了地黄根中响应连作基因的表达特征，勾勒了连作对地黄“毒害”的作用机理。

（一）连作地黄特异响应基因获取

1. 连作和头茬地黄消减文库的构建

我们首先利用 SMARTer^{TM} PCR cDNA Synthesis Kit 试剂盒方法来进行地黄 cDNA 的合成，并采用 PCR-Select^{TM} cDNA Subtraction Kit 方法进行消减杂交来获取连作和头茬地黄消减文库。结果发现经两轮消减杂交和两轮抑制性 PCR，差异表达基因得到富集。然后分别取第二次 PCR 产物和未消减的 cDNA 各 4μL，进行琼脂糖凝胶电泳分析（图 6-13），消减后的差异基因片段比未消减前片段明显变淡且范围变小，主要分布在 200～750bp 范围内，表明消减成功。经蓝白菌落筛选，分别挑取正反消减文库的白色菌落、摇菌培养，接着以菌液为模板进行 PCR 扩增目的片段，挑选阳性克隆。利用琼脂糖凝胶电泳方法检测插入的目的片段（图 6-13），结果显示文库插入片段主要分布于 250～750bp，转化效率达 90%以上。消减文库的构建为进一步筛选连作地黄中特异响应基因奠定了基础。

在上述文库的基础上，随机从正库和反库中各挑选 300 个阳性克隆进行测序。结果在正库中获得高质量的基因片段序列有 277 条，平均长度为 442bp。经 BLASTN 进行同源序列比对，共获得 241 条非冗余序列；反库中则获得高质量的 EST 序列为 270 条，平均长度为 509bp，经 BLASTN 序列比对，获得 223 条非冗余序列。2 个库间重复序列为

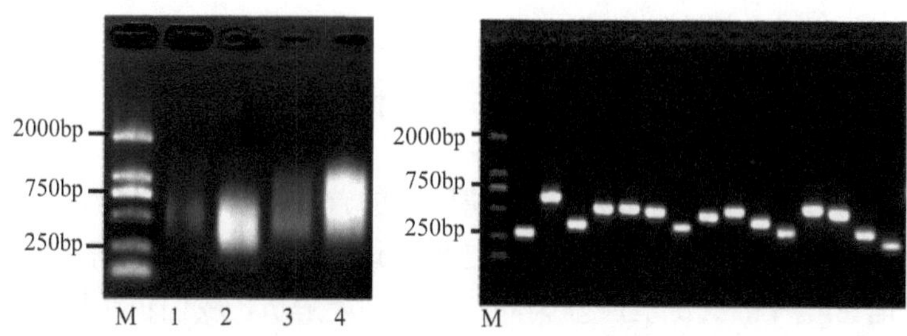

图 6-13 连作和头茬地黄消减文库的消减效率检测及部分插入片段检测

M：DL2000 marker；1、3：头茬与连作消减后 PCR 产物；2、4：头茬与连作消减前 PCR 产物

9 条。去冗余后正库、反库分别获得非冗余的 232 条（包含 23 条 Contigs 和 209 条 Singletons）、215 条（包含 44 条 Contigs 和 171 条 Singletons）差异的基因片段序列。

2. 连作和头茬地黄消减文库基因功能分析

将测序得到的序列进行 Nr 注释，结果在地黄正库、反库中分别有 200 条（86.2%）和 195 条（91.1%）基因片段序列有完整的功能注释，32 条（13.8%）和 19 条（8.9%）基因片段序列没有注释信息。在连作地黄（正库）中特异表达基因主要包含：Ca^{2+}信号转导途径相关的基因，如磷脂酰肌醇-4,5-二磷酸催化酶（phosphatidylinositol-4,5- bisphosphate 3-kinase catalytic subunit beta isoform-like）、钙依赖蛋白激酶（calcium- dependent protein kinase）、脂肪氧化酶（lipoxygenase）和 CBL 互作的丝氨酸/苏氨酸蛋白激酶（CBL-interacting serine/threonine-protein kinase）等；与乙烯合成途径相关的基因，如活性腺苷甲硫氨酸酶（S-adenosyl methionine synthetase）、1-氨基环丙烷-1-羧酸氧化酶（1-aminocyclopropane-1-carboxylate oxidase，ACO）等；与基因转录相关的基因，如组蛋白去乙酰化酶（histone deacetylase）、甲基转移酶（methyltransferase）和 GMP 合成酶（methyltransferase and GMP synthase）等，正库中这些特异表达的基因可能涉及了地黄连作障碍的形成（表 6-21）。而在反库中，主要包括 DNA 复制和基因转录有关的基因，如细胞周期蛋白 D（cyclin D）、RNA 依赖的 RNA 聚合酶（RNA-dependent RNA polymerase）、RNA 复制酶（RNA replicase）、DNA 指导的 RNA 聚合酶 II a（DNA-directed RNA polymerase II a）；与蛋白质合成有关的基因，如延长因子 1-α（elongation factor 1-alpha）、核糖体蛋白（ribosomal protein）等（表 6-21）。反库中特异表达的基因可能主要在地黄正常生长发育的过程中起着关键调控作用。

表 6-21 利用 SSH 法筛选的响应连作障碍的部分关键基因

基因 ID	GenBank ID	基因注释	参考物种
		正库（连作地黄中特异表达的基因）	
1M23	HS573060	磷脂酰肌醇-4,5-二磷酸 3-激酶催化亚基 β 亚型样	苏门答腊猩猩
1V73	HS573142	钙依赖蛋白激酶 8	烟草
1U96	HS573109	钙依赖蛋白激酶	烟草
1L22	HS572961	脂肪氧化酶	烟草
1C9	HS572993	CBL 相互作用的丝氨酸/苏氨酸蛋白激酶	蓖麻
1Z71	HS573174	S-腺苷甲硫氨酸合成酶，假定	蓖麻

续表

基因 ID	GenBank ID	基因注释	参考物种
1V1	HS572949	氨基环丙基-1-羧酸酯氧化酶	大车前
1V38	HS572963	氨基环丙基-1-羧酸酯氧化酶	大车前
1Z49	HS572950	1-氨基环丙基-1-羧酸酯氧化酶 2	李属无性系种群
1F9	HS573002	组蛋白脱乙酰化酶 2a	茄科
1V26	HS573115	甲基转移酶	龙眼地黄
1U42	HS573083	GMP 合成酶	稻子狸藻
1F10	HS572994	ATOC64III（拟南芥叶绿体外膜转运子 64-III）	拟南芥
1G13	HS573005	木质部丝氨酸蛋白酶 1 前体，假定	稻子狸藻
1G14	HS573006	翻译起始系数 IF-1	紫菀
1G4	HS573013	过敏原类蛋白	西洋接骨木
1H10	HS573018	p-香豆酸 3-羟化酶	芝麻
1H1	HS573023	钙质，推测	蓖麻
1H3	HS573026	ERD15	辣椒
1I11	HS573030	肉桂醇脱氢酶 1	烟草
1M15	HS572948	蛋白酶抑制剂 1	葡萄
		反库（连作 1 年地黄中被抑制表达的基因）	
2U59	HS573335	复制酶	油菜花叶病毒
2N82	HS573246	RNA 复制酶	烟草花叶病毒
2N90	HS573250	DNA 定向 RNA 聚合酶 IIa	烟草
2T89	HS573319	延长因子 1a	玉米
2V102	HS573357	细胞周期素 D	黄芩
2V351	HS573368	60S 核糖体蛋白亚基	马铃薯
2S91	HS573272	RNA 依赖性 RNA 聚合酶	蚕豆萎蔫病毒 2
2V36	HS573370	RNA 结合蛋白类蛋白	马铃薯
2V57	HS573379	ATP 结合蛋白	蓖麻
2U71	HS573210	40S 核糖体蛋白 S15	蓖麻
2T34	HS573207	60S 核糖体类蛋白	马铃薯
2N38	HS573177	RNA 依赖性 RNA 聚合酶	蚕豆萎蔫病毒 2
2V502	HS573194	多聚蛋白	蚕豆萎蔫病毒 2
2N29	HS573224	60S 核糖体蛋白 L37	蓖麻
2N33	HS573227	核糖体蛋白 L3	番茄
2N55	HS573237	核糖体蛋白 S6	芦笋
2V501	HS573381	核酸酶	康乃馨
2S42	HS573217	前体多蛋白	蚕豆病毒 2
2N91	HS573251	复制酶通读产物	油菜花叶病毒
2N65	HS573240	60S 核糖体蛋白 L18	鹰嘴豆
2U56	HS573333	50S 核糖体蛋白 L2	小檗

为进一步分析这些消减文库中特异表达基因的功能，我们对 232 条（正库）、215 条（反库）的基因片段序列进行 GO 功能分析（图 6-14）。结果在细胞元件（cellular component）条目中，这些基因功能主要分为 3 类（正库）和 4 类（反库）GO 条目，其中两库中均有细胞（cell）、细胞器（organelle）、蛋白质复合体（protein complex）。在分子功能（molecular function）条目中，正库与反库基因的分子功能分别分为 5 类和 6 类 GO 条目，其中酶调节活性（enzyme regulator activity）仅在反库中出现，而正库没有。在细胞进程中，正库和反库中基因功能均涉及了细胞进程（cellular process）、生理过程（physiological process）和响应刺激（response to stimulus）等细胞进程。

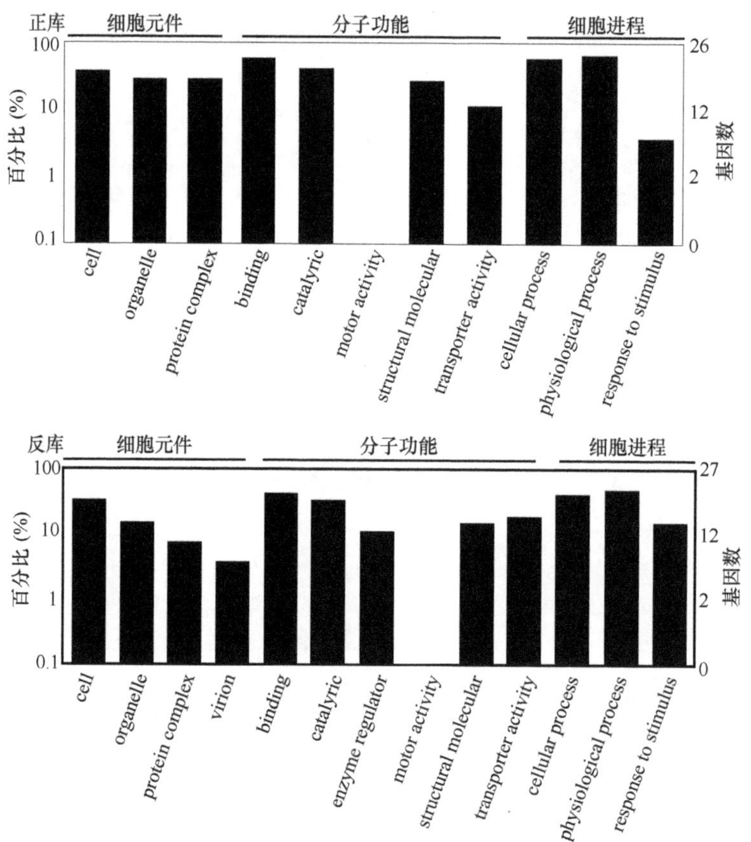

图 6-14　地黄正库、反库中基因片段序列 GO 分类

3. 连作胁迫响应的地黄特异基因时空表达模式分析

在连作响应基因功能分析的基础上，我们候选了 10 个响应连作胁迫的关键基因，详细分析其在连作与头茬地黄不同生育进程中表达规律变化的差异，为了解它们在连作障碍形成过程中的行为模式提供基础数据。

（1）连作中上调基因的表达模式分析

我们筛选在连作中具代表性的 5 个特异表达基因，包括钙依赖蛋白激酶（CDPK）、钙蛋白酶、SAM 合成酶（SAM synthetase）、ACC 氧化酶（ACC oxidase）和甲基转移酶，并详细分析其在连作障碍形成过程中的时空表达规律。从分析的结果可以看出，在地黄不同生育时期，这5个基因在连作地黄的根、茎、叶中均具较高的表达水平，而在头茬地黄的根、茎、叶中表达水平均较低或没有表达。如，在块根膨大中期，钙依赖蛋白激酶在连作地黄各组织中的表达水平最高，其中，茎部表达最高。而钙蛋白酶基因在连作地黄块根膨大中期的茎和叶中表达量较高，在连作地黄根部，从块根伸长期到块根膨大后期其表达基本呈上升趋势，在块根膨大后期表达水平最高，成熟期降低，而钙蛋白酶基因在头茬地黄中在不同时期的各组织中的表达水平均相对较低。在连作地黄中，SAM合成酶基因从苗期至块根伸长期表达水平逐渐上升，块根膨大前期表达水平突增，至块根膨大中期，其表达水平达到最高，后期逐渐下降；而SAM合成酶、甲基转移酶在头茬地黄不同时期的各组织中的表达量却相对较低。此外，ACC氧化酶基因在连作地黄中表达水平整体上较头茬高，特别是在块根膨大前期和中期尤为明显（图6-15）。从ACC氧化酶基因在不同组织中差异表达结果来看，它在连作与头茬的根部差异最为明显。

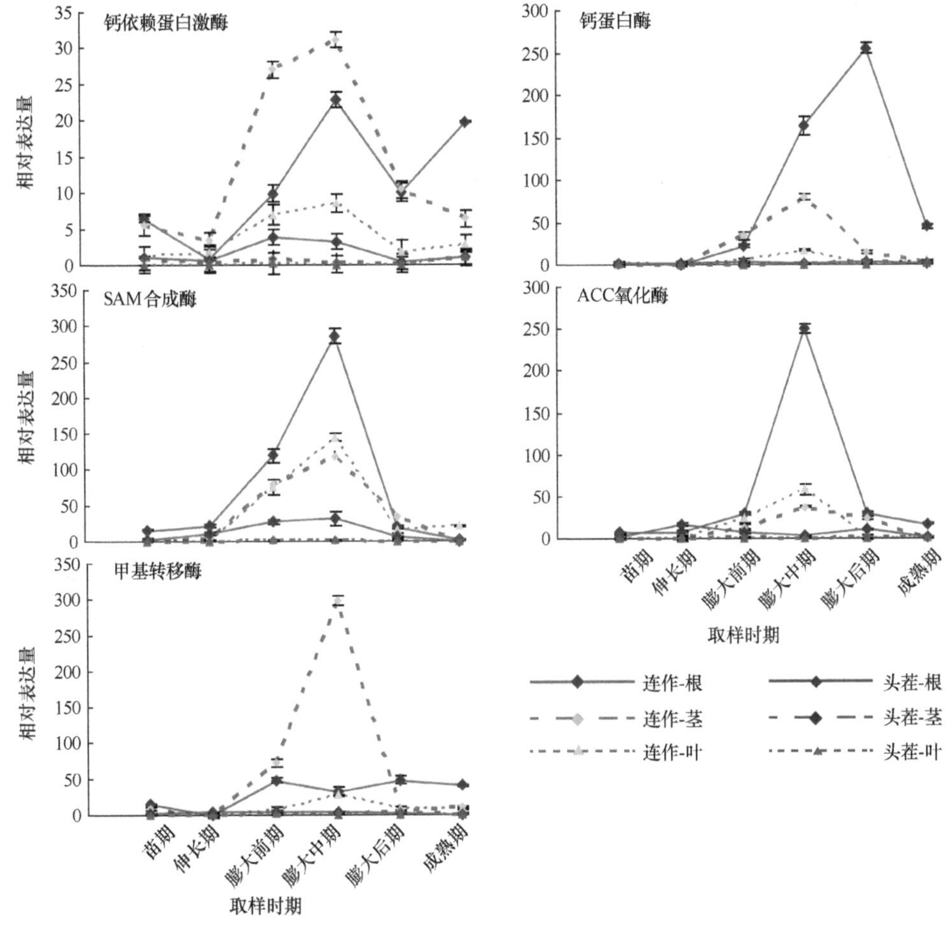

图6-15 连作中5个上调的关键基因表达模式

（2）连作中下调基因的表达模式分析

我们选取在头茬地黄中特异表达，而连作中表达未被检测的基因，如细胞周期蛋白

D、RNA 复制酶、DNA 指导的 RNA 聚合酶 II a、RNA 聚合酶和 RNA 结合蛋白基因等，详细分析其在连作障碍形成过程中表达模式。结果显示，这 5 个基因在连作根、茎、叶组织中表达量均相对较低，即表达基本被抑制或关闭；而在头茬根、茎、叶中均具较高的表达量，其表达水平均高于连作地黄相应组织。细胞周期蛋白 D 在块根伸长期、块根膨大后期，头茬根、茎和叶均具较高的表达水平，表达水平均高于连作各组织，特别是在头茬的茎中表达量最为明显；这说明在连作地黄植株中，细胞周期蛋白 D 在块根伸长期和块根膨大后期最为旺盛的时期，其表达被抑制，特别是地黄茎部的抑制最为明显。在头茬地黄叶中，从苗期开始，RNA 复制酶基因表达量呈上升趋势，在块根伸长期达最高水平，之后表达量开始下降，成熟期降至最低水平；在头茬根和茎组织中，RNA 复制酶基因表达模式和叶表达模式类似，只是最高表达水平在块根膨大前期表达水平最高。DNA 指导的 RNA 聚合酶 IIa 基因在块根伸长期至块根膨大后期，头茬地黄茎部的表达量均较连作高，尤其在块根膨大前期最为明显；同时在相应生育阶段内，头茬地黄根部表达水平也明显高于连作。RNA 依赖的聚合酶基因从块根伸长期至块根膨大后期，在头茬茎部表达水平明显高于连作茎部的表达水平，其表达水平在块根膨大前期表达量达到最大；在叶中，RNA 依赖的聚合酶基因在块根伸长期的头茬地黄中表达量明显高于连作地黄；在根中，RNA 依赖的聚合酶基因在块根膨大后期的头茬中表达量也较连作高。此外，RNA 结合蛋白基因在苗期和成熟期的头茬与连作地黄各组织中的表达无明显差异，其表达水平均较低；从块根伸长期到块根膨大后期，在头茬根、茎和叶中表达水平均高于连作，尤其是块根膨大中期的头茬茎中最为显著（图 6-16）。

总之，我们利用 SSH 技术构建了连作与头茬地黄 cDNA 消减文库，通过 PCR 对阳性克隆筛选并用 Sanger 技术进行测序，结果正库与反库间共获得 446 条正、反库特异表达的基因片段信息。利用 Nr 库和 GO 功能分析对所获的片段进行注释，初步获取了连作与头茬地黄特异表达基因信息和具体涉及细胞代谢进程。我们发现了连作地黄中一些基因参与了 Ca^{2+}信号转导、乙烯合成及染色质修饰等核心代谢途径（如与 Ca^{2+}信号相关的钙依赖性蛋白激酶、钙通道蛋白，与乙烯合成相关的 S-腺苷甲硫氨酸、ACC、ACO，与染色质修饰、抑制基因表达相关的组蛋白脱乙酰酶等）。而在头茬地黄中，一些基因主要参与 DNA 的复制、RNA 的转录和蛋白质的翻译等生命过程的核心途径（如与 DNA 复制相关的复制酶，转录相关的 RNA 聚合酶、RNA 结合蛋白，翻译相关的核糖体蛋白、延长因子等），这些都是在植物正常生长发育过程中起重要调控作用的基因。然而，这些基因差异表达是否真正与地黄连作障碍有关，还需要进一步研究。但这些功能基因的获取为精准筛选响应地黄连作障碍的“关键基因”和“非正常的”表达靶向基因提供了最基本的信息数据；此外，这些差异基因中未被注释的序列，为挖掘地黄未知功能的基因提供了重要的信息价值，为全面解读地黄连作障碍的分子机制和揭示地黄连作障碍形成的分子机理奠定了重要的理论基础。

（二）连作与头茬地黄根的基因差异表达谱构建

虽然通过 SSH 技术我们鉴定了与地黄连作形成具有密切关联性的候选基因片段信息，然而由于 SSH 技术上的限制，其获取在特定组织、特定时间内基因表达信息通量并

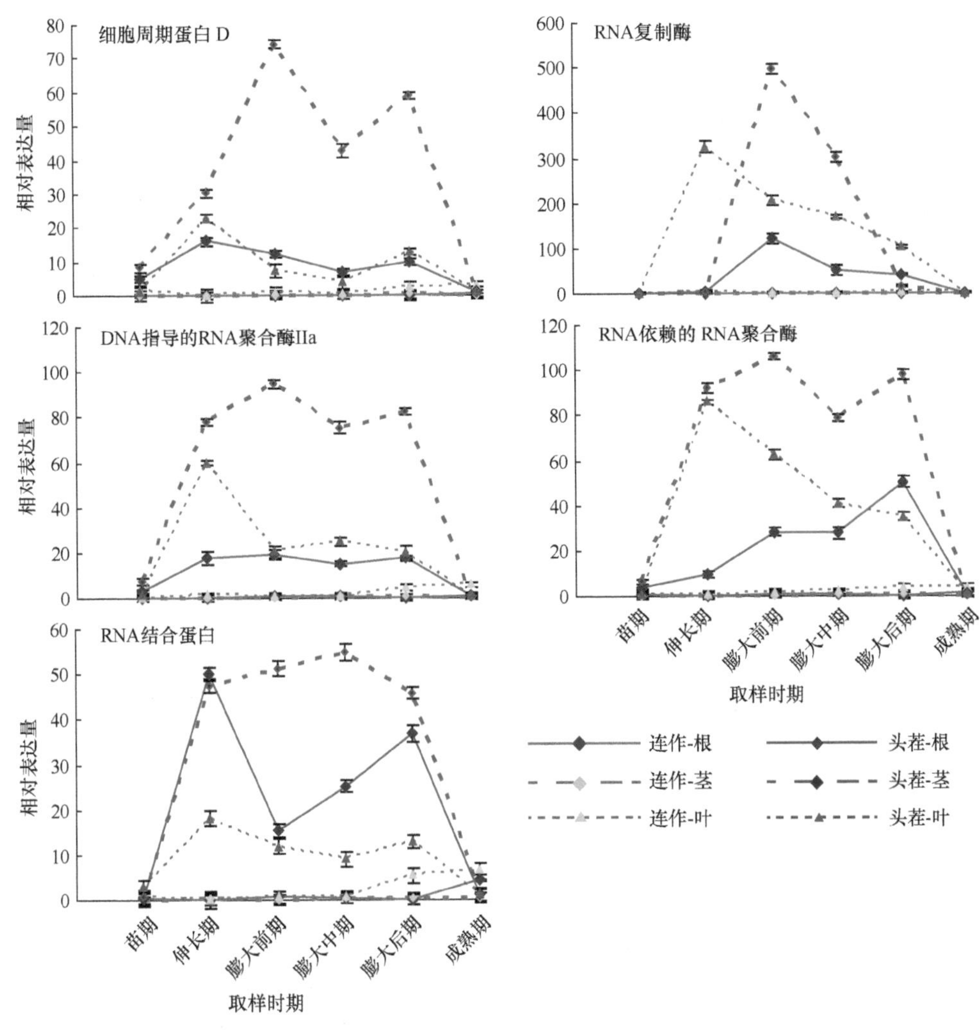

图 6-16　连作中 5 个上调的关键基因表达模式

不高。因此，通过 SSH 技术所获取的连作特异响应基因并不能全面反映和揭示连作地黄体内分子响应进程。为更有效获取地黄连作障碍的形成关键基因，我们以连作与头茬地黄根为实验材料，利用 RNA-Seq 高通量测序技术并结合数字化基因表达谱（digital gene expression profiling，DGE）信息分析技术，以连作根部（连续种植 1 年，R2）和头茬地黄的根部（仅种植 1 年，R1）为材料，构建 R2 和 R1 样品序列标签表达谱（即表达频率差异库），我们首先在地黄转录组数据库中寻找到相应基因的名称，然后根据 R2 和 R1 库中基因表达差异的情况，逐个分析、排查、筛选，筛选出响应连作地黄根的“候选基因”；利用生物信息学分析候选基因的功能，确定响应连作地黄根部毒害的关键基因，勾勒地黄连作“毒害”形成的分子机制，为全面揭示地黄连作障碍形成的作用机制提供重要的理论依据。

1. 连作与头茬地黄根的差异表达基因标签文库构建

我们分别提取 R2 和 R1 样品总 RNA，利用 DGE 技术构建成 R2 和 R1 两端连有不同接头序列的21bp的2个标签库。经RNA-Seq测序后，样品R2和R1分别得到5 823 422个（371 027种类）和5 842 993个（270 689种类）的Tags（表6-22）。经过一系列信息处理后，R2和R1库分别得到5 811 478个和5 745 982个高质量的Clean Tags(表6-22)。在R2库的Clean Tags中，低表达的Tags（拷贝数2～5）种类数为91 815，占Tags总种类数的百分比为56.41%，高表达的Tags（拷贝数大于100）种类数为9108，其种类数占Tags总种类数的百分比5.60%（表6-22）；在R1库的Clean Tags中，低表达的Tags（拷贝数大于100）种类数为103 547，占Tags总种类数的百分比为58.85%，高表达的Tags（拷贝数大于100）种类数为8469，其种类数占Tags总种类数的百分比4.81%。结果表明，构建的R2和R1标签库Clean Tags的含量高，其测序质量好；Tags的拷贝数分布正常，说明两样品相应基因的表达量正常，符合细胞mRNA表达的不均一性的显著特征。

表6-22 样品R2和R1标签库中Tags数据统计

Tags分类	R2库中Tags种类		R1库中 Tags种类		R2库中Tags总数		R1库中Tags总数	
	数量	百分数(%)	数量	百分数(%)	数量	百分数(%)	数量	百分数(%)
原始Tags	371 027	100	270 689	100	5 823 422	100	5 842 993	100
含 N的Tags	73 305	2.00	5 427	2.00	10 938	0.19	7672	0.13
仅是接头	534	0.07	181	0.07	599	0.01	194	0.00
拷贝数<2	200 407	54.01	89 145	32.93	200 407	3.44	89 145	1.53
高质量的 Tags	162 756	43.87	175 936	65.00	5 811 478	96.36	5 745 982	98.34
拷贝数≥2，≤5的Tags	91 815	56.41	103 547	58.85	259 286	4.62	304 957	5.31
拷贝数≥6，≤10的Tags	23 069	14.17	25 513	14.50	175 106	3.12	192，562	3.35
拷贝数≥11，≤20的Tags	16 489	10.13	16 897	9.60	241 699	4.31	247 573	4.315
拷贝数≥21，≤50的Tags	14 812	9.10	14 419	8.20	477 695	8.51	461 602	8.03
拷贝数≥51，≤100的Tags	7 463	4.59	7 091	4.00	531 326	9.47	501 627	8.73
拷贝数>100的Tags	9 108	5.60	8 469	4.81	3 926 366	69.97	4 037 661	70.27

2. 差异表达基因的鉴定和功能分析

（1）差异表达基因筛选

我们根据基因表达差异谱与泊松分布法进行数据标准化及差异检验的P值多重假设检验校正，对R2和R1的差异表达基因进行筛选，结果从连作地黄根间筛选了2817条（R2/R1）差异表达基因（图6-17），其中，在R2中上调的基因数为1676条，下调的基因数为1141条。在上调的基因中，有432条基因仅在R2中表达（即出现了连作地黄特异响应的基因）（表6-23）；相反，在下调的基因中，有222条基因在R2中的表达被抑制（即连作地黄被关闭的基因）。从连作和头茬根中差异基因数量可以看出，连作体内出现了大量上调表达的基因，这些基因可能特异地响应了连作根际化感物质或根际灾变环境，改变了地黄根细胞正常基因表达模式，造成连作地黄体内代谢紊乱而形成病态，引起连作伤害。

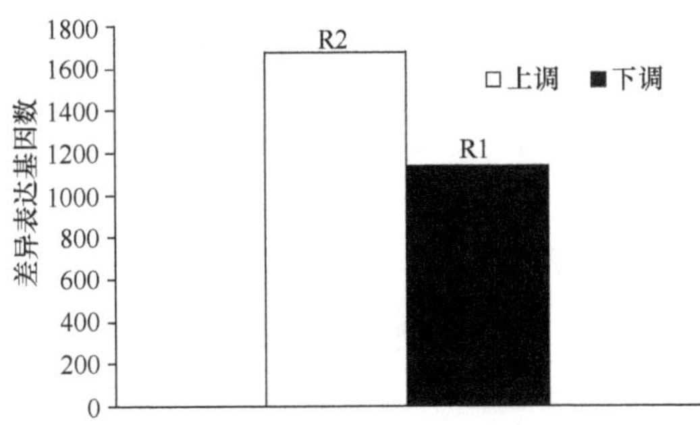

图 6-17　连作（R2）和头茬（R1）地黄根中差异表达基因数

表 6-23　连作地黄根（R2）中差异表达基因数及其 Nr 注释汇总

基因分类	基因总数		Nr 注释		未注释	
	差异总数	差异倍数＞10	数量	百分数（%）	数量	百分数（%）
上调	1676	64	693	53.76	972	63.61
特异表达	432	—	168	13.03	264	17.28
下调	1141	28	596	46.24	556	36.39
表达被关闭	222	—	91	7.05	131	8.57
总计	2817	92	1289	100.00	1528	100.00

（2）差异基因 Nr 功能分析

为分析差异基因的功能，我们对上述基因进行了 Nr 注释。结果在注释的所有差异基因中，有 693 个在连作地黄根部上调表达，并且有 168 个基因仅在连作地黄根中表达。在这些上调的基因中，一部分基因与细胞的程序化死亡相关，如丝氨酸/苏氨酸蛋白激酶 PBS1（serine/threonine-protein kinase PBS1）、受体类蛋白激酶（receptor-like protein kinase）、钙调素 B（calcineurin B）等基因均与植物体内信号转导相关；一部分基因与植物的逆境胁迫相关，加热激蛋白转录因子 B3（heat shock transcription factor B3）、损伤诱导蛋白（lesion-inducing protein）和根瘤素类似蛋白（nodulin-like protein）。相反，在连作地黄根（R2）中下调的基因中，有 91 个基因在连作地黄根部表达被关闭。这些基因在植物正常生长发育的过程中起着重要的调控作用，如 RNA 处理蛋白 EBP2（rRNA-processing protein EBP2）、类似 50S 核糖体相关蛋白（similar to 50S ribosomal protein-related）、生长素调节蛋白（auxin-regulated protein）、蛋白磷酸酶 2A 催化亚基（protein phosphatase 2A catalytic subunit）等。

此外，在 R2 中差异表达的 2817 个基因中，有 1528 个（上调的 972 个和下调的 556 个）基因没有被注释，这些基因可能是地黄中新发掘的基因，它们在连作地黄中的差异表达也可能与地黄连作障碍的形成机制有关，其分子功能还有待进一步研究。

（3）差异基因 GO 功能分析

根据 GO 功能分类，我们分别从基因的分子功能、细胞元件和细胞进程对在连作地黄中上调的 693 个和下调的 596 个差异表达基因进行了 GO 功能分析。图 6-18 显示了 R2 中 693 个上调的 GO 功能分类：以细胞元件主要可分为 10 类，其中细胞（cell）和细胞部分（cell part）这两类基因数量所占比例最大，细胞器（organelle）类次之；以分子功能可分为 9 类，其中结合（binding）类和催化剂（catalytic）类基因数量最多（其百分比均大于 50%），其他 7 类中每类基因总数所占的百分比均小于 10%；以细胞进程主要分为 22 类，其中，新陈代谢过程（metabolic process）类和细胞过程（cellular process）基因总数最多，生物调节类（biological regulation）类和响应刺激（response to stimulus）类次之（其百分比均为 10%左右），生物黏合（biological adhesion）类和细胞杀伤（cell killing）类的基因数量最少（其百分比均约为 0.1%）。

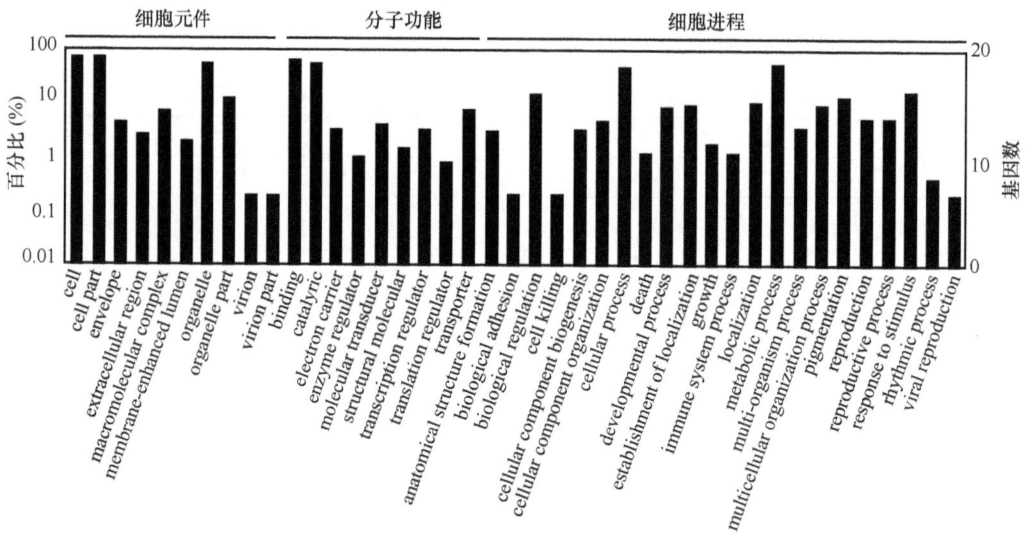

图 6-18　R2 中上调的基因 GO 分类

图 6-19 显示了 R2 中 596 个下调的 GO 功能分类：以细胞元件主要可分为 11 类，

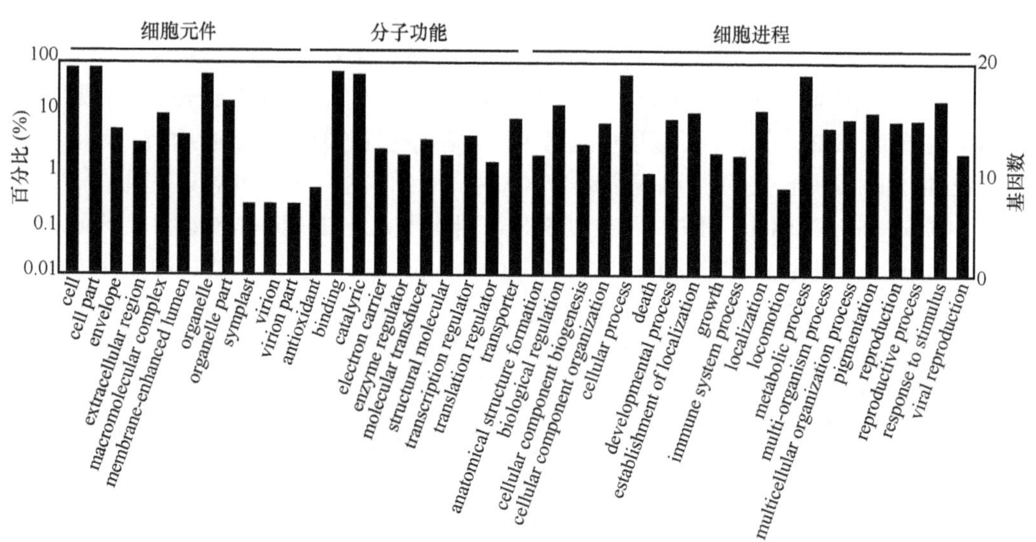

图 6-19　R2 中下调的基因 GO 分类

其中细胞（cell）和细胞部分（cell part）这两类基因数量所占比例最大，细胞器（organelle）类次之，共质体（symplast）、病毒体（virion）和病毒体部分（virion part）这 3 类的基因数量最少（其百分比均小于 1%）；以分子功能主要分为 10 类，其中结合（binding）类和催化剂（catalytic）类基因数量最多，其他 8 类基因数的百分比均小于 10%，尤其是抗氧化剂（antioxidant）类的基因数最少（其百分比约为 0.1-1%）；以细胞进程主要分为 20 类，其中细胞过程（cellular process）和新陈代谢过程（metabolic process）基因总数最多（其百分比均约大于 50%），生物调节（biological regulation）和响应刺激（response to stimulus）次之，运动（locomotion）基因数最少（其百分比均为 0.1%左右）。

（4）差异表达基因的代谢途径分析

利用 KEGG 数据库对差异基因进行注释，结果连作和头茬地黄根间差异表达的基因中 601 个基因参与了 104 种代谢途径（表 6-24）。例如，磷脂酰肌醇信号系统（phosphatidylinositol signaling system）、氮代谢（nitrogen metabolism）、酪氨酸代谢（tyrosine metabolism）、类胡萝卜素生物合成（carotenoid biosynthesis）、核糖体代谢（ribosome）等。在磷脂酰肌醇信号系统代谢途径中，钙调素结合蛋白（calmodulin-binding protein）在连作地黄中显著上调、PI-磷脂酶 C（PI-phospholipase C）和甘油二酯激酶（diacylglycerol kinase）则在连作地黄中下调。在酪氨酸代谢（tyrosine metabolism）途径的 8 个差异表达基因中，有 6 个基因在连作地黄中上调、2 个下调。在氮代谢（nitrogen metabolism）途径中的 6 个差异表达基因中，有 5 个基因在连作地黄根中下调；在核糖体（ribosome）代谢途径的 8 个差异表达基因中，有 6 个基因在连作地黄中下调。

表 6-24　显著性富集的部分 KEGG 分析代谢途径的差异基因汇总

代谢途径	上调基因数	下调基因数	差异表达基因总数
酪氨酸代谢	6	2	8
氮代谢	1	5	6
核糖体代谢	2	6	8
植物-病原互作	38	11	49
类胡萝卜素生物合成	4	5	9
苯丙素生物合成	12	4	16
淀粉和脂类合成	12	5	17
剪接体	12	14	28

3. 地黄根响应连作的关键候选基因

为了进一步锁定响应连作差异表达的关键基因，我们根据 2817 个差异表达基因 Nr、GO 和 KEGG 功能注释信息，筛选了 111 个与连作障碍形成相关的关键基因（包括 71 个上调和 40 个下调的基因），这些关键基因功能主要分为 18 类（表 6-25）。在植物信号转导分类中，有 24 个关键基因（17 个基因在 R2 中高表达，7 个基因在 R2 表达被抑制或关闭），其中包括在连作地黄根部特异高表达的 5 个受体蛋白基因[如丝氨酸/苏氨酸蛋白激酶 PBS1、富含亮氨酸重复跨膜蛋白激酶（leucine-rich repeat transmembrane protein kinase）等]、3 个未知蛋白；有 6 个基因参与了 Ca^{2+}信号转导，如蛋白磷酸酶 2C（protein phosphatase 2C）、钙调磷酸酶 B（calcineurin B）、钙调磷酸酶 B 类似的钙结合蛋白（calcineurin B-like calcium binding protein）、钙调素结合蛋白（calmodulin-binding protein）、钙离子结合蛋白（calcium ion binding protein）和IIB型钙ATP酶（type IIB calcium ATPase），这些与Ca^{2+}信号转导途径相关的基因在R2中均高表达；参与级联信号途径的相关基因促分裂原活化蛋白激酶（mitogen-activated protein kinase，MAPK）、RIO激酶（RIO kinase）和促分裂原活化蛋白激酶激酶激酶（mitogen-activated protein kinase kinase kinase，MAPKKK）在连作地黄中的表达均被抑制或关闭。

表 6-25　R2 和 R1 库中筛选并分类的关键基因

基因 ID	差异倍数（R2/R1）	GO 分类			NR 注释
		细胞元件	分子功能	细胞进程	
信号转导					
Unigene6739_R	7.86	—	丝氨酸/苏氨酸蛋白激酶活性	蛋白质修饰过程	未知蛋白
Unigene5539_R	9.74	膜	跨膜受体	运输	未知蛋白
Unigene24376_R	8.96	细胞内膜结合部位细胞器	丝氨酸/苏氨酸蛋白激酶活性	蛋白质修饰过程	丝氨酸/苏氨酸蛋白激酶PBS1
Unigene12742_R	2.93	—	激酶活性	—	丝氨酸苏氨酸蛋白激酶，植物型
Unigene14967_R	3.36	膜固有的组分	激酶活性	酶联受体蛋白信号通路	富含亮氨酸重复跨膜蛋白激酶
Unigene78359_R	2.91	膜固有的组分	氧化还原酶活性	酶联受体蛋白信号通路	未知蛋白
Unigene2166_R	2.91	—	—	—	赤霉素受体 GID1
Unigene96168_R	2.67	—	丝氨酸/苏氨酸蛋白激酶活性	细胞识别	未知蛋白
Unigene89237_R	2.57	膜固有的组分	信号转导因子	酶联受体蛋白信号通路	未知蛋白
Unigene45504_R	8.06	—	磷蛋白磷酸酶活性	—	蛋白磷酸酶 2C
Unigene7695_R	9.11	—	金属离子结合	—	钙调磷酸酶 B
Unigene68114_R	7.86	—	金属离子结合	—	钙依赖磷酸酶 B 类似的钙结合蛋白
Unigene93277_R	1.6	—	蛋白质结合	—	钙调素结合蛋白
Unigene1112_R	1.31	—	—	—	钙离子结合蛋白
Unigene93749_R	1.68	膜固有的组分	跨膜转运活性	二价金属离子输运	IIB 型钙 ATP 酶
Unigene22598_R	−1.06	膜	—	运输者	Ca^{2+}逆向转运器/离子交换载体
Unigene49003_R	7.86	细胞内膜结合细胞器	磷脂酶	初生代谢过程	磷脂酶 C
Unigene19951_R	−6.13	—	丝氨酸/苏氨酸蛋白激酶活性	蛋白质修饰过程	促分裂原活化蛋白激酶
Unigene20449_R	−1.96	—	金属离子结合	初生代谢过程	PI-磷脂酶 CPLC4
Unigene32112_R	−2.63	细胞组分	蛋白激酶活性	蛋白质修饰过程	RIO 激酶
Unigene94296_R	−3.08	—	丝氨酸/苏氨酸蛋白激酶活性	—	促分裂原活化蛋白激酶激酶激酶
Unigene89606_R	−8.12	E3 泛素连接酶复合体	钙调蛋白依赖性蛋白激酶活性	蛋白质转运	未知蛋白
Unigene57525_R	−2.2	膜组分	—	—	7-跨膜 G-蛋白偶联受体
Unigene54545_R	−2.28	胞质囊泡	氧化还原酶活性	酶联受体蛋白信号通路	富含亮氨酸重复基序蛋白

续表

基因 ID	差异倍数（R2/R1）	GO 分类			NR 库注释
		细胞元件	分子功能	细胞进程	
钾运输					
Unigene7701_R	2.62	细胞内膜结合细胞器	金属离子跨膜转运活性	金属离子输运	钾流出逆向转运
Unigene62388_R	–8.93	细胞组分	离子跨膜转运蛋白活性	离子转运	高亲和力钾转运蛋白 2
Unigene40291_R	–1.43	—	丝氨酸/苏氨酸蛋白激酶活性	钾离子输运	未知蛋白
Unigene97554_R	–8.64	质体	氨酰-tRNA 连接酶活性	离子响应	未知蛋白
氮代谢					
Unigene83786_R	–2.09	胞质囊泡	过渡态金属离子结合	细胞代谢过程	碳酸酐
Unigene89468_R	–4.83	细胞内膜结合部位细胞器	水解酶活性	—	未知蛋白
与营养有关					
Unigene56556_R	–4.81	膜固有组分	转氨酶活性	脂质代谢过程	角鲨烯合酶
与生长素有关					
Unigene32370_R	–8.58	细胞内膜结合部位细胞器	蛋白质结合	基因表达调控	生长素调节蛋白
Unigene32594_R	–1.39	—	腺嘌呤核苷酸结合	生长素代谢过程	乙醛氧化酶
Unigene80182_R	–8.29	质体	—	响应激素刺激	吲哚-3-乙酸氨基化合酶 GH3.5
Unigene14070_R	2.05	核膜	—	细胞生长	假定蛋白
玉米素合成					
Unigene35642_R	2.04	—	UDP-木糖基转移酶活性	—	葡萄糖基转移酶
Unigene66251_R	–8.29	—	—	—	细胞色素 P450 单加氧酶
水分含量					
Unigene17112_R	3.57	—	丝氨酸/苏氨酸蛋白激酶活性	蛋白质修饰过程	促分裂原活化蛋白激酶 2
Unigene16936_R	3.58	膜固有组分	—	—	脯氨酸转运体
Unigene614_R	2.36	—	氧化还原酶活性	—	9-顺式-环氧类胡萝卜素双加氧酶 5
Unigene61178_R	–4.35	核膜	水跨膜转运蛋白活性	流体输送	水通道蛋白
须根形成					
Unigene64631_R	3.78	细胞组分	—	细胞壁组织	扩张蛋白 2
Unigene40444_R	8.15	—	水解酶活性	初生代谢过程	1,3-β-内切葡聚糖酶
Unigene2981_R	8.85	微管	微管蛋白结合	生殖发育过程	未知蛋白
Unigene16729_R	2.57	大分子复合物	核苷酸结合	叶状体发育形态基因	TUBG1 类蛋白（GAMMA-TUBULIN）
Unigene79863_R	8.48	细胞内膜结合部位细胞器	运动活性	细胞发育	胞质动力蛋白的轻链
Unigene635_R	5.17	胞外区	过渡态金属离子结合	木质素代谢过程	LAC12
Unigene98919_R	2.7	膜	蛋白质结合	形态建成	驱动蛋白类似蛋白
Unigene72783_R	2.44	—	—	—	纤维素合成酶 A 催化亚基 6
Unigene83961_R	7.86	细胞内膜结合细胞器	纤维素合成酶活性	葡聚糖生物合成过程	纤维素合成酶
Unigene58204_R	8.41	—	过渡态金属离子结合	代谢过程	芥子醇脱氢酶类似蛋白 3

续表

基因 ID	差异倍数（R2/R1）	GO 分类			NR 库注释
		细胞元件	分子功能	细胞进程	
Unigene23092_R	7.86	细胞内膜结合部位细胞器	酰基转移酶活性	代谢过程	1-酰基-sn-甘油-3-磷酸酰基转移酶
Unigene85218_R	3.55	—	—	侧根形态发生	生长素流入载体
Unigene89060_R	3.13	不可或缺的膜	水解酶活性	植物型细胞壁修饰	木聚糖内转糖基酶水解酶
Unigene16729_R	2.57	大分子配合物	核苷酸结合	形态建成	TUBG1 类蛋白（GAMMA-TUBULIN）
Unigene37134_R	2.36	—	内肽酶活性	蛋白质代谢过程	液泡加工酶
Unigene85187_R	2.31	—	水解酶活性	初生代谢过程	β-1,3-葡聚糖酶
Unigene84202_R	2.24	膜固有的组分	P-P-键水解能量驱动下的跨膜转运蛋白活性	细胞局部区域的建立	肌球蛋白 VIII-1
Unigene75933_R	−3.41	—	—	—	细胞质分裂负调控因子 RCP1
表达失调					
Unigene18515_R	8.68	叶绿体	四吡咯结合	红光或远红光响应	叶绿素 A/B 结合蛋白
Unigene19852_R	7.96	细胞内膜结合部位细胞器	单加氧酶活性	代谢过程	类黄酮-3′-羟化酶
Unigene94262_R	1.65	—	—	光周期现象	WD40 重复蛋白
Unigene88691_R	1.09	—	—	—	UDP-葡萄糖：类黄酮 3-*O*-葡萄糖基转移酶
Unigene75829_R	8.61	细胞内膜结合部位细胞器	DNA 结合	基因表达调控	SOC1 类似蛋白 2
Unigene96771_R	3.01	膜固有的组分	丝氨酸/苏氨酸蛋白激酶活性	酶联受体蛋白信号通路	胚珠样受体激酶 28
Unigene97849_R	2.65	膜固有的组分	过渡态金属离子结合	光合电子传递链	光系统 II 蛋白 D1
Unigene66693_R	2.54	质体	金属离子结合	细胞代谢复合物循环	核酮糖-1,5-二磷酸羧化酶/加氧酶大亚单位
Unigene6987_R	2.1	—	—	—	6b 互作蛋白 2
Unigene82782_R	1.58	细胞内膜结合部位细胞器	核酸结合	—	SQUAMOSA-启动子结合蛋白 1
Unigene23955_R	−10	细胞内膜结合部位细胞器	氧化还原酶活性	基因表达调控	DEFH125 蛋白
细胞程序性死亡					
Unigene82908_R	2.58	—	—	—	半胱氨酸蛋白酶
Unigene23610_R	2.35	—	腺嘌呤核苷结合	—	RNA 解旋酶
刺激反应					
Unigene86908_R	2.43	细胞内膜结合细胞器	DNA 结合	刺激反应	拟南芥热激转录因子 B3
Unigene90948_R	2.31	—	—	—	损伤诱导蛋白
Unigene14295_R	2.28	—	蛋白质结合	—	伴侣蛋白 DnaJ
Unigene81678_R	2.95	细胞内膜结合细胞器	—	—	热激蛋白 70（HSP70）
Unigene4650_R	2.26	胞外包膜部位	转移酶活性	离子响应	延伸因子 Tu
Unigene63455_R	2.12	细胞内膜结合细胞器	蛋白质结合	刺激反应	GroEL 分子伴侣
Unigene14180_R	12.38	细胞组分	脒基核苷酸绑定	tRNA 加工	未知蛋白
Unigene19622_R	10.55	胞质囊泡	—	—	反转录转座子蛋白
Unigene69794_R	−2.58	—	—	—	瘤样蛋白
Unigene66652_R	−2.44	—	顺反异构酶活性	蛋白质代谢过程	肽基脯氨酰顺反异构酶
染色质修饰					
Unigene81092_R	2.14	—	—	—	酰基转移酶

续表

基因 ID	差异倍数（R2/R1）	GO 分类			NR 库注释
		细胞元件	分子功能	细胞进程	
Unigene50008_R	7.96	—	转移酶的活性	—	酰基转移酶
Unigene23092_R	7.86	细胞内膜结合细胞器	酰基转移酶活性	代谢过程	1-酰基-sn-甘油-3-磷酸甘油酰基转移酶
Unigene65951_R	7.86	—	转移酶的活性	—	S-腺苷甲硫氨酸依赖的转甲基酶
Unigene88173_R	2.07	—	—	—	染色质结合蛋白
Unigene98793_R	–2.08	细胞内膜结合细胞器	转移酶的活性	组蛋白赖氨酸甲基化	DNA 甲基转移酶
Unigene20678_R	–2.83	—	—	—	S-腺苷甲硫氨酸依赖的甲基转移酶
乙烯合成					
Unigene16017_R	4.46	—	—	—	乙烯响应因子 2
Unigene24782_R	1.27	—	—	—	乙烯反应相关蛋白质
Unigene10539_R	8.24	—	—	—	1-氨基环丙烷-1-羧酸氧化酶（ACC 氧化酶，ACO）
Unigene99056_R	–4.2	—	结合	—	乙烯过量生产蛋白 1
蛋白质降解、合成与运输					
Unigene90637_R	3.27	—	过渡态金属离子的结合	蛋白质代谢过程	氨肽酶
Unigene95532_R	2.12	胞质囊泡	羧肽酶活性	蛋白质代谢过程	羧肽酶 III 型
Unigene6558_R	8.91	膜固有的组分	氧化还原酶活性	分生组织生长的管理	未知蛋白
Unigene44972_R	4.02	细胞内膜结合部位细胞器	过渡金属离子的结合	蛋白质代谢过程	未知蛋白
Unigene96022_R	–4.04	—	rRNA 甲基转移酶活性	rRNA 加工	未知蛋白
Unigene73479_R	–2.85	膜	—	—	信号肽酶家族蛋白
Unigene71530_R	–8.12	—	—	—	rRNA 加工蛋白 EBP2
Unigene92211_R	–2.82	核糖核蛋白复合体	结构分子活性	基因表达	50S 核糖体蛋白
Unigene66652_R	–2.44	—	顺反异构酶活性	蛋白质代谢过程	肽基脯氨酰顺反异构酶
Unigene41351_R	–2.34	内膜系统	—	囊泡融合	未知蛋白
Unigene86164_R	–2.29	膜	次生代谢产物的跨膜运输	无机阴离子转运	POT 家族蛋白
Unigene65211_R	–2.24	细胞核	—	核糖体生物合成	未知蛋白
呼吸作用					
Unigene53423_R	–3.82	细胞内膜结合部位细胞器	铁离子的结合	建立定位	细胞色素 C
Unigene39221_R	–3.61	膜固有的组分	信号转导活性	运输蛋白	线粒体内向运输受体亚基 TOM7-1
核苷酸合成					
Unigene81509_R	–3.42	胞外包膜部位	阳离子结合	嘌呤碱的代谢过程	酰胺磷酸酯核糖转移酶
DNA 复制					
Unigene99097_R	–1.17	胞质组分	丝氨酸/苏氨酸蛋白激酶活性	叶原体发育	细胞周期素依赖性蛋白激酶 C
次生代谢的药物组成					
Unigene22221_R	–2.38	—	氧化还原酶活性	代谢过程	薄荷醇脱氢酶
Unigene67497_R	–2.29	质体	碳氧酶活性	细胞氨基酸的生物合成过程	分支酸合成酶 2

在钾离子运输途径中的4个基因中有3个基因在连作地黄中的表达被抑制或关闭；参与氮代谢的2个基因和1个营养相关的基因在连作地黄中的表达同样被抑制。在与生长素相关4个基因中，生长素调节蛋白、乙醛氧化酶（aldehyde oxidase）、吲哚-3-乙酸氨基化合酶GH3.5（indole-3-acetic acid-amido synthetase GH3.5）等基因在连作地黄中的表达被抑制。在与乙烯生物合成途径相关的3个基因中，乙烯响应因子2（ethylene response factor 2）和ACC氧化酶基因在连作地黄中具有较高表达量，而这些基因均属于正向调控乙烯生物合成的关键基因，而抑制乙烯合成的乙烯过量生产蛋白1（ethylene-overproduction protein 1）基因在R2中的表达被抑制。在与须根形成相关的18个基因中，17个基因在连作地黄中过量表达。在响应刺激相关的10个基因中，8个与植物逆境胁迫相关的基因在连作地黄中过量表达。此外，在水分运输、DNA复制、染色质修饰、蛋白质的降解、合成和运输、核苷酸合成、呼吸作用、次生代谢中药用成分含量等相关的差异表达基因中，大部分基因在连作地黄中的表达被关闭或抑制。值得关注的是，在连作地黄根中还出现了10个与植物光合作用、开花相关的基因，在正常生长条件下，这些基因在植物体的地上部分（叶、花等器官）起重要调控作用，而在连作地黄根中这些基因却出现了上调表达，这些根中异常表达的基因可能来自地上部分的转移和运输，也可能与连作胁迫作用下植物体内代谢进程紊乱有关。

4. 连作地黄关键响应基因表达模式分析

为分析响应连作障碍的关键基因在地黄根部的表达调控模式，我们选择了16个差异表达的关键基因，用qRT-PCR方法详细分其在连作和头茬地黄不同生育时期的时空表达模式（图6-20）。

从不同基因的表达模式分析结果可以看出，在连作地黄根中显著上调的9个基因中，与Ca^{2+}信号相关的类钙调磷酸酶B钙结合蛋白（calcineurin B-like calcium binding protein）基因、钙调磷酸酶结合蛋白（calcineurin-binding protein）基因、钙离子结合蛋白（calcium ion binding protein）基因和磷脂酶C（phospholipase C）基因在地黄生长4～5个时期中R2的表达量均为上调表达；参与乙烯信号途径的S-腺苷甲硫氨酸合成酶（SAM synthetase）、ACC氧化酶（ACC oxidase）、乙烯响应因子2（ethylene response factor 2）和乙烯响应相关蛋白（ethylene-responsive protein-related）基因的表达模式类似，在苗期，这3个基因在R2与R1中的表达量差异不明显，在块根膨大前期，这3个基因在连作地黄根中的上调表达差异最为显著，其次是在成熟期，这3个基因在连作地黄根中的表达量也较头茬差异明显；参与须根形成相关的漆酶基因（laccase 12）在连作根中过量表达，尤其在块根膨大中期，该基因在连作根中的表达水平最高，且连作较头茬差异最显著。相反，在连作根中下调的7个基因中，参与抑制钙离子运输的钙离子逆向转运器/离子交换载体（Ca^{2+} antiporter/cation exchanger）基因，在块根膨大中后期，连作较头茬的下调表达差异（被抑制）最明显；参与乙烯信号途径的乙烯过量生产蛋白（ethylene-overproduction protein 1）基因在苗期和成熟期，连作地黄和头茬地黄根中的表达水平差异均不明显，而在块根膨大前与中期，该基因在连作地黄中表达水平明显降低。

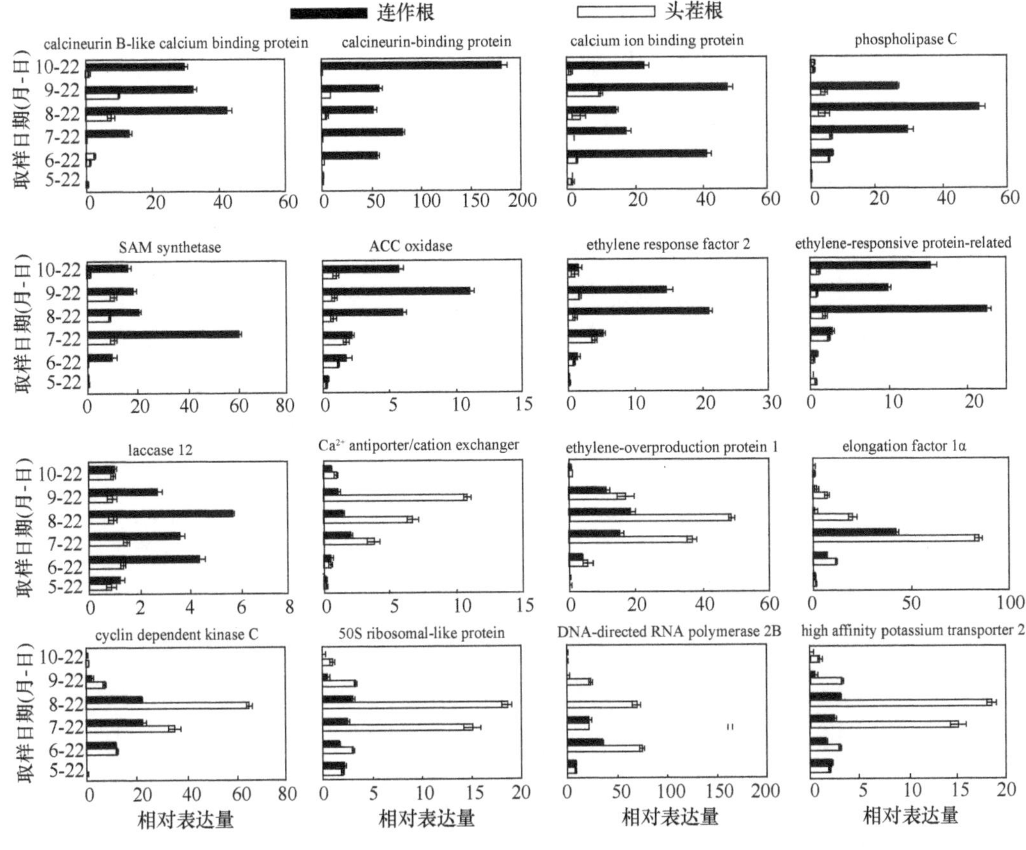

图 6-20　16 个关键基因在 R2 和 R1 中的表达模式

此外，参与钾离子运输途径的高亲和钾离子运输蛋白 2（high affinity potassium transporter 2）基因、与细胞分裂相关的细胞周期素依赖激酶 C（cyclin dependent kinase C）基因、与 RNA 合成相关 DNA 指导的 RNA 聚合酶 2B（DNA-directed RNA polymerase 2B）基因、与蛋白质合成相关的伸长因子 1α（elongation factor 1α）和 50S 核糖体类似蛋白（50S ribosomal-like protein）基因在地黄生长发育的关键时期，连作根的表达水平较头茬根的表达水平均降低。

通过连作障碍形成过程中关键基因功能解读，我们可以初步判定在连作胁迫下，参与 Ca^{2+}信号、乙烯信号和 MAPK 信号的基因在连作地黄根系中均特异表达。同时，通过连作地黄根中关键响应基因的表达模式分析，可以看出在地黄苗期，上述这些基因在头茬与连作地黄中表达差异均不明显，而随着连作障碍逐渐形成，这些连作基因会出现剧烈的上调表达，此后又开始下降。这些基因表达模式特征与地黄连作障碍形成外在症状基本一致，即地黄生育前期连作和头茬之间没有明显外在症状差异，随着生长发育进程推进，连作危害症状开始逐渐出现，并在短时间内迅速死亡。因此，结合连作特异响应基因功能，参考在其他植物中相关的研究及连作形成中的表达模式分析，我们初步认为在地黄连作障碍形成过程中，地黄体内 MAPK 信号、Ca^{2+}信号、乙烯信号可能参与了连作地黄对根际灾变信号的感知。

二、地黄根中响应连作特异蛋白的筛选

（一）连作与头茬地黄根中差异表达蛋白的鉴定

1. 连作与头茬地黄根差异表达蛋白文库分析

为了从蛋白质水平进一步鉴定连作地黄根中与连作障碍形成密切关联的基因，我们利用双向电泳技术构建连作与头茬地黄块根蛋白质表达谱（图 6-21）。通过连作和头茬地黄蛋白质表达谱的关联分析发现，2 个蛋白质图谱的平均相关系数达 0.812，表明连作与头茬地黄块根具有相似的蛋白质点分布信息，其主要差异在于蛋白质表达量的变化。通过生物统计学方法，我们分析了连作与头茬块根蛋白质表达丰度，结果共发现 37 个蛋白质点的连作和头茬地黄根中相对丰度发生了显著变化（图 6-21）。其中，与头茬地黄相比，连作地黄块根中有 6 个蛋白质上调表达，31 个蛋白质下调表达。将这些蛋白质点进一步挖胶并进行飞行时间质谱（MALDI-TOF-MS）分析，结果共鉴定出 34 个蛋白质。

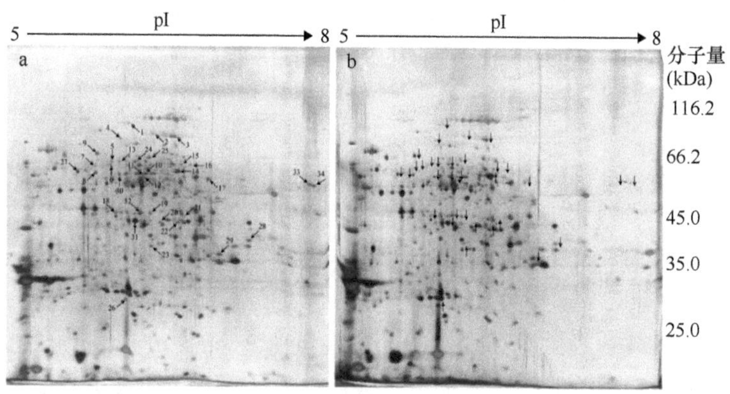

图 6-21　连作（b）与头茬（a）地黄块根蛋白质双向电泳图谱

2. 连作与头茬地黄差异蛋白的功能鉴定

为了详细了解连作和头茬地黄差异蛋白质点功能，我们对差异蛋白的注释信息进行 GO 功能分析，结果发现差异蛋白分别从细胞元件、分子功能和细胞进程的 3 个 GO 功能分类中注释得到 7 个、3 个和 11 个子条目。其中，在细胞元件中，细胞（cell）和细胞部分（cell part）所占的比例最高；分子功能中，结合（binding）和催化（catalytic）所占的比例最高；细胞进程中，细胞过程（cellular process）和代谢过程（metabolic process）所占的比例最高（图 6-22）。

同时，利用 KEGG 数据库对连作和头茬地黄差异蛋白所述的细胞通路的归属进行分析，发现差异蛋白共注释到了 10 个细胞进程中。其中，有 5 个蛋白质涉及碳水化合物/能量代谢（carbohydrate/energy metabolism），8 个蛋白质参与氨基酸代谢（amino acid metabolism），1 个蛋白质参与核酸代谢（nucleotide metabolism），3 个蛋白质参与淀粉代谢（starch metabolism），1 个蛋白质参与萜类代谢（terpenoid metabolism），9 个蛋白质参与蛋白质

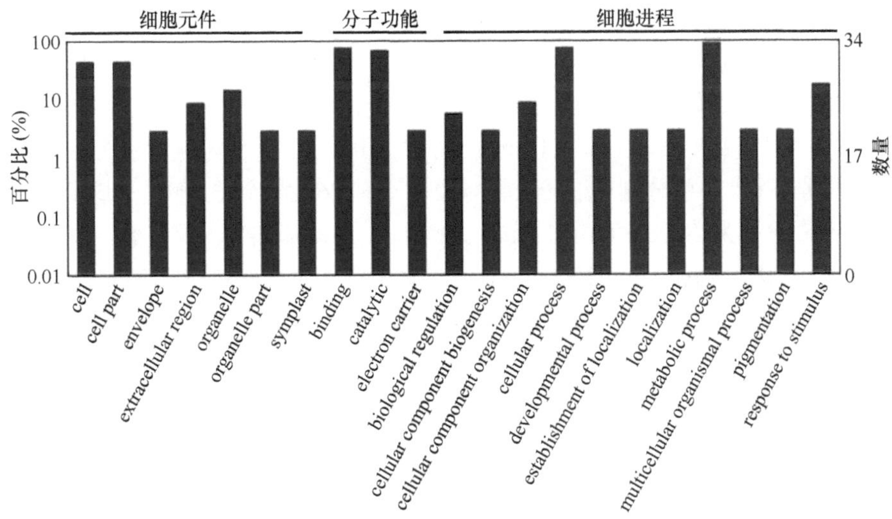

图 6-22　差异蛋白 GO 分类

代谢（protein metabolism），1 个蛋白质参与异生素物质代谢（xenobiotic metabolism），3 个蛋白质涉及胁迫响应（stress response），1 个蛋白质参与信号转导（signal transduction），2 个蛋白质没有明确功能。这些差异蛋白中，蛋白质代谢相关蛋白所占比例最大（26.5%），其次为氨基酸代谢（23.5%）和碳水化合物/能量代谢相关蛋白（14.7%）（图 6-23）。

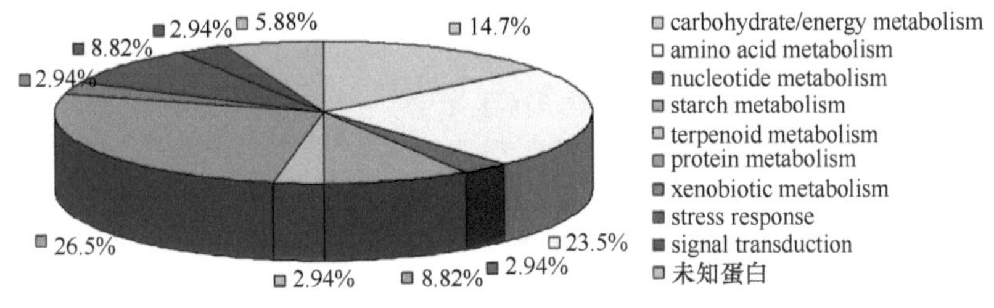

图 6-23　差异蛋白功能归类图

同时，我们根据蛋白质点在连作与头茬地黄中的相对表达丰度水平分析发现，在连作根中，与碳水化合物代谢、氨基酸代谢、核酸代谢、淀粉代谢、萜类代谢、蛋白质代谢相关的蛋白质几乎都下调表达，特别是伴侣蛋白在连作根中表达全部处于下调状态。相反的是，与异生素代谢、胁迫响应、信号转导的蛋白质在连作根中却是全部处于上调表达状态。特别值得注意的是，一个病程相关蛋白（pathogenesis-related protein，PR 蛋白）在连作地黄根中处于显著上调表达状态。

（二）连作与头茬地黄根的差异表达蛋白谱的构建

1. 地黄参考蛋白质转录组文库的构建

为了更全面获取连作地黄特异响应蛋白，并弥补蛋白质双向电泳的信息限制，我们进一步利用 iTRAQ 技术筛选连作与头茬地黄根的差异蛋白信息。iTRAQ 技术的前提需要一个较为全面的蛋白质参考库，因此为构建一个序列相对完整的地黄蛋白质参考库，全面、高效、深度地鉴定地黄体内响应连作的关键蛋白质，我们获取连作与头茬地黄不同发育时期的根和叶样品，并分别将其根混合构建根转录组文库，叶混合构建成叶转录组文库。同时，为了改善实验前期地黄转录组序列的长度和质量不足，我们利用 Trinity 软件将连作毒害关键期连作与头茬地黄根叶 6G（各 3G）转录组（本章第三节连作对地黄根伤害的机制）重组装，结果分别在根、叶中分别获取转录物 46 207 个和 46 831 个转录物，平均长度为 641bp 和 633bp，N50 分别为 1064bp 和 1018bp（表 6-26）。在此基础上，我们把连作与头茬地黄不同生育时期的根、叶转录组（20G）及连作地黄关键伤害期的转录组（6G）进行联合组装，结果共获取 66 960 条非冗余序列（non-redundant sequence，NRS），平均长度为 868bp，N50 达到 1412bp（图 6-24a 与表 6-26）。将组装后的 66 960 条转录组用 BLASTX 对 Swiss-Prot 和 Nr 蛋白质库进行同源性比较，结果在 Nr 数据库和 Swiss-Prot 数据库中分别有 46 147 条和 30 947 条序列与其他物种已知功能基因有同源性。同时，对所有序列进行 COG、GO 和 KEGG 功能注释，结果有 48 227 条序列有 COG 注释、54 321 条有 GO 注释，在 KEGG 通路注释中，有 21 138 条序列参与 119 个 KEGG 细胞进程途径（图 6-24b）。

表 6-26　连作地黄不同生育时期混合转录组与毒害关键期的转录组整合组装结果统计

类别	样品名称	总数	总长（nt）	平均长度（bp）	N50（bp）	未组装片段数
contigs	R_10	130 655	45 699 727	350	672	—
	L_10	102 253	37 634 204	368	734	—
	R_3	82 864	29 265 321	353	643	—
	L_3	83 421	29 808 235	357	637	—
unigenes	R_10	71 922	50 618 966	704	1262	47 230
	L_10	54 722	39 337 791	719	1236	36 242
	R_3	46 207	29 633 633	641	1064	32 003
	L_3	46 831	29 646 955	633	1018	32 597
	All	66 960	58 104 821	868	1412	39 344

注：R_3 和 L_3 指的是连作毒害关键期转录组（本章第二、三节）通过 Trinity 软件重新组装的结果（3 表示单个文库的测序量为 3G）。All 表示连作不同生育时期混合转录组（本节）所构建的 2 个 10G 转录组和连作毒害关键期的 2 个 3G 转录组进行整合组装的序列

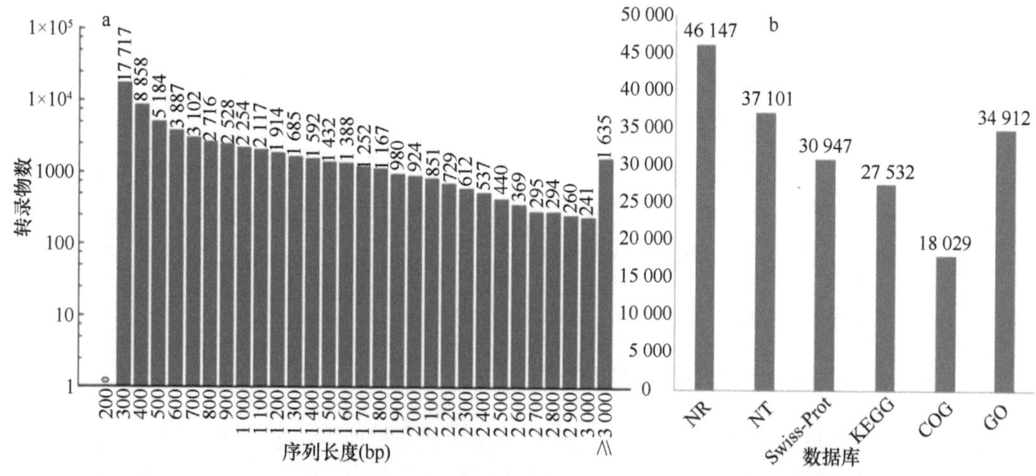

图 6-24　地黄参考蛋白质库的转录组序列长度分布（a）及公共数据库中的注释（b）

2. 连作与头茬地黄差异蛋白谱的构建

在上述构建的地黄蛋白参考库的基础上，我们利用 iTRAQ 和生物信息学分析方法共获取了 4146 个非冗余蛋白。为了精准界定响应连作胁迫的特异蛋白，依据 95%置信区间（$P<0.05$）的标准对连作与头茬地黄进行差异蛋白的筛选，结果在连作和头茬地黄共鉴定到 189 个差异蛋白，其中有 181 个蛋白质在连作根中显著上调，有 8 个蛋白质在连作根中下调。

3. 连作与头茬地黄根差异蛋白功能鉴定

为了解析在连作地黄中显著上调蛋白的功能，我们对连作与头茬地黄根的差异蛋白进行详细的 KEGG 和 GO 功能分析。GO 功能分析结果显示，在 189 个差异蛋白中，有 153 个蛋白质参与 41 个 GO 条目，其中 21 条细胞进程条目、11 个细胞元件条目、9 个分子功能条目。在细胞进程条目中，包含差异蛋白最多的条目是代谢进程（metabolic process）、细胞进程（celluar process）和响应刺激（response to stimulus）等，在分子功能条目中，催化酶活性（catalytic activity）和结合活性（binding）则是拥有差异蛋白最多的条目，而细胞元件条目中，细胞和细胞部分则是拥有差异蛋白最多的条目。进一步对连作和头茬地黄差异蛋白的 GO 条目进行富集分析，发现在细胞进程条目中，氧化还原（oxidation-reduction）、无机酸的响应（response to inorganic substance）、对金属离子的响应（response to metal ion）、细胞氨基酸衍生物的生物合成过程（cellular amino acid derivative biosynthetic process）、对镉离子的响应（response to cadmium ion）、多胺代谢过程（polyamine metabolic process）、芳香族氨基酸家族代谢过程（aromatic amino acid family metabolic process）相关条目被显著富集；在分子功能条目中，氧化还原酶活性（oxidoreductase activity）、单加氧酶活性（monooxygenase activity）、血红素结合和电子运载活性（heme binding and electron carrier activity）等 21 个 GO 条目被显著富集。然而，在细胞位置中，没有明显 GO 条目被富集（图 6-25）。

为了深入分析连作中显著上调蛋白所参与的具体进程，我们对所有差异蛋白进行 KEGG 分析，结果 189 个差异蛋白参与了 88 个 KEGG 途径，这些细胞进程主要涉及代谢、病原菌互作、信号转导等途径，其中在代谢途径中，大部分差异蛋白参与了萜类代谢、苯丙氨酸代谢、糖和脂肪酸代谢（图 6-25）。为了详细解析连作和头茬地黄根中差异蛋白在地黄连作障碍形成过程中的角色，我们将不同差异蛋白的 Nr 注释、KEGG 通路和 GO 功能条目进行整合通路分析，结果连作和头茬地黄差异蛋白进一步被分别整合进入 6 个关键细胞进程，包括：初生和次生代谢通路、代谢物运输、信号转导、激素代谢和信号、ROS 代谢和氧化胁迫、异生素合成与代谢、植物胁迫与死亡、转录与蛋白质合成及其他细胞进程等。其中，在激素信号功能分类中，大量与 ETH、SA、ROS 等激素代谢和信号转导相关蛋白在连作地黄中被显著上调表达，而这三个激素与植物胁迫和免疫响应启动密切关联，因此，这也从侧面反映了连作地黄体内的抗逆进程在不断增强。通过对连作中特异蛋白所涉及的关键细胞进程的勾勒，大致可以看出地黄连作障碍形成过程及地黄体内所发生的关键细胞响应进程。

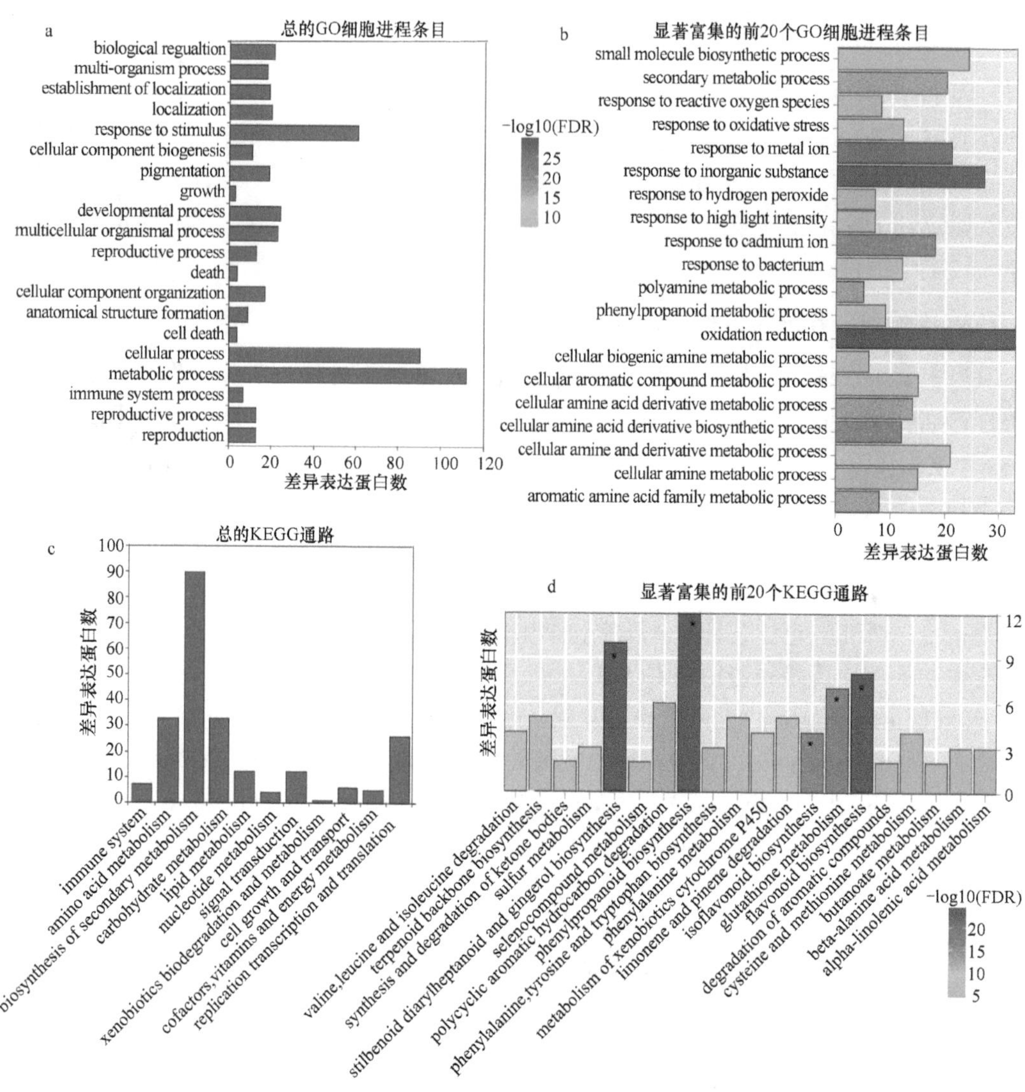

图 6-25　连作与头茬地黄差异表达蛋白的 GO 与 KEGG 分析

a. 差异蛋白涉及 GO 细胞进程总条目；b. 差异蛋白所涉及 GO 细胞进程条目中显著富集条目；c. 差异蛋白参与的 KEGG 总通路；d. 在差异蛋白所涉及的 KEGG 通路中被显著富集的通路

值得注意的是，通过对比 iTRAQ 与 2-DE 两种蛋白质组学所获取的连作与头茬地黄差异蛋白功能属性，我们发现两种蛋白质组学方法所获取差异蛋白所指向的细胞进程基本类似。我们可以清晰地看出，连作条件下，地黄根系由于受到多种胁迫因子作用，其体内的胁迫响应、防御相关的蛋白质被显著上调表达，如病原体相关蛋白、PR 抗病蛋白、植物色素 P450、关键免疫蛋白等，这些抗病蛋白的大量表达反映了在连作地黄根际化感物质和有害微生物的交互影响下，连作地黄正在不断地遭受着攻击；连作植物为了应对这种攻击，其体内抗逆响应不得不长期处于“亢奋”状态，而这种状态延续最终导致地黄不堪重负而死亡。总之，通过对植物和病原菌的互作途径中关键蛋白质的功能解析，为进一步深入了解连作地黄死亡机制提供了有效的切入点。

三、连作对地黄根伤害的分子机制

为彻底揭示连作地黄植株体内的分子伤害机制，我们利用 SSH 技术构建了连作与头茬地黄 cDNA 消减文库，获取了部分响应连作的特异表达基因；利用高通量测序技术构建了地黄不同组织转录组文库，建立了头茬与连作地黄根、叶片基因表达差异谱，筛选了响应连作地黄差异表达的基因信息。利用双向电泳 2-DE 和 iTRAQ 技术构建了头茬与连作差异蛋白谱，从蛋白质层面筛选了响应连作的蛋白质信息。通过差异蛋白、差异基因的整合分析，我们初步筛选、找出了响应地黄连作障碍的关键候选基因，并通过 qRT-PCR 法进一步对连作关键响应基因或蛋白质的在连作障碍形成过程中时空表达特征进行了仔细分析。对上述利用不同组学方法所获取连作地黄体内的细胞进程进行整合分析，我们发现了连作障碍伤害形成过程中的几个关键性事件，即 ROS 信号、免疫信号、Ca^{2+}信号转导、乙烯产生和组蛋白修饰。为了确证上述连作特异响应分子事件在连作障碍形成过程中的真实行为，我们分别利用酶联免疫法、分光光度计法、荧光染色法测定连作障碍危害关键期（栽植后 90d）连作和头茬地黄 ETH 含量、H_2O_2 含量及 Ca^{2+}浓度，结果发现连作地黄根内乙烯、H_2O_2 含量及 Ca^{2+}的水平明显高于头茬地黄（图 6-26、图 6-27），这些独立实验证明了连作障碍形成过程中关键节点真实存在性。总之，地黄连作障碍形成过程中几个关键响应节点的鉴定，为从整体上探究连作伤害机制提供了完整视野。

地黄连作障碍实际上也是一种逆境胁迫，其植株体内的 Ca^{2+}信号及逆境响应系统必定受到影响和扰动（图 6-27），进而导致下游一系列抗逆相关基因的表达。通过对连作障碍形成过程中关键“事件”节点进行串联分析，我们基本上可以梳理出连作障碍形成的关键证据链，即地黄体内的 MAPK 信号转导、Ca^{2+}信号感知和传递了化感物质或根际灾变信号，激活植物抗逆响应进程，诱导了乙烯的合成、细胞的程序化死亡及生理周期紊乱等不良现象的发生，阻断了地黄体内核心代谢途径，从而扰乱了植株正常的基因表

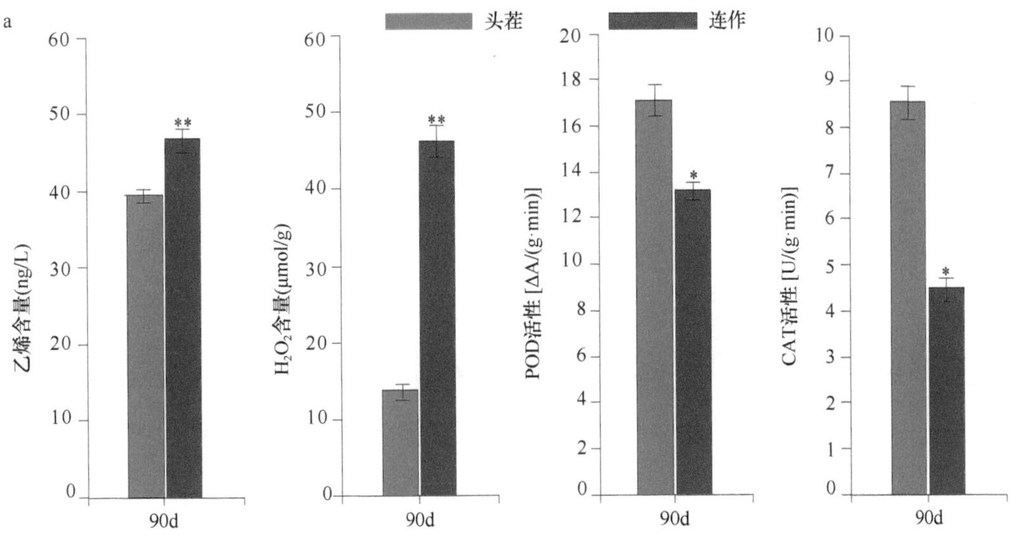

b

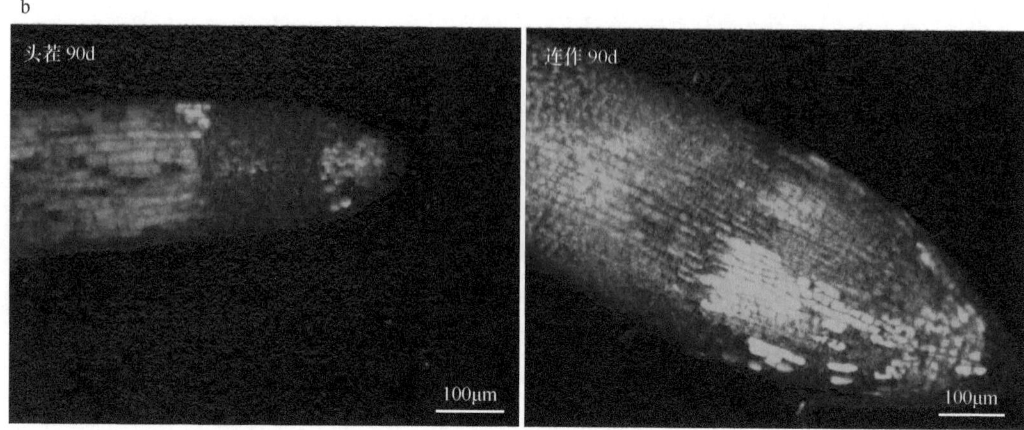

图 6-26　连作障碍形成过程中关键信号事件的确证

a. 关键伤害期（90d）连作和头茬地黄 ETH、H_2O_2、POD、CAT 活性差异；b. 连作关键伤害关键期头茬和连作地黄根尖 Ca^{2+}浓度差异

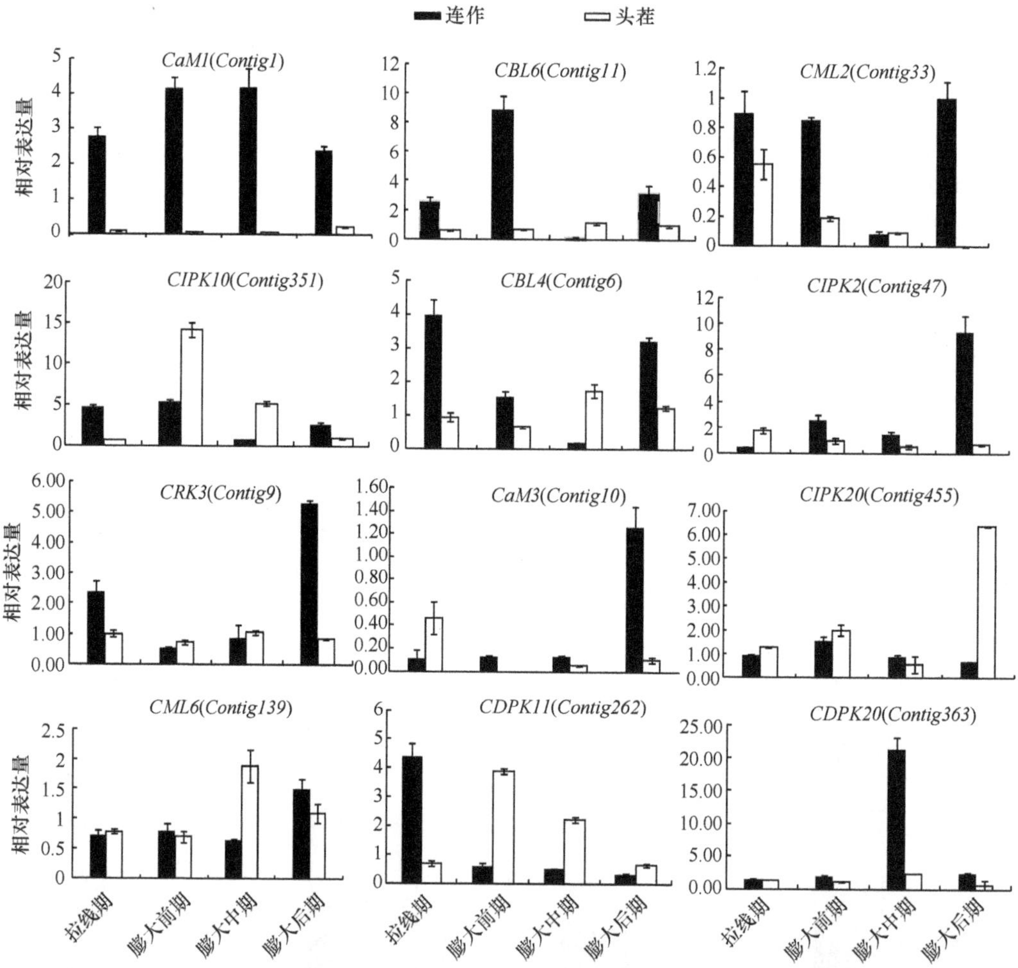

图 6-27　Ca^{2+}信号关键基因在连作障碍形成过程中的表达模式

达程序，启动了这些不该表达的基因而抑制了正常基因的表达，从而引起连作地黄的“逆境胁迫”，导致连作障碍发生。然而，值得我们思考的是，在连作障碍形成过程中，连作地黄体内也发现大量植物与病原菌互作相关蛋白，这表明在连作胁迫下地黄体内抗逆进程在持续加强，这种加强却没能阻止地黄死亡，其可能原因是植物的不可移动性及环境胁迫因子水平日益加重和胁迫时间的延长，植物的正常蛋白质代谢进程也会逐渐从响应、坚守转向到钝化和紊乱。

（杨艳会 李明杰 古 力 张重义）

参考文献

Farquhar G D, Sharkey T D. 1982. Stomatal conductance and photosynthesis. Annual Review of Plant Physiology, 33(33): 317-345.

第七章　表观调控在地黄连作障碍形成中的作用

第一节　表观遗传学与基因表达调控

现代遗传学已经明确指出，基因组 DNA 信息的流动是后代继承或传承亲本遗传信息的核心环节，也是决定生物体外在性状的物质基础。因此，组成基因组核酸信息的改变是生物体遗传或变异发生的基础。然而，现代分子生物学和遗传学的研究表明，植物在与生境因子互作、交流或适应的过程中，外界环境因子可以特异或定向地对基因组或染色体相关蛋白进行修饰，这种外加附着性的修饰虽然没有改变生物体自身的碱基或碱基信息的排列或组成，但往往会影响基因转录的启动和表达的调控，间接影响外在性状；更重要的是这种“补丁”式的修饰往往和基因组信息一起流动或传承给下一代，这种不改变基因组信息并能和基因组捆绑式遗传下去的遗传学现象，称为表观遗传。

一、植物功能基因组学与表观遗传学

表观遗传也被形象地称为“表观遗传记忆（epigenetic memory）”，在细胞核内表观遗传主要对染色质进行修饰，被称为“表观遗传修饰（epigenetic modification）”。顾名思义，表观遗传学中“表观”指表面上的性质或结构，表观遗传也是一种特殊的遗传。不同于传统遗传学的遗传法则和遗传规律，表观遗传学的发生至少有 4 个方面的内涵和特点：一是表观遗传在生物体内生命活动过程中的发生是动态变化的，并非一成不变，在某一特定时期表观遗传修饰发生时，在另外一个特异时期表观遗传修饰也可以消除；二是表观遗传的发生与环境因子或自身发育因子的调控关系密切，即表观遗传发生往往是植物与环境互作的结果，如植物春化作用的发生更多是特定低温诱导的结果；三是表观遗传发生也可以稳定遗传，即亲本或父代所发生的表观遗传修饰，如果在当代没有消除，则这种表观修饰可以稳定地遗传至子代，继续发挥相应的表观调控作用；四是生物在生命活动过程中，可以发生多种表观修饰，即在生命活动的过程中，存在着多重复杂的表观修饰形式，各种表观修饰交错重叠进行，从而构建了一个复杂的生物体对外界环境因子的感知、响应和调控系统。

随着现代生物技术的深入发展，表观遗传的概念和内涵也发生了深刻变化，现代表观遗传学更多指的是在 DNA 碱基序列不变的前提下，引起基因表达或细胞表型变化的一种遗传，即能改变或调控基因表达进而影响植物外在性状的遗传均被称为表观遗传。因此，表观遗传的含义仍在不断完善，但对于表观遗传到底是否可以有效遗传仍然存在较大争议。目前，表观遗传主要是指在不改变 DNA 序列组成的情况下，通过组蛋白甲基化和乙酰化修饰、DNA 甲基化作用、染色质状态变化、转录后调控等方式改变细胞内特定基因表达特性过程。通常根据上述表观遗传过程在后续子代中的遗传稳定性，又

可以将表观遗传分为长期表观遗传和短期表观遗传。所谓长期表观遗传，是指特定基因表达特征可以通过减数分裂，在不同世代间稳定地遗传下去，也称为长期记忆或隔代记忆；而短期表观遗传则是指特定遗传表达调控行为仅能通过有丝分裂在当代不同组织和细胞间进行传递，很难遗传到下一代，也被称为短期记忆或当代记忆。随着高通量测序技术逐渐成熟和发展，表观遗传修饰的研究已经从过去的单一修饰位点，拓展到全基因组水平的位点修饰。目前，从全基因组水平上了解或剖析植物发育过程中及外界环境因子胁迫下的表观组动态变化，已成为表观遗传研究的热点。而且，将表观遗传组学与基因组学、转录组学、蛋白质组学和代谢组学等多元组学相融合，探索和阐明表观遗传所引发的外在性状变异和植物对环境感知响应机制，也已成为表观遗传研究的热点之一。

二、表观遗传修饰种类

（一）组蛋白修饰

在生物体细胞内，核小体是构成细胞染色质的核心组件，一个典型的核小体包括 2 分子 H2A/H2B 和 2 分子 H3/H4 所构成的组蛋白八聚体，同时在其上面缠绕着一段 200bp 左右的 DNA。基因组 DNA 与核小体“缠绕”的核心结合区域往往位于特定基因的启动子区域。因此，核小体与其承载 DNA 的接触位置在基因的表达调控过程中起着极其重要的作用，通过这些接触位置来调控基因表达也被称为染色质修饰。因此，染色质修饰均发生在核心组蛋白的亚基上，每一个核心组蛋白亚基都拥有一个单独的、延展在外并且进化上高度保守的 N 端尾部，这些伸展的 N 端尾部正是染色质修饰的核心靶点位置。在植物中，对这些靶点进行的共价修饰则主要包括乙酰化、甲基化、泛素化、类泛素化、磷酸化、腺苷酸化、核糖基化等。在植物生命活动进程中，这些结合区域上发生的调控“事件”每时每刻都在发生，正是这些调控行为的精细发生才保证了自然界生命活动有条不紊地和谐运行。

目前，在植物组蛋白修饰调控研究中，组蛋白乙酰化和组蛋白甲基化是被关注和研究最多的两个方向。在生物细胞中，组蛋白乙酰化修饰主要通过组蛋白乙酰基转移酶和组蛋白去乙酰化酶两种酶相互协调完成。其中，组蛋白乙酰基转移酶主要功能是将含有 2 个碳原子的乙酰基转移到核心组蛋白的 N 端赖氨酸残基上，使原本带正电荷的赖氨酸失去电荷，致使核心组蛋白与带负电荷 DNA 间的结合变得松弛，使 DNA 受到的“束缚力”显著降低，这样就促使转录因子更加易于接近基因的启动子区域来启动基因表达。相反的是，组蛋白去乙酰化酶的主要功能是去除组蛋白 N 端的赖氨酸残基乙酰基部分，使染色质变得致密，导致与核小体结合的 DNA 再次被紧密“束缚”，致使转录因子不能有效地与 DNA 启动区域结合，进而抑制了基因的转录。而在组蛋白甲基化修饰机制中，组蛋白甲基化酶和组蛋白去甲基化酶则出现相反的作用机制，组蛋白去甲基化酶促进基因表达，组蛋白甲基化酶则抑制基因表达。从两种修饰酶的功能可以看出，正是由于组蛋白修饰酶所触动的染色质的活性状态变化调控了基因表达开闭，使得植物在 DNA 序列没有改变的情况下，实现对基因的实时、高效地精准表达调控。

（二）DNA 甲基化修饰

除了组蛋白甲基化，在生物体内还有另外一种重要的甲基化修饰——DNA 甲基化修饰。组蛋白甲基化修饰的位点发生在组蛋白上，通过组蛋白与 DNA 结合的紧密程度来控制基因的表达。而 DNA 甲基化则发生 DNA 本身序列上，所谓 DNA 甲基化，是指在生物细胞内，通过 DNA 甲基转移酶的作用，将 S-腺苷甲硫氨酸（S-adenosyl methionine，SAM）的甲基转移至 DNA 序列的胞嘧啶或腺嘌呤残基上的第 5 位碳原子上，来实现对相应 DNA 信息修饰的过程。DNA 甲基化修饰是生物体为适应外界环境条件而调控基因表达的重要方式，它并不改变基因序列。通常，在细胞的生命进程中，DNA 上双链的碱基上位点出现甲基化，会使这段 DNA 序列失去活性，不能正常转录，从而引起生物体的外在性状发生改变，而这种变化还能遗传给下一代，因此 DNA 甲基化修饰同样是一种重要的表观遗传修饰形式。生物体基因组 DNA 甲基化修饰具有明显的碱基偏好性，在原核生物中，DNA 甲基化存在三种类型，即腺嘌呤转变为 *N*-甲基腺嘌呤、胞嘧啶转变为 *N*-甲基胞嘧啶和胞嘧啶转变为 C-甲基胞嘧啶；但在真核生物体中，仅存在“5-甲基胞嘧啶”一种 DNA 甲基化类型，主要发生在富含“CpG”的区域。在真核生物中，“CpG”区域的甲基化会显著改变生物细胞内染色质的结构，强烈地干扰基因的表达，因此“5-甲基胞嘧啶”这种 DNA 甲基化类型在植物生长发育、环境响应和逆境胁迫等进程中发挥着重要作用。在植物体细胞内，DNA 甲基化修饰在对称的 CG、CHG 和不对称的 CHH（H 等于 A、T 或 C）等序列位置处较容易发生。与动物显著不同的是，植物 DNA 甲基化倾向发生在基因组转座子区域或者 CG 区域较为丰富的区域。

对于基因组特定位置已经发生的甲基化位点来说，其互补链位点可能会被甲基化也可能不会，对于一个已经甲基化的位点来说，其后续的命运一般有两种常见的情况，即维持甲基化和重新甲基化。所谓维持甲基化是指 DNA 双链中其中一条链已被甲基化，而另一条链并未被甲基化，在 DNA 复制过程中，这种位点的甲基化模式保持不变。而重新甲基化则更多是指双链甲基化位点均未甲基化，而重新进行甲基化修饰的过程。DNA 甲基化模式具有明显的可遗传性，在原初母细胞中已经靶向修饰的 DNA 甲基化位点或区域，在随后的细胞分裂过程中会持续地维持相应的甲基化位点。然而，在正常的生命活动过程中，随着外界环境变化和内在发育信号的传递，DNA 甲基化模式处于时刻更新和交替变化状态。因此，不同物种、不同发育时期、不同器官、不同细胞，其基因组 DNA 甲基化修饰模式也存在着明显的差异。同时，相同器官、细胞在不同生境下其甲基化模式也会千差万别。基因组甲基化模式这种复杂的变化从根本上体现了生物体在进化过程中所形成的复杂基因表达调控机制及对环境适应的内在变化。对于植物而言，植物在生长发育或逆境胁迫过程中，DNA 甲基化水平的改变在调控重要功能基因表达、基因组防御及细胞发育与分化等方面发挥着重要的作用。因此，研究基因组甲基化水平的变化有利于研究功能基因的表达调控及植物适应逆境胁迫的分子调控机理。

（三）miRNA（microRNA）调控

miRNA 是一类平均长度约 21 个核苷酸、进化比较保守、在生命活动中起着重要调控作用的小 RNA 分子（small RNA，sRNA 或小 RNA）。它广泛存在于在动物、植物、细菌和病毒等多种生物中，在真核生物基因表达调控过程中扮演着极其重要的角色。通常 sRNA 不被翻译成蛋白质，主要起着承担细胞转录的调控功能。sRNA 长度 16～29nt，平均 22nt，大部分为 20～24nt，在植物中研究最多的是 miRNA 基因，是由 RNA 聚合酶 II 转录而成的。miRNA 通过与靶基因 miRNA 分子完全或部分匹配，导致靶基因 miRNA 的降解，或者以其他形式的调节机制来抑制靶基因或蛋白质的表达，参与生物体内的各种生命活动过程。sRNA 测序一般采用高通量方法，其中通过高通量测序技术可以在特定组织细胞一次性获得数百万条 sRNA 序列，能够快速全面地鉴定该物种在该状态下的 sRNA 和发现新型的 sRNA 信息。同时，利用高通量测序技术还能对 miRNA 进行定量分析，为构建样品之间的 miRNA 差异表达谱、寻找特定条件特异表达的 miRNA 提供了强有力的工具。目前，Illumina 测序技术能检测已知或未知的基因组序列中的各类 sRNA，这一战略已成功地应用在模式植物和非模式植物中。

（四）长链非编码 RNA

长链非编码 RNA（long non-coding RNA，lncRNA）是近年来发现的一种重要的非编码 RNA 类型（non-coding RNA，ncRNA）。lncRNA 转录物长度一般大于 200bp，中间没有完整的编码框，或者存在较小分散状编码区。在植物中，lncRNA 主要位于细胞核内，广泛地参与了细胞染色质修饰、转录调控等关键的生命进程。根据 lncRNA 序列的 3′端是否有加尾序列，又可将其分为“含 poly(A)（多聚腺苷酸）”和“不含 poly(A)”两种类型的 lncRNA。此外，lncRNA 5′端和普通的编码 RNA 类似，能够进行加帽修饰，同时其转录后也可进行可变剪切。lncRNA 表达具有典型时空表达特征，同时 lncRNA 与外界环境因子调控密切相关。在植物的生命活动过程中，绝大部分 lncRNA 转录产物不含“poly(A)”典型结构。因此，在常规转录组所获取转录物信息中，并不能有效地检测到 lncRNA 存在。lncRNA 长期以来一直被认为是细胞生命进程中所转录的“噪声”信息，但随着现代分子生物技术和高通量测序技术的发展，lncRNA 在越来越多的物种中被鉴定到；同时，越来越多的实验也表明了 lncRNA 在植物生长发育、逆境胁迫等关键的生命活动过程中扮演着极其重要的调控角色。

第二节　连作胁迫下地黄根的 DNA 甲基化修饰机制

通过深度整合连作和头茬地黄差异表达基因、差异表达蛋白及相关信息，我们发现连作地黄中 DNA 复制、RNA 转录和蛋白质合成等生命活动过程的核心途径均受到了显著抑制，与钙依赖蛋白激酶、钙调素、钙通道蛋白等钙信号相关的蛋白质，与乙烯合成有关的 S-腺苷甲硫氨酸合成酶、ACC 氧化酶，与染色质修饰、抑制基因表达有关的酶，如组蛋白去乙酰化酶等却在连作地黄中得到异常表达。据此，我们初步明确了连作地黄可能的伤害机理，即连作胁迫通过一系列信号转导放大了连作逆境胁迫，进而招募了表观修饰相关酶，沉默或关闭了连作地黄体内重要的生命活动进程。

可以理解的是，植物在生长发育过程中经常会遭受逆境胁迫的影响，在应对这些逆境胁迫时，组蛋白和核酸修饰状态或水平的改变则是首要的响应机制。连作同样是一种胁迫，与大多数的生物或非生物胁迫并没有本质区别，因此连作胁迫也必然会通过甲基化修饰和组蛋白修饰关闭或开启连作地黄特定基因的表达。虽然我们已经从转录层面获取了大量连作响应基因，但这些连作响应基因犹如一个综合信息库，涉及发育、信号、胁迫响应等一系列基因，如何对其进行详细的解读成为破解地黄连作障碍的关键。而从连作地黄中 DNA 甲基化或组蛋白去乙酰化靶向基因及其功能入手，则有可能从根源上阐明连作伤害形成机制。

目前，研究甲基化有两种方法：一种是重亚硫酸盐处理结合高通量测序技术的全基因组 DNA 甲基化方法，另一种是相对传统的甲基化敏感扩增多态性（methylation-sensitive amplified polymorphism，MSAP）技术。全基因组 DNA 甲基化研究方法需要测序物种有良好的参考基因组信息和注释信息，才能将所获取的甲基化位点反向匹配到基因组上，并借助基因组注释信息进一步锚定甲基化所坐落的调控位置，解析出甲基化位点所调控的对应基因及调控区域位置。MSAP 技术是基于限制性内切酶消化法发展的一项新技术。这项技术不需要知道所研究的物种基因组信息，也能在全基因组范围内检测到 CG 位 G 点的胞嘧啶甲基化变化情况，操作起来非常方便，因此该技术现已在植物基因组甲基化的研究中得到广泛应用。目前，由于地黄完整的基因组信息匮乏，无法大范围、高通量地对地黄整个基因组层面上甲基化模式进行研究，因此我们利用相对简单、传统的 MSAP 技术初步探测连作胁迫下地黄基因组甲基化修饰变化。我们以地黄连作障碍伤害关键期（块根膨大前期）的地黄根为材料，以头茬为对照、连作为处理，利用 MSAP、qRT-PCR 和生物信息学等技术详细分析连作和头茬地黄基因组上关键位点甲基化模式的异同，从表观遗传学水平上探讨地黄连作伤害的分子调控机制，为全面揭示地黄连作障碍形成机理提供了重要的理论依据。

一、连作胁迫下地黄根内 DNA 甲基化状态变化

同裂酶 *Hpa*II 和 *Msp*I 的酶切位点均为“CCGG/GGCC”，但二者对酶切位点 DNA 序列的甲基化敏感程度却有不同，它们分别与 *Eco*RI 组合进行双酶切反应后，每一个扩增位点增多代表一个（“CCGG/GGCC”）位点，比较 *Hpa*II 和 *Msp*I 不同的扩增模式，可反映出该位点的甲基化状态，即非甲基化位点、半甲基化位点和全甲基化位点。我们利用 MSAP 技术，提取连作根（连续种植 2 年，R2）与头茬根（仅种植 1 年，R1）地黄 DNA（图 7-1a），并对基因组 DNA 进行双酶切（图 7-1b），酶切后的 DNA 条带均匀弥散，均分布在 1000bp 以下，酶切结果良好，可用于下游实验；接着加接头后进行预扩，图 7-1c 显示了 DNA 预扩产物的电泳检测结果，可以看出，4 条泳道条带呈均匀弥散状，且主要集中在 300～750bp，预扩结果良好，可进行下游实验。

接着，我们筛选了 16 对扩增引物（表 7-1）进行选择性扩增，图 7-2a 与图 7-2b 分别显示了 16 对引物的选择性扩增产物电泳结果。由图 7-2 可以看出，每个样品 DNA 扩增片段的多态性好，条带清晰。为进一步分析两样品中 DNA 甲基化片段的变化状态，我们对扩增后电泳的多态性条带进行统计分析（表 7-2），结果表明，两样品中全甲基化

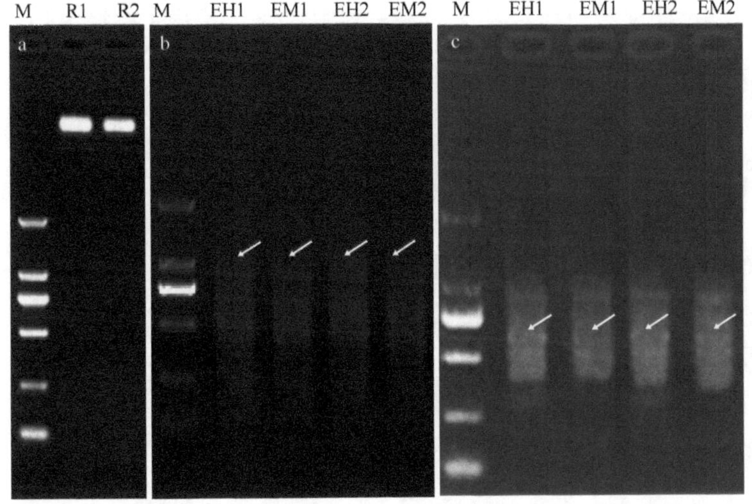

图 7-1　地黄基因组 DNA 及其酶切后与预扩后的 DNA 琼脂糖凝胶电泳结果

a. 连作（R2）与头茬（R1）地黄基因组 DNA；b. 两样品双酶切的 DNA，c. 双酶切后预扩的 PCR 产物 E、H、M 分别表示 *Eco*RI、*Hpa*II、*Msp*I；EH、EM 分别表示 *Eco*RI- *Hpa*II、*Eco*RI-*Msp*I 的双酶切组合，其中，EH1、EM1 表示头茬样品，EM1、EM2 表示连作样品

表 7-1　MSAP 分析的接头与引物序列

引物/接头	引物序列（5′→3′）
*Eco*RI 接头	CTCGTAGACTGCGTACC
	AATTGGTACGCAGTCTAC
*Hpa*II/*Msp*I 接头	GATCATGAGTCCTGCT
	CGAGCAGGACTCATGA
预扩引物	
E00	GACTGCGTACCAATTCA
HM00	ATCATGAGTCCTGCTCGGT
*Eco*RI 选择性扩增引物	
E1（E00+AGG）	GACTGCGTACCAATTCAAGG
E2（E00+TAC）	GACTGCGTACCAATTCATAG
E3（E00+TTT）	GACTGCGTACCAATTCATTT
E4（E00+TGA）	GACTGCGTACCAATTCATGA
E5（E00+TGT）	GACTGCGTACCAATTCATGT
E6（E00+GAC）	GACTGCGTACCAATTCAGAC
*Hpa*II/*Msp*I 选择性扩增引物	
HM1（HM00+ACA）	ATCATGAGTCCTGCTCGGTACA
HM2（HM00+TGG）	ATCATGAGTCCTGCTCGGTTGG
HM3（HM00+GTC）	ATCATGAGTCCTGCTCGGTGTC
HM4（HM00+GGA）	ATCATGAGTCCTGCTCGGTGGA
HM5（HM00+GCC）	ATCATGAGTCCTGCTCGGTGCC
HM6（HM00+CAC）	ATCATGAGTCCTGCTCGGTCAC

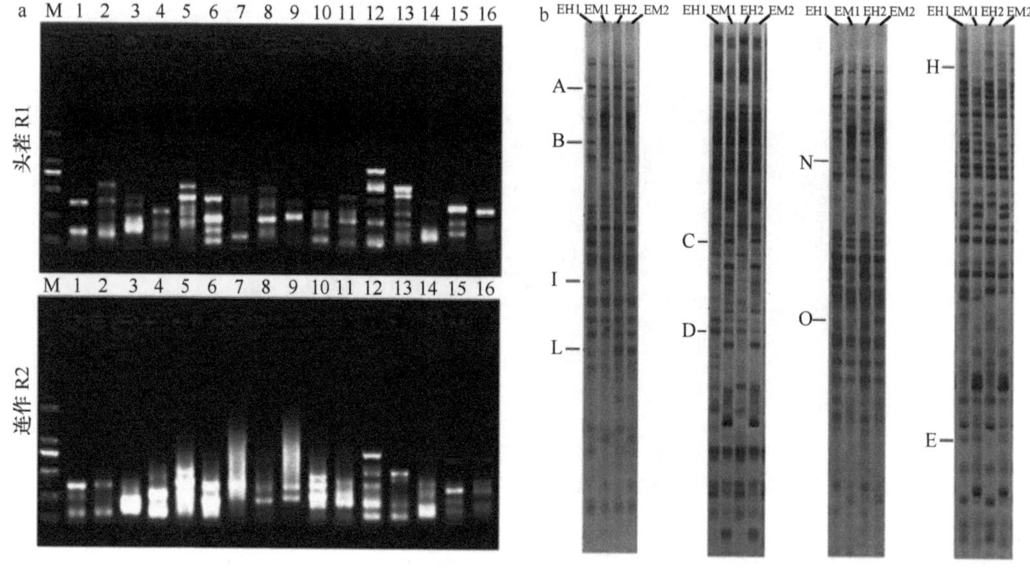

图 7-2　两样品选择性扩增条带电泳结果

a. 不同组合引物扩增产物琼脂糖凝胶电泳；b. 代表性引物组合扩增产物 PAGE 电泳

表 7-2　连作与头茬地黄基因组甲基化基因片段数统计

模式		甲基化类型	地黄根	
*Hpa*II	*Msp*I		头茬 R1	连作 R2
1	1	I	395	356
1	0	II	81	99
0	1	III	64	78
0	0	IV	52	59
总放大带			592	592
总甲基化带			197	236
MSAP 占总扩增位点数的比例（%）			33.28	39.86
全甲基化带			116	137
全甲基化比率（%）			19.59	23.14
半甲基化比率（%）			13.68	16.72

注：“1”表示有条带，“0”表示无条带；“I”表示非甲基化，“II”表示半甲基化，“III”“IV”表示全甲基化；总甲基化基因片段的百分比=（II+III+IV）/（I+II+III+IV）×100%，全甲基化基因片段的百分比=（III+IV）/（I+II+III+IV）×100%，半甲基化基因片段的百分比=II/（I+II+III+IV）×100%

状态的条带数均多于半甲基化状态条带数；连作中总甲基化基因片段为 236 个，比头茬多出 39 个片段，连作中全甲基化基因片段的百分率比头茬高出 3.55 个百分点，连作中半甲基化基因片段的百分率比头茬高出 3.04 个百分点（表 7-2）。

为进一步分析连作胁迫下地黄响应的 DNA 甲基化片段的变化，我们把连作与头茬甲基化状态进行了比较，并将连作响应的 DNA 甲基化状态分为 15 种类型（表 7-3）。A～C 类型的甲基化状态表示连作与头茬基因甲基化状态未发生变化，这 3 种类型的基因片段共有 361 个（60.98%）；D～I 类型的甲基化状态表示头茬未甲基化而在连作中发生甲基化修饰的基因，这 6 种类型的基因共有 136 个（22.97%）；J～O 类型的甲基化状态表示头茬甲基化修饰而在连作中发生去甲基化的基因，这 6 种类型的基因共有 95 个（16.05%）。以上分析表明，连作胁迫引起地黄 39.02%基因组 DNA 甲基化状态发生了变化，其中连作较头茬地黄的甲基化水平高 6.92%。

表 7-3　连作地黄响应的 DNA 甲基化片段的变化状态分类汇总

甲基化修饰变化类型	变化分类	条带类型				条带数	百分率（%）
		R1		R2			
		*Hpa*II	*Msp*I	*Hpa*II	*Msp*I		
无变化	A（I 到 I）	1	1	1	1	307	
	B（II 到 II）	1	0	1	0	31	
	C（III 到 III）	0	1	0	1	23	
	共计					361	60.98
甲基化	D（I 到 II）	1	1	1	0	37	
	E（I 到 III）	1	1	0	1	19	
	F（II 到 III）	1	0	0	1	21	
	G（I 到 IV）	1	1	0	0	32	
	H（II 到 IV）	1	0	0	0	15	
	I（III 到 IV）	0	1	0	0	12	
	共计					136	22.97
去甲基化	J（II 到 I）	1	0	1	1	14	
	K（III 到 I）	0	1	1	1	12	
	L（IV 到 I）	0	0	1	1	23	
	M（III 到 II）	0	1	1	0	17	
	N（IV 到 II）	0	0	1	0	14	
	O（IV 到 III）	0	0	0	1	15	
	共计					95	16.05

注：“1”表示有条带，“0”表示无条带；I～IV 表示 DNA 片段的甲基化类型；A～O 表示连作引起 DNA 甲基化修饰的类型

这里我们从 DNA 甲基化修饰的表观遗传层面上，利用 MSAP 技术分析连作与头茬地黄根基因组 DNA 甲基化水平，从连作与头茬地黄根的 MSAP 图谱分析来看，其 MSAP（全甲基化和半甲基化位点）占总扩增位点数的比例分别达到了 39.86%、33.28%，与拟南芥的甲基化水平（35%～40%）相近。另外，在植物基因组中 CAG、CTG 和 CCG 位点也经常发生甲基化，但 MSAP 方法只能检测 CG 和部分 CCG 的甲基化水平，而对于双链内外胞嘧啶甲基化是无法检测到的。因此，地黄全基因组中胞嘧啶的实际甲基化水平可能要高于目前研究的结果。

在逆境胁迫下，高等植物基因组 DNA 被甲基化修饰的碱基是胞嘧啶，不同植物及其不同组织 DNA 甲基化状态变化并不完全一致。前人研究发现，旱、冷胁迫可以引起黑麦和鹰嘴豆基因组中甲基化水平下降，而重金属（Cd、Pb）胁迫可以引起水稻、小麦、油菜等幼苗基因组中的总甲基化水平升高。我们则发现连作根的总甲基化水平较头茬根

显著升高 6.5%，这一结果与重金属胁迫下的水稻等植物甲基化修饰的研究结果基本一致。地黄在连作胁迫下，其块根膨大前期的根基因组 DNA 甲基化水平显著升高，可能会严重干扰正常基因的转录和表达，从而影响地黄体内的核心代谢，抑制其块根的正常发育。我们通过对连作胁迫下地黄根的基因组 DNA 甲基化模式的分析，发现连作与头茬甲基化带型的变化有 15 种。连作地黄根基因组 DNA 甲基化的比率显著高于去甲基化比率，这与一些植物逆境胁迫下的 DNA 甲基化模式变化趋势一致。前人研究表明，植物在逆境胁迫下的甲基化水平变化可能是一种简单且间接影响逆境胁迫的方式，或者说是一种准确调控基因表达的防御机制。因此，连作胁迫下的地黄特异基因序列中的甲基化位点的变异可能与特定基因表达的“开”与“关”密切相关。

二、连作地黄响应的 DNA 甲基化基因的功能分析

为分析地黄在连作胁迫下引起 DNA 甲基化修饰的分子调控作用机制，我们通过基因片段的回收、转化及测序分析，筛选了 31 个甲基化 DNA 片段（N1～N31），其中有 12 个去甲基化基因片段（N1～N12）、19 个甲基化基因片段（N13～N31），这 31 个基因片段的长度在 103～546bp。对测序后的 31 个甲基化 DNA 片段进行 Nr 功能注释，其中 19 个片段被注释，7 个片段注释到其他物种的基因上，5 个片段未被注释（表 7-4）。

表 7-4 部分甲基化修饰片段测序后的功能注释

MSAP		长度（bp）	甲基化变化类型	参考序列 ID 号	功能注释
条带 ID	引物组合				
N1	E3/HM3	103	去甲基化（IV 到 I）	KM390021.1	珊瑚假根质体基因组相关片段
N2	E2/HM4	513	去甲基化（IV 到 I）	AY519638.1	拟南芥 MYB 转录因子
N3	E4/HM3	172	去甲基化（IV 到 III）	KJ872515.1	欧洲油菜 DH366 叶绿体基因组相关片段
N4	E3/HM6	120	去甲基化（IV 到 II）	XM_008390442.1	苹果多底物假尿苷合酶 7
N5	E3/HM2	120	去甲基化（II 到 I）	AY456957.2	陆地棉推定的亮氨酸拉链蛋白 ZIP
N6	E2/HM4	131	去甲基化（III 到 I）	—	未知蛋白
N7	E2/HM1	245	去甲基化（IV 到 II）	BT137938.1	未知蛋白
N8	E1/HM5	158	去甲基化（II 到 II）	XM_009605038.1	烟草层黏蛋白-5B
N9	E1/HM5	285	去甲基化（IV 到 I）	XM_008365147.1	小球藻 Ty3-gypsy 反转座子
N10	E2/HM4	546	去甲基化（III 到 I）	XM_009356304.1	白梨染色质重塑复合物 SWR1 亚基 6
N11	E4/HM3	252	去甲基化（IV 到 I）	JN710470.1	马铃薯分离 DM1-3-516-R44 叶绿体
N12	E6/HM6	268	去甲基化（IV 到 I）	KC208619.1	花蔺线粒体基因组相关片段
N13	E2/HM4	439	甲基化（II 到 III）	JN098455.1	猴面花线粒体基因组相关片段
N14	E3/HM2	297	甲基化（I 到 II）	NM_001287857.1	马铃薯光敏色素 B
N15	E3/HM4	435	甲基化（II 到 IV）	JN098455.1	猴面花线粒体基因组相关片段
N16	E3/HM3	187	甲基化（I 到 III）	BT012944.1	番茄克隆 114112F
N17	E1/HM3	106	甲基化（II 到 III）	XM_002309498.2	毛果杨假定蛋白 mRNA，完整 CD
N18	E3/HM2	334	甲基化（I 到 IV）	XM_003552073.2	大豆小泛素修饰相关基因 2
N19	E3/HM2	303	甲基化（I 到 II）	XM_006339072.1	马铃薯 125kDa 驱动蛋白相关蛋白
N20	E1/HM3	264	甲基化（IIII 到 IV）	BT108820.1	白云杉克隆 GQ03201_H19

续表

MSAP		长度（bp）	甲基化变化类型	参考序列 ID 号	功能注释
条带 ID	引物组合				
N21	E6/HM3	219	甲基化（II 到 III）	XM_004246598.1	白褐复合体蛋白（属 WBC 型转运蛋白）
N22	E1/HM2	181	甲基化（II 到 III）	—	未知蛋白
N23	E3/HM2	203	甲基化（IV 到 I）	XM_004235865.1	未知蛋白
N24	E1/HM2	408	甲基化（III 到 IV）	XM_006581056.1	大豆 3-酮酯酰-CoA 合酶
N25	E6/HM3	153	甲基化（II 到 I）	XM_007210217.1	未知蛋白
N26	E1/HM3	259	甲基化（III 到 I）	—	未知蛋白
N27	E5/HM5	139	甲基化（IV 到 III）	CP000999.1	未知蛋白
N28	E2/HM1	129	甲基化（III 到 II）	KF177345.1	丹参线粒体基因组相关片段
N29	E5/HM2	159	甲基化（III 到 II）	—	未知蛋白
N30	E2/HM3	131	甲基化（III 到 II）	XM_007204575.1	未知蛋白
N31	E6/HM6	197	甲基化（II 到 I）	—	未知蛋白

在我们注释的这些片段中，去甲基化片段中 N2 片段与拟南芥 MYB 转录因子（MYB transcription factor）基因具有相似性，N4 片段则与苹果（*Malus × domestica*）多底物假尿苷合酶 7（multi substrate pseudouridine synthase 7）基因序列同源，N5 片段与陆地棉（*Gossypium hirsutum*）的推定的亮氨酸拉链蛋白 ZIP（putative leucine zipper protein，ZIP）基因序列同源，N8 片段与烟草（*Nicotiana tabacum*）层黏蛋白-5B（*Nicotiana tabacum* mucin-5B-like）基因序列同源，N9 片段与小球藻（*Beta vulgaris* subsp. *vulgaris*）Ty3-gypsy 反转座子（Ty3-gypsy retrotransposon）序列同源，N10 片段与白梨（*Pyrus bretschneideri*）染色质重塑复合物 SWR1 亚基 6（SWR1 complex subunit 6）基因序列同源。而在被甲基化修饰的片段中，N14 片段与马铃薯（*Solanum tuberosum*）光敏色素 B（phytochrome B，PHYB）基因序列同源，N18 片段与大豆（*Glycine max*）小泛素修饰相关基因（small ubiquitin-related modifier 2，SUMO2）同源，N19 片段与马铃薯 125kDa 驱动蛋白相关蛋白（kinesin-related protein，KRP）基因序列同源，N21 片段则与番茄（*Solanum lycopersicum*）的推定的白褐复合体蛋白（white-brown complex protein，属 WBC 型转运蛋白）基因序列同源，N24 片段与推定的大豆 3-酮酯酰-CoA 合酶（3-ketoacyl-CoA synthase，KCS）基因序列同源。这些基因的功能注释为进一步分析 DNA 甲基化在连作胁迫下的分子调控机制提供重要信息。为分析连作胁迫下的这些甲基化修饰基因调控模式，我们选择了 8 个片段长度均大于 250bp 的关键基因，利用 qRT-PCR 方法分析它们在连作与头茬地黄根中的表达差异（图 7-3）。结果看出，3 个（N2、N9 与 N10）在连作地黄中均被去甲基化修饰的片段，在连作地黄中的表达量均显著高于头茬地黄的表达量。相反，其他的 5 个在连作地黄中均被甲基化的片段（N14、N18、N19、N20 与 N24），在连作地黄中同时表现出下调表达。由此可见，连作胁迫下甲基化基因的转录抑制和去甲基化基因的转录激活，可能改变了连作地黄体内正常基因的表达模式，从而出现了非正常基因的表达程序。

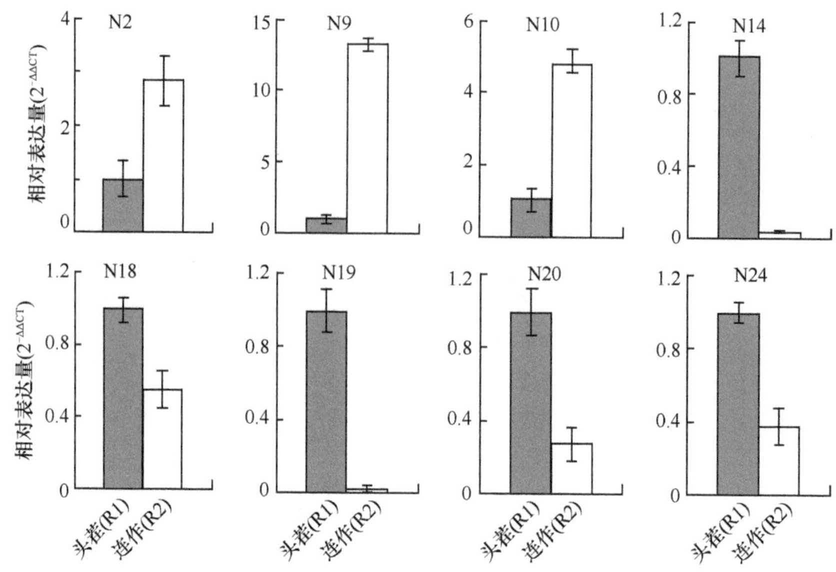

图 7-3　8 个基因在块根膨大前期的连作与头茬根中表达

N 加数字表示甲基化基因片段

三、DNA 甲基化在地黄连作障碍形成中的作用

植物基因组 DNA 的甲基化是调节基因功能的重要手段。前人研究表明，植物体内的许多内源基因在经甲基化抑制剂 5-氮胞苷（5-azacytidine）处理后被激活。我们前期的研究发现，连作地黄基因的表达模式及其程序发生了改变。为深入了解功能基因的甲基化与响应连作胁迫是否有关，我们对连作与头茬根的多态性片段进行了测序，并对其 DNA 片段进行了功能分析与基因表达模式分析。其结果发现在连作地黄中，*PHYB*、*SUMO*、*KCS* 等关键基因在连作地黄中甲基化而抑制。

（一）连作胁迫通过甲基化作用抑制了地黄体内的光合响应

在植物中，*PHYB* 基因在调控种子萌发、幼苗光形态建成、避阴及叶片衰老等光响应过程中具有重要作用。在连作地黄中 *PHYB* 基因被甲基化后下调表达，结合前期连作地黄光合作用受抑制的生理生化结果，我们推测连作地黄关键光敏感基因的抑制，降低地黄体内的光敏感性，减弱地黄植株的光响应过程，缩短了连作地黄根部的营养生长时间，引起地黄植株早衰，产生较多须根，加速了植株生殖生长或衰老过程。此外在连作地黄中也发现 *PUS* 基因的 DNA 序列被去甲基化而上调表达，假尿苷化是真核生物 mRNA 转录后修饰的一种重要调控方式，而 PUS 是假尿苷化作用的关键催化酶。连作地黄中 *PHYB*、*PUS* 等基因甲基化修饰状态的异常变化可能影响了光合作用系统的正常进行，导致连作地黄植株发育不良，块根不能正常膨大，须根增多，其产量和品质明显下降。

（二）连作胁迫通过甲基化作用抑制地黄根系发育

在进一步分析连作地黄中受甲基化抑制的基因，我们发现连作地黄 *SUMO* 基因被甲基化修饰并表现出下调表达。在拟南芥对冷、热胁迫的响应过程中，*SUMO* 基因上调表达，提高了植物自身抗逆胁迫的能力；同时在拟南芥过表达 *SUMO* 基因突变体中发现，其植株的抗逆能力增强。同时，在连作地黄中发现 *KRP* 基因被甲基化而出现下调表达在拟南芥中，*KRP* 能促进细胞有丝分裂，加速细胞分化；而且最新研究发现，*KRP* 在响应棉花非生物胁迫中起着重要的调控作用。KCS 是植物营养物质代谢过程中的重要调控酶，在拟南芥根软木脂的生物合成代谢中起重要作用，这里 *KCS* 基因在连作胁迫下被甲基化而其转录被抑制，连作地黄中这些关键基因的表达抑制，可能与连作地黄根系发育受阻及抗逆能力减弱存着密切的关联性。此外，值得注意的是，连作胁迫下地黄根中 MYB 转录因子与反转座子的 DNA 序列均被甲基化修饰。近年来，人们相继从高等植物中发现，MYB 转录因子在转录或转录后水平上调控着各种逆境胁迫（如干旱、高盐、低温、激素、病原反应、发育等）相关基因的表达。因此，地黄中 MYB 转录因子基因在连作胁迫下去甲基化而表现高水平的表达，可能是由于连作胁迫的应激响应，打开了 MYB 转录因子阀门，从而启动了地黄体内一系列逆境胁迫相关基因的表达。我们在前期研究中也发现，MYB 转录因子基因在连作地黄体内上调表达，可能正是 MYB 转录因子在地黄连作胁迫下的去甲基化修饰引起的转录水平调控作用的结果。

（三）连作胁迫通过甲基化作用干扰地黄基因的转录和蛋白质合成

在连作与头茬地黄的甲基化模式分析中，我们发现连作地黄根中反转座子基因的甲基化修饰被解除，反转座子基因的异常上调表达。反转座子是植物基因组中最丰富的跳跃基因，反转座子中包含有 DNA 甲基化的一些位点，植物在正常发育过程中，为保护自身基因组信息能稳定地向后代传递，反转座子基因由于进行了甲基化修饰而被沉默，从而使得宿主基因组信息能传承给下一代。然而植物在逆境胁迫下为适应环境的变化，反转座子基因的甲基化修饰被解除，于是反转座子成了宿主基因组的活跃分子，成为跳跃基因，使宿主基因组进行重组改编，从而调控相关基因的表达。连作地黄反转座子的异常表达反映了地黄正在遭受连作胁迫的影响，但其与连作胁迫间的关系需要进一步研究。此外，我们在连作地黄中还鉴定到另外一个与染色体稳定性密切关联的 *SWR1* 基因被去甲基化。染色质重塑复合物 SWR1 属于 ATP 依赖性染色质重构复合体的 INO80 亚家族成员，它可使核小体沿着 DNA 滑动或改变核小体内部的组蛋白而达到染色质重构效果，从而来调控植物开花过程。这里连作地黄 SWR1 复合体被去甲基化而上调表达，可能涉及了连作地黄核小体内的组蛋白结构发生变化，使其染色质重塑，从而可能改变了连作地黄体内基因的转录模式。

综上所述，通过连作与头茬地黄根的甲基化模式差异分析，我们初步揭示了 DNA 甲基化修饰在地黄连作障碍形成中的可能性角色（图 7-4），即在连作胁迫下，地黄中 MYB 反转座子、PUS、SWR1 复合体亚基等基因的 DNA 序列中甲基化修饰被解除，促进这些基因的上调表达，影响了地黄细胞核内的染色质状态，干扰了连作地黄基因的正常转录和蛋白质合成。同时，*PHYB*、*KCS*、*KRP*、*SUMO* 等基因的 DNA 关联序列位点也被甲基化，其基因转录也可能受到抑制，而这些基因均参与细胞分裂、抗逆性及光合作用等核心代谢进程。据此，结合我们前期连作地黄生理和分子响应机制，我们初步推测连作胁迫通过甲基化方式抑制了连作地黄关键的细胞进程，导致连作地黄光合作用系统受阻，核心代谢途径紊乱，加速了地黄连作障碍的发生。

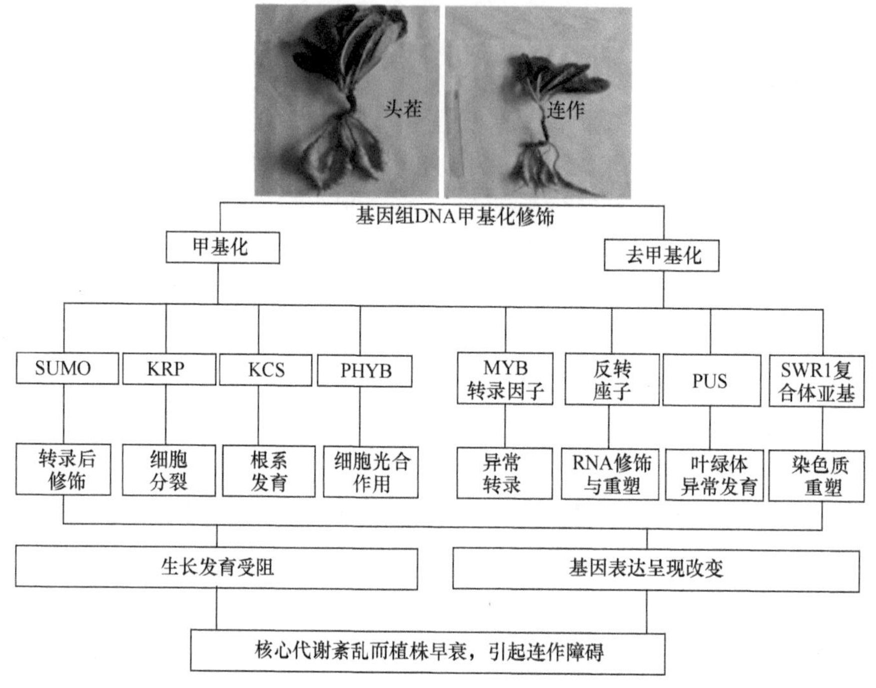

图 7-4　DNA 甲基化修饰在地黄连作障碍形成中可能的调控机制

第三节　连作胁迫下地黄根的组蛋白去乙酰化修饰作用

组蛋白乙酰化修饰是植物响应不同胁迫压力的重要开关。植物在感知逆境胁迫后，组蛋白会相应地发生一定的变化而关闭缠绕在其上的基因表达。而高等植物根际分泌物介导的根际土生态环境恶化，对生物本身也是一种胁迫，必然会导致其固有的染色质修饰状态被打破，关闭细胞内一部分与核心代谢途径密切相关的基因。此外，同类研究表明，逆境胁迫与组蛋白去乙酰化作用密切相关。因此，前期的基础工作和可靠的理论研究均表明，以组蛋白去乙酰化作用为切入点，找出连作毒害的最直接“元凶”，对解读地黄连作障碍中的“毒害途径”具有重要参考价值。

一、地黄连作模拟体系的构建

由于组蛋白位点修饰与外界环境中多元环境因子具有密切的关联性，为了更精准地获取连作特异响应组蛋白去乙酰化酶，排除大田连作环境下的多因素干扰，我们采用土壤浸提液在室内条件下构建培养基、悬浮细胞基础上的模拟连作和头茬体系，在组培和单细胞水平上研究土壤自毒物质对组蛋白乙酰化修饰的动态影响，减少了大田条件下其他因素对实验过程的干扰，并与田间实验相互比较验证，以精准地鉴定化感物质或连作胁迫与组蛋白乙酰化修饰间的关系。

（一）地黄组织培养体系和悬浮细胞体系的构建

为了获取健壮的地黄组织培养苗，取地黄块根膨大期的健壮块根，经过流水冲洗、消毒、切块后移植到 MS 培养基上，待地黄芽眼萌发后，经过 1～5 代的转接，获取长势一致的地黄无菌组培苗（图 7-5a）。构建地黄悬浮细胞的前提是获取增殖活力较高的胚型愈伤组织，为了探索地黄胚型愈伤组织诱导规律，我们以地黄的叶盘为基础，对比分析了不同水平 NAA、6-BA、2,4-D 等激素组合对叶盘愈伤的诱导率，发现 0.5mg/L NAA、3mg/L 6-BA 对地黄叶片具有较高愈伤诱导率（图 7-5b）。为了构建稳定可靠的地黄悬浮细胞，探索其增殖、形成规律，我们在地黄愈伤基础上，在液体 MS 培养基内，进一步详细了解 NAA、6-BA、2,4-D 等不同激素组合对悬浮细胞分裂影响。结果发现，在含有浓度 2.0mg/L 2,4-D、0.5mg/L 6-BA 组合的液体培养基中，悬浮细胞可以稳定增殖（图 7-5c～f）。为了构建地黄悬浮细胞生长曲线，对培育 6d、12d、18d、24d、30d 的悬浮细胞进行冷冻干燥处理并计算细胞干重。通过生长曲线分析，发现地黄悬浮细胞快速增殖期位于愈伤接种后 18～24d，平台期是接种后 25～30d，30d 后细胞开始褐化（图 7-5g）。

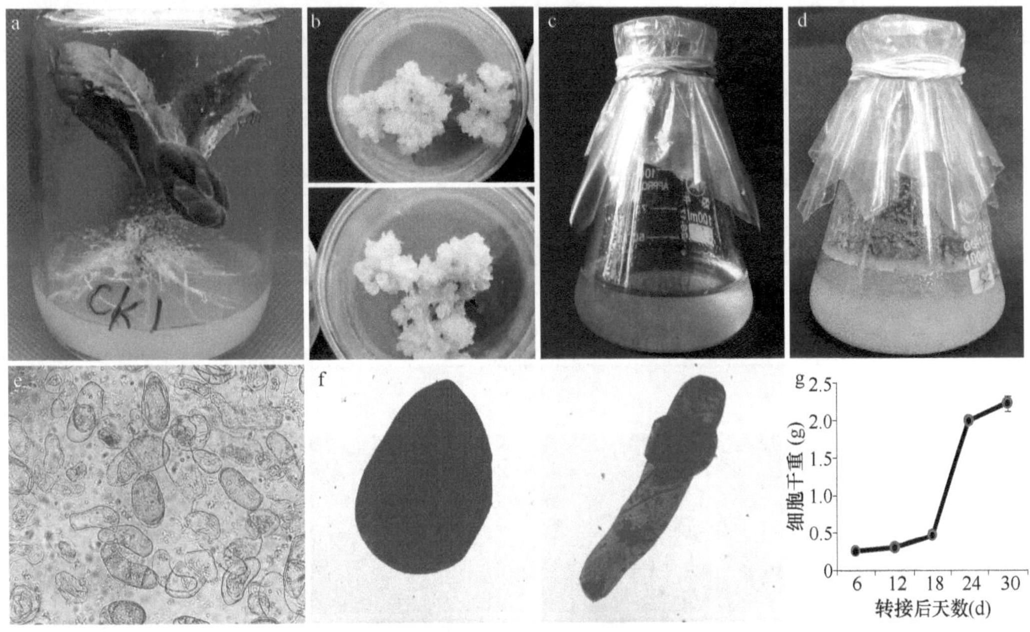

图 7-5　地黄悬浮细胞体系的构建

a. 地黄无菌苗；b. 地黄愈伤组织；c. 增殖期的悬浮细胞；d. 平台期悬浮细胞；e. 地黄悬浮细胞群体（未染色）；f. 不同形态悬浮细胞（染色）；g. 悬浮细胞的增殖曲线

（二）组培苗基础上的连作模拟体系构建

为了在组织培养体系的基础上精准模拟出连作的真实症状，我们以前期在连作地黄根际土中鉴定的对羟基苯甲酸、香草酸、丁香酸、香兰素、阿魏酸等 5 种酚酸作为候选自毒物质。以田间连作地黄 5 种酚酸浓度为参考，将 5 种酚酸进行等比例混合，设置 0（对照）、0.02mg/mL、0.05mg/mL、0.1mg/mL、0.2mg/mL、0.5mg/mL、1.0mg/mL、2.0mg/mL

等 8 个混合酚酸梯度水平对组培苗和悬浮细胞进行胁迫。通过组培苗和悬浮细胞表型症状、生长抑制率、细胞死亡率、细胞活性氧积累等表型及生理生化指标观察和测定，综合筛选出最优的地黄自毒胁迫浓度。通过组培苗中酚酸胁迫效应分析结果可以看出，与对照相比，地黄组培苗在小于 0.1mg/mL 的混合酚酸浓度下其植株基本生长正常，对植株生长没有显著的抑制效应，并且根系没有太大的损伤；当混合酚酸的浓度增加到 0.2mg/mL 时，植株生长开始出现抑制性效应，同时地黄植株的根系开始发黑、死亡，并且抑制效应随着浓度升高逐渐严重；当外源混合酚酸浓度达到 2.0mg/mL 时，地黄植株基本上不能存活（图 7-6、图 7-7）。但从不同浓度混合酚酸对地黄组培苗根系的死亡率影响来看，不同浓度酚酸对根系死亡率影响趋势存在差异，低浓度的酚酸对细胞死亡率影响不明显，高浓度的酚酸会迅速促进根系细胞死亡。

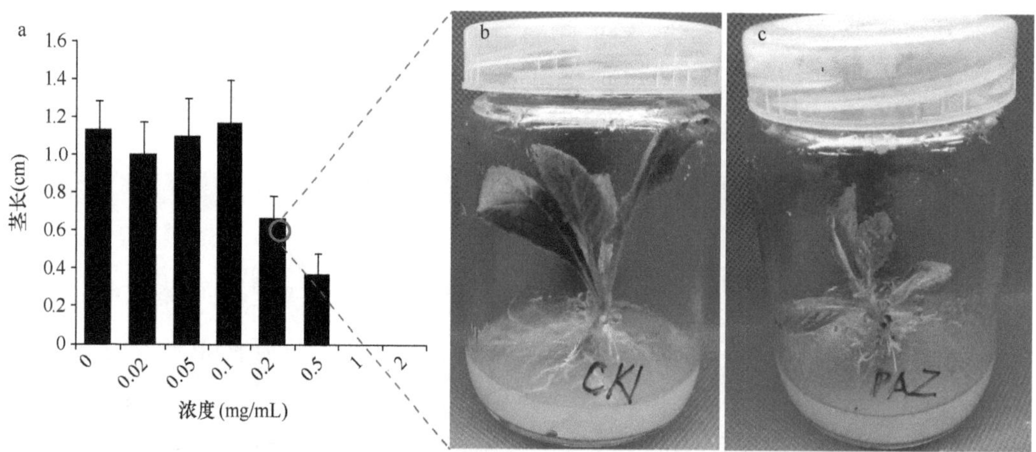

图 7-6　不同浓度外源酚酸对地黄组培苗的抑制性效应

a. 不同浓度外源酚酸对组培苗茎长的抑制；b、c. 特定浓度酚酸处理下植株表型特征

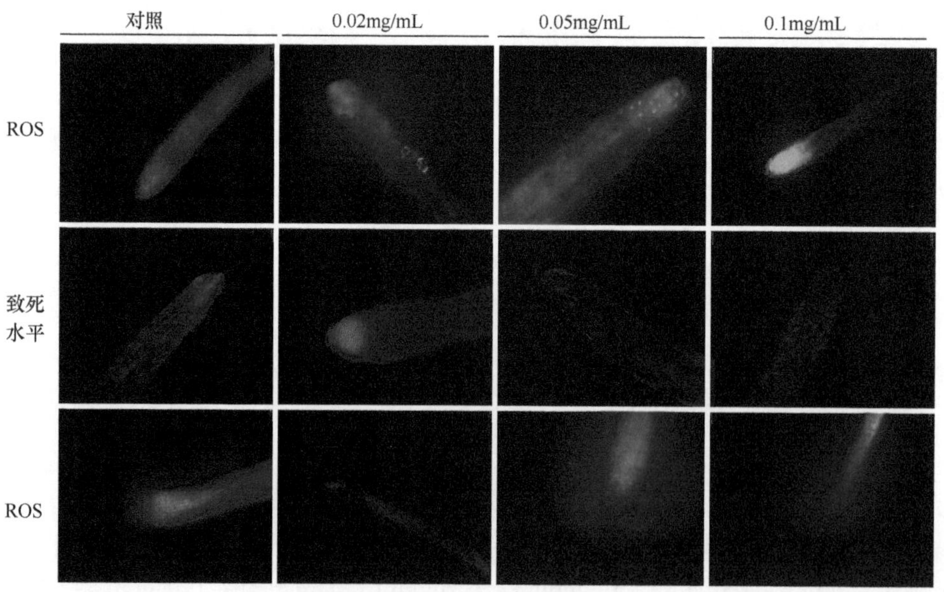

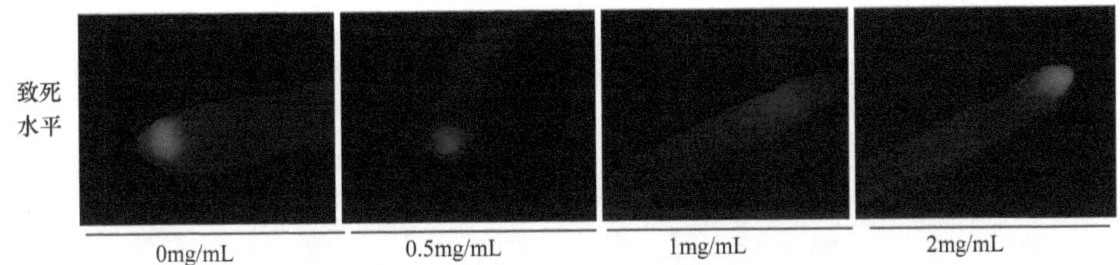

图 7-7　不同浓度外源酚酸对组培苗根系伤害效应

综合考虑不同浓度的混合酚酸处理下植株伤害效应及物质本身浓度效应所引发的胁迫作用，判定 0.2mg/mL 混合酚酸胁迫组培植株的症状更贴近田间连作表型。因此，我们确定 0.2mg/mL 混合酚酸作为组培基础上的连作模拟体系中化感自毒物质的最佳添加水平。为了进一步模拟地黄连作障碍的形成规律，将上述已经优化的外源酚酸添加到地黄组培瓶内，分别在添加后的 1d、3d、5d、7d、9d 等时间点进行取样，观察模拟连作组培苗在不同时期其根系的表型和生理表现。结果发现，在外源自毒物质单一胁迫下，地黄组培苗随着胁迫进程的推进，其根系伤害程度也逐渐增加。在外源酚酸添加 1d 后，植株根系 ROS 水平即开始积累，根系也开始出现伤害症状，此后逐渐严重；当胁迫 3d 时植株开始死亡。从混合酚酸对植株的持续性伤害进程来看，酚酸处理 3d 组培植株伤害程度开始加深，出现田间连作类似症状。因此，在组培连作模拟体系中，3d 被作为模拟组培连作体系中酚酸关键性伤害的时间节点（图 7-8）。

（三）以悬浮细胞为载体的连作模拟体系构建

为了进一步排除不同组织对化感物质响应的敏感性差异，更加精准了解化感物质对细胞直接的、决定性的伤害效应，我们在前期已经构建的地黄悬浮细胞基础上，外源添加化感物质研究其对单一细胞的伤害效应。

由于组织器官和单一细胞对外源胁迫因子的伤害敏感性存在着明显差异，我们在已经优化的地黄组培模拟外源添加的酚酸浓度水平上，适当缩减酚酸浓度，设置 0.05mg/mL、0.10mg/mL、0.20mg/mL 等三个混合酚酸梯度。将不同浓度的三种混合酚酸添加至处于平台初期的地黄悬浮细胞内，分别在处理后 1h、24h、48h 获取不同浓度梯度处理的细胞，在荧光显微镜下详细观察不同酚酸水平处理下细胞的致死率。结果从悬浮细胞的死亡率、凋亡系数及 ROS 累积情况来看，短时间的酚酸处理（1h）对不同悬浮细胞死亡率影响相对较小，而相对长时间处理（24h 以上）所诱发细胞死亡效应明显增强。从处理后 48h 获取的悬浮细胞死亡率检测结果来看，随着酚酸浓度升高，悬浮细胞内的 ROS 明显增加，细胞死亡率也同步上升，当外源酚酸浓度提高到 0.1mg/mL 时，显微视野内地黄悬浮细胞出现中等程度死亡效应，而 0.05mg/mL 酚酸处理细胞死亡相对较少，0.2mg/mL 酚酸处理细胞出现大面积细胞死亡（图 7-9）。

相比酚酸胁迫对组培苗的伤害程度，外源酚酸对地黄悬浮细胞伤害程度更为严重，这主要与悬浮细胞处理离体状态对周围胁迫因子更为敏感有关。综合三种浓度酚酸对悬浮细胞的伤害效应及其敏感性来看，0.1mg/mL 混合酚酸可以作为悬浮细胞关键性敏感阈值浓度，其结果更符合连作地黄积累性伤害症状的表现，也更利于后期细胞伤害的生

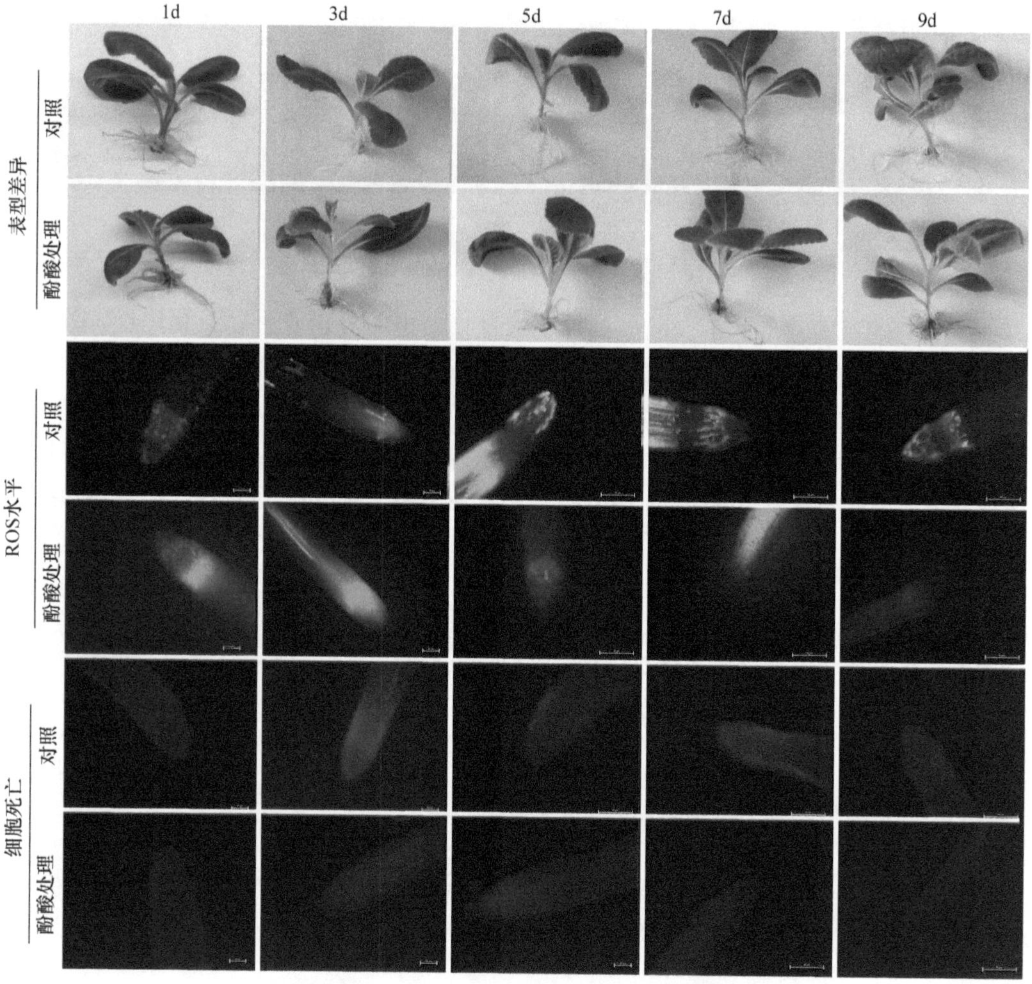

1d
3d
5d
7d
9d
表型差异
对照
酚酸处理
ROS水平
对照
酚酸处理
细胞死亡
对照
酚酸处理

图 7-8　外源酚酸（0.2mg/mL）对地黄组培苗的持续性伤害效应

1h
24h
48h
0.00 mg/mL
0.05 mg/mL
0.10 mg/mL

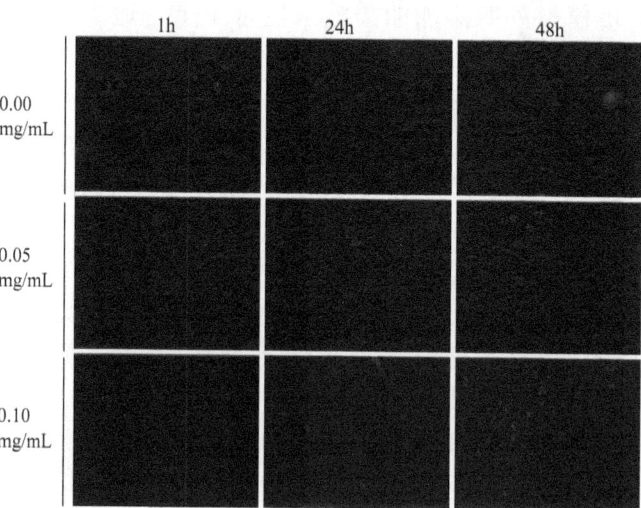

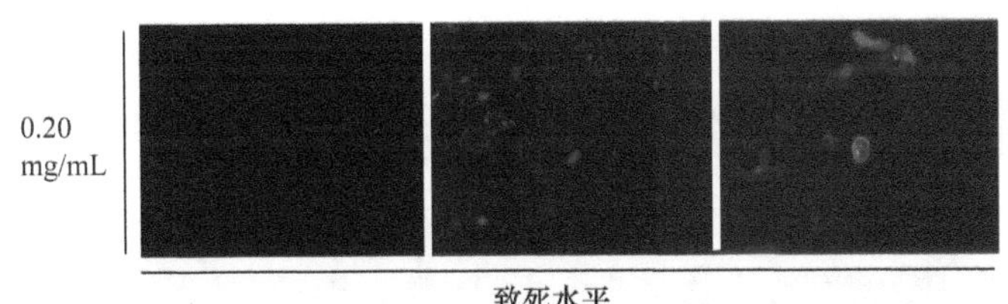

图 7-9　不同浓度酚酸对地黄悬浮细胞致死效应分析

理效应研究。为深入了解外源化感物质对地黄细胞的伤害进程，在酚酸加入地黄悬浮细胞后的 1h、6h、12h、24h 和 48h 分别进行取样，在荧光显微镜下观察其细胞的死亡和凋亡率。结果发现，在自毒物质加入细胞 6h 即有部分细胞开始死亡，此后随着处理进程的增加，悬浮细胞也相应出现严重的大面积死亡，在添加酚酸 24h 后，80%细胞出现凋亡（图 7-10）。表明悬浮细胞刚接触化感物质即会出现伤害症状，并且在酚酸悬浮液内浸润时间越长，细胞死亡率越高，表明酚酸对离体地黄细胞有着强烈的敏感伤害效应。从酚酸对悬浮细胞致死进程来看，在悬浮细胞接触酚酸 24h 对细胞造成的累积性伤害最为明显，此时大部分细胞已经处于凋亡前期，仍有部分细胞处于深度胁迫中，因此，选择 24h 作为悬浮细胞模拟连作核心伤害节点，更有利于鉴定出化感物质所诱发的与凋亡进程密切相关的基因。

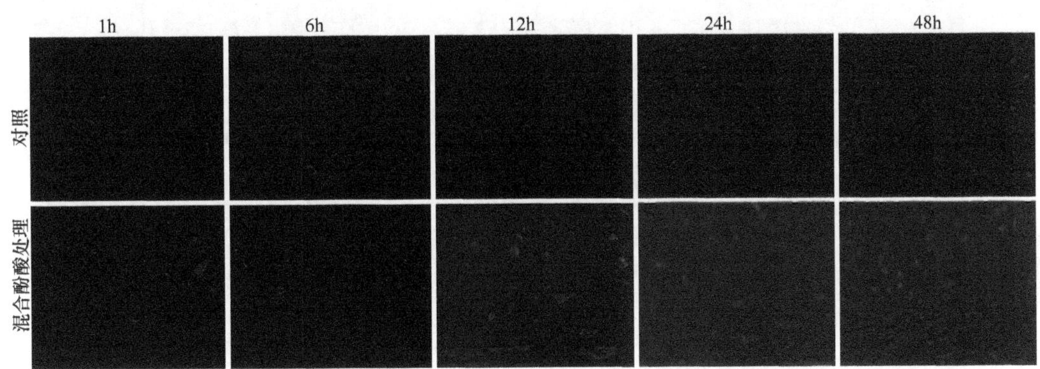

图 7-10　混合酚酸（0.1mg/mL）不同处理时间对地黄悬浮细胞死亡率影响

（四）乙酰化位点在连作障碍形成过程中的定性和定量

分别在地黄种植后的 15d、30d、45d、60d、75d、90d 获取大田连作和头茬地黄根系提取总蛋白，分别利用 Western blot 和免疫荧光技术分析不同地黄样品的关键组蛋白乙酰化位点 H3K9ac、H3K14ac、H3K18ac、H4K5ac 蛋白含量的动态变化。结果发现，在连作与头茬地黄各自生育进程中，4 个组蛋白去乙酰化酶含量无明显变化。通过连作与头茬间组蛋白去乙酰化酶位点蛋白含量的差异分析发现，H3K9ac、H3K14ac 在连作地黄 15d、30d、45d、60d、75d 等不同时期其根系内组蛋白去乙酰化位点蛋白含量明显低于头茬，而 H3K18ac、H4K5ac 在连作与头茬地黄间差异不明显（图 7-11）。免疫荧光实验的结果与 Western blot 实验结果基本一致，在地黄种植后 15d，连作与头茬地黄的乙酰化位点含量基本无明显差异，而在栽种后的 30d 连作地黄的乙酰化位点明显降低，在栽种后的 30d 和 45d 连作地黄的组蛋白乙酰化位点含量则明显又高于头茬地黄（图 7-12）。

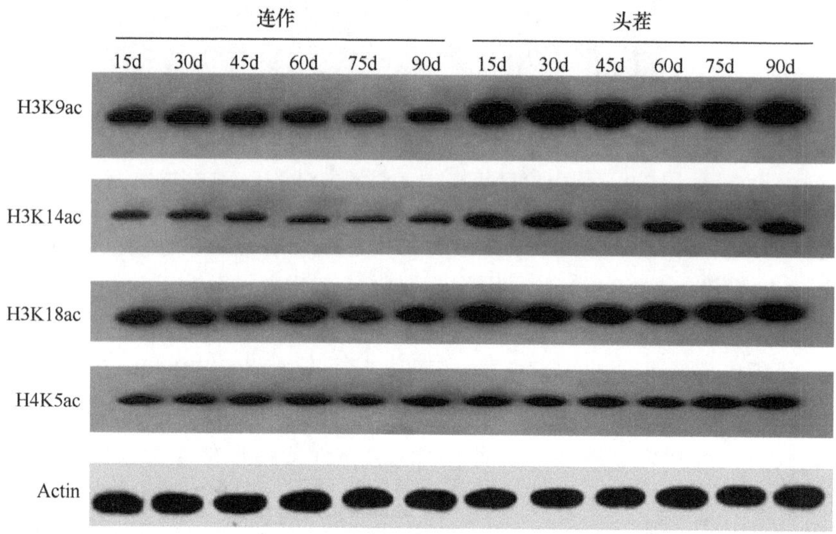

图 7-11 关键组蛋白乙酰化位点在田间连作形成过程中的表达模式（基于 Western blot 方法）

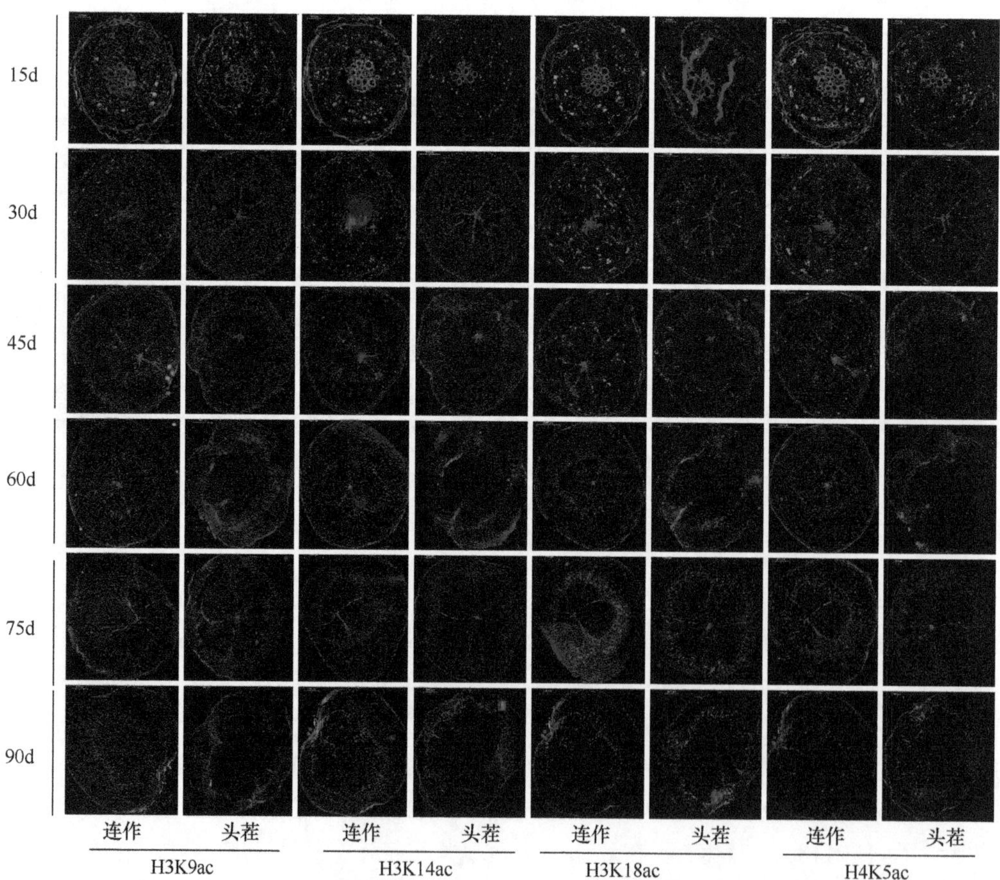

图 7-12 关键组蛋白乙酰化位点在连作障碍形成过程中的表达模式（基于免疫荧光染色方法）

为了在组织水平上解析关键组蛋白去乙酰化位点在连作胁迫下的响应特征，分别在酚酸处理后的 1d、3d、5d、7d、9d 获取处理和对照组织培养苗的根系，利用 Western blot 和免疫荧光染色对不同样品的组蛋白关键乙酰化位点进行定性和定量分析。结果发现，4 个组蛋白去乙酰化位点分别在酚酸处理和对照组培苗生长期间其蛋白质含量略有差异，但整体含量基本一致。通过酚酸胁迫和正常生长组培苗间的蛋白质含量对比分析则发现，组蛋白去乙酰化位点 H3K9ac、H3K18ac、H3K14ac 等三个组蛋白乙酰化位点在酚酸处理植株体内蛋白质含量均显著高于对照植株，但 H4K5ac 位点在酚酸处理和对照组培苗不同生长阶段植株间的含量差异变化不大（图 7-13）。酚酸处理和对照的组培苗植株的免疫荧光的实验结果与上述 Western blot 实验结果基本一致，在处理植株不同时间点 H3K9ac、H3K18ac、H3K14ac 等三个位点荧光强度明显高于对照植株，而 H4K5ac 位点含量略低于对照（图 7-14）。以上结果表明，外源化感物质能够显著促进关键组蛋白乙酰化位点的积累，但不同组蛋白乙酰化位点其调控敏感程度存在差异。

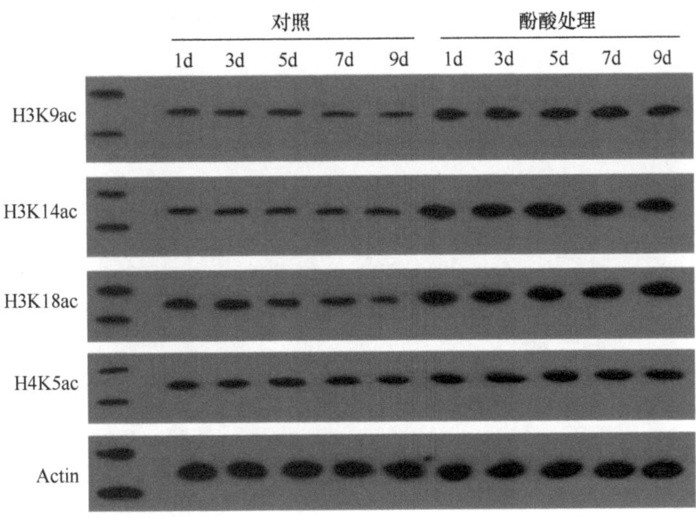

图 7-13　酚酸对地黄组培苗关键组蛋白乙酰化位点蛋白质含量的影响（基于 Western blot 方法）

为进一步更精准鉴定组蛋白去乙酰化位点对化感物质胁迫下的响应状态，将 0.1mg/mL 的外源酚酸加入地黄悬浮细胞的液体培养基内，对悬浮细胞进行胁迫。分别在胁迫后的 1h、6h、12h、24h、48h 获取悬浮细胞样品，并利用 Western blot 技术检测处理和对照细胞不同时间点组蛋白乙酰化位点蛋白质含量变化。结果发现，外源酚酸能够显著增加悬浮细胞组蛋白关键乙酰化位点的含量，所选 4 个组蛋白位点在不同胁迫时间点的酚酸处理悬浮细胞内含量均显著高于正常生长细胞（图 7-15）。由于悬浮细胞处于游离状态，加入抗体孵育后，进行荧光收集时，加入盖玻片会扰乱处于游离状态细胞，很难聚焦和进行荧光观察，因此，在悬浮细胞模拟连作研究中，关键组蛋白去乙酰化免疫荧光染色未拍到有效照片。

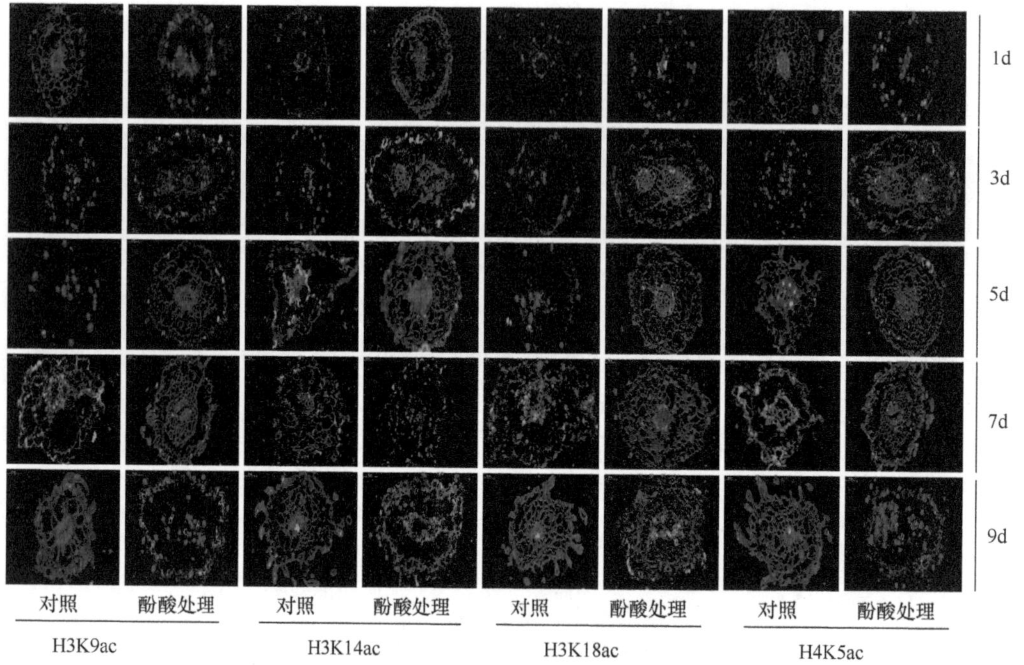

图 7-14 酚酸对地黄组培苗关键组蛋白乙酰化位点表达的影响（基于免疫荧光染色方法）

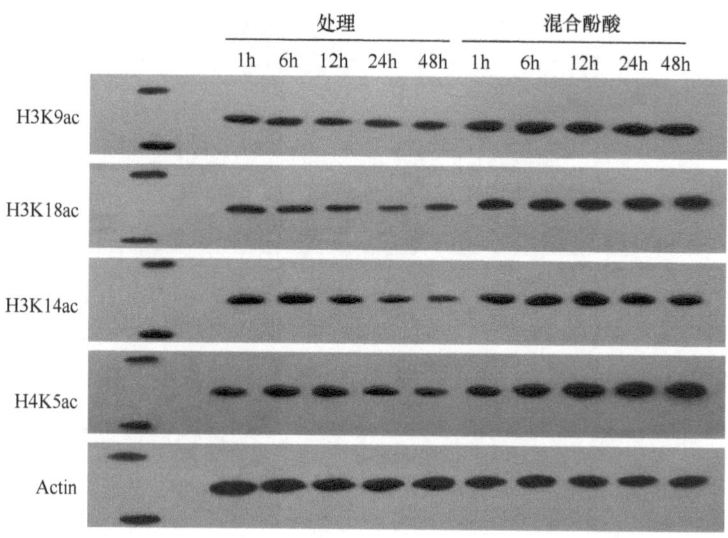

图 7-15 酚酸对地黄悬浮细胞组蛋白乙酰化位点表达的影响模式（基于 Western blot 方法）

对比分析组培和悬浮细胞模拟体系中 4 个关键组蛋白乙酰化位点含量变化可以看出，在 4 个组蛋白乙酰化位点中，3 个组蛋白乙酰化位点 H3K9ac、H3K18ac、H3K14ac 在连作和酚酸处理不同时期均显著高于头茬或对照，而 H4K5ac 位点酚酸处理地黄组培苗与对照组培苗间含量差异不显著，表明 3 个组蛋白去乙酰化酶基因在化感胁迫下总体上处于上调表达趋势。比较大田连作与头茬地黄间发现 H3K9ac、H3K18ac 则表现出相反趋势，其在连作地黄中含量低于头茬地黄，H3K14ac、H4K5ac 位点则差异不明显。

由此表明，大田连作与连作模拟体系间由于逆境和生长因子的差异导致组蛋白乙酰化位点修饰出现差异变化，相比较而言，在连作模拟体系中表达可能更能直接反映出化感直接调控效应。此外，结合组蛋白去乙酰化酶基因表达可以看出，田间连作和模拟连作植株或细胞中的组蛋白去乙酰化酶在连作和酚酸胁迫下的关键伤害时期，其表达均为头茬较对照植株显著，而组蛋白乙酰化位点在连作胁迫中也基本处于较高的积累水平。由于组蛋白去乙酰化酶的功能多样性及调控靶点的非专一性，很难通过组蛋白去乙酰化酶找到特异对应的组蛋白乙酰化位点，大部分胁迫研究中鉴定组蛋白位点基因调控机制基本是从单一组蛋白对应 DNA 量差异来了解组蛋白位点对基因表达调控状况的影响。在上述 H3K9ac、H3K18ac 与 H3K14ac 特异性响应的位点中，H3K9ac 位点在模式植物中已有大量研究，已经被证实在植物胁迫响应中扮演着极其重要角色。因此，为了详细了解关键组蛋白乙酰化位点在连作与头茬地黄中所关闭和开启的相关基因信息，我们因此选择 H3K9ac 位点作为切入点，找到组蛋白乙酰化位点与连作伤害形成间的关系。

二、组蛋白乙酰化修饰位点关联的保守调控域分析

（一）关键组蛋白乙酰化位点的保守调控域鉴定

为进一步获取 ChIP-Seq 关联的 DNA 片段中保守调控位点，深入挖掘 H3K9ac 位点所涉及的候选调控基因类型，我们利用 *DeNovo* ChIP-Seq 工具包（http://sb.cs.cmu.edu/denovochip/）对实验中所获取 6 个样品 ChIP 文库 H3K9ac 位点关联 DNA 片段所包含的保守调控区域进行鉴定。首先利用 Velvet 软件（https://www.ebi.ac.uk/~zerbino/velvet/）分别对连作、头茬、酚酸处理组培苗 MPAtcs、对照组培苗 CKtcs、酚酸处理悬浮细胞 MPAsc、对照悬浮细胞 CKsc 等 6 个样品的去污染数据（clean reads）进行了单独组装，选取序列覆盖度（cov_cutoff）在 1.5 以上的 Contigs（拼接片段）作为预选的 ChIPTags（ChIP 序列拼接片段）。进一步以 input clean reads（input 对照样品）作为内参，比对到不同样品 ChIPContigs（由 ChIP 片段组装的片段，自命名）上（由于我们利用 ChIP-Seq 测序所获得 reads 为双末端 reads，故将 *DeNovo* ChIP-Seq 原软件包中的比对工具改为用 Bowtie2 比对），根据比对丰度、长度、位置等相关参数对不同 ChIPContigs 进行打分和排名。选取排名前 2000 的 ChIPContigs 作为真实性候选 ChIPContigs 序列（Top value 2000 ChIPContigs，排名前 2000 的 ChIPContigs）。同时，利用 MEME 软件包中 DREME 软件（http://meme-suite.org/tools/dreme）对 Topvalue 2000 ChIPContigs 进行关键保守调控元件鉴定（P 值设置成 0.05），并通过 TOMTOM 软件（http://meme-suite.org/tools/tomtom）对所获保守元件的功能类型进行扫描（$P<0.05$）。结果在连作、头茬、MPAtcs、CKtcs、MPAsc、CKsc 等样品的 H3K9ac 位点密切相关 Topvalue 2000 ChIPContigs 中分别鉴定得到 17 个、17 个、50 个、16 个、59 个、21 个保守基序（motif）。

利用 TOMTOM 软件将上述所筛选的 motif 与植物相关保守 motif 库进行比对，鉴定植物中已知功能的 motif。比对标准为：$P<0.05$，重叠<8nt，对于同一个 motif 在多个库中获得注释，以 P 值作为标准进行 rank 排名，以 P 值最小匹配库作为相应 motif 的最终注释信息。结果在连作地黄中获得 7 个保守 motif，主要包括 WRKY、Gamyb、MYB15、 bZIP、Zn_clus 等转录因子核心结合位点（图 7-16）；在头茬地黄中获得 8 个保守 motif，主要有 HMG、gala6、DREB2C、NLP 等转录因子的结合区域（图 7-17）；在 MPAtcs 中获得 21 个 motif，主要为 HSFB2A、Bcl6b、Gat3、bZIP、AP2、Zn_clus、POPTR、RSRA：VDR、Myf6、AP2EREBP、MYB87、ZAP1、NLP 等核心结合区域（图 7-18）；CKtcs 获得 5 个保守 motif，主要为 Gata6、NLP4、AP2 为等核心结合区（图 7-19）；MPAsc 中有 22 个保守 motif，主要是 GATA、bHLH、MDE-1、FUS3、Zfp161、Srd1、GSC2、AP2、achi、SRF-TF、Hnf4a、bZIP、AP2、AT_hook、C3H、myb、INR 等转录因子的核心结合区域(图 7-20)；CKsc 中共鉴定到 8 个保守 motif，主要是 MADSBOX、MYB55、MYB.Ph3、Nkx2-5、Trihelix、C3H、zf-C2H3 等家族转录因子结合区域（图 7-21）。

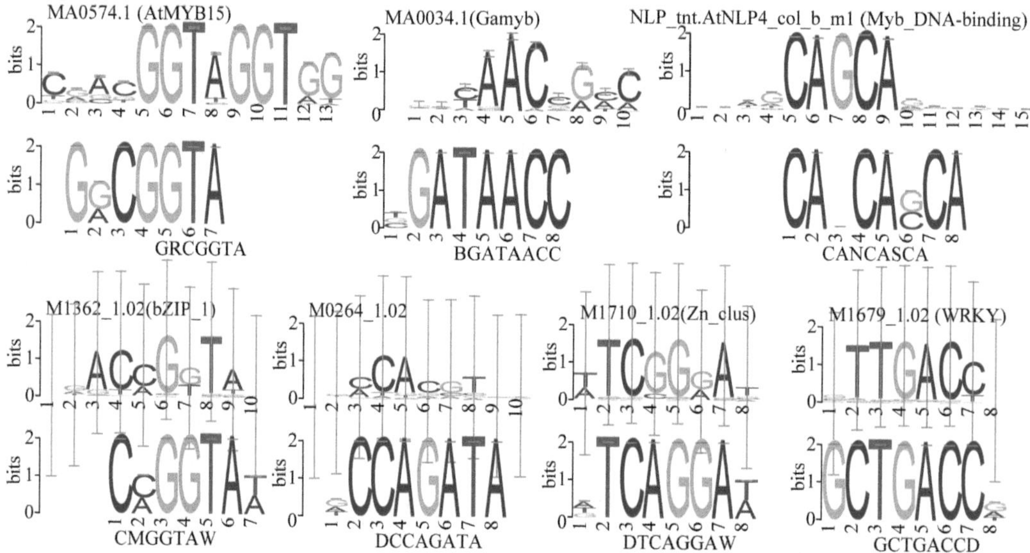

图 7-16 连作地黄 H3K9ac 位点关联的 ChIPTags 对应 motif 元件

每个保守元件包含 2 行保守对比区域信息，上行表示不同植物中保守 motif，下行表示地黄中组蛋白乙酰化位点所鉴定 motif，下同

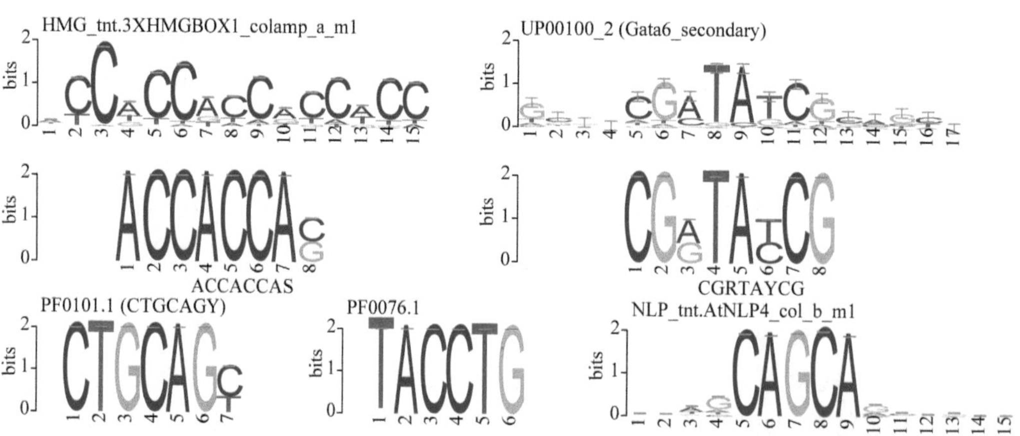

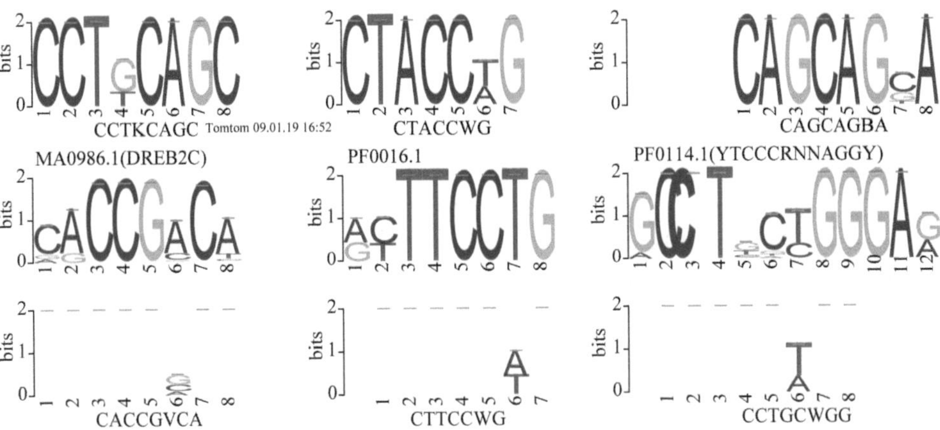

图 7-17　头茬地黄 H3K9ac 位点关联的 ChIPTags 对应 motif 元件

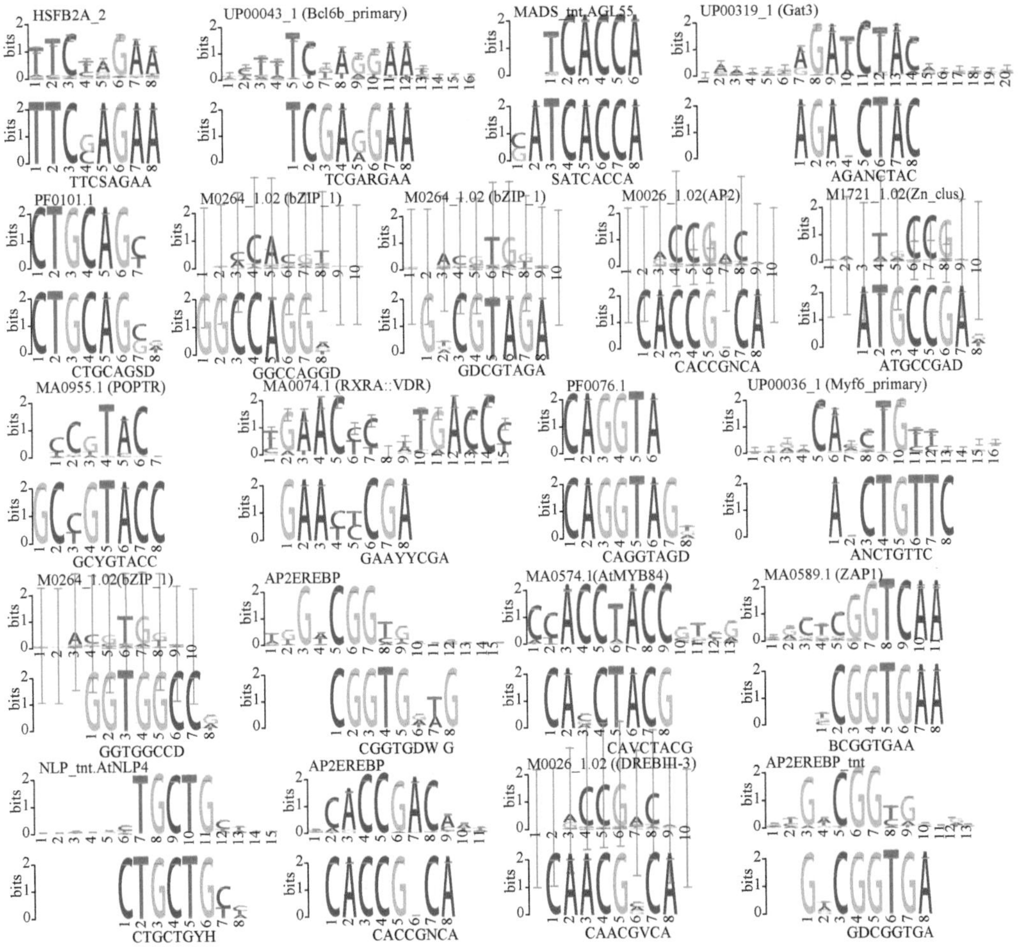

图 7-18　酚酸处理地黄组培苗 H3K9ac 位点关联的 ChIPTags 对应 motif 元件

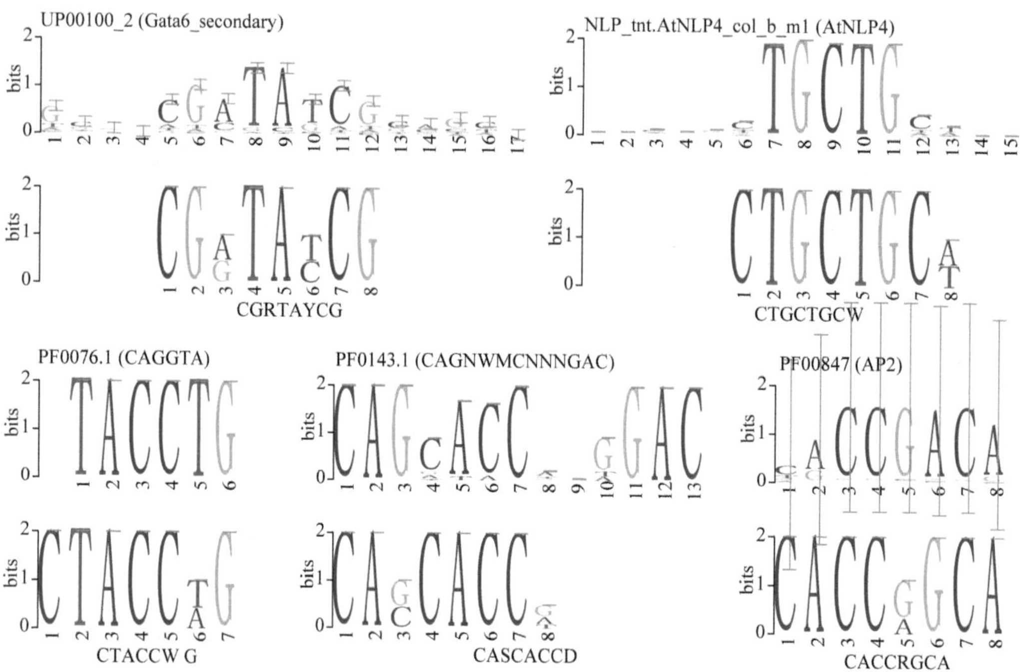

图 7-19 对照地黄组培苗 H3K9ac 位点关联的 ChIPTags 对应 motif 元件

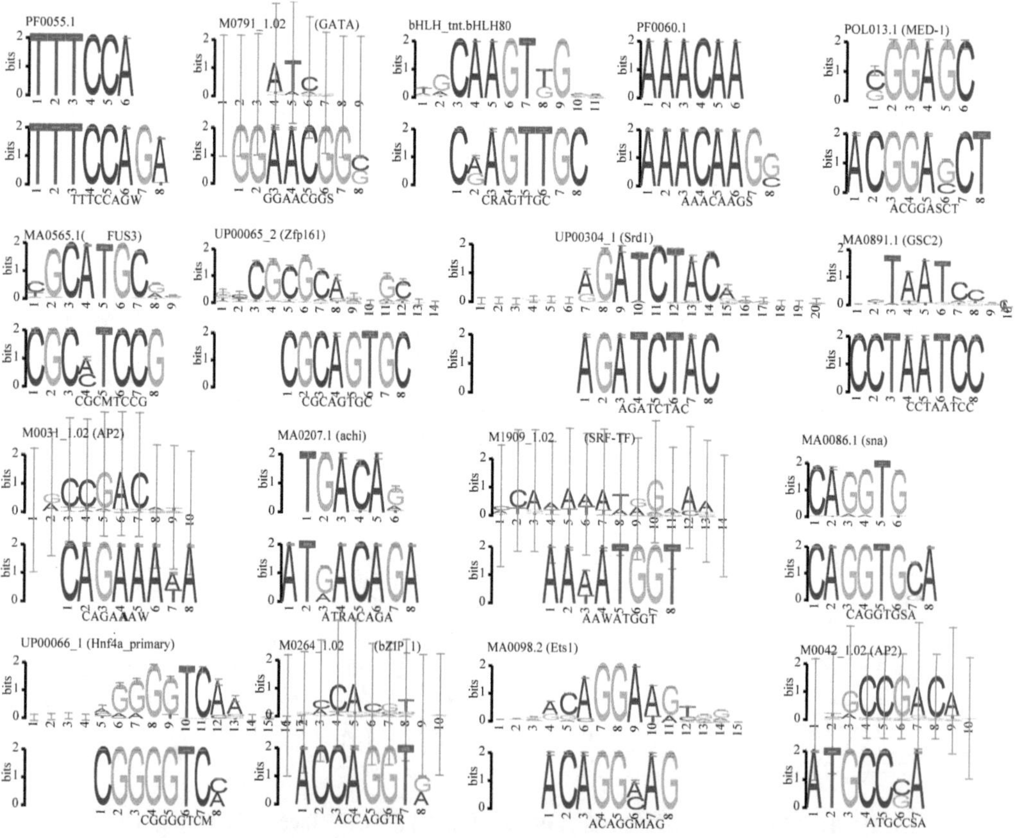

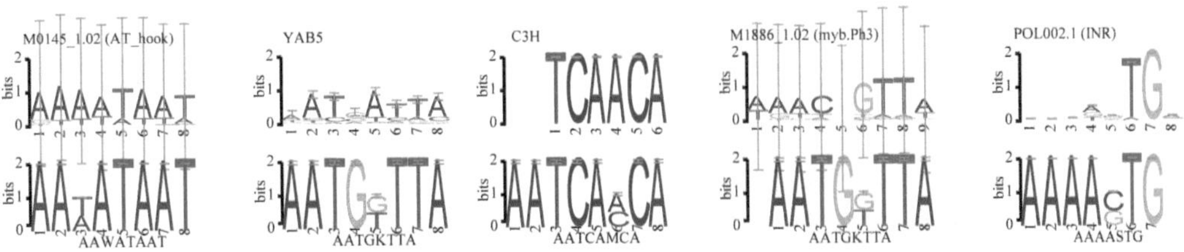

图 7-20　酚酸处理悬浮细胞中 H3K9ac 位点关联的 ChIPTags 对应 motif 元件

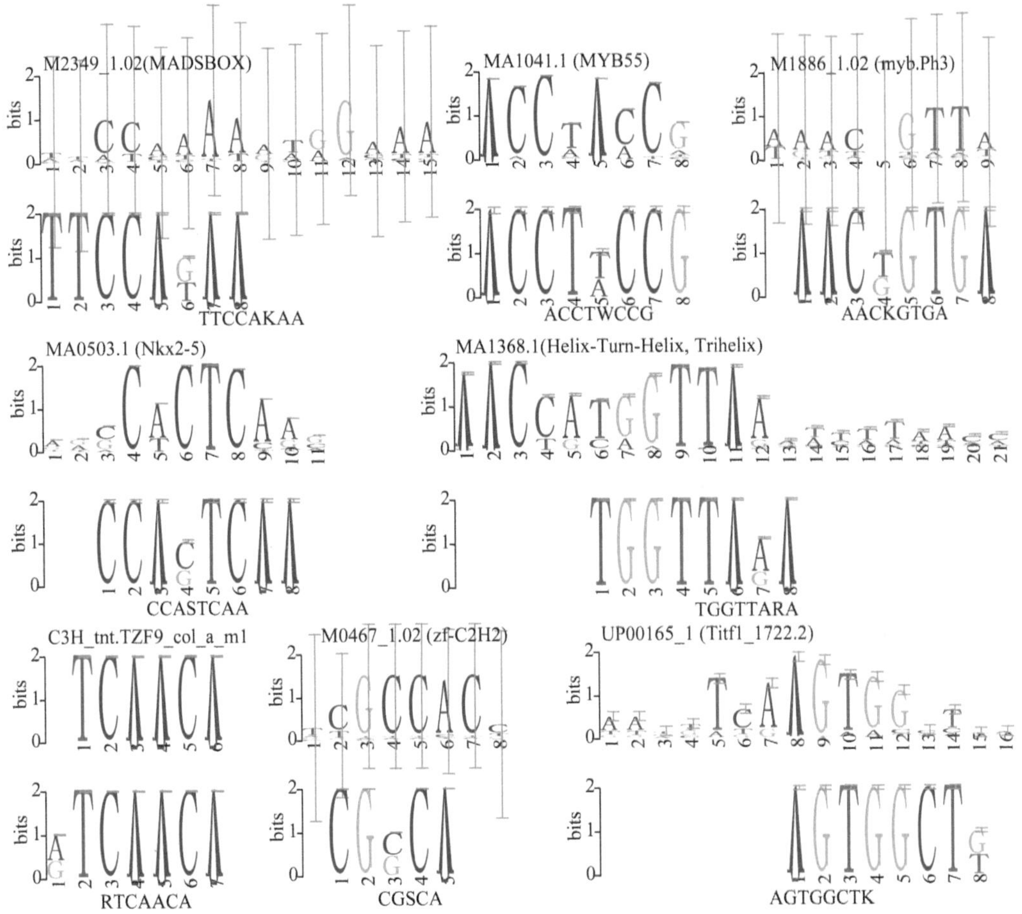

图 7-21　对照地黄悬浮细胞中 H3K9ac 位点关联的 ChIPTags 对应 motif 元件

（二）响应连作关键组蛋白乙酰化位点关联基因信息

为了鉴定出响应连作或单独化感物质的特异响应调控元件，将上述连作、头茬、酚酸处理组培苗 MPAtc 和对照组培苗 CKtcs、酚酸处理悬浮细胞 MPAsc 和对照悬浮细胞 CKtcs 三组样品的 Topvalue 2000 ChIPContigs 序列分别按组进行合并，并用 CD-HIT 软件（http://weizhongli-lab.org/cd-hit/）去除组间冗余序列，获得每组样品的 CoTopChIP-Contigs 合集（处理和对照总的排列靠前的 ChIPContigs）。同时，将不同组内处理和对照的 Clean Reads 对 CoTopChIPContigs 合集进行比对，通过 Homer 软件鉴定处理和对照间显著差异 diffCoTopChIPContigs（对照和处理间差异 ChIPContigs），并进一步利用上述软件对 diffCoTopChIPContigs 中保守调控元件进行鉴定，获取与连作障碍形成密切相关的保守调控元件。

结果在连作和头茬样品间共获得 2906 个 diffCoTopChIPContigs。其中，在连作地黄中显著上调的有 1890 个 diffCoTopChIPContigs，具有明显 motif 的 31 个，与已知保守的结构同源的 8 个，主要是 GATA、Gamyb、NFATC2、Zn_clus、MYB 等转录因子的核心结合区域（图 7-22）；下调 diffCoTopChIPContigs 有 1016 个，从中鉴定到具有明显 motif 的 31 个，具有已知保守的结构有 8 个，主要为 Hormone-nuclear Receptor、Gat3、Homeobox、HMG、NLP 等核心结合区（图 7-23）；在酚酸处理组培苗 MPAtcs 和对照组培苗 CKtcs 间共鉴定到 3000 个 diffCoTopChIPContigs，其中在 MPAtcs 显著上调的有 1105 个，4 个具有明显 motif，与其他植物相应区域同源的有 3 个，主要是 CAATbox、DCE 等转录调控元件（图 7-24）；下调的 1895 个，从中鉴定到 18 个 motif，5 个具有保守性，主要是 AP2、C2H2、NLP4、ACE4 等转录调控元件结合区域（图 7-25）。悬浮细胞连作模拟体系中，在差异 diffCoTopChIPContigs 中未能鉴定出满足指定阈值的有效 motif。

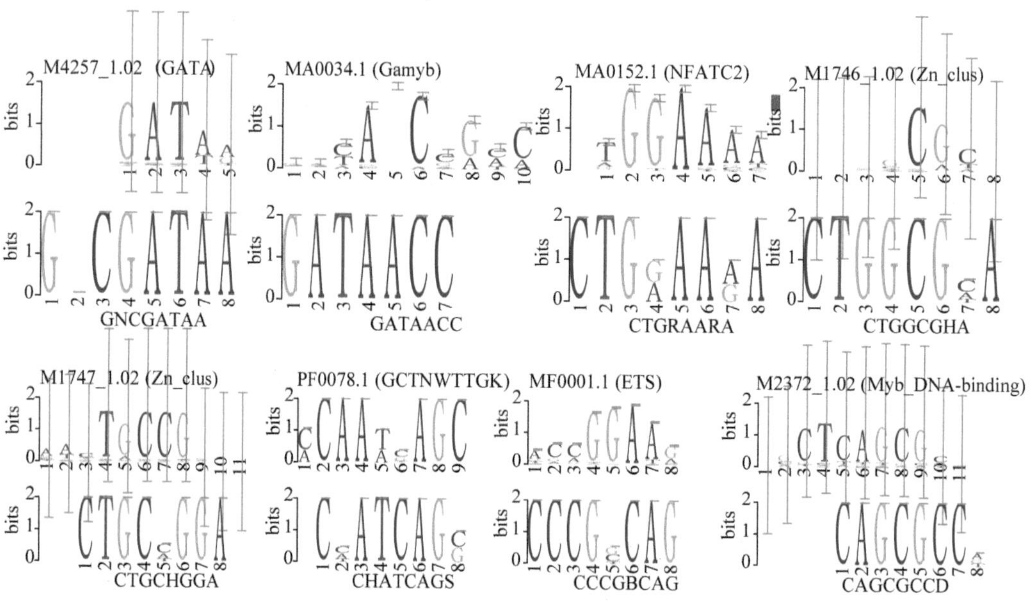

图 7-22　田间连作地黄上调表达 ChIPTags 中所鉴定的保守性 motif 元件

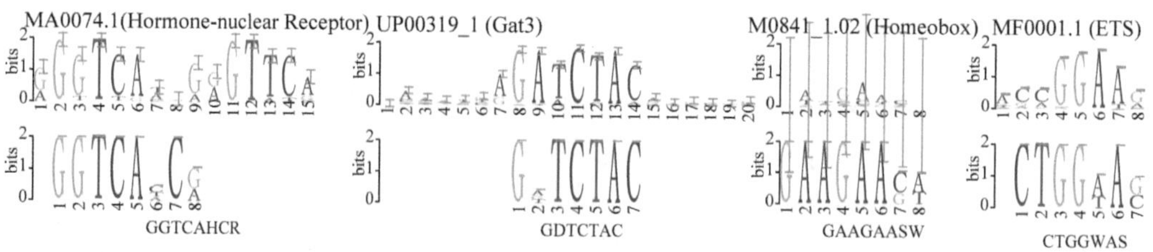

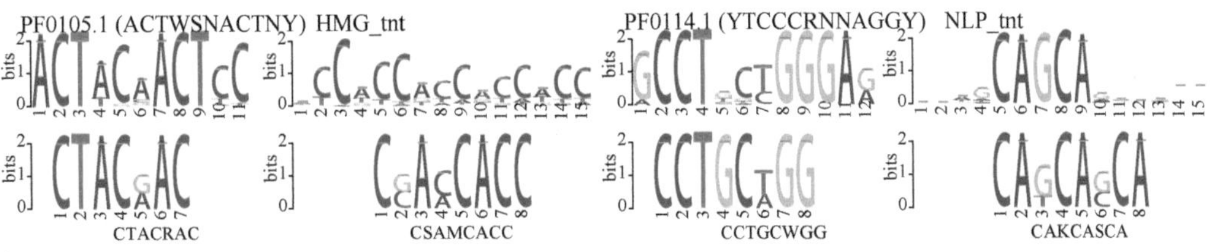

图 7-23　田间连作地黄下调表达 ChIPTags 中所鉴定的保守性 motif 元件

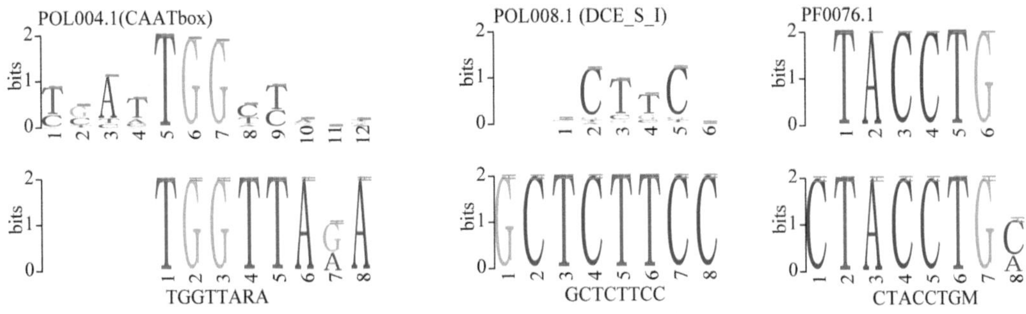

图 7-24　酚酸处理地黄组培苗中上调表达 ChIPTags 中所鉴定的保守性 motif 元件

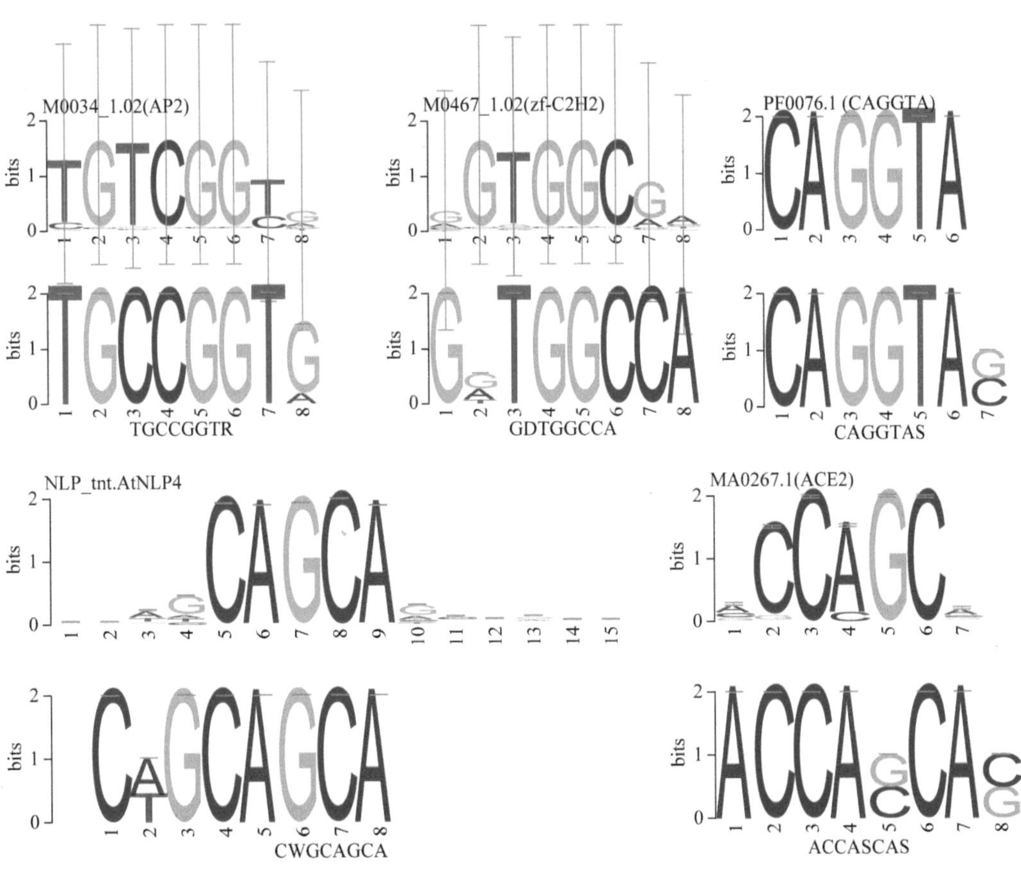

图 7-25　酚酸处理组培苗中下调表达 ChIPTags 中所鉴定的保守性 motif 元件

总之，通过深入解析连作响应组蛋白乙酰化位点对应 DNA 片段信息，我们发现地黄组蛋白 H3K9ac 位点含有大量的保守调控元件，而这些保守元件所对应的转录因子均是植物体内重要转录因子家族，与植物生长、发育、环境适应、逆境响应等生命进程密切相关。进一步分析连作特异响应 H3K9ac 所关联片段中保守元件，发现不同样品中均鉴定出了 AP2、MYB、C2H2 等核心元件，这些元件均与植物抗逆胁迫密切相关。这些结果初步揭示了地黄组蛋白乙酰化位点涉及植物细胞生命活动多层次核心进程，其进程调控紊乱对植物细胞正常生命周期会造成极大扰动。因此，前期我们所发现的连作地黄植株体内关键细胞进程的破坏可能与连作地黄组蛋白乙酰化修饰发生具有一定内在的关联性，换言之，组蛋白修饰位点的变化可能促成或启动连作地黄关键细胞代谢进程的紊乱进程。

第四节　miRNA 在地黄连作障碍形成中的作用

相对于基因表达转录水平上调控，转录后调控在植物生长发育、逆境响应、植物驯化与适应等关键生命进程中同样起着极其重要的作用，特别是植物与环境动态互作过程中，转录后基因的精准调控，对于植物在逆境下生存和生理状态起着核心调配作用。目前，转录后调控已经成为当前生命科学中最为关注的研究领域。科学家在阐明其调节机理方面已经做出了很大的努力，取得了一定的成果，如大量转录因子的发现等。越来越多的证据表明，最近发现的 microRNA（miRNA）则是真核生物最重要的基因表达调控者。近年来，随着高通量测序技术的发展，对不同植物 miRNA 作用机制开展了大量的研究工作，发现 miRNA 在生物和非生物响应中起着重要作用，如干旱、冷热、盐害、病原菌、昆虫等。同时，在植物的逆境信号转导途径中，如 ABA、JA、SA 等，也发现了 miRNA 深度参与其中，决定这些抗逆信号中断或贯通。我们前期研究已经明确证明了连作障碍是一种典型的生物胁迫和生物胁迫交叉复合体，包含了大量的复合胁迫因子，在植物应对外界大量的复合因子攻击时，植物为了对抗或适应这些复杂逆境胁迫，其体内的 miRNA 必然在其中扮演着重要角色。因此，为了解析 miRNA 在连作复杂调控网络所承担的作用机制，我们用连作地黄植株为处理、用头茬地黄植株为对照，并利用地黄转录组数据信息，鉴定地黄新型的 miRNA，寻找响应连作胁迫的特异 miRNA 及其关键的靶基因，为揭示 miRNA 在地黄连作障碍形成中分子调控机制，为从不同层面揭示连作障碍的分子机理提供理论依据。

一、地黄保守和新型 miRNA 的鉴定

（一）地黄 miRNA 文库构建

利用 Illumina 测序技术分别构建连作与头茬地黄（包括根、茎和叶）块根膨大期的两个小 RNA 的 cDNA 库。结果在连作与头茬库中，分别获得 18 103 606 reads 和 17 723 851 reads。其中，连作与头茬库中特有序列的总数（种类）占所有序列的百分数分别为 21.43%（种类 39.39%）与 23.24%（种类 47.95%），两库中相同序列总数（种类）占库中所有序列

的百分数为 55.32%（种类 12.66%）。而且，两库共有序列的测序频率为 10.41，而连作与头茬库中特有序列的平均测序频率均低于 1.3（表 7-5），两库中共有的小 RNA 序列的表达量是每个库中特有的小 RNA 序列表达量的 8～9 倍。结果表明，两个库中共有的小 RNA 可能普遍存在于地黄生长发育的过程中，特有的小 RNA 可能在地黄连作胁迫下起着重要的调节作用。

表 7-5　连作与头茬的小 RNA 库中公共及特有序列汇总表

分类	种类数	种类百分数（%）	总数 reads	数量百分数（%）	平均频率
总数	13 101 458	100.00	31 209 256	100.00	2.38
共有	1 658 321	12.66	17 265 892	55.32	10.41
头茬特有	6 282 417	47.95	7 253 493	23.24	1.15
连作特有	5 160 720	39.39	6 689 871	21.43	1.3

我们去掉小 RNA 库中的接头、低质量、污染及长度小于 18nt 的序列后，分别从连作与头茬地黄小 RNA 库中保留了约 1564 万和 1463 万高质量的 reads 进行下一步分析。两样品中小 RNA 长度分布基本相似（图 7-26）：长度为 24nt 的小 RNA 数量最多，其峰值最高；而具有典型成熟 miRNA（长度为 21nt）的数量位居第三；长度范围在 20～24nt 的小 RNA 总数占整个小 RNA 库的百分比为 94%左右，这与其他植物小 RNA 长度分布基本一致，这说明我们成功构建了地黄小 RNA 文库。

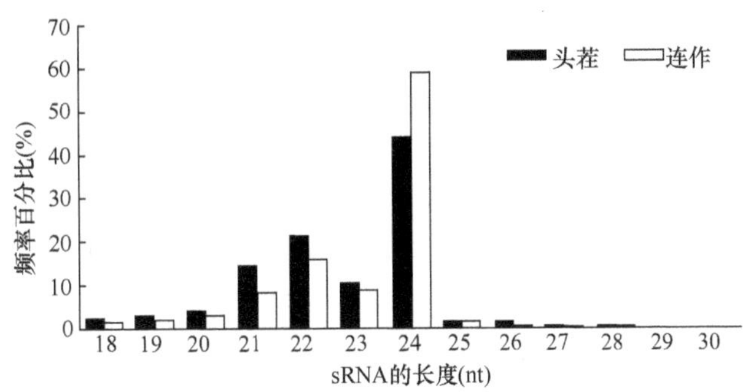

图 7-26　连作与头茬地黄样品中小 RNA 长度分布

（二）地黄保守 miRNA 的鉴定

根据小 RNA 的来源和注释，我们分别将连作与头茬地黄样品中所获取的小 RNA 进行了分类（表 7-6）。结果显示，0.03%（头茬）和 0.02%（连作）小 RNA 可以比对到非编码 RNA 序列（non-coding RNA）。接着又分别将两个小 RNA 库中的序列与 Rfam11.0 数据库中非编码蛋白序列进行比对，移除了比对上的序列后，将剩余的小 RNA 序列与 miRBase 数据库成熟的 miRNA 序列进行比对。结果显示，在连作与头茬地黄的小 RNA 库中，分别有 314 312 reads 和 546 181 reads 与 miRBase 数据中的成熟 miRNA 序列相匹配，两个库中鉴定的保守 miRNA 序列总数分别占各自小 RNA 总数的百分比为 2.00%（连作）和 3.73%（头茬）（表 7-6）。

表 7-6 连作与头茬的地黄小 RNA 分类

分类	种类数（百分数）		总数（百分数）		平均测序频率	
	头茬	连作	头茬	连作	头茬	连作
匹配管家非编码 sRNA	62 799（0.92%）	48 749（0.62%）	625 048（4.26%）	483 397（3.08%）	9.95	9.92
rRNA	52 513（0.77%）	40 129（0.51%）	473 147（3.23%）	347 016（2.22%）	9.01	8.65
snRNA	1 411（0.02%）	1 345（0.02%）	2 619（0.02%）	2 164（0.01%）	1.86	1.61
snoRNA	556（0.01%）	529（0.01%）	758（0.01%）	738（0.00%）	1.36	1.4
tRNA	8 319（0.12%）	6 746（0.09%）	148 524（1.01%）	133 479（0.85%）	17.85	19.79
已知 miRNA	1 913（0.03%）	1 434（0.02%）	546 181（3.73%）	314 312（2.00%）	285.51	219.19
匹配地黄转录组的小 RNA	3 956（0.06%）	3 782（0.05%）	9 946（0.07%）	9 239（0.06%）	2.51	2.44
其他小 RNA	6 729 967（98.99%）	7 863 866（99.32%）	13 477 812（91.94%）	14 842 916（94.85%）	2	1.89
总计	6 798 635（100%）	7 917 831（100%）	14 658 987（100%）	15 649 864（100%）	2.16	1.98

利用生物信息学技术，我们从两个小 RNA 库中共鉴定出 448 个保守 miRNA 家族，其中在头茬中鉴定出 397 个 miRNA 家族、连作中鉴定出 394 个 miRNA 家族。在保守 miRNA 家族中，连作与头茬中分别以 miR157、miR172 家族所占数量最多，其百分比分别为 15.27%、25.3%。miR156、miR164、miR166、miR167、miR774 和 miR845 家族的 reads 总数在这两个库中均处于中等水平。此外，在地黄中鉴定的 448 个保守 miRNA 家族中，有 51 个 miRNA（如 miR1027、miR1070、miR1147、miR1158 等）家族仅在连作地黄中表达，而在头茬地黄中表达都被关闭；有 54 个 miRNA（如 miR1051、miR1060、miR1063、miR1077 等）家族在头茬地黄中表达而没有在连作中表达。由此可见，连作与头茬的小 RNA 库中 miRNA 的表达水平之间存在着显著差异，为我们探讨地黄植株体内 miRNA 与连作障碍形成的关系提供了证据。

（三）新型 miRNA 的鉴定

为进一步鉴定和预测地黄物种的特异或新型 miRNA，我们从地黄 sRNA 测序文库内截取一定长度的 sRNA 与地黄的转录物信息进行比对，并将有 sRNA 的覆盖或对比区域进行二级结构预测及 Dicer 酶切位点、能量等特征鉴定。为此，首先将连作与头茬地黄的两个小 RNA 库中 18～25nt 的 sRNA 序列与地黄的转录物信息进行比对，结果显示，在连作与头茬地黄的小 RNA 库中，能够匹配到地黄转录物的序列分别为 9239 个（3782 种）和 9946 个（3956 种）小 RNA。由于 miRNA 前体具有的典型发夹结构，我们把已经比对上小 RNA 序列的地黄转录物的一段序列截取（比对覆盖区上下游 100bp 之内），进行二级结构折叠预测（图 7-27），结果从这两个小 RNA 库中共预测出 41 个候选的新型miRNA。然后我们利用BLASTN将这些sRNA与miRBase16.0进行鉴定，结果在sRNA数据库内没匹配上相应的序列信息，证明我们所获取的这些sRNA序列为地黄特异的sRNA。为了验证这些候选的miRNA是否是新型miRNA，利用RT-PCR方法从地黄中（包括头茬和连作）克隆了22个新型miRNA（图7-28）。

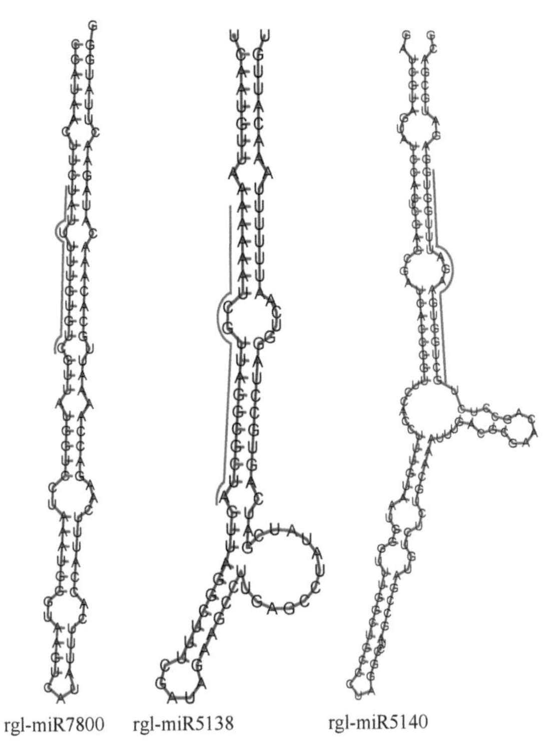

图7-27　部分新型miRNA前体的二级结构

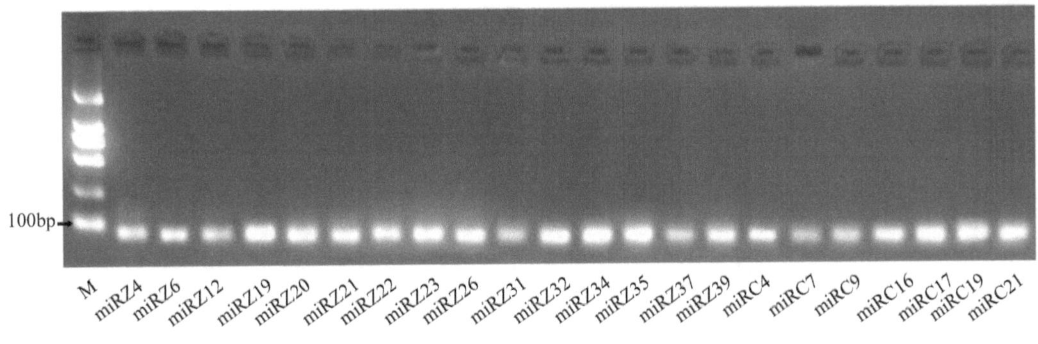

图7-28　用RT-PCR方法在地黄中鉴定的22个新型miRNA

二、地黄响应连作胁迫的miRNA表达谱分析

由于Illumina测序频率可以反映miRNA的相对表达量，因此我们把miRNA测序频率值标准化后对两个样品中miRNA表达谱进行差异分析（表7-7）。结果显示，在地黄鉴定的448个保守和22个新型的miRNA中，有302个保守的miRNA和10个新型miRNA

表达量差异达极显著水平（$P<0.01$，表 7-7）。在这些差异表达的 miRNA 中，有 128 个 miRNA 家族在连作中上调表达，其他的 184 个 miRNA 家族在连作中均为下调表达；在连作地黄中出现了 55 个特异响应的 miRNA 家族（如 miR1027、miR1070、rgl-miRC4、rgl-miRC9 等，本章 rgl 为 *R. glutinosa* 的缩写），有 54 个 miRNA（如 miR1051、miR1060、rgl-miRZ20、rgl-miRZ21、rgl-miRZ23）在连作地黄中表达被关闭。由此可见，地黄在连作胁迫下，其体内 miRNA 的表达水平发生了显著变化。

表 7-7 连作与头茬地黄中 miRNA 表达差异谱

miRNA 名称	reads 数		标准化值		差异倍数	P 值	显著性
	头茬	连作	头茬	连作	（$\log_2$ R2/R1）		
miR1027	0	73	0.01	4.67	8.87	1.21×10^{-21}	**
miR1028	7	58	0.48	3.71	2.95	1.32×10^{-10}	**
miR1030	46	15	3.14	0.96	−1.71	1.86×10^{-5}	**
miR1039	3805	329	260.07	21.03	−3.63	0	**
miR1040	6	62	0.41	3.96	3.27	2.92×10^{-12}	**
miR1042	271	1	18.59	0.06	−8.18	1.72×10^{-84}	**
miR1051	75	0	5.13	0.01	−9	1.99×10^{-24}	**
miR1052	28	3	1.91	0.19	−3.32	1.04×10^{-06}	**
miR1060	43	0	2.94	0.01	−8.2	2.54×10^{-14}	**
miR1063	764	0	52.22	0.01	−12.35	5.03×10^{-242}	**
miR1070	0	106	0.01	6.78	9.4	4.18×10^{-31}	**
miR1073	1903	28	130.07	1.79	−6.18	0	**
miR1074	54	1100	3.69	70.31	4.25	1.12×10^{-239}	**
miR1077	94	0	6.42	0.01	−9.33	1.99×10^{-30}	**
miR1082	330	1	22.56	0.06	−8.46	1.00×10^{-102}	**
miR1083	104	0	7.11	0.01	−9.47	1.38×10^{-33}	**
miR1087	11	180	0.75	11.51	3.94	2.22×10^{-38}	**
miR1097	20	45	1.37	2.88	1.07	0	**
miR1105	127	0	8.68	0.01	−9.76	7.52×10^{-41}	**
miR1106	184	0	12.58	0.01	−10.3	7.50×10^{-59}	**
miR1109	57	3243	3.9	207.3	5.73	0	**
miR1114	37	168	2.53	10.74	2.09	1.78×10^{-19}	**
miR1115	49	10	3.35	0.64	−2.39	4.03×10^{-8}	**
miR1118	262	41	17.91	2.62	−2.77	3.97×10^{-44}	**
miR1122	50	0	3.42	0.01	−8.42	1.56×10^{-16}	**
miR1125	0	120	0.01	7.67	9.58	4.04×10^{-35}	**
miR1126	10	40	0.68	2.56	1.9	4.13×10^{-5}	**
miR1137	159	0	10.87	0.01	−10.09	5.89×10^{-51}	**
miR1138	2	45	0.14	2.88	4.4	3.56×10^{-11}	**
miR1144	2315	192	158.23	12.27	−3.69	0	**
miR1147	0	141	0.01	9.01	9.82	3.85×10^{-41}	**
miR1153	153	11	10.46	0.7	−3.89	1.53×10^{-35}	**

续表

miRNA 名称	reads 数		标准化值		差异倍数	P 值	显著性
	头茬	连作	头茬	连作	（$\log_2$ R2/R1）		
miR1154	4	44	0.27	2.81	3.36	3.18×10^{-9}	**
miR1156	88	38	6.01	2.43	−1.31	1.13×10^{-6}	**
miR1158	0	50	0.01	3.2	8.32	4.76×10^{-15}	**
miR1159	659	50	45.04	3.2	−3.82	7.41×10^{-146}	**
miR1160	4297	5	293.69	0.32	−9.84	0	**
miR1162	0	131	0.01	8.37	9.71	2.84×10^{-38}	**
miR1163	299	2	20.44	0.13	−7.32	4.39×10^{-91}	**
miR1164	55	0	3.76	0.01	−8.55	4.12×10^{-18}	**
miR1166	0	16	0.01	1.02	6.68	2.67×10^{-5}	**
miR1169	22	0	1.5	0.01	−7.23	1.09×10^{-7}	**
miR1172	50	0	3.42	0.01	−8.42	1.56×10^{-16}	**
miR1217	264	4	18.04	0.26	−6.14	6.28×10^{-77}	**
miR1222	9	382	0.62	24.42	5.31	2.46×10^{-95}	**
miR1223	0	35	0.01	2.24	7.81	9.52×10^{-11}	**
miR1309	0	104	0.01	6.65	9.38	1.56×10^{-30}	**
miR1310	531	185	36.29	11.83	−1.62	5.48×10^{-45}	**
miR1313	33	0	2.26	0.01	−7.82	3.66×10^{-11}	**
miR1315	0	17	0.01	1.09	6.76	1.38×10^{-5}	**
miR1318	650	38	44.43	2.43	−4.19	3.28×10^{-154}	**
miR1319	3	17	0.21	1.09	2.41	0	**
miR1428	229	15	15.65	0.96	−4.03	8.33×10^{-54}	**
miR1432	59	0	4.03	0.01	−8.66	2.25×10^{-19}	**
miR1435	97	7	6.63	0.45	−3.89	5.38×10^{-23}	**
miR1436	906	182	61.92	11.63	−2.41	5.14×10^{-127}	**
miR1438	14	36	0.96	2.3	1.27	0	**
miR1439	117	269	8	17.19	1.1	6.94×10^{-13}	**
miR1441	0	76	0.01	4.86	8.92	1.67×10^{-22}	**
miR1444	194	11	13.26	0.7	−4.24	2.09×10^{-47}	**
miR1446	0	64	0.01	4.09	8.68	4.61×10^{-19}	**
miR1449	7	126	0.48	8.05	4.07	6.60×10^{-28}	**
miR1507	25	7	1.71	0.45	−1.93	6.72×10^{-4}	**
miR1508	574	79	39.23	5.05	−2.96	2.88×10^{-101}	**
miR1510	20	2	1.37	0.13	−3.42	3.43×10^{-05}	**
miR1512	42	6	2.87	0.38	−2.9	1.60×10^{-8}	**
miR1515	21	5	1.44	0.32	−2.17	0	**
miR1518	7	45	0.48	2.88	2.59	1.45×10^{-7}	**
miR1519	21	0	1.44	0.01	−7.17	2.25×10^{-7}	**
miR1522	677	95	46.27	6.07	−2.93	5.55×10^{-118}	**
miR1523	319	147	21.8	9.4	−1.21	1.81×10^{-18}	**

续表

miRNA 名称	reads 数		标准化值		差异倍数	P 值	显著性
	头茬	连作	头茬	连作	（$\log_2$ R2/R1）		
miR1528	40	5	2.73	0.32	−3.1	1.28×10^{-8}	**
miR1531	0	37	0.01	2.37	7.89	2.54×10^{-11}	**
miR1533	200	66	13.67	4.22	−1.7	4.50×10^{-19}	**
miR1534	65	14	4.44	0.89	−2.31	5.17×10^{-10}	**
miR1536	37	0	2.53	0.01	−7.98	2.00×10^{-12}	**
miR156	13778	6893	941.71	440.61	−1.1	0	**
miR157	138202	27696	9445.91	1770.35	−2.42	0	**
miR158	25	140	1.71	8.95	2.39	3.56×10^{-19}	**
miR160	1476	328	100.88	20.97	−2.27	6.91×10^{-191}	**
miR163	5	63	0.34	4.03	3.56	2.87×10^{-13}	**
miR165	91	39	6.22	2.49	−1.32	6.27×10^{-7}	**
miR168	5613	1188	383.64	75.94	−2.34	0	**
miR170	145	438	9.91	28	1.5	3.53×10^{-31}	**
miR1846	1	27	0.07	1.73	4.66	2.72×10^{-7}	**
miR1850	56	11	3.83	0.7	−2.44	2.59×10^{-9}	**
miR1851	0	80	0.01	5.11	9	1.19×10^{-23}	**
miR1855	90	344	6.15	21.99	1.84	1.21×10^{-32}	**
miR1856	88	331	6.01	21.16	1.81	5.88×10^{-31}	**
miR1858	135	0	9.23	0.01	−9.85	2.24×10^{-43}	**
miR1860	0	95	0.01	6.07	9.25	5.96×10^{-28}	**
miR1861	27	90	1.85	5.75	1.64	2.21×10^{-8}	**
miR1862	5	28	0.34	1.79	2.39	8.56×10^{-5}	**
miR1867	0	23	0.01	1.47	7.2	2.63×10^{-7}	**
miR1870	141	24	9.64	1.53	−2.65	2.39×10^{-23}	**
miR1871	757	6	51.74	0.38	−7.08	4.24×10^{-227}	**
miR1872	68	7	4.65	0.45	−3.38	7.66×10^{-15}	**
miR1873	60	29	4.1	1.85	−1.15	0	**
miR1875	725	37	49.55	2.37	−4.39	3.63×10^{-177}	**
miR1878	20	192	1.37	12.27	3.17	3.00×10^{-34}	**
miR1888	0	599	0.01	35.73	11.8	5.40×10^{-161}	**
miR1917	451	6	30.83	0.38	−6.33	8.52×10^{-132}	**
miR2079	9	21	0.62	1.34	1.13	0	**
miR2080	119	0	8.13	0.01	−9.67	2.53×10^{-38}	**
miR2083	31	68	2.12	4.35	1.04	0	**
miR2090	35	8	2.39	0.51	−2.23	9.57×10^{-6}	**
miR2095	0	23	0.01	1.47	7.2	2.63×10^{-7}	**
miR2099	24	8	1.64	0.51	−1.68	0	**
miR2101	1334	77	91.18	4.92	−4.21	0	**
miR2105	55	6	3.76	0.38	−3.29	5.34×10^{-12}	**

续表

miRNA 名称	reads 数		标准化值		差异倍数	P 值	显著性
	头茬	连作	头茬	连作	（$\log_2$ R2/R1）		
miR2108	3	32	0.21	2.05	3.32	6.12×10^{-7}	**
miR2118	148	1	10.12	0.06	−7.31	1.37×10^{-45}	**
miR2119	51	0	3.49	0.01	−8.45	7.56×10^{-17}	**
miR2120	552	0	37.73	0.01	−11.88	4.51×10^{-175}	**
miR2123	24	0	1.64	0.01	−7.36	2.54×10^{-8}	**
miR2586	3	39	0.21	2.49	3.6	1.02×10^{-8}	**
miR2592	135	3413	9.23	218.16	4.56	0	**
miR2593	100	16	6.83	1.02	−2.74	1.54×10^{-17}	**
miR2595	190	48	12.99	3.07	−2.08	1.58×10^{-23}	**
miR2600	74	0	5.06	0.01	−8.98	4.12×10^{-24}	**
miR2605	59	0	4.03	0.01	−8.66	2.25×10^{-19}	**
miR2607	72	233	4.92	14.89	1.6	7.49×10^{-19}	**
miR2608	23	0	1.57	0.01	−7.3	5.27×10^{-8}	**
miR2611	12	117	0.82	7.48	3.19	1.53×10^{-21}	**
miR2616	0	436	0.01	27.87	11.44	1.00×10^{-125}	**
miR2619	140	0	9.57	0.01	−9.9	5.90×10^{-45}	**
miR2620	0	87	0.01	5.56	9.12	1.17×10^{-25}	**
miR2621	36	0	2.46	0.01	−7.94	4.13×10^{-12}	**
miR2628	186	131	12.71	8.37	−0.6	0	**
miR2630	49	2	3.35	0.13	−4.71	1.19×10^{-13}	**
miR2635	315	0	21.53	0.01	−11.07	3.18×10^{-100}	**
miR2637	0	155	0.01	9.91	9.95	3.72×10^{-45}	**
miR2638	91	4	6.22	0.26	−4.6	4.35×10^{-24}	**
miR2639	17	0	1.16	0.01	−6.86	4.13×10^{-6}	**
miR2641	0	123	0.01	7.86	9.62	5.58×10^{-36}	**
miR2642	37	0	2.53	0.01	−7.98	2.00×10^{-12}	**
miR2654	0	132	0.01	8.44	9.72	1.47×10^{-38}	**
miR2655	0	23	0.01	1.47	7.2	2.63×10^{-7}	**
miR2658	126	28	8.61	1.79	−2.27	9.53×10^{-18}	**
miR2660	0	138	0.01	8.82	9.78	2.79×10^{-40}	**
miR2661	83	33	5.67	2.11	−1.43	4.37×10^{-7}	**
miR2662	6008	0	410.64	0.01	−15.33	0	**
miR2663	68	3	4.65	0.19	−4.6	2.77×10^{-18}	**
miR2666	68	152	4.65	9.72	1.06	1.71×10^{-7}	**
miR2672	68	0	4.65	0.01	−8.86	3.23×10^{-22}	**
miR2675	28	5	1.91	0.32	−2.58	1.67×10^{-5}	**
miR2678	4	93	0.27	5.94	4.44	4.60×10^{-22}	**
miR2862	103	0	7.04	0.01	−9.46	2.86×10^{-33}	**
miR2868	68	31	4.65	1.98	−1.23	4.64×10^{-5}	**

续表

miRNA 名称	reads 数		标准化值		差异倍数	P 值	显著性
	头茬	连作	头茬	连作	（$\log_2$ R2/R1）		
miR2870	0	137	0.01	8.76	9.77	5.40×10^{-40}	**
miR2873	222	133	15.17	8.5	−0.84	7.86×10^{-8}	**
miR2875	32	0	2.19	0.01	−7.77	7.57×10^{-11}	**
miR2878	28	3	1.91	0.19	−3.32	1.04×10^{-6}	**
miR2905	4	317	0.27	20.26	6.21	3.21×10^{-84}	**
miR2916	671	334	45.86	21.35	−1.1	4.90×10^{-32}	**
miR2920	174	5	11.89	0.32	−5.22	6.08×10^{-48}	**
miR2922	0	32	0.01	2.05	7.68	6.90×10^{-10}	**
miR2925	19	0	1.3	0.01	−7.02	9.65×10^{-7}	**
miR2926	24	10	1.64	0.64	−1.36	0	**
miR2927	422	3	28.84	0.19	−7.23	9.13×10^{-128}	**
miR2931	13	541	0.89	34.58	5.28	4.16×10^{-134}	**
miR2936	36	9	2.46	0.58	−2.1	1.52×10^{-5}	**
miR2937	0	43	0.01	2.75	8.1	4.84×10^{-13}	**
miR2950	477	355	32.6	22.69	−0.52	2.00×10^{-7}	**
miR319	132	63	9.02	4.03	−1.16	5.19×10^{-8}	**
miR3438	0	55	0.01	3.52	8.46	1.75×10^{-16}	**
miR3440	211	38	14.42	2.43	−2.57	4.43×10^{-33}	**
miR3443	0	19	0.01	1.21	6.92	3.68×10^{-6}	**
miR3445	1	2128	0.07	136.02	10.96	0	**
miR3446	0	208	0.01	13.3	10.38	2.37×10^{-60}	**
miR3447	438	5	29.94	0.32	−6.55	2.38×10^{-129}	**
miR3449	191	98	13.05	6.26	−1.06	1.24×10^{-9}	**
miR3451	285	0	19.48	0.01	−10.93	9.49×10^{-91}	**
miR3461	1171	0	80.04	0.01	−12.97	0	**
miR3463	101	52	6.9	3.32	−1.05	1.11×10^{-5}	**
miR3464	686	44	46.89	2.81	−4.06	5.75×10^{-159}	**
miR3465	11671	77	797.7	4.92	−7.34	0	**
miR3467	231	0	15.79	0.01	−10.62	1.08×10^{-73}	**
miR3509	0	20	0.01	1.28	7	1.90×10^{-6}	**
miR3512	16	103	1.09	6.58	2.59	9.91×10^{-16}	**
miR3513	15	111	1.03	7.1	2.79	3.82×10^{-18}	**
miR3520	46	5	3.14	0.32	−3.3	3.04×10^{-10}	**
miR3521	27	9	1.85	0.58	−1.68	0	**
miR3623	1148	3	78.46	0.19	−8.68	0	**
miR3625	247	98	16.88	6.26	−1.43	2.04×10^{-18}	**
miR3627	0	24	0.01	1.53	7.26	1.36×10^{-7}	**
miR3629	187	481	12.78	30.75	1.27	8.97×10^{-27}	**
miR3633	266	23	18.18	1.47	−3.63	1.79×10^{-57}	**

续表

miRNA 名称	reads 数		标准化值		差异倍数	P 值	显著性
	头茬	连作	头茬	连作	（$\log_2$ R2/R1）		
miR3637	3	93	0.21	5.94	4.86	3.84×10^{-23}	**
miR3638	0	28	0.01	1.79	7.48	9.68×10^{-9}	**
miR3639	112	203	7.66	12.98	0.76	5.04×10^{-6}	**
miR3640	77	0	5.26	0.01	−9.04	4.65×10^{-25}	**
miR3693	43	0	2.94	0.01	−8.2	2.54×10^{-14}	**
miR3704	61	0	4.17	0.01	−8.7	5.25×10^{-20}	**
miR3705	96	0	6.56	0.01	−9.36	4.64×10^{-31}	**
miR3706	0	574	0.01	36.69	11.84	2.70×10^{-165}	**
miR3711	8	65	0.55	4.15	2.93	1.22×10^{-11}	**
miR3932	496	44	0	2.81	−3.59	6.56×10^{-105}	**
miR3933	36	6	2.46	0.38	−2.68	5.59×10^{-7}	**
miR394	1463	1783	99.99	113.97	0.19	0	**
miR3946	79	14	5.4	0.89	−2.59	2.18×10^{-13}	**
miR3948	62	5	4.24	0.32	−3.73	1.05×10^{-14}	**
miR3949	37	1200	2.53	76.71	4.92	2.11×10^{-285}	**
miR3951	166	1835	11.35	117.29	3.37	0	**
miR3954	190	18	12.99	1.15	−3.5	3.07×10^{-40}	**
miR396	1617	916	110.52	58.55	−0.92	1.70×10^{-55}	**
miR397	99	2	6.77	0.13	−5.73	7.34×10^{-29}	**
miR398	329	21	22.49	1.34	−4.07	3.67×10^{-77}	**
miR400	15	4	1.03	0.26	−2	0	**
miR407	9	100	0.62	6.39	3.38	1.62×10^{-19}	**
miR408	12495	408	854.02	26.08	−5.03	0	**
miR413	60	16	4.1	1.02	−2	5.02×10^{-8}	**
miR414	29	0	1.98	0.01	−7.63	6.71×10^{-10}	**
miR415	1618	790	110.59	50.5	−1.13	8.47×10^{-78}	**
miR419	2091	274	142.92	17.51	−3.03	0	**
miR420	38	12	2.6	0.77	−1.76	7.60×10^{-5}	**
miR4223	139	15	9.5	0.96	−3.31	1.84×10^{-28}	**
miR4225	9	22	0.62	1.41	1.19	0	**
miR4226	15	238	1.03	15.21	3.89	6.89×10^{-50}	**
miR4235	41	114	2.8	7.29	1.38	2.90×10^{-8}	**
miR4243	0	75	0.01	4.79	8.91	3.23×10^{-22}	**
miR4245	156	0	10.66	0.01	−10.06	5.22×10^{-50}	**
miR4248	0	95	0.01	6.07	9.25	5.96×10^{-28}	**
miR4250	1081	31	73.88	1.98	−5.22	1.13×10^{-290}	**
miR4341	15	0	1.03	0.01	−6.68	1.77×10^{-5}	**
miR4342	5	20	0.34	1.28	1.9	0	**
miR4346	843	1274	57.62	81.44	0.5	3.76×10^{-15}	**

续表

miRNA 名称	reads 数		标准化值		差异倍数	P 值	显著性
	头茬	连作	头茬	连作	（$\log_2$ R2/R1）		
miR4347	43	0	2.94	0.01	−8.2	2.54×10^{-14}	**
miR4348	30	13	2.05	0.83	−1.3	0	**
miR4350	0	103	0.01	6.58	9.36	3.03×10^{-30}	**
miR4351	3453	0	236.01	0.01	−14.53	0	**
miR4358	0	25	0.01	1.6	7.32	7.02×10^{-8}	**
miR4360	101	3	6.9	0.19	−5.17	3.25×10^{-28}	**
miR4366	1	139	0.07	8.89	7.02	9.90×10^{-39}	**
miR4369	0	18	0.01	1.15	6.85	7.13×10^{-6}	**
miR4371	167	18	11.41	1.15	−3.31	6.37×10^{-34}	**
miR4374	0	27	0.01	1.73	7.43	1.87×10^{-08}	**
miR4379	85	16	5.81	1.02	−2.51	8.16×10^{-14}	**
miR4382	7	24	0.48	1.53	1.68	0	**
miR4384	13	82	0.89	5.24	2.56	1.20×10^{-12}	**
miR4386	0	219	0.01	14	10.45	1.66×10^{-63}	**
miR4388	42	16	2.87	1.02	−1.49	0	**
miR4391	67	159	4.58	10.16	1.15	1.23×10^{-8}	**
miR4393	14	54	0.96	3.45	1.85	2.69×10^{-6}	**
miR4397	0	414	0.01	26.46	11.37	2.03×10^{-119}	**
miR4404	104	0	7.11	0.01	−9.47	1.38×10^{-33}	**
miR4406	7	38	0.48	2.43	2.34	5.28×10^{-6}	**
miR4408	0	21	0.01	1.34	7.07	9.84×10^{-7}	**
miR4412	143	957	9.77	61.17	2.65	5.33×10^{-137}	**
miR4414	2	16	0.14	1.02	2.9	0	**
miR4415	15	60	1.03	3.84	1.9	4.49×10^{-7}	**
miR443	57	183	3.9	11.7	1.59	5.60×10^{-15}	**
miR444	40	6	2.73	0.38	−2.83	5.29×10^{-08}	**
miR447	601	3	41.08	0.19	−7.74	7.69×10^{-184}	**
miR472	148	0	10.12	0.01	−9.98	1.76×10^{-47}	**
miR474	0	46	0.01	2.94	8.2	6.68×10^{-14}	**
miR475	22	7	1.5	0.45	−1.75	0	**
miR476	0	20	0.01	1.28	7	1.90×10^{-6}	**
miR477	151	52	10.32	3.32	−1.63	4.46×10^{-14}	**
miR480	533	5	36.43	0.32	−6.83	6.25×10^{-159}	**
miR482	157	42	10.73	2.68	−2	9.17×10^{-19}	**
miR530	240	119	16.4	7.61	−1.11	1.57×10^{-12}	**
miR531	0	178	0.01	11.38	10.15	9.47×10^{-52}	**
miR535	240	13	16.4	0.83	−4.3	6.56×10^{-59}	**
miR536	861	122	58.85	7.8	−2.92	7.90×10^{-149}	**
miR773	34	5	2.32	0.32	−2.86	4.90×10^{-7}	**

续表

miRNA 名称	reads 数		标准化值		差异倍数（log_2 R2/R1）	P 值	显著性
	头茬	连作	头茬	连作			
miR778	92	0	6.29	0.01	−9.3	8.51×10^{-30}	**
miR782	0	32	0.01	2.05	7.68	6.90×10^{-10}	**
miR808	983	190	67.19	12.15	−2.47	2.31×10^{-141}	**
miR812	60	15	4.1	0.96	−2.1	1.98×10^{-8}	**
miR815	23	59	1.57	3.77	1.26	0	**
miR816	111	0	7.59	0.01	−9.57	8.50×10^{-36}	**
miR818	1142	2012	78.05	128.61	0.72	7.49×10^{-43}	**
miR819	42	0	2.87	0.01	−8.17	5.26×10^{-14}	**
miR821	44	11	3.01	0.7	−2.1	1.64×10^{-6}	**
miR823	22	269	1.5	17.19	3.52	6.46×10^{-52}	**
miR824	64	950	4.37	60.72	3.8	7.41×10^{-191}	**
miR830	148	12	10.12	0.77	−3.72	2.86×10^{-33}	**
miR838	1	36	0.07	2.3	5.07	9.29×10^{-10}	**
miR842	397	6	27.13	0.38	−6.14	4.53×10^{-115}	**
miR846	193	72	13.19	4.6	−1.52	5.85×10^{-16}	**
miR847	29	0	1.98	0.01	−7.63	6.71×10^{-10}	**
miR852	3	418	0.21	26.72	7.03	2.05×10^{-114}	**
miR855	15	5	1.03	0.32	−1.68	0	**
miR859	37	90	2.53	5.75	1.19	1.19×10^{-5}	**
miR862	404	184	27.61	11.76	−1.23	1.89×10^{-23}	**
miR863	1	126	0.07	8.05	6.88	4.80×10^{-35}	**
miR865	33	13	2.26	0.83	−1.44	0	**
miR866	364	0	24.88	0.01	−11.28	1.07×10^{-115}	**
miR867	14	136	0.96	8.69	3.18	8.76×10^{-25}	**
miR869	278	1	19	0.06	−8.22	2.24×10^{-86}	**
miR898	0	61	0.01	3.9	8.61	3.34×10^{-18}	**
miR900	90	48	6.15	3.07	−1	6.86×10^{-5}	**
miR902	1063	526	72.65	33.62	−1.11	2.32×10^{-50}	**
miR905	21	0	1.44	0.01	−7.17	2.25×10^{-7}	**
miR911	0	28	0.01	1.79	7.48	9.68×10^{-9}	**
miR913	18	0	1.23	0.01	−6.94	2.00×10^{-6}	**
miR916	20	119	1.37	7.61	2.48	3.78×10^{-17}	**
miR918	0	23	0.01	1.47	7.2	2.63×10^{-7}	**
miR919	380	0	25.97	0.01	−11.34	9.44×10^{-121}	**
miR948	328	0	22.42	0.01	−11.13	2.50×10^{-104}	**
miR952	13	787	0.89	50.31	5.82	1.48×10^{-202}	**
rgl–miRZ19	432	100	29.53	6.39	−2.21	2.38×10^{-55}	**
rgl–miRZ20	21	0	1.44	0.01	−7.17	2.25×10^{-7}	**
rgl–miRZ21	18	0	1.23	0.01	−6.94	2.00×10^{-6}	**

续表

miRNA 名称	reads 数		标准化值		差异倍数	P 值	显著性
	头茬	连作	头茬	连作	（$\log_2$ R2/R1）		
rgl–miRZ26	24	0	1.64	0.01	−7.36	2.54×10^{-8}	**
rgl–miRZ35	64	24	4.37	1.53	−1.51	3.76×10^{-6}	**
rgl–miRZ39	26	0	1.78	0.01	−7.47	5.94×10^{-9}	**
rgl–miRC4	0	108	0.01	6.9	9.43	1.12×10^{-31}	**
rgl–miRC16	0	16	0.01	1.02	6.68	2.67×10^{-5}	**
rgl–miRC17	0	369	0.01	23.59	11.2	1.63×10^{-106}	**
rgl–miRC19	0	33	0.01	2.11	7.72	3.57×10^{-10}	**

注：**表示在 0.01（$P<0.01$）水平上的差异显著性

为进一步阐明这些连作胁迫下特异响应的 miRNA 调控作用，我们选取了 16 个关键 miRNA，用 qRT-PCR 方法分析它们在连作地黄根（R2）与头茬地黄根（R1）中不同生长时期的表达模式，根据 miRNA 的表达模式，可分为以下两类。

第一类为在连作地黄体内上调表达的 miRNA 家族。从图 7-29 可以看出，miR1518、miR2905 和 miR4414 的表达模式变化曲线类似，在苗期，它们在连作和头茬地黄中的表达水平基本持平；在地黄块根伸长期到块根膨大后期，这 3 个 miRNA 在连作地黄中的表达水平均较头茬高，尤其在块根膨大后期其表达差异最显著。miR163 在苗期和块根伸长期的连作与头茬地黄的表达水平差异均不明显；到了块根膨大前期，它在连作地黄中的表达水平均达到最高水平，此时连作地黄较头茬的表达水平差异最明显。miR2586 在苗期的连作和头茬地黄的表达水平基本持平，而在之后的 5 个时期它在连作中的表达水平均高于头茬地黄，尤其是块根伸长期差异最显著。miR863 在苗期的连作地黄和头茬地黄样品的表达水平基本持平，之后的 5 个时期，它在连作地黄的表达水平基本呈曲线上升趋势，到了成熟期，miR863 在连作地黄中的表达量达到最高水平，此时其在连作地黄与头茬地黄中的表达水平差异也最为显著。在苗期，miRC16 在连作与头茬地黄中的表达水平基本持平，之后的 5 个时期，连作地黄的表达水平始终高于头茬地黄的表达水平，且二者的表达模式曲线基本为平行变化，连作地黄较头茬的表达都表现明显地上调表达。以上分析表明，连作胁迫引起了地黄体内特异 miRNA 的上调表达，并改变了它们在地黄不同发育阶段的调控模式。

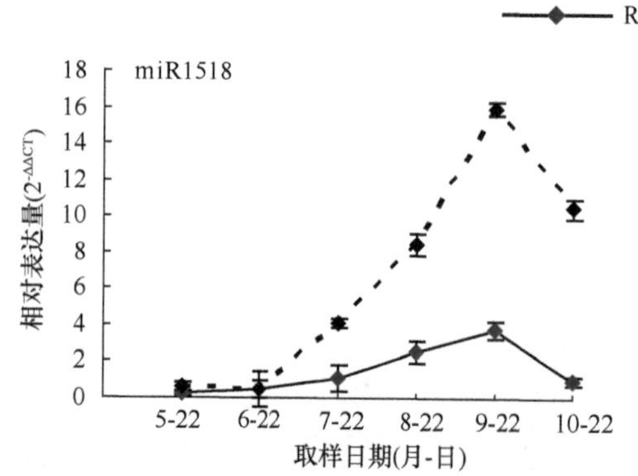

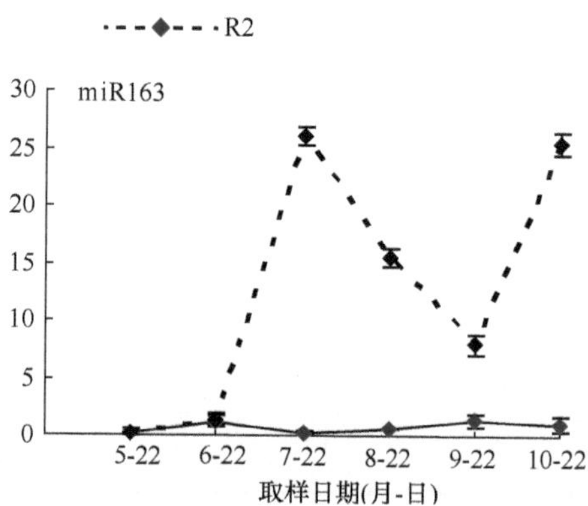

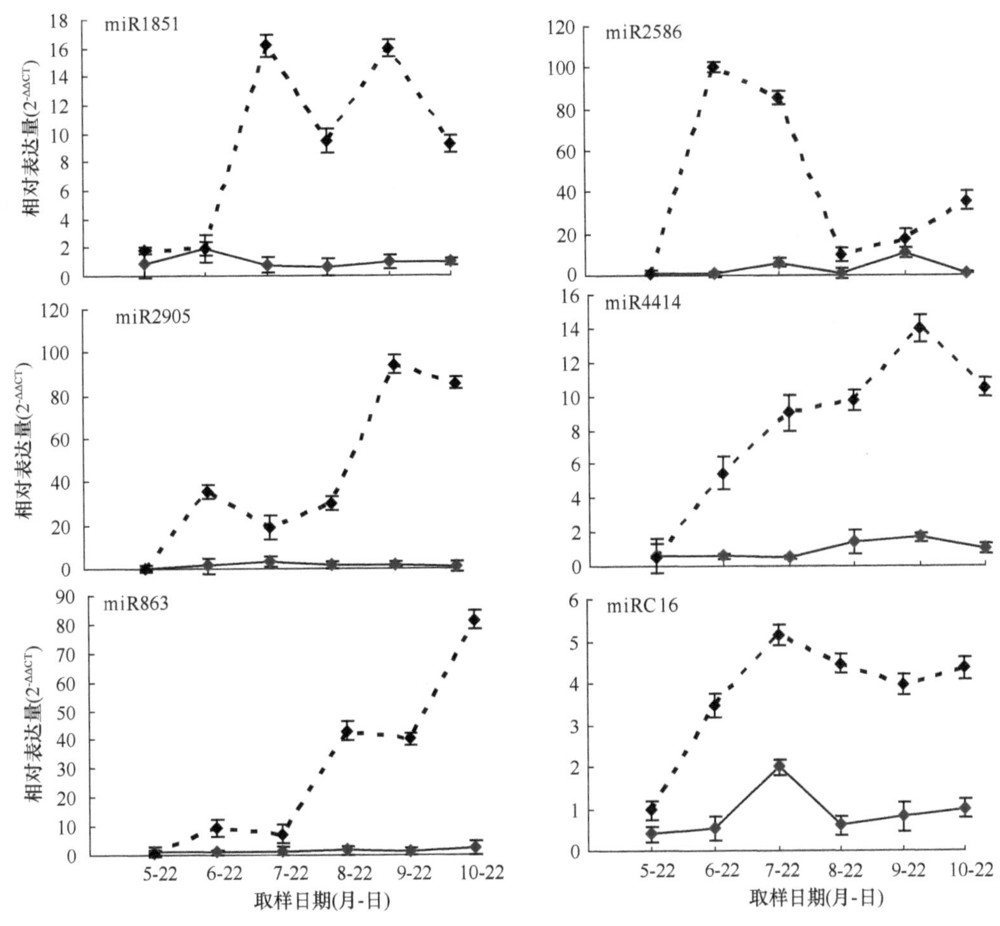

图 7-29　连作地黄上调的 8 个 miRNA 的表达模式

第二类为在连作地黄体内下调表达的 miRNA 家族（图 7-30）。从苗期至块根膨大后期，调控植物正常生长发育的 miR157、miR168、miR2672、miR3946 和 miRZ21 在连作地黄中表达水平明显低于头茬地黄；在成熟期，这 5 个 miRNA 的表达水平在连作与头茬中较前 5 个时期均下降。在苗期和成熟期，miR397、miR830 和 miR948 在连作和头茬地黄样品中的表达水平均无明显差异；从地黄块根伸长期至块根膨大后期，这 3 个 miRNA 在连作地黄中的表达水平较头茬的表达水平均显著下降；其中，miR397 在地黄块根膨大前期，连作较头茬地黄中的表达水平差异最为明显，而 miR830 在地黄块根膨大中期连作地黄较头茬地黄中的表达水平差异最大。这些结果表明，地黄在连作胁迫下，抑制或关闭了特异 miRNA 的表达，更改了它们在连作地黄体内各个生长阶段的调控模式。

三、连作地黄特异响应的 miRNA 靶基因的鉴定

（一）连作地黄中差异表达的 miRNA 靶基因预测

为进一步解析在连作中特异表达 miRNA 的功能，我们利用生物信息学技术，从地

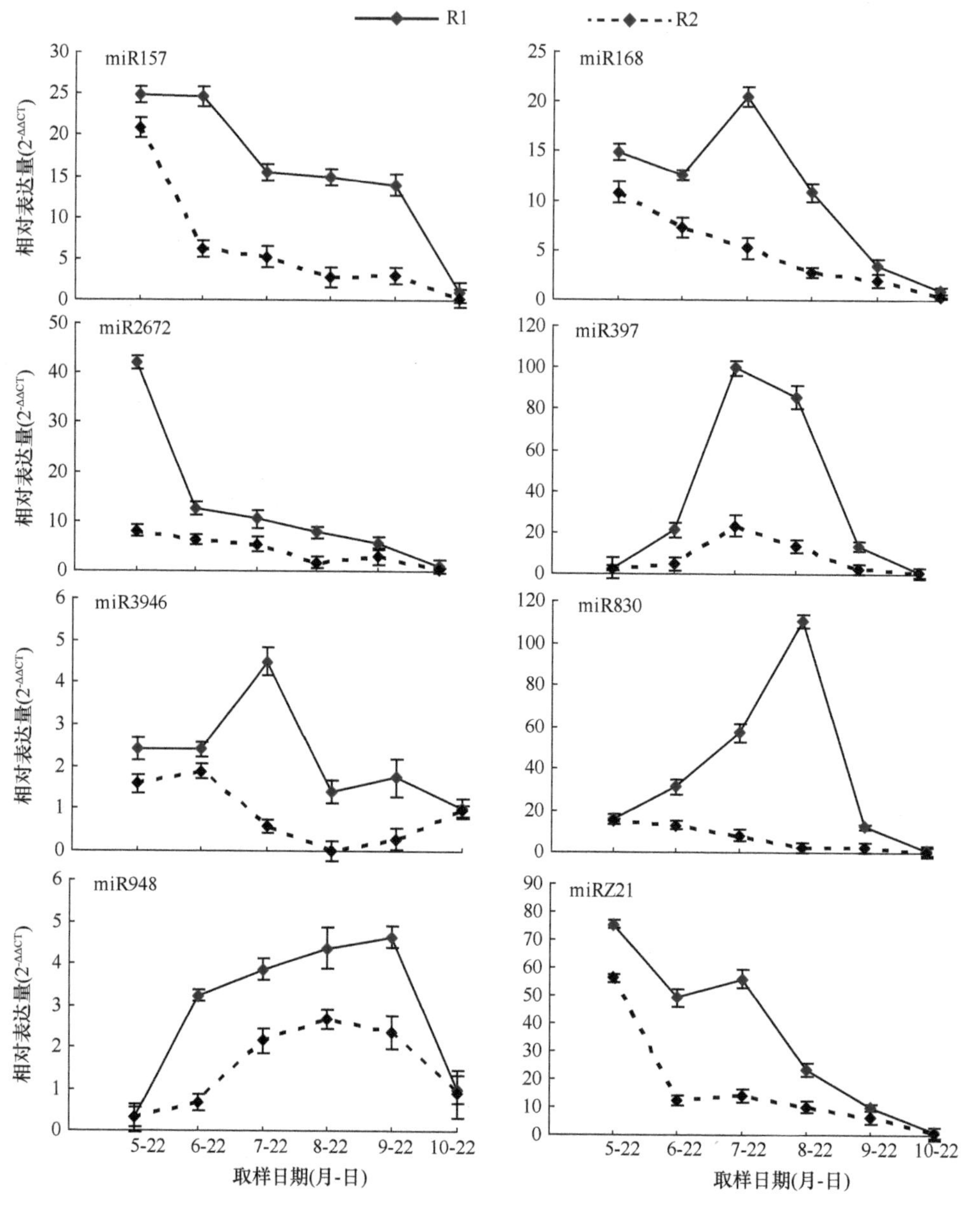

图 7-30　连作地黄下调的 8 个 miRNA 的表达模式

黄转录组中预测了连作胁迫下地黄中差异表达的 miRNA 家族靶基因，这些分析结果显示，245 个（237 个保守和 8 个新型的）miRNA 家族预测到了 1379 个靶基因。其中 205 个 miRNA 家族存在着多个靶基因，如 miR4245 靶基因编码抗病蛋白（disease resistance protein）、gag-pol 多聚蛋白（gag-pol polyprotein）、富含脯氨酸蛋白（proline-rich protein）、酯酶/脂肪酶/硫酯酶家族蛋白（esterase/lipase/thioesterase family protein）、1-氨基环丙烷-1-羧酸酯合成酶（1-aminocyclopropane-1-carboxylate synthase）等。同时也存在有 2 个或 2 个以上的 miRNA 调控着同一个功能基因，如甲基转移酶（methyltransferase）是参与乙烯生物合成途径的关键酶，在这个差异表达的 miRNA 家族中，8 个 miRNA 家族

（miR1073、miR1118、miR1435 等）同时靶定甲基转移酶基因，它们负向调节乙烯的生物合成。8 个差异表达的新型 miRNA 家族预测到 15 个靶基因（表 7-8），这些靶基因包括蛋白激酶家族蛋白（protein kinase family protein）、转录因子 Bhlh35（transcription factor Bhlh35）、未知蛋白（unknown protein）等。其中，rgl-miRZ21 家族靶定的 CXE 羧酸酯酶（CXE carboxylesterase）基因也是 2 个保守 miRNA（miR2607 和 miR3449）家族的靶基因。新型的 miRC16 家族与 5 个保守 miRNA（miR1118、miR1871、miR2936、miR4223、miR948）家族都靶定 WD-40 重复蛋白家族（WD-40 repeat protein family）基因。

表 7-8 连作地黄中预测到差异表达的新型 miRNA 靶基因

miRNA ID	靶基因 ID	起始位点	靶基因注释
rgl-miRZ19	*Unigene74630_All*	441～464	蛋白激酶家族蛋白
rgl-miRZ20	*Unigene72458_All*	222～242	未知蛋白
rgl-miRZ21	*Unigene15089_All*	590～610	CXE 羧酸酯酶
	Unigene73846_All	195～215	木葡糖内葡糖基酶/水解酶
rgl-miRZ26	*N/A*	N/A	N/A
rgl-miRZ35	*Unigene55313_All*	34～54	未知蛋白
rgl-miRZ39	*N/A*	N/A	N/A
rgl-miRC4	*Unigene67898_All*	268～289	未知蛋白
rgl-miRC16	*Unigene9411_All*	1352～1373	WD-40 重复家族蛋白
rgl-miRC17	*Unigene32029_All*	520～542	未知蛋白
rgl-miRC19	*Unigene19669_All*	1400～1422	可能的赖氨酸脱羧酶家族蛋白
	Unigene36522_All	487～509	At5g52980（拟南芥）
	Unigene37074_All	69～91	转录因子 Bhlh35

（二）连作地黄中差异表达的 miRNA 靶基因的功能分析

为进一步分析 miRNA 靶基因功能，我们分别对连作中上调的 872 个和下调的 507 个靶基因按其分子功能（molecular function）、所处的细胞组分（cellular component）、参与的生物过程（biological process）进行 GO 分析，从宏观上认识响应连作地黄中差异表达的 miRNA 靶基因功能分布特征。

我们把连作中上调 miRNA 家族所调控的 507 个靶基因进行了 GO 功能分类，结果显示，GO 功能分类主要可分为 9 类，其中细胞（cell）和细胞部分（cell part）这两类基因数量所占比例最大（大于 50%），细胞器（organelle）类次之，共质体（symplast）类的基因数量最少（小于 1%）；以基因的分子功能分类，主要分为结合（binding）、催化剂（catalytic）、转录调节器（transcription regulator）、转运蛋白（transporter）、电子载体（electron carrier）、结构分子（structural molecule）等 9 类，其中结合（binding）类基因数所占比例最大（大于 50%），抗氧化剂（antioxidant）类基因数所占百分比最小（小于 1%）。以基因参与的细胞进程分类，主要分为 19 类，其中细胞过程（cellular process）类和新陈代谢过程（metabolic process）类基因总数最多，其次是响应刺激（response to stimulus）类，其他的分类基因总数所占百分比均低于 10%以下，节律过程（rhythmic process）类基因数所占比例最少（小于 1%）（图 7-31）。

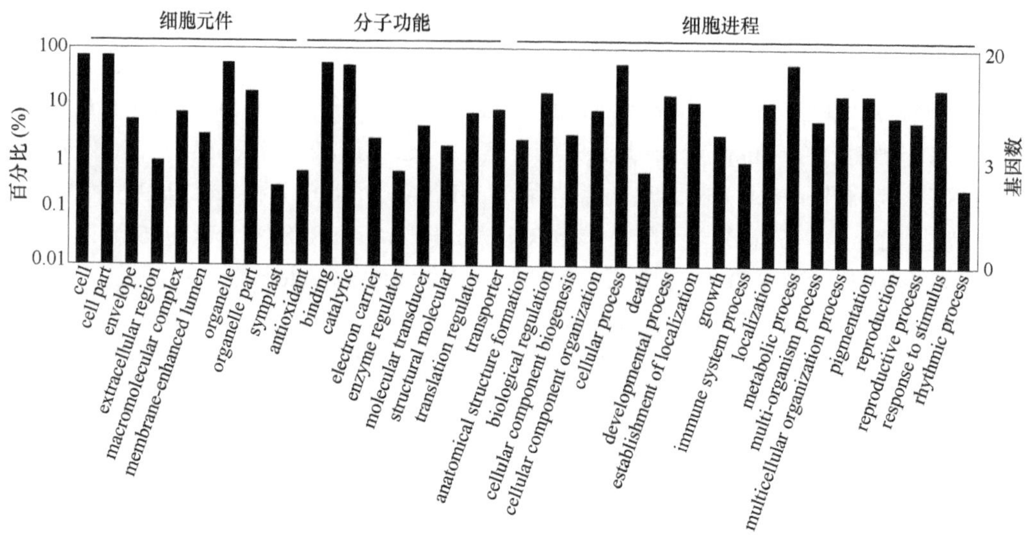

图 7-31 连作地黄中上调的 miRNA 靶基因 GO 分类

同时，我们把连作地黄中上调 miRNA 家族所靶向的 872 个基因也进行了 GO 功能分类，结果显示，以细胞元件分类，主要可分为 11 类，其中细胞（cell）和细胞部分（cell part）这两类基因数量所占比例最大，细胞器（organelle）类次之，胞外区域部分（extracellular region part）基因数量最少，其所占的百分比小于 1%；以基因的分子功能分类，主要分为 11 类，其中结合（binding）类和催化剂（catalytic）类基因数量最多，转运蛋白（transporter）类次之，营养储藏（nutrient reservoir）类的基因数最少（其百分比约为 0.1%）；以细胞进程分类，主要分为 21 类，其中细胞过程（cellular process）和新陈代谢过程（metabolic process）类基因总数最多，生物调节（biological regulation）类和响应刺激（response to stimulus）类次之，位置类（localization）基因数最少（其百分比约为 0.1%）（图 7-32）。

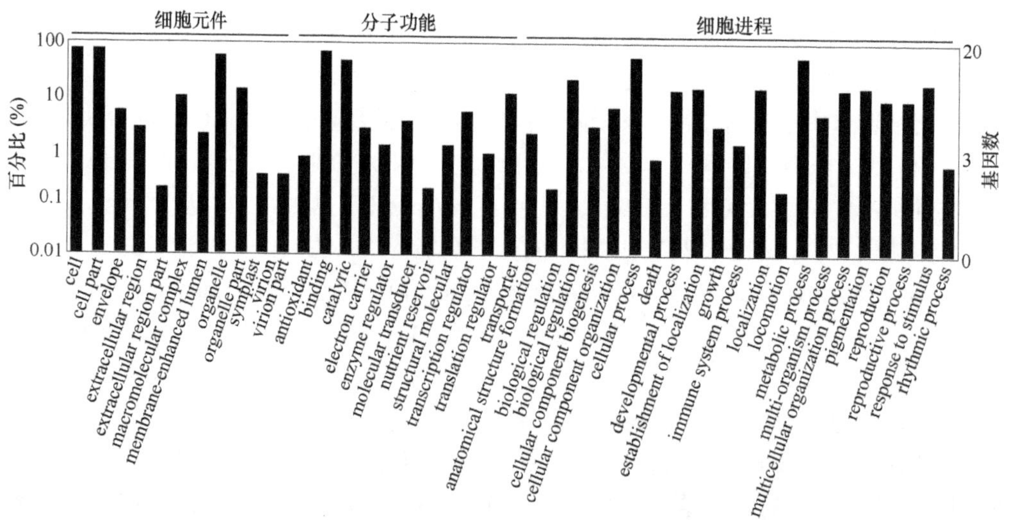

图 7-32 连作地黄中下调的 miRNA 靶基因 GO 分类

四、特异 miRNA 在地黄连作胁迫中的作用

我们将分析所得到的连作与头茬地黄差异表达 miRNA 及其靶基因中，主要涉及地黄的生长发育、信号转导和环境胁迫响应等生物学过程，这些靶基因可能参与了地黄生长发育和其他的生理生化代谢过程，直接或间接地调控着地黄根系的生长发育，这些特异响应的 miRNA 可能与地黄连作障碍的成因有着密切联系，我们结合前期筛选的响应连作障碍关键基因的研究结果，主要对以下 7 个 miRNA 家族在连作障碍形成中可能角色进行阐述与分析。

（一）miR163 家族

在连作地黄的生长过程中，miR163 家族在连作地黄中的表达量始终高于头茬地黄中的表达量。在苗期和块根伸长期，miR163 家族在二者之间的表达量差异不显著，在块根膨大前期，miR163 家族的表达量在连作地黄与头茬地黄根之间开始出现显著性差异，尤其在块根膨大前期和成熟期，二者的差异最显著。在地黄中，miR163 家族预测到的一个 RNA 依赖型的 RNA 聚合酶（RNA-directed RNA polymerase）靶基因，是真核生物核心代谢途径——RNA 转录过程中的关键酶，在 RNA 合成过程中起着重要作用。在前期地黄叶片响应连作的关键基因中研究中，发现 RNA 依赖型的 RNA 聚合酶基因在连作地黄叶中表达被抑制。对该基因在连作地黄中不同生长时期的叶片表达模式分析，进一步验证了连作地黄体内 RNA 指导的 RNA 聚合酶基因表达被抑制，特别是在地黄伤害关键节点块根膨大前期，这个基因表达量在连作与头茬地黄叶片之间差异非常明显。我们根据其与对应靶基因的表达趋势推测，在连作地黄体内 miR163 过量表达，可能降解了与其互补的靶基因（RNA 依赖型的 RNA 聚合酶基因）mRNA 的碱基片段，抑制了 RNA 指导的 RNA 聚合酶基因的表达，干扰了连作地黄体内的 RNA 合成。

（二）miR1851 家族

根据我们对 miR1851 表达模式的分析可知，在连作地黄生长过程中，miR1851 在连作地黄根中的表达水平均高于在头茬地黄根中的表达水平；且在苗期和块根伸长期，miR1851 在连作地黄根与头茬地黄根中的表达水平差异不明显。块根膨大前期至成熟期，miR1851 在连作地黄根与头茬地黄根中的表达水平有显著差异，尤其是块根膨大前期，miR1851 在连作地黄根中的表达水平最高。从 miR1851 家族预测的一个靶基因——植物促分裂原活化蛋白激酶（mitogen-activated protein kinase，MAPK）基因是一类存在于各种真核生物体中的丝氨酸/苏氨酸蛋白激酶，它与 MAPKK（mitogen-activated protein kinase kinase）和 MAPKKK（mitogen-activated protein kinase kinase kinase）组成 MAPK 级联信号通路，接受外界刺激信号，将信号传入细胞内，影响特定基因的表达，从而在植物的生长、发育、分化和凋亡等多方面起着重要的作用，即能在生物体细胞内基因的快速转录、离子通道的活性调节、细胞骨架结构的重新定位及第二信使的产生等生理生

化过程中起重要作用。在我们前期研究的连作地黄根响应连作障碍的关键基因中，*MAPK* 基因在连作地黄根中被抑制表达，同时对该基因在连作地黄中不同生长时期的根部表达模式进行分析，进一步验证了连作地黄体内 *MAPK* 基因表达被抑制，尤其是块根膨大前期，该基因表达量在连作地黄根中的表达量最高，且连作地黄根与头茬地黄根间差异最明显。由此我们认为，在连作地黄体内，miR1851 过量表达，降解了与其互补的靶基因 MAPK 的碱基片段，抑制了连作地黄体内 MAPK 信号代谢途径，干扰了连作地黄正常的生长发育，引起地黄连作障碍现象的发生。

（三）miR4414 家族

根据我们对 miR4414 家族表达模式的分析可知，在苗期，miR4414 在连作地黄根与头茬地黄根中的表达水平基本持平；其他的 5 个时期，miR4414 表达水平均为连作地黄根较头茬地黄根高，尤其是在块根膨大后期，连作地黄根中表达水平最高，且连作地黄根与头茬地黄根之间的差异最显著。在地黄中，miR4414 家族预测到的一个靶基因是 Ca^{2+}/阳离子逆向运输通道（Ca^{2+}/cation antiporter，CaCA），它在植物体细胞内负向调控 Ca^{2+}浓度（Emery et al.，2012）。钙离子是响应胁迫的重要信号系统，而胞内钙离子浓度的增加是胁迫响应的一个主要标志（Seybold et al.，2015）。在我们前期已筛选的地黄根部响应连作关键基因中，*CaCA* 基因在连作地黄根中表达被抑制，同时对该基因在连作地黄中不同生长时期的叶片表达模式进行分析，进一步验证了连作地黄根较头茬地黄根低水平表达，尤其是块根膨大后期，该基因表达量在连作地黄根与头茬地黄根之间差异最大，即 *CaCA* 基因在连作地黄根中被抑制最明显。由此可见，在连作地黄体内，响应连作的 miR4414 过量表达，降解了与其互补的靶基因（*CaCA*）mRNA 的碱基片段，阻碍了 Ca^{2+}逆向运输途径，促进了连作地黄体内钙信号转导，胞内 Ca^{2+}浓度过高，胞内游离钙水平的升高是植物体产生乙烯的一个启动信号，促进了乙烯的合成，加速了连作地黄早衰的进程，引起块根不能正常膨大。

（四）miR863 家族

miR863 表达模式的分析表明，在连作地黄生长过程中，miR863 在连作地黄根中均上调表达；且从苗期到成熟期 miR863 在连作地黄根中的表达水平处于曲线上升趋势；尤其到了成熟期，miR863 的表达水平最高。从 miR863 家族预测到了 9 个靶基因，其中包括编码半胱氨酸蛋白酶家族蛋白（cysteine protease family protein）基因、DNA 结合蛋白（DNA binding protein）基因、核糖体结构组分（structural constituent of ribosome）基因等。半胱氨酸蛋白酶家族蛋白在调节植物的生长发育及其生殖信号转导等方面具有重要的功能。DNA 结合蛋白在维持基因信息和参与一些生命活动（如 DNA 的复制、修复、折叠和重组等）中发挥着重要作用。核糖体是细胞内最重要的细胞器之一，在生物体将 DNA 所包含的基因信息翻译为蛋白质的过程中，RNA 聚合酶域以 DNA 为模板合成 mRNA（这一过程称为转录），而核糖体在 mRNA 的指导下合成相应的蛋白质（这一过程称为翻译）。以上这些靶基因在植物正常的生长发育、信号转导、新陈代谢等生物学过程中起着重要的调节作用。在连作地黄叶片筛选的响应连作障碍的关键基因研究中，发现核糖体结构组分的基因在连作地黄叶中被抑制表达，同时对该基因在连作地黄中不同生长时期的叶片表达模式进行分析，进一步验证了连作地黄体内核糖体结构组分基因表达被抑制，特别是在地黄块根膨大中期，这些基因在连作地黄叶与头茬地黄叶之间表达量差异达到极显著水平。由此推测，在连作地黄体内，响应连作的 miR863 过量表达，降解了与其互补的靶基因（如核糖体结构组分），抑制了连作地黄体内关键的核心代谢途径，干扰了连作地黄正常的生长发育，引起地黄连作障碍现象的发生。

（五）miR157 家族

根据我们对 miR157 在连作与头茬地黄根中表达模式的分析可知，在苗期和块根膨大前期，miR157 家族在头茬地黄的根中具有较高的表达量，而在地黄块根膨大后期至成熟期其表达量急剧下降，地黄成熟期其表达量较低。头茬地黄 miR157 表达量均高于连作地黄的表达量，尤其是在块根膨大前期，连作与头茬地黄根中 miR157 家族表达量差异最显著。miR157 家族的靶基因 SPL 转录因子家族的成员可以诱导花期提前和缩短营养生长时间、与植物开花早晚有关。在拟南芥中，miR157 过量表达会抑制连作 SPL 结构域基因 mRNA 表达下降，并且导致开花的推迟。在我们前期筛选的响应连作地黄叶的关键基因研究中，*SPL* 基因在连作地黄叶中高表达，同时对该基因在连作地黄中不同生长时期的叶片表达模式分析，进一步验证了连作地黄体内 *SPL* 基因表达过量，尤其是块根伸长期，该基因表达量在连作地黄叶与头茬地黄叶之间差异最明显。由此推测，在连作地黄体内，miR157 表达被抑制，促使 miR157 互补的靶基因（*SPL*）过量表达，引起连作地黄营养生长时间缩短，块根发育不良，导致地黄连作障碍的现象。

（六）miR397 家族

根据我们对 miR397 在连作与头茬根中的表达模式进行了分析。在地黄生长的苗期，二者的表达量均高，其表达水平无明显差异；块根膨大前、中、后期，miR397 在连作地黄中表达量与头茬地黄相比，开始急剧下降。漆酶（laccase 12，LAC12）是 miR397 的一个靶基因，是广泛存在于高等植物中的一类多酚氧化酶，其主要功能是参与木质素的合成（Xu et al.，2019）。植物体内木质素的含量占植物干重的 20%～30%，它是次细胞壁加厚及次生生长的主要成分。木质素的沉积不仅为植物提供了机械支持作用，而且还具有输导细胞的疏水性，从而可保证植物体内水分的长距离运输。植物细胞的成熟和分化，同时也伴随着次生细胞壁的形成和木质化加厚。在我们前期连作地黄叶筛选的关键基因研究中，*LAC12* 基因在连作地黄中显著上调表达，同时我们前期也对该基因在连作地黄根的表达模式进行了分析，进一步验证了连作地黄体内 *LAC12* 基因表达被抑制，尤其是块根膨大中期，该基因在连作根中的表达水平最低。由此我们认为，在连作地黄块根膨大期根中 miR397 的表达，可能抑制了 *LAC12* 基因的正常表达，阻断了木质素的合成和次生细胞壁的形成与加厚，从而使分生细胞维持薄壁的分生状态，促进地黄块根膨大；在连作地黄块根膨大过程中，miR397 的表达量逐渐变少，*LAC12* 基因表达逐渐增多，从而加速了细胞木质化和分化的过程，使得细胞壁不断加厚，抑制了块根的形成和正常膨大。

（七）miR830 家族

miR830 家族在连作与头茬地黄的苗期根中表达量均相对较高，其表达水平无明显差异，在块根膨大前期，连作地黄根部的 miR830 家族表达水平开始下降，而头茬地黄根却在上升，其表达水平开始出现了差异，到了块根膨大中期 miR830 家族在连作与头茬地黄根中表达水平差异最显著。这里我们预测的 miR830 家族的一个靶基因是编码乙烯响应相关蛋白（ethylene-responsive protein-related，ERPR）。乙烯信号的强弱是植物成熟与衰老的重要标志，乙烯含量的高低是控制植物成熟衰老的关键因素之一。此外，乙烯在不定根的形成中发挥作用，乙烯还与植物对逆境（特别是生物类逆境）的反应密切相关（Sun et al.，2018）。在我们前期已研究的地黄连作响应的关键基因中，*ERPR* 基因在连作地黄根中高表达，同时前期对该基因在连作地黄中根部表达模式分析，也进一步验证了连作地黄体内 *ERPR* 基因表达加强，尤其是块根膨大前期，该基因在连作地黄根中的表达水平最高。由此推测，连作地黄体内 miR830 表达量下降，促使其靶基因 *ERPR* 的过量表达，促进了乙烯的生成，加速了连作地黄过早进入成熟期，抑制地黄根系的正常发育，导致植株矮小，须根增多，块根发育不良。

此外，在连作地黄中，miR1118 靶定甲基转移酶（methyltransferase）基因、miR1875 靶定苯丙烯醇脱氢酶（cinnamyl alcohol dehydrogenase）基因、miR2672 靶定钙依赖蛋白激酶（calcium-dependent protein kinase）基因、新型 rgl-miRZ21 靶定 CXE 羧酸酯酶（CXE carboxylesterase）基因等，它们均与植物体内的乙烯合成、钙信号转导、逆境胁迫等一系列生理过程密切相关，在植物生长发育过程中起着重要的调节作用。这些基因在连作地黄根部均为上调表达，由此促进了地黄体内钙浓度的升高，乙烯信号加强，核心代谢紊乱，加速了连作地黄衰老的进程，缩短了连作地黄营养生长时间，抑制了地黄根部的正常膨大，这无疑加剧了地黄连作障碍的形成。以上结果表明，连作胁迫引起地黄体内 miRNA 表达水平改变，同时出现了特异响应的 miRNA。我们从地黄根和叶中也发现这些差异表达基因与其对应的 miRNA 的表达情况均相吻合，即 miRNA 表达水平高，其靶基因表达就低，反之亦然，更重要的是，这些靶基因在植物核心代谢途径均承担着极其重要的调控作用。

总之，通过结合连作与头茬地黄差异表达基因及对应的调控 miRNA，我们因此初步认为，连作地黄根际生物和非生物逆境作用，激活或启动了连作地黄植株体内特异 miRNA 的表达，改变了正常基因的表达程序，引起了体内核心代谢途径调整和响应，在这个过程中，植株全方位受害，特别是与根际土紧密接触的连作地黄根部受害更为严重。据此，我们初步构建和概括了连作地黄体内响应连作障碍的特异 miRNA 的分子调控机制（图 7-33）。通过对连作地黄体内 miRNA 信息的深入理解，这些信息的获取为地黄生长发育的分子机理与调控机制提供了重要的信息资源，同时为揭示其他植物连作障碍的分子机制和中药资源的可持续发展提供了有益的借鉴。

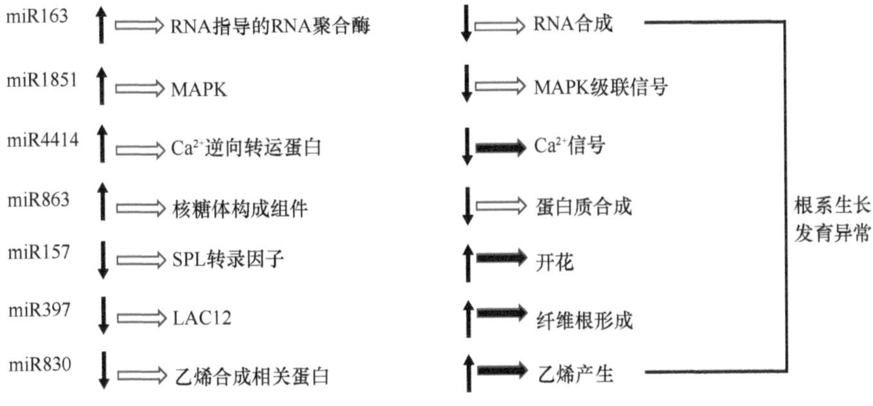

图 7-33　连作体内 miRNA 及其靶基因调控根部异常发育的作用机制

↑表示上调；↓表示下调；空心箭头表示抑制；实心箭头表示促进

第五节　lncRNA 在地黄连作障碍形成中的作用

为了进一步揭示非编码 RNA 中的另一大类 RNA“lncRNA”在地黄连作毒害形成过程中所起的重要调控作用，阐明连作毒害发生的分子调控网络，我们以连作与头茬地黄根为材料，分别构建连作（连续种植 2 年，R2）和头茬（仅种植 1 年，R1）地黄“含 poly(A)”和“不含 poly(A)”转录组文库，利用生物信息技术获得了地黄 lncRNA 序列候选集，详细分析了 lncRNA 种类及在地黄生命活动过程中的调控功能。同时，我们结合 cDNA 末端快速扩增技术（rapid amplification of cDNA end，RACE）和基因组步移技术克隆了 lncRNA 的转录物全长及其启动子序列，确证了 lncRNA 候选者存在的真实性。我们以此为基础，构建了连作与头茬地黄 lncRNA 差异表达谱，筛选出了响应连作的特异 lncRNA，并鉴定了差异 lncRNA 在地黄连作毒害过程中调控的靶基因；并通过 qRT-PCR 详细分析了连作特异响应 lncRNA 及其调控目标基因（mRNA）的表达模式，系统阐明了 lncRNA 在地黄连作毒害中调控作用。

一、地黄 lncRNA 文库的构建

（一）地黄转录组测序文库构建

我们在地黄连作伤害的关键节点（块根膨大前期）取样，分别收集连作与头茬地黄（根和叶均匀混合）样品，滤掉其中的编码 mRNA 信息，保留其他非编码的转录物信息，利用 Illumina 测序和生物信息学技术，构建地黄 “不含 poly(A)”的 RNA 的转录组文库，进一步拼接、组装后获得 69 309 条不含 poly(A)的转录物基因序列（图 7-34）。

（二）地黄 lncRNA 文库的建立

为了尽可能去除所构建的两种类型转录组文库中编码序列的残留，用 BLASTX 软件将两种类型转录组库中的所有序列与七大公共数据库（Nr、Nt、Pfam、KOG/COG、Swiss-Prot、KEGG 和 GO）进行比对，去除可能的编码序列（coding sequence，CDS）；

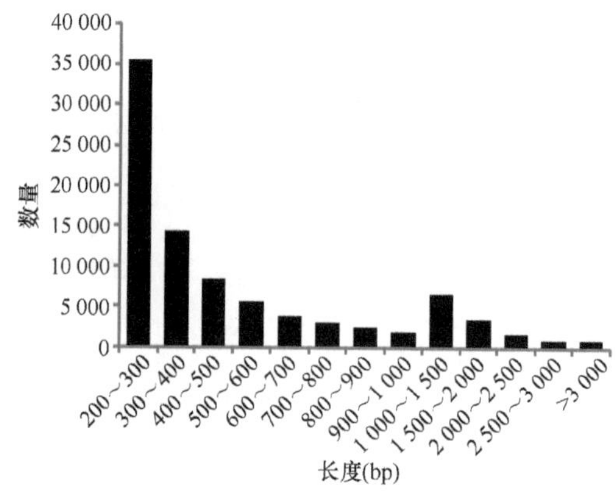

图 7-34 “不含 poly(A)”文库组装序列长度分布

接着对在不同数据库中至少有一次注释信息的 unigene 序列的编码区进行细致鉴定。同时，利用 ESTscan 软件对未被注释的序列进一步进行潜在 CDS 序列的筛选。将上述两个步骤所获取的序列全部列入“类似”编码序列片段，并将其移除，两种类型的序列库整合后最终发现共有 25 944 条 unigene 被鉴定为含有明显 CDS 区域，即 lncRNA 文库中的“污染序列”，其注释结果如图 7-35 所示。接着把这些污染序列从候选 lncRNA 库中剔除后，lncRNA 候选库剩余 63 007 条 unigene。

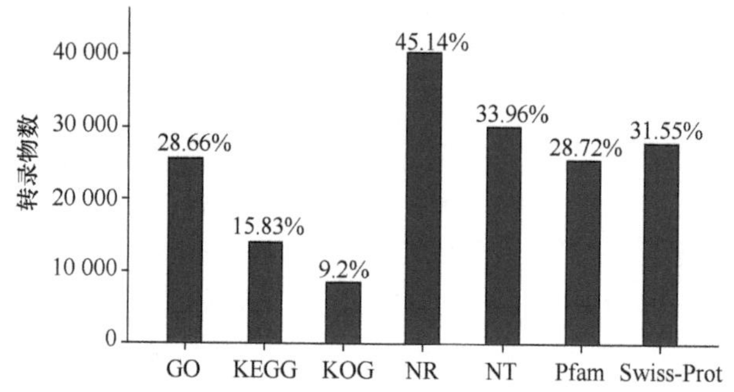

图 7-35 非编码 RNA 文库中“污染序列”在不同数据库中的注释

我们将上述剩余的候选 ncRNA 文库再利用潜在编码特征计算工具 CPC（coding potential calculator）预测分析，进一步去除了 6302 条潜在编码区的序列，我们将剩余转录物作为地黄候选的 lncRNA 序列。为了进一步分析候选 lncRNA 的长度分布特征，我们把已经移除的 RNA 编码序列（CDS）、含有潜在编码区序列和候选非编码序列的长度进行比较，发现候选 lncRNA 序列在 200～300bp 片段的数目最多，其次是 300～400bp，这从侧面反映了 mRNA 序列及其残余片段的污染序列已经得到了较好的移除（图 7-36）。我们所建立的地黄候选 lncRNA 文库为深入探究 lncRNA 在地黄响应连作胁迫中的作用奠定了基础。

二、地黄候选 lncRNA 的分类及功能解析

（一）管家 lncRNA 的鉴定

为了详细解析地黄中所获取的候选 lncRNA 在地黄连作障碍形成中的作用，我们利

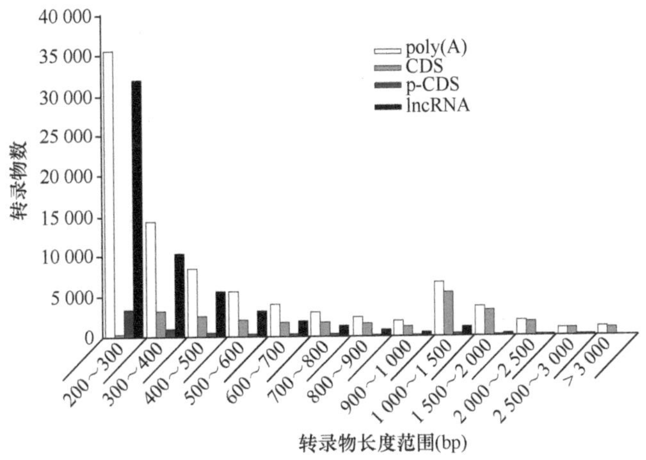

图 7-36　非编码 RNA 文库中鉴定的 lncRNA 候选序列与编码序列片段的污染情况分布图

p-CDS 代表潜在的可编码序列，poly(A)代表无 poly(A)的非编码 RNA 序列

用模式植物中已鉴定的lncRNA信息对地黄候选lncRNA的功能进行注释。与NONCODE 5.0（http://www.noncode.org/）数据库的比对显示，在地黄候选 lncRNA 中只有 728 条 lncRNA 在数据库中有显著性匹配，大约仅占所有候选 lncRNA 序列的 3.5%，这说明 lncRNA 的保守性相对较低（表 7-9）。

表 7-9　地黄候选的 lncRNA 保守性分析

类型	保守的 lncRNA（条）	百分比（%）	序列总数（条）
作为 miRNA 前体	3	0.77	389
竞争性 lncRNA	9	5.8	155
直接调控 lncRNA	143	1.1	12 961
其他	573	1.68	43 276
总计	728	9.35	56 781

此外，为了进一步去除候选的 lncRNA 库中的管家 ncRNA，我们用 Infernal V1.2 软件将上述 lncRNA 候选者序列与 Rfam 数据库进行比对，结果显示，这些候选 lncRNA 中共有 1179 条序列被鉴定为管家 ncRNA（图 7-37）。根据管家 ncRNA 具体功能进一步可以划分为 63 类，其中被注释为 rRNA 的有 293 条、snoRNA 的有 141 条；被注释为 tRNA 的有 54 条、rRNA 的有 286 条、tmRNA 的有 39 条、SCARNA7 的有 36 条、snoZ 的有 31 条、snR 的 29 条、RNAaseP 的有 25 条、sRNA 的有 23 条、TtnuCD 的有 22 条、rli 的有 22 条，注释为其他种类 ncRNA 的序列均少于 20 条。

（二）地黄新型 lncRNA 候选者的分类及功能解析

为了对地黄 lncRNA 候选者种类进行区分，并以此初步分析其功能，我们根据 lncRNA 调控靶基因的方式（顺式作用和反式作用），对地黄 lncRNA 进行以下分类和功能分析。

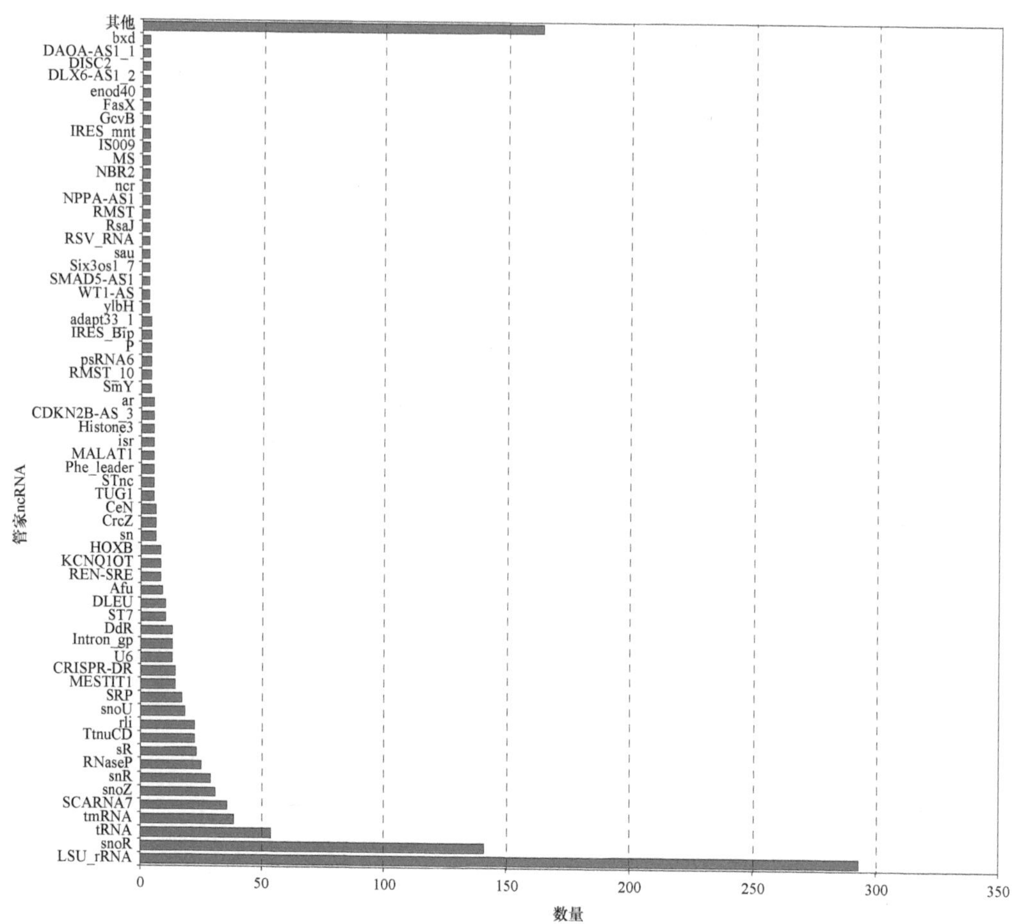

图 7-37　地黄非编码 RNA 库中鉴定的管家非编码 RNA

1. 作为 miRNA 前体的 lncRNA 鉴定和功能分析

建立在我们前期已构建的小 RNA 文库的基础上，对上述 lncRNA 序列库进行匹配，最终鉴定出 317 条可以作为 miRNA 前体的 lncRNA（表 7-10）。

表 7-10　部分作为 miRNA 前体的 lncRNA

lncRNA 的 Unigene ID	位点	长度（bp）	miRNA 序列
Unigene0000461	73～141	69	CAATTAGAAAGCCGTGCTCCA
Unigene0000813	17～103	87	GCTGGCTTCTACGACGCCGTTC
Unigene0001230	19～105	87	AGATTATTGAAGATATGGATAC
Unigene0001872	134～210	77	TGCGATTTTGGTCTTGGAATGGTG
Unigene0002053	81～166	86	CAGGATGTCTTGTTTGGCCTGATA
Unigene0002057	165～254	90	ATCATACTTATGGGATAGTA
Unigene0002076	548～628	81	AATGAAGGGGACGACGGATTGCAG
Unigene0002191	1～74	74	GGTGGTGGTGGTCGTGGTGGGT
Unigene0002651	15～98	84	TTAGGATTTGAACCAACAAGG
Unigene0003120	108～196	89	GGGATGTGTAATCAAGATTTGGGC

续表

lncRNA 的 Unigene ID	位点	长度（bp）	miRNA 序列
Unigene0003995	2～80	79	AAACGGCATTCGAAAATGATGA
Unigene0004226	959～1017	59	CAAGGAGAGGTTTGCTTTGTCC
Unigene0004846	154～232	79	CACAAGGATTGAGATAAGGAT
Unigene0005638	243～305	63	GAGCACCTTCATGGCCGCGTA
Unigene0005644	386～462	77	GACATGTGGATTCCGAAAAGTGCT
Unigene0006383	32～125	94	TCTGGGATTTTTTGAAGATAT
Unigene0006476	41～122	82	GCCCGGGCGGCGAGGCCGTCGG
Unigene0006583	11～111	101	AAGCATTTGTTTCCCAATTTCTCC
Unigene0006650	7～89	83	ACACCTGGTTTTGCTTGTCAAAAA
Unigene0007095	1～67	67	AGTACCGGTGCGGCACGTCG
Unigene0007195	100～172	73	TGAGGGATGAGGTTAGAAAAAT
Unigene0008775	232～328	97	GACTTGTCCGCGTGATCTCCGG
Unigene0008816	16～99	84	TCCTCCTTTGTTTTTATCGTCGGC
Unigene0008994	22～113	92	GTCGAATTACTCCTCCGAATAT
Unigene0009327	261～357	97	TGGCACGATCGTGCCTTGTTG

为分析作为 miRNA 前体的 lncRNA 功能，我们利用生物信息学技术鉴定出了 92 条 lncRNA 的 135 条靶基因。接着对这些靶基因进行信息 Nr 注释、KEGG 和 GO 分析。KEGG 分析结果发现，参与剪接体（spliceosome）、碳代谢（carbon metabolism）、植物-病原体互作（plant-pathogen interaction）、Rap1 信号途径（Rap1 signaling pathway）等代谢途径的基因数目比较多（表 7-11）。

表 7-11　作为 miRNA 前体的 lncRNA 靶基因 KEGG 分析（基因数最多的 30 通路）

代谢途径名称	KEGG ID	基因数	*P* 值
剪接体	ko03040	7	0.633 575
碳代谢	ko01200	6	0.510 169
植物-病原体互作	ko04626	6	0.968 413
Rap1 信号通路	ko04015	5	0.004 464
Ras 信号通路	ko04014	5	0.021 404
cAMP 信号通路	ko04024	5	0.032 491
昼夜节律——植物	ko04712	5	0.055 631
精氨酸和脯氨酸代谢	ko00330	5	0.059 667
肌动蛋白细胞骨架的调节	ko04810	5	0.062 166
核糖体	ko03010	5	0.902 86
甲烷代谢	ko00680	4	0.057 884
半胱氨酸和甲硫氨酸的代谢	ko00270	4	0.107 55
MAPK 信号通路	ko04010	4	0.127 309
糖酵解/糖异生	ko00010	4	0.493 314
氨基酸的生物合成	ko01230	4	0.811 108
昼夜节律	ko04713	3	0.026 776

续表

代谢途径名称	KEGG ID	基因数	*P* 值
蛋白酶体	ko03050	3	0.108 769
谷胱甘肽代谢	ko00480	3	0.262 343
半乳糖代谢	ko00052	3	0.365 622
氧化磷酸化	ko00190	3	0.716 047
内质网中的蛋白质加工	ko04141	3	0.950 985
异黄酮的生物合成	ko00943	2	0.079 002
矿物质吸收	ko04978	2	0.144 11
Gap 连接	ko04540	2	0.288 296
磷酸戊糖途径	ko00030	2	0.469 979
磷脂酰肌醇信号系统	ko04070	2	0.551 355
溶酶体	ko04142	2	0.568 474
芪类化合物、二芳基庚烷和姜醇的生物合成	ko00945	2	0.676 897
泛素介导的蛋白质水解	ko04120	2	0.859 926
RNA 转运	ko03013	2	0.994 221

同时，我们也对 lncRNA 产生的 miRNA 所调控靶基因进行了 GO 功能分析（图 7-38）。在 lncRNA 所调控靶基因的细胞元件中可分为 11 类，其中细胞部分（cell part）和细胞（cell）这两类的数目最多，其次是细胞器（organelle）类，包膜（envelope）类、共质体

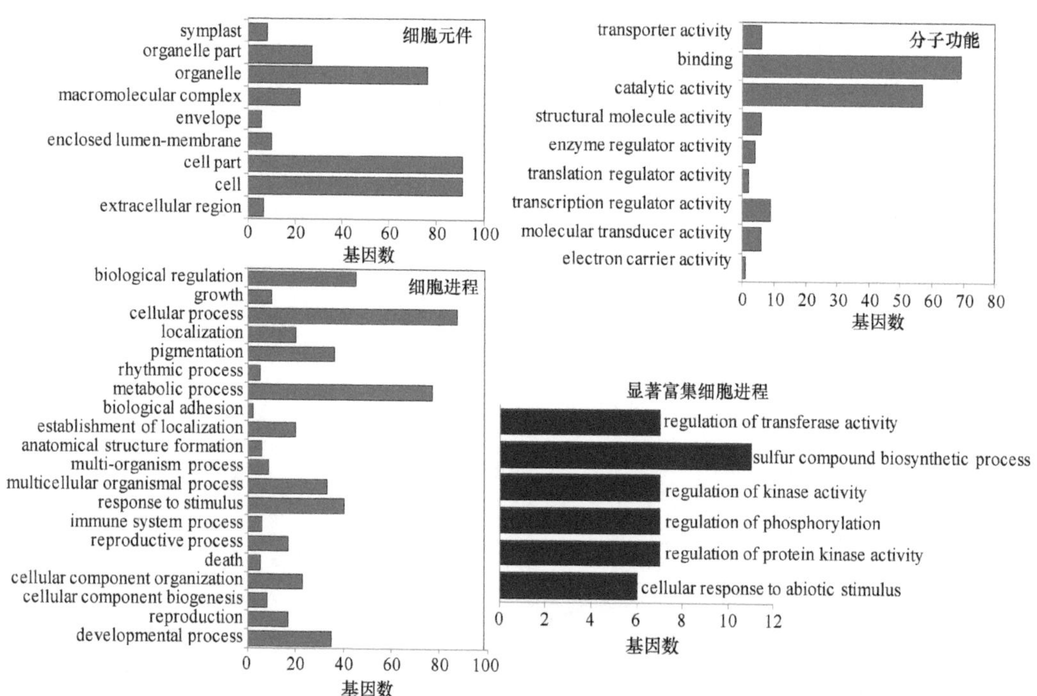

图 7-38　作为 miRNA 前体物 lncRNA 的靶基因 GO 分类

（symplast）类和胞外区域（extracellular region）类所占的比例最少。按照分子功能共分为 9 类，其中结合类（binding）和行使催化活性功能（catalytic activity）的基因占绝大多数，显著多于其他类型的功能性基因。按照其细胞进程可分为 20 类，其中细胞过程（cellular process）和代谢过程（metabolic process）这两类所占比例最大，其次是生物进程调控（biological regulation）、响应刺激（response to stimulus）、色素沉积（pigmentation）和发育过程（developmental process）等。我们也对 lncRNA 的 GO 功能的生物过程进行富集分析，发现参与硫化物的生物合成过程（sulfur compound biosynthetic process）、调节蛋白激酶活性（regulation of protein kinase activity）、磷酸化调控（regulation of phosphorylation）、调节转移酶活性（regulation of transferase activity）等基因显著富集，这说明筛选响应地黄连作障碍的基因可以以此为切入点，更全面地揭示连作障碍形成的成因。

2. 竞争性 lncRNA 的鉴定和功能分析

为了获取地黄 lncRNA 候选者序列中的竞争性 lncRNA 序列信息，我们以前期研究已构建的连作地黄降解组文库、sRNA 文库及其转录组文库为基础数据，通过“lnRNA-miRNA-编码靶”的三方互作关系分析，在这些 lncRNA 候选者序列中共获取了 155 条竞争性 lncRNA（表 7-12）。这 155 条竞争性 lncRNA 共鉴定了 214 条“含 poly(A)”的 RNA 作为 114 条 lncRNA 的竞争性靶基因，但从“含 poly(A)”的 RNA 转录库没有鉴定出作为竞争性 lncRNA 的靶基因。

表 7-12　部分竞争性 lncRNA

lncRNA 的 Unigene ID	靶定的 miRNA ID	长度（bp）	匹配的范围
Unigene0045159	miR1024a	652	187～205
Unigene0072501	miR1024a	544	74～94
Unigene0044444	miR1030a	708	257～287
Unigene0067091	miR1031a	402	106～121
Unigene0021184	miR1120b	254	138～155
Unigene0068638	miR1122d	4754	3135～3151
Unigene0038925	miR1139a	571	327～350
Unigene0079568	miR1151c	350	278～297
Unigene0030383	miR1223a	242	171～187
Unigene0062713	miR1310a	232	116～135
Unigene0065996	miR1312a	245	60～78
Unigene0046727	miR1318a	204	36～53
Unigene0036749	miR6022a	602	11～28
Unigene0049708	miR1432a	222	188～205
Unigene0044701	miR1440b	723	685～707
Unigene0069710	miR1507b	232	205～220
Unigene0073438	miR1510d	569	618～633

续表

lncRNA 的 Unigene ID	靶定的 miRNA ID	长度（bp）	匹配的范围
Unigene0044809	miR1520k	522	332～347
Unigene0081884	miR156h	239	96～114
Unigene0070187	miR158c	686	147～169
Unigene0050075	miR164h	407	160～179
Unigene0015106	miR166c	291	57～81
Unigene0056508	miR166d	309	210～229

通过对这些竞争性 lncRNA 靶基因的 KEGG 代谢途径分析发现（表 7-13），214 条竞争性 mRNA 基因参与了 73 条代谢途径，主要包括蛋白酶体（proteasome）、ABC 转运蛋白（ABC transporter）、氮代谢（nitrogen metabolism）、细胞周期（cell cycle）、苯并噁唑嗪酮生物合成（benzoxazinoid biosynthesis）、泛素介导的蛋白质水解（ubiquitin mediated proteolysis）、溶酶体（lysosome）、真核生物核糖体合成（ribosome biogenesis in eukaryotes）等。其中，参与核糖体（ribosome）代谢和 RNA 转运（RNA transport）所占的比例最多，其次是蛋白酶体，由此我们认为这类竞争性 lncRNA 可能主要在核糖体代谢和 RNA 运输过程中起着重要的调控作用。

表 7-13　竞争性 lncRNA 靶基因 KEGG 分析（基因数最多的前 30 个）

代谢途径名称	基因数	KEGG ID	*P* 值
蛋白酶体	13	ko03050	0.000 493
ABC 转运蛋白	12	ko02010	0.003 834
核糖体	7	ko03010	0.019 513
RNA 转运	6	ko03013	0.020 811
氮代谢	6	ko00910	0.032 734
细胞周期	6	ko04110	0.043 366
苯并噁唑嗪酮类生物合成	6	ko00402	0.043 892
泛素介导的蛋白质水解	4	ko04120	0.073 745
溶酶体	3	ko04142	0.078 808
真核生物中的核糖体合成	3	ko03008	0.107 226
磷酸盐和亚磷酸盐代谢	3	ko00440	0.113 863
C5 支链二元酸代谢	3	ko00660	0.120 143
醚脂代谢	3	ko00565	0.129 11
非同源末端连接	2	ko03450	0.162 877
异喹啉生物碱生物合成	2	ko00950	0.214 794
丁酸盐代谢	2	ko00650	0.247 609
肌动蛋白细胞骨架的调控	2	ko04810	0.257 476
丙氨酸、天冬氨酸和谷氨酸代谢	2	ko00250	0.261 211
硒复合物代谢	2	ko00450	0.304 258
苯丙氨酸代谢	1	ko00360	0.305 661
二苯乙烯、二芳基庚酸类和姜酚的生物合成	1	ko00945	0.311 142

续表

代谢途径名称	基因数	KEGG ID	*P* 值
甘油磷脂代谢	1	ko00564	0.322 719
缬氨酸、亮氨酸和异亮氨酸生物合成	1	ko00290	0.328 582
硫代谢	1	ko00920	0.356 653
双酚降解	1	ko00363	0.375 007
内吞作用	1	ko04144	0.380 43
泛酸盐和辅酶 A 生物合成	1	ko00770	0.383 555
脂肪酸延伸率	1	ko00062	0.383 555
2-氧羧酸代谢	1	ko01210	0.385 06
芳香族化合物的降解	1	ko01220	0.387 928

我们对与 lncRNA 存在竞争关系的 214 条 mRNA 进行 GO 功能分类（图 7-39）。首先，在细胞元件条目中，共质体（symplast）、包膜（envelope）和胞外区（extracellular region）这三类中的基因分布比较少。我们也对其进行了功能富集分析发现，质膜（plasma membrane）、细胞器部分（organelle part）和细胞内细胞器部分（intracellular organelle part）这三种功能类型被显著富集。在细胞进程条目中，这些基因中参与细胞过程（cellular process）和代谢过程（metabolic process）的基因所占的比例最多，参与响应刺激（response

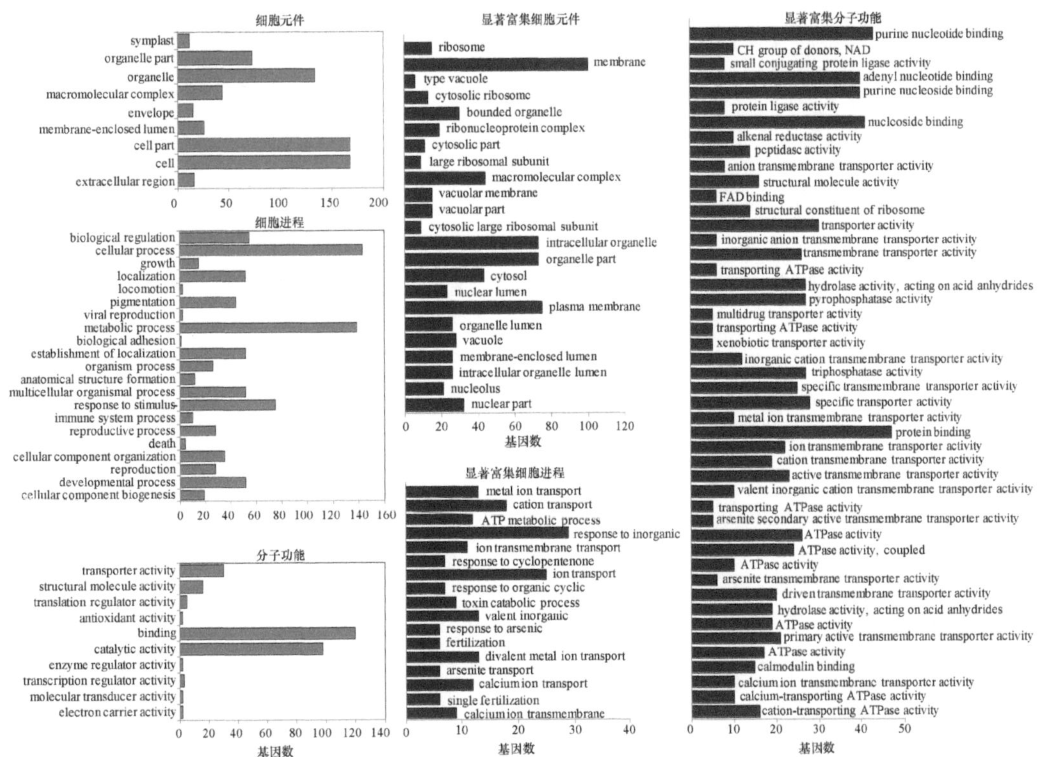

图 7-39　地黄中竞争性 lncRNA 靶基因 GO 分类

to stimulus）、多细胞生物过程（multicellular organismal process）、定位的建立（establishment of localization）和生物调节（biological regulation）的基因所占的比例次之。在分子功能条目中，催化活性（catalytic activity）和结合（binding）的基因所占比例最多，我们对这些 lncRNA 进行了 GO 功能富集分析发现，在富集的分子功能条目中，嘌呤核苷结合（purine nucleoside binding）、核苷结合（nucleoside binding）、嘌呤核苷酸结合（purine nucleotide binding）和蛋白质结合（protein binding）这四类中富集的基因最多。

3. 直接调控靶 mRNA 的 lncRNA 的鉴定和功能分析

我们对直接调控靶 mRNA 的 lncRNA 靶基因也进行了 KEGG 功能分析，在这些分析的基因中，参与代谢的基因最多，其次为黄酮和黄酮醇生物合成（flavone and flavonol biosynthesis）、内吞作用（endocytosis），其他通路的基因所占比例相对较少，表 7-14 显示了直接调控 lncRNA 靶基因参与的排名前 30 的 KEGG 代谢通路。

表 7-14　直接调控 lncRNA 靶基因 KEGG 分析（基因数最多的前 30 条通路）

代谢途径名称	KEGG ID	基因数	*P* 值
蛋白酶体	ko03040	228	0.000 004 37
植物激素信号转导	ko04075	174	0.000 0332
mRNA 监测途径	ko03015	149	0.000 173
黄酮和黄酮醇的生物合成	ko00944	97	0.000 75
内吞作用	ko04144	93	0.002 956
托烷、哌啶和吡啶生物碱的生物合成	ko00960	89	0.005 774
糖基磷脂酰肌醇-锚定生物合成	ko00563	81	0.007 066
苯丙氨酸代谢	ko00360	78	0.012 491
RNA 聚合酶	ko03020	75	0.013 98
胡萝卜素生物合成	ko00906	72	0.043 001
自噬调节	ko04140	71	0.045 445
类黄酮生物合成	ko00941	69	0.052 736
D-谷氨酰胺与 D-谷氨酸代谢	ko00471	62	0.090 768
昼夜节律——植物	ko04712	61	0.101 721
基础转录因子	ko03022	60	0.106 575
嘧啶代谢	ko00240	55	0.127 198
醚脂代谢	ko00565	53	0.142 495
丙酸代谢	ko00640	51	0.159 568
硒化合物代谢	ko00450	47	0.163 305
氮代谢	ko00910	45	0.164 807
油菜素内酯生物合成	ko00905	44	0.182 941
抗坏血酸和醛酸代谢	ko00053	40	0.195 697
磷酸盐与磷酸酯代谢	ko00440	38	0.203 073
叶酸碳池	ko00670	36	0.205 228
昼夜节律	ko04710	35	0.210 018
二羧酸代谢	ko00630	33	0.211 564
碳水化合物消化吸收	ko04973	33	0.224 845
MAPK 信号通路	ko04013	33	0.245 9
亚油酸代谢	ko00591	32	0.255 962
核黄素代谢	ko00740	31	0.256 652

对这些靶基因的 GO 功能分类显示（图 7-40），在细胞元件分类中共分为 12 类，细胞（cell）、细胞部分（cell part）和细胞器（organelle）的基因所占比例最高，而病毒（virion）、病毒部分（virion part）和胞外区（extracellular region part）这三类所占比例最低。对其进行功能富集分析发现，胞内细胞器部分（intracellular organelle part）和细胞器部分（organelle part）呈现显著性富集，验证了细胞分类结果。基于生物学过程，这些靶基因可分为 22 类，其中参与代谢过程（metabolic process）和细胞过程（cellular process）的基因比例最高。对其功能富集分析发现，细胞大分子定位（cellular macromolecule localization）

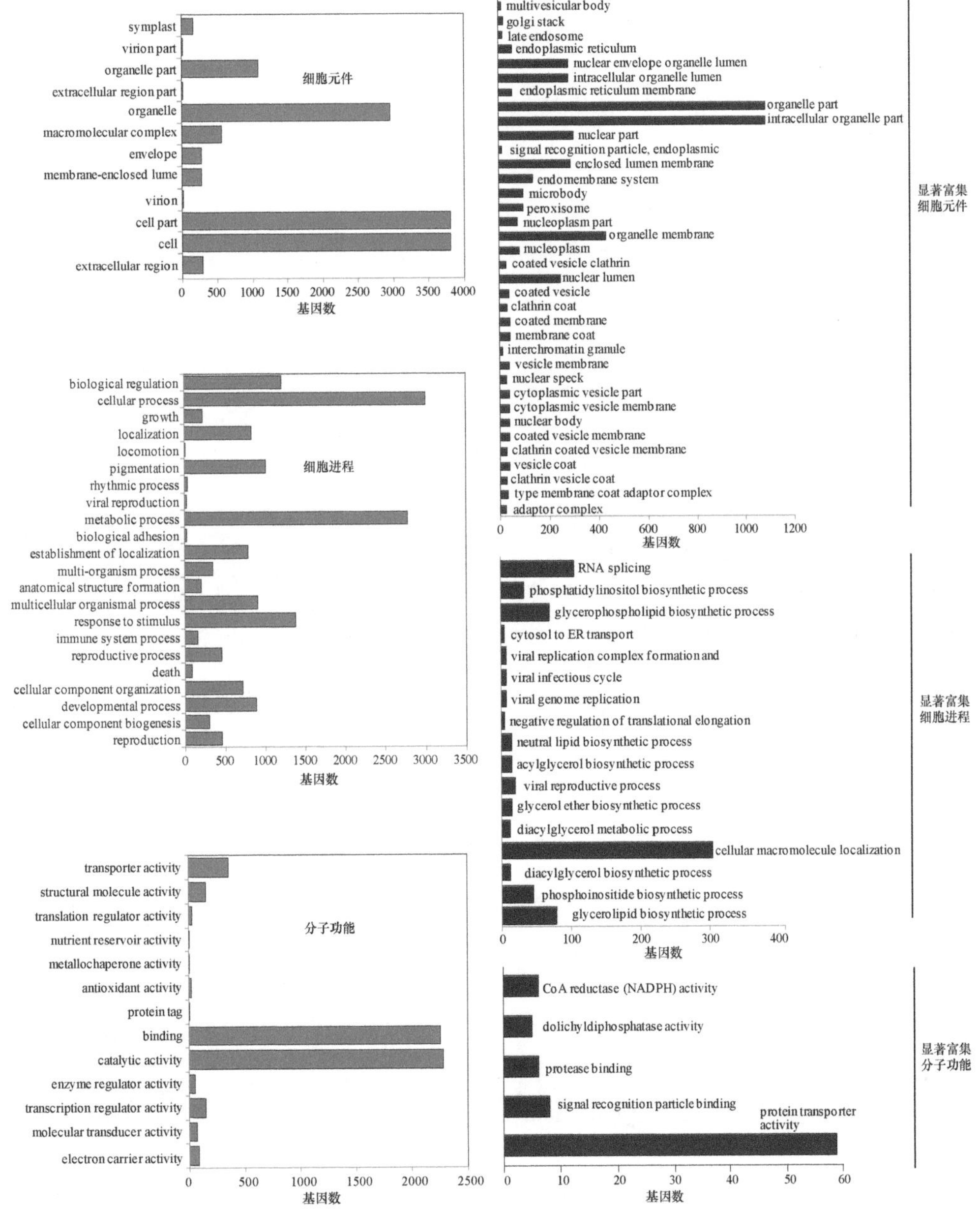

图 7-40　地黄直接调控 lncRNA 的靶基因 GO 分类

呈现显著富集。从分子功能分类可知，具有催化活性（catalytic activity）和结合（binding）功能的靶基因所占比例最大。另外对其进行功能富集分析还发现，具有蛋白质转运蛋白活性（protein transporter activity）的基因呈显著性富集。

总之，我们在构建的地黄 ncRNA 转录组文库的基础上，利用生物信息学技术获得了 56 705 条 lncRNA 候选序列，分别鉴定了 317 条能够产生 miRNA 的 lncRNA、155 条竞争性 lncRNA 和 223 条直接调控靶 mRNA 的 lncRNA。我们通过对 lncRNA 调控的靶基因功能分析发现，这些 lncRNA 可能主要参与了细胞分裂、运输、蛋白质合成和代谢、应激反应等几乎贯穿植物多个生命活动过程。由此可见，这些 lncRNA 的调控机制可能广泛存在于地黄体内的多种生命活动过程中。

4. 关键 lncRNA 的转录物及基因全长克隆

（1）地黄 lncRNA 转录物的全长克隆

为确证候选的 lncRNA 为 ncRNA，我们随机选择了 12 条在连作地黄差异表达 lncRNA，根据其测序拼接序列，利用 RACE 克隆技术，分别获得这 12 个 lncRNA 的 5′端和 3′端的 PCR 产物，经电泳检测（图 7-41、图 7-42），切胶纯化回收后，连接到质粒载体，测序拼接后获得了 12 条 lncRNA 全长序列。这 12 条 lncRNA 的转录物长度在 491～3068bp，其中一条作为 miRNA 前体的 Unigene0081595 的转录物，全长为 3068bp；其次，一条直接调控 Unigene0053363 基因，全长为 2493bp，其他 10 条 lncRNA 的长度均在 491～2300bp。

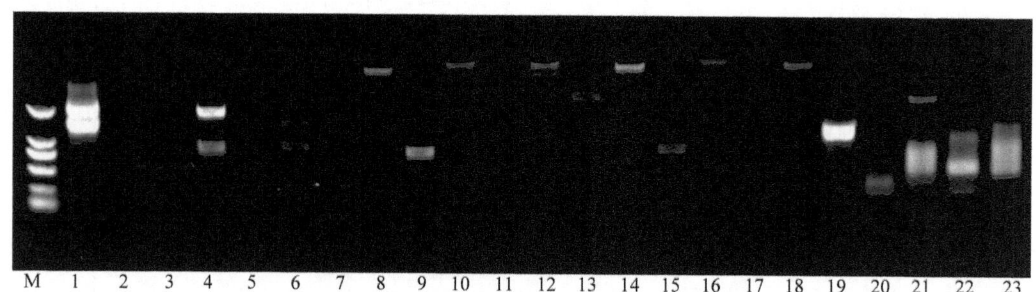

图 7-41 RACE 技术降落 PCR 扩增的 lncRNA 片段的部分产物

M：DL2000 marker；1～23 泳道为 PCR 产物

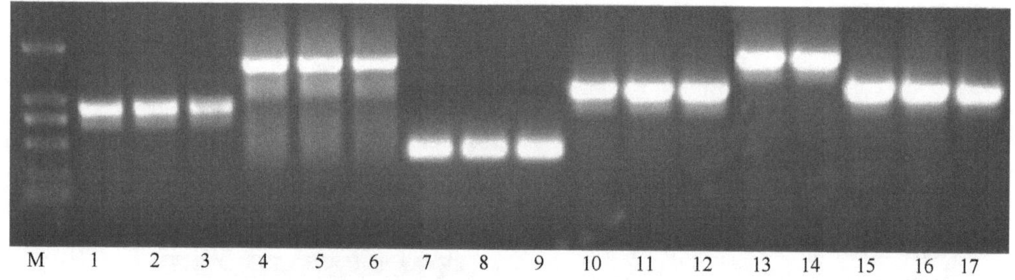

图 7-42 RACE 技术巢式 PCR 扩增的 lncRNA 片段的部分产物

M：DL2000 marker；1～17 泳道为 PCR 产物

为进一步确定这 12 条 lncRNA 不具有编码蛋白质的功能，我们利用可读框鉴定软件（ORF Finder）对这些 lncRNA 全长转录物序列进行了 ORF 预测。结果发现，在所鉴定的地黄 lncRNA 中所包括的 ORF 长度均小于 300bp，符合 lncRNA 的典型特征。其中，Unigene0064012 序列包含 18 个 ORF，其最大长度为 231bp，其他的 11 条 lncRNA 转录物包含的 ORF 数量均少于 Unigene0064012 基因序列。由此可见，克隆的 12 条 lncRNA 候选者基因具有长链 ncRNA 的特征（表 7-15）。

表 7-15　克隆的 12 条 lncRNA 序列特征及其靶基因注释

lncRNA ID	Unigene ID	拼接长度（bp）	克隆的全长（bp）	ORF 最大长度（bp）	ORF 总数	靶基因功能注释及简写
lncR17	Unigene0073438	569	2010	225	14	转录变异体 1，TV1
lncR25	Unigene0071856	239	491	254	3	MADS-box 转录因子 MSM1，MSM1
lncR37	Unigene0055015	525	798	225	4	AP2 转录因子，AP2
lncR75	Unigene0073129	348	621	240	5	叶绿体外膜易位子 64，TOC64
lncR90	Unigene0054870	828	1425	138	6	阳离子转运 ATP 酶，CTP
lncR91	Unigene0043838	904	1636	198	9	伴侣蛋白 DnaJ 8，DnaJ 8
lncR94	Unigene0072538	879	1456	237	10	细胞分裂后期复合亚基 11，APC11
lncR103	Unigene0081595	1491	3068	198	9	细胞壁连接类受体激酶-14，WAKL14
lncR111	Unigene0055975	1311	2493	267	17	多效性耐药蛋白 2，PDR2
lncR118	Unigene0064012	1132	2257	231	18	过氧化物酶膜蛋白 pex14，PEX14
lncR122	Unigene0070027	1099	1720	204	16	转录变异体 2，TV2
lncR149	Unigene0075177	619	1561	177	13	假定核糖核酸酶 H2，RNAe H2

（2）lncRNA 基因 DNA 序列克隆的延伸、启动子预测及分析

启动子是基因表达过程中非常重要的调控序列，也是影响基因能否转录的重要功能单位之一。为进一步分析鉴定 lncRNA 启动子功能，我们利用基因组步移技术，以原始拼接的 4 条 lncRNA 序列作为参考，进行了 5′端和 3′端延伸。这里我们选择了 4 个 lncRNA 的原始组装序列作为目的 DNA 的原始片段，以酶切后的 4 个 DNA 文库为模板，经过两轮或多轮的降落 PCR 和巢式 PCR（图 7-43、图 7-44）。然后将其 PCR 产物回收纯化，连接并转化到质粒载体上测序，获得了 4 条 lncRNA 的两侧翼 DNA 序列。

图 7-43　步移技术降落 PCR 扩增的部分 lncRNA 片段的产物

M：DL2000 marker；1～21 泳道为 PCR 产物

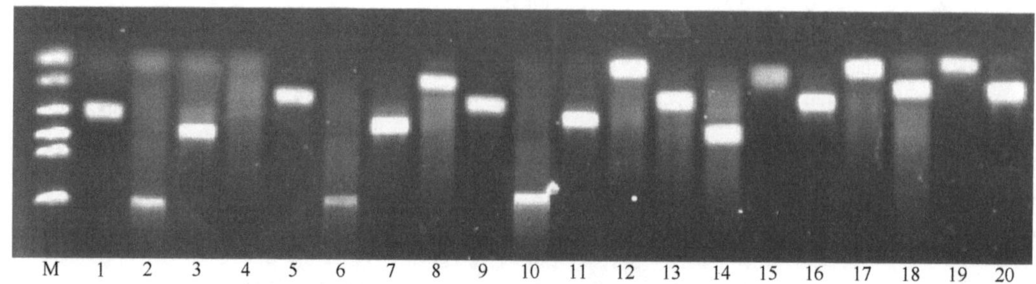

图 7-44　步移技术巢式 PCR 扩增的部分 lncRNA 片段的产物

M：DL2000 marker；1～20 泳道为 PCR 产物

接着我们进一步利用 PromScan 软件（http://molbiol-tools.ca/promscan/）分别对这 4 条 lncRNA 的启动子进行了预测（表 7-16），其中 Unigene0040754 启动子区域含有 AP2、SP1、AABS_CS2 和 TFIID 共 4 个调控元件；Unigene0049502 启动子区域含有 AP-1、UCE.2、SRF 和 TFIID 共 4 个调控元件；Unigene0052694 启动子区域含有 SP1、SDR_RS、SIF、HSV_IE_repeat 和 EivF/CREB 共 5 个调控元件；Unigene0053363 启动子区域含有 AP2、UCE.2、PuF、SIF 和 MRE_CS6 等调控元件。这 4 条 lncRNA 启动子主要含有与逆境相关的 AP2、SP1、TFIID 等调控元件。在这些 lncRNA 中，Unigene0040754 两端延伸的 DNA 序列最长，达到 1790bp，除在其上游 479～729bp 区域预测到自身的启动子外，其转录物下游区域预测到 3 个启动子区域，这些启动子可能是 Unigene0040754 基因 3′端相邻的基因调控元件。为进一步分析 lncRNA 是否含有内含子序列，我们利用 DNAman 软件将这 4 条 lncRNA 序列克隆的全长 RNA 与 DNA 序列，进行比对，结果发现这 4 条 lncRNA 均无内含子序列。

表 7-16　地黄中所克隆的 4 条 lncRNA 的 DNA 序列分析

lncRNA 的 Unigene ID	序列长度（bp）	启动子调控元件	启动子区域（bp）	内含子数
Unigene0040754	8 145	AP2、SP1、AABS_CS2、TFIID	3 476～3 726	0
Unigene0049502	11 790	AP1、UCE.2、SRF、TFIID	479～729	0
Unigene0052694	5 537	SP1、SDR_RS、SIF、HSV_IE_repeat、EivF/CREB	1 634～1 884	0
Unigene0053363	8 724	AP2、UCE.2、PuF、SIF、MRE、CS6	614～864	0

我们利用 RACE 技术获取了 12 条 lncRNA 的全长转录物，这些全长 lncRNA 序列的获取，为我们深入研究其调控功能奠定了基础，同时，也验证了我们构建的 ncRNA 文库所获取 lncRNA 序列的准确性。对 lncRNA 调控作用的研究，为我们更深入地探索 lncRNA 如何响应和传递毒害效应的具体机制提供了重要的理论依据。但由于地黄遗传背景极为复杂，遗传信息短期内破解存在较大困难，严重限制了 lncRNA 的分子调控机制研究。为了弥补和破解 lncRNA 调控机制，这里我们基于基因组步移技术成功克隆了 4 条 lncRNA 在基因组上的完整序列及其上游的启动子序列；通过 lncRNA 基因的启动子分析，确定了大量可调控元件，这些元件的获取为我们深入系统研究 lncRNA 的转录、剪切及调控的整个生物学过程奠定了基础，也为更全面地确认其在连作障碍形成过程中的分子机制提供了重要的参考依据。更重要的是，我们从基因组水平上高效获取 ncRNA

序列的手段，为其他基因组未知的物种 ncRNA 的转录调控研究提供了重要的经验借鉴。

（三）响应地黄连作特异 lncRNA 的鉴定与功能分析

1. 作为 miRNA 前体的 lncRNA 差异分析及其功能

根据高通量文库中 lncRNA 所测到的频率，我们对连作与头茬地黄间差异表达的 lncRNA 进行了筛选，其结果在连作与头茬地黄间共获得了 764 条差异表达的 lncRNA，其中在连作中显著上调的有 490 条 lncRNA（图 7-45）。

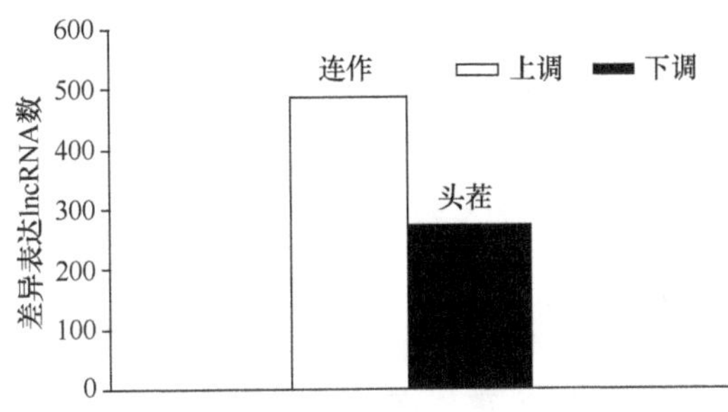

图 7-45　连作与头茬地黄差异 lncRNA 基因的筛选

为深入探究差异表达 lncRNA 在地黄连作障碍形成中的作用，我们对 lncRNA 不同功能模式进行详细分析，用以推测连作与头茬地黄间显著差异的 lncRNA 在地黄连作障碍形成中可能的调控机制。其中，作为前体 miRNA 的 lncRNA 在连作和头茬地黄间差异表达的共有 14 条（在连作中上调的有 11 条、下调的有 3 条）（表 7-17）。其中，4 条靶基因具有明显的功能注释，2 条为未知蛋白，1 条靶基因为受体蛋白激酶，1 条为转运蛋白（表 7-18）。

表 7-17　在连作与头茬地黄中的候选差异表达 lncRNA 数量汇总

lncRNA 分类	连作上调	连作下调	共计
作为 miRNA 前体	11	3	14
竞争性 lncRNA	19	13	32
直接调控 lncRNA	160	63	223
其他	300	195	495
共计	490	274	764

表 7-18　4 个作为 miRNA 前体的差异表达的 lncRNA 功能分析

lncRNA 的 Unigene ID	Target ID	功能注释
Unigene0065379	Unigene18870_All	推定蛋白 PRUPE_ppa022911mg
Unigene0058540	CL409_Contig3_All	赖氨酸组氨酸转运蛋白 1
Unigene0041430	Unigene3386_All	受体蛋白激酶
Unigene0006383	CL6911_Contig3_All	未知蛋白

由于我们前期构建的地黄降解组文库测序原始数据深度的限制，作为 miRNA 前体的 lncRNA 鉴定得到的靶基因数量也相对较少，导致以 miRNA 作为前体的 lncRNA 在

连作障碍中功能并不能全面被揭示。但我们所预测得到的大部分作为 miRNA 前体 lncRNA 在连作地黄中被显著上调则暗示着在连作障碍的形成过程中，lncRNA-miRNA 互连所形成的非编码调控网络可能也起着重要的调控作用。

2. 竞争性 lncRNA 差异表达鉴定及其功能

我们所候选的竞争性 lncRNA 中，有 32 条竞争性 lncRNA 在连作与头茬地黄中呈现出显著差异表达。其中，在连作地黄中显著上调的有 19 条、下调的 13 条（表 7-17）。通过差异竞争性 lncRNA 所共同切割的 mRNA 功能分析发现，在连作地黄中，与上调 lncRNA 共相竞争的绝大部分 mRNA 主要与细胞转录调控、蛋白质翻译和细胞运输等密切相关。例如，在转录调控细胞进程中，lncRNA37、lncRNA25 分别与 AP2、MADS-box 编码基因具有明显的互作竞争关系；lncRNA75 则与核糖体元件构成的相关基因具有相互竞争性关系；在头茬地黄中，显著上调的 lncRNA 与细胞运输相关的编码基因有着潜在的竞争性关系，如 lncRNA18 与 F-type、H^+-transporting、ATPase、PEX14 等基因具有可能的竞争性调控关系。

3. 直接调控 mRNA 的 lncRNA 差异表达鉴定及其功能

在直接调控 mRNA 的 lncRNA 中，有 223 条相应的 lncRNA 在连作与头茬地黄中呈现显著差异表达。其中，在连作地黄中显著上调表达 160 条、下调表达 63 条。通过对差异 lncRNA 所直接调控基因功能进行 KEGG、GO 功能分析，以了解直接调控的 lncRNA 在地黄连作障碍形成过程中所承担的角色。结果发现，连作地黄中上调的直接调控 RNA 的 160 条靶基因，按照细胞元件可分为 9 类，其中在细胞（cell）、细胞部分（cell part）、细胞器（organelle）中所占的比例最高，在胞外（extracellular region）、包膜（envelope）、共质体（symplast）中所占的比例较小。按其分子功能分为 10 类，主要包括电子载体活性（electron carrier activity）、分子传感器活性（molecular transducer activity）、酶调节剂活性（enzyme regulator activity）、催化活性（catalytic activity）、结合（binding）、转运活性（transporter activity）、抗氧化活性（antioxidant activity）等，其中催化活性和结合类的基因占居多数，其次是转运活性类基因，其他类型的较少。在生物进程方面，可分为 20 类，主要包括发育过程（developmental process）、细胞成分组织（cellular component organization）、响应刺激（response to stimulus）、多细胞有机体（multicellular organismal）、代谢过程（metabolic process）、色素沉淀（pigmentation）、细胞进程（cellular process）、生物调节（biological regulation）等，其中代谢过程和细胞进程所占比例最高，其次是应激反应、生物调节和发育过程类的基因（图 7-46）。在 KEGG 代谢通路中，160 条上调的靶基因主要参与了植物激素的信号转导（plant hormone signal transduction）、剪接体（spliceosome）、细胞凋亡（apoptosis）、嘌呤代谢（purine metabolism）、病原体相互作用（pathogen interaction）、碱基切除修复（base excision repair）、类胡萝卜素生物合成（carotenoid biosynthesis）、DNA 复制（DNA replication）、内吞作用（endocytosis）等代谢途径（图 7-46）。

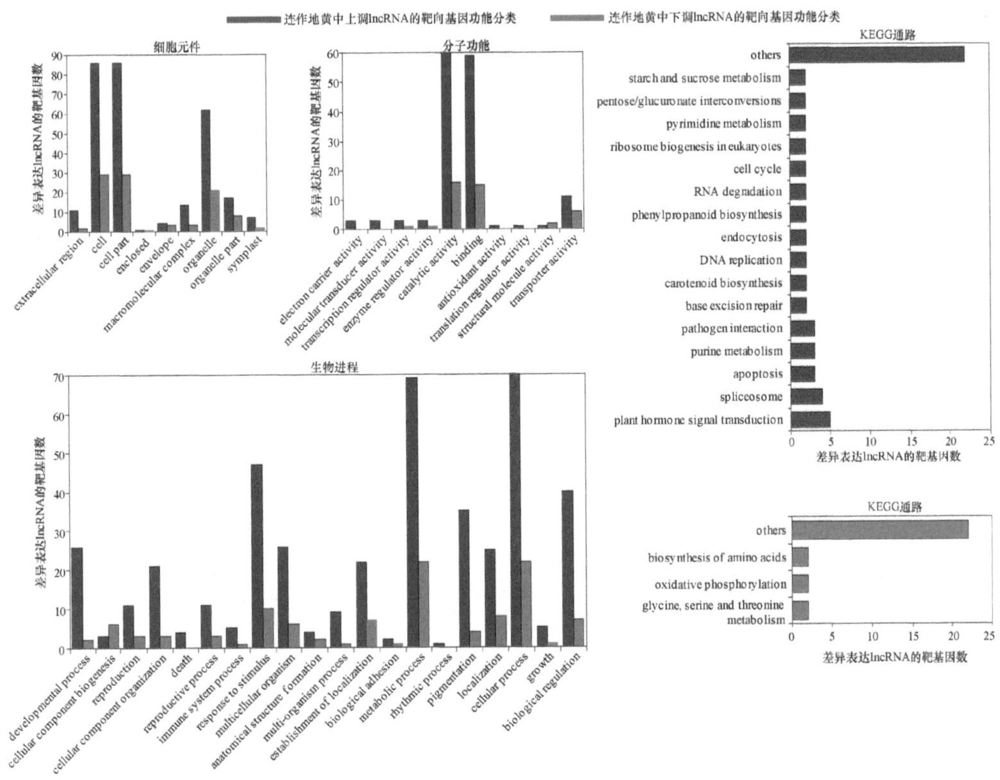

图 7-46　连作中直接调控 lncRNA 靶基因的 GO 分类和 KEGG 分析

在下调的 63 条靶基因中，按细胞元件共分为 9 类，其中在细胞（cell）、细胞部分（cell part）中所占的比例最高，其次是细胞器（organelle），其他部位分布的基因较少。在生物进程方面共分为 18 类，主要包括代谢过程（metabolic process）、细胞进程（cellular process）、应激反应（response to stimulus）、生物调节（biological regulation）等，其他分类的基因所占比例比较小。从分子功能方面，可分为 6 类，包括催化活性（catalytic activity）、结合（binding）、转运活性（transporter activity）、结构分子活性（structural molecule activity）、酶调控活性（enzyme regulator activity）、转录调控活性（transcription regulator activity）。其中前三类所占比例比较大，其余比较小。在 KEGG 代谢通路分析中，主要包括甘氨酸、丝氨酸和苏氨酸代谢（glycine，serine and threonine metabolism）通路、氧化磷酸化（oxidative phosphorylation）代谢通路和氨基酸的生物合成（biosynthesis of amino acid）代谢通路等（图 7-46）。

此外，还有 495 条 lncRNA 作为其他类型 lncRNA 分类，在连作地黄中上调表达的有 300 条、下调表达的有 195 条。由于地黄基因组信息的限制，导致这些 lncRNA 的功能暂时无法解析，但随着地黄遗传背景信息的不断增加和基因组的逐步破译，这些在连作地黄中显著上调的 lncRNA 的功能也将逐步被解析。总之，在所有种类的 lncRNA 中，大部分 lncRNA 在连作地黄中显著上调表达，这些上调 lncRNA 可能通过不同方式来调控编码基因的转录或 mRNA 的丰度。因此，在地黄连作毒害的形成过程中，lncRNA 从不同层次上介导了连作伤害的形成过程，大部分 lncRNA 在连作地黄根中均上调，表明连作毒害显著诱导了 lncRNA 特异表达，同时通过各种可能方式参与或调控连作胁迫响应的关键基因表达。因此，连作毒害的发生不仅是在转录层面感知连作伤害，同时也在不同转录调控层面出现了复杂的交叉网络，从某种意义来讲，连作伤害的发生涉及复杂的分子调控网络，这些网络的每个节点都可能介导了连作毒害的发生。

（四）关键 lncRNA 在地黄连作障碍形成中的作用

1. 关键 lncRNA 在连作地黄根中的表达模式

为分析连作地黄根部差异表达 lncRNA 及靶基因的调控模式，我们选择了 12 条关键的 lncRNA 及其调控的 12 条靶 mRNA（表 7-19），采用 qRT-PCR 方法分析不同发育时期关键 lncRNA 在连作与头茬地黄根部的表达模式。

表 7-19　连作地黄中 12 个关键差异表达 lncRNA 及其靶基因功能分析

lncRNA 的 Unigene ID	差异倍数	lncRNA 类型	lncRNA 与 mRNA 的调控方式	靶定 mRNA ID	靶定 mRNA 注释（缩写）
Unigene0058540	16.13	miRNA 前体	负向	CL409_Contig3_All	赖氨酸组氨酸转运蛋白 1（LHT1）
Unigene0055015	14.82	竞争性 RNA	正向	CL6935.Contig1_Al	AP2 转录因子（AP2 TF）
Unigene0071856	14.59	竞争性 RNA	正向	CL4626.Contig4_All	MADS–box 转录因子
Unigene0073129	7.29	竞争性 RNA	正向	CL6427.Contig1_Al	叶绿体外膜易位子 64（TOC64）
Unigene0073438	15.19	竞争性 RNA	正向	Unigene3839_All	转录变异体 1（TV1）
Unigene0043838	–15.19	竞争性 RNA	正向	CL3223.Contig5_All	伴侣蛋白 DnaJ 8（DnaJ 8）
Unigene0054870	–15.27	竞争性 RNA	正向	CL1506.Contig11_All	阳离子转运 ATP 酶（CTP）
Unigene0064012	–5.41	竞争性 RNA	正向	CL349.Contig1_All	过氧化物酶膜蛋白 pex14（PEX14）
Unigene0072538	–5.17	竞争性 RNA	正向	CL400.Contig4_All	细胞分裂后期复合亚基 11（ANAPC11）
Unigene0077666	1.75	直接调控 RNA	负向	CL6806.Contig1_All	促分裂原活化蛋白激酶激酶激酶 1（MAPKKK1）
Unigene0018538	–14.5	直接调控 RNA	负向	Unigene12179_All	漆酶 10（LAC10）
Unigene0052072	–1.23	直接调控 RNA	负向	Unigene9099_All	组蛋白赖氨酸 *N*–甲基转移酶（ASHR2）

由图 7-47 中可以看出，在地黄栽植后 30d，作为 miRNA 前体的一条 lncRNA（Unigene 0058540）在连作地黄根部的表达量与头茬地黄无显著差异；从栽植后 50d 开始，Unigene0058540 在连作地黄根部表达量明显高于头茬表达量，之后四个时期均明显高于头茬地黄，尤其在栽植后 110d，其表达量的差异最为显著；而 Unigene0058540 的靶基因类赖氨酸组氨酸转运蛋白 1（lysine histidine transporter 1-like protein，LHT1）在连作地黄根部的表达量明显降低，而且有 4 个时期（除栽植后 30d 和栽植后 50d 外）的表达均低于头茬根部。由此表明，作为 miRNA 前体的 lncRNA（Unigene0058540）与其靶基因 *LHT1* 在连作地黄根部的表达模式主要存在着负向的调控关系，这可能是由于 lncRNA 基因 Unigene0058540 的上调表达，使其形成了较多的 miRNA 而降解了靶基因 *LHT1* 片段，致使 *LHT1* 的表达被抑制。另外有 4 条竞争性 lncRNA（Unigene0055015、Unigene 0071856、Unigene0073129、Unigene0073438）在连作地黄根部发育的四个时期（栽植后 70d、90d、110d、130d）的表达量均高于头茬地黄根部，同时作为这 4 个 lncRNA 的竞

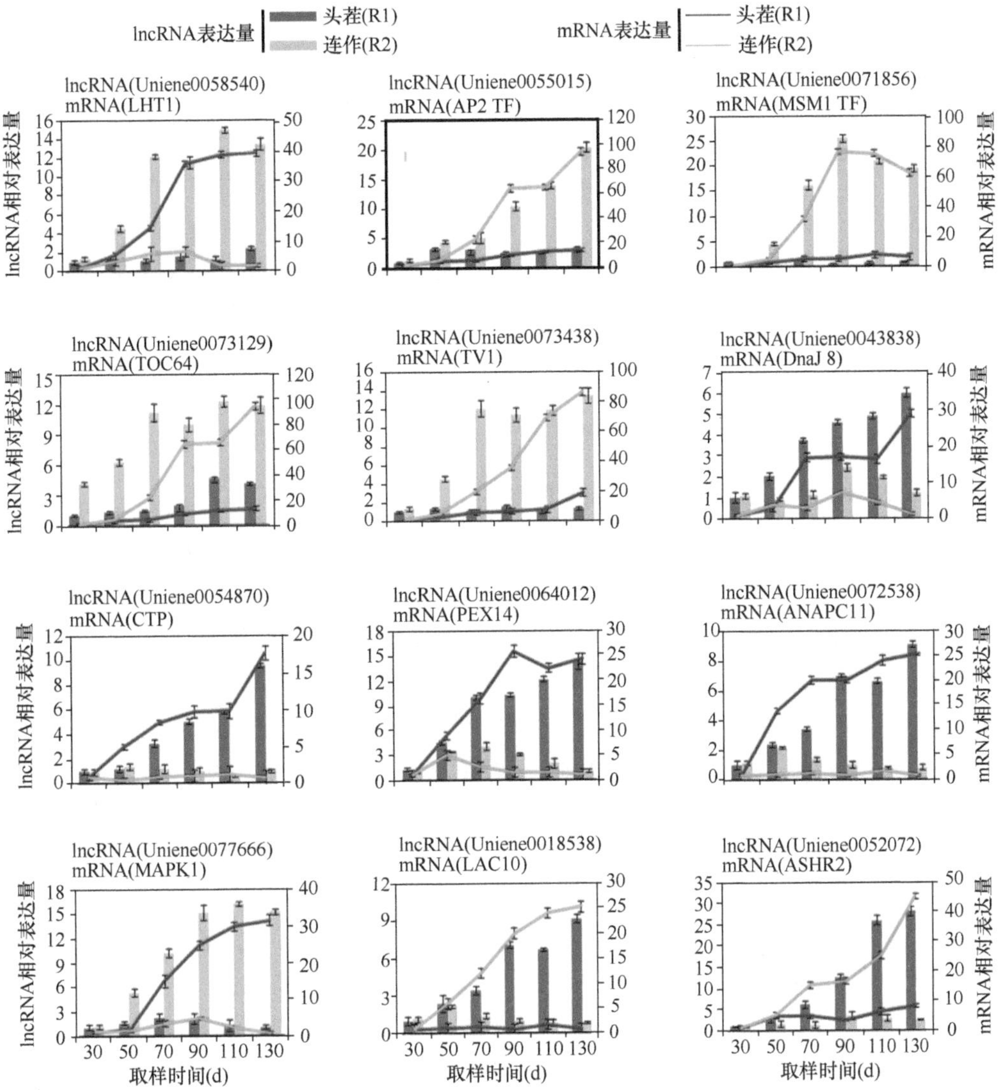

图 7-47 lncRNA 及其靶基因在连作与头茬根部的表达模式

争性靶 mRNA 基因 AP2 转录因子（AP2 transcription factor，AP2 TF）、MADS-box 转录因子 MSM1（MADS-box transcription factor MSM1，MSM1 TF）、叶绿体外膜易位子 64（translocon at the outer membrane of chloroplasts 64，TOC64）和转录变异体 1（transcript variant 1，TV1）在这 4 个不同的发育期均在连作地黄根部上调表达，这说明地黄连作胁迫引起了这 4 条竞争性 lncRNA 上调表达，从而也促进其靶基因的表达。此外，还有 4 条竞争性 lncRNA（Unigene0043838、Unigene0054870、Unigene0064012、Unigene0072538）在连作地黄根部的 4 个发育时期的表达量也均高于头茬根部，同时作为这 4 条 lncRNA 的竞争性靶 mRNA 基因[伴侣蛋白（chaperone protein，DnaJ 8）、阳离子转运 ATP 酶（cation transport ATPase，CTP）、过氧化物酶体膜蛋白（peroxisomal membrane protein 14，PEX14）和细胞分裂后期复合物亚基 11（anaphase-promoting complex subunit 11，ANAPC11）]

却在连作地黄根部均下调表达，这可能是由于连作引起了这 4 条竞争性 lncRNA 下调表达，从而也抑制其靶基因的正常表达。

以上结果表明，8 条竞争性 lncRNA 与其靶基因之间存在着正向的共表达调控模式，而且这 8 条 lncRNA 由于连作毒害的作用，其表达模式被开启或抑制，干扰了正常基因的表达模式。1 条直接调控的 lncRNA（Unigene0077666）在连作地黄根部发育的 5 个时期（除栽植后 30d 外）均上调表达，而其直接调控的靶基因 *MAPKKK1* 在连作地黄的 4 个时期（除栽植后 30d 和 50d 外）的表达量均明显高于头茬地黄根部的表达量；相反，在连作地黄根部发育过程中（超过 3 个时期），2 条 lncRNA（Unigene0018538 和 Unigene0052072）的表达量均高于头茬，而对其对应的直接调控基因 *LAC10* 和组蛋白赖氨酸 *N*-甲基转移酶在连作地黄根部发育过程中（超过 3 个时期）主要表现出上调表达模式。由此可见，连作胁迫可能改变了这 3 条直接调控的 lncRNA 的表达模式，相应地也负向更改了其靶基因的表达模式。

2. lncRNA 在地黄连作毒害形成中的调控

我们通过直接调控和间接调控等不同层面再进行差异的筛选，共获取了 764 条连作中差异表达 lncRNA。在这些差异 lncRNA，作为 miRNA 前体的 lncRNA 有 14 条在连作与头茬地黄中差异表达，有 32 条竞争性 lncRNA 调控差异表达，有 223 条直接调控的 lncRNA 差异表达。此外，还有一些未知的 lncRNA 也显著地差异表达。从差异表达的 lncRNA 分析结果可以看出，不管 lncRNA 类型如何，其大部分 lncRNA 均在连作显著上调表达，这说明连作胁迫显著诱导了地黄体内特异 lncRNA 的表达。我们通过分析 lncRNA 功能也发现，lncRNA 可以通过 miRNA 干扰连作地黄体内密切相关的代谢途径；同时，lncRNA 也可以通过竞争的方式调控蛋白质翻译和细胞运输等生命活动过程；而且 lncRNA 也能通过直接调控的方式显著诱导连作地黄凋亡进程、免疫响应、细胞分裂等一系列的代谢过程。

此外，为了进一步分析连作毒害发生过程中 lncRNA 功能，我们通过 qRT-PCR 方法对 12 条关键的 lncRNA 及所鉴定的候选调控靶基因进行时空表达分析，结果明确地发现，lncRNA 与靶基因呈现出完全反向表达趋势，并且 lncRNA 与地黄连作障碍发生所呈现的症状特征具有明显一致的趋势，进一步确证了 lncRNA 在连作毒害发生过程中的调控角色。植物逆境胁迫研究已经充分地证明，在外界逆境因子的胁迫刺激下，细胞内的 lncRNA 能够有效地响应刺激信号并传递、诱发、调控一系列下游的响应进程。我们前期实验已经明确地提出连作障碍同样是一种胁迫，并且这种胁迫蕴含多种胁迫因子。因此，lncRNA 在连作这种特殊逆境中，必然会深度参与其中，直接或间接地导致连作毒害的诱发和形成。总之，我们通过连作与头茬地黄间 lncRNA 筛选和鉴定及初步功能分类解析，较为全面地普查了 lncRNA 在连作障碍形成中的作用，初步揭示了连作毒害形成过程及非编码 RNA 所承担的角色和可能性的功能。这些结果为进一步丰富中药材生产中连作障碍或多元生物互作研究的内涵奠定了基础，同时也为建立栽培植物连作障碍形成的分子机制模型提供了重要的理论依据。

（李明杰　杨艳会　古　力　张重义）

参 考 文 献

贾景明, 刘春生. 2017. 分子生药学专论. 北京: 人民卫生出版社.

Boerjan W, Ralph J, Baucher M. 2003. Lignin biosynthesis. Annual Review of Plant Biology, 54(1): 519-546.

Glazov E A, Cottee P A, Barris W C, et al. 2008. A microRNA catalog of the developing chicken embryo identified by a deep sequencing approach. Genome Research, 18(6): 957-964.

Laura E, Simon W, Hirschi K D, et al. 2012. Protein phylogenetic analysis of Ca^{2+}/cation antiporters and insights into their evolution in plants. Frontiers in Plant Science, 3: 1.

Seybold H, Trempel F, Ranf S, et al. 2015. Ca^{2+} signalling in plant immune response: From pattern recognition receptors to Ca^{2+} decoding mechanisms. New Phytologist, 204(4): 782-790.

Sun X, Yu G, Li J, et al. 2018. AcERF2, an ethylene-responsive factor of, *Atriplex canescens*, positively modulates osmotic and disease resistance in *Arabidopsis thaliana*. Plant Science, 274: 32-43.

Xu X, Zhou Y, Wang B, et al. 2019. Genome-wide identification and characterization of laccase gene family in *Citrus sinensis*. Gene, 689: 114-123.

第八章　地黄的免疫系统与连作障碍

植物通过根际沉淀塑造了“植物—土壤—微生物”的生态平衡，自然生态系统中根际沉淀的质量和数量受到了严格控制。植物连作改变了根际沉淀组成，选择性地吸引了一些土传病害病原微生物在根表定殖，从而打破了土壤微生态平衡，使得植物难以适应改变了的土壤生态环境，导致连作障碍的发生。在植物适应环境的长期进化过程中，植物的健康生长与根际微生态平衡密切相关，其体内的免疫系统扮演着关键的角色，提高自身的免疫抗性能力是植物应对连作胁迫的重要策略，因此正确的免疫应答对维持根际微生态平衡具有重要意义。连作障碍是由连作所导致的复杂环境胁迫引起的植物不良生长症状，主要在苗期发生。生产实践发现，地黄连作障碍主要表现在栽种后 30d。可以肯定的是，苗期是地黄是否能耐受其连作胁迫的关键时期。通常，植物苗期免疫能力较弱，在与病原微生物互作对峙过程中，苗期植物的免疫能力强弱是决定侵染性微生物能否侵染成功的关键点。换句话说，植物在苗期免疫体系能否有效应对、对抗和防止病原微生物侵染，是植物在生物攻击下能否生存的决定性因素。因此，详细了解植物苗期免疫系统的运作机制及植物免疫体系在连作形成过程中的应对状况，对于阐明连作地黄持续死亡和解读连作障碍形成机制具有极其重要的意义。

第一节　植物免疫系统与环境因子的胁迫响应

植物在生长发育进程中不可避免地会遭受不利的生物和非生物因子的胁迫。在植物与生物胁迫和非生物胁迫因子的长期互作过程中，植物逐渐进化形成了一套严密防御性系统以应对环境中侵染性和非侵染性因子的危害。根据植物面对环境胁迫因子所采取的方式和层级，将植物防御体系大致可以划分为两种主要方式：被动防御和主动防御。被动防御是植物第一层防御体系，其主要的防御手段是利用植物细胞壁或加厚细胞壁以阻隔病原微生物的侵入。被动防御体系往往较少涉及细胞代谢调控进程，只能通过细胞壁的物理屏障效应来防止微生物进入细胞。主动防御是植物第二层防御体系，主要通过体内合成的大量免疫蛋白主动对抗外界生物胁迫，能快速响应病原体的侵染。这些能够防止病原微生物入侵的特异蛋白，被称为免疫受体蛋白（immune receptor protein）。植物被动与主动防御的概念和界定往往是相对的，被动防御体系中也常常含有主动进程，如在植物正常生育进程中，细胞壁较薄，其纤维化和木质化程度也较低，但当病原物侵染时，植物细胞壁中会迅速地进行木质素累积，细胞壁短时间内得到迅速增厚，以对抗外界病原菌的侵染。因此，植物的防御体系是一个较为完整的结构性体系，主动和被动相互承接、相互促进、相互调控，协同完成对植物完整生命进程的保护。

一、植物免疫防御体系的组成

（一）植物的被动防御体系

在自然环境中，植物与动物面临的威胁及所栖息场所存在着明显不同。植物固定在土壤中生长，遇到外界生物胁迫时，不能迁移位置躲避生境中胁迫因子危害，所以在其生长发育的各个阶段都会遭受不同程度的环境胁迫。因此，植物为抵御各种生物胁迫，其体内进化出复杂的信号识别和防御系统。植物组织表皮是一种有效的防御组织，在植物表皮中含有一些特异分化的结构，如蜡质层、细胞壁、木质部等，可以抵御大多数寄生在植物表面的病原体，并与化学屏障一起构成一种被动防御，这些组织就像一道天然的屏障，保护植物免受病原体的侵害。当植物的根、茎、叶、花等不同器官在遭受或感知到病原物的侵害后，作为植物细胞的主要屏障结构细胞壁会迅速做出应对反应，引起植物细胞壁的修饰，主要表现在以下三个方面。

1）细胞壁内会出现木质素的积累、木质化作用的加强和细胞壁的强度增加。细胞壁内木质素的层积增加，加强了细胞壁的抗真菌穿透能力及宿主细胞的抗酶溶解能力。同时木质化限制了真菌酶和毒素与宿主之间的物质交流，如限制毒素从真菌向宿主扩散，以及水和营养物质从宿主向真菌的扩散。

2）植物细胞壁内的富含羟脯氨酸的糖蛋白（hydroxyproline-rich glycoprotein，HRGP）含量迅速增加，细胞壁在短时间内韧性迅速增强。HRGP 主要可与病原物发生凝集作用，并将病原物固定在细胞壁中，从而阻止病原物的入侵。与此同时，HRGP 也可充填在细胞壁纤维素骨架的间隙中，与其他成分共价结合形成更为精密、不可穿透的结构屏障，从而阻止病原物入侵。

3）细胞壁内胼胝质快速沉积，细胞壁硬度迅速增强。胼胝质普遍存在于植物韧皮部的筛管中，在病原物入侵细胞壁时，胼胝质大量累积使细胞壁加厚，从而阻止病原物的扩散。除了细胞壁的修饰之外，许多化合物如植物凝集素（lectin）、酚类（phenolic）化合物等在应对病原物侵害时都充当了重要角色。

（二）植物的主动防御体系

植物的免疫系统主要分为先天（自然）免疫系统（innate immune system）和系统获得性免疫系统（adaptive or acquired immune system）。在先天免疫中，植物的免疫系统包括两个层级：病原相关分子模式激发的免疫反应（pattern-triggered immunity，PTI）体系和效应蛋白激发的免疫反应（effector-triggered immunity，ETI）体系。系统获得性免疫是先天性免疫引起的次级反应，以激发其他非侵染部位被诱导产生对逆境的抗性。

1. 植物的 PTI 系统

PTI 系统是植物先天免疫的第一个层级，是通过病原微生物特有成分病原相关分子模式（pathogen-associated molecular pattern，PAMP）或微生物相关分子模式（microbe-associated molecular pattern，MAMP）触发植物细胞膜上识别 PAMP 或 MAMP 的分子模式识别受体（pattern recognition receptor，PRR）而引起免疫反应，这类免疫反应能够抵御大多数病原体的侵害。在 PTI 系统中，模式识别受体（pattern recognition receptor，PRR）、葡萄孢属球菌诱导激酶（botrytis induced kinase 1，BIK1）、呼吸迸发氧化酶同源蛋白（respiratory burst oxidase homolog protein，RBOHD）和病程相关基因非表达子 1（non-expressor of pathogenesis-related genes 1，NPR1）构成了 PTI 的核心模块，其中大部分的 PRR 都属于具有跨膜域的受体样激酶（receptor-like kinase，RLK）。RLK 蛋白胞内具有能够激活下游信号转导途径的激酶结构域，而胞外域均具有参与底物识别的富含亮氨酸重复（leucine-rich repeat，LRR）序列结构或细胞溶解酶基序（lysin motif，LysM），其信号转导进一步引起活性氧爆发、抗性蛋白表达，以及 SA、JA、ETH 等介导的植物系统获得性抗性。

2. 植物的 ETI 系统

在与植物的协同进化中，某些病原菌进化出特异的侵染机制，能通过分泌的特异效应子（effector）躲过植物细胞的第一层防线，从而侵染宿主细胞。为了防御侵入细胞内的病原效应子，植物相应地进化出了 ETI 防御体系。ETI 系统是植物先天免疫的第二个层级，核苷酸结合富含亮氨酸重复序列（nucleotide binding-leucine-rich repeat，NB-LRR）、增强型疾病易感性因子 1（enhanced disease susceptibility 1，EDS1）、非小种专化抗病因子 1（non-race-specific disease resistance ，NDR1）、NPR1 构成了 ETI 的核心模块，其中 NB-LRR 通过 LRR 识别病原效应子，信号通过 NB 传导到 EDS1/NDR1，进一步传导到八聚体蛋白 NPR1，解聚的单体 NPR1 能穿过核孔进入细胞核，引起 R 蛋白（resistance protein）的基因表达上调，从而导致了活性氧爆发、植物程序性细胞死亡（programmed cell death，PCD）或超敏反应（hypersensitive response，HR），最终通过局部死亡控制病原菌的进一步侵染。此外，信号转导进一步引起 SA、JA、ETH 等介导的植物抗性应答。

植物 R 蛋白对效应蛋白的识别模式主要分为两种：①基因对基因模式。存在于植物宿主中不同抗病性的基因 *R*，在病原物中与之存在一个对应的无毒性（avirulence，*Avr*）致病基因，如果植物宿主中不含 *R* 基因，那么存在于病原物中的 *Avr* 基因就会躲过或抑制 PTI，发挥毒性。只有当两种基因都存在时，植物宿主才表现出基因对基因的抗性。②R 蛋白能直接或间接地识别病原物效应蛋白。在该模式中，不同的病原物效应蛋白可以对宿主中同一个靶标蛋白进行攻击，但均能被 R 蛋白所识别，即 R 蛋白可以直接或间接地识别病原物的多个效应蛋白，从而激活植物的防御。

二、生物胁迫与植物免疫应答

与动物不同，植物在土壤中固定生长，遇到侵入性或侵害性外界生物（病毒、真菌、细菌、虫害及共生性、寄生性的植物）胁迫时，不能迁移而躲避危害，所以在植物生长发育的各个阶段都会遭受不同程度生物胁迫的影响。在自然生态系统中，植物属于自然界中有机物生物合成的生产者，而微生物作为分解者必然向植物索取有机营养从而形成一种供求关系。在与植物的长期“战斗”中，微生物通过分泌效应子（由微生物分泌或外来的细菌鞭毛蛋白、肽聚糖、脂多糖、卵菌葡萄糖和真菌几丁质等）修饰或改变参与抗病通路的某些蛋白质，以减弱或抑制植物细胞生理功能的能力，从而获取更多的微生物需要的有机养分，并与植物形成了共生关系，或导致植物不同程度的病害甚至死亡（对抗侵染）。而植物在长期与外界生物的“竞争”过程中，不断调整生长发育过程中关键酶活性、激素含量等来改变自身防御体系以抵御外界环境中不断出现的胁迫。植物抵御生物胁迫是一个长期“进化”的过程，在上亿年的对抗中不断改善自身主动、被动防御体系，从而进化出一种或者多种能够生长在不同自然环境中的植株。

在免疫防御体系第一层级 PTI 中，病原菌种属水平上保守序列的病原相关分子模式被植物模式受体识别。后者主要由 RLK 和类受体蛋白（receptor-like protein，RLP）两大类组成，其中 RLK 是植物体内最大的主要模式识别受体，主要由赖氨酸基序（lysine motif）、凝集素、表皮生长因子（epidermal growth factor）、自容结构域（self-compatibility domain）、细胞壁相关激酶（wall-associated kinase，WAK）和 LRR 等。这些激酶进一步通过 BIK1/PBLS、Ca^{2+}振荡、RBOHD、MAPK 等信号转导通路传递抗病信号，引发 ROS 爆发，导致 SA、JA、ETH 信号相关基因 *NPR1*、抗菌物基因及其转录调控因子的表达上调，从而实现植物的 PTI 保护。

尽管植物的 PTI 机制能够有效阻止大多数病原菌的进入，病原微生物还是在与植物的协同进化过程中成功进化出了抑制 PTI 的机制。突破 PTI 防御的病原效应子（pathogen effector）通常赋予了病菌能修饰或改变参与抗病通路的某些蛋白质，以减弱或抑制植物细胞生理功能的能力；同时，植物在长期的防御进化中，也形成了形式多样的强烈免疫的 ETI 机制。在 ETI 中，免疫受体主要是 NB-LRR，典型的 NB-LRR 分子主要由 LRR、NB-ARC 和 TIR/CC 组成。通过 LRR 识别效应子，启动 NB-ARC 结构域磷酸化，激活 NB 或 TIR/CC，其信号通过 EDS1/NDR、NPR1 和 MAPK 传导，引发侵染部位的超敏反应并形成局部死亡，从而限制病原菌的生长、繁殖和扩张。同时，向未受侵染的细胞发出 SA、JA、ETH 等系统性信号，从而激活植物系统获得性抗性（systemic acquired resistance，SAR）反应，保护植物健康生长。

三、非生物胁迫与植物免疫应答

非生物胁迫主要有干旱、涝害、盐害、温度异常、光辐射、重金属污染、机械损害等非侵染性因子，非生物胁迫因子通常会直接作用于植物体。为了应对或适应非生物胁迫伤害，植株在整体形态水平、细胞生理生化状态及内在分子响应进程均发生一系列适应性变化。非生物胁迫根据胁迫持续时间、胁迫强度水平的不同，对植物造成的伤害程度也存在明显差异。如果胁迫持续存在或者胁迫水平较强，超过植物承载的上下限，就会对植物体造成不可逆的损伤，最终导致整个植株体死亡。植物遭受的非生物胁迫是一个非常复杂的过程，不仅与植物体自身的遗传背景信息有关，而且与植物生理生化、代谢及细胞结构和功能等多方面因素有关。非生物胁迫对植物损伤更多是通过“机械性”直接伤害，比如冷害、冻害、干旱、紫外线等。非生物胁迫因子往往能够直接作用于植物细胞膜脂系统、蛋白质等核心细胞大分子物质，造成生物大分子结构受损，最终导致到植物细胞功能完整性丧失。非生物胁迫对植物细胞大分子损伤的同时，会引起严重的膜脂质过氧化反应，诱发活细胞内累积大量活性氧类物质，反向攻击细胞，造成严重的细胞二次损伤。由于造成非生物胁迫的诱发因素较多，非生物胁迫所造成的细胞伤害机理也各不相同。此外，非生物胁迫也会引发植物的免疫响应和 SAR 反应。

植物细胞壁完整性（cell wall integrity，CWI）可以实时监控细胞壁的适应性变化。在免疫初期，CWI 是独立于 PTI 激活的，而环境胁迫产生的刺激信号首先被植物细胞膜上的受体蛋白所感知，然后传导到细胞内从而产生第二信使，如 Ca^{2+}、ROS、磷酸肌醇等。环境胁迫引起质膜上 Ca^{2+}通道变化并促进了质外体 ROS 的产生，从而通过 PTI 系统中油菜素内酯不敏感关联激酶 1（brassinosteroid insensitive 1-associated kinase 1，BAK1）及其他受体激酶的底物油菜素内酯不敏感受体 1（brassinosteroid insensitive receptor 1，BRI1）与 PTI 免疫联系起来。在非生物胁迫介导的次生代谢中，NB-LRR 的转座元件（transposable element，TE）在抗性基因簇中高比例发生。在第二信使中，Ca^{2+}在细胞内被进一步调节。而 Ca^{2+}的变化被钙结合蛋白（calcium binding protein）所感知，钙结合蛋白及与之相结合的分子伴侣产生级联磷酸化，并启动了主要的胁迫基因或转录因子控制的基因表达，植物所产生的应对不同非生物胁迫的抗性就是由这些胁迫相关基因的表达而产生的。胁迫诱导的基因表达可能部分的参与到生成胁迫激素（如 ABA、SA 和 ETH）的信号途径中。胁迫响应基因可分为早期诱导胁迫响应的基因和后期诱导胁迫响应的基因。大多数的转录因子就是属于早期诱导的胁迫响应基因，它们不需要合成一些蛋白质或信号元件，因此早期诱导胁迫响应的基因能够在数分钟内感知胁迫信号并且能够瞬时表达。而其他绝大部分基因感知胁迫信号需要数小时才能被激活，属于后期诱导胁迫响应的基因，如脱水响应蛋白（responsive to dehydration，RD）、冷调控相关蛋白（cold-regulated proteins，CORs）基因。此外，DNA 甲基化、组蛋白乙酰化、小 RNA 调控等表观遗传修饰也常常与非生物胁迫密切关联。这些结果均表明植物在非生物胁迫下，其体内存在着不同层级复杂的调控关系，这些不同层次响应进程相互协同、相互配合、相互衔接，构筑成了植物复杂的非生物防御体系。

四、连作地黄根际存在复杂的多元胁迫

连作障碍形成及加重发生的原因不是单一或孤立的，而是“植物—土壤—微生物”系统内多种因素综合作用的结果，一般归因于根际化感作用、病害、土壤养分缺失及理化性状恶化等。但有研究表明，地黄连作后土壤速效养分、全氮、全磷、有机质等含量增加，说明土壤养分缺失并不是导致地黄连作障碍发生的主要原因。植物能够通过根际分泌物控制其根际微生物种群的组成，这些根际化学物质可以通过直接或间接机制参与植物的根系防御。我们前期采用 GC-MS 和 HPLC 方法从地黄根际分泌物中鉴定出 32 个代谢物，其中 7 个酚酸类物质具有显著化感活性。虽然根际沉淀中含有较高的次生代谢产物的根缘细胞（border cell）且可以在土壤中存活 2 周到数月，但是外源酚酸添加实验表明，酚酸类物质通常在有菌条件下很快被降解。

我们前期的大量研究表明，根际沉淀介导根际微生物灾变性趋化，促进了地黄连作障碍的形成。运用 PDA 平板法和真菌 ITS 鉴定分析发现，连作地黄根际土中富集的有害微生物主要是尖孢镰刀菌（*Fusarium oxysporum* f.sp. *Rehmannia glutinosa*）。随着地黄连作年限的增加，根际土中有害微生物尖孢镰刀菌丰度增加，而有益微生物假单胞菌（*Pseudomonas* spp.）丰度下降。进一步通过添加酚酸类物质的室内培养实验，发现酚酸并不能诱发明显的地黄连作障碍症状，但是促进了根际尖孢镰刀菌的增殖。我们采用 T-RFLP、DGGE 和 PLFA 等方法对根际土中微生物群落变化的研究发现，在地黄出现连作障碍时，其根际分泌物介导了土壤微生物的趋化过程，选择性地吸引了病原微生物在根面、根际定殖和扩繁。其中，最关键的一点是营养分配不均而导致根际微生物趋化失衡，降低了原本根际微生物多样性，导致有益微生物减少，恶臭假单胞菌、河生肠杆菌、多形屈挠杆菌等有害微生物的大量滋生，引起了根际微生物从“细菌型”向“真菌型”的不利趋化。通过不同层次根际微生物群体的解析证明了化感物质介导的根际微生物群体的灾变就是地黄连作障碍形成的主要诱因。这也从侧面反映了连作根际土微生物的趋化作用致使连作地黄根际蕴含着复杂的多元生物胁迫因子。

从连作障碍的形成角度来说，连作障碍形成过程包含了未知数量的生物胁迫外，还包含了大量复杂非生物胁迫及其交叉胁迫，生物胁迫和非生物胁迫之间相互作用、互为因果，并且这些胁迫因子在连作障碍形成过程中的伤害水平是逐渐增加的。为进一步筛选连作特异响应模式和区分连作这一特殊胁迫的诱发因素，我们用 RNA-Seq 方法对头茬（对照）、连作、阿魏酸、盐胁迫、干旱、涝胁迫等不同胁迫处理进行测序，结果分别获取了 5 747 020 个、5 855 533 个、6 062 815 个、6 020 270 个、5 900 310 个和 6 154 388 个 Clean Reads，完全匹配的有 3 273 007 条、3 424 040 条、3 715 304 条、3 629 631 条、3 785 767 条和 3 437 381 条（图 8-1）。

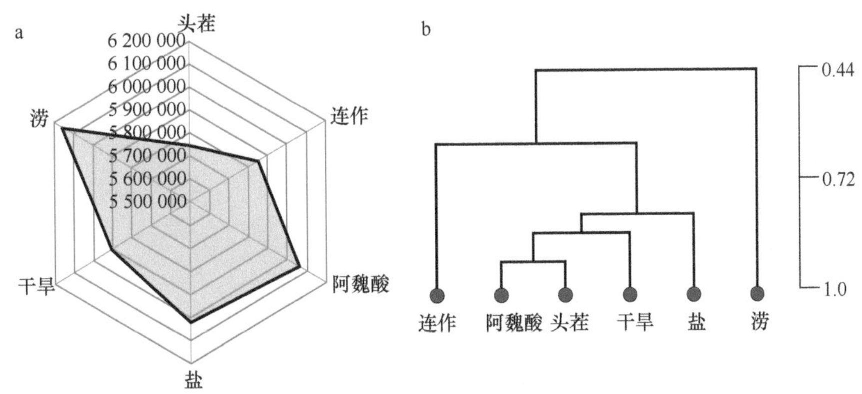

图 8-1　连作与不同胁迫因子间关联分析

a. 不同胁迫下地黄体内关键响应基因 reads 丰度；b. 连作与不同非生物胁迫间聚类分析

我们对上述不同胁迫下所获取的测序原始数据进行聚类，结果从 5 组逆境的聚类分析可以明显看出，涝害被单独聚成一类，与其他胁迫共性特征较少，出现这种情况的主要原因可能是涝害是一种较为特殊的胁迫，与其涝害本身逆境属性密切相关。但从聚类总体上来看，连作是一种包含其他胁迫因子的综合性胁迫。因此，植物在与连作胁迫的互作过程中，连作植物体内必然会出现复杂的表观修饰变化（图 8-1）。

为了进一步揭示连作胁迫与不同单一胁迫间的关系，我们以头茬地黄为对照，不同胁迫为处理，以 $\log_2^{Ratio（处理/CK）}$ >1 或<–1、P<0.01 和 FDR（false discovery rate）<0.001 为标准筛选差异表达基因，结果分别获取了 2502 个、1956 个、2672 个、2485 个、7294 个差异表达基因（图 8-2）。由于涝害胁迫的特殊性，我们在进一步分析中没有对涝害差异基因进行功能解析。整合差异表达基因功能信息表明，除了涝胁迫之外，不同胁迫之间在本质上没有太大区别，在不同胁迫因子下，地黄体内的初生和次生代谢、关键信号转导、细胞骨架合成、蛋白质加工等正常的生命代谢活动均受到了影响。同时，这些关键信号细胞进程相关基因在连作及不同胁迫下表现出的响应模式也呈现出一致性（图 8-3）。此外，我们也发现植物与微生物互作信号通路中，大量抗性蛋白相关基因在不同胁迫之间存在着较为明显的差异，连作对免疫系统的影响较大，响应基因也较多，从侧面确证了连作是一种复合的生物和非生物胁迫共同体。

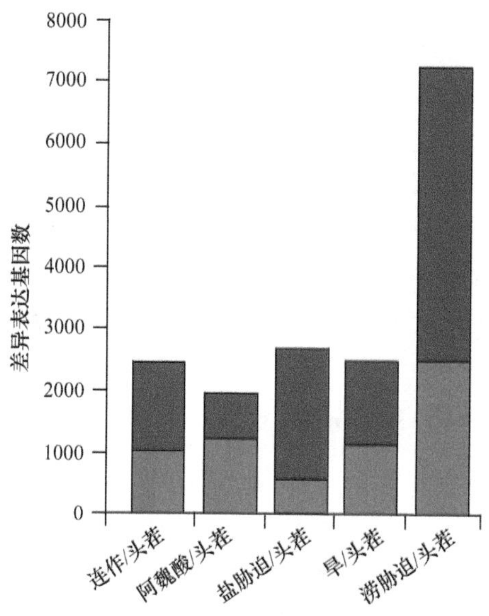

图 8-2　不同胁迫间的差异表达基因

五、连作胁迫对地黄免疫系统的影响

植物根系是“植物—土壤—微生物”微生态系统中的一个重要参与者，是连接植物地上部与地下部的关键部位，是土壤微生物影响植物生长的重要介质，也是植物感应土壤理化性质及根际生物学特性变化的重要桥梁。通过对连作与头茬地黄植株从生理到分子、从基因到蛋白质等由外向内、由轮廓到细节综合分析，并结合对地黄根系在连作胁迫与其他几种不同逆境胁迫下的基因表达及其蛋白质表达谱的变化分析，推进了我们对地黄连作障碍形成的分子机制轮廓的认识。基于代谢组学的方法，我们揭示了地黄根际

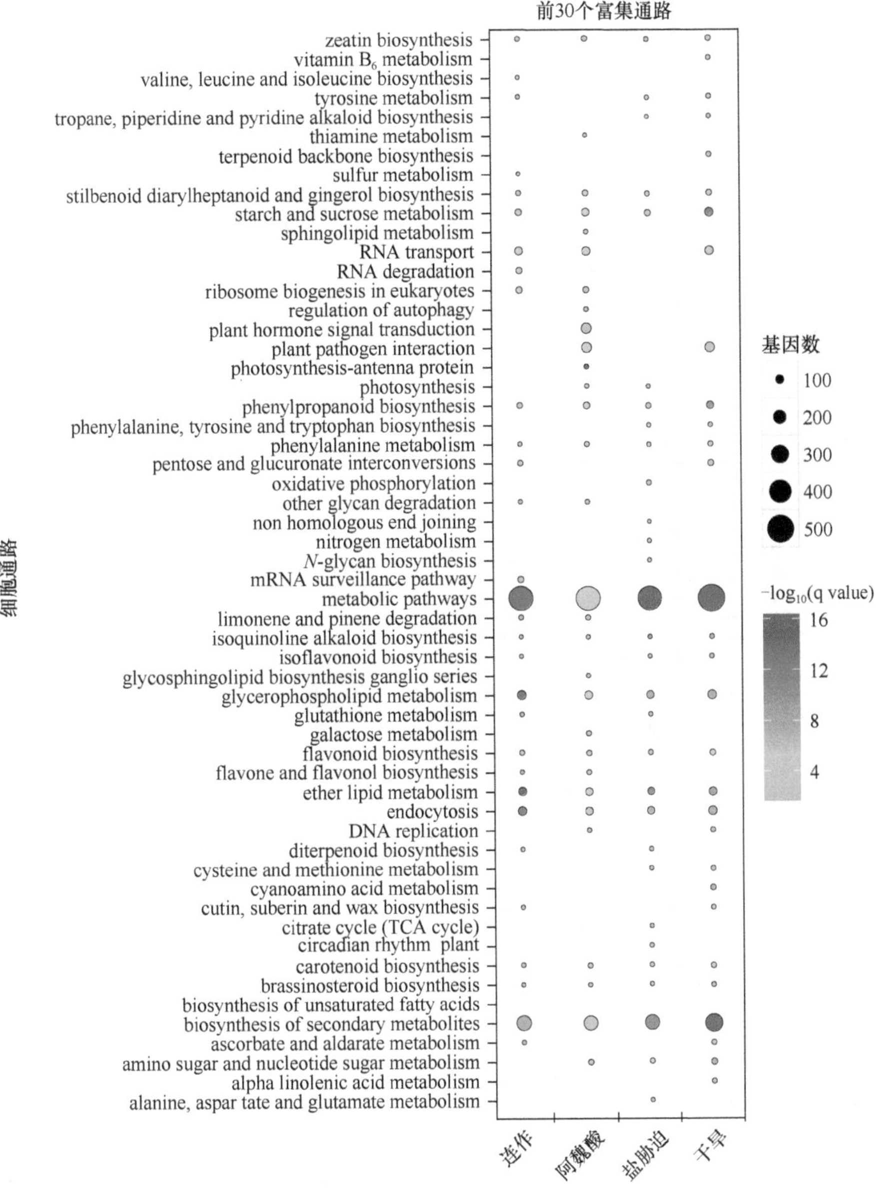

图 8-3　不同胁迫处理后的关键细胞进程的比较

内酚酸类候选的化感自毒物质清单。结合植物转录组学和蛋白质组学方法，我们发现连作地黄体内与酚酸等次生代谢产物通路关键催化酶被显著上调表达，增强了连作地黄体内次生代谢产物的合成，而代谢产物或衍生产物已经在地黄根际中被特异地鉴定到，并且具有强烈的化感活性。因此，从分子水平上我们初步证明连作地黄体内代谢产物通过根系特异分泌通道释放的根际环境中的化感物质，并且在连作胁迫作用下地黄化感物质释放量会显著加大。然而，地黄“自己”也没想到，其根系所分泌的化感自毒物质的持续积累却诱发了根际的灾变，致使对化感物质具有偏好性的病原微生物大量增殖，并对连作地黄进行持续性攻击，导致连作地黄免疫系统长期处于“亢奋”状态（图 8-4）。

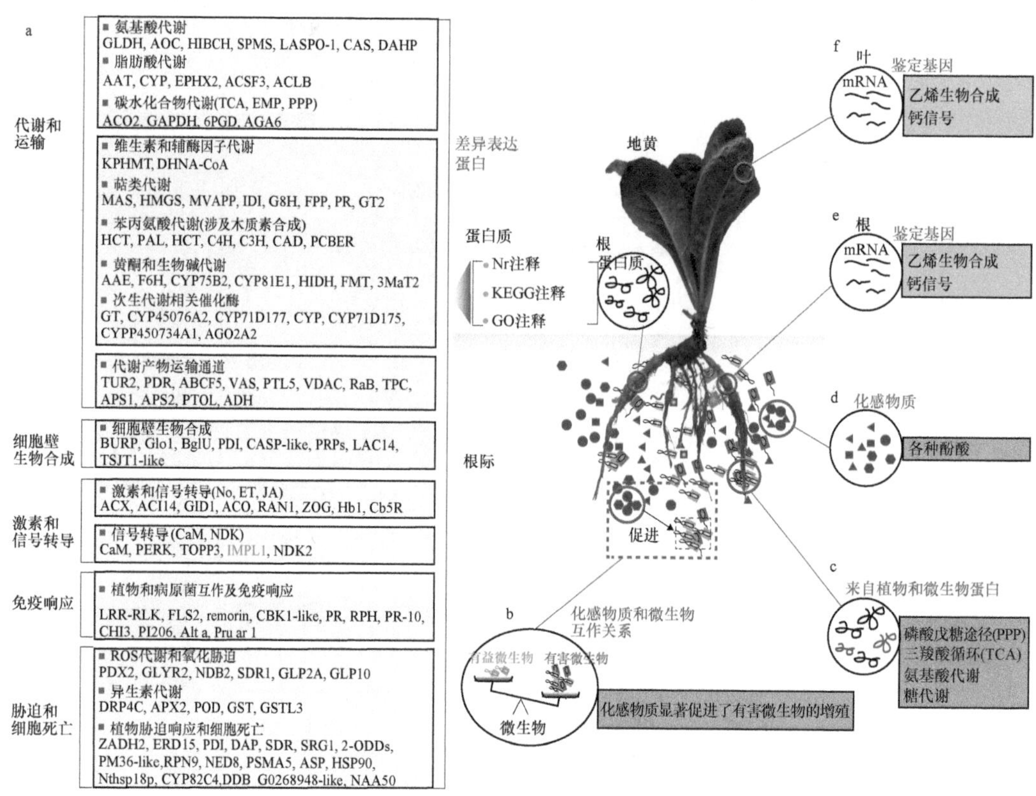

图 8-4　多组学关联解读地黄连作毒害关键的分子事件

分别通过蛋白质组（a）、宏基因组（b）、宏蛋白组（c）、代谢组（d）、转录组（e、f）等多元组学所获取的根际环境内的代谢物、微生物及地黄体内关键响应基因的全景式变化模式

植物免疫体系持续响应结果诱发了 ETH、SA、ROS 等胁迫因子的过量合成和持续激活胁迫信号。对于连作地黄复杂的根际灾变环境而言，连作植株体内 ETH、SA、ROS 等丰度水平既可能受到化感物质的胁迫，也可能受到免疫系统启动反馈调控，或者是二者综合交互作用的结果。我们前期研究也发现化感自毒物质可以单独刺激 ETH、SA、ROS 等信号，但这些信号也可能是植物免疫系统启动后的下游关键信号。但无论如何，这些与胁迫衰老有关的信号在植物体内长期的积累最终会启动 PCD 和内质网（endoplasmic reticulum，ER）胁迫，最终会导致植物死亡。在连作与头茬的差异蛋白分析中，我们清晰地发现与 PCD 和 ER 胁迫相关的关键蛋白质在连作地黄中被显著上调表达，这也从侧面揭示了连作地黄块根膨大后期迅速死亡的根本原因。连作地黄体内这些关键胁迫进程的加剧最终反映在地上部分，直接表现出了光合响应、光合系统受到严重破坏。因此，我们可以初步勾勒出连作地黄化感自毒物质—根际微生物—连作植物之间的三元互作分子机制，在这个三元互作体系中，基因、蛋白质、调控等多个复杂层面的互作结果最终呈现了连作障碍的发生、发展和形成过程（图 8-5）。总之，我们利用多元组学技术筛选了响应连作地黄根与叶的关键基因及其蛋白质，并进行了功能分析，初步确定了连作胁迫下地黄体内感知、传导、响应和效应的几个关键阶段，并初步揭示了连作地黄伤害形成的可能机理，这不仅对深入揭示地黄连作障碍的分子机制有重要意义，也为深入研究

地黄生长发育、块根膨大及其主要活性成分积累的分子机理与调控机制，为研究解决我国中药材生产中最突出的连作障碍难题提供了新的研究思路；对丰富和发展我国药用植物分子生态学、道地药材的研究和分子农业的理论与实践也具有重要的实用价值。

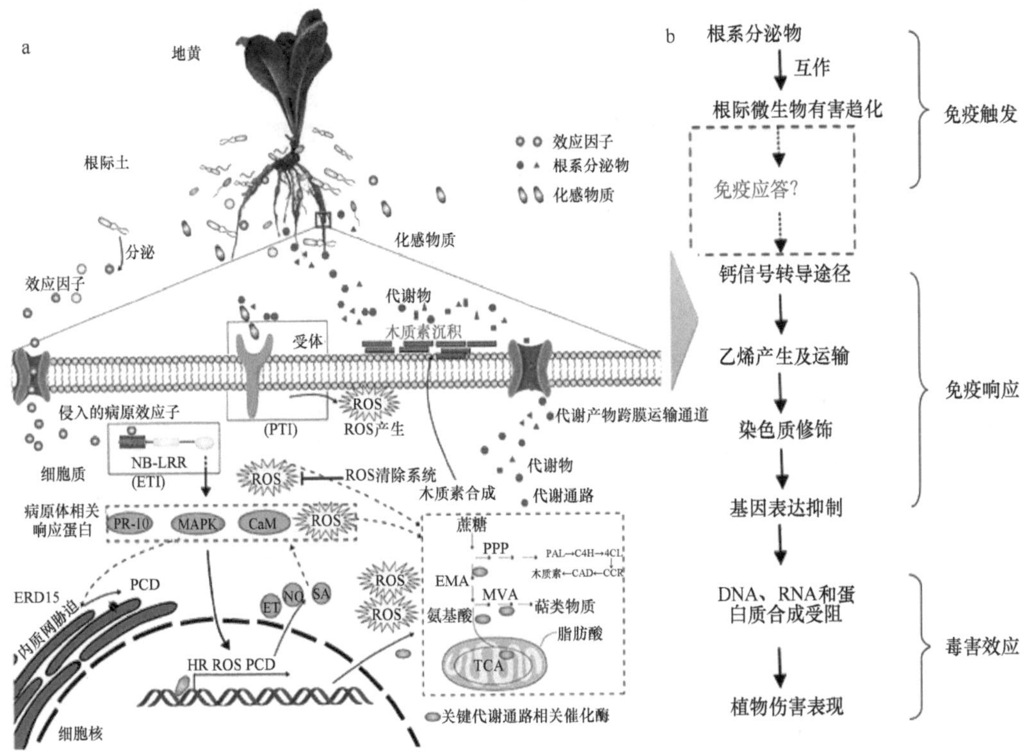

图 8-5　近年来关于连作障碍形成机制研究的完善过程

a. 前期所获取的连作障碍形成机制；b. 连作障碍形成过程中关键事件的完善与补充

第二节　连作胁迫对地黄 PTI 系统的影响

面对连作根际土恶化的微生态环境，连作植物体内也必然会发生一系列的感知、传递和响应过程。为详细了解连作地黄、根际化感物质及根际微生态间的互作关系，我们通过转录组学、蛋白质组学、表观组学详细研究了连作和头茬地黄间差异分子响应机制。同时，通过差异表达基因和差异表达蛋白等各种数据的深度整合分析，我们发现连作地黄体内与抗性相关的抗性基因、抗性蛋白却在连作地黄中均得到特异表达，而免疫系统下游信号 MAPK 级联信号、乙烯响应等有关的信号，与染色质修饰、抑制基因表达有关的酶则被特别调控。值得注意的是，在这些核心进程中能感知病原微生物的免疫系统相关蛋白被特异地调控。因此，连作地黄免疫应答体系可能在地黄连作障碍形成过中扮演着重要角色，特别是在化感物质诱发的根际微生物群体与连作植物互作中起着重要作用。

一、地黄 PTI 系统内关键基因的鉴定

连作障碍的形成本质上是由化感作用驱动的病原微生物与连作地黄相互作用的结

果，作为病原菌种属水平上识别与免疫的 PTI 系统，在地黄免疫应答中充当了关键的第一层次防御角色。RgLRR 蛋白则是 PTI 中最重要的一类蛋白质，为了深入研究地黄免疫系统中 RgLRR 在地黄连作障碍形成中的角色，我们首先在地黄转录组学和蛋白质组学数据的基础上，利用生物信息学方法详细鉴定地黄的 RgLRR 蛋白的编码基因信息。结果我们共鉴定得到 40 个地黄 RgLRR 蛋白。对这些蛋白质的结构进行分析，发现地黄 RgLRR 均具有植物类 RgLRR 蛋白的典型特征，包括跨膜区、跨膜螺旋和激酶域三部分。然而，不同的 RgLRR 的 LRR 螺旋数量则存在显著差异，其中有 23 个蛋白质包含 1～5 个 LRR 区域、13 个蛋白质有 6～10 个 LRR 区域和 4 个蛋白质有 10 个 LRR 区域。此外，含 LRR 区域最多的蛋白质是 RgLRR13，其包含了 16 个 LRR 结构域，而 RgLRR22、RgLRR30、RgLRR33 和 RgLRR40 等蛋白质包含结构域相对较少，仅包含一个 LRR 区域（图 8-6）。

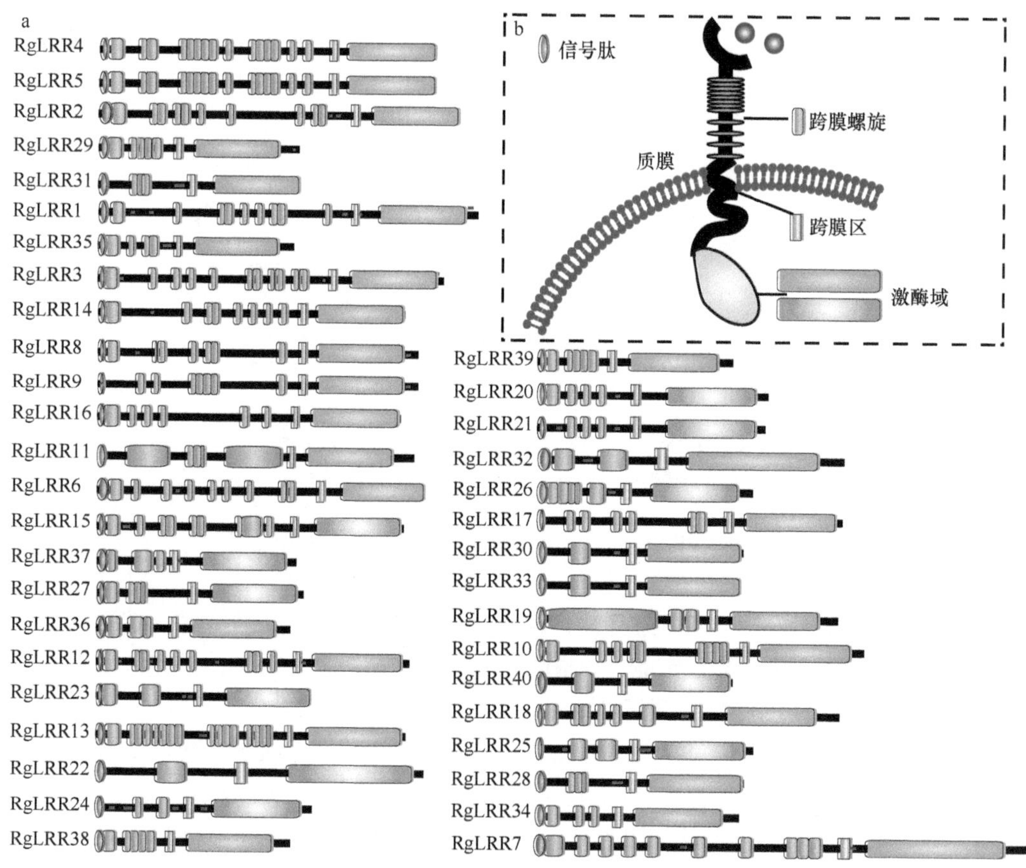

图 8-6　地黄 PTI 系统 RgLRR 蛋白结构分析

a. 地黄 RgLRR 家族蛋白结构图；b. 一个典型 RgLRR 蛋白的胞外域、跨膜区以及保内激酶域

为了进一步鉴定地黄 RgLRR 蛋白与其他物种的同源性，我们进一步采用邻接（neighbor-joining，NJ）方法，根据蛋白质的序列和结果相似性对所有鉴定的地黄 RgLRR 蛋白进行初步分组。结果得出地黄 RgLRR 蛋白可分为 4 组，第一组包含有 9 个 RgLRR

蛋白，第二组有 10 个 RgLRR 蛋白，第三组有 19 个 RgLRR 蛋白；第四组仅含有 2 个 RgLRR 蛋白（图 8-7）。

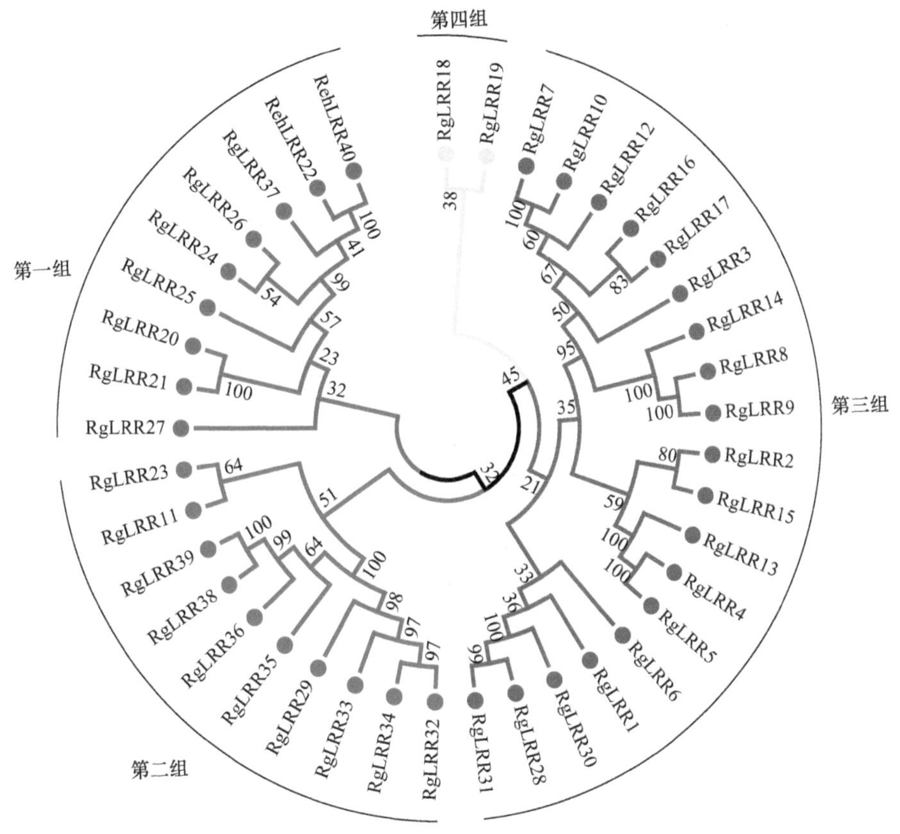

图 8-7 地黄 RgLRR 蛋白家族的分析

为了初步了解地黄 RgLRR 蛋白所涉及的地黄细胞进程，我们对所鉴定的地黄 RgLRR 蛋白进行 GO 功能分析（图 8-8）。结果在 GO 功能分析的细胞元件（cellular component）条目中，RgLRR 蛋白的功能主要位于细胞部位（cell part）、细胞器（organelle）、细胞膜（membrane part）等位置上。在分子功能（molecular function）条目中，地黄 RgLRR 蛋白主要涉及信号转导活性（signal transducer activity）、结合（binding）、催化活性（catalytic activity）等。细胞进程（biological process）条目中，地黄 RgLRR 蛋白主要参与了负向或正向生物进程调控（negative or positive regulation of biological process）、响应刺激（response to stimulus）、免疫系统进程（immune system process）、生物调控（biological regulation）、信号转导（signaling）、多细胞组织建成（multicellular organismal process）等多个细胞进程（图 8-8）。总的来说，地黄 RgLRR 蛋白可能在植物的基本生长发育、植物激素信号转导和免疫响应等关键生物学进程中扮演着极其重要的角色。

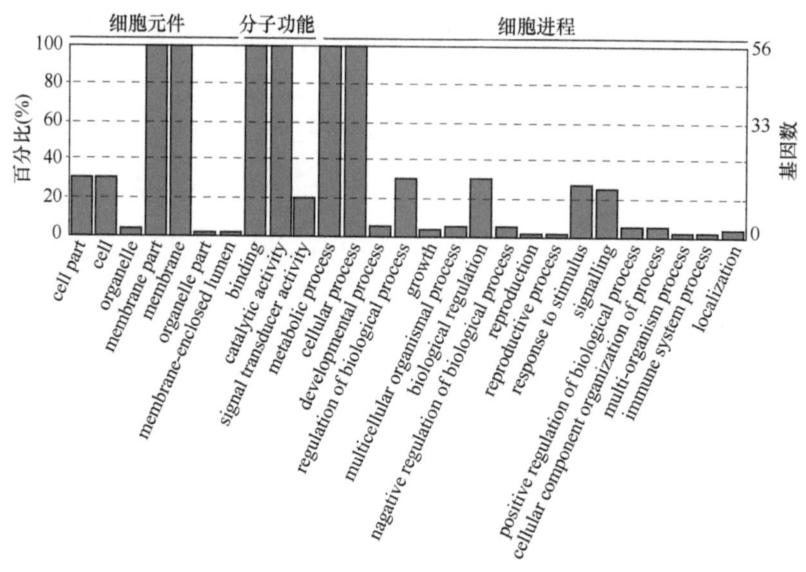

图 8-8　地黄 RgLRR 蛋白所涉及的 GO 功能分析

二、连作障碍形成与 PTI 系统关联分析

（一）地黄连作障碍形成过程中 *RgLRR* 基因的表达规律

一般来说，随着生物胁迫强度的增加和胁迫时间的延长，RgLRR 蛋白会逐渐出现钝化现象，进而丧失识别病原体的能力。在地黄连作障碍形成过程中，由于化感物质的驱动效应，连作地黄根际土中的有害病原微生物会持续增殖，其对连作地黄的伤害效应也会逐渐加重，连作地黄体内的免疫体系中 RgLRR 蛋白的表达或活性也相应会受到影响。为了深入了解在连作障碍逐渐加重过程中，连作地黄体内的关键免疫蛋白的表达特征，我们利用 qRT-PCR 技术分析连作与正常生长的地黄中 *RgLRR* 基因在不同阶段的表达模式。

结果基于头茬与连作地黄不同生育时期 *RgLRR* 基因表达水平，*RgLRR* 基因的表达具体可以分为三组：与正常生长地黄相比，第一组包括 27 个 *RgLRR* 基因，这些基因在头茬和连作地黄发育进程中呈现出明显不同的表达特征。仔细分析这些基因差异表达可以发现第一组 *RgLRR* 基因随着地黄生长发育进程的推进，其连作地黄基因表现出前期迅速升高，而中后期陡然下调表达的趋势；相反的是，其头茬地黄中则随着地黄生长发育进行，表达水平逐渐升高，到接近地黄成熟时，其表达才出现下降的情况（图 8-9）。

第二组中包括 10 个地黄的 *RgLRR* 基因，这组 *RgLRR* 基因在连作和头茬地黄中的不同生育阶段均呈现相似的表达特征（图 8-10）。

第三组中仅包括 3 个 *RgLRR* 基因。这组地黄 *RgLRR* 基因在头茬地黄不同生育时期，表达量均处于较高的表达水平，而在连作地黄相应时期表达均处于较低水平。总体上，连作地黄 *RgLRR* 基因表达处于被抑制状态（图 8-11）。

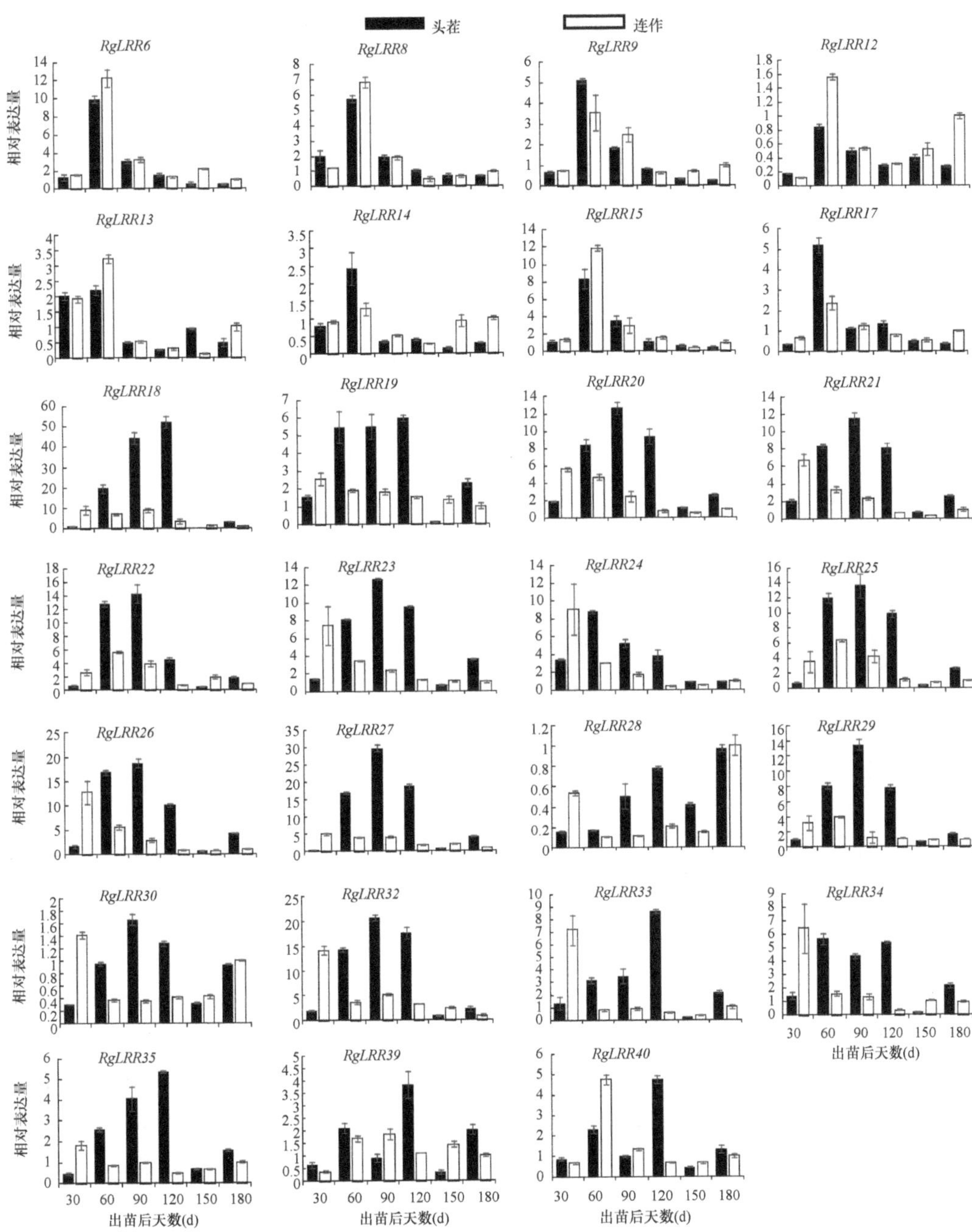

图 8-9　地黄 *RgLRR* 基因在连作障碍形成过程中表达模式（第一组）

对比上述三组地黄 *RgLRR* 基因表达特征可以看出，第一组地黄 *RgLRR* 基因在地黄生长前期活力较强时显著上调，但随着连作障碍形成的加深，在连作地黄生长后期，其体内的 *RgLRR* 基因活性明显受到抑制，这组地黄 *RgLRR* 基因所呈现的表达特征与地黄连作障碍形成外在特征和伤害症状具有协同性和关联性，该类型的地黄 *RgLRR* 基因在后续连作障碍形成机制的深入研究中应该被重视。

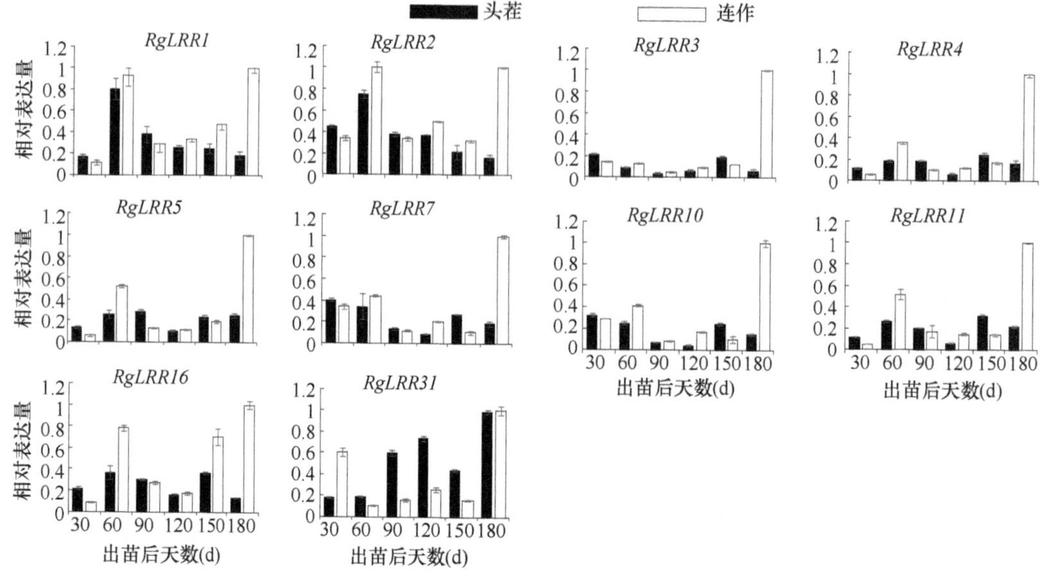

图 8-10 地黄 *RgLRR* 基因在连作障碍形成过程中表达模式（第二组）

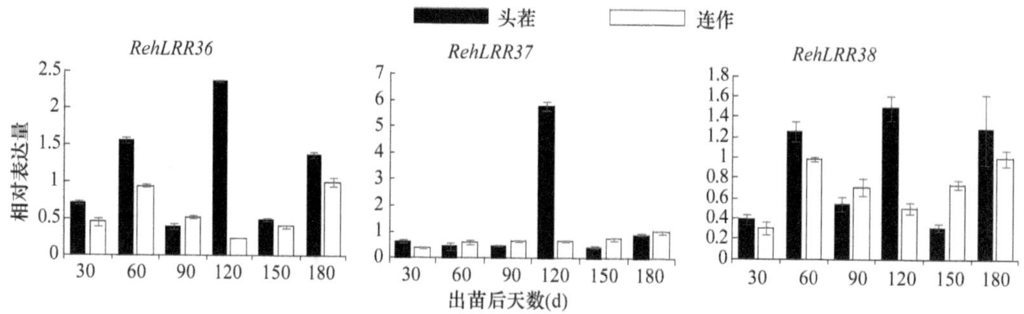

图 8-11 地黄 *RgLRR* 基因在连作障碍形成过程中表达模式（第三组）

（二）不同连作胁迫水平对地黄 *RgLRR* 基因表达的影响

在地黄生产实践或常规研究中，地黄绝大部分用“种栽”或“栽子”作为繁殖器官进行营养繁殖。由于用“种栽”繁殖的地黄幼苗，前期的营养供给主要靠“种栽”母体，水分吸收主要靠“种栽”内贮藏的多糖类物质被动吸收，因此，“种栽”繁殖幼苗前期和土壤内的物质和微生物交流的信息较少。因此，在连作的研究实践中，我们发现连作地黄苗期危害分为两个阶段：一个是苗前期，此时根系刚从“种栽”芽眼上伸长，大多是未分化的须根，根系发育不健全，对连作胁迫并不敏感；另外一个是苗后期，此时根系逐渐分化成熟，并具有完整的维管组织，对根际水分和无机盐吸收能力增强，开始遭受根际土灾变影响，逐渐表现出连作障碍效应。为避免地黄块根母体本身的免疫抗性及大田环境对连作体系的影响，我们以地黄组培苗为材料，从地黄道地产区河南温县分别采集连作和头茬地黄的土壤，在室内受控条件下，将连作和头茬地黄土壤按比例混合（掺土实验），建立含有不同连作土壤连作胁迫体系，在受控条件下详细研究不同连作胁迫水平对地黄免疫关键基因的影响。

1）头茬土壤（NP），仅含有头茬根际土；

2）连作土壤（TP），仅含有连作三年根际土；

3）1/3 连作土壤（1/3TP），含有 1/3 连作土（1 份）与 2/3 头茬土（2 份）；

4）2/3 连作土壤（2/3TP），含有 2/3 连作土（1 份）与 1/3 头茬土（2 份）。

上述实验处理均在受控盆栽条件下进行。通过对比含不同连作土处理下地黄连作特征，发现在连作胁迫下的地黄均发生死亡，而没有连作胁迫的地黄生长正常（图 8-12）。我们进一步详细分析不同掺土处理下地黄免疫基因（随机挑选 12 个地黄 *RgLRR* 基因）的表达特征。实验结果表明，根据 12 个 *RgLRR* 基因的表达趋势和规律，我们可以将其表达模式分为三组：第一组中包括 8 个基因，均在全头茬土中高表达，但随着连作土比例的增加，表达量明显下调（图 8-13）；第二组包含的 3 个基因，其在头茬土与不同含量连作土处理下表达均呈现出显著下调趋势（图 8-13）；第三组中只有 *RgLRR29* 基因，其在含有 1/3 连作土处理中出现上调表达，其他处理条件下均呈下调表达（图 8-13c）。这些结果表明，随着连作土壤掺入比例的提高，地黄 *RgLRR* 基因的表达会被迅速地抑制，地黄植株的死亡率也出现升高的趋势。

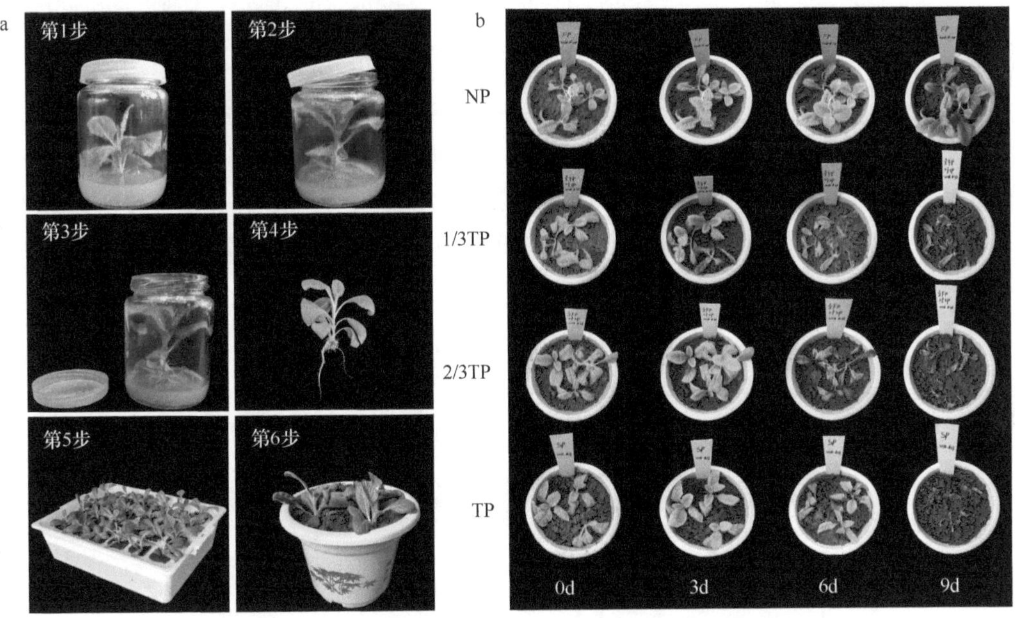

图 8-12　地黄组培苗炼苗及不同连作胁迫程度下地黄生长状况

a. 地黄组培苗移栽炼苗关键环节；b. 不同连作土含量对地黄幼苗生长的影响

（三）蛋白质水平上深入确证与连作障碍密切关联的 RgLRR 蛋白

为了进一步验证连作地黄中 *RgLRR* 基因在连作障碍形成过程中的真实行为，我们选择了在连作地黄表达丰度被显著抑制的 2 个 RgLRR 蛋白（RgLRR19 和 RgLRR29），进一步从蛋白质水平确认其在连作障碍形成中的功能作用。首先，我们获取 2 个 *RgLRR* 基因的 ORF 全长信息，进一步克隆和验证其信息准确性。基于 RgLRR19 和 RgLRR29 蛋白序列，设计抗原序列，并利用原核表达制备抗原的重组质粒，以其注射新西兰兔制备 2 个蛋白质的多克隆抗体。利用 Western blot 技术详细分析 RgLRR19 和 RgLRR29

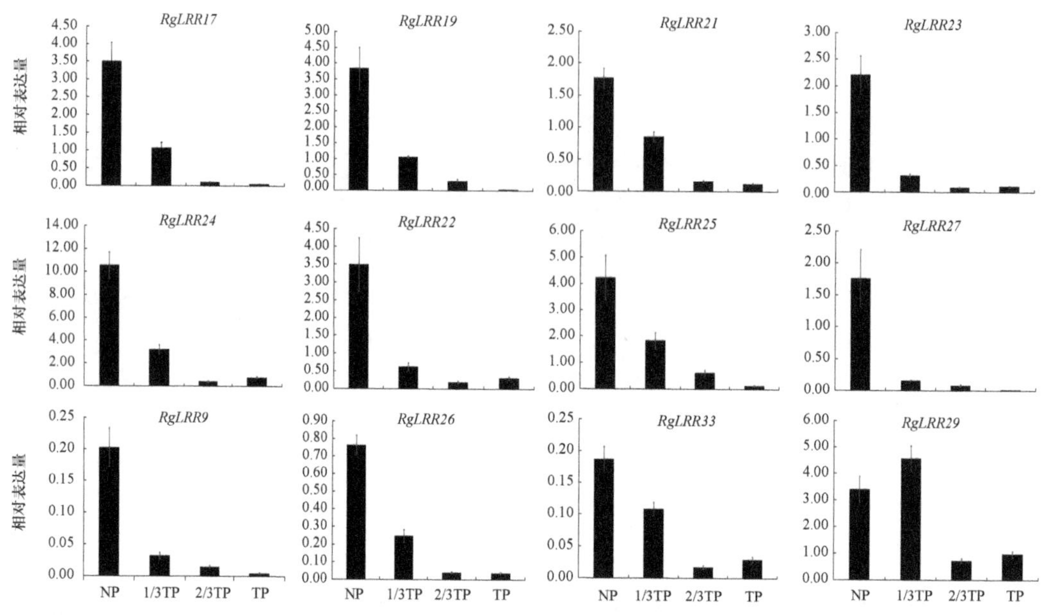

图 8-13 不同连作水平下地黄和 *RgLRR* 基因表达特征

蛋白在地黄连作障碍形成过长中表达丰度。结果发现，RgLRR19 和 RgLRR29 蛋白的表达随着正常生长地黄的发育而逐渐增加，但在中期扩增阶段后显著下降。从 RgLRR19 和 RgLRR29 蛋白水平上表达趋势来看，与其转录组水平上表达变化完全一致（图 8-14），表明随着连作地黄伤害进程的加重，其体内的 PTI 免疫系统的关键蛋白质功能已经被钝化或抑制。

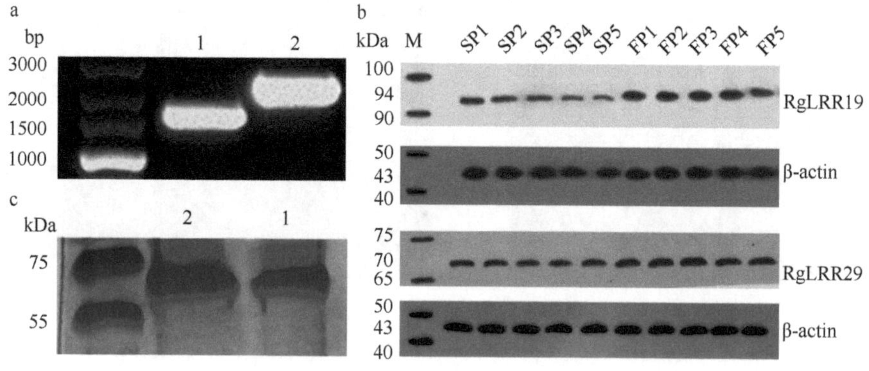

图 8-14 基因扩增凝胶电泳（a）、抗原 SDS-PAGE（b）；蛋白质表达分析（c）

a、c 中 1、2 分别为 RgLRR29、RgLRR19

第三节　连作胁迫对地黄 ETI 系统的影响

在作物与病原菌互作中，作物通过病原微生物种属水平上抗性的 PTI 先天免疫系统可以抵御大部分病原菌的侵染，使得物种的生存得以延续；然而，由病原效应子介导的病原菌快速进化使得作物总是受到病害的侵扰。作为侵入细胞内病原效应子特异识别与免疫的 ETI 系统，在地黄免疫应答中充当了关键的第二层次防御角色。在对根际微生物的侵染和防御竞赛中，寿命较长植物可以通过体内大量的 ETI 免疫受体 NB-LRR 的基因转座子快速高比例突变增加抗性基因在数量和结构上的多样性，从而提高免疫抗性。因此，在农业生产中，具有特异性免疫功能的 ETI 系统对维持作物健康生长具有更为重要的意义。在植物体内，NB-LRR 及其下游的信号蛋白共同构成了 ETI 核心模块，因此 NB-LRR 对病原菌的特异性识别和信号转导是作物 ETI 系统发挥免疫防御能力的关键。上述实验已经发现连作地黄 PTI 系统核心蛋白 RgLRR 遭受了钝化，而根际微生物还在持续增殖，这时连作地黄 ETI 系统就成了连作地黄最后能否生存的“最后一根救命的稻草”。

一、地黄 ETI 系统关键抗性蛋白的鉴定

ETI 是植物最后的免疫防线，其中免疫受体 NB-LRR 能特异性识别成功突破 PTI 防线进入细胞内的效应子，通常引发侵染部位的超敏反应并形成局部死亡，从而限制病原菌的生长、繁殖和扩张，同时向未受侵染的细胞发出水杨酸、茉莉酸、乙烯（SA、JA、ETH）等系统性信号，激发植物获得系统免疫抗性，从而保护植物健康生长。为了更加深入地揭示地黄连作障碍形成过程中的地黄免疫响应机制，我们以地黄转录组和蛋白质序列集为信息基础，详细鉴定了地黄体内的 ETI 系统的关键抗性蛋白 NB-LRR。我们在地黄转录组数据库中鉴定得到 45 个 NB-LRR 蛋白，序列长度从 195aa 到 1310aa 不等，通过 BLASTX 在 Nr 数据库中进行注释，发现所有 NB-LRR 均被注释为含保守 NB-ARC 序列的抗性蛋白基因，其中长度为 288aa 的 ADP（腺苷二磷酸）是最保守的基序，含有 12 个 α-螺旋和 4 个 β-折叠链（图 8-15a、b）。

利用 NJ 序列比对方法对鉴定的地黄所有 NB-ARC 蛋白进行同源分析，发现将 45 个地黄 NB-ARC 蛋白家族被分成 6 个组。其中，第六组包含 NB-ARC 蛋白最多，共有 25 个，该组蛋白具有相对完整的 ARC 基序。第一组、第二组、第四组和第五组则分别由 6 个、2 个、4 个和 7 个 NB-ARC 蛋白组成，但第三组仅含有一个 NB-ARC 蛋白。同时，为了进一步了解地黄 NB-ARC 蛋白的结构保守性特征和具体所涉及的功能，我们将所鉴定的所有地黄 NB-ARC 蛋白与拟南芥的 NB-ARC 蛋白进行混合聚类分析，结果发现 Unigene17274_All、Unigene2179_All、CL7829.Contig2_All、CL343.Contig1_All、Unigene13465_All 和 Unigene9801_All 等 6 个地黄 NB-ARC 蛋白分别与拟南芥中的 AT4G27220.1、AT4G27190.1、AT4G09360.1、AT3G14470.1、AT3G14460.1 和 AT1G50180.1 蛋白具有高度的相似性（图 8-16），暗示这些蛋白质可能具有类似的细胞功能。

二、地黄 NB-LRR 响应连作胁迫的表达模式

在大田种植地黄的条件下，分别以头茬地黄为对照和连作 1 年地黄为处理，详细分析连作和头茬地黄 NB-LRR 家族的表达模式。发现在地黄生长发育进程中，栽种后 30d 连作地黄的免疫 *NB-LRR* 基因表达明显低于头茬地黄中的表达（图 8-17）。随着生长发育进程的推进，连作地黄中表达上调的 *NB-LRR* 基因比例分别为 8.33%（栽种后 30d）、

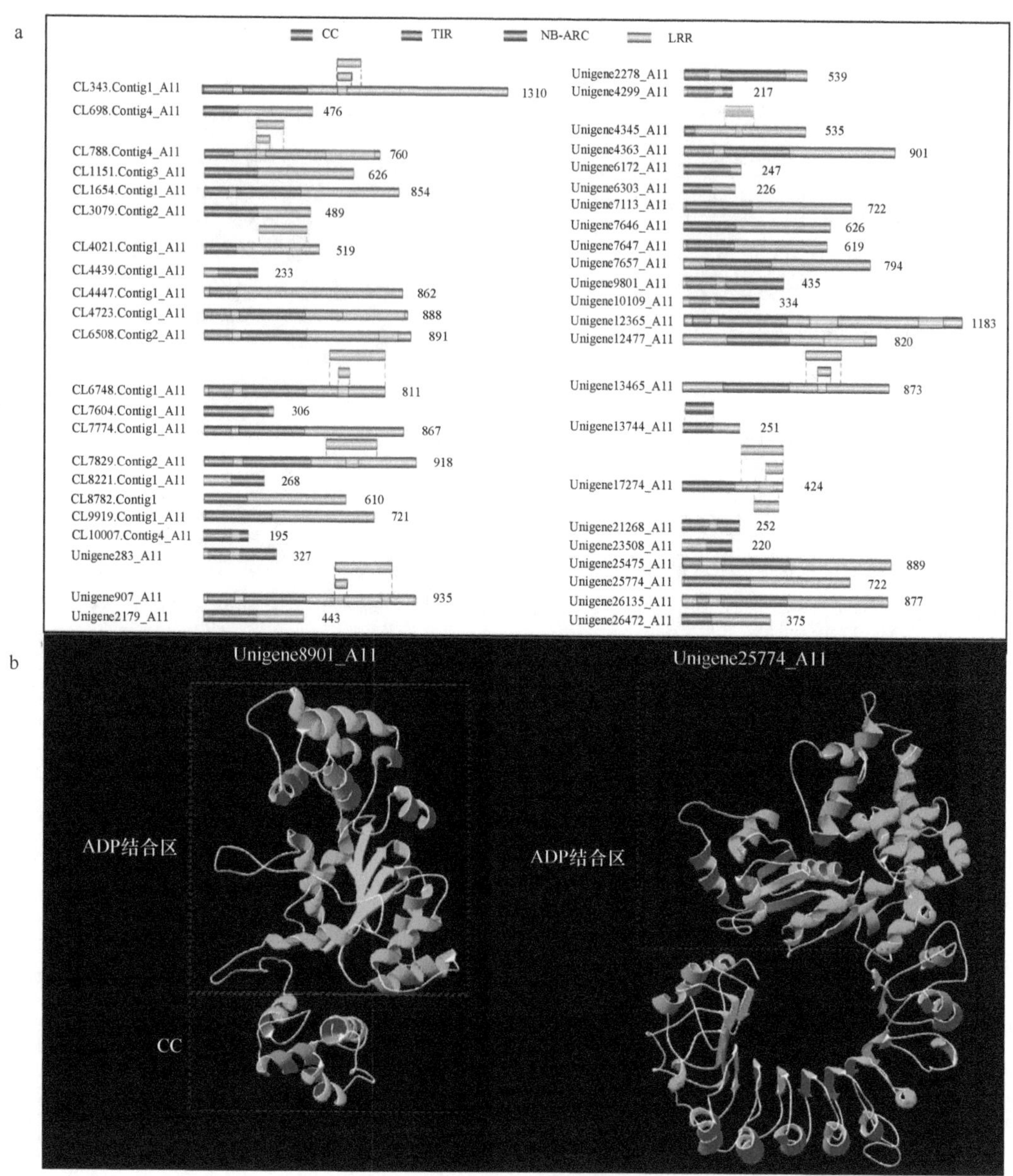

图 8-15　地黄 NB-LRR 蛋白结构特征分析

a. 地黄不同 NB-LRR 蛋白的保守结构域；b. 代表性地黄 NB-LRR 三维结构

91.67%（栽种后 60d）、38.89%（栽种后 90d）、66.67%（栽种后 120d）和 97.22%（栽种后 150d），呈现两次大规模表达的上调以应对病原菌的侵染与攻击时期，分别是连作地黄栽种后 60d 和栽种后 150d 时。田间表现为连作地黄栽种后 60d 后开始出现大面积死亡，可见地黄栽种后 60d 内是连作地黄体内病原菌侵染和免疫抗性平衡被打破的关键阶段，其上调表达基因与消减地黄连作障碍密切相关。此外，*NB-LRR* 基因的表达热图也显示了栽种后 30d 左右的样品单独聚成一类，表明连作与头茬地黄以苗期的差异最大。

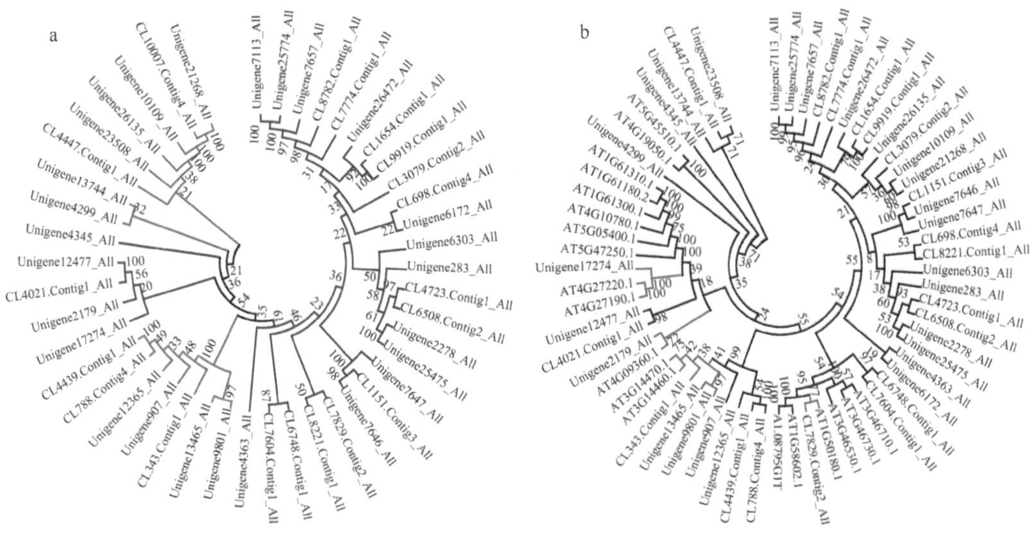

图 8-16　地黄 NB-LRR 蛋白的家族同源分析

a. 地黄不同 NB-LRR 蛋白进化分析；b. 地黄与拟南芥 NB-LRR 进化及亲缘关系分析

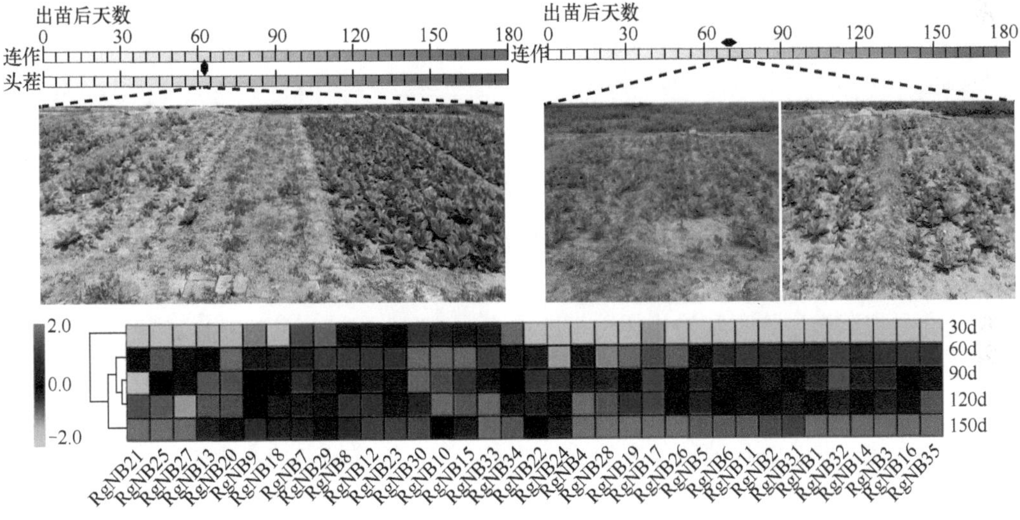

图 8-17　连作/头茬地黄中 *NB-LRR* 基因响应关键期及其关键表达模式

a. 田间连作和头茬地黄在连作伤害期的表型差异；b. 连作地黄在连作伤害前期和伤害期表型的差异变化；c. 在连作不同伤害期地黄植株体内 *NB-LRR* 基因的表达模式特征

三、连作对地黄免疫系统的扰动

为探究连作环境对地黄免疫系统的干扰，从地黄连作栽种后 60d 和 150d 均表达上调的 *NB-LRR* 基因中随机选择 9 个 *NB-LRR* 基因，分别以头茬（FP）地黄为对照，通过阿魏酸（ferulic Acid，FA）添加、尖孢镰刀菌（*Fusarium oxysporum* CCS043，FO）侵染和地黄连作（SP）处理的比较，结果表明，与头茬地黄比较，各处理均诱导了 *NB-LRR* 基因的表达上调。其中，专化型地黄尖孢镰刀菌侵染后，*NB-LRR* 基因表达大幅上调，极显著高于其他处理；其次，地黄连作处理明显优于单一的化感物质阿魏酸胁迫所诱导抗性基因的表达水平

（图 8-18），通过连作或连作形成主导因素胁迫下 *NB-LRR* 基因的表达模式，我们初步验证了连作地黄中 NB-LRR 响应与连作地黄根际病原菌的侵染存在着密切的关联性。

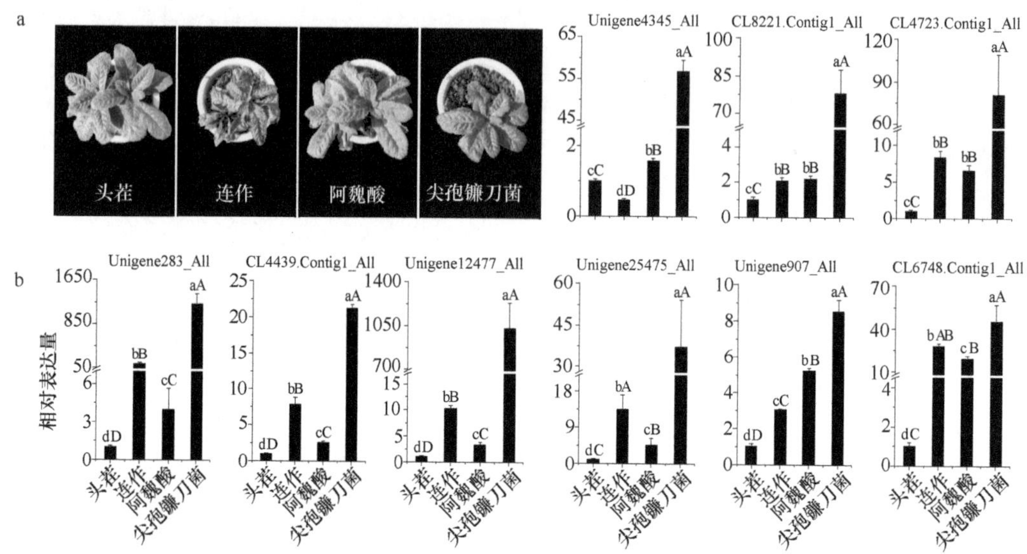

图 8-18　9 个特异性 *NB-ARC* 基因在头茬地黄（FP）、连作地黄（SP）、FA 和 FO 处理下的表达模式

a. 连作及连作形成关键伤害因素对地黄的胁迫效应；b. 地黄 *NB-LRR* 基因在不同连作伤害胁迫下的表达特征，不同小写字母和大写字母分别表示不同处理在 0.05（$P<0.05$）和 0.01（$P<0.01$）水平上的差异显著性

第四节　连作胁迫下地黄植株的死亡机制

越来越多的研究表明，根际沉淀对土壤微生物尤其是土传病害的病原微生物的选择性促进及由此导致的土壤微生态失衡，是引起连作障碍的主要原因之一，也就是说，根际沉淀介导根际微生物不利趋化促进了地黄连作障碍的形成。虽然我们通过不同层级研究基本指向性地证明了两种结论：一是“化感物质—根际微生物—地黄”系统中的化感物质与根际微生物之间的关系中，根际沉淀介导根际微生物的不利趋化，促进了地黄连作障碍的形成；二是连作地黄体内的分子响应链中，连作地黄核心生命进程受到破坏，但目前我们只剖析了“化感物质—根际微生物—地黄”系统中的化感物质与根际微生物之间的关系，而这种互作是如何促发连作地黄本身的死亡目前仍不清晰。因此，地黄如何感知连作胁迫并传递信号尚待研究。特别是连作地黄根际中大量有害微生物获得增殖并攻击连作地黄，这种攻击和伤害效应具有明显的集群效应，并且在化感物质的持续诱导下集群作用愈加强大，最终打破和压制住地黄的免疫系统，但植物免疫与根际微生物群体对抗过程中到底发生了什么，目前还不得而知。

一、地黄根际灾变程度与地黄免疫效应

（一）连作地黄根际灾变与连作地黄死亡

为了详细了解地黄连作胁迫根际灾变程度，我们进一步进行了 NP、TP、1/3TP、2/3TP 等（具体设置见本章第二节）不同连作胁迫梯度实验（图 8-19）。结果发现，含有不同比

例的连作土壤中代表性有益假单胞菌（PS）细胞数量在 3.87×10^8～5.99×10^8，代表性病原尖孢镰刀菌（FO）细胞数量在 0.719×10^8～2.68×10^8，FO/PS 为 0.16～0.55；连作土掺混比例的增加促进了地黄根际土中专化型地黄尖孢镰刀菌（FO）的增殖，其中连作（TP）土处理的地黄幼苗在栽种后 9d 时连作土中 FO 数量会陡然升高，而仅头茬土中的 FO 数量显著下降，PS 数量的变化与 FO 数量的变化正好相反。进一步分析上述不同连作胁迫水平与根际微生物数量间的关系，发现不同连作土与土壤内的 FO 数量、FO/PS 呈显著正相关，特别是土壤中 FO 数量与 FO/PS 关系呈现出极显著的正相关（表 8-1、表 8-2）。结果证实了连作胁迫促进了 FO 在地黄根际的增殖。

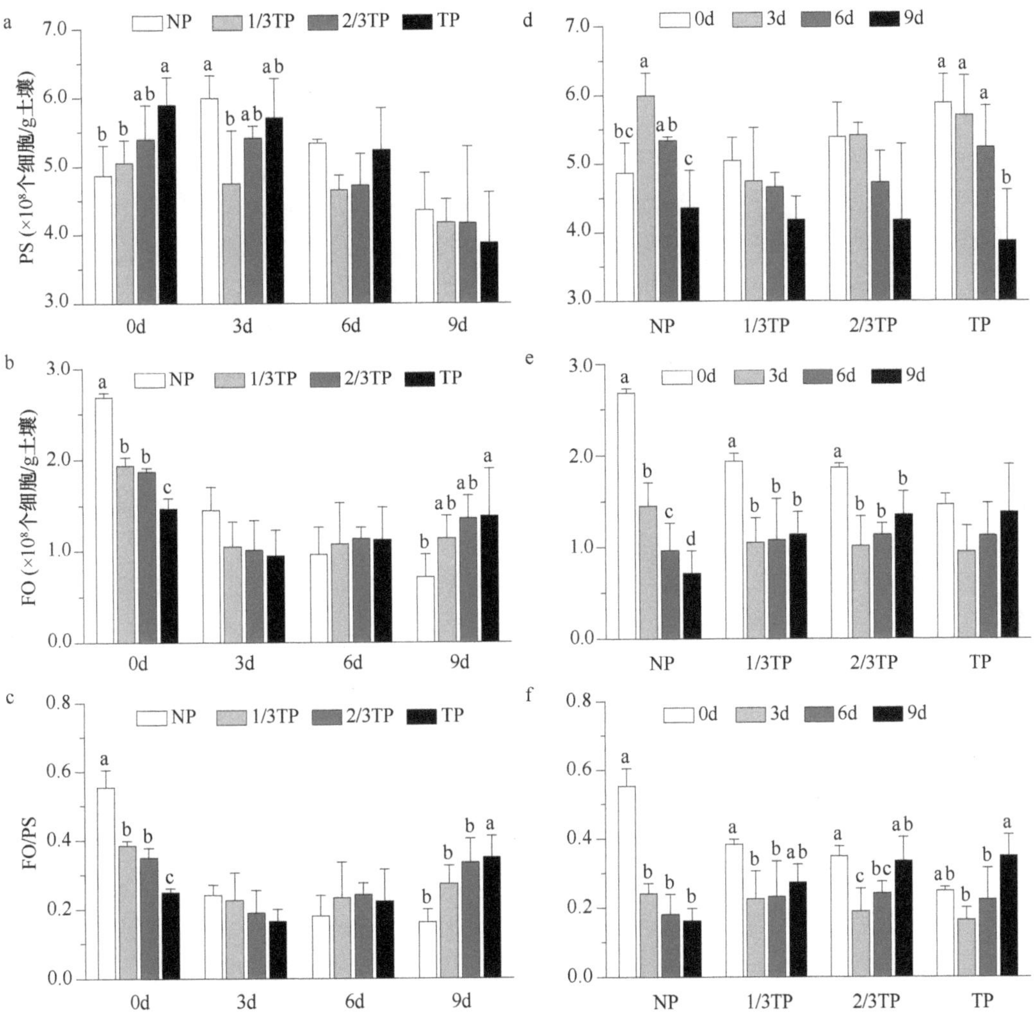

图 8-19　连作胁迫程度对地黄根际土假单胞菌和尖孢镰刀菌数量的影响

不同小写字母表示同一时间处理间在 0.05（$P<0.05$）水平上差异显著性；FO：尖孢镰刀菌；PS：假单胞菌

表 8-1　地黄连作胁迫程度与根际土 FO、PS 及 FO/PS 数量变化的相关分析

	△FO/PS	△PS	△FO
连作胁迫程度	0.7918^{**}	–0.5611	0.6809^{*}

注：*、**分别表示在 0.05（$P<0.05$）和 0.01（$P<0.01$）水平上的差异显著性；△表示移栽后 0～3d 的数量变化

表 8-2 不同连作胁迫程度下 FO、PS 及 FO/PS 数量的相关分析

	PS	FO
FO/PS	–0.2488	0.9208**
PS		0.1331

注：**表示在 0.01（P<0.01）水平上的差异显著性

（二）连作地黄根际灾变与地黄 *NB-LRR* 基因的响应模式

在上述实验体系中，我们进一步分析了前期所鉴定到的 35 个地黄 *NB-LRR* 基因在 NP、TP、不同连作掺比（1/3TP、2/3TP）土壤中的表达模式，结果发现，与对照头茬土比较，在地黄幼苗移栽 3d 时，连作（TP）胁迫下，地黄中有 22 个 *NB-LRR* 基因显著上调、6 个 *NB-LRR* 基因显著下调，上调 *NB-LRR* 基因数量占了地黄全部 *NB-LRR* 基因数的 62%，可见在地黄幼苗移栽后 3d 时，地黄幼苗开始遭受根际内增殖微生物的攻击。在地黄幼苗移栽 6d 时，在 TP 处理的地黄根系中，仅 1 个 *NB-LRR* 基因上调、有 29 个 *NB-LRR* 基因下调，这些结果表明连作胁迫对 *NB-LRR* 基因表达的强烈干扰（图 8-20）。

进一步通过 Pearson 相关分析发现，在地黄幼苗移栽 3d 时，连作（TP）胁迫下 22 个上调的 *NB-LRR* 基因中，有 12 个 *NB-LRR* 基因表达水平与 FO 数量呈现出显著正相关（表 8-3），这表明随着连作土壤中 FO 数量的持续性增殖，地黄体内的免疫系统开始启动，并且做出了明确的应激响应。然而，这些显著上调 *NB-LRR* 基因并未能成功的阻止地黄的死亡。可见，关键免疫应答的 *NB-LRR* 基因可能并未上调，因此 6 个下调的 *NB-LRR* 基因（*RgNB5*、*RgNB14*、*RgNB26*、*RgNB29*、*RgNB34*、*RgNB35*）可作为响应地黄连作胁迫的重要候选免疫基因。

鉴于 *NB-LRR* 基因表达与 FO 数量的关系，*NB-LRR* 基因表达呈现出对连作根际土中 FO 的“低促高抑”响应特征。进一步来看，移栽 3d 和移栽 6d 时 *NB-LRR* 基因表达的急剧下调，说明 *NB-LRR* 基因在转录水平上未连续响应 FO 侵染（图 8-21）；结合初筛的 6 个 *NB-LRR* 基因的蛋白质功能预测，分别为 3 个 R1A、1 个 R1B、1 个 RGA3 和 1 个 RPW8，这些均为 CC 型 NB-LRR，下游信号转导互作蛋白均为 EDS1，为未来研究地黄连作障碍的免疫信号转导机制提供了有益的线索。

植物激素是免疫应答的重要调控因子，SA 和 JA-ETH 通常被认为是植物免疫应答的关键激素，其中 SA 主要应答活体营养型病原菌（biotrophic pathogen），而 JA-ETH 主要应答腐生营养型病原菌（necrotrophic pathogen），脱落酸（ABA）主要应答非生物胁迫，同时增加植株对生物胁迫的敏感性。通过对 ABA、ETH、SA 和 JA 等 4 个关键植物激素的酶联免疫分析，4 种植物激素含量在移栽 0～3d 显著增加，与对照头茬土比较，ABA 含量增加 0.56～1.53 倍，JA 含量增加 0.59～2.02 倍，ETH 增加 0.50～1.50 倍，SA 含量增加 0.37～1.19 倍，可见 4 种植物激素均强烈地响应了连作胁迫。与移栽 0d 比较，除了连作 TP 处理中的 SA 含量外，不同连作胁迫下（1/3TP、2/3TP 和 TP）其他植物激素均表现为移栽 3d 时显著增加，ABA 含量增加 65.26%～173.64%，JA 含量增加 60.19%～203.50%，ETH 增加 65.26%～173.84%，SA 含量增加 3.91%～66.39%，而 4 种植物在头

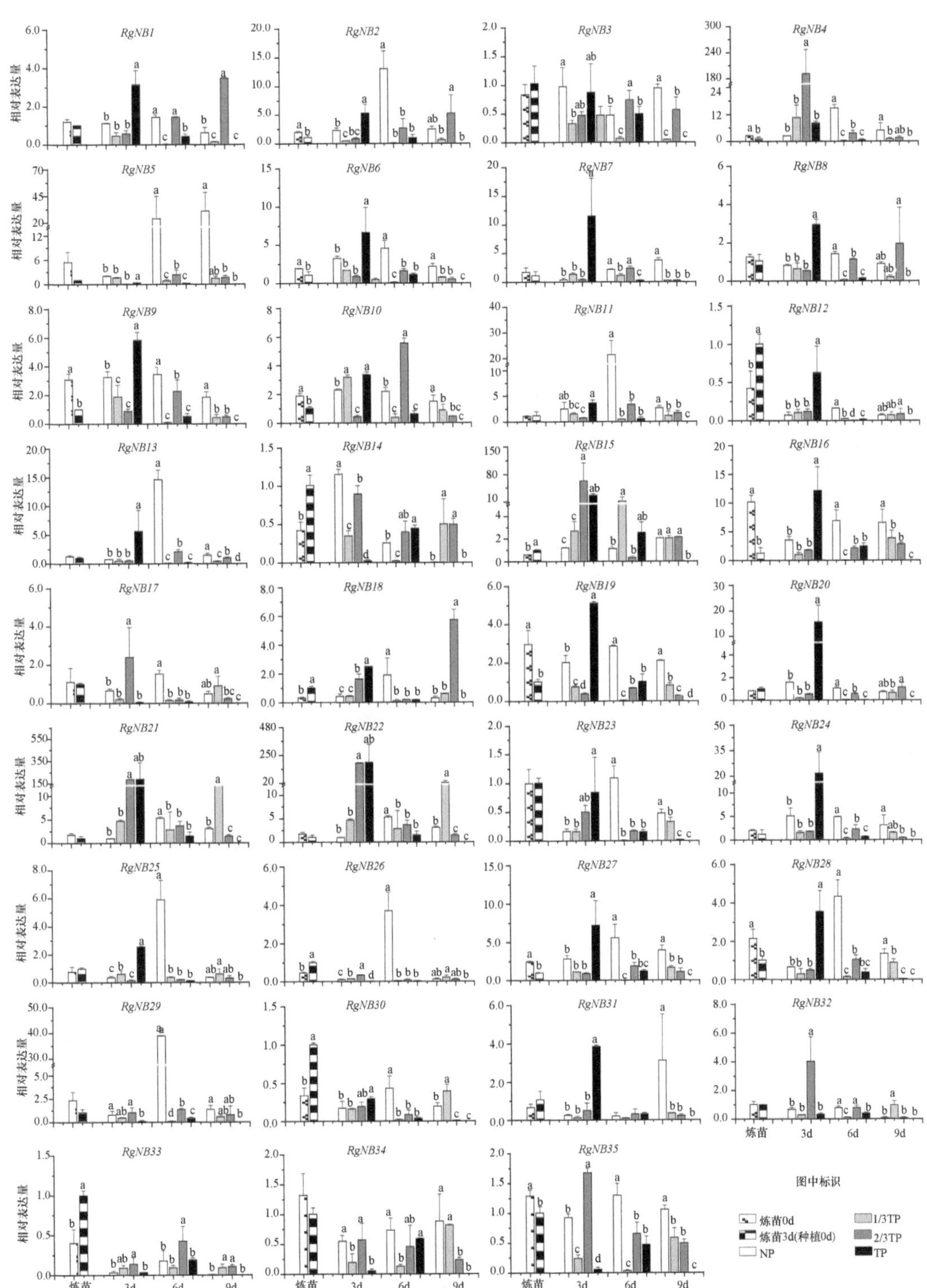

图 8-20　连作胁迫程度下地黄根系 *NB-LRR* 基因表达模式

不同小写字母表示同一时间处理间在 0.05（$P<0.05$）水平上差异显著性

表 8-3 移栽 3d 时 PS 和 FO 含量与 *NB-LRR* 基因表达的相关分析

	RgNB1	*RgNB2*	*RgNB3*	*RgNB4*	*RgNB5*	*RgNB6*	*RgNB7*
PS	–0.1156	0.0187	0.6833	–0.1978	0.5612	–0.0038	–0.3908
FO	0.9737	0.9344	0.4558	–0.3259	–0.4752	0.9219	0.9963**
	RgNB8	*RgNB9*	*RgNB10*	*RgNB11*	*RgNB12*	*RgNB13*	*RgNB14*
PS	–0.2584	0.0342	–0.1756	0.1503	–0.4000	–0.2856	0.7931
FO	0.9950**	0.8935	0.5160	0.8193	0.9973**	0.9984**	–0.7543
	RgNB15	*RgNB16*	*RgNB17*	*RgNB18*	*RgNB19*	*RgNB20*	*RgNB21*
PS	–0.3292	–0.1421	0.0665	–0.4500	–0.0412	–0.2643	–0.3687
FO	0.0526	0.9794*	–0.4775	0.8240	0.9452	0.9970**	0.2326
	RgNB22	*RgNB23*	*RgNB24*	*RgNB25*	*RgNB26*	*RgNB27*	*RgNB28*
PS	–0.4505	–0.4356	–0.1776	–0.3769	–0.1168	–0.0632	–0.2509
FO	0.5924	0.8712	0.9858*	0.9845*	–0.6370	0.9564*	0.9953**
	RgNB29	*RgNB30*	*RgNB31*	*RgNB32*	*RgNB33*	*RgNB34*	*RgNB35*
PS	0.4527	–0.3214	–0.3369	–0.0666	–0.4524	0.6505	0.3434
FO	–0.8157	0.9787*	0.9965**	–0.3699	–0.5155	–0.7435	–0.6044

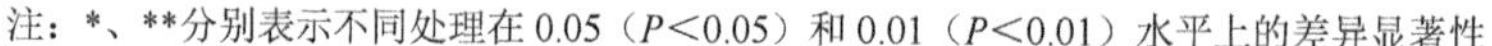
注：*、**分别表示不同处理在 0.05（$P<0.05$）和 0.01（$P<0.01$）水平上的差异显著性

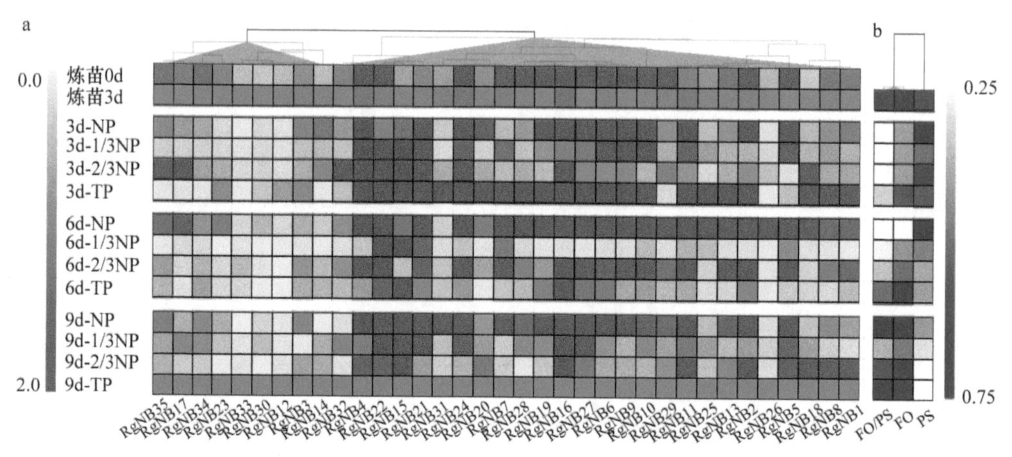

图 8-21 地黄 *NB-LRR* 基因表达与 FO、PS 数量变化的热图分析

茬土中仅分别增加 8.50%、0.33%、9.73%和–24.72%（图 8-22）。Pearson 相关分析表明，FO 数量仅与 SA 含量呈显著负相关，且 4 种植物激素间呈极显著正相关（表 8-4）。综上可见，复杂多元的连作胁迫促进了植物激素的释放，但 FO 具有抑制 SA 生物合成的效应，并最终导致了移栽 6d 时的连作地黄死亡。

不同连作胁迫下的地黄生理响应中，与移栽 0d 比较，移栽 3d 时的根系活力、SOD 和 CAT 活性、H_2O_2 含量在头茬土中变化显著。其中，H_2O_2 含量显著降低了 0.45～0.75 倍；根系活力、SOD 和 CAT 活性显著增加了 0.36～2.75 倍、3.12～7.33 倍和 2.76～4.26 倍。然而，它们没有表现出随连作胁迫水平的变化而有规律的变化（图 8-23）。在移栽 6d 时，也仅 H_2O_2 含量随连作胁迫水平的变化而梯度下降，FO 数量仅与 CAT 活性和 MDA 含量在移栽 6d 时达显著正相关（表 8-5）。这些结果表明，直到移栽 6d 时才出现部分生理指标与 FO 数量的显著相关。

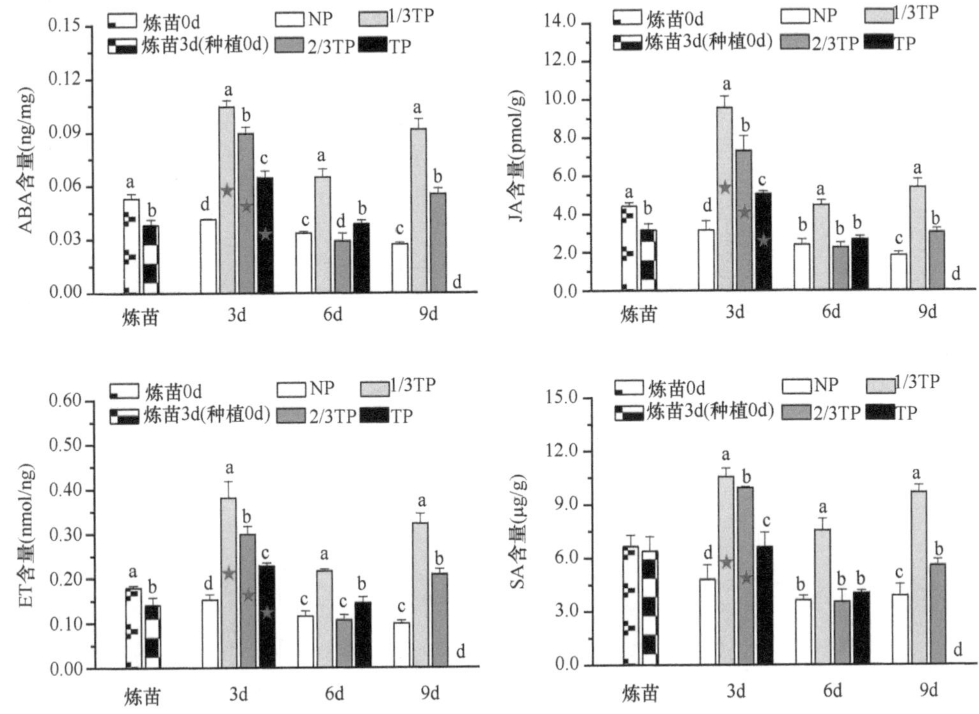

图 8-22　连作胁迫程度下地黄根系激素的响应模式

不同小写字母表示同一时间处理间在 0.05（$P<0.05$）水平上差异显著性；星号表示移栽后 3d 时与头茬土对照在 0.05 水平差异显著

表 8-4　不同连作胁迫程度下 FO、PS 数量与 ABA、JA、SA、ETH 含量的相关分析

	△FO	△JA	△ABA	△ETH	△SA
△PS	−0.7327	0.1328	0.0254	0.1123	0.2366
△FO		−0.6524	−0.5981	−0.6560	−0.7475*
△JA			0.9752**	0.9839**	0.9182**
△ABA				0.9650**	0.9543**
△ETH					0.9009**

注：*、**分别表示不同处理在 0.05（$P<0.05$）和 0.01（$P<0.01$）水平上的差异显著性；△表示移栽后 0～3d 的数量或含量变化

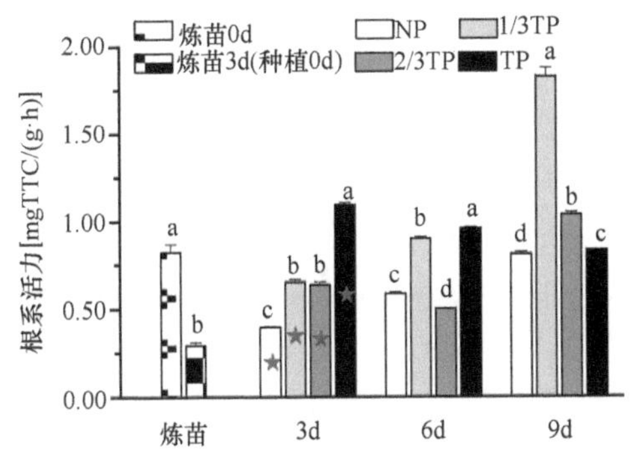

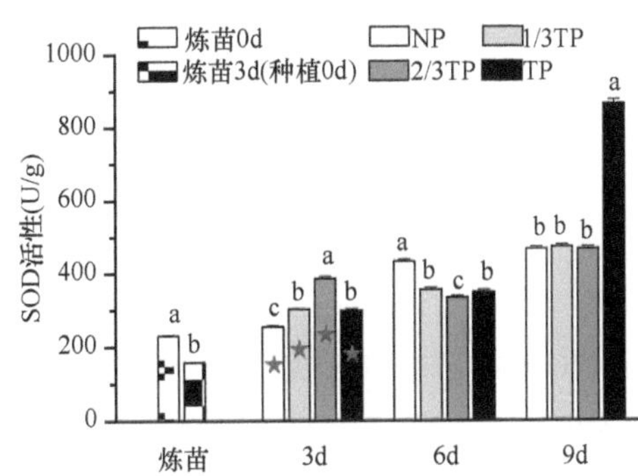

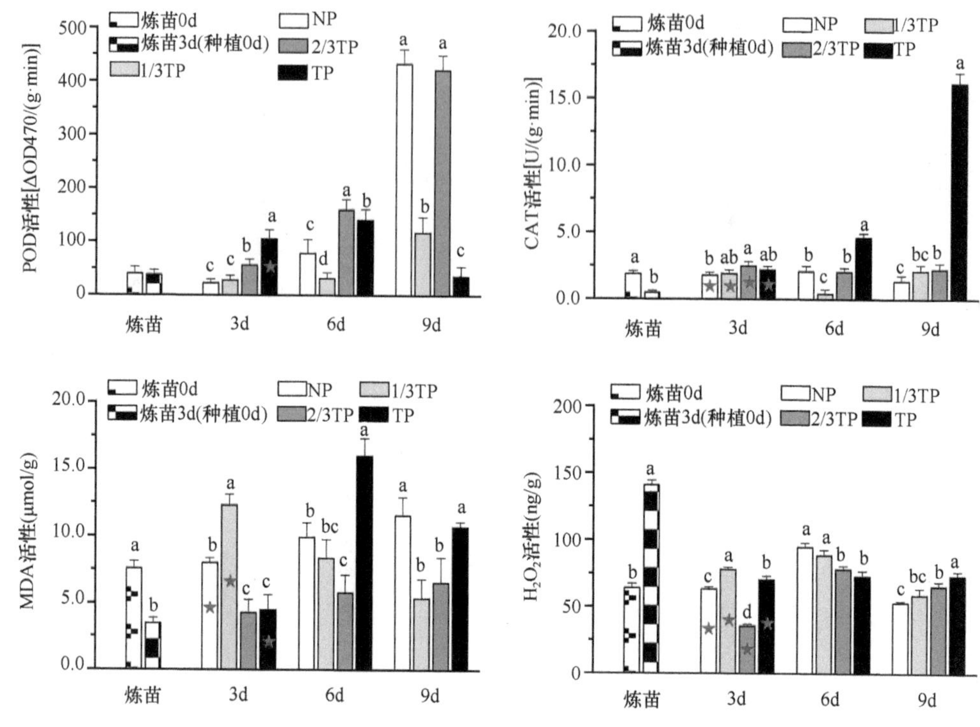

图 8-23 连作胁迫程度下地黄根系抗氧化能力的响应模式

不同小写字母表示同一时间处理间在 0.05（$P<0.05$）水平差异显著性；星号表示移栽后 3d 时与头茬土对照在 0.05（$P<0.05$）水平上差异显著性

表 8-5 不同连作胁迫程度下 FO、PS 数量与抗氧化指标含量的相关分析

		△根系活力	△SOD	△POD	△CAT	△H_2O_2	△MDA
0~3DAP	△PS	0.0357	0.2189	0.3088	−0.1421	−0.3443	−0.3313
	△FO	0.4389	−0.1874	0.2671	0.4416	0.1959	−0.1724
0~6DAP	△PS	0.1759	−0.0713	−0.0387	−0.2458	0.1394	−0.202
	△FO	0.225	0.1574	0.2263	0.7464*	−0.5732	0.7316*

注：*表示不同处理在 0.05（$P<0.05$）水平上的差异显著性；△表示移栽后 3～6d 的数量或含量变化；DAP：种植后天数

二、免疫介导下的连作地黄死亡机制

为探究免疫介导下的连作地黄死亡，通过 RNA-Seq 分析了连作、盐、干旱和阿魏酸等不同胁迫下的基因表达谱，发现数百个抗性蛋白及其基因特异地上调或下调。随着连作/头茬地黄蛋白质组分析和尖孢镰刀菌侵染下的 qRT-PCR 验证，还发现连作胁迫下显著上调的 189 个蛋白质大多数与调节代谢、免疫激活、活性氧迸发、程序性细胞死亡等生理功能密切相关，PR10、IIIa 型膜蛋白 cp-wap13（type IIIa membrane protein cp-wap13，属于 RGP 抗病蛋白家族）等免疫抗性系统关键蛋白持续激活。这些结果说明了免疫应答是地黄响应连作胁迫的重要效应机制，连作胁迫特定地打破了地黄自身的免疫屏障。在前文第六章与第七章中，已通过连作与头茬地黄体内 miRNA 差异表达谱、消减 cDNA 文库和 mRNA 转录组文库分析，在基因表达调控水平上鉴定了响应连作的特异表达的

miRNA、基因和基因序列。前期研究通过差异表达基因和差异表达蛋白等各种数据的深度整合分析发现，连作地黄中 DNA 复制、RNA 转录和蛋白质翻译等生命过程的核心途径均受到伤害，与纤维根形成、连作病害、Ca^{2+}信号、MAPK 级联信号、乙烯响应等有关信号，与染色质修饰、抑制基因表达有关的酶，在连作地黄中均得到特异表达，这些信号及关键酶与地黄免疫的信号转导和超敏反应密切相关。因此，错误的或不合适的免疫应答可能干扰了连作地黄的核心生命进程，并最终导致了连作地黄的死亡。

进一步通过连作土不同掺混比例的连作胁迫水平梯度控制实验，可以初步明确连作胁迫介导了根际 FO 的特异性富集，然而 FO 并未激发地黄体内 NB-LRR 基因在转录水平上的连续响应和 SA 生物合成积累；FO 的特异性富集导致了活性氧响应等细胞生命活动进程不可逆转的生理伤害，最终形成了地黄连作障碍导致地黄死亡。这些新的发现有助于深入理解地黄连作障碍形成的免疫响应机制，为进一步开发新的连作障碍消减技术提供了理论依据。基于上述研究，我们初步绘制了连作地黄体内可能的免疫应答及其与微生物、植物激素的“对话”关系（图 8-24），这个机制的进一步完善为从植物免疫角度理解地黄连作障碍形成过程中植物与微生物间的关系提供了信息参考。

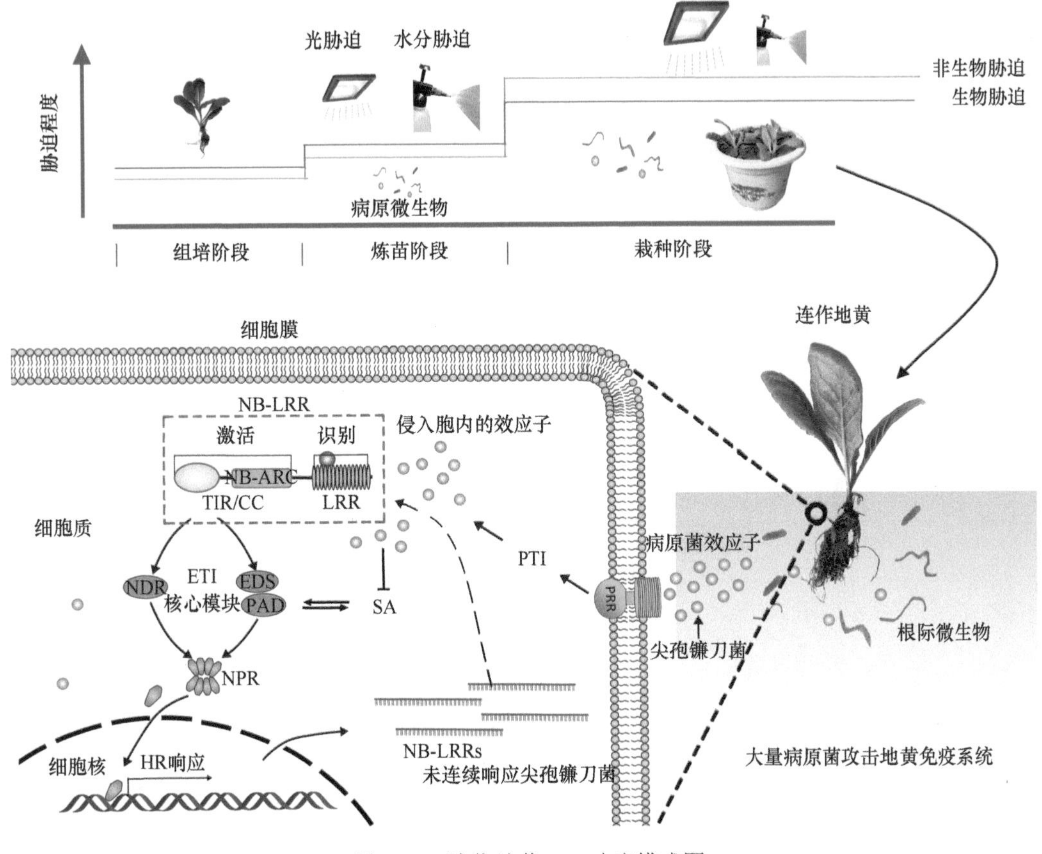

图 8-24　连作地黄 ETI 响应模式图

（陈爱国　李明杰　张君毅　谢卓宓）

参考文献

Bigeard J, Colcombet J, Hirt H. 2015. Signaling mechanisms in pattern-triggered immunity (PTI). Molecular Plant, 8(4): 521-539.

Engelsdorf T, Gigli-Bosceglia N, Veerabagu M, et al. 2018. The plant cell wall integrity maintenance and immune signaling systems cooperate to control stress responses in *Arabidopsis thaliana*. Science Signaling, 11(536): eaao3070.

Miller R N, Costa Alves G S, Van Sluys M A. 2017. Plant immunity: Unravelling the complexity of plant responses to biotic stresses. Annals of Botany, 119(5): 681-687.

Noman A, Aqeel M, Lou Y G. 2019. PRRs and NB-LRRs: From signal perception to activation of plant innate immunity. International Journal of Molecular Sciences, 20: 1882.

Shigenaga A M, Berens M L, Tsuda K, et al. 2017. Towards engineering of hormonal crosstalk in plant immunity. Current Opinion in Plant Biology, 38: 164-172.

Wei Z, Gu Y, Friman V, et al. 2019. Initial soil microbiome composition and functioning predetermine future plant health. Science Advances, 5: eaaw0759.

第九章　地黄连作障碍的消减策略与防治技术

现有结论充分表明，在地黄连作障碍形成过程中，由植物根系所分泌的化感物质在土壤中不断积累，导致土壤微生物群落发生改变，致使连作植株出现被毒害的症状。可见，地黄连作障碍是植物与土壤相互作用形成的、以根际为中心的多种因子相互作用的结果。这些因子包括植物自身、土壤环境、微生物群落和化感物质毒害作用，其中，化感作用是诱因，由根系分泌的化感物质而导致的土壤微生态环境恶化，致使连作地黄不断死亡，而导致地黄减产或绝收。贾思勰在《齐民要术》引《氾胜之书》记载："凡田有六道，麦为首种"；徐光启在《农政全书·蚕桑广类·木棉》中记载："三年而无力种稻者，收棉后，周田作岸，积水过冬；入春冻解，放水候干，耕锄如法，可种棉。虫亦不生"。因此，在地黄的栽培生产过程中，通过选育和培育抗连作与耐连作的新品种（系），调控根际微生物群落平衡，采取合理的耕作制度，协调好植物、土壤和微生物三者之间的关系是消减地黄连作障碍的有效策略。

第一节　耐连作地黄种质资源的筛选

大量农业生产实践表明，筛选优良的抗性种质资源材料是缓解生物胁迫和非生物胁迫的重要措施。地黄栽培历史悠久，在生产中拥有广泛的栽培品种，如金状元、白状元、小黑英、红薯王等，这些都是具有不同优良特性的农家品种（第一章已详细介绍）。不同的地黄品种或资源类型在形态、产量、品质及抗性等方面均存在着较大差异，如温学森等（2002）发现不同地黄品种在遭受微生物侵染后所呈现出的症状存在着明显的差异；曲运琴等（2011）发现地黄品种"北京 3 号""温 85-5"和农家品种"硬三块"间的连作障碍程度具有较大差异，其中"北京 3 号"具有较强的耐连作特性。因此，可以通过筛选抗连作的种质资源或品种来替换生产中连作较为严重的栽培品种，以减轻因连作障碍而造成的损失。此外，植物的野生近缘种属较栽培种往往有更好的抗性。因此，加强对地黄不同栽培种、农家种及近缘野生种属等种质资源的收集和鉴定，构建地黄种质资源库，在保留道地药材特性的基础上，选育出抗（耐）连作的品种，对于解决地黄连作障碍问题十分重要。同时，也可以将抗连作相关的遗传基因转入综合性状好的地黄道地品种，进而改良生产上主栽品种，实现道地产区中药农业的可持续发展。

一、不同地黄种质资源的表型性状差异

为了评价地黄不同基因型种质资源在抗连作方面的潜力效应，我们选择了 18 个具有代表性的栽培和野生种质资源，详细分析其在连作胁迫下的生长状态（表 9-1）。从结果可以明显看出，与头茬地黄相比，连作条件下 14 个栽培地黄品种及栽培地黄变异株，

无论地上部分或是地下部分均表现出不同程度的伤害症状。总体而言，不同品种地黄在连作条件下，地上部叶片长度、宽度均有不同程度减小，同时冠幅变小，叶片数减少；地下部分，块根膨大受阻明显，膨大的块根直径变小，须根增多，单株块根鲜重明显下降。与栽培品种相比，4 个野生地黄种质资源在连作条件下，其地上部分的叶片、地下部分的块根虽有一定程度的影响，但较栽培地黄在连作下的伤害和影响程度明显要小得多（图 9-1）。由此可见，不同种质资源类型在连作障碍的表现上是有差异的。

表 9-1　地黄种质材料及其来源

序号	种质材料	来源	序号	种质材料	来源
1	温 85-5	栽培品种	10	白状元	栽培品种
2	金九	栽培品种	11	012-2	新变异类型
3	红薯王	栽培品种	12	9302	栽培品种
4	北京 1 号	栽培品种	13	沁怀 1 号	栽培品种
5	金状元	栽培品种	14	012-5	栽培品种变异类型
6	生津	栽培品种	15	WT1-1	野生地黄
7	山东种	栽培品种	16	WT2-1	野生地黄
8	北京 3 号	栽培品种	17	WT3-1	野生地黄
9	85-5 优选	栽培品种变异类型	18	WT5-1	野生地黄

图 9-1　地黄种质资源类型连作种植的株型表现

a. 温 85-5；b. 金九；c. 红薯王；d. 北京 1 号；e. 金状元；f. 生津；g. 山东种；h. 北京 3 号；i. 85-5 优选；j. 白状元；k. 012-2；l. 9302；m. 沁怀 1 号；n. WT1-1；o. WT2-1；p. WT3-1

二、不同地黄种质资源耐连作潜力分析

（一）不同地黄种质资源耐连作指数评价

由于地黄连作障碍的形成涉及化感自毒物质、根际微生物等多因子之间的互作，因此地黄连作障碍症状也较为多样化。在评价不同地黄种质资源在连作条件下抗性差异时，往往缺乏统一的尺度标准，因此通过不同地黄种质资源在连作条件下单一或多重性状差异比较，很难有效筛选出不同抗连作资源类型。为了更有效筛选出抗连作的种质材料，我们需要采用一套综合性指标来评测不同品种在连作下的性状差异。耐连作指数是目前比较有效的一种方法。耐连作指数（tolerance index of consecutive monoculture problem，TIC）计算公式为：

$$\text{TIC}=（头茬测定值-连作测定值）/头茬测定值 \tag{9-1}$$

式中，TIC 值越大表明其受连作影响越大，TIC=1 说明连作障碍程度最严重，TIC=0 说明未发生连作障碍。

通过详细比较 18 份地黄种质资源类型的 9 种表型性状在连作胁迫下的耐连作指数发现（表 9-2），18 份种质资源类型中除北京 3 号和 WT5-1 以外，其他材料地上部分冠幅、叶片数、叶片长和叶片宽的耐连作指数均小于 1，均表现为连作障碍，其中冠幅、叶片数、叶片长和叶片宽的耐连作指数小于 0.8 的种质资源类型分别是 10 份、5 份、13 份和 5 份。而温 85-5 和北京 1 号 2 个种质资源类型 4 个性状的耐连作指数均小于 0.8，连作障碍最为严重。北京 3 号和 4 个野生地黄 4 个性状的耐连作指数均大于 0.8，连作障碍表现最轻。除温 85-5 和红薯王以外，茎粗的耐连作指数均大于 0.8，其中，野生地黄 WT1-1、WT2-1、WT3-1 和生津、9302 等 2 个栽培地黄的耐连作指数均大于 0.5，表现出丰富的遗传变异。在地黄 18 份种质资源类型中，4 个野生地黄和金状元、山东种、北京 3 号和 85-5 优选等 4 个栽培地黄地下部分块根数的耐连作指数大于 1，表现为连作块根数增加，其余 10 份材料连作块根数较少。块根长度、直径和单株块根鲜重的耐连作指数小于 0.8 的分别有 5 份、6 份和 10 份，小于 0.7 的分别有 2 份、3 份和 10 份。可以看出，块根长度的遗传变异最为丰富，说明连作对不同地黄块根长度的影响是很大的。块根是地黄的收获部位，所有栽培地黄单株块根鲜重的耐连作指数均小于 0.7，其中红薯王、温 85-5、85-5 优选和白状元的耐连作指数小于 0.3，表现为严重的连作障碍。4 份野生地黄单株块根鲜重的耐连作指数均大于 0.9，其中 3 份的耐连作指数大于 1，说明连作胁迫作用不明显。

表 9-2　地黄不同种质资源类型 9 个表型性状的耐连作指数

品种	冠幅	叶片数	叶片长	叶片宽	茎粗	块根数	块根长度	块根直径	单株块根鲜重
温 85-5	0.721	0.656	0.718	0.782	0.782	0.862	0.715	0.683	0.266
金九	0.727	0.829	0.759	0.805	0.814	0.837	0.686	0.822	0.336
红薯王	0.693	0.976	0.733	0.816	0.792	0.892	0.750	0.479	0.232
北京 1 号	0.662	0.753	0.634	0.754	0.973	0.911	0.971	0.818	0.567
金状元	0.743	0.749	0.753	0.963	0.915	1.154	1.045	0.925	0.693

续表

品种	冠幅	叶片数	叶片长	叶片宽	茎粗	块根数	块根长度	块根直径	单株块根鲜重
生津	0.731	0.728	0.765	0.975	1.056	0.718	0.942	0.729	0.590
山东种	0.686	0.806	0.689	0.778	0.935	1.115	0.814	0.763	0.446
北京 3 号	0.969	1.092	0.810	0.976	0.871	1.048	0.904	0.708	0.415
85-5 优选	0.744	0.936	0.790	0.916	0.830	1.172	0.818	0.534	0.292
白状元	0.780	0.828	0.759	0.858	0.890	0.964	1.077	0.648	0.298
012-2	0.854	0.778	0.767	0.899	0.947	0.893	0.912	0.735	0.427
9302	0.864	0.826	0.735	0.792	1.126	0.734	1.043	0.918	0.585
沁怀 1 号	0.864	0.842	0.763	0.894	0.996	0.990	0.865	0.781	0.421
012-5	0.656	0.914	0.605	0.724	0.875	0.833	0.879	1.028	0.469
WT1-1	0.895	0.863	0.918	0.923	1.136	1.460	0.720	0.861	1.079
WT2-1	1.000	0.859	0.917	0.978	1.168	1.138	1.141	1.152	1.079
WT3-1	0.848	0.969	0.903	0.860	1.012	1.432	0.954	1.227	1.230
WT5-1	1.036	1.181	0.966	1.027	0.940	1.400	0.607	1.181	0.947
平均值	0.804	0.866	0.777	0.873	0.948	1.031	0.880	0.833	0.576
标准差	0.117	0.130	0.097	0.090	0.117	0.228	0.148	0.210	0.308

（二）连作条件下地黄不同农艺性状的相关分析

通过对不同地黄种质资源类型 9 个性状的耐连作指数进行相关分析发现，单株块根鲜重与块根直径的耐连作指数均达极显著水平，说明块根的直径显著影响单株块根鲜重的耐连作指数，连作种植时选择块根直径耐连作指数低的地黄种质类型对于提高单株块根产量是有效的。叶片长、茎粗、块根数与单株块根鲜重的耐连作指数的相关性也均达到显著水平，也可作为耐连作的地黄种质资源筛选和评价的指标（表 9-3）。

表 9-3　不同地黄种质资源类型 9 个性状耐连作指数的相关关系

	冠幅	叶片数	叶片长	叶片宽	茎粗	块根数	块根长度	块根直径
叶片数	0.553							
叶片长	0.833**	0.511						
叶片宽	0.720*	0.383	0.765*					
茎粗	0.491	−0.091	0.423	0.308				
块根数	0.501	0.500	0.741	0.470	0.234			
块根长度	0.046	−0.312	−0.129	0.058	0.458	−0.205		
块根直径	0.474	0.269	0.453	0.192	0.527	0.453	0.168	
单株块根鲜重	0.565	0.256	0.710*	0.424	0.724*	0.700*	0.163	0.828**

注：*、**分别表示不同处理在 0.05（$P<0.05$）和 0.01（$P<0.01$）水平上的差异显著性

采用 WPGMA（Weighted Pair Group Method using arithmetic Averages，加权配对算术平均法）法对地黄种质资源进行聚类分析（图 9-2），结果发现当聚类距离为 4.58 时，18 份地黄种质资源明显地分为栽培地黄和野生地黄两个种群。其中，类群I主要包括 14 份栽培地黄品种及栽培种的变异类型，这个类群的地黄资源在单个性状耐连作指数表型

并不一致，但整体上连作障碍表型较为严重。类群II为 4 份野生地黄品种，单个性状耐连作指数上变异幅度小，表现为耐连作。在栽培地黄中，温 85-5、金九、红薯王和 85-5 优选的冠幅、叶片长、茎粗、块根直径的耐连作指数均在 0.85 以下，单株块根鲜重的耐连作指数在 0.35 以下，聚为一个小的类群，表现为非常严重的连作障碍。北京 1 号、山东种和 012-5 的冠幅、叶片长的耐连作指数均在 0.7 以下，叶片宽的耐连作指数在 0.8 以下，单株块根鲜重的耐连作指数在 0.4～0.6，单独聚为一个小的类群，表现为地上性状的连作障碍非常严重，地下性状的连作障碍比较严重。金状元的地下性状指标中单株块根鲜重的耐连作指数最大，且块根数、块根长度、块根直径的耐连作指数也很大，连作障碍最轻，而地上性状冠幅、叶片数和叶片长的耐连作指数较低，连作障碍明显，与白状元、012-2、沁怀 1 号、生津和 9302 等为同一个小的类群。北京 3 号地上性状的耐连作指数均在 0.8 以上，地下性状中块根数增加，单株块根鲜重的耐连作指数较低，与其他栽培地黄连作表现不一致，单独为一个小分支。野生地黄除了 WT1-1 和 WT5-1 块根长度的耐连作指数较小外，其他种质性状的耐连作指数普遍较大，甚至有多个性状如块根数的耐连作指数大于 1，表现为连作增益。

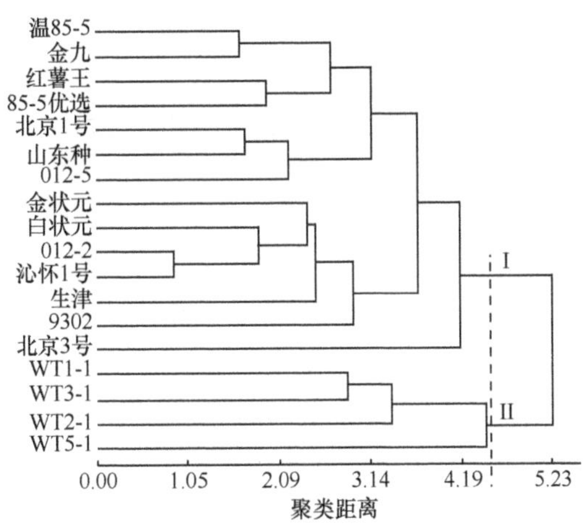

图 9-2　基于耐连作指数的地黄种质资源类型的聚类图

第二节　育苗移栽规避连作地黄危害敏感期

通过对地黄连作障碍的形成过程和根际化感物质累积规律的动态监测，我们发现连作地黄的危害特征主要出现在地黄的生育前期。同时，我们进一步对连作地黄的生理生态效应及植株的响应机制进行了深入研究，发现由于地黄连作土壤中蕴含着上茬地黄生长中所留下的大量化感物质和失衡的根际微生态环境，当第二年在连作地上栽种地黄后，当幼苗根系开始下扎入连作土壤中，就会不断受到根际内化感物质和连作有害微生物的攻击，并且随着地黄幼苗逐渐生长，这种攻击愈加剧烈。在地黄幼苗前期，根系虽然已经伸入到连作土中，但由于母体种栽营养的供给和母体种栽本身具有一点免疫抗性基因，加之幼苗前期根系的维管组织分化并不健全，苗体并未受到太大伤害。但随着幼苗根系的迅速分化和生长，地黄幼苗发育进入幼苗后期，其根系开始迅速在连作土壤中下扎，和连作土壤的接触面积扩大，其根系开始迅速遭受来自环境中化感物质或增殖的有害微生物攻击，而此时地黄幼苗的免疫体系并未健全，其抗逆能力较弱，在环境不合适时，便会迅速死亡。我们在第八章通过对连作和头茬地黄免疫基因的表达模式分析，也初步证明了地黄的连作障碍危害发生的主要关键节点时期位于地黄苗期到块根膨大前期。因此，地黄的幼苗阶段也被初步认为是连作地黄伤害的最为关键的敏感时期。在地黄幼苗期过后，随着地黄营养体的建成和根系吸收面积的扩大，连作胁迫对地黄影响或伤害效应会显著减弱。因此，在生产中，可以“避开”地黄生育期中对连作胁迫最为“脆弱”的时期，通过育苗移栽将已经获得足够抵抗力的地黄苗体移栽至连作地，以此来规避连作伤害，减少连作障碍造成的产量损失。

一、育苗移栽的连作障碍消减效应分析

为了进一步确证连作障碍危害的关键期，评估育苗移栽措施缓解连作障碍的可行性，我们详细研究了不同移栽时间、移栽方式对地黄连作障碍的缓解效应。分别设置非移栽连作和正常生长的头茬地黄地作为对照，设置以下不同移栽处理组合：

A：移栽方式：带土移栽和裸根移栽（不带土）；

B：移栽时间：出苗后 10d、20d、30d、40d 进行移栽。

以地黄的产量及连作障碍消减率综合评判育苗移栽方式对地黄连作的缓解效应。

连作障碍消减率=（连作减产量–处理减产量）/连作减产量×100%　　(9-2)

从不同移栽方法处理下的连作地黄产量结果看出，在地黄出苗后 20d 进行带土移栽处理下的连作地黄产量最高，为 197.39g，其次为出苗后 20d 裸根移栽，产量为 191.29g，而出苗后 10d 带土移栽的处理产量为 185.30g。值得注意的是，在出苗后 10d 带土移栽和裸根移栽之间产量出现了较大差异，推测可能是因为移栽时间较早，地黄幼苗根系较为稚嫩，裸根移栽时，幼苗根系受到损伤所致。方差分析结果显示，移栽时间的主效应显著，移栽方式的主效应不显著，移栽时间与移栽方式的交互效应也不显著，表明移栽方式对连作消减效应不明显。对不同移栽时间地黄的产量进行分析发现，移栽时间不同其产量也呈现出明显差异，其中，出苗后 10d 移栽与 40d 移栽的地黄平均产量间存在显著差异，出苗后 20d 移栽与出苗后 30d、40d 移栽地黄平均产量间存在极显著差异（表 9-4），同时，出苗后 10～20d 的连作障碍消减率也明显高于出苗后 40d 移栽地黄，表明在地黄出苗后 10～20d 进行移栽种植，均能有效减少连作地黄的产量损失（图 9-3）。

表 9-4　不同育苗移栽时间及方法处理对连作地黄产量的影响

移栽时间（出苗后时间，d）	移栽方法	产量（g）	平均值（g）	连作障碍消减率（%）
10	带土移栽	185.30	170.43abAB	66.69
	裸根移栽	155.55		41.81
20	带土移栽	197.39	194.34aA	76.8
	裸根移栽	191.29		71.7
30	带土移栽	141.08	136.90bcB	29.7
	裸根移栽	132.73		22.72

续表

移栽时间（出苗后时间，d）	移栽方法	产量（g）	平均值（g）	连作障碍消减率（%）
40	带土移栽	129.22	122.93cB	19.78
	裸根移栽	116.65		9.27
头茬对照		225		
连作对照		105.57		

注：同列不同小写字母和大写字母分别表示均值在 0.05（$P<0.05$）和 0.01（$P<0.01$）水平上的差异显著性

图 9-3　育苗移栽对连作地黄的缓解效应

a. 连作地黄；b. 育苗移栽地黄

二、育苗移栽法的应用与拓展

通过育苗移栽实验，我们初步证明了“跳过”地黄抗逆能力较弱的幼苗期能够大大减缓连作地黄死亡率，其最高消减率可达到 76.8%，这种栽种模式具有良好的潜在应用价值。为此，我们在上述育苗移栽实验的基础上，参考园艺技术中花卉育苗做法，在特地基质及配套的盛土设备内进行育苗，以最大化发挥生产效率和标准化。在这个设想的基础上，我们开发并构建了一种育苗钵基质栽培法及配套方法，可以有效缓解连作障碍，并在生产上开始初步利用。其主要做法是：①种前用 0.5%的乙醇对土壤灭菌处理；②以草炭、蛭石和珍珠岩的混合物为基质，使用前喷施含杀菌剂的水，使其含水量达到 60%，保持一周；③将营养钵或营养袋底部去除，将处理后的基质加入营养钵或营养袋，然后放入地黄种栽，在做好的畦上，按 25cm 的行距、20cm 的株距开播种穴，穴深 8～10cm，将放好地黄种栽的营养钵或营养袋放入，浇透水，覆土 0.5～1cm，以利保湿；④生长期间按照正常栽种进行田间管理。上述特定育苗容器中的地黄苗经过一定时间生长后，即可作为栽培种苗移植到连作地内进行栽培。

育苗移栽及延伸实验的初步成功，不仅为解决地黄连作障碍提供了一种方法和技术，更重要的意义在于它为有效缩短地黄连作障碍机理研究的时间提供了科学依据。从实验结果看，出苗后 10d 时进行带土移栽，连作障碍消减率就达到了 66.69%，说明连作土壤中的化感自毒物质对地黄的毒害作用发生在地黄种植后到出苗后 10d 这一段时间内，这一时期的确认为今后进行地黄连作障碍机理研究奠定了基础。综上所述，通过育苗移栽的方法不仅可以减缓连作地黄死亡率，同时，也可以缓解不同作物种植茬口间的矛盾，延长地黄生育期，对地黄产量提高也具有重要意义。

第三节　牛膝连作增益的茬口效应与应用

在连作障碍形成过程中，具有连作习性的植物在生长期间根际中化感物质会持续累积，同时，这些特定的化感物质诱导的专一性有害微生物会持续性增殖，这种情况会造成连作植物持续性死亡或生长受限。因此，减少植物体内化感自毒物质的积累，或者弱化前茬作物特异病原微生物的有害影响，可有效降低连作植物死亡，这也是目前从农业生态学角度最为经济、安全和有效减缓连作障碍的方法。目前，在四大怀药（怀山药、怀地黄、怀菊花、怀牛膝）道地产区中药材农业生产中发现，牛膝是一种典型的连作增益植物，其多年的连作能够有效促进自身的发育，同时又能够改善土壤营养状况。此外，在地黄生产中也发现绿肥类作物能成为消减连作障碍的重要前茬候选作物。

一、牛膝轮作及作为绿肥对地黄连作障碍的影响

为详细了解牛膝、绿肥施用在地黄连作消减中的作用潜力，我们在温县农业科学研究所选择实验地，利用裂区实验设置不同的交互实验处理，详细分析牛膝及绿肥在地黄轮作中的茬口效应（表 9-5），即

前茬（2008 年）种牛膝、不施绿肥（CK）；

前茬种牛膝、冬施牛膝地上绿肥（R）；

前茬种牛膝、冬施牛膝地下绿肥（RR）；

前茬种牛膝、冬施牛膝全株绿肥（RH）；

前茬种地黄、不施绿肥（BCK）；

前茬种地黄、冬施牛膝地上绿肥（BR）；

前茬种地黄、冬施牛膝地下绿肥（BRR）；

前茬种地黄、冬施牛膝全株绿肥（BRH）。

表 9-5　消减地黄连作障碍的不同轮作模式配置

种植制度	绿肥部位	处理组合	产量/g	平均/g	连作障碍消减率%
牛膝轮作	地上	R	86.24	96.25 **	12.01
	地下	RR	95.02		20.48
	全株	RH	111.17		36.06
	不施	CK	92.57		18.12
休闲	地上	R	61.1	63.32	−12.24
	地下	RR	49.44		−23.49
	全株	RH	68.95		−4.67
	不施	CK	73.79		0
头茬对照			177.46		

注：**表示在 0.01（$P<0.01$）水平上的差异显著性

通过测定不同处理下地黄植株的产量、光合效率及根系活力等不同指标，评测牛膝及不同施用部位在地黄连作中茬口效应。

（一）牛膝轮作及作为绿肥对连作地黄产量的影响

结果表明，牛膝作为前茬作物并施用绿肥的处理，地黄产量明显高于仅施用牛膝绿肥的处理，其中以施用牛膝全株绿肥产量最高，达到 111.17g。进一步对所有组合的实验结果进行方差分析，发现轮作种植制度的主效应显著，施用绿肥部位的主效应不显著，种植制度与绿肥部位的交互效应也不显著。进一步对实验中交叉组合处理进行分析，发现不与牛膝轮作、不施牛膝绿肥的处理其产量与常规连作地黄相当；不做轮作、施用牛膝绿肥的处理，其地黄产量均低于休闲且不施牛膝绿肥的处理，即仅施用牛膝绿肥并不能有效减轻连作地黄的连作障碍，而种植牛膝后再施用牛膝绿肥则可以明显减轻地黄的连作障碍。

（二）牛膝轮作及作为绿肥对地黄连作障碍的消减效应

从牛膝茬口的连作消减实验总体结果来看（图 9-4），轮作牛膝处理对地黄连作障碍消减效应明显大于不轮作牛膝组。进一步从牛膝轮作与不同组织部位绿肥施用组合消减效应可以看出，在轮作牛膝组中，施用牛膝地上部分作为绿肥的地黄连作障碍消减率最低，且低于对照处理组，施用全株的消减率最高。施用不同组织部位作为绿肥的整体消减率趋势为：对照＜地上＜地下＜全株。在不轮作牛膝组中，施用全株牛膝作为绿肥的消减率较好，能达到将近 50%消减率，明显高于对照；施用牛膝地上、地下部位作为绿肥也呈现出一定的消减效应，其消减率均达到了 20%以上。结果表明，用牛膝作为绿肥能够显著改善连作的生长状况。总体来说，牛膝轮作及作为绿肥来施用，对地黄的连作障碍危害具有一定缓解效应。特别是在轮作基础上配施绿肥，对地黄连作障碍具有更加明显的消减效应，在地黄的生产上可以作为常规栽培的一种重要辅助措施，来消减连作障碍带来的产量损失（图 9-4）。

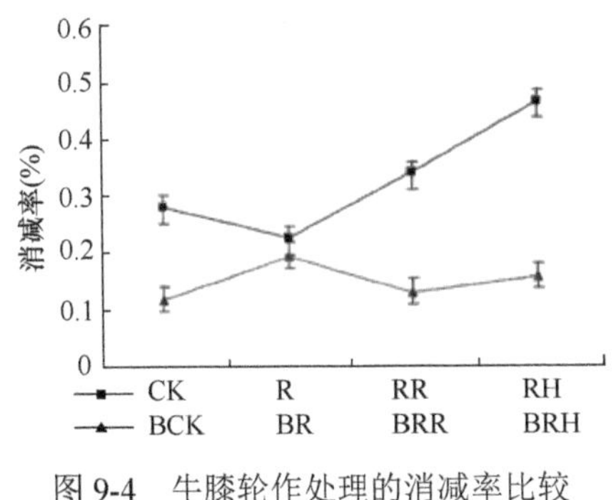

图 9-4　牛膝轮作处理的消减率比较

二、牛膝轮作及作为绿肥对连作地黄生理生化指标的影响

（一）牛膝轮作及作为绿肥对地黄生长指标的影响

从不同生育时期、不同轮作模式和绿肥组合处理下地黄的表现情况来看，在栽种后

的 105d，施用绿肥对地黄的地上、地下部分光合日增量均有促进作用，其中，轮作牛膝组、施用绿肥有利于地下部分光合日增量的增加，尤其以施全株最为明显；而施用绿肥、不轮作牛膝组处理下地黄的地上、地下部分光合日增量与对照相比则明显降低。在栽种后130d，与对照相比，施用来自牛膝不同组织部位的绿肥对地上部分光合日增量有促进作用，但对地下部分来说，则呈现出下降趋势。在栽种后 155d，不同处理地黄，其地下部分光合日增量整体上均有不同程度增加，不轮作牛膝组中，施用绿肥对地上部分、地下部分光合日增量均具有明显促进作用；对于地上部分而言，轮作牛膝、不施绿肥处理下地黄，其地上部分的光合日增量减少，而施用全株则光合日增量出现增加趋势（表 9-6）。

表 9-6　不同处理下各生长时期地黄的生长指标

栽种后天数（d）	处理	地上干重（g）	地下干重（g）	地上鲜重（g）	地下鲜重（g）	根冠比
80	CK	4.1899	0.4888	31.0586	2.9353	0.4167
	R	4.5579	0.5687	38.0384	3.5968	0.1248
	RR	5.0875	0.6561	37.0018	3.5985	0.129
	RH	5.2002	0.5767	39.9969	2.7673	0.1109
	BCK	3.2903	0.3561	34.3433	2.3813	0.1082
	BR	3.5137	0.3561	26.1041	1.6125	0.1012
	BRR	3.5743	0.3538	28.4111	1.9681	0.099
	BRH	3.5657	0.2724	26.9291	1.4296	0.0764
105	CK	7.6968	5.187	59.0083	29.0405	0.6739
	R	9.8243	6.0408	75.1877	34.6917	0.6149
	RR	10.1508	7.9582	78.891	50.6978	0.784
	RH	9.4852	8.7215	73.8487	49.9723	0.9195
	BCK	6.817	4.1907	52.934	32.1087	0.6147
	BR	6.904	4.1787	54.3055	31.4895	0.8243
	BRR	6.6433	3.1455	49.4342	27.7418	0.4735
	BRH	7.3537	5.3152	57.7173	33.909	0.7228
130	CK	10.4703	11.2897	62.2278	77.7498	1.0783
	R	7.3108	5.1683	49.5985	36.973	0.7069
	RR	7.7278	8.3088	52.7873	57.8075	1.7052
	RH	8.9578	4.5328	64.628	31.542	0.506
	BCK	4.9052	4.9662	41.5797	31.9508	1.0124
	BR	9.3692	7.4455	74.8533	53.0552	0.7947
	BRR	6.1615	3.6033	48.0928	34.7285	0.5848
	BRH	7.1635	3.4237	50.5358	20.3	0.478
155	CK	6.7017	13.3388	42.5288	92.5698	1.9904
	R	6.2487	10.0687	40.2832	60.0793	1.6113
	RR	5.5877	13.7922	36.3863	94.9437	2.4683
	RH	6.724	16.634	43.5143	111.173	2.4738
	BCK	3.6048	4.9767	20.381	33.9165	1.3806
	BR	6.2332	12.1032	40.2655	82.247	1.9417
	BRR	4.4875	11.011	24.8578	74.9367	2.4537
	BRH	4.1953	5.1507	24.9323	34.7978	1.2277

上述实验表明，在地黄不同生育时期，轮作牛膝处理地黄植株地上、地下部分的光合日增量在整体上明显高于不轮作牛膝组；从施用牛膝不同部位处理下地黄的总体生长情况来看，在栽种后 80d，施用牛膝不同部位作为绿肥对地黄地上部分生长具有显著促进作用。同时，比较不同处理下地黄的关键药用部位生物量差异，发现牛膝轮作并施加绿肥，显著增加了地下部分的光合日增量，施用绿肥但不轮作牛膝，则光合日增量则降低。总的来说，仅施用牛膝不同部位作绿肥而不轮作，对地黄地上、地下部分光合日增量的影响之间并没有太显著的差异。

（二）牛膝轮作及作为绿肥对地黄叶绿素含量的影响

叶绿素是植物的主要光合色素，也是植物生长发育过程中决定“源”器官功能水平的核心因素之一，其含量高低能从侧面反映出植株的生理状况。通常，叶绿素含量越高，植物光合效率就越高，并越能促进植物体内干物质积累，因此，植物体内叶绿素含量的高低直接影响光合作用强弱，决定了光合器官的产物输出能力。在整体上，不轮作牛膝处理地黄叶绿素含量较轮作牛膝组高，进一步从施用不同牛膝部位绿肥来看，不同处理叶绿素含量呈“高—低—高—低”的曲线趋势。牛膝轮作组中，施用牛膝地下部分作绿肥处理地黄时，其叶绿素含量相比施用其他部位虽然有一定的改善，但整体上仍比对照低；不轮作牛膝组，施牛膝地下部分作绿肥处理地黄时，相比施用其他部位，其叶绿素含量得到提升，在整体上也比对照组叶绿素含量高。此外，从不同处理结果可以看出，牛膝轮作及残茬翻埋对地黄叶绿素的含量有一定的影响，但整体作用趋势较平缓，反而不轮作牛膝组结合施用牛膝不同部位绿肥对地黄光合作用的强度有一定的促进作用（图 9-5）。

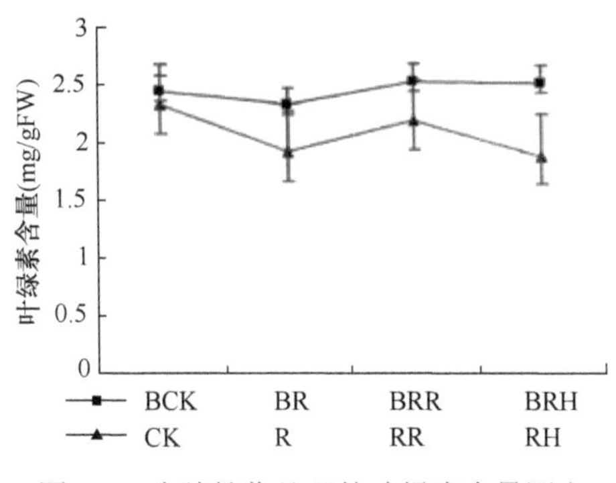

图 9-5　牛膝轮作处理的叶绿素含量测定

（三）牛膝轮作及作为绿肥对地黄根系活力的影响

根系作为植物重要的吸收器官和代谢器官，其生长发育的状态会直接影响地上部茎叶的生长和作物产量的高低。TTC 根系染色法是一种能够有效反映活体植物根系脱氢酶活性的方法；同时 TTC 染色法也能间接反映出植物根系对养分的吸收能力。从不同处理根系活力对比分析发现，在块根膨大中期（实验当年的 8 月），施用不同部位绿肥、轮作牛膝组处理下地黄根系活力呈现“高—低—高—低”的曲线趋势；不轮作牛膝组根系活力随着施用绿肥结果为：地上＜地下＜全株，表明施用牛膝残茬绿肥对连作地黄的根系活力具有一定的影响。在块根膨大后期（实验当年的 9 月），地黄地下部分开始迅速生长，轮作牛膝组和施用牛膝不同组织部位作为绿肥处理地黄根系活力均有不同程度上的增加，其中，施用牛膝地上部分作为绿肥的处理地黄根系活力值最高。不轮作牛膝组中，施用绿肥的处理地黄的根系活力均比对照处理组小，其中施用地上部分作为绿肥处理地黄根系活力值最小，施用其他两个部位变化不明显（图 9-6）。总的来说，轮作牛膝能显著改善连作地黄根系活力。

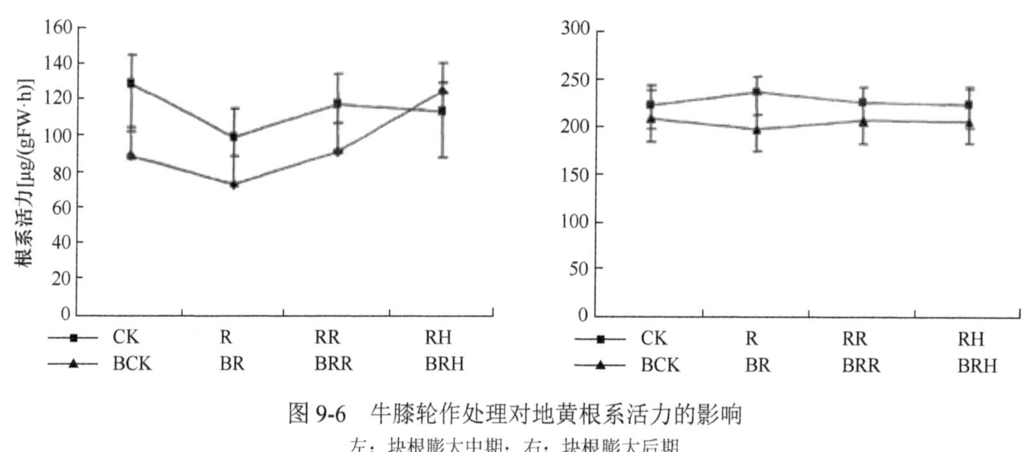

图 9-6　牛膝轮作处理对地黄根系活力的影响

左：块根膨大中期；右：块根膨大后期

三、连作牛膝中特异响应基因与连作增益的关系

牛膝在栽培中还具有典型的连作增益效应，其连作增益的分子机理研究对探索植物之间的互作关系具有重要意义。连作增益效应是植物化感作用的一种，在第二章介绍化感作用内涵时，已经明确指出连作植物化感效应通常具有正向的自促作用（连作增益）与负向的自毒作用（连作障碍）。牛膝生产中存在着显著的连作增益现象，即连作牛膝的地上部位虽然长势一般，但地下部分却生长良好，表现为根皮光滑，须根和侧根很少。与头茬牛膝药材相比，多年连作地块中种植的牛膝药材其外观品质具有明显优势。在生产中，有连作 20 年以上的牛膝的地块，其产量和品质显著提高，因此牛膝可作为研究植物连作增益的典型材料。

牛膝连作增益与地黄连作障碍现象是典型的“一正一反”化感效应，地黄连作障碍形成的分子机制在第六章与第七章已作系统阐述。为从侧面验证地黄连作障碍形成的分子机制，这里我们以牛膝连作增益作为地黄连作障碍的反向对照，二者相互印证，进一步探讨地黄连作障碍形成的机理。我们利用 RNA-Seq、生物信息学、qRT-PCR 等方法，构建连作与头茬牛膝差异基因转录谱，筛选连作牛膝中特异响应基因，分析特异响应基因与连作增益的关系，探讨牛膝连作增益形成的分子机制，为探讨地黄连作障碍的形成机制研究提供重要借鉴。

（一）连作与头茬牛膝差异表达基因的筛选

为揭示牛膝在连作增益效应中的分子机制，我们以“怀牛膝 1 号”为实验材料，利用 RNA-Seq 高通量测序技术，分别构建连作 1 年（R2，连续种植 2 年）与头茬（R1，种植 1 年）牛膝根转录组（图 9-7）。在连作 1 年根中特异表达 7830 个 unigene，并采用 DESeq 方法（筛选阈值为 padj＜0.05）进行了连作与头茬牛膝根的差异基因表达谱分析，结果有 3899 个基因在连作牛膝根中差异表达，其中上调表达有 1650 个、下调表达有 2249 个（图 9-8）。

图 9-7 连作和头茬牛膝的表型差异

a、c：头茬（R1）；b、d：连作（R2）

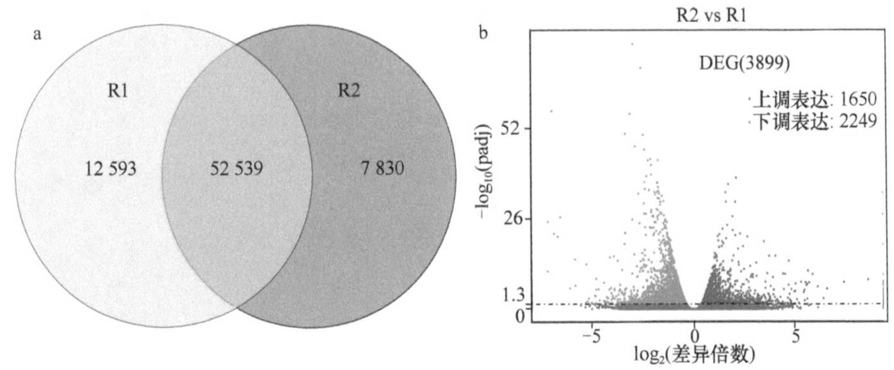

图 9-8 连作与头茬牛膝的差异表达基因筛选

a. 连作和头茬牛膝中共有和特异表达基因数量；b. 连作和头茬牛膝间差异表达基因数量和分别

利用 GO 分类分别对上调与下调的差异表达基因进行功能分析，结果表明，在上调的基因中，有 1143 个基因被分为 32 类，其中有 169 个参与氧化还原进程（oxidation-reduction process）和 75 个基因参与辅因子代谢进程（cofactor metabolic process），有 74 个基因编码蛋白是核糖体蛋白复合体成分（ribonucleoprotein complex），有 63 个基因编码蛋白是核糖体（ribosome）成分，有 158 个基因具有氧化还原酶活性（oxidoreductase activity）的分子功能，有 55 个辅因子结合（cofactor binding）的分子功能；下调的基因有 1220 个，被分为 29 类，其中有 177 个参与磷酸化（phosphorylation）进程，有 179 个基因参与氧化还原进程（oxidation-reduction process），有 12 个基因编码蛋白是蛋白质细胞外基质的组分（proteinaceous extracellular matrix），有 829 个基因具有催化活性（catalytic activity）的分子功能（图 9-9）。

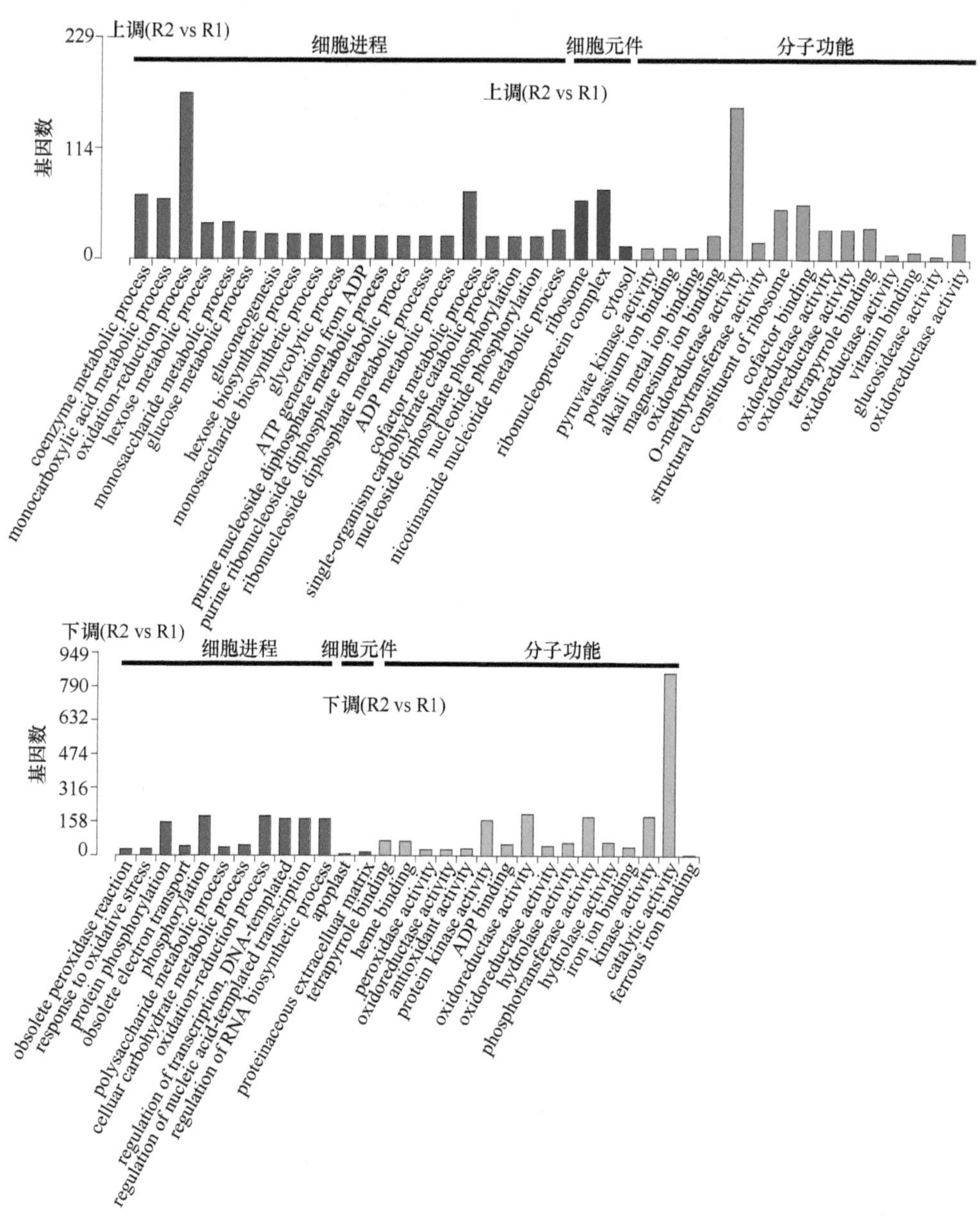

图 9-9 连作（R2）与头茬（R1）牛膝根的差异表达基因的 GO 分类

在这些差异表达基因中，有 1217 个基因富集到 KEGG 代谢途径，其中在富集显著性（$P<0.05$）的途径中（图 9-10）有 58 个（4.77%）基因参与植物激素信号转导（plant hormone signal transduction)，有 54 个（4.44%）基因参与苯丙素生物合成（phenylpropanoid biosynthesis)，有 51 个（4.19%）基因参与植物-病原体互作（plant-pathogen interaction)，有 47 个（3.89%）基因参与糖酵解/糖异生（glycolysis/gluconeogenesis)，27 个（2.22%）基因参与谷胱甘肽（glutathione metabolism）代谢及 32 个（2.63%）基因参与植物的抗氧化系统（antioxidant system）（图 9-10）。

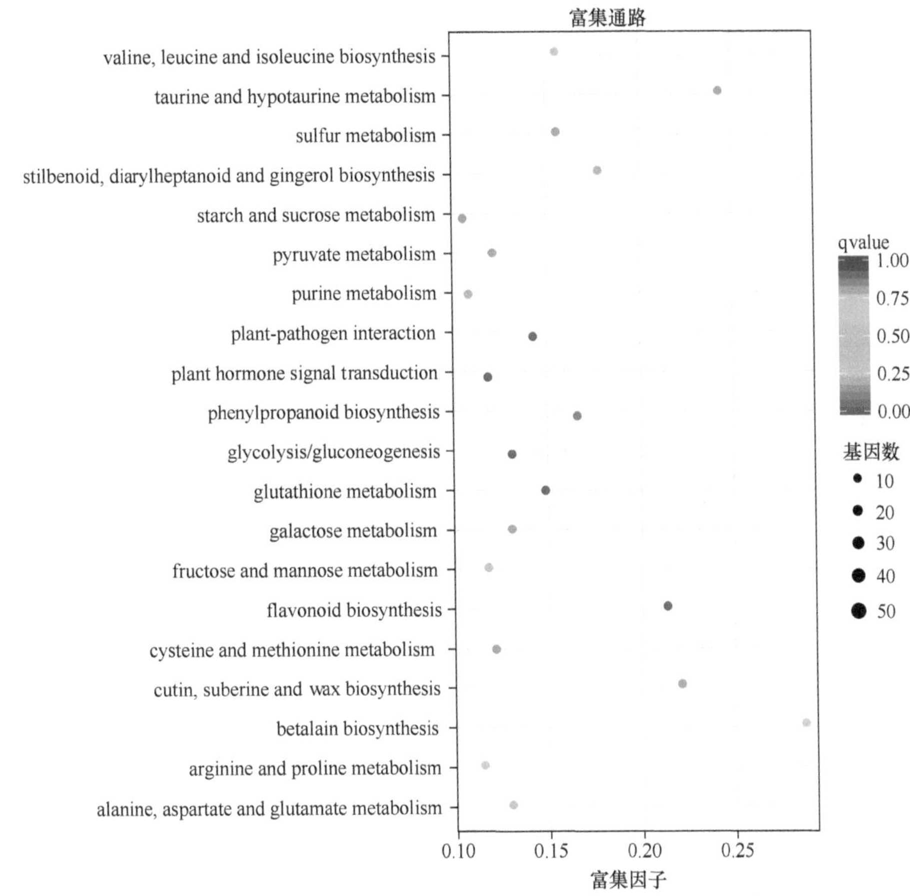

图 9-10　两样品中差异表达基因的 KEGG 富集分类

为验证 RNA-Seq 所筛选到的连作牛膝中差异基因表达调控模式的准确性，我们分别在连作与头茬牛膝种植后 25d（苗期)、45d（分蘖期)、65d（开花期)、85d（结实期)、105d（生理成熟期）和 130d（收获期）取样，选择 16 个关键的差异表达基因，利用 qRT-PCR 方法详细分析所筛选基因在牛膝连作增益形成过程中的时空表达模式(图 9-11)。由图 9-11 可以看出，在连作根中，RNA-Seq 分析的 9 个上调基因中，至少有 3 个时期也均上调表达，尤其是丙酮酸激酶 2（pyruvate kinase 2，PK2)、抗病蛋白 2（disease resistance protein RPS2 或 resistance to pseudomonas syringae protein2，RPS2)、病原菌相关蛋白 1（pathogenesis-related protein 1，PR1）基因在连作牛膝根（R2）的 4 个发育时期中均显著高表达；而在 RNA-Seq 分析的 7 个下调基因中，在连作牛膝根中（至少有 3 个时期）均下调表达，尤其是钙依赖蛋白激酶（calcium-dependent protein kinase，CDPK)、钙调素蛋白（calmodulin protein，CAML）、ABA 响应元件结合蛋白（ABA responsive element binding protein，ABF）、磷脂酶 2C（phosphatase 2C，PP2C）等基因在牛膝根的 5 个生育时期的表达均被抑制；并且这 16 个基因在开花期至生理成熟期间（65～105d）的表达差异最为显著。这些结果表明，牛膝在连作诱导下，改变了特异基因的表达模式，其中诱导最显著的时期是开花期、结实期和生理成熟期。

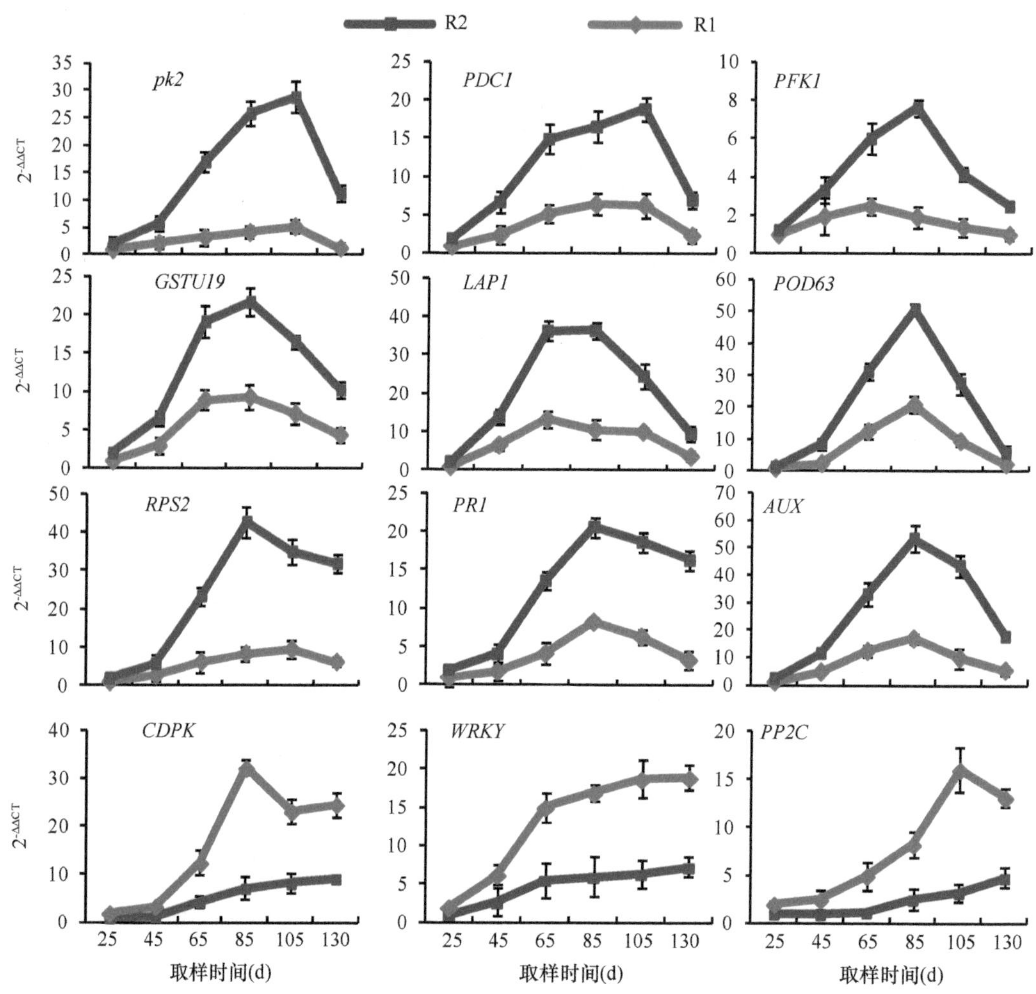

图 9-11　响应连作增益的 16 个差异表达基因在 R2 与 R1 中的表达模式

（二）与连作牛膝增益密切相关的分子响应进程

根据差异基因功能注释及其在不同代谢通路中的分子功能，我们筛选了牛膝响应连作特异表达的关键基因，并从以下几个方面初步揭示了这些关键基因在牛膝连作增益形成中的分子调控作用。

1. 连作诱导下牛膝免疫系统中 PTI 的抑制而 ETI 的增强

在参与植物免疫系统调控的 51 个基因中，有 33 个基因在连作牛膝中下调表达，主要包括：5 个环核苷酸门控离子通道（cyclic nucleotide-gated ion channel，CNGC）基因、8 个钙依赖蛋白激酶基因、5 个钙结合蛋白（calcium-binding protein，CML）基因、1 个钙调素蛋白基因、2 个油菜素内酯不敏感关联激酶 1（brassinosteroid insensitive 1-associated kinase 1，BAK1）基因。而在上调的 18 个基因中，有 4 个 RPS2、4 个 RPM1 等 8 个抗病蛋白基因（表 9-7）。在连作牛膝中，这些免疫及免疫下游信号相关基因适度表达增强，可能显著提高了连作牛膝的抗逆能力，这样更有利于牛膝根系抵御外界病原体的入侵。

表 9-7　参与植物免疫系统的差异表达基因汇总

基因简写	基因注释	上调（R2）	下调（R2）	合计
RPS2	抗病蛋白 RPS2	6	3	9
RPM1	抗病蛋白 RPM1	2	0	2
PR1	发病相关蛋白 1	2	0	2
CML	钙结合蛋白	2	5	7
CNGC	环核苷酸门控离子通道	2	5	7
CALM	钙调蛋白	0	1	1
CDPK	钙依赖性蛋白激酶	0	8	8
CERK1	几丁质诱导子受体激酶 1	1	1	2
EIX1/2	EIX 受体 1/2	1	0	1
CAD	肉桂醇脱氢酶	1	0	1
PTI1	PTO 相互作用蛋白 1	1	1	2
WRKY33	WRKY 转录因子	0	2	2
BAK1	油菜素内酯不敏感关联激酶 1	0	2	2
htpG	分子伴侣 HTPG	0	3	3
MKK4/5P	植物丝裂原活化蛋白激酶 4/5	0	1	1
GsSRK	G 型凝集素 S 受体丝氨酸/苏氨酸蛋白激酶	0	1	1
合计		18	33	51

2. 连作牛膝体内糖酵解/糖异生、谷胱甘肽代谢和抗氧化防御系统被激活

我们在参与糖酵解/糖原异生代谢途径的 47 个差异表达基因中发现，有 38 个基因在连作中均上调表达，主要包括 12 个丙酮酸激酶（pyruvate kinase，PK）基因、4 个丙酮酸脱羧酶（pyruvate decarboxylase，PDC）基因、4 个甘油醛 3-磷酸脱氢酶（glyceraldehyde 3-phosphate dehydrogenase，GAPDH）基因和 3 个 6-磷酸果糖激酶 1（6-phosphofructokinase 1，PFK1）基因。在与谷胱甘肽（glutathione，GSH）代谢相关的 27 个基因中，14 个编码谷胱甘肽 S-转移酶（glutathione S-transferase，GST）基因中的 11 个基因在连作牛膝中均高表达，3 个编码谷胱甘肽转移酶（glutathione S-transferase，GST）基因在连作中下调。在与植物抗氧化能力相关的 32 个编码抗氧化酶基因中，有 19 个 *POD* 基因、3 个 *SOD* 基因、1 个 *CAT* 基因均在连作牛膝中上调表达（表 9-8）。

表 9-8 参与糖酵解/糖异生、谷胱甘肽代谢和抗氧化防御过程中的差异表达基因汇总

参与的代谢途径	基因简写	基因注释	差异基因数（R2）		
			上调	下调	合计
糖酵解/糖原异生	PK	丙酮酸激酶	12	1	13
	PDC	丙酮酸脱羧酶	4	0	4
	GAPDH	甘油醛 3-磷酸脱氢酶	4	0	4
	ALDO	果糖二磷酸醛缩酶	3	1	4
	PFK1	6-磷酸果糖激酶 1	3	0	3
	ADH1	醇脱氢酶	2	0	2
	GALM	醛糖 1-差向异构酶	2	0	2
	TPI	三聚磷酸异构酶	2	0	2
	DLD	二氢硫辛酰胺脱氢酶	1	0	1
	ENO	烯醇化酶	1	0	1
	G6PDH	葡萄糖-6-磷酸 1-差向异构酶	1	0	1
	GPI	葡萄糖-6-磷酸异构酶	1	0	1
	PGK	磷酸甘油酸激酶	1	0	1
	PGM	磷酸葡萄糖变位酶	1	0	1
	LDH	L-乳酸脱氢酶	0	3	3
	FBP	果糖-1,6-二磷酸酶	0	1	1
	HK3	己糖激酶 3	0	1	1
	MINPP1	多肌醇多磷酸磷酸酶	0	1	1
	NAD^+	醛脱氢酶	0	1	1
	合计		38	9	47
谷胱甘肽代谢	GST	谷胱甘肽 S-转移酶	11	3	14
	APX	L-抗坏血酸过氧化物酶	3	1	4
	LAP1	亮氨酸氨基肽酶 1	2	0	2
	GR	谷胱甘肽还原酶	1	0	1
	PGD	6-磷酸葡萄糖酸脱氢酶	1	1	2
	GGT3	γ-谷氨酰转肽酶 3	1	0	1
	pepN	氨肽酶 N	1	0	1
	SRM	精胺合成酶	1	0	1
	RRM2	核苷二磷酸还原酶 M2 亚单位	0	1	1
	合计		21	6	27
抗氧化防御系统	POD	过氧化物酶	19	9	28
	SOD	超氧化物歧化酶	3	0	3
	CAT	过氧化氢酶	1	0	1
	合计		23	9	32

糖酵解/糖异生是植物生长和响应外界环境的基本代谢途径。植物在响应外界刺激时，糖酵解过程加强，生成较多的 ATP 以供给植物呼吸作用所需的 ATP。在连作牛膝根中，这些糖酵解途径的关键酶（PK、PDC、PFK1 和 GAPDH）基因均上调表达，说明连作可能诱导了牛膝根中糖酵解途径加强，产生了较多的 ATP，促进了牛膝根系的呼

吸作用，从而增强了牛膝根系活力。谷胱甘肽池（glutathione pool）的大小及其氧化还原状态是植物清除活性氧能力的关键决定因素，4 个参与谷胱甘肽代谢的关键酶（GST、LAP1、APX 和 GR）基因在连作牛膝根中均上调表达，而且 POD、SOD 和 CAT 抗氧化酶也在连作牛膝根中强烈表达。由此我们推测，连作条件下糖酵解/糖异生途径被激活，牛膝根系的活力增强，其谷胱甘肽代谢加强，抗氧化酶的活性增强，植株体内清除活性氧的能力提高。

3. 连作诱导下牛膝体内激素信号转导系统的适应性调节

在差异表达基因中，我们发现有 58 个与植物激素信号转导相关的差异表达基因（表 9-9）。在与生长素信号相关的 25 个基因中，有 15 个在连作中上调表达，其中包括 3 个生长素内流载体（auxin influx carrier，AUX1/LAX）基因、3 个生长素响应蛋白 IAA（auxin-responsive protein IAA）基因、3 个编码运输抑制剂响应 1（transport inhibitor response 1，TIR1）基因、2 个生长素响应因子（auxin response factor，ARF）和 2 个 SAUR 家族蛋白基因，而在生长素应答吲哚-3-乙酸酰胺合成酶（Indole-3-acetic acid-amido synthetase GH3.5）的 8 个基因中有 6 个在连作牛膝中表达被抑制。而且，在参与其他的激素信号转导中，有 3 个参与细胞分裂素（cytokinin ，CTK）信号转导途径的双元响应调节因子（two-component response regulator，ARR）基因、2 个赤霉素受体 1（gibberellin receptor 1，GID1）基因和 1 个油菜素唑抗性因子 1/2（brassinazole resistant transcription factor 1/2，BZR1/2）基因和 2 个致病相关蛋白 1（pathogenesis-related protein 1，PR1）基因均在连作牛膝中上调表达。然而，7 个与脱落酸信号相关基因及参与 8 个乙烯信号转导相关基因中的 6 个均在连作牛膝中下调表达（表 9-9）。

表 9-9　从连作与头茬根中与植物激素介导的信号转导相关的差异表达基因

生物学途径	基因名称	注释	差异基因的数量		合计
			上调	下调	
生长素	AUX1/LAX	生长素运输载体	3	1	4
	IAA	生长素反应蛋白 IAA	3	0	3
	GH3	吲哚-3-乙酸酰胺合成酶（GH3.5）	2	6	8
	TIR1	运输抑制剂反应 1	2	1	3
	ARF	生长素反应因子	2	1	3
	SAUR	SAUR 家族蛋白	2	0	2
	AUX28	生长素诱导蛋白 AUX28	1	1	2
	合计		15	10	25
细胞分裂素	ARR	双组分响应调节器 ARR 家族	3	0	3
	合计		3	0	3
赤霉素	GID1	赤霉素受体 GID1	2	0	2
	合计		2	0	2
油菜素内酯	BSK	BR-信号激酶	1	0	1
	BZR1/2	油菜素唑抗性因子 1/2	1	0	1
	CYCD3	细胞周期蛋白 D3	1	0	1

续表

生物学途径	基因名称	注释	差异基因的数量		合计
			上调	下调	
油菜素内酯	BAK1	不敏感受体关联激酶 1	0	2	2
	合计		3	2	5
脱落酸	PP2C	磷酸酶 2C	0	3	3
	ABF	ABA 反应元件结合因子	0	3	3
	SNRK2	丝氨酸/苏氨酸蛋白激酶 SRK2	0	1	1
	合计		0	7	7
乙烯	CTR1	丝氨酸/苏氨酸蛋白激酶 CTR1	2	0	2
	EBF1/2	EIN3 结合 F-box 蛋白	0	2	2
	EIN3	乙烯不敏感蛋白 3	0	2	2
	ETR2	乙烯受体 2	0	1	1
	ERF1	乙烯应答转录因子 ERF1	0	1	1
	合计		2	6	8
茉莉酸	MYC2	转录因子 MYC2	2	3	5
	合计		2	3	5
水杨酸	PR1	发病相关蛋白 1	2	0	2
	TGA	转录因子 TGA	0	1	1
	合计		2	1	3
合计			29	29	58

4. 连作诱导下牛膝根系木质素合成受阻而促进根的膨大

我们也发现，在苯丙素生物合成相关的 54 个（包括 22 个上调和 32 个下调）差异表达的基因中，除了 19 个 *POD* 基因在连作牛膝中上调表达外，其他大部分基因均被抑制表达。例如，2 个肉桂酸 4-羟化酶（cinnamic acid 4-hydroxylase，C4H）基因、1 个苯丙氨酸解氨酶（phenylalanine ammonia-lyase，PAL）基因和 1 个 4-香豆酸-CoA 连接酶 2（4-coumarate-CoA ligase 2，4CL2）基因和 3 个咖啡酰-CoA *O*-甲基转移酶（caffeoyl-CoA *O*-methyltransferase，CCoAOMT）基因在连作中均显著下调表达。此外，有 4 个编码咖啡酸 3-*O*-甲基转移酶（caffeic acid 3-*O*-methyltransferase，COMT）基因、8 个类 β-葡糖苷酶（beta-glucosidase，BGL）基因和 1 个松柏醇葡萄糖基转移酶（coniferyl-alcohol glucosyltransferase，CAGT）基因在连作中的表达量均高于头茬（表 9-10）。木质素是重要的苯丙素类物质之一，在植物根系生长发育中发挥重要作用。在植物根系形成和发育过程中，形成层细胞中木质素水平下降，促进细胞分裂，有利于根系加粗与伸长（Kutschera and Niklas，2017）。在木质素生物合成过程中，PAL 是木质素合成途径中的第一个关键酶，它能将苯丙氨酸催化成肉桂酸，肉桂酸进一步参与到木质素前体的合成途径中。

表 9-10　参与苯丙素生物合成途径的差异表达基因汇总

基因简写	基因注释	差异基因数		
		上调	下调	合计
PAL	苯丙氨酸氨基水解酶	0	1	1
C4H	肉桂酸 4-羟化酶	0	2	2
4CL	4-香豆酸-辅酶 A 连接酶 2	0	1	1
CCoAOMT	咖啡酰辅酶 A-氧-甲基转移酶	0	3	3
COMT	咖啡酸 3-氧-甲基转移酶	1	4	5
CAD	肉桂醇脱氢酶	0	2	2
POD	过氧化物酶	19	9	28
BGL	β-葡萄糖苷酶	2	8	2
CAGT	松柏醇葡萄糖基转移酶	0	1	1
HCT	莽草酸-氧-羟基肉桂酰基转移酶	0	1	1

在连作牛膝根中，PAL 转录水平下降可能导致肉桂酸产量降低，这可能干扰了木质素生物合成的启动。在木质素生物合成中，C4H 作为第一个限速关键酶，它能催化肉桂酸发生羟基化反应，生成对-香豆酸，之后再由 4CL、CCoAOMT、COMT 和 CAD 等关键酶催化的一系列反应过程而产生木质素的前体物质——单木质醇。在连作牛膝中，这些与木质素前体合成相关的关键酶基因表达均被抑制；而且 *PAL* 和 *CAD* 基因表达模式分析也发现，在连作牛膝的整个发育时期，这 2 个基因的表达量均呈下调趋势。我们由此推测，木质素生物合成过程中关键酶基因的下调表达，可能抑制了这些酶的活性，从而限制了单木质醇的合成；然而，在木质素生物合成途径的下游，POD 能催化单木质醇聚合生成复合木质素，在连作牛膝根中，*POD* 基因表达水平上升，由于单木质醇的合成受阻，即使 *POD* 基因上调表达且活性增强，也不能促进木质素的生物合成，*POD* 可能主要参与了牛膝体内抗氧化防御系统的调节。在甘薯和胡萝卜中，木质素生物合成途径受阻能促进植物块根的膨大（Wang et al.，2016），相反，我们前期的研究也发现，在连作地黄根中，木质素生物合成相关酶基因的上调表达加速了地黄根系的木质素化而抑制了块根的正常膨大。此外，*BGL* 基因与植物细胞木质化的启动过程起正向的调控作用（Chapelle et al.，2012），在连作牛膝根中，*BGL* 基因的下调可能抑制了牛膝根系木质化。以上分析表明：连作牛膝中木质素生物合成过程中的关键酶基因表达被抑制，干扰了根系木质素的形成而加速其细胞的扩张，从而促进了牛膝根系加粗与伸长，提高了牛膝的产量和品质。

（三）牛膝连作增益效应形成的分子机制

通过上述分析我们推测，牛膝在连作诱导下，其主要核心代谢途径中关键基因的表达程序发生了改变，可能激活了牛膝体内免疫系统中的 ETI 反应，从而提高了植物抗病能力；且激素信号系统也进行了适应性的调整（生长素信号的加强、乙烯信号的减弱等），促进了牛膝根系的营养生长，延迟了牛膝的衰老；基础代谢中的糖酵解/糖异生途径加快，抗氧化酶活性增强，提高了牛膝根系活力及其抗氧化能力；牛膝根系的木质素合成速度减慢，促进牛膝根膨大和药用活性成分在根系的积累，这些综合因素有效地促进了牛膝连作增益效应的形成，提高了牛膝的产量和品质。连作植物的化感效应是由其自身根系分泌物及其诱导的土壤微生物之间相互作用形成的一个复杂过程。地黄根系分泌的化感物质仅伤害其自身，而牛膝分泌的化感物质对其自身是促进效应（王建花等，2013）。通过从转录水平上全面筛选了牛膝连作响应的关键特异表达基因，初步解读了牛膝连作增益的分子机制。这些结论与地黄连作障碍的分子机制形成了鲜明的正反比较，进一步验证了地黄连作胁迫下，其体内基因表达的程序被改变，引起核心代谢的紊乱，抗逆能力下降，植株早衰，促进地黄根系的木质化而抑制了块根的膨大。总之，通过对牛膝连作增益形成过程中关键响应基因的功能分析，我们初步了解了牛膝连作增益的形成机制，进一步与地黄连作障碍成因进行对比研究，将为全面揭示地黄连作障碍的分子调控机制提供理论借鉴，为深入开发消减地黄连作障碍的有效技术提供新思路，也为农业生产中多样化种植制度构建及作物布局中物种配置标准提供重要的理论依据。

第四节　菌渣对土壤中化感物质的消减作用

一般而言，地黄连续种植多年后，其根际土中的五种酚酸类物质（阿魏酸、对羟基苯甲酸、香草酸、香豆酸和丁香酸）会出现明显累积现象。但是，随着间隔年限的增加，这些酚酸含量则又会出现逐渐下降的现象。因此可以认为，在地黄生长发育过程中，地黄会不断地向根际内释放化感物质，并且这些化感物质随着种植茬次的增加，在根际土内持续积累，引起更加严重的连作障碍现象。因此，采取措施快速消减地黄根际内酚酸类物质，可有效降低根际土化感物质含量，从源头上减少连作伤害效应。

菌渣又称菌糠、菇渣，是栽培食用菌后的剩余培养基质，属于农业废弃物。我国是食用菌生产大国，每年产生的菌渣量十分可观，这些菌渣丢弃后，不仅污染环境，还造成了极大的资源浪费。菌渣不仅含有丰富的有机质，而且还含有植物生长所必需的氮、磷、钾及微量元素，是较好的有机肥原料，同时，食用菌生长过程中分泌产生的大量酶类也会在残渣中大量留存。现已发现，菌渣中含有大量木质素过氧化物酶、锰过氧化物酶和漆酶等酶类，这些酶可以降解木质素，对酚酸类化感物质具有良好的降解效应。基于这种认识，我们将菌渣废物再利用，添加至连作土壤内，研究挖掘这种具有多种营养成分、多源酶类的残基在改善连作土壤肥力、结构和化感物质消解等方面的潜力，以期建立廉价的地黄连作障碍消减技术，也为创制废弃物资源化再利用和环境友好型农业技术提供有实用价值的参考信息。

一、菌渣对植药土壤中酚酸的消减效应

（一）不同菌渣对酚酸降解效果差异

为了初步了解食用菌菌渣的酚酸降解能力，采用酚酸降解模拟实验，详细比较不同食用菌菌种的菌渣（香菇、平菇、金针菇、猴头菇、白灵菇、杏鲍菇、黑木耳和姬菇）的提取液对5种酚酸（对羟基苯甲酸、丁香酸、香草酸、香草醛和阿魏酸）的降解效果（图9-12）。结果发现，不同菌渣提取液对酚酸均有一定的降解作用，其中杏鲍菇菌渣提

取液对酚酸的降解率最高，达到75.3%；其次为白灵菇、平菇和姬菇菌渣粗酶液，降解率均在50%以上。在酚酸中添加不同种类食用菌菌渣提取液初步证实了菌渣中内含物对酚酸类物质具有明显的降解效应，其中杏鲍菇菌渣的降解能力最强。

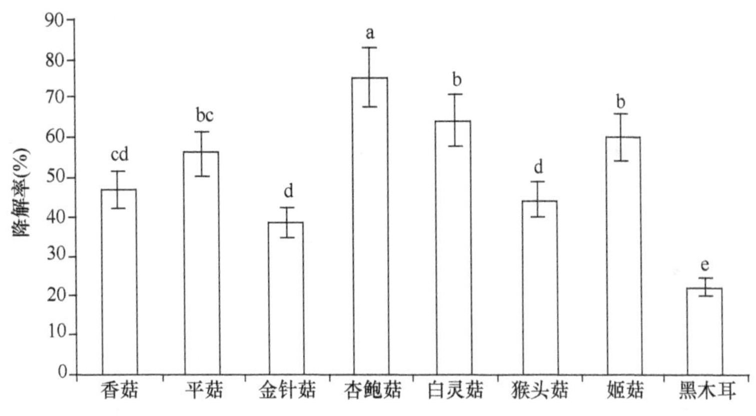

图 9-12　菌渣提取液对酚酸类物质的降解效果

不同小写字母表示不同处理在0.05（$P<0.05$）水平上的差异显著性

（二）杏鲍菇菌渣对连作胁迫地黄的缓解效应

上述实验只是通过体外模拟酚酸的降解实验初步了解了食用菌菌渣的酚酸降解能力，体系中只有酚酸和菌渣，这种体系与真实大田连作环境存在着明显差异。为了更深入了解菌渣对连作胁迫的缓解效应，则需要在大田真实连作环境下进一步验证菌渣对连作土壤中酚酸的降解能力和对连作地黄植株死亡的缓解效应。为此，我们选取连作1年地黄的根际土作为受试对象，分析杏鲍菇菌渣对连作地黄土壤中酚酸类物质的降解效果和地黄连作障碍的消减效应。结果发现，未施菌渣的连作地黄植株矮小，叶片较小，块根不能正常膨大；而在连作土壤中施用菌剂后地黄植株、叶片大小和块根比头茬略小，但其长势明显好于连作未施菌剂的地黄植株（图 9-13）。这些结果表明，施用菌渣可明显改善连作地黄的生长状况，对地黄连作障碍具有良好的消减效应。

同时，对连作地黄根际土中酚酸含量进行测定发现（图9-14），施用食用菌菌渣处理的连作土壤中对羟基苯甲酸、香草醛含量较高，而未检测到香草酸、丁香酸和阿魏酸；添加杏鲍菇菌渣处理的连作土壤，根际土中对羟基苯甲酸的含量从0.3586mg/kg降低至0.0271mg/kg，降解率达到92.5%，香草醛含量则从0.07mg/kg降低到检测限以下，降解率达到100%，这表明杏鲍菇菌渣可有效地降解连作地黄根际土中的酚酸物质。

二、菌渣对连作地黄产量及品质的影响

（一）施用菌渣对连作地黄生理生化指标的影响

通过连作盆栽实验发现，施用菌渣对地黄地上部生理生态指标有明显影响。连作地黄在整个生长期内叶片数量呈先增加后减少的趋势，其中在栽种后70d时叶片的数量最高，达13片叶，而在100d与130d时减少至11片叶，到160d则减至7片叶。但是头

图 9-13　施用菌渣对地黄生长的影响

头茬：采用头茬土壤未添加菌渣；连作：采用头茬土壤未添加菌渣；菌渣：采用连作土壤并添加菌渣；a、b：地黄块根膨大期；c：收获期

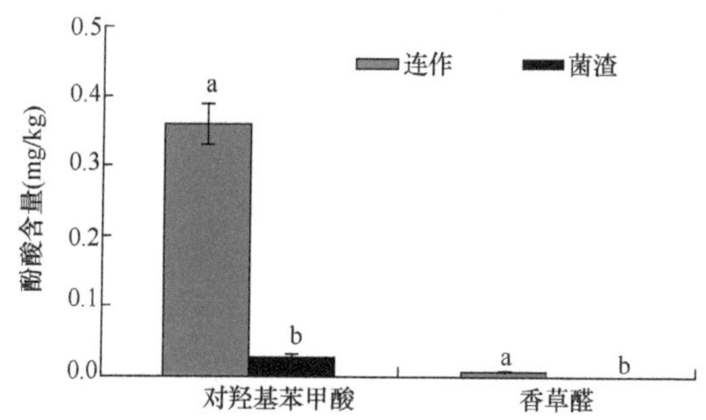

图 9-14　杏鲍菇菌渣对土壤中酚酸类物质的降解效果

不同小写字母表示不同处理在 0.05（$P<0.05$）水平上的差异显著性

茬、菌渣处理的地黄叶片则呈出现逐步增加趋势，均在 160 d 叶片数最高，分别达到 24 和 20 片。在同一时期内，头茬地黄、菌渣处理连作地黄的叶片数均大于未处理连作地黄，特别是在生长 130d 以后，这种差异变得更为明显（图 9-15）。同时，对比分析头茬、菌渣和连作 3 个处理下地黄的冠幅、株高、叶长和叶宽在整个地黄生长期内均呈先增加后减少的趋势，但各自指标达到最大峰值时间不同。就冠幅而言，头茬地黄在 130d 时达到最大，约为 53.0cm；而菌渣处理地黄在栽培后 70d 到达最大峰值 39.2cm，此后变化不大；未加菌渣的连作地黄在栽培后 100d 冠幅达到最大值 39.4cm，基本上与菌渣处理持平。就株高来说，头茬地黄在栽培后 100d 达到最大值，为 26.4cm；菌渣处理连作地黄则在栽培后 70d 达到最大值 25.3cm；未加菌渣的连作地黄则在 130d 时达最高值 18.3cm。对于不同处理下地黄叶长来说，头茬地黄在栽培后 100d 时达最高值 30.6cm；菌渣处理地黄则于 70d 为最大值 24.5cm；而连作处理地黄则在栽培后 100d 达最高值 21.6cm。对于叶宽而言，头茬地黄栽培后 130d 达到最大值 10.5cm；菌渣处理地黄则于

栽培后 70d 达到最大值 9.8cm；未加菌渣的连作地黄 100d 时为最大值 7.8cm。在生长发育后期，头茬和菌渣处理地黄的各指标均大于未处理连作地黄。此外，头茬地黄、菌渣处理连作地黄和未加菌渣处理的连作地黄叶片的叶绿素含量在地黄整个生长期内基本稳定，但在栽培后 160d 时头茬、菌渣处理地黄叶绿素含量显著高于未加菌渣的连作地黄（图 9-15）。这些结果表明，随着生长发育进程推进，连作地黄的地上部生长逐渐受到抑制，而施用菌渣可有效改善连作地黄的生理生态指标。

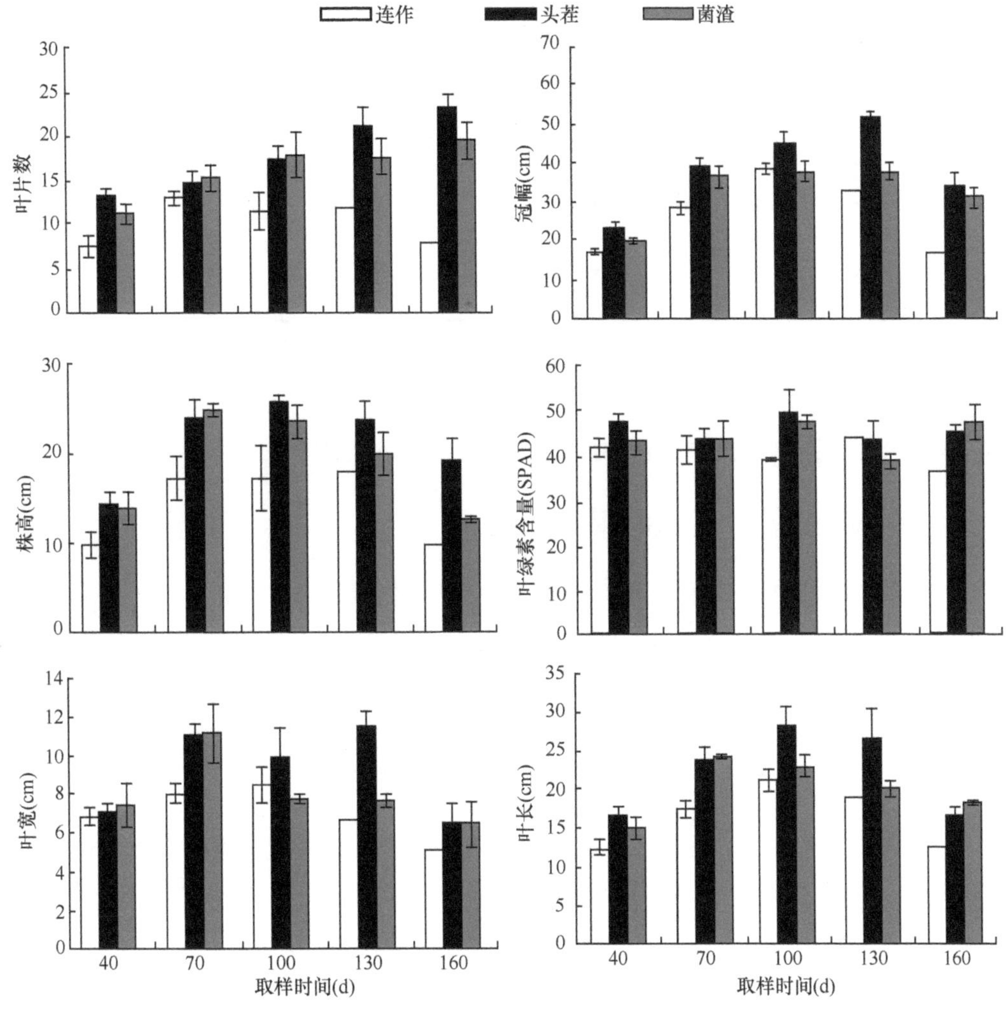

图 9-15　施用菌渣对连作地黄生理生化指标的影响

（二）施用菌渣对地黄块根重量和梓醇含量的影响

进一步通过连作盆栽实验表明，施用菌渣对地黄块根的重量、梓醇含量均有明显影响。相比较而言，头茬地黄的块根重量最大，其鲜重和干重分别达到 118.97g/株和 45.57g/株；连作地黄块根重量最小，其鲜重和干重仅为 15.26g/株和 3.54g/株。施用菌渣显著提高了连作地黄块根重量，其鲜重和干重分别达到 41.14g/株和 12.97g/株，分别是连作地黄的 2.70 倍和 3.66 倍，但仍低于头茬地黄，这表明施用菌渣在一定程度上提高了地黄块根的产量。比较菌渣处理对地黄块根内药用成分影响发现，头茬地黄含量最低，仅 2.38mg/g，未处理连作地黄块根中梓醇含量最高，达到 2.96mg/g，菌渣处理的连作地黄介于二者之间，含量为 2.47 mg/g。从不同处理下单株药用成分含量对比分析发现，单株梓醇总量反而最低，仅为 45.17mg/株，头茬梓醇总量最高，达到 283.15mg/株，而用菌渣后地黄块根梓醇含量达 101.62mg/株，为未处理连作地黄的 2.25 倍（表 9-11）。连作地黄单株梓醇含量低主要是由于连作地黄块根重量小、头茬地黄块根重量大，导致单株头茬地黄总体药用成分显著提高，也从侧面表明施用菌渣显著增加了连作地黄单株地黄块根数、块根重量，并间接提高了连作地黄块根梓醇总量。

表 9-11　施用菌渣对地黄块根重量和梓醇含量的影响

处理	鲜重（g/株）	干重（g/株）	梓醇（mg/株）	梓醇总量（mg/株）
头茬	118.97c	45.57c	2.38a	283.15c
连作	15.26a	3.54a	2.96c	45.17a
菌渣	41.14b	12.97b	2.47b	101.62b

注：同列不同小写字母表示不同处理在 0.05（$P<0.05$）水平上的差异显著性

三、施用菌渣对连作地黄根际微生物数量和酶活性的影响

（一）施用菌渣对地黄根际土微生物数量的影响

通过盆栽实验分析菌渣对连作地黄根际微生态的影响发现，施用菌渣对地黄根际土内细菌、真菌和放线菌的数量具有明显的影响。其中，施用菌渣处理一定程度上提高了连作地黄根际土放线菌数量，对细菌影响不显著。此外，施用菌渣也同时提高了根际土内土壤真菌的数量。这些结果可能原因是菌渣中本身含有较为丰富的营养，以及残留有一定数量的真菌（食用菌）菌丝，这些营养为土壤微生物活动提供了基质，而真菌菌丝则直接可以在土壤中增殖，因此菌渣在提高土壤中细菌、放线菌的同时，也提高了真菌群体数量（图 9-16）。由菌渣引起的土壤微生物数量激增，改变了原有的微生物群落结构，稀释或降低了连作根际土内病原菌的比重，这可能是菌渣能够缓解地黄连作障碍的重要原因之一。

（二）施用菌渣对地黄根际土酶活性的影响

在盆栽实验基础上，我们发现施用菌渣对土壤中蔗糖酶、纤维素酶、脲酶、磷酸酶和过氧化氢酶活性等土壤酶活性也具有明显的影响。其中，蔗糖酶、纤维素酶和过氧化氢酶等三种酶在不同处理根际土中变化趋势一致，均为菌渣处理连作地黄＞连作地黄＞头茬地黄，其中菌渣处理土壤中蔗糖酶活性分别比头茬和连作地黄土壤相应酶活性增加了 72.06%和 48.54%，纤维素酶活性分别比头茬和连作增加了 13.20%和 5.26%，过氧化氢酶活性分别比头茬和连作增加了 131.03%和 8.95%（表 9-12）。这些结果表明，施用菌渣可以显著提高或改善连作土壤中酶活性，其原因可能在于：一方面菌渣增加了纤

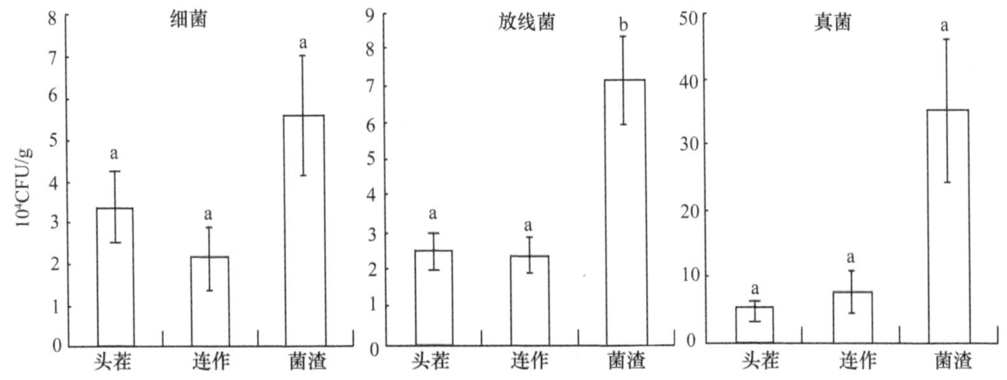

图 9-16 施用菌渣对地黄根际土微生物数量的影响

不同小写字母表示不同处理在 0.05（$P<0.05$）水平上的差异显著性

表 9-12 施用菌渣对地黄根际土酶活性的影响

处理	蔗糖酶活性 [mg/（g·d）]	纤维素酶活性 [mg/（g·d）]	脲酶活性 [mg/（g·d）]	磷酸酶活性 [mg/（g·d）]	过氧化氢酶活性 [mL/（g·h）]
头茬	31.709a	0.053a	1.442a	0.783a	0.506a
连作	36.729a	0.057a	1.339a	0.683a	1.073b
菌渣	54.559b	0.060a	1.344a	0.923a	1.169c

注：同列不同小写字母表示不同处理在 0.05（$P<0.05$）水平上的差异显著性

维素、糖类等基质，从而诱导了酶活性的提高；另一方面菌渣刺激了根际微生物的增殖，提高了各种酶活性。总之，菌渣的施用能够有效提高土壤各种酶活性，改善土壤的生物学特性。

第五节 土壤稀释法对地黄连作障碍的缓解效应

土壤稀释法是一种常用的污染土壤修复方法，其原理是通过向污染土壤中添加清洁土壤，使污染物水平降低到一定标准以下，使其不能引起相关的毒害作用。理论上，这种方法也适用于消减连作土壤中化感自毒物质含量，以减缓连作障碍的危害程度。这里的土壤稀释法是指：向连作土壤中添加一定量的头茬土壤，使根际土内化感自毒物质或根际有害微生物群体稀释至不影响地黄生长的程度，最终实现缓解连作障碍的目的。为了更精准地控制连作和头茬土壤间的掺土比例，连作土壤稀释研究采用盆栽实验进行，从而探索土壤稀释法解决地黄连作障碍的可行性。

一、连作土壤添加量对地黄表型性状的影响

土壤稀释实验中，共设置 4∶0、3∶1、2∶2、1∶3、0∶4（头茬与连作土的重量比）4 个掺土比值，简称 4∶0 处理、3∶1 处理、2∶2 处理、1∶3 处理、0∶4 处理。从不同连作掺土比的地黄生长情况来看，连作土壤添加水平对地黄表型性状具有显著影响（图 9-17）。在不同处理地黄种植 40d 后，不同处理地黄地上部性状出现了明显的差异。

整体趋势是，随着连作土壤掺土比例增加，叶片数量和面积趋于减少，颜色由浓绿转为淡绿，地黄地上部位整体株型变小。在不同处理地黄种植 160d 后，4∶0 处理地黄植株正常生长，叶片浓绿、硕大、肥厚、数量较多，块根可正常膨大，侧根较多；而 3∶1 处理地黄植株矮小，叶片数量少、面积小、较薄、颜色浅绿，侧根少且不能正常膨大，表现出一定的连作障碍特征，而 1∶3 处理中地黄的连作障碍特征更为明显。总之，当正常土壤中连作土壤添加量达到或超过 25%时，地黄即会表现出较为严重的连作伤害特征。

图 9-17　不同连作土壤添加量对地黄表观生长的影响

a. 培养 40d 后地黄地上部生长情况；b. 培养 160d 后地黄植株的生长情况

二、连作土壤添加量对地黄生理生态指标的影响

进一步深入分析不同连作土壤添加水平对植株生理生化影响，发现不同连作土壤添加量对地黄地上部生理生态指标有明显的影响。其中，3∶1、2∶2、1∶3、0∶4 处理中的地黄在整个生长期内，叶片数量呈先增加后减少的趋势，其中，3∶1 处理地黄生长状况较 2∶2、1∶3、0∶4 处理好，最高值达 15 片叶（100d）；2∶2、1∶3、0∶4 处理变化趋势相差不大，保持在 12 片叶子左右（100d）；4∶0 处理的地黄生长最好，叶片数最高值达 25 片叶（160d）。总的来说，在同一生育时期，4∶0 处理下地黄叶片数均显著高于其他处理，特别是在生育后期（130d 以后）更为明显（图 9-18）。

在 4∶0、3∶1、2∶2、1∶3、0∶4 五个掺土处理中，地黄冠幅、株高、叶宽在整个地黄生长期内均呈先增加后减少的趋势，叶长变化趋势略有不同。就冠幅而言，不同处理达到最高值所处的生育时期基本一致，即均在栽种后 130d 达到最大值，其冠幅分别达到 53.0cm（4∶0）、35.3cm（3∶1）、33.4cm（2∶2）、30.7cm（1∶3）和 30.3cm（0∶4）。就株高来说，各处理趋势基本相对一致，均在 130d 达到最高值，其株高分别为 26.4cm

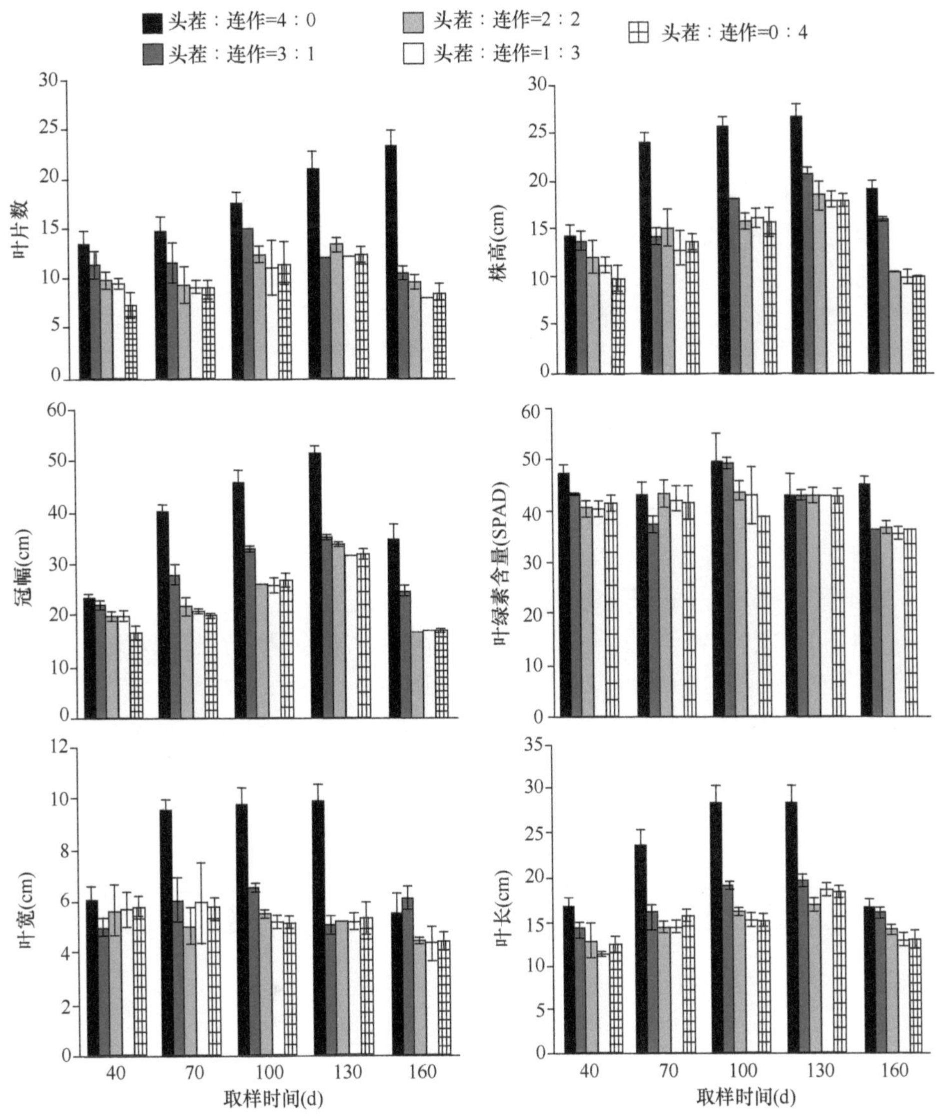

图 9-18　不同土壤混比对地黄地上部生理生态指标的影响

（4∶0）、21.3cm（3∶1）、19.6cm（2∶2）、17.9cm（1∶3）和 17.3cm（0∶4）（图 9-18）。对于叶长而言，各处理均在 100 d 达到最高值，其不同处理地黄叶长分别为 30.6cm（4∶0）、19.6cm（3∶1）、16.3cm（2∶2）、14.3cm（1∶3）和 14.8cm（0∶4）。对于不同处理的叶宽来说，4∶0 处理地黄在栽培后 130 d 达到最大值（10.5cm）；3∶1 处理则在栽培后 100d 达到最大值（6.8cm）；2∶2、1∶3 和 0∶4 处理地黄叶宽在栽培后 40d 达到 5.4cm 左右，后续生育阶段其叶宽基本变化不大。在整个生长期内，五个不同处理地黄叶片叶绿素含量差异不大，在栽种 100d 后各处理稍有差异，160d 时 4∶0 处理地黄叶绿素含量显著高于其他处理地黄。

总体来看，在地黄生长前期，头茬与连作土及不同比例混合后种植的地黄，地上部生理生态指标差别不大，但随着生长发育进程的推进，不同处理开始表现出差异，不同头茬与连作土壤比例之间的地黄生长差异不断增大，连作障碍特征逐渐凸显。在地黄生长中后期，4∶0 处理地黄各项指标均优于其他四个处理比例。随着连作掺土比例的增加，地黄生长明显受到抑制，特别是当栽培土壤内头茬土壤比低于 3∶1 时，即连作土壤占比为 25%、头茬土壤占比为 75%时，地黄的各项生理指标均受到明显抑制，基本不能正常生长。综合结果表明，土壤只要含有连作障碍的诱发因子，即使水平较低，也能逐渐诱发连作障碍进程的发生，从这个角度来说采用土壤稀释法来缓解地黄连作障碍往往达不到理想的目标。

三、连作土壤添加量对地黄块根重量和梓醇含量的影响

地黄栽培土壤中掺入不同比例的连作土壤对地黄块根重量和梓醇含量有着显著的影响（表 9-13）。在 5 个不同比例连作土掺土土壤中，以 4∶0 处理土壤的地黄块根的重量最高，其鲜重和干重分别达到了 118.97g/株和 45.57g/株；而 3∶1、2∶2、1∶3 与 0∶4 处理的地黄块根重量均较小。分析不同处理下地黄块根内药用成分差异时，发现 0∶4 处理下地黄块根中梓醇含量最高，达到 2.96mg/g，其次是 1∶3 处理，含量达到 2.89mg/g；4∶0 的处理梓醇含量最低，只有 2.38mg/g。由此可见，随着栽培土壤中连作土壤掺入比例的提高，地黄块根中梓醇含量也相应增加。从单株梓醇含量对比分析，发现由于 0∶4 处理中地黄块根平均重量小，其单株梓醇含量最高，2.96mg/g，但其梓醇总量为 45.41mg/株，而 4∶0 处理中地黄块根平均重量大，其单株梓醇总量反而较高，达 283.15mg/株。

表 9-13　不同土壤混比对地黄块根重量和梓醇含量的影响（*n*=6）

处理（头茬：连作）	鲜重（g/株）	干重（g/株）	梓醇含量（mg/g）	梓醇总量（mg/株）
4∶0	118.97a	45.57a	2.38b	283.15a
3∶1	16.1b	3.86b	2.49b	40.18b
2∶2	15.31b	3.52b	2.79a	42.70b
1∶3	15.49b	3.41b	2.89a	44.36b
0∶4	15.34b	3.54b	2.96a	45.41b

注：同列不同小写字母表示不同处理在 0.05（$P<0.05$）水平上的差异显著性

四、连作土添加水平对根际微生物数量和酶活性的影响

（一）连作土壤添加水平对根际微生物数量的影响

不同连作土壤掺土比例对地黄根土壤微生物的数量也有显著的影响（图 9-19）。其中，4∶0 处理中土壤细菌数量较高，显著高于其他四个处理，不同处理间土壤放线菌数量没有显著差异。0∶4 处理土壤真菌数量最高，其次为 4∶0 的处理与 1∶3 的处理，3∶1 的与 2∶2 的处理数量基本接近，差异不显著。这些结果表明，栽培土壤中连作土壤含量水平对土壤微生物的数量有显著的影响，同时也暗示连作土壤内真菌的增殖是导致连作障碍的重要原因之一。

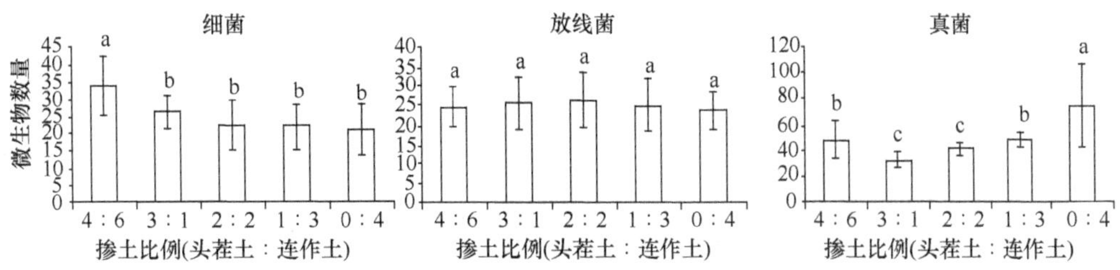

图 9-19　不同连作土壤添加量对地黄根土壤微生物数量的影响

不同小写字母表示不同处理在 0.05（$P<0.05$）水平上的差异显著性

（二）不同连作土壤添加水平对根际土酶活性的影响

在地黄栽培土壤中，添加不同量的连作土壤对土壤中蔗糖酶、纤维素酶、脲酶、磷酸酶和过氧化氢酶的影响也较为明显。对于土壤蔗糖酶而言，4∶0 处理土壤内蔗糖酶活性稍低于其他 4 个处理的含量，且达显著水平；对于纤维素酶活性，3∶1 处理土壤纤维素酶活性高于其他 4 个处理，且达显著水平；对于过氧化酶活性，4∶0 处理过氧化氢酶活性显著低于其他 4 个处理。在 5 个处理土壤中，脲酶和磷酸酶活性基本一致，未达显著水平（表 9-14）。上述这些结果都表明，在地黄正常的栽培土壤中掺入不同比例连作土对整体土壤酶活性有明显影响。

表 9-14　不同土壤混比对地黄根际土酶活性的影响（n=6）

处理（头茬：连作）	蔗糖酶活性 [mg/（g·d）]	纤维素酶活性 [mg/（g·d）]	脲酶活性 [mg/（g·d）]	磷酸酶活性 [mg/（g·d）]	过氧化氢酶活性 [mL/（g·h）]
4∶0	31.709a	0.053a	1.442a	0.783a	0.506a
3∶1	35.355b	0.062b	1.471a	0.658a	0.981b
2∶2	35.905b	0.053a	1.371a	0.724a	1.044b
1∶3	37.010b	0.050a	1.340a	0.694a	1.102b
0∶4	36.729b	0.057a	1.339a	0.683a	1.073b

注：同列不同小写字母表示不同处理在 0.05（$P<0.05$）水平上的差异显著性

第六节　连作地黄感知信号通路的干扰与阻断

我们通过差异表达基因和差异表达蛋白等各种数据的深度整合分析发现，连作地黄中 DNA 复制、RNA 转录和蛋白质翻译等生命过程的核心途径均受到伤害，与 Ca^{2+}信号相关的钙依赖蛋白激酶（CDPK）、钙调素（CaM）、钙通道蛋白，与乙烯合成有关的 S-腺苷甲硫氨酸合成酶、ACC 氧化酶，与染色质修饰、抑制基因表达有关的酶等却在连作地黄中均得到特异表达。由于受体、Ca^{2+}信号、MAPK 信号系统相关基因的并列出现，及诱导衰老胁迫激素乙烯合成基因的表达，结合我们前期相关的实验数据，使我们对地黄化感自毒物质感知、传导、响应和效应几个阶段中可能发生重要“事件”的认识有了新的启示，其核心部分钙信号、MAPK 等信号系统感知、传导和放大了化感物质的信号或根际灾变信号。由化感物质及其诱导的下游效应所引发响应链可能是连作地黄感知伤害的关键桥梁。因此，破坏、阻抑或解除这条响应链上的关键节点，则会破坏这条由连作胁迫引发的分子响应链，消除连作危害信号在植物体内的传递。为此，我们从信号转导链上的 2 个关键点节点——Ca^{2+}信号和乙烯信号的阻断和调控入手，进一步验证连作障碍形成过程中关键响应基因的功能，同时，研究开展尝试利用“分子纠错”法“干扰”连作伤害响应，探索彻底消除连作障碍的可行性。

一、Ca^{2+}信号抑制剂处理对连作盆栽地黄生长的影响

在田间盆栽条件下，我们分别向连作盆栽地黄根部灌施不同浓度的 Ca^{2+}信号抑制剂。结合田间连作地黄症状表型特征，我们发现施用 Ca^{2+}信号抑制剂处理的连作盆栽地黄与未处理的连作盆栽地黄相比，前者长势明显优于后者，死亡率和受抑制率得到了一定程度改善，而未处理连作地黄整体长势较差，植株较小，死亡率高。在实验的几种 Ca^{2+}信号抑制剂中，乙二醇双(2-氨基乙基醚)四乙酸（ethylenebis (oxyethylenenitrilo) tetraacetic acid，EGTA）处理的效应更为明显，EGTA 处理的地黄生长情况良好，连作受害症状得到了有效缓解；异搏定与三氟拉嗪处理的连作地黄，生长情况也得到明显好转，但其对连作的缓解效应不如 EGTA 明显（图 9-20、图 9-21）。

图 9-20　Ca^{2+}信号抑制剂处理与非处理盆栽地黄生长形态

a. 头茬；b. 连作；c. EGTA 处理；d. 异搏定处理；e. 三氟拉嗪处理

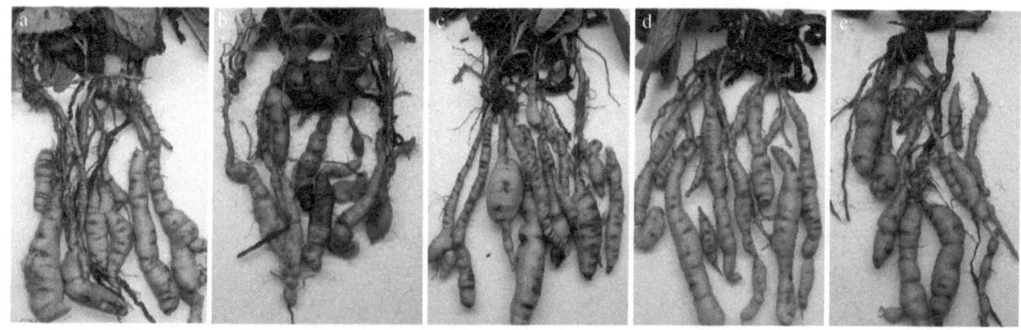

图 9-21　Ca^{2+}信号抑制剂处理与非处理盆栽地黄成熟期地下部分差异

a. 头茬；b. 连作；c. EGTA 处理；d. 异搏定处理；e. 三氟拉嗪处理

二、Ca^{2+}信号抑制剂对地黄 Ca^{2+}信号相关基因的表达调控

（一）Ca^{2+}信号抑制剂对地黄 Ca^{2+}信号编码基因表达的影响

Ca^{2+}信号编码蛋白主要包括细胞质膜上的各种钙离子通道与“钙泵”。“钙泵”即 Ca^{2+}-ATPase，主要参与钙离子的主动运输，正常情况下，把游离钙离子背向细胞质主动运输到细胞外或者胞内“钙库”，维持细胞质内极低的钙离子浓度。根据定量结果检测发现在连作地黄根和叶内，“钙泵”基因在地黄的不同生育时期均下调表达；而钙信号阻断剂处理的连作地黄，其“钙泵”基因则开始不同程度地上调表达，其中 EGTA 处理的连作地黄，其表达情况与头茬地黄最为接近，异搏定与三氟拉嗪对“钙泵”基因的影响，在不同时期表现出不同的效果，具体表达模式如图 9-22 所示。钙离子通道主要参与钙离子的被动运输，当细胞接受信号刺激时，钙离子通道开启，胞外与胞内“钙库”内的钙离子迅速内流，导致钙离子浓度升高，产生钙信号。定量结果表明，钙离子通道蛋白基因在连作地黄根叶中被上调表达；钙离子阻断剂处理的地黄则被下调表达，其中不同阻断剂对不同类型的钙离子通道蛋白基因在不同时期表达情况的影响也不尽相同，其中 EGTA 处理的连作地黄，其表达模式与头茬地黄近似。

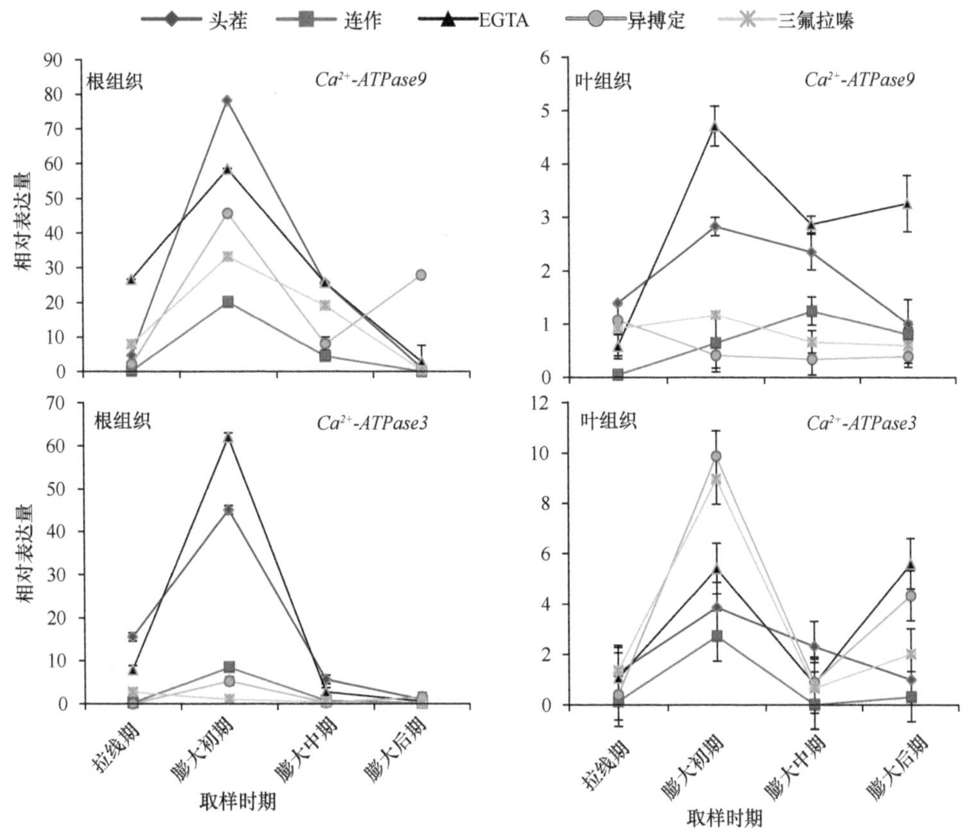

图 9-22　Ca^{2+}信号抑制剂处理对连作地黄 *Ca^{2+}-ATPase* 基因表达影响

（二）Ca^{2+}信号抑制剂对钙信号传递系统基因表达的影响

一般植物体的主要钙信号传递蛋白主要包括各种钙结合蛋白，包括钙调素（CaM）、钙依赖性的蛋白激酶（CDPK）、钙调磷脂酶 B（CBL）等，其与游离钙离子结合，传递Ca^{2+}信号。通过上述Ca^{2+}信号传递蛋白相关基因的表达特征可以看出：在连作地黄根叶内，钙靶蛋白上调表达，其相对表达高峰多出现在拉线期和块根膨大初期（图 9-23）。

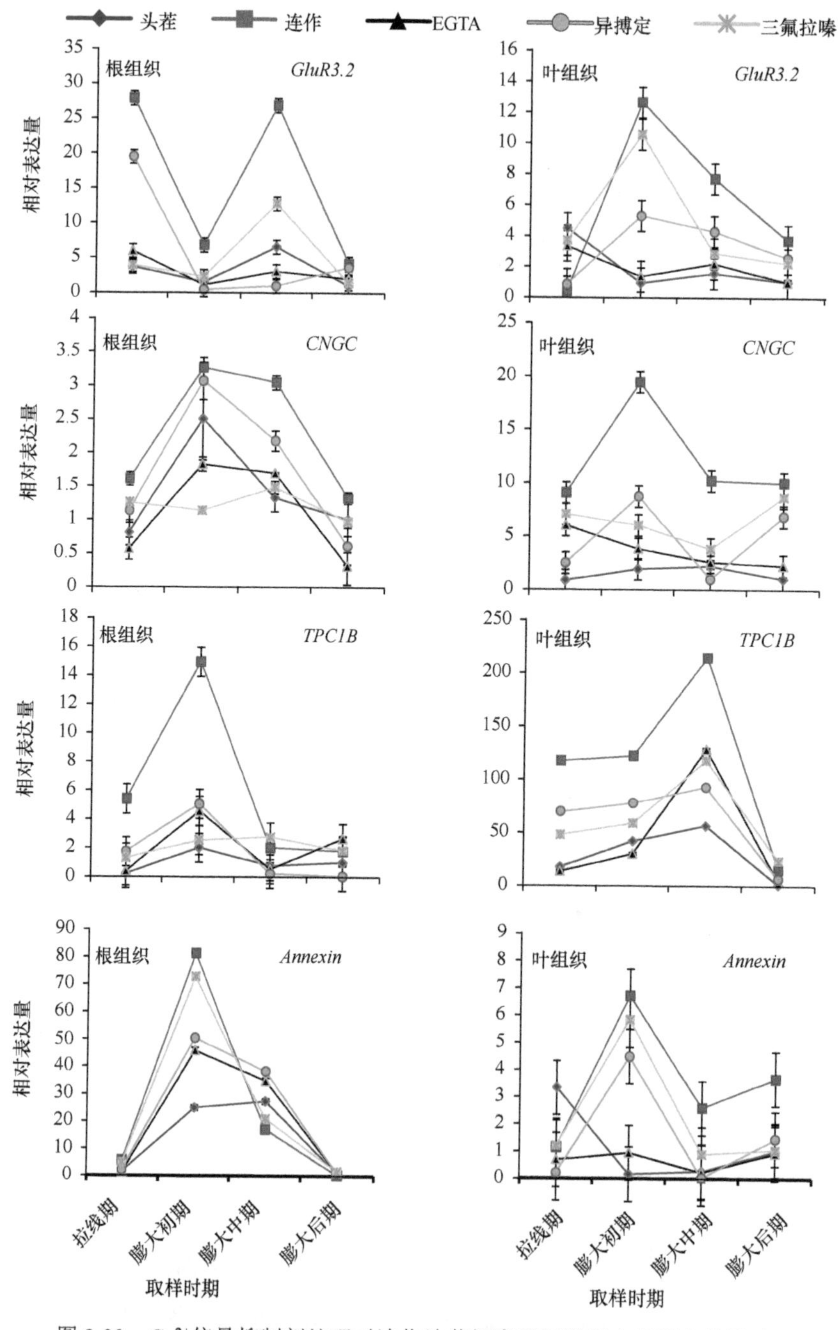

图 9-23 Ca^{2+}信号抑制剂处理对连作地黄钙离子通道蛋白基因表达影响

同时，钙信号抑制剂处理也能够下调钙靶蛋白（CaMBP）和相关钙结合蛋白（CBP）基因的表达，其中，EGTA 使钙靶蛋白基因下调至接近于头茬地黄，异搏定和三氟拉嗪的处理对于不同的类型的钙靶蛋白，在不同时期下调效果略有不同（图 9-24、图 9-25）。

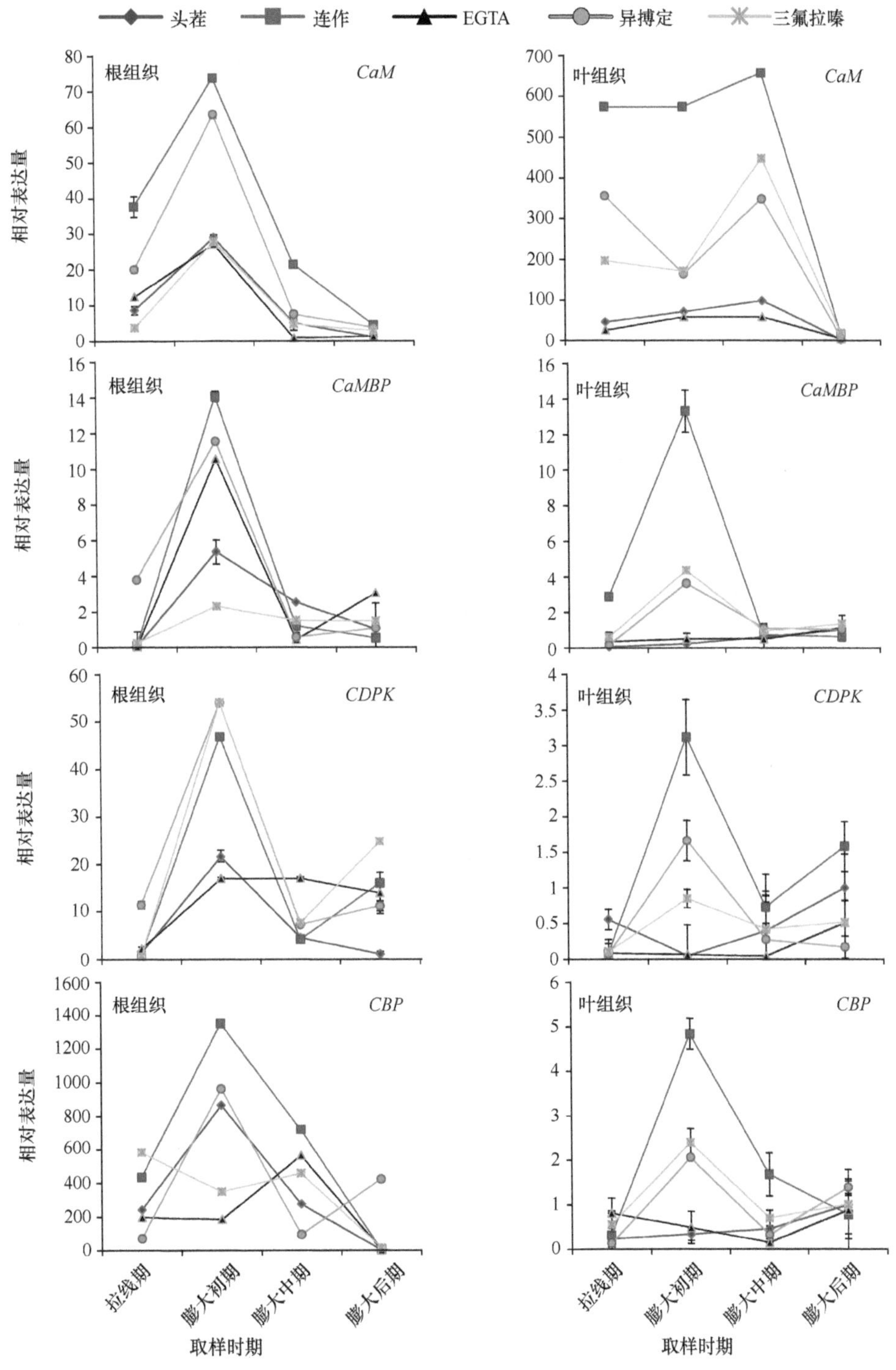

图 9-24　Ca^{2+}信号抑制剂处理对连作地黄钙结合蛋白基因表达影响

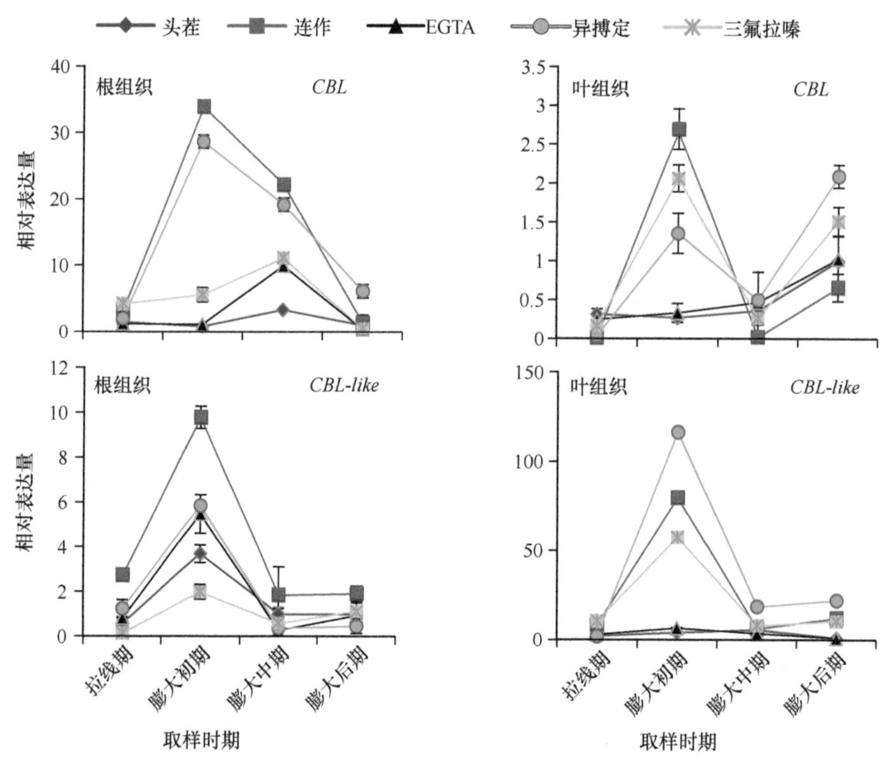

图 9-25 Ca^{2+}信号抑制剂处理对连作地黄钙靶蛋白基因表达的影响

（三）Ca^{2+}信号抑制剂对连作地黄部分差异响应基因表达的调控

RNA 依赖型的 RNA 聚合酶和依赖于 DNA 的 RNA 聚合酶 II，参与基因转录与表达，在生命活动中具有重要作用，细胞周期蛋白控制着细胞的分裂周期，在植物生长发育过程中起着重要作用。我们详细研究上述基因在连作与头茬地黄的时空模式，以及 Ca^{2+}信号阻断剂对其表达模式的影响，定量结果表明，依赖于 DNA 的 RNA 聚合酶 II 及细胞周期蛋白 D 在连作地黄根和叶中被显著下调，而 Ca^{2+}信号抑制剂的处理能引起这些基因不同程度地上调表达。其中，在根组织内，EGTA 的上调作用最为显著，能使这些在连作地黄体内下调的基因上调恢复至头茬表达水平或高于头茬地黄，异搏定的效果也使相关基因上调表达，接近于头茬，三氟拉嗪的上调效果次之。在叶组织内，对于 RNA 聚合酶 II 和细胞周期蛋白，异博定和三氟拉嗪所引起的基因上调效应显著高于 EGTA（图 9-26）。

我们在前期连作和头茬关键响应差异基因的大批量筛选中，发现除了钙信号外，还有乙烯合成和信号传递链上的关键基因在连作地黄中特异表达。在植物体逆境胁迫下，植物体内的多重信号转导途径往往存在着紧密的互作调控关系。因此，为了进一步了解钙信号和乙烯信号在地黄连作障碍形成中的可能性交叉调控关系，我们选择乙烯合成的两个关键酶——SAM 合成酶和 ACC 氧化酶，初步分析其在连作地黄钙信号抑制情况下的表达特征。其中，SAM 合成酶是乙烯前提物的合成酶，ACC 氧化酶则是乙烯合成的关键酶，两个酶均是产生乙烯不可缺少的酶，并且也涉及植物的多种抗逆反应。

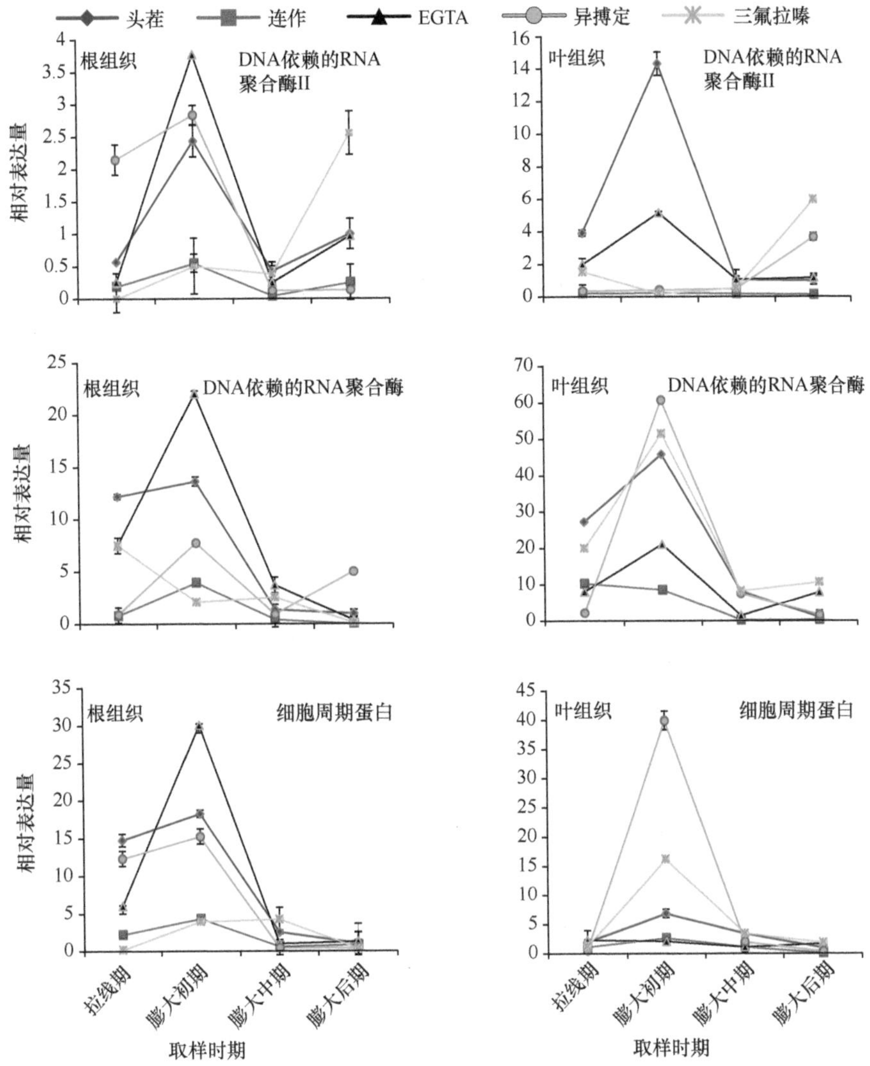

图 9-26　Ca^{2+}信号抑制剂处理对连作地黄关键细胞进程基因表达影响

结果发现，在连作盆栽地黄根叶组织内，SAM 合成酶与 ACC 氧化酶基因均上调表达，Ca^{2+}信号抑制剂处理导致连作盆栽地黄体内 ACC 氧化酶基因下调表达，其中在根组织内三氟拉嗪对其下调影响最为明显，而在叶组织中，EGTA 使其下调至头茬表达水平。对于 SAM 合成酶，在连作地黄块根内，除了三氟拉嗪使其表达下调，异搏定与 EGTA 则使其表达上调。在叶内，EGTA 和三氟拉嗪使其下调表达，异搏定则使其上调表达（图 9-27）。Ca^{2+}信号抑制剂导致的 SAM 合成酶的上调表达可能与抑制剂处理引起植物抗逆性的增强有关。通过 Ca^{2+}信号干扰下植株体内乙烯合成基因表达模式，可以明显看出 Ca^{2+}信号和乙烯信号在连作障碍的形成过程中具有协同和互促效应。因此，这也提示我们在连作障碍形成过程中，阻止或下调乙烯的合成或下游信号的转导，对缓解连作障碍加重或许也具有重要的意义。

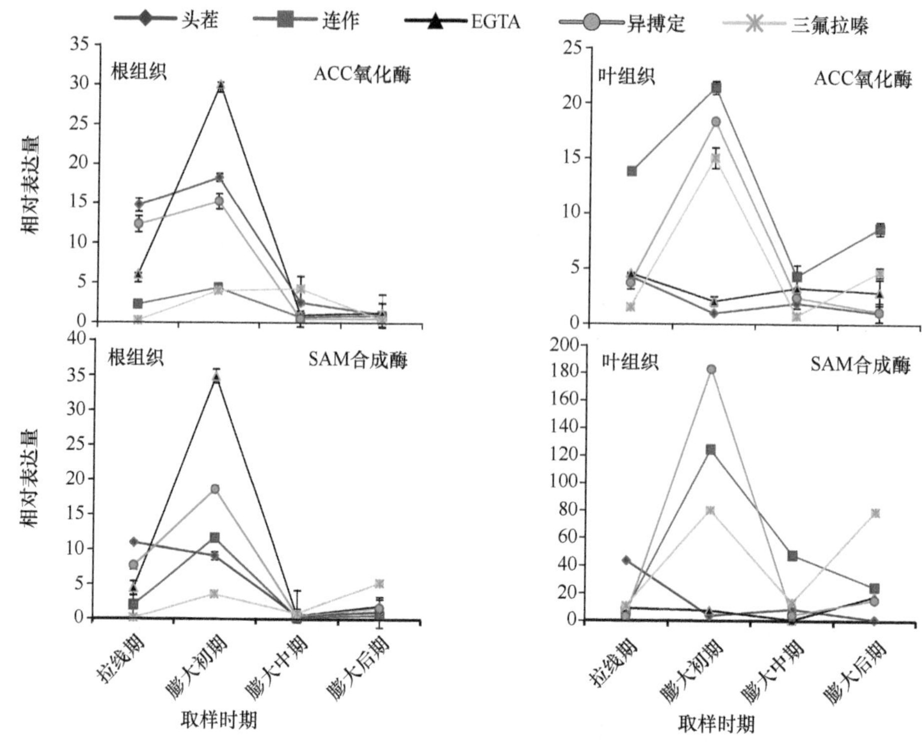

图 9-27 Ca^{2+}信号抑制剂处理对连作地黄关键响应基因表达影响

三、干扰连作地黄乙烯合成及转运消减连作障碍效应

乙烯作为一种重要的具有生物活性的内源性植物激素，具有复杂的生物学功能，调节植物生长发育和许多生理生化过程，也被认为是一种胁迫应答激素，其合成及信号转导途径在很多植物中已经被证明。利用乙烯抑制剂对抗植物早熟，延长存放时间，在果蔬尤其是花卉保鲜行业早已得到广泛的应用。那么，能否对连作地黄生长过程中的乙烯释放进行控制，利用乙烯抑制剂减少乙烯的产生，切断化感自毒物质或连作胁迫所引发的信号转导过程，从而达到减轻地黄连作障碍的目的，还是一个新的课题。

为了阻断连作胁迫地黄体内的乙烯累积效应，我们尝试利用外源乙烯合成抑制剂氨氧乙酸（AOAA）和乙烯受体抑制剂 1-甲基环丙烯（1-MCP）的方式来控制连作地黄体内乙烯含量。以连作地黄伤害期前期（地黄种植后 70d）地黄作为阻断对象，分别外源灌施 1mmol/L、0.5mmol/L、0.25mmol/L 的 AOAA；同时，利用 0.2g/L、0.1g/L、0.05g/L 三个浓度 1-MCP 对连作地黄熏蒸处理 12 小时，为防止高温期密闭伤害，熏蒸处理于傍晚至第二天清晨进行。每次处理前调查受试地黄的死亡率并测定受试地黄的地上部直径作为生长指标。从首次处理后一周开始测定受试地黄叶片的 SOD 酶活性和相对电导率，最后一次处理结束后一周进行采收。结合不同处理的死亡率、产量和表型数据，来探明通过干扰乙烯合成、释放途径来消减连作障碍的可行性。

（一）乙烯抑制剂对连作地黄死亡率的影响

从乙烯对连作地黄的抑制效应结果发现，乙烯抑制剂对连作地黄的死亡率影响较大，其采收时的死亡率的顺序依次为 0.25mmol/L AOAA＞0.05g/L 1-MCP＞连作＞0.5mmol/L AOAA＞1mmol/L AOAA＞0.2g/L 1-MCP＞0.1g/L 1-MCP＞头茬。1mmol/L AOAA 处理的植株，前期死亡率高于未处理连作地黄，到第四次处理前死亡率已经低于连作地黄；0.5mmol/L AOAA 处理的植株第四次处理后死亡率开始低于连作地黄，0.1g/L 1-MCP 处理的植株第三次处理后死亡率开始低于连作地黄，这两个处理的植株前期死亡率一直接近连作地黄；0.2g/L 1-MCP 处理的植株死亡率一直低于连作地黄，这说明 1-MCP 处理对抑制连作地黄的乙烯释放有更好更快的效果（图 9-28）。值得一提的是，0.25mmol/L AOAA 和 0.05g/L 1-MCP 处理，从第一次施药后一周其测量的死亡率就高于连作地黄，整个生长期其死亡率均高于连作地黄，到采收时死亡率已达到 100%，说明低浓度的乙烯抑制剂不但不能减缓地黄的连作障碍，还在一定程度上增加其连作发病率。这一表现与在生物的生长发育过程中广泛存在的 Hormesis 效应吻合。这些结果初步表明，施加低浓度的乙烯抑制剂反而在一定程度上刺激了受试地黄的乙烯释放，表现为连作地黄的死亡率增加。

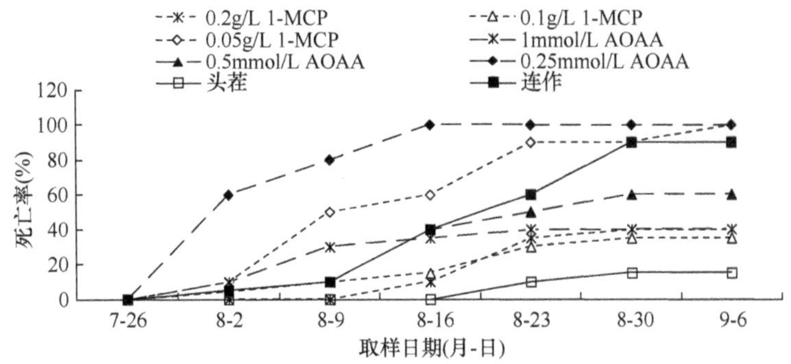

图 9-28　乙烯抑制剂对连作地黄死亡率的影响

（二）乙烯抑制剂对连作地黄生长指标的影响

从乙烯抑制剂对连作地黄生物量的影响可以看出，乙烯抑制剂对受试地黄地上部直径的影响较小，不同浓度和类型的乙烯抑制剂虽可在一定程度上提高受试地黄的地上部直径，但其远未达到或接近连作地黄的水平，与连作地黄的地上部直径没有显著差异。此外，从不同处理生长发育过程中生物量的变化来看，头茬地黄、连作地黄的地上部直径最大值分别出现在 8 月 16 日和 8 月 23 日（实验当年），而乙烯抑制剂处理的连作地黄其地上部直径最大值趋近于正常生长地黄（图 9-29），这表明连作地黄存在着明显早衰、老化现象，而乙烯抑制剂处理则在一定程度上缓解了连作早衰问题。

与地上部分相比，乙烯抑制剂对连作地黄的地下块根形成也影响较大，其块根鲜重依次为头茬＞1mmol/L AOAA＞0.2g/L 1-MCP＞0.5mmol/L AOAA＞0.1g/L 1-MCP＞连作（表 9-15）。其中，1mmol/L AOAA 处理的连作地黄，其存活植株的地下块根鲜重平均值为 100.5g，几乎达到或接近头茬水平，显著高于连作地黄，连作障碍消减率达 62.8%。此外，0.2g/L 1-MCP 处理连作地黄的地下块根鲜重为 54.1g，显著高于连作地黄，连作障碍消减率达 32.5%。上述实验初步表明，通过外源人为施用乙烯阻断剂 1-MCP 与 AOAA 处理，可以使地黄的抗逆性增加，减轻地黄连作障碍。

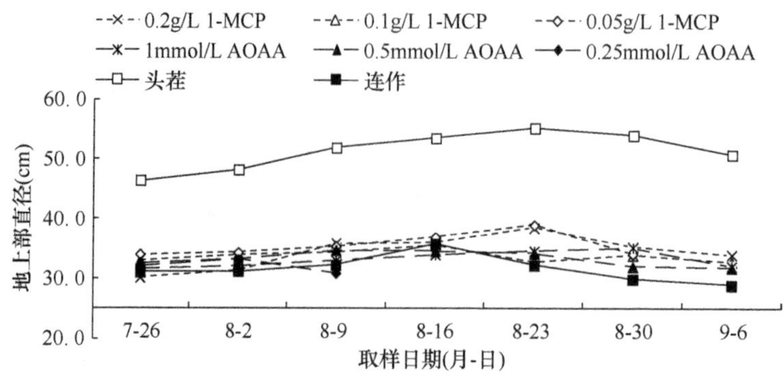

图 9-29　乙烯抑制剂对连作地黄地上部分直径的影响

表 9-15　不同乙烯抑制剂对连作的地黄地上地下鲜重的影响（g）

	1-MCP			AOAA			头茬	连作
	0.2g/L	0.1g/L	0.05g/L	1mmol/L	0.5mmol/L	0.25mmol/L		
地上鲜重	8.3±2.3	12.1±3.3	—	42.2±6.8**	5.0±1.3*	—	28.0±4.3**	16.7±4.9
地下鲜重	54.1±8.9*	28.2±7.3	—	100.5±10.6**	38.5±3.1	—	105.3±9.2**	25.5±6.9

注："—"表示采收时已全部死亡；*、**分别表示不同处理在 0.05（$P<0.05$）和 0.01（$P<0.01$）水平上的差异显著性

第七节　展　　望

栽培药用植物的连作障碍是一个非常复杂的问题，连作土壤因其成分复杂又被研究者们俗称为“黑匣子”，目前我们还很难用直观的手段和有效的工具去全面地窥视、观察和了解这个复杂的“黑匣子”世界。因此，解析中药材生产中连作障碍形成机制和有效克服连作障碍仍然面临诸多困难。这里我们尝试着用由表及里、引标入本的方式，探索了一些克服或减缓连作障碍的方法，但这些方法更多的是对栽培植物连作障碍形成机制研究的反向验证，其具体消减技术的效果和实用性仍有待进一步验证。

在本书中，我们从土壤、植物、化感物质、微生物等不同层面精细解析了地黄连作障碍形成过程中所发生“事件”，并对每个层面所发生“事件”的细节进行了精细解读。依据中药资源生态学的基本原理，从化感作用研究切入，我们筛选了根际土候选化感物质的名单，并鉴定分离出了与引发地黄连作障碍密切关联的化感物质群及其种类。在根际土中，我们重点对化感物质招募的有害微生物菌群进行了筛选与鉴定，锚定了导致连作地黄死亡的专化真菌菌体，并构建和重现了地黄模拟侵染体系研究平台。通过化感物质活性评价及地黄根际微生物菌群与根系分泌物间的关系研究，提出了地黄根系分泌物介导的植物—土壤反馈调节模式，即连作地黄根系分泌物及残株释放的化感活性物质一方面通过抑制自身生长；另一方面通过介导土壤微生物菌群平衡，导致病原菌增加。两者相互作用，最终表现出连作障碍现象，这为从根际生态学角度阐明栽培植物连作障碍的成因提供了新的思路。在基于田间和受控条件下，从连作地黄入手，阐明了化感物质和根际微生物协同驱动胁迫条件下，植物受损的生理和分子生态学机制。宿主植物的免疫防御是应对根际微生态失衡的重要一环，连作地黄体内的免疫防御机制失效增加了连作地黄的健康风险，初步鉴定出响应地黄连作的特异免疫受体基因，并勾勒出其免疫逃逸的根际“对话”机制。

通过上述多层次的对接分析和实验验证，我们初步勾勒出连作障碍形成机制的轮廓，但这些框架性体系内，存在着许多矛盾并值得深入探讨的科学问题，如乙烯是植物生长发育和形态建成的重要激素，但乙烯在连作障碍中过度响应也加速了连作地黄死亡；Ca^{2+}信号既参与了地黄块根形成，同时也参与了连作地黄免疫和胁迫的过度响应进程。由此我们认为，连作地黄体内造成这些复杂的生命进程调控的原因是多方面的：首先，连作障碍的形成与植物发育相伴而生，在连作关键基因筛选过程中，必然有大量的发育信息的干扰；其次，一个基因、蛋白质或信号通路可能涉及参与多个细胞进程，细胞进程的调控之间本身也存在着相互交叉的调控节点，这些信息交叉在一起，使得我们筛选的连作候选基因并不一定是特异的，更可能是多种诱导因子的综合作用结果；因此这些信息必须结合后期的反向遗传学进行功能验证，才能确认其在连作障碍形成中扮演的角色。而且，在植物体内执行相同功能蛋白，存在着大量编码基因家族和同工酶，这些数量众多的、同家族基因在生物体内是如何分工的，特别是一个关键信号通路是如何响应不同细胞进程的，中间的调控机制如何，目前尚不清晰。因此，以整合系统生物学的视野，植物细胞内多种响应基因、多种信号进程、多种分子事件交叉成网状，其中，一个基因的异动就可能引来意想不到的结果，所谓牵一发而动全身，也正是连作胁迫下植物响应的真实写照，特别是栽培药用植物的药效功能保持和安全性保障的要求，从分子纠错的角度来消减连作障碍仍然面临着较大困难。

众所周知，学科交叉融合是科学技术发展的必然趋势和主流方向。学科交叉点往往就是科学新的生长点、新的科学前沿，这里最有可能产生重大的科学突破，使科学发生革命性的变化。由于连作障碍形成的极其复杂性，植物在生长发育的过程中，时刻都在向根际内释放着大量代谢产物，这些代谢产物影响与供给，扰动并趋化了根际这个复杂的微生态世界。这里的物质、微生物互作时刻在进行，这个复杂的微生态世界又何尝不是一个“浩瀚宇宙”，其复杂性我们难以想象。我们在连作障碍研究中只是触及到了这个复杂根际世界的边角，大量的研究可能更多停留在“盲人摸象”的阶段，我们也只是获得了连作障碍形成过程中的“冰山一角”或其片面的过程或阶段，这些过程的有效性和实用性均需要进一步的验证。但正是因为连作障碍形成涉及植物、根系分泌物、土壤、根际微生物等多元复杂系统，我们才得以有机会利用和整合多学科知识去了解和探究这个复杂的世界；才有机会阐明不同系统间的促进、互益、抑制、拮抗、对峙、消长等多重互作关系，用以补充和拓展中药资源生态学、药用植物栽培学、根际生态学等相关学科的内涵和外延，实现多学科交叉融合，推动中药资源学研究走向深入。寄希望于我们本书中所用的这些方法、视角和线索能够“抛砖引玉”，对中药材生产及其他作物生产中存在的连作障碍研究有所启迪，促使更多农业科学研究者加入，共同探索克服中药材生产中连作障碍的技术，为实现中药农业的可持续健康发展，奠定理论基础且提供技术支撑。

（张重义　李烜桢　王丰青　李明杰　杨艳会　李　娟　李振方）

参 考 文 献

曲运琴, 任东植, 姚勇. 2011. 地黄品种间抗连作障碍差异研究初报. 陕西农业科学, (4): 103-105.

王建花, 陈婷, 林文雄. 2013. 植物化感作用类型及其在农业中的应用. 中国生态农业学报, 21(10): 1173-1183.

温学森, 赵华英, 李先恩, 等. 2002. 地黄病毒病在不同品种中的症状表现. 中国中药杂志, 27(3): 225-227.

Chapelle A, Morreel K, Vanholme R, et al. 2012. Impact of the absence of stem-specific-glucosidases on lignin and monolignols. Plant Physiology, 160(3): 1204-1217.

Kutschera U, Niklas K J. 2017. Boron and the evolutionary development of roots. Plant Signaling and Behavior, 12(7): e1320631-e1320635.

Wang G L, Huang Y, Zhang X Y, et al. 2016. Transcriptome-based identification of genes revealed differential expression profiles and lignin accumulation during root development in cultivated and wild carrots. Plant Cell Reports, 35(8): 1743-1755.